La armonía de las células

La armonía de las células

Una exploración de la medicina y del nuevo ser humano

SIDDHARTHA MUKHERJEE

Traducción de
Pilar Alba y Rosa Pérez

Papel certificado por el Forest Stewardship Council®

Penguin Random House Grupo Editorial

Título original: *The Song of the Cell*

Primera edición: mayo de 2023

Versiones modificadas de los textos de las pp. 24-28, 244, 251, 288, 344, 385-390 y 391 han aparecido publicadas en *The New Yorker*, *The New York Times Magazine* y *Cell*

Printed in Spain – Impreso en España

ISBN: 978-84-19399-46-5
Depósito legal: B-4.150-2023

Compuesto en Pleca Digital, S. L. U.
Impreso en Rotoprint by Domingo
Castellar del Vallès (Barcelona)

C 3 9 9 4 6 5

Para W. K. y E. W., de entre los primeros en ir más allá

En la suma de las partes, no hay más que partes.
El mundo deben medirlo los ojos.

Wallace Stevens

[La vida] es un movimiento rítmico continuo del pulso, de la marcha, hasta de las células.

Friedrich Nietzsche

Índice

TERCERA PARTE

La sangre

CUARTA PARTE

El conocimiento

QUINTA PARTE

Los órganos

SEXTA PARTE

El renacimiento

Preludio*

«Las partículas elementales de los organismos»

> Elemental, querido Watson —dijo—. Es uno de aquellos casos en los que quien razona puede producir un efecto que le parece notable a su interlocutor, porque a este se le ha escapado el pequeño detalle que constituye la base de la deducción.[1]
>
> Sherlock Holmes al doctor Watson, en «El jorobado», de sir ARTHUR CONAN DOYLE

La conversación tuvo lugar en el transcurso de una cena en octubre de 1837.[2] Seguramente ya habría anochecido y las farolas de gas iluminarían las calles del centro de Berlín. Sobreviven solo algunos recuerdos dispersos de la velada. No se tomaron notas ni se intercambió ninguna correspondencia científica. Lo que queda es la historia de dos amigos, compañeros de laboratorio, hablando de experimentos durante una comida informal y lo compartido sobre una idea crucial. Uno de los comensales, Matthias Schleiden, era botánico. Tenía en la frente una cicatriz llamativa y desfigurante, la huella dejada por un intento de suicidio en el pasado. El otro, Theodor Schwann, un zoólogo, llevaba unas patillas que le llegaban hasta la papada. Ambos trabajaban bajo la supervisión de Johannes Müller, el eminente fisiólogo de la Universidad de Berlín.

Schleiden, un abogado convertido en botánico, había estado estudiando la estructura y el desarrollo de los tejidos vegetales. Se

* Las notas del preludio se encuentran al final del libro.

había dedicado a «recolectar heno» («Heusammelei»),[3] como decía él, y recogido cientos de especímenes del reino vegetal: tulipanes, *Leucothoe*, abetos, gramíneas, orquídeas, salvia, *Linanthus*, guisantes y docenas de tipos de lirios. Su colección era muy preciada por los botánicos.[4]

Aquella noche, Schwann y Schleiden hablaron de fitogénesis, es decir, del origen y el desarrollo de los vegetales. Y lo que Schleiden comentó a Schwann fue lo siguiente: al examinar todos sus especímenes de plantas, había encontrado una «unidad» en su estructura y organización. Durante el desarrollo de los tejidos vegetales —las hojas, las raíces, los cotiledones—, una estructura subcelular, llamada núcleo, se volvió notoriamente apreciable. (Schleiden no conocía la función del núcleo, aunque reconoció su forma característica).

Pero quizá lo más sorprendente fue que había una marcada uniformidad en la estructura de los tejidos. Cada parte de la planta estaba construida, como una especie de *patchwork*, a partir de unidades autónomas e independientes: las células. «Cada célula tiene una doble vida —escribiría Schleiden un año más tarde—, una vida del todo independiente, dedicada únicamente a su propio desarrollo, y otra vida como consecuencia de haberse convertido en parte de una planta».

Una vida dentro de otra vida. Un ser vivo independiente —una unidad— que forma parte del todo. Un ladrillo viviente contenido en un ser vivo mayor.

Los oídos de Schwann se aguzaron. Él también había observado la presencia notoria del núcleo, pero en las células de un animal en desarrollo, un renacuajo. Y también había apreciado la uniformidad en la estructura microscópica de los tejidos animales. La «unidad» que Schleiden había observado en las células vegetales era, quizá, una unidad más fundamental común a todos los seres vivos.

En su mente comenzó a formarse un pensamiento incipiente pero radical, un pensamiento que daría un vuelco a la historia de la biología y la medicina. Quizá esa misma noche, o poco después, invitó a Schleiden (o posiblemente le arrastró) al laboratorio del anfiteatro anatómico, donde Schwann guardaba sus especímenes. Schleiden miró por el microscopio. El aspecto que presentaban los animales en desarrollo en su estructura microscópica,[5] incluido el núcleo notoriamente visible —confirmó—, era casi idéntico al de los vegetales.

Los animales y los vegetales presentaban aparentemente grandes diferencias como organismos vivos. Sin embargo, según habían apreciado tanto Schwann como Schleiden, la similitud de sus tejidos bajo el microscopio era asombrosa. La corazonada de Schwann había sido acertada. Durante aquella velada en Berlín, recordaría este más tarde, los dos amigos habían coincidido en una verdad científica universal y esencial: tanto los animales como los vegetales poseían un «medio común de formación a través de las células».[6]

En 1838 Schleiden plasmó sus observaciones en un extenso artículo titulado «Contribuciones a nuestro conocimiento de la fitogénesis».[7] Un año después Schwann continuó el trabajo de Schleiden en los vegetales con su libro sobre las células animales: *Investigaciones microscópicas sobre la concordancia en la estructura y el crecimiento de los animales y los vegetales*. Tanto los vegetales como los animales, según Schwann, estaban organizados de forma similar: como un «agregado de seres totalmente individualizados e independientes».

En estas dos obras fundamentales, publicadas con unos doce meses de diferencia, el mundo de los seres vivos quedó unificado por un elemento único y bien definido. Schleiden y Schwann no fueron los primeros en observar las células ni en darse cuenta de que estas eran las unidades básicas de los organismos vivos. La agudeza de su comprensión radicaba en la propuesta de que había una unidad básica de la organización y la función común a todos los seres vivos. «Un nexo de unión» que conecta las diferentes ramas de la vida, escribió Schwann.[8]

A finales de 1838 Schleiden dejó Berlín para ocupar un puesto en la Universidad de Jena.[9] Y en 1839 Schwann también se marchó para trabajar en la Universidad Católica de Lovaina,[10] en Bélgica. A pesar de su separación tras abandonar el laboratorio de Müller, mantuvieron una animada correspondencia y amistad. Su trabajo original sobre los fundamentos de la teoría celular se remonta indudablemente a Berlín, donde habían sido compañeros, colaboradores y amigos entrañables. Habían encontrado, en palabras de Schwann, las «partículas elementales de los organismos».

Este libro es la historia de la célula. Es una crónica del descubrimiento de que todos los organismos, incluidos los seres humanos, están constituidos por estas «partículas elementales». Es la historia de cómo las agrupaciones cooperativas y organizadas de estas unidades vivas autónomas —tejidos, órganos, aparatos y sistemas— permiten que se desarrollen mecanismos fisiológicos complejos: la inmunidad, la reproducción, la sensibilidad, la cognición, la capacidad de reparar y rejuvenecer. Por otro lado, es también la historia de lo que sucede cuando las células se vuelven disfuncionales, lo que hace que nuestros cuerpos pasen de la función celular normal a la patología celular: el mal funcionamiento de las células que provoca el mal funcionamiento del organismo. Y, por último, es la historia de cómo nuestro profundo conocimiento de la fisiología y la patología de la célula ha suscitado una revolución en la biología y la medicina que ha dado lugar al nacimiento de medicamentos transformadores y de seres humanos transformados por estos medicamentos.

Entre 2017 y 2021 escribí tres artículos para la revista *New Yorker*.[11] El primero trataba sobre la medicina celular y su futuro; en concreto, sobre la creación de linfocitos T modificados por ingeniería genética para atacar ciertos cánceres. El segundo se refería a una nueva visión del cáncer basada en la idea de la *ecología* celular —no de las células cancerosas aisladas, sino del cáncer *in situ*— y de por qué ciertos lugares del cuerpo parecen mucho más hospitalarios para el crecimiento maligno que otros. El tercero, escrito en los primeros días de la pandemia de COVID-19, trataba sobre cómo se comportan los virus en nuestras células y cuerpos, y cómo podría ese comportamiento ayudarnos a entender la devastación fisiológica provocada por algunos virus en los seres humanos.

Reflexioné sobre los vínculos temáticos de estos tres artículos. En todos ellos la historia de las células y la ingeniería celular parecían ocupar un lugar central. Había una revolución en marcha y una historia (y un futuro) que no se había escrito: la de las células, la de nuestra capacidad para manipularlas y la de la transformación de la medicina a medida que se desarrolla esta revolución.

A partir de la semilla de esas tres publicaciones, este libro creció solo formando tallos, raíces y zarcillos. La crónica comienza en las décadas de 1660 y 1670, cuando un solitario vendedor de telas holandés y un polímata inglés poco ortodoxo, que trabajaban de manera independiente a algo más de trescientos kilómetros de distancia, miraron por sus microscopios caseros y descubrieron el primer indicio de las células. Nos traslada a un presente en el que los científicos manipulan células madre humanas para reinfundirlas en pacientes con enfermedades crónicas potencialmente mortales, como la diabetes y la anemia falciforme, y en el que insertan electrodos en los circuitos celulares de cerebros de hombres y mujeres con enfermedades neurológicas resistentes a tratamientos. Y nos lleva al precipicio de un futuro incierto, en el que algunos científicos «inconformistas» (de los cuales uno fue condenado a tres años de cárcel y ha sido inhabilitado de por vida para realizar más investigaciones) están diseñando embriones genéticamente modificados y utilizando el trasplante de células para difuminar los límites entre lo natural y lo artificial.

Me baso en una gran variedad de fuentes: entrevistas, interacciones con pacientes, paseos con científicos (y sus perros), visitas a laboratorios, observaciones a través de un microscopio, conversaciones con enfermeras, pacientes y médicos, fuentes históricas, artículos científicos y cartas personales. Mi propósito no es escribir una historia completa de la medicina ni del nacimiento de la biología celular. La obra de Roy Porter, *The Greatest Benefit to Mankind: A Medical History of Humanity* (El mayor beneficio para la raza humana: una historia médica de la humanidad);[12] *The Birth of the Cell* (El nacimiento de la célula),[13] de Henry Harris, y *Müller's Lab* (El laboratorio de Müller), de Laura Otis, son relatos ejemplares. Esta es la historia de cómo el concepto de «célula» y nuestra comprensión de la fisiología celular han modificado la medicina, la ciencia, la biología, las estructuras sociales y la cultura. Culmina con la visión de un futuro en el que aprenderemos a manipular estas unidades para darles nuevas formas, o quizá incluso a crear versiones sintéticas de células y partes de seres humanos.

Inevitablemente, en esta versión de la historia de la célula hay vacíos y lagunas. La biología celular está ligada de modo inextricable a la genética, la anatomía patológica, la epidemiología, la epistemología, la taxonomía y la antropología. Los aficionados a determinados nichos de la medicina o de la biología celular, legítimamente interesados en un tipo de célula, podrían haber contemplado esta historia por un ocular muy diferente; los botánicos, bacteriólogos y micólogos sin duda echarán de menos un enfoque más centrado en los vegetales, las bacterias y los hongos. Adentrarse en cada uno de estos campos de forma metódica significaría entrar en laberintos que se bifurcan en otros laberintos. He trasladado muchos aspectos de la historia a las notas a pie de página y a las notas al final del libro. Animo a los lectores a que las lean con atención.

A lo largo de este viaje, conoceremos a muchos pacientes, incluidos algunos míos. Algunos se nombran; otros han optado por el anonimato, y sus nombres y los datos que podrían identificarlos se han eliminado. Siento una gratitud inconmensurable hacia estos hombres y mujeres que se han aventurado en territorios inexplorados, confiando sus cuerpos y mentes a un reino de la ciencia incierto y en evolución. Y siento una alegría igualmente inconmensurable por ser testigo de cómo la biología celular está cobrando vida en un nuevo tipo de medicina.

Introducción

«Siempre volveremos a la célula»

> No importa las vueltas que demos,
> al final siempre regresaremos a la célula.[1]
>
> Rudolf Virchow, 1858

En noviembre de 2017 vi morir a mi amigo Sam P. porque sus células se habían rebelado contra su cuerpo.[2]

Le habían diagnosticado un melanoma maligno en la primavera de 2016. El cáncer le había aparecido por primera vez cerca de la mejilla como un lunar en forma de moneda, de color morado oscuro y rodeado por una aureola. Su madre, Clara, una pintora, fue la primera en advertirlo durante unas vacaciones a finales del verano, en Block Island. Había intentado persuadirlo —y luego le había rogado y amenazado— para que acudiera a un dermatólogo, pero Sam era un activo y ocupado periodista deportivo de un importante periódico, con poco tiempo para preocuparse por una molesta mancha en la mejilla. Cuando lo vi y exploré en marzo de 2017 —yo no era su oncólogo, pero un amigo me había pedido que examinara su caso—, el tumor había crecido hasta convertirse en una masa oblonga del tamaño de un pulgar, y había signos de una metástasis cutánea. Cuando palpé el tumor, Sam hizo una mueca de dolor.

Una cosa es toparse con un cáncer, y otra muy distinta, ser testigo de su movilidad. El melanoma había empezado a recorrer la cara de Sam hacia la oreja. Si uno se fijaba bien, había trazado su avance como cuando un buque se desplaza en el agua, dejando tras de sí una estela de puntos de color morado.

Incluso Sam, el periodista deportivo que se había pasado la vida informando sobre la velocidad, el movimiento y la agilidad, estaba sorprendido por el ritmo con el que avanzaba el melanoma. ¿Cómo, me preguntó insistentemente —*cómo, cómo, cómo*—, era posible que una célula que había permanecido perfectamente inmóvil en su piel durante décadas hubiera adquirido de repente las habilidades de una célula capaz de correr por su cara mientras se dividía furiosamente?

Pero las células cancerosas no «inventan» ninguna de estas habilidades. No crean algo nuevo, sino que se apropian de ello, o, mejor dicho, las células más aptas para la supervivencia, el crecimiento y la metástasis se seleccionan de forma natural. Los genes y las proteínas que las células utilizan para generar los elementos estructurales necesarios para el crecimiento son apropiaciones de los genes y las proteínas que usa un embrión en desarrollo para alimentar su feroz expansión durante los primeros días de vida. Las vías que sigue la célula cancerosa para desplazarse a través de los vastos espacios corporales se requisan de las vías que permiten el movimiento a las células intrínsecamente móviles del organismo. Los genes que posibilitan la división celular desenfrenada son versiones distorsionadas y mutadas de los genes que posibilitan la división celular en las células normales. El cáncer, en resumen, es la biología celular vista en un espejo patológico. Y, como oncólogo, soy en primer lugar un biólogo celular, pero un biólogo celular que percibe el mundo normal de las células reflejado e invertido en un espejo.

A finales de la primavera de 2016, a Sam le recetaron un medicamento para transformar sus propios linfocitos T en un ejército para luchar contra el ejército rebelde que estaba creciendo en su cuerpo. Podemos explicarlo así: durante años, quizá décadas, el melanoma de Sam y sus linfocitos T habían coexistido, ignorándose mutuamente. Su malignidad era invisible para su sistema inmunológico. Millones de linfocitos T habían pasado por delante del melanoma todos los días y se habían limitado a seguir su camino, como transeúntes que vuelven la cara ante una catástrofe celular.

Se esperaba que el fármaco recetado a Sam revelase la invisibilidad del tumor e hiciera que sus linfocitos T reconocieran el melanoma como un invasor «extranjero» y lo rechazasen, del mismo modo que los linfocitos T rechazan las células infectadas por microbios. Los transeúntes pasivos se convertirían en agentes activos. Estábamos modificando las células de su organismo para hacer visible lo que antes era invisible.

El descubrimiento de esta medicina «reveladora» fue la culminación de ciertos avances cruciales en biología celular que se remontan a la década de 1950: la comprensión de los mecanismos utilizados por los linfocitos T para diferenciar lo propio de lo ajeno; la identificación de las proteínas que estas células inmunitarias utilizan para detectar a los invasores extraños; el descubrimiento de las vías por las que nuestras células normales evitan ser atacadas por este sistema de detección; el modo en que las células cancerosas se apropian de este mecanismo para hacerse invisibles, y la invención de una molécula que despojaría a las células malignas de su manto de invisibilidad.

Casi inmediatamente después de que Sam comenzara su tratamiento, se desató una guerra civil en su cuerpo. Sus linfocitos T, sensibilizados ahora ante la presencia del cáncer, se lanzaron al ataque de las células malignas, y su venganza provocó nuevos ciclos de venganza. El forúnculo rojizo de su mejilla se volvió caliente una mañana porque las células inmunitarias se habían infiltrado en el tumor y habían desencadenado un ciclo de inflamación; después las células malignas recogieron su campamento y se retiraron, dejando los restos humeantes de sus fogatas. Cuando volví a verlo unas semanas más tarde, la masa oblonga y la estela de puntos habían desaparecido. En su lugar solo quedaba el residuo moribundo de un tumor, arrugado como una gran pasa. Estaba en remisión.

Tomamos un café juntos para celebrarlo. La remisión no solo había cambiado a Sam físicamente; le había recargado el ánimo. Por primera vez en semanas, vi que los surcos de preocupación de su rostro se relajaban. Se rio.

Pero luego las cosas se complicaron: abril de 2017 fue un mes cruel. Los linfocitos T que atacaron el tumor se volvieron en contra de su propio hígado, provocándole una hepatitis autoinmune, una inflamación hepática que a duras penas podía controlarse con fármacos inmunosupresores. En noviembre descubrimos que el cáncer —en remisión unas pocas semanas antes— se había extendido a la piel, los músculos y los pulmones, escondiéndose en otros órganos y encontrando nuevos nichos para sobrevivir al ataque de las células inmunitarias.

Sam mantuvo una férrea dignidad a lo largo de estas victorias y reveses. A veces su humor mordaz parecía ser su propia forma de contraataque: *desecaría el cáncer hasta morir.* Un día que lo visité en su mesa en la sala de redacción, le pregunté si quería ir a un lugar privado —al aseo de hombres, por ejemplo— para que me mostrara los nuevos tumores que le habían salido. Se rio con ligereza. «Cuando lleguemos al baño, se habrán ido a otro sitio. Será mejor que los veas mientras estén aún aquí».

Los médicos redujeron la ofensiva inmunitaria para controlar la hepatitis autoinmune, pero entonces el cáncer volvió a desarrollarse. Al iniciar de nuevo la inmunoterapia para atacar el cáncer, la hepatitis fulminante reapareció. Era como observar una especie de deporte de lucha con fieras: si conteníamos a las células inmunitarias, las fieras se desbocaban para atacar y matar. Si las liberábamos, atacaban indiscriminadamente tanto al cáncer como al hígado. Sam murió una mañana de primavera, unos seis meses después de que le palpara el tumor por primera vez. Al final, el melanoma ganó.

En una ventosa tarde de 2019, asistí a un congreso en la Universidad de Pensilvania, en Filadelfia. Casi un millar de científicos, médicos y expertos en biotecnología se congregaron en un auditorio de piedra y ladrillo en Spruce Street. Estaban allí para debatir los avances en una audaz frontera de la medicina: el uso de células modificadas genéticamente y trasplantadas a los seres humanos para curar enfermedades. Se habló de manipulaciones en linfocitos T, de nuevos virus que pueden introducir genes en las células y de los próximos grandes pasos en el trasplante celular. Por el lenguaje usado, tanto dentro como fuera del escenario, parecía como si la biología, la robótica, la ciencia ficción y la alquimia se hubieran fusionado en una noche de éxtasis y dieran a luz a un niño precoz. «Reiniciar el sistema inmunitario». «Ingeniería celular terapéutica». «Persistencia a largo plazo de las células injertadas». Era un congreso sobre el futuro.

Pero el presente también estaba allí. Sentada unas pocas filas por delante de mí, se encontraba Emily Whitehead, que entonces tenía catorce años, uno más que mi hija mayor. Tenía el pelo de color castaño y despeinado, llevaba una camisa amarilla y negra y unos pantalones oscuros, y se encontraba en su séptimo año de remisión de una leucemia. Estaba contenta de saltarse un día de escuela, me comentó su padre, Tom. Emily sonrió al escucharlo.

Era la paciente número 7, tratada en el Hospital Infantil de Filadelfia. Casi todos los asistentes la conocían o sabían de ella: había cambiado la historia de la terapia celular. En mayo de 2010 le habían diagnosticado una leucemia linfoblástica aguda. Esta leucemia, una de las formas de cáncer que avanza con mayor rapidez, suele afectar a niños pequeños.[3]

El tratamiento de la leucemia linfoblástica aguda es uno de los regímenes de quimioterapia más intensivos jamás concebidos: una combinación de siete u ocho fármacos, de los cuales algunos se inyectan directamente en el líquido cefalorraquídeo para eliminar las células cancerosas escondidas en el cerebro y la columna vertebral. Aunque los daños colaterales del tratamiento —entumecimiento permanente de los dedos de las manos y los pies, lesiones cerebrales, retraso en el crecimiento e infecciones potencialmente mortales, por nombrar solo algunos— pueden ser desalentadores, el tratamiento cura a alrededor del 90% de los pacientes pediátricos. Por desgracia, el cáncer de Emily se hallaba en el 10% restante y no respondió a la quimioterapia habitual. Tuvo una recaída a los dieciséis meses del tratamiento. Se la incluyó en la lista de espera para recibir un trasplante de médula ósea —la única opción de curación—, pero su estado empeoró mientras esperaba un donante adecuado.

«Los médicos me dijeron que no buscara en Google sus posibilidades de supervivencia —me contó Kari, la madre de Emily—. Así que, por supuesto, lo hice de inmediato».

Lo que Kari encontró en internet era escalofriante: de los niños que recaen pronto o que recaen por segunda vez, casi ninguno sobrevive. Cuando Emily llegó al Hospital Infantil a principios de marzo de 2012, casi todos sus órganos estaban invadidos por células malignas. La atendió un oncólogo pediátrico, Stephan Grupp, un hombre amable y corpulento con un expresivo bigote en constante movimiento, y entonces se decidió que participaría en un ensayo clínico.

El ensayo de Emily consistía en infundirle sus propios linfocitos T. Pero estos tenían que ser armados, mediante terapia génica, para que reconocieran y destruyeran el cáncer. A diferencia de Sam, que había recibido fármacos para activar sus células inmunitarias dentro de su cuerpo, los linfocitos T de Emily se habían extraído y cultivado fuera de su organismo. Esta forma de tratamiento había sido desarrollada por el inmunólogo Michel Sadelain, del Instituto Sloan Kettering de Nueva York, y por Carl June, de la Universidad de Pensilvania, basándose en los trabajos anteriores del investigador israelí Zelig Eshhar.

A poca distancia de donde habíamos estado sentados se encontraba la unidad de terapia celular, unas instalaciones abovedadas, cerradas, con puertas de acero, salas estériles y estufas de incubación. Allí, grupos de técnicos de laboratorio procesaban las células obtenidas de montones de pacientes que participaban en los estudios clínicos y luego las conservaban en congeladores en forma de cuba. Cada congelador llevaba el nombre de un personaje de *Los Simpsons*, la comedia televisiva de dibujos animados; una parte de las células de Emily estaba congelada en Krusty, el payaso. Otra parte de sus linfocitos T se habían modificado para que expresaran un gen capaz de reconocer y destruir su leucemia, se habían cultivado en el laboratorio para aumentar su número exponencialmente y luego devuelto al hospital para infundirlos de nuevo en Emily.

Las infusiones, que se llevaron a cabo durante tres días, transcurrieron básicamente sin complicaciones. Emily chupaba un polo de hielo mientras el doctor Grupp le infundía las células en las venas. Por la noche, ella y sus padres se fueron a casa de una tía que vivía cerca. Las dos primeras noches estuvo jugando y su padre la paseó llevándola a caballito. Al tercer día, sin embargo, se derrumbó: vomitó y le subió la fiebre hasta una temperatura alarmante. Los Whitehead la llevaron al hospital. La situación empeoró rápidamente. Sus riñones fallaron. Emily entraba y salía del estado inconsciente, al borde de un fallo multiorgánico.

Nada parecía funcionar, me dijo Tom. Trasladaron a su hija de seis años a la unidad de cuidados intensivos (UCI), donde sus padres y Grupp estuvieron toda la noche en vela.

Carl June, el médico y científico que también trataba a Emily, me confesó: «Creíamos que iba a morir. Escribí un correo electrónico al rector de la universidad diciéndole que uno de los primeros niños tratados estaba a punto de fallecer. El ensayo había terminado. Guardé el correo electrónico en mi buzón de salida, pero nunca llegué a enviarlo».

Los técnicos de laboratorio de la Universidad de Pensilvania trabajaron toda la noche para determinar la causa de la fiebre. No encontraron signos de infección, pero sí concentraciones elevadas en la sangre de unas moléculas llamadas citocinas, que se segregan durante la inflamación activa. En concreto, la concentración de una citocina conocida como interleucina 6 eran casi mil veces superior a la normal. A medida que los linfocitos T destruían las células cancerosas, liberaban una tormenta de estos mensajeros químicos, como una muchedumbre alborotada que arroja panfletos incendiarios sin control.

Sin embargo, por un extraño azar del destino, la hija del doctor June sufría una forma de artritis juvenil, una enfermedad inflamatoria. Él conocía la existencia de un nuevo fármaco, autorizado por la Administración de Medicamentos y Alimentos (FDA, por sus siglas en inglés) de Estados Unidos apenas cuatro meses antes, que era capaz de bloquear la interleucina 6. Como un último intento, Grupp presentó una solicitud a la farmacia del hospital pidiendo permiso para utilizar el nuevo tratamiento para una indicación no autorizada. Esa misma tarde la junta concedió la autorización para usar el fármaco, y Grupp inyectó a Emily una dosis en la UCI.

Dos días después, en su séptimo cumpleaños, Emily se despertó. «¡Bum! —explicó el doctor June, sacudiendo las manos en el aire—. ¡Bum! —repitió—. Se desintegró. Hicimos una biopsia de la médula ósea veintitrés días después, y estaba en remisión completa».

«Nunca he visto a un paciente tan enfermo mejorar tan deprisa», me contó Grupp.

El acertado tratamiento de la enfermedad de Emily y su sorprendente recuperación salvaron a la terapia celular. Emily Whitehead sigue en esa absoluta remisión hasta el día de hoy. No hay cáncer detectable en su médula ni en su sangre. Se considera curada.

«Si Emily hubiera muerto —me dijo June—, es probable que todo el ensayo se hubiera suspendido». Esto quizá habría retrasado la terapia celular una década o incluso más.

Durante una pausa en las sesiones del congreso, Emily y yo nos unimos a una visita al recinto médico dirigida por el doctor Bruce Levine, uno de los colegas del doctor June. Es el director fundador del centro de Pensilvania donde se modifican, controlan y producen los linfocitos T, y fue uno de los primeros en manipular las células de Emily. Allí, los técnicos de laboratorio trabajaban solos o en parejas, examinando cajas, optimizando los protocolos, trasladando las células a otras estufas de incubación, esterilizándose las manos.

El centro podría haber sido también un pequeño monumento a Emily. Había fotografías de ella pegadas en las paredes: Emily a los ocho años, con coletas; Emily a los diez, sosteniendo una placa; Emily a los doce, mellada y sonriendo junto al presidente Barack Obama. En un momento de la visita, vi a la Emily de verdad observando por la ventana el hospital de enfrente. Casi podía divisar la sala de la UCI en la esquina donde había estado confinada durante casi un mes.

La lluvia caía a cántaros, cubriendo de gotas las ventanas.

Me pregunté cómo se sentiría, sabiendo que había tres versiones de ella en el hospital: la que estaba aquí hoy, saltándose la escuela;

la de las fotos, que había vivido y casi muerto en la UCI, y la que se encontraba en el congelador de Krusty, el payaso, en la sala de al lado. «¿Te acuerdas de cuando entraste en el hospital?», le pregunté. «No —dijo ella, mirando la lluvia—. Solo me acuerdo de cuando me fui».

Mientras observaba el avance y el retroceso de la enfermedad de Sam, así como la notable recuperación de Emily Whitehead, supe que también estaba asistiendo al nacimiento de un tipo de medicina en la que las células se estaban reconvirtiendo en herramientas para combatir la enfermedad: la ingeniería celular. Pero también era la repetición de una historia centenaria. Estamos constituidos por unidades celulares. Nuestras vulnerabilidades son fruto de las vulnerabilidades de las células. Nuestra capacidad para modificar o manipular células (las células inmunitarias, tanto en el caso de Sam como en el de Emily) se ha convertido en la base de una nueva clase de medicina, si bien esta medicina se encuentra aún en la fase de gestación. Si hubiéramos sabido cómo armar a las células inmunitarias de Sam de forma más eficaz contra su melanoma sin desencadenar un ataque autoinmune, ¿estaría vivo ahora, con su cuaderno de espiral, escribiendo artículos deportivos para un periódico?

Dos nuevos seres humanos, ejemplos de la manipulación y la ingeniería de las células. Emily, para quien nuestra comprensión de las leyes de la biología de los linfocitos T fue suficiente para contener una enfermedad letal durante más de una década y, con suerte, durante toda su vida. Sam, para quien parece que todavía nos falta aprender algo esencial sobre cómo equilibrar la acción de los linfocitos T contra el cáncer y contra el propio organismo.

¿Qué nos deparará el futuro? Permítanme una aclaración: he utilizado la expresión «nuevo ser humano» a lo largo del libro y en el título. La uso en un sentido muy preciso. No me refiero de forma explícita al «nuevo ser humano» que se encuentra en las visiones de ciencia ficción del futuro: una criatura potenciada por inteligencia artificial, robóticamente mejorada, equipada con infrarrojos, que toma píldoras azules y coexiste felizmente en el mundo real y el virtual: Keanu Reeves con una túnica negra. Tampoco me refiero a un ser «transhumano», dotado de habilidades y facultades aumentadas que trascienden las que poseemos actualmente.

Me refiero a un ser humano reconstruido con células modificadas que, tanto en su aspecto como en la manera en que se siente, es básicamente como usted y como yo. Una mujer con una depresión paralizante, resistente a los tratamientos, en la que se estimulan las células nerviosas (neuronas) con electrodos. Un joven que se somete a un trasplante experimental de médula ósea con células modificadas genéticamente para curar su anemia de células falciformes. Un diabético de tipo 1 al que se le infunden sus propias células madre para que produzcan la hormona insulina y mantengan una concentración sanguínea normal de glucosa, el combustible del cuerpo. Un octogenario al que, tras múltiples infartos, se le inyecta un virus que se instalará en su hígado y reducirá de forma permanente el colesterol que obstruye las arterias, disminuyendo así el riesgo de otro episodio cardiaco. Aquí hablo de mi padre, al que se le podrían haber implantado neuronas, o un dispositivo de estimulación neuronal, que habrían estabilizado su marcha y evitado que sufriera la caída que le llevó a la muerte.

Estos «nuevos seres humanos», así como las técnicas celulares utilizadas para crearlos, me parecen mucho más emocionantes que sus homólogos imaginarios de ciencia ficción. Las alteraciones realizadas son para aliviar el sufrimiento, mediante una ciencia que tuvo que elaborarse de modo artesanal y modelarse con un trabajo y un amor insondables, y técnicas tan ingeniosas que desafían la credibilidad: como fusionar una célula cancerosa con una célula inmunitaria para producir una célula inmortal que cure el cáncer; o extraer un linfocito T del cuerpo de una niña, manipularlo genéticamente con un virus para convertirlo en un arma contra la leucemia y transfundírselo después. Conoceremos a estos nuevos seres humanos en prácticamente todos los capítulos de este libro. Y, a medida que aprendamos a reconstruir cuerpos y partes de estos con células, los encontraremos en el presente y en el futuro: en cafés, supermercados, estaciones de tren y aeropuertos; en nuestro barrio y en nuestras propias familias. Los encontraremos entre nuestros primos y abuelos, nuestros padres y hermanos y quizá en nosotros mismos.

En poco menos de dos siglos —desde finales de la década de 1830, cuando los científicos Matthias Schleiden y Theodor Schwann propusieron la teoría de que todos los tejidos animales y vegetales estaban formados por células, hasta la primavera en la que Emily se recuperó—, un concepto radical se ha extendido por toda la biología y la medicina, afectando prácticamente a todos los aspectos de las dos ciencias y transformando ambas para siempre. Los órganos vivos complejos eran conjuntos de unidades diminutas, autónomas y autorreguladas: compartimentos vivos, por así decirlo, o «átomos vivientes», como los llamó el microscopista holandés Antonie van Leeuwenhoek en 1676.[4] Los seres humanos eran ecosistemas de estas unidades vivas. Éramos conjuntos pixelados, ensamblados, y nuestra existencia era el resultado de una aglomeración cooperativa. Éramos una suma de partes.

El descubrimiento de las células y el replanteamiento del cuerpo humano como un ecosistema celular anunciaron también el nacimiento de un nuevo tipo de medicina basada en la manipulación terapéutica de las células. Una fractura de cadera, un paro cardiaco, una inmunodeficiencia, la demencia de Alzheimer, el sida, la neumonía, el cáncer de pulmón, la insuficiencia renal, la artritis..., todo ello podía concebirse como el resultado de células, o de sistemas de células, que funcionan de manera anormal. Y también podrían percibirse como posibilidades para aplicar las terapias celulares.

La transformación de la medicina que ha hecho posible nuestro nuevo conocimiento de la biología celular puede dividirse a grandes rasgos en cuatro categorías.

La primera es el uso de fármacos, sustancias químicas o estímulos físicos para alterar las propiedades de las células: sus interacciones, su intercomunicación y su comportamiento. En esta primera categoría se incluyen los antibióticos contra los gérmenes, la quimioterapia y la inmunoterapia contra el cáncer, así como la estimulación de las neuronas con electrodos para modular los circuitos de las células nerviosas en el cerebro.

La segunda es la transferencia de células de un cuerpo a otro (incluso a nuestro propio cuerpo), ejemplificada por las transfusiones de sangre, el trasplante de médula ósea y la fecundación *in vitro* (FIV).

La tercera es el uso de células para sintetizar una sustancia —la insulina o los anticuerpos— que produce un efecto terapéutico en una enfermedad.

Y, más recientemente, ha aparecido una cuarta categoría: la modificación genética de las células, seguida del trasplante, para crear células, órganos y cuerpos dotados de nuevas propiedades.

Algunos de estos tratamientos, como los antibióticos y las transfusiones de sangre, están tan arraigados en la práctica de la medicina que no se nos ocurre pensar en ellos como «terapias celulares». Pero surgieron a partir de nuestra comprensión de la biología celular (la teoría de los gérmenes, como pronto veremos, fue una ampliación de la teoría celular). Otros tratamientos, como la inmunoterapia para el cáncer, son avances del siglo XXI. Y otros más, como la infusión de células madre modificadas para la diabetes, son tan nuevos que aún se consideran experimentales. Sin embargo, todos ellos —los antiguos y los nuevos— son «terapias celulares», pues están estrechamente ligados a nuestra comprensión de la biología celular. Y cada uno de estos avances ha cambiado el curso de la medicina y, a la vez, la manera en que concebimos al ser humano y su vida.

En 1922 un niño de catorce años con diabetes de tipo 1 fue sacado de un coma —resucitado, se podría decir— gracias a una infusión intravenosa de insulina extraída de las células pancreáticas de un perro. En 2010, cuando Emily Whitehead recibió su infusión de linfocitos T con receptor quimérico para el antígeno (linfocitos T-CAR, por las siglas en inglés de *chimeric antigen receptor*),[5] o doce años más tarde, cuando los primeros pacientes con anemia falciforme sobreviven sin la enfermedad, con células madre sanguíneas modificadas genéticamente, estamos pasando del siglo del gen al siglo de la célula, que se solapa con el anterior y continúa.

La célula es la unidad elemental de la vida. Pero esto plantea una pregunta más profunda: ¿qué es la «vida»? Puede que uno de los dilemas metafísicos de la biología sea que todavía no hemos logrado definir aquello que precisamente nos define. La definición de la vida no puede captarse por una sola propiedad. Como dijo el biólogo ucraniano Serhiy (o Sergey, como solían llamarle) Tsokolov: «Cada teoría, hipótesis o punto de vista adopta las definiciones de la vida de acuerdo con sus propios intereses y premisas científicas. Hay cientos de definiciones convencionales de la vida dentro del discurso científico, pero ninguna ha sido capaz de lograr un consenso».[6] (Y Tsokolov, que desgraciadamente murió en la plenitud de su vida intelectual en 2009, lo sabía bien, ya que esto fue la piedra particular en su zapato. Era astrobiólogo: su trabajo de investigación tenía que ver con la búsqueda de vida más allá de la Tierra. Pero ¿cómo se puede encontrar vida si los científicos no consiguen definir el propio término?).

La definición de la vida, tal y como existe ahora, se parece a un menú. No es una cosa, sino una serie de cosas, un conjunto de comportamientos, una serie de procesos, no una sola propiedad. Para estar vivo, un organismo debe tener la capacidad de reproducirse, desarrollarse, metabolizar, adaptarse a los estímulos y mantener su medio interno. Los seres vivos pluricelulares complejos también poseen lo que yo llamaría propiedades «emergentes»:[7] propiedades que surgen de sistemas de células, como mecanismos para defenderse de lesiones e invasiones, órganos con funciones especializadas, sistemas fisiológicos de comunicación entre órganos e incluso la capacidad de percibir y sentir y las funciones intelectuales. Y no es casualidad que todas estas propiedades se apoyen, en última instancia, en las células, o en los sistemas de células.[8] En cierto sentido, pues, podría definirse la vida como aquello que tiene células, y las células, como aquello que tiene vida.

La definición recursiva no es disparatada. Si Tsokolov se hubiera topado con su primer ser astrobiológico —por ejemplo, un alienígena ectoplásmico de Alfa Centauri— y hubiese querido saber si estaba «vivo» o no, podría haber preguntado si cumplía el menú de propiedades de la vida. Pero también podría haber planteado esta cuestión al ser: «¿Tienes células?». Es difícil imaginar la vida sin células, al igual que es imposible imaginar que las células no tengan vida.

Tal vez este hecho subraye la importancia de la historia de la célula: necesitamos entender las células para entender el cuerpo humano. Las necesitamos para entender la medicina. Pero, sobre todo, necesitamos la historia de la célula para contar la historia de la vida y nuestra propia historia.

Pero ¿qué es en definitiva una célula? En un sentido estricto, una célula es una unidad viva autónoma que funciona como una máquina descodificadora de un gen. Los genes proporcionan instrucciones —un código, si se prefiere— para fabricar proteínas, las moléculas que realizan prácticamente todo el trabajo en una célula. Las proteínas hacen posibles las reacciones biológicas, coordinan las señales dentro de la célula, constituyen sus elementos estructurales y activan y desactivan genes para regular la identidad, el metabolismo, el desarrollo y la muerte de la célula. Son los actores principales de la biología, las máquinas moleculares que hacen posible la vida.*

Los genes, que contienen los códigos para fabricar proteínas, se encuentran físicamente en una molécula helicoidal de doble cadena llamada ácido desoxirribonucleico (ADN), que está empaquetada dentro de las células humanas en estructuras en forma de madeja denominadas cromosomas. Por lo que sabemos hasta el momento, el ADN está presente en el interior de todas las células vivas (a no ser que haya sido expulsado de ellas). Los científicos han buscado células que utilicen moléculas distintas del ADN para contener sus instrucciones —el ARN, por ejemplo—, pero hasta ahora no han encontrado ninguna célula que contenga sus instrucciones en el ARN.

* Los genes proporcionan el código para fabricar ácido ribonucleico (ARN), que, a su vez, es descifrado para fabricar proteínas. Pero, además de transportar el código para fabricar proteínas, algunos de estos ARN realizan diversas tareas en las células, algunas de las cuales aún no se conocen. El ARN también puede regular genes e intervenir en colaboración con las proteínas en ciertas reacciones biológicas.

Cuando hablo de *descodificar*, quiero decir que las moléculas de una célula leen ciertas secciones del código genético, del mismo modo que los músicos de una orquesta leen las partes que les corresponden en una partitura musical —el canto particular de la célula—, permitiendo así que las instrucciones de un gen se manifiesten físicamente en una proteína. O, dicho de un modo más simple, un gen contiene un código y la célula descifra ese código. Así, la célula convierte la información en forma, y el código genético, en proteínas. Un gen sin una célula carece de vida: es como un manual de instrucciones guardado en una molécula inerte, una partitura musical sin ningún músico que la interprete, una biblioteca desierta sin nadie que lea los libros que guarda. Una célula aporta materialidad y fisicidad a un conjunto de genes. Una célula da vida a los genes.

Pero la célula no es una mera máquina descodificadora de genes. Tras descifrar el código sintetizando un conjunto determinado de proteínas encriptadas en sus genes, se transforma en una máquina integradora. Utiliza este conjunto de proteínas (y los productos bioquímicos elaborados por ellas) para empezar a coordinar su función, su comportamiento (movimiento, metabolismo, señalización, aporte de nutrientes a otras células, reconocimiento de agentes extraños), para lograr las propiedades de la vida. Y ese comportamiento, a su vez, se manifiesta como el comportamiento del organismo. El metabolismo de un organismo depende del metabolismo celular. La reproducción de un organismo depende de la reproducción celular. La reparación, la supervivencia y la muerte de un organismo dependen de la reparación, la supervivencia y la muerte de las células. El comportamiento de un órgano, o de un organismo, depende del comportamiento de la célula. La vida de un organismo depende de la vida de la célula.

Y por último, una célula es una máquina que se divide. Las moléculas de la célula —de nuevo las proteínas— son las que inician el proceso de duplicación del genoma. La organización interna de la célula cambia. Los cromosomas, donde se encuentra físicamente el material genético de la célula, se dividen. La división celular es lo que impulsa el crecimiento, la reparación, la regeneración y, en última instancia, la reproducción, entre las características funcionales y definitorias de la vida.

Me he pasado toda mi carrera trabajando con células. Cada vez que observo una al microscopio —refulgente, brillante, viva—, rememoro la emoción que sentí al observar la primera. Un viernes por la tarde del otoño de 1993, aproximadamente una semana después de haber llegado como estudiante de posgrado al laboratorio de Alain Townsend, en la Universidad de Oxford, para estudiar inmunología, había triturado un bazo de ratón y colocado el puré teñido de sangre en una placa de Petri junto con factores para estimular los linfocitos T. Pasó el fin de semana y el lunes por la mañana encendí el microscopio. Entraba tan poca luz en la sala que ni siquiera tuve que bajar las cortinas (en Oxford siempre hay poca luz —si la Italia sin nubes era un país ideal para los telescopios, la Inglaterra brumosa y oscura parecía hecha a medida para los microscopios—) y puse la placa bajo el objetivo. Desplazándose bajo el medio de cultivo, había masas de linfocitos T translúcidos, con forma arriñonada, que poseían lo que solo puedo describir como un brillo interior y una plenitud luminosa, los signos de las células sanas y activas. (Cuando las células mueren, el brillo se atenúa y se arrugan y se vuelven granulares, o picnóticas, para usar la jerga de la biología celular).

«Parecen ojos devolviéndome la mirada», susurré para mí. Y, entonces, para mi gran asombro, el linfocito T se movió, deliberadamente, con un propósito, buscando una célula infectada que pudiera purgar y destruir. Estaba vivo.

Años más tarde, me fascinó poder ser testigo de la revolución celular que estaba teniendo lugar en los seres humanos. Cuando conocí a Emily Whitehead en un pasillo iluminado por fluorescentes a la salida del paraninfo de la Universidad de Pensilvania, fue como si me hubiera permitido entrar en un portal que unía el pasado con el futuro. Antes de convertirme en oncólogo, me formé primero como inmunólogo, luego como científico especializado en células madre y, finalmente,* como biólogo del cáncer. Emily

* Hice incluso una incursión en la neurobiología entre 1996 y 1999, cuando trabajé con la profesora Connie Cepko en la Facultad de Medicina de Harvard, investigando el desarrollo de la retina. Estudié las células gliales mucho antes de que estuvieran en boga en la neurobiología. Cepko, bióloga del desarrollo y genetista, me enseñó la ciencia y el arte del rastreo de linajes, un método que aparecerá más adelante en este libro.

encarnaba todas estas vidas pasadas, no solo las mías, sino, lo que es más importante, las vidas y los trabajos de miles de investigadores mirando por miles de microscopios durante miles de días y noches. Encarnaba nuestro deseo de llegar al corazón luminoso de la célula, de comprender sus misterios, que resultan tan cautivadores. Y también encarnaba nuestra dolorosa aspiración de asistir al nacimiento de un nuevo tipo de medicina —las terapias celulares— basada en descifrar la fisiología celular.

Ver a mi amigo Sam en su habitación del hospital y contemplar las sacudidas de su remisión y recaída semana tras semana fue un acicate: no por ser algo que te llena de emoción, sino por comprender lo mucho que aún queda por aprender y conocer. Como oncólogo, me ocupo de las células que se han vuelto rebeldes; células que han invadido espacios donde no deberían existir; células que se multiplican sin control. Estas células distorsionan y anulan los comportamientos que describo en este libro. Intento comprender por qué y cómo sucede. Podría considerarse que soy un biólogo celular atrapado en un mundo al revés. Por eso, la historia de la célula es una historia que está ligada al propio entramado de mi vida científica y personal.

Mientras escribía con frenesí desde los primeros meses de 2020 hasta 2022, la pandemia de COVID-19 seguía extendiéndose de un modo salvaje por todo el mundo. Mi hospital, mi ciudad adoptiva, Nueva York, y mi país de origen se desbordaron con los cuerpos de los enfermos y los muertos. En febrero de 2020 las camas de la UCI del Centro Médico de la Universidad de Columbia, donde trabajo, estaban llenas de pacientes que se ahogaban en sus propias secreciones, con ventiladores mecánicos que forzaban la entrada y salida de aire de sus pulmones. El comienzo de la primavera de 2020 fue especialmente sombrío: Nueva York se convirtió en una metrópolis irreconocible, azotada por el viento, con las calles y avenidas vacías, donde la gente se escondía de la gente. En la India la ola más letal se produjo casi un año después, en abril y mayo de 2021. Los cuerpos se quemaban en los aparcamientos, en los callejones, en los suburbios y los parques infantiles. En los crematorios los fuegos ardían tan a menudo y con tanto ímpetu que las rejillas metálicas que sujetaban los cuerpos se corroían y fundían.

Al principio me quedé en un consultorio del hospital y luego, cuando la clínica del cáncer se redujo a su mínima expresión, me aislé con mi familia en casa. Mirando hacia el horizonte por la ventana, volví a pensar en las células. La inmunidad y sus inconvenientes. La viróloga Akiko Iwasaki, de la Universidad de Yale, me dijo que el principal trastorno provocado por el SARS-CoV-2 (coronavirus del síndrome respiratorio agudo grave de tipo 2) era una «respuesta inmunitaria desajustada», una desregulación de las células inmunitarias.[9] Ni siquiera había oído el término antes, pero su magnitud me golpeó: en esencia, la pandemia también era una enfermedad de las células. Sí, estaba el virus, pero los virus sin las células son inertes, no tienen vida. Nuestras células habían despertado la epidemia y le habían insuflado vida. Para comprender las características clave de la pandemia, debíamos comprender no solo la idiosincrasia del virus, sino también la biología de las células inmunitarias y sus inconvenientes.

En esa época, parecía que todos los caminos y avenidas de mi pensamiento y mi ser me llevaban de vuelta a las células. No estoy seguro de hasta qué punto invoqué este libro para que cobrara vida y hasta qué punto el libro exigía ser escrito.

En *El emperador de todos los males* escribí sobre la dolorosa búsqueda de la cura del cáncer o de su prevención. *El gen* fue impulsado por el afán de descodificar y descifrar el código de la vida. *La armonía de las células* nos lleva a un viaje muy diferente: entender la vida a partir de su unidad más simple, la célula. Este libro no trata de la búsqueda de una cura ni de descifrar un código. No hay un adversario único. Sus protagonistas quieren entender la vida comprendiendo la anatomía de la célula, su fisiología, su comportamiento y sus interacciones con las células circundantes. La música de la célula. Y el objetivo médico de ellos es encontrar terapias celulares, utilizar las unidades estructurales de los seres humanos para reconstruirlos y repararlos.

En vez de un planteamiento cronológico, tuve que optar por una estructura muy diferente. Cada parte del libro aborda una propiedad fundamental de los seres vivos complejos y explora su historia. Cada parte es una minihistoria, una cronología del descubrimiento. Cada parte ilumina una propiedad fundamental de la vida (la reproducción, la autonomía, el metabolismo) que depende de un sistema particular de células. Y cada una contiene el nacimiento de una nueva tecnología celular (por ejemplo, el trasplante de médula ósea, la FIV, la terapia génica, la estimulación cerebral profunda, la inmunoterapia), que surge de nuestro conocimiento de las células y desafía nuestras ideas sobre cómo estamos constituidos los seres humanos y cómo funcionamos. El libro es en sí una suma de partes: la historia objetiva y la historia personal, la fisiología y la patología, el pasado y el futuro —así como una crónica íntima de mi propio crecimiento como biólogo celular y médico—, todo amalgamado para formar una unidad. La organización es celular, podría decirse.

Cuando empecé este proyecto en el invierno de 2019, decidí al principio dedicarlo a Rudolf Virchow. Me sentía cautivado por este médico y científico alemán introvertido, progresista, de voz suave, que, resistiendo a las fuerzas sociales patológicas de su época,[10] promovió el librepensamiento, fue un abanderado de la salud pública, despreció el racismo, editó su propia revista, se labró un camino único y autónomo en la medicina y dio origen a una comprensión de las enfermedades en los órganos y los tejidos basaba en las disfunciones de las células, la «patología celular», como él la describió.[11]

Finalmente, me decidí por un paciente, un amigo, tratado por un cáncer con una nueva forma de inmunoterapia, y por Emily Whitehead, dos pacientes que habían abierto nuevas vías en nuestra comprensión de las células y la terapia celular. Ellos estuvieron entre los primeros en experimentar nuestros primeros intentos de usar las células en la terapia humana y transformar la patología celular en medicina celular, en parte con éxito y en parte sin él. A ellos y a sus células está dedicado este libro.

Primera parte

El descubrimiento

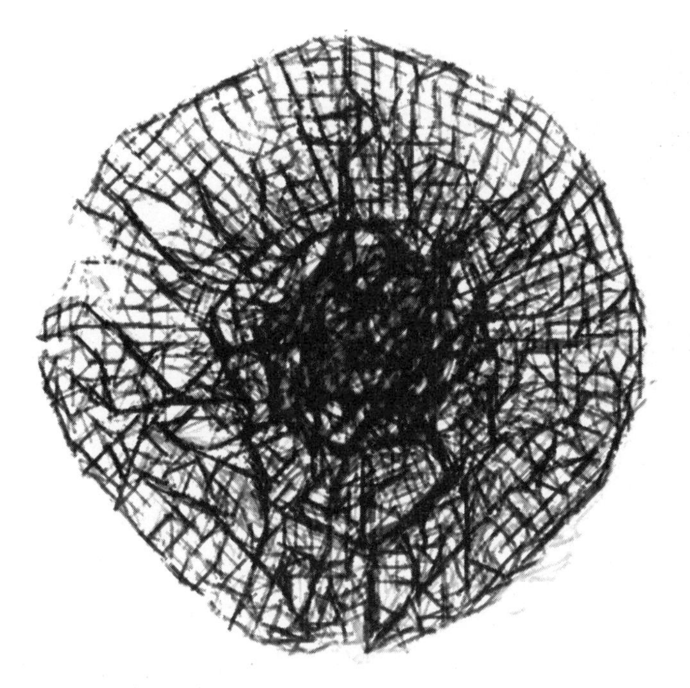

Todos empezamos siendo células únicas.

Nuestros genes difieren, aunque de manera insignificante. La forma en que se desarrollan nuestros cuerpos es diferente. Nuestra piel, nuestro pelo, nuestros huesos, nuestro cerebro presentan distintas características. Las experiencias vitales de cada persona son muy diferentes. Perdí a dos tíos por enfermedades mentales. Perdí a mi padre por una espiral mortal como consecuencia de una caída. Una rodilla, por la artritis. A un amigo —a tantos amigos—, por el cáncer.

Sin embargo, a pesar de las enormes diferencias entre nuestros cuerpos y experiencias, todos coincidimos en dos características. En primer lugar, que surgimos de un embrión unicelular. Y, en segundo lugar, que de esa célula se formaran múltiples células, las que componen los cuerpos de todos nosotros. Estamos constituidos por las mismas unidades materiales y somos como diferentes pepitas de materia constituidas por átomos idénticos.

¿De qué estamos hechos? En la Antigüedad, algunos creían que procedíamos de la sangre de la menstruación que se transformaba en cuerpos al coagularse. Otros creían que ya veníamos preformados: éramos seres en miniatura que simplemente se expandían, como globos con forma humana inflados para un desfile. Algunos pensaban que los seres humanos se esculpían con barro y agua de río. Otros pensaban que evolucionábamos de manera paulatina en el útero, pasando de renacuajos a criaturas con boca de pez y, por último, a seres humanos.

Pero, si observáramos bajo un microscopio la piel o el hígado de unos y otros, encontraríamos que somos sorprendentemente parecidos. Y nos daría-

mos cuenta de que todos estamos constituidos por unidades vivas: las células. La primera célula dio lugar a más células, y luego se dividió para formar muchas más, hasta crear poco a poco el hígado, el intestino y el cerebro, todas las elaboradas estructuras anatómicas del cuerpo.

¿Cuándo nos dimos cuenta de que los seres humanos estaban compuestos por unidades vivas independientes? ¿O de que estas unidades son la base de todas las funciones que el cuerpo es capaz de realizar, es decir, de que nuestra fisiología depende, en última instancia, de la fisiología celular? Y, a la inversa, ¿cuándo nos planteamos que el destino y el futuro de nuestra salud estaban íntimamente ligados a los cambios en estas unidades vivas? ¿Que nuestras enfermedades son consecuencia de la patología celular?

Estas cuestiones, así como la historia de un descubrimiento que afectó y transformó radicalmente la biología, la medicina y nuestra concepción del ser humano, son las que abordaremos en primer lugar.

La célula original

Un mundo invisible

> El verdadero conocimiento es ser consciente de la propia ignorancia.[1]
>
> Rudolf Virchow,
> carta a su padre, hacia la década de 1830

Demos gracias, en primer lugar, a la débil voz de Rudolf Virchow.[2] Este nació en Prusia, en la región de Pomerania (repartida en la actualidad entre Polonia y Alemania), el 13 de octubre de 1821. Su padre, Carl, era agricultor y tesorero de la ciudad. Se sabe poco de su madre, Johanna Virchow, de soltera Hesse. Rudolf era un estudiante aplicado y brillante, reflexivo, atento y dotado para los idiomas. Aprendió alemán, francés, árabe y latín, y su rendimiento escolar fue reconocido con matrículas de honor.

A los dieciocho años, escribió su trabajo de graduación del bachillerato, «Una vida llena de trabajo y esfuerzo no es una carga sino una bendición», y comenzó a prepararse para iniciar una carrera en el clero. Quería ser pastor y predicar en una congregación, aunque le preocupaba su voz débil. La fe emanaba de la fuerza de la inspiración y la inspiración de la fuerza de la elocución. ¿Qué pasaría si nadie lograba oírle cuando intentara proyectarse desde el púlpito? La medicina y la ciencia parecían profesiones más indulgentes para un chico introvertido, estudioso y de voz suave. Al graduarse en 1839, recibió una beca militar y decidió estudiar medicina en el Instituto Friedrich-Wilhelms de Berlín.

El mundo de la medicina en el que Virchow se adentró a mediados del siglo XIX podría dividirse en dos partes: la anatomía y la patología; la primera se hallaba relativamente avanzada, y la segunda, en un estado aún confuso. En el siglo XVI los anatomistas empezaron a describir con mayor precisión las formas y estructuras del cuerpo humano. El anatomista más conocido de todos fue el científico flamenco Andreas Vesalio,[3] profesor de la Universidad de Padua, en Italia. Era hijo de un boticario y llegó a París en 1533 para estudiar y practicar la cirugía. Encontró la anatomía quirúrgica sumida en un caos absoluto. Había pocos libros de texto y ningún mapa sistemático del cuerpo humano. La mayoría de los cirujanos y sus estudiantes se orientaban, *grosso modo*, en las enseñanzas anatómicas de Galeno, el médico romano que vivió entre el 129 y el 216 d.C. Los antiguos tratados de anatomía humana de Galeno basados en estudios sobre animales habían quedado muy desfasados y, a decir verdad, eran a menudo incorrectos.

El sótano del hospital Hôtel-Dieu de París, donde se diseccionaban cadáveres humanos en descomposición, era un espacio sórdido, sin aire y mal iluminado, con perros medio salvajes merodeando bajo las camillas para roer los desechos, una «carnicería», como describiría Vesalio una de esas salas de anatomía. Los catedráticos se sentaban en «sillas elevadas [y] graznaban como grajos —escribió—, mientras sus ayudantes cortaban y escarbaban en el cuerpo de forma aleatoria, eviscerando órganos y partes como si extrajeran el relleno de algodón de un muñeco».[4]

«Los médicos ni siquiera se molestaban en cortar —escribió Vesalio con amargura—, pero aquellos barberos, en quienes se delegaba el oficio de la cirugía, eran demasiado poco instruidos para entender los escritos de los profesores de disección. [...] Se limitan a trocear las cosas que deben mostrarse siguiendo las instrucciones del médico, quien, sin haber tocado en su vida un escalpelo, lo único que hace es dirigir el barco con comentarios, y no sin arrogancia. Y así todas las cosas se enseñan mal, y los días transcurren en tontas disputas. En ese tumulto, se exponen menos hechos a los espectadores que los que un carnicero podría enseñar a un médico en su carnicería». Y concluía sombríamente: «Salvo los ocho músculos del abdomen, tristemente destrozados y en el orden incorrecto, nadie me ha mostrado jamás un músculo, ni tampoco un hueso, y mucho menos la sucesión de nervios, venas y arterias».

Frustrado y confundido, Vesalio decidió crear su propio mapa del cuerpo humano. Se dedicó a asaltar las morgues cercanas al hospital, a veces dos veces por día, para proveer de muestras su laboratorio. Las tumbas del cementerio de los Inocentes, a menudo descubiertas, con los cadáveres reducidos a los huesos, le proporcionaban muestras perfectamente conservadas para los dibujos de los esqueletos. Y paseando cerca de Montfaucon, el enorme patíbulo de tres pisos de París, divisaba los cadáveres de los reos que colgaban en las horcas. De manera clandestina, arramblaba con los cuerpos recién colgados, cuyos músculos, vísceras y nervios estaban lo bastante intactos como para poder diseccionarlos capa por capa y trazar un mapa de la situación de los órganos.

Los intrincados dibujos que Vesalio realizó durante la década siguiente transformaron la anatomía humana.[5] En ocasiones, dividía el cerebro en secciones horizontales, como un melón cortado desde un extremo, para crear imágenes semejantes a las que podrían obtenerse con un moderno escáner de tomografía axial computarizada (TAC). Otras veces disponía los vasos sanguíneos sobre los músculos o abría los músculos en colgajos, como una serie de ventanas anatómicas que uno podría imaginarse atravesando para descubrir las superficies y capas que se encuentran por debajo.

Podía dibujar el abdomen humano visto de abajo arriba, como el escorzo del cuerpo de Cristo de Andrea Mantegna, el pintor italiano del siglo XV, en *La lamentación sobre Cristo muerto*, y cortar el dibujo en «rodajas», al modo de una imagen obtenida por resonancia magnética. Colaboró con el pintor y grabador Jan van Kalkar para llevar a cabo los dibujos más detallados y delicados de la anatomía humana que existían. En 1543 publicó sus trabajos anatómicos en siete volúmenes titulados *De Humani Corporis Fabrica* (*El tejido del cuerpo humano*).[6] La palabra «tejido» del título daba a entender su textura y propósito: se presentaba el cuerpo humano tratado como materia física, no como un misterio; hecho de tejido, no de espíritu. Por un lado, era un libro de texto de medicina, con casi setecientas ilustraciones, y, por otro, un tratado científico, con mapas y diagramas que sentarían las bases de los estudios anatómicos humanos durante siglos.

Casualmente, se publicó el mismo año que la «anatomía de los cielos» del astrónomo polaco Nicolás Copérnico,[7] el monumental libro *Sobre las revoluciones (de los orbes celestes)*, que presentaba un mapa del sistema solar heliocéntrico, donde situaba a la Tierra girando en una órbita y al Sol firmemente en su centro.

Vesalio había colocado la anatomía humana en el centro de la medicina.

Pero mientras que la anatomía, el estudio de los elementos estructurales del cuerpo humano, realizó avances radicales, la patología —el estudio de las enfermedades humanas y sus causas— no adquirió tal

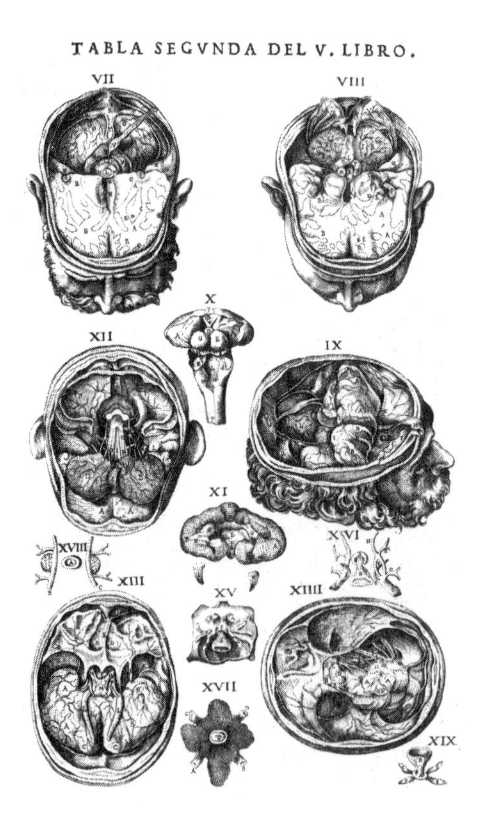

Un grabado de la obra *De Humani Corporis Fabrica* (1543), de Vesalio, que muestra su método de representar cortes progresivos de una estructura anatómica para resaltar las relaciones entre las subestructuras que se encuentran por encima y por debajo, algo parecido a lo que podría obtenerse con un escáner moderno de TAC. Obras como *De Humani Corporis Fabrica*, ilustrado por Jan van Kalkar, revolucionaron el estudio de la anatomía humana, pero en la década de 1830 no existía ningún libro de texto de fisiología o patología con un rigor comparable.

desarrollo. Era un universo disperso y sin mapas. No existía un libro de patología semejante, ni una teoría común para explicar las enfermedades: nada de revelaciones ni *revoluciones*. Durante los siglos XVI y XVII, la mayoría de las enfermedades se atribuían a los miasmas: vapores venenosos que emanaban de las aguas residuales o del aire contaminado. Los miasmas transportaban partículas de materia en descomposición llamadas *miasmata*, que penetraban de alguna manera en el cuerpo provocando su deterioro. (Una enfermedad como la malaria todavía expresa esta historia en su nombre, que procede de la contracción de las palabras italianas *mala* y *aria*, es decir, «mal aire»). Los primeros reformadores de la salud se centraron, pues, en la reforma sanitaria y la higiene pública para prevenir y curar las enfermedades. Construyeron sistemas de alcantarillado para evacuar los residuos o abrieron conductos de ventilación en las casas y las fábricas, para evitar que la niebla contagiosa de los miasmas se acumulara en el interior. La teoría parecía estar envuelta en una lógica indiscutible. Muchas ciudades, en proceso de rápida industrialización e incapaces de hacer frente a la afluencia de trabajadores y sus familias, eran escenarios malolientes de esmog y aguas residuales, y la enfermedad parecía seguir el rastro de las zonas más pobladas y que peor olían. Las oleadas recurrentes de cólera y tifus acechaban los barrios más pobres de Londres y sus alrededores, como el East End (hoy en día resplandeciente con sus tiendas y restaurantes que venden delantales de exquisito lino y caras botellas de ginebra de destilería única). La sífilis y la tuberculosis proliferaban. El parto era un acontecimiento aterrador, con una clara probabilidad de que no concluyera con un nacimiento, sino con la muerte del niño, de la madre o de ambos. En los barrios más ricos de la ciudad, donde el aire estaba limpio y las aguas residuales se evacuaban de manera adecuada, prevalecía la salud; mientras que los pobres, que vivían en zonas llenas de miasmas, sucumbían inevitablemente a la enfermedad. Si la limpieza era el secreto de la salud, la enfermedad debía ser una característica de la suciedad o la contaminación.

Pero, mientras la idea de la contaminación por emanaciones y de los miasmas parecía estar impregnada de un tinte de verdad —y proporcionaba una justificación perfecta para segregar aún más los barrios ricos y los pobres de las ciudades—, la comprensión de la patología estaba plagada de enigmas peculiares. ¿Por qué, por ejemplo, una mujer que daba a luz en una parte de una sala de obstetricia de Viena tenía una tasa de mortalidad tras el parto casi tres veces superior a la de una mujer que lo hacía en otra sala cercana?[8] ¿Qué provocaba la infertilidad? ¿Por qué un joven perfectamente sano sucumbía de repente a una enfermedad que se cebaba con sus articulaciones provocándole un dolor atroz?

A lo largo de los siglos XVIII y XIX, médicos y científicos buscaron una forma sistemática de explicar las enfermedades humanas. Pero todo lo que lograron fue un cúmulo insatisfactorio de explicaciones basadas en la anatomía macroscópica: toda enfermedad era una disfunción de un órgano concreto. El hígado. El estómago. El bazo. ¿Existía algún principio organizador más profundo que conectara estos órganos y sus trastornos difusos y desconcertantes? ¿Se podía pensar en la patología humana de forma sistemática? Tal vez la respuesta no se encontraba en la anatomía visible, sino en la anatomía microscópica. De hecho, por analogía, los químicos del siglo XVIII ya habían empezado a descubrir que las propiedades de la materia —la combustibilidad del hidrógeno o la fluidez del agua— se derivaban de las propiedades de las partículas, moléculas y átomos invisibles que las componían. ¿Estaría la biología organizada de forma similar?

Rudolf Virchow tenía solo dieciocho años cuando se matriculó en el Instituto de Medicina Friedrich-Wilhelms de Berlín.[9] La escuela estaba destinada a formar oficiales médicos para el ejército prusiano y su disciplina de trabajo era ciertamente marcial: los estudiantes debían asistir a sesenta horas de clase a la semana durante el día y memorizar la información por la noche. (En la Pépinière, la escuela de cirugía, los médicos militares de elevado rango solían sorprender a los estudiantes con «batidas de asistencia». Si un alumno faltaba a clase, se castigaba a toda la sección).[10] «Esto ocurre cada día sin descanso, desde las seis de la mañana hasta las once de la noche, excepto el domingo —escribía sombríamente a su padre—, [...] y de esta manera acabas tan cansado que por la noche suspiras por una cama dura, en la que, tras haber dormido en un semiletargo, te levantas por la mañana casi tan cansado como estabas antes».[11] Comían una ración diaria de carne, patatas y sopa aguada, y vivían en pequeñas celdas individuales y aisladas.

Virchow aprendía los conceptos y datos de memoria. La anatomía se enseñaba con relativa precisión: el mapa macroscópico del cuerpo se había ido perfeccionando poco a poco desde la época de Vesalio gracias a muchas generaciones de vivisectores y miles de autopsias. Pero la patología y la fisiología carecían de una lógica fundamental. La razón por la que los órganos funcionaban, lo que hacían y por qué sufrían disfunciones era pura especulación, que había pasado, como por un dictado marcial, de la conjetura a hechos. Los patólogos habían estado divididos durante mucho tiempo en escuelas que defendían los distintos orígenes de la enfermedad. Estaban los miasmistas, que pensaban que las enfermedades se originaban a partir de las emanaciones contaminadas; los galenistas, que creían que la enfermedad era un desequilibrio patológico de los cuatro fluidos y semifluidos corporales denominados «humores»; y los «psiquistas», que sostenían que la enfermedad era una manifestación de un proceso mental frustrado. Cuando Virchow se inició en la medicina, la mayoría de estas teorías se habían vuelto confusas o desaparecido.

En 1843 Virchow terminó su carrera de medicina y se incorporó al Hospital de la Charité de Berlín, donde empezó a trabajar junto con Robert Friorep, patólogo, microscopista y conservador de muestras patológicas del hospital. Liberado de la rigidez intelectual de su anterior escuela, Virchow anhelaba encontrar una forma sistemática de entender la fisiología y la patología humanas. Se adentró en la historia de la patología. «Hay una necesidad urgente y profunda de entender la patología microscópica»,[12] escribió, pero la disciplina, en su opinión, había perdido el rumbo. Tal vez los microscopistas tenían razón: quizá la respuesta sistemática no se hallaba en el mundo visible. ¿Y si un corazón defectuoso o un hígado cirrótico fueran meros epifenómenos, estados que emergen de una disfunción subyacente más profunda e invisible a simple vista?

Al escudriñar el pasado, Virchow se dio cuenta de que antes de él había habido pioneros que también habían contemplado este mundo invisible. Desde finales del siglo XVII, los investigadores habían descubierto que los tejidos vegetales y animales estaban formados por estructuras vivas unitarias llamadas células. ¿Constituirían estas células el punto central de la fisiología y la patología? Si así fuese, ¿de dónde procedían y qué hacían?

«El verdadero conocimiento es ser consciente de la propia ignorancia —había escrito Virchow en una carta a su padre siendo estudiante de medicina en la década de 1830—. Cuán a menudo y con cuánto dolor lamento las lagunas de mis conocimientos. Por eso no me quedo satisfecho en ninguna rama de la ciencia. [...] Hay demasiadas incertidumbres y dudas en mí». Virchow había encontrado por fin su lugar en la ciencia médica, y era como si el intranquilo malestar de su alma se hubiera calmado. «Soy mi propio consejero», escribió con una confianza nueva en 1847.[13] Si la patología celular no existía, él crearía esta disciplina. Tras haber adquirido la madurez de un médico y un conocimiento profundo de la historia de la medicina, podía finalmente quedarse tranquilo y llenar las lagunas.

La célula visible

«Historias ficticias sobre animalitos»

> En la suma de las partes, no hay más que partes.
> El mundo deben medirlo los ojos.
>
> WALLACE STEVENS

«El mundo deben medirlo los ojos».

La genética moderna debe su origen a la práctica de la agricultura: el monje moravo Gregor Mendel descubrió los genes polinizando plantas de guisantes de manera cruzada con un pincel en el jardín de su monasterio en Brno.[1] El genetista ruso Nikolai Vavilov se inspiró en la selección de cultivos.[2] Incluso el naturalista inglés Charles Darwin había observado los cambios extremos en las características de los animales a través de la cría selectiva.[3] También la biología celular partió de una tecnología práctica y modesta. La ciencia más sofisticada nació de una experimentación humilde.

En cuanto a la biología celular, se trataba simplemente del arte de ver: el mundo medido, observado y diseccionado por el ojo. A principios del siglo XVII, dos ópticos holandeses, Hans y Zacharias Janssen, padre e hijo, colocaron dos lentes de aumento en los extremos de un tubo y descubrieron que podían agrandar un mundo invisible.*[4,5] Los microscopios con dos lentes se denominarían con el tiempo «micros-

* Algunos historiadores sostienen que los competidores de los Janssen, los fabricantes de gafas Hans Lipperhey y Cornelis Drebbel, inventaron el microscopio compuesto. Las fechas de todos estos inventos son objeto de controversias, pero es probable que se produjeran en algún momento entre la década de 1590 y la de 1620.

copios compuestos», mientras que los que tenían una sola lente se llamaron «simples»; ambos se basaban en siglos de innovación en la técnica del soplado de vidrio que había viajado desde el mundo árabe y griego hasta los talleres de los vidrieros italianos y holandeses. En el siglo II a.C. el escritor Aristófanes describió los «globos encendedores»: esferas de vidrio que se vendían como baratijas en el mercado para concentrar y dirigir los rayos de luz; si se miraba cuidadosamente a través de un globo de vidrio, podía verse ese mismo universo en miniatura ampliado. Tras estirar ese globo hasta formar una lente del tamaño de un ojo, obtendríamos unas gafas, inventadas supuestamente por un vidriero italiano, Amati, en el siglo XII. Tras montar la lente con un mango, obtendríamos una lupa.

La innovación decisiva introducida por los Janssen consistió en fusionar el arte de soplar el vidrio con la técnica para mover las piezas de vidrio sobre una placa fijada. Al ensamblar una o dos piezas de vidrio en forma de lentes perfectamente nítidas en placas o tubos de metal, con sistemas de tornillos y engranajes para deslizarlas, los científicos pronto se abrirían camino hacia un mundo invisible y diminuto —todo un universo hasta entonces desconocido para los seres humanos—, el anverso del cosmos macroscópico observable a través de un telescopio.

Un reservado comerciante holandés había aprendido de manera autodidacta a observar este mundo invisible. En la década de 1670 Antonie van Leeuwenhoek, un vendedor de telas de Delft, necesitaba un instrumento para examinar la calidad e integridad del hilo. La Holanda del siglo XVII era un floreciente nexo para el comercio de telas: sedas, terciopelos, lanas, linos y algodones llegaban en tiras y fardos desde los puertos y las colonias, y se distribuían a través de Holanda a toda la Europa continental.[6] Basándose en el trabajo de Janssens, Leeuwenhoek fabricó un microscopio sencillo con una sola lente fijada en una placa de latón y una pequeña platina para montar las muestras. Al principio, lo utilizó para evaluar la calidad de las telas. Pero su interés por su instrumento artesanal se convirtió pronto en algo compulsivo: enfocaba su lente sobre cualquier objeto que pudiera encontrar.

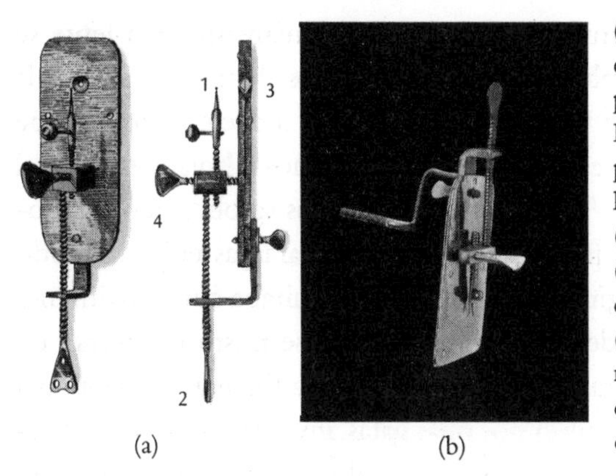

(a) Representación esquemática de uno de los primeros microscopios de Leeuwenhoek donde pueden distinguirse (1) la aguja para la muestra, (2) el tornillo principal, (3) la lente y el (4) tornillo de ajuste del enfoque. (b) Uno de los microscopios auténticos de Leeuwenhoek montado en una placa de latón.

El 26 de mayo de 1675, la ciudad de Delft quedó inundada a causa de una tormenta. Leeuwenhoek, que entonces tenía cuarenta y dos años, recogió parte del agua de los canalones de su tejado y la dejó reposar durante un día; luego puso una gota bajo uno de sus microscopios y sostuvo este hacia la luz.[7] Al instante quedó embelesado. Nadie que él conociera había visto nada parecido. El agua estaba llena de montones de organismos diminutos: «animálculos», los llamó. Los astrónomos habían observado mundos macroscópicos en sus telescopios —la Luna azulada, Venus envuelto en gas, Saturno con sus anillos, Marte manchado de rojo—, pero nadie había dado cuenta de un maravilloso universo vivo contenido en una gota de lluvia. «Para mí, entre todas las maravillas que he descubierto en la naturaleza, esta es la más maravillosa de todas —escribió en 1674—. Jamás he tenido ante mis ojos una visión más placentera que este espectáculo de los miles de criaturas vivas en una gota de agua».*[8]

Quería observar más, construir instrumentos más precisos para poder contemplar este nuevo y fascinante universo de seres vivos. Así pues, adquirió cuentas y esferas de vidrio veneciano de la mejor calidad y las esmeriló y pulió laboriosamente hasta conseguir formas lenticulares perfectas (algunas de sus lentes, según sabemos ahora, se fabricaron elongando una varilla de vidrio hasta formar una fina agu-

* Leeuwenhoek había observado la presencia de organismos microscópicos unicelulares ya en 1674, pero su carta a la Royal Society, fechada en 1676, contiene las descripciones más vívidas de esos organismos en el agua de lluvia estancada.

ja sobre una llama viva, rompiendo el extremo y dejando que la aguja «burbujease» para formar un glóbulo con forma de lente). Montó estas lentes en finas placas de latón, plata u oro, cada una con un sistema cada vez más complejo de soportes y tornillos en miniatura para mover los componentes del instrumento hacia arriba y hacia abajo y lograr un enfoque perfecto. Fabricó casi quinientos de estos microscopios, cada uno de ellos una maravilla de meticulosa maestría.

¿Existirían estas criaturas también en otras muestras de agua? Leeuwenhoek rogó a un hombre que iba a viajar a la costa que le trajera una muestra de agua del mar en una «botella de vidrio limpia». Y de nuevo encontró los diminutos organismos unicelulares —«el cuerpo de color ratón, claro hacia la punta ovalada»—[9] nadando en el agua. Finalmente, en 1676, elaboró un informe de sus hallazgos y lo envió a la sociedad científica más respetada de la época.

«En el año 1675 —escribió a la Royal Society de Londres— descubrí criaturas vivas en agua de lluvia que había permanecido apenas unos pocos días en una olla de barro nueva. [...] Cuando estos animálculos o átomos vivientes se movieron, sacaron dos pequeños cuernos, que se movían sin cesar. [...] El resto del cuerpo era redondeado, afilado hacia un extremo, donde tenía una cola, casi cuatro veces más larga que el cuerpo».[10]

Cuando terminé de escribir el párrafo anterior, yo ya estaba obsesionado: también quería observar. Suspendido en el limbo de la pandemia, opté por construir mi propio microscopio, o al menos la versión más cercana que pude crear. Encargué una placa metálica y una manilla giratoria, perforé un agujero y monté la placa con la mejor lente diminuta que pude comprar. Se parecía tanto a un microscopio moderno como un carro de bueyes a una nave espacial. Tiré a la basura un montón de prototipos hasta que por fin logré fabricar uno que podría funcionar. En una tarde soleada coloqué una gota de agua de lluvia estancada de un charco en la aguja para la muestra y sostuve el aparato apuntando hacia la luz del sol.

Nada. Unas formas difusas, como sombras de un mundo fantasmal, se movían por mi campo visual. Todo borroso. Decepcionado, ajusté con cuidado el tornillo de enfoque, como habría hecho Leeuwenhoek. Con cada giro de este aumentaba mi expectación de forma visceral, como si un impulso serpenteante ascendiera a la vez por mi columna vertebral. Y de repente logré ver. La gota se volvió nítida y luego todo un mundo en su interior. Una forma ameboide atravesó la lente. Había unas ramificaciones de un organismo que no pude identificar. Luego, un microorganismo de forma espiral. Una mancha redonda que se movía, rodeada por un halo de los más bellos y tiernos filamentos que jamás había visto. No podía dejar de mirar. ¡Células!

En 1677 Leeuwenhoek observó espermatozoides humanos —«un animálculo genital»— en su semen, así como en una muestra obtenida de un hombre con gonorrea.[11] Le pareció que «se movían como una serpiente o una anguila nadando en el agua».[12] Sin embargo, a pesar de su entusiasmo y productividad, el comerciante de telas era notoriamente reticente a dejar que otros observadores o científicos examinaran sus instrumentos. El recelo era recíproco, ya que los científicos solían ser igualmente despectivos con él. Henry Oldenburg, el secretario de la Royal Society, imploró a Leeuwenhoek que «nos muestre su método de observación, para que otros puedan confirmar observaciones como estas»,[13] y que proporcionara dibujos y datos confirmatorios, ya que, de las aproximadamente doscientas cartas que Leeuwenhoek envió a la sociedad, solo la mitad ofrecían datos probatorios o describían métodos científicos considerados aptos para su publicación. Pero Leeuwenhoek solamente proporcionaba vagos detalles sobre sus instrumentos o sus métodos. Como escribió el historiador de la ciencia Steven Shapin, Leeuwenhoek no era «ni un filósofo ni un médico ni un caballero. No había asistido a ninguna universidad, ni sabía latín, francés ni inglés. [...] Sus afirmaciones [sobre los organismos microscópicos que existen en abundancia en el agua] desafiaban los esquemas de verosimilitud existentes, y su identidad no ayudaba a garantizar la credibilidad de esas afirmaciones».[14]

A veces parecía que le deleitaba esa identidad de aficionado reticente y reservado: un comerciante de telas engatusando a un amigo para que le trajera agua del mar en una botella de vidrio. La única manera de creer a este pañero reconvertido en microscopista,

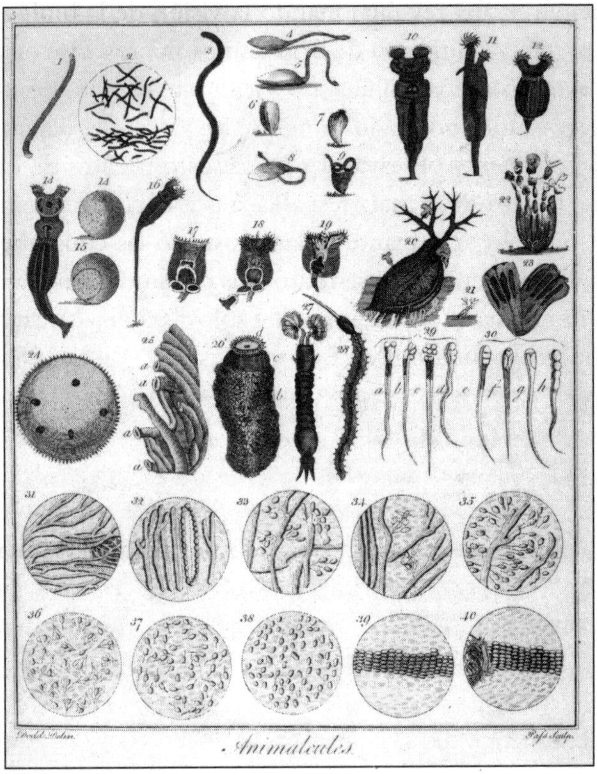

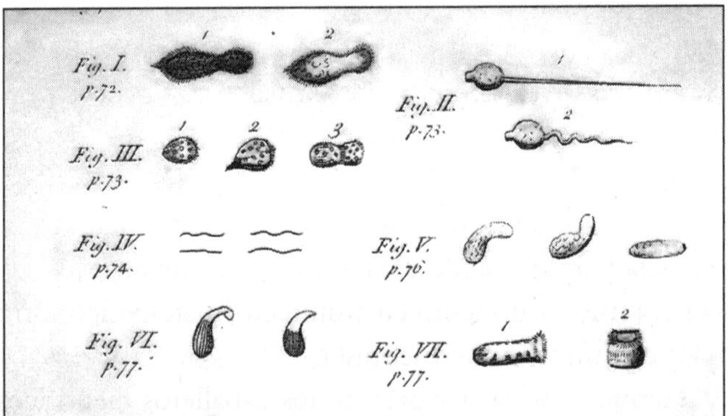

Algunos de los «animálculos» observados por Leeuwenhoek a través de su microscopio de lente única. Obsérvese que la figura II del recuadro inferior podría ser un espermatozoide humano o una bacteria con un flagelo.

que además estaba revolucionando la visión de la biología alproponer un nuevo universo de organismos microscópicos, era confiar en el testimonio de un grupo variopinto de ocho residentes de Delft convocados por él. Juraron que los «animales acuáticos» podían efectivamente observarse con los instrumentos de Leeuwenhoek. Se trataba de ciencia respaldada por declaración jurada, y la reputación del comerciante holandés sufrió las consecuencias de ello.[15] Suspicaz y molesto, se retiró más profundamente a un mundo en miniatura que parecía visible solo para él. «Mi trabajo, que he venido realizando durante tanto tiempo —escribió indignado en 1716—, no se llevó a cabo para obtener las alabanzas de las que ahora disfruto, sino principalmente por un ansia de conocimiento, que siento que habita en mí más que en la mayoría de los hombres».[16]

Era como si hubiera sido tragado por su propio microscopio, tras disminuir su tamaño. Pronto se volvió casi invisible, empequeñecido, olvidado.

En 1665, casi una década antes de que Leeuwenhoek publicara su carta en la que describía los animálculos del agua, Robert Hooke, un científico y polímata inglés, también había visto células, aunque no vivas ni tan diversas como los animálculos de Leeuwenhoek.[17] Como científico, Hooke era quizá todo lo contrario de Leeuwenhoek. Había estudiado en el Wadham College de Oxford, y su intelecto abarcaba amplios horizontes, hurgando en diferentes mundos de la ciencia y absorbiendo reinos enteros a medida que avanzaba. No solo era físico, sino también arquitecto, matemático, astrónomo, ilustrador científico y microscopista.

A diferencia de la mayoría de los caballeros científicos de su época —hombres de familias adineradas que podían permitirse el lujo de dedicarse a las ciencias naturales sin preocuparse por el siguiente sueldo—, Hooke procedía de una familia inglesa pobre. Cuando era un estudiante becado en Oxford, había sobrevivido como aprendiz del eminente físico Robert Boyle. En 1662, siendo aún un subordinado de Boyle, se había consolidado como un pensador extraordinariamente independiente y encontró un empleo como «responsable de los experimentos» en la Royal Society.

La inteligencia de Hooke era fosforescente y elástica, como una goma que resplandece al elongarse. Se adentraba en las disciplinas y luego las expandía e iluminaba como si poseyera una luz interna. Escribió mucho sobre mecánica, óptica y ciencia de los materiales. Tras el Gran Incendio de Londres, que se prolongó durante cinco días en septiembre de 1666, destruyendo cuatro quintas partes de la ciudad, Hooke ayudó al prestigioso arquitecto Christopher Wren a examinar y reconstruir los edificios.[18] Fabricó un nuevo y potente telescopio con el que pudo observar la superficie de Marte, y estudió y clasificó fósiles.

A principios de la década de 1660, Hooke inició una serie de estudios con microscopios. A diferencia de los inventos de Antonie van Leeuwenhoek, estos eran microscopios compuestos. Dos lentes de vidrio finamente esmerilado colocadas en ambos extremos de un tubo móvil, que se llenaba de agua para aumentar la claridad. Tal como él lo describió: «Si [...] se mira a su través un objeto situado muy cerca, aumentará y hará algunos objetos más nítidos que cualquiera de los grandes microscopios. Ahora bien, dado que estos, aunque muy fáciles de hacer, son tan incómodos de utilizar por su pequeñez y la proximidad del objeto, para evitar ambas cosas teniendo con todo dos refracciones, me agencié un tubo de latón».[19]

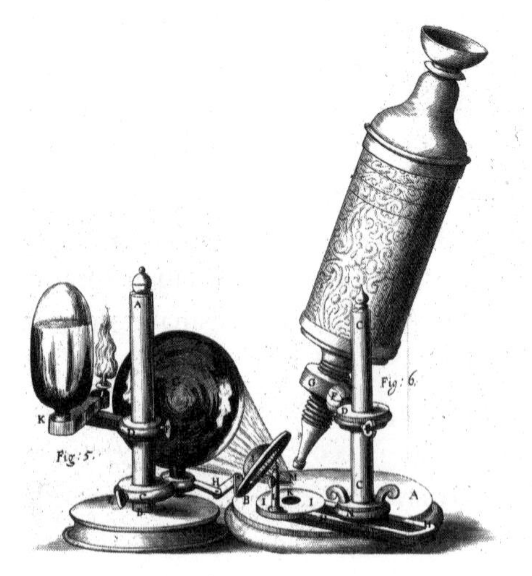

Ilustración del microscopio compuesto de dos lentes utilizado por Robert Hooke. Obsérvese el tubo de latón, que contenía dos lentes, la llama con una serie de espejos, como fuente de luz constante, y la muestra montada bajo el tubo.

En enero de 1665, Hooke publicó un libro que describía sus experimentos y observaciones con la microscopía, titulado *Micrografía o Algunas descripciones fisiológicas de los cuerpos diminutos realizadas mediante cristales de aumento con observaciones y disquisiciones sobre ellas*. Fue el éxito inesperado del año: «El libro más ingenioso que he leído en toda mi vida», escribió el Samuel Pepys en su diario.[20] Los dibujos de cuerpos diminutos, jamás vistos hasta entonces tan ampliados, estremecieron y a la vez fascinaron a sus lectores. Entre las numerosas y meticulosas ilustraciones, había un enorme dibujo de una pulga;[21] una imagen gigantesca de un piojo, con su grotesca boca parasitaria ampliada hasta ocupar un octavo de la página, y el ojo compuesto de una mosca doméstica, con sus cientos de facetas, como una lámpara de araña en miniatura. «Los ojos de una mosca [...] se asemejan a una celosía», escribió.[22] Hooke emborrachó a una hormiga con coñac para poder dibujar con detalle sus cuernos.[23] Pero, entre estas imágenes de parásitos e insectos, había una de aspecto relativamente prosaico que sacudiría de manera sigilosa los cimientos de la biología. Se trataba de un corte transversal del tallo de una planta —una fina rodaja de corcho— que Hooke había colocado bajo su microscopio.

Hooke descubrió que el corcho no era un simple bloque de materia plano y monótono. «Cogí un trozo bien claro de corcho —explicó en su *Micrografía*— y con un cortaplumas tan afilado como una navaja de afeitar corté un trozo, dejando su superficie extraordinariamente lisa. Al examinarlo luego con mucha diligencia con un microscopio pensé que podía ver cómo aparecía un poco poroso».[24] Estos poros o celdas no eran muy profundos, sino que constaban de «muchísimas cajitas». Es decir, este pedazo de corcho estaba compuesto por un entramado regular de estructuras poligonales con «unidades» diferenciadas y repetitivas que estaban ensambladas para formar el conjunto. Se asemejan a los panales de una colmena o a las celdas monásticas.

Buscó un nombre para denominarlas y finalmente se decidió por «células», de la palabra latina *cella*, que significa «celda». (Hooke no había visto verdaderas «células», sino más bien los contornos de las paredes que las células vegetales construyen a su alrededor; tal vez, en algún rincón habría alguna célula viva, pero no existe ninguna ilustración que lo demuestre). «Muchísimas cajitas»,[25] como las imaginó él. Sin saberlo, había inaugurado una nueva manera de concebir a los seres vivos, incluidos los seres humanos.

Hooke siguió observando, aun con mayor empeño, esas pequeñas unidades vivas independientes, invisibles a simple vista. En una asamblea de la Royal Society, en noviembre de 1677, describió sus observaciones microscópicas del agua de lluvia. La sociedad registró estas observaciones:

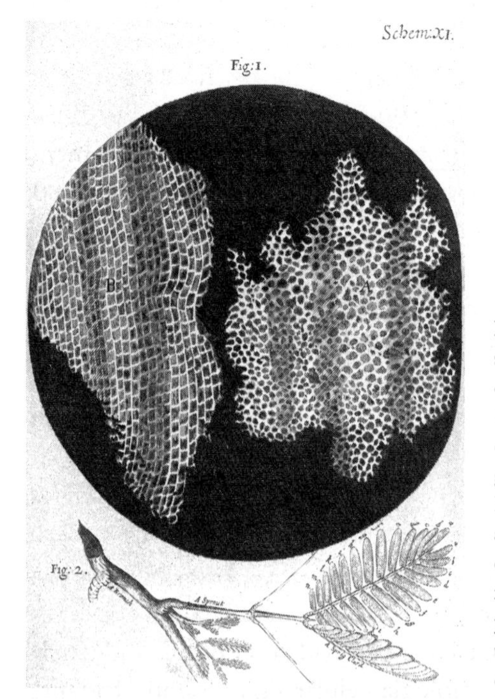

Dibujo de Robert Hooke de la sección de un fragmento de corcho, de su obra *Micrografía* (1665). El libro suscitó un enorme e inesperado interés y adquirió gran popularidad en toda Inglaterra por sus imágenes ampliadas de vegetales y animales diminutos. Es probable que, en esta muestra, lo que Hooke vio fueran paredes celulares, aunque más tarde también observó células de verdad en el agua.

> El primer experimento mostrado fue el del agua de pimienta, que se había preparado con agua de lluvia [...] dejando todo sumergido unos nueve o diez días antes.[26] En ella, el señor Hooke había podido apreciar durante toda la semana un gran número de animales sumamente pequeños que nadaban de un lado a otro. Parecían del tamaño de un ácaro, vistos a través de un cristal que aumentaba unas cien mil veces su volumen; por lo que se estimó que eran cien mil

> veces menores que un ácaro. La forma que tenían era parecida a una pequeñísima burbuja transparente ovalada o semejante a un huevo; y el extremo mayor de esta burbuja oval se movía hacia delante. Se observó que presentaban todo tipo de movimientos de un lado a otro en el agua; y a todos los que los observaron les pareció que eran verdaderamente animales, y que su aspecto no podía resultar de ninguna falacia.

En la década siguiente, Antonie van Leeuwenhoek, tras conocer el trabajo anterior de Hooke, se comunicó con él, al darse cuenta de que los animálculos que había visto agitándose bajo sus microscopios podían ser análogos a la colección de unidades vivas —las células— que Hooke había observado en el corcho o a los organismos que nadaban en el agua de pimienta. Pero hay un tono de lamento y decepción en esas cartas, como en esta de noviembre de 1680: «Pues a menudo ha llegado a mis oídos que solo cuento historias ficticias sobre los animalitos...».[27] Aunque en una nota clarividente, redactada en 1712, escribió: «Es más, aún podemos llevarlo más lejos, y descubrir en la más pequeña partícula de este pequeño mundo un nuevo e inagotable fondo de materia, que podría hilarse como otro universo».[28]

Hooke le respondió solo esporádicamente, pero se aseguró de que sus cartas fueran traducidas y presentadas a la Royal Society. Sin embargo, aunque probablemente fue el responsable de salvar la reputación de Leeuwenhoek para la posteridad, su propia influencia sobre el pensamiento de la biología celular siguió siendo bastante limitada. Como describió Henry Harris, el historiador experto en biología celular, «Hooke no sugirió en ningún momento que estas estructuras fueran los esqueletos residuales de las subunidades básicas de las que estaban constituidos todos los vegetales y animales. Tampoco habría imaginado necesariamente, si hubiera pensado en subunidades básicas, que tendrían el tamaño y la forma de las cavidades que había observado en el corcho».[29] Había visto «las paredes de una célula viva en el corcho, pero interpretó mal su función, y es obvio que no podía concebir lo que, en el estado vivo, ocupaba los espacios en el interior de esas paredes».*[30] Un trozo de corcho inerte con poros; ¿qué más podía deducirse de su dibujo micrográfico? ¿Por qué el tallo de una planta tenía esa estructura? ¿Cómo surgieron estas «celdas»? ¿Cuál era su función? ¿Eran universales en todos los organismos? ¿Y cuál era la importancia de estos compartimentos vivos en el cuerpo normal o en la enfermedad?

El interés de Hooke por la microscopía acabó disminuyendo. Su errante intelecto necesitaba vagar sin límites, y regresó a la óptica, la mecánica y la física. De hecho, su inclinación por casi todas las cosas puede haber sido su defecto fundamental. El lema de la Royal Society, *Nullius in verba*, que podría traducirse libremente como «No aceptar la palabra de nadie como prueba», era su mantra personal. Pasaba de una disciplina científica a otra, ofreciendo perspectivas brillantes, no creyendo en la palabra de nadie, afirmando su dominio en aspectos cruciales de una ciencia, pero sin manifestar nunca una autoridad completa sobre ningún tema. Se basó en el modelo del filósofo y científico aristotélico —un indagador de todos los asuntos del mundo, árbitro de todas las pruebas—, en lugar de en la visión contemporánea del científico como autoridad en un solo tema, y su reputación se resintió en consecuencia.

En 1687 Isaac Newton publicó *Philosophiae Naturalis Principia Mathematica* (*Principios matemáticos de la filosofía natural*),[31] una obra tan trascendental en su profundidad y amplitud que hizo añicos el pasado y dio forma a un nuevo paisaje para el futuro de la ciencia.

* En 1671, la Royal Society recibió otras dos comunicaciones: una del científico italiano Marcello Malpighi y otra de Nehemiah Grew, secretario de la sociedad, ambas describiendo formas celulares en diversos tejidos, especialmente en muestras vegetales. Sin embargo, aunque Leeuwenhoek y Hooke reconocieron el trabajo de estos, tanto las observaciones de Malpighi como las de Grew sobre la anatomía celular fueron prácticamente ignoradas en el siglo XVII. Las ilustraciones de Grew sobre las células de los tallos de las plantas han quedado relegadas a la historia, pero Malpighi, que continuó explorando la anatomía microscópica de los tejidos animales, perdura a través de muchas de las estructuras celulares que llevan su nombre, como el estrato de Malpighi en la piel y las células de Malpighi del riñón.

Entre sus descubrimientos figura su ley de la gravitación universal. Sin embargo, Hooke sostenía que él había formulado antes las leyes de la gravitación y que Newton había plagiado sus observaciones.

Esta era una afirmación absurda. De hecho, Hooke y algunos otros físicos habían planteado que los cuerpos planetarios eran atraídos por el Sol a través de «fuerzas» invisibles,[32] pero ninguno de los análisis anteriores poseía ni de lejos el rigor matemático o la profundidad científica que Newton aportó al rompecabezas en sus *Principios*. La discusión entre Hooke y Newton se prolongó durante décadas, aunque podría decirse que Newton se apuntó el último tanto. Según una anécdota muy repetida, probablemente apócrifa, el único retrato de Hooke desapareció cuando Newton supervisó la mudanza de la Royal Society a su nueva sede en Crane Court, en 1710, siete años después de la muerte de Robert Hooke, y luego olvidó encargar una versión póstuma. El pionero de la óptica, el hombre que hizo visibles universos enteros, es invisible para nosotros. Hoy en día no existe ninguna representación o retrato confirmado de Hooke.[33]

La célula universal

«La partícula menor de este mundo diminuto»

> Pude percibir con enorme claridad que estaba todo perforado y poroso, muy a la manera de un panal, aunque sus poros no eran regulares, [...] siendo ciertamente los primeros poros microscópicos que yo hubiera visto nunca.[1]
>
> ROBERT HOOKE, 1665

> En cuanto empezó a aplicarse el microscopio a la investigación de la estructura de los vegetales, la gran simplicidad de esta [...] atrajo necesariamente la atención.[2]
>
> THEODOR SCHWANN, 1847

En la historia de la biología, a menudo hay valles de silencio que siguen a los picos de los descubrimientos monumentales. Al descubrimiento del gen por parte de Gregor Mendel en 1865 le siguió lo que un historiador describió como «uno de los silencios más extraños de la historia de la ciencia»:[3] los genes (o «factores» y «elementos», como los denominó Mendel de manera imprecisa) no se mencionaron durante casi cuarenta años, antes de ser redescubiertos a principios del siglo XX. En 1720 el médico londinense Benjamin Marten llegó a la conclusión de que la tuberculosis —la tisis, o *consunción*, como se llamaba entonces— era una enfermedad contagiosa del sistema respiratorio, probablemente transmitida por organismos microscópicos. Llamó a los posibles elementos contagiosos «criaturas vivas maravillosamente diminutas»,[4] así como *contagium vivum*, o «contagio vivo»[5] (obsérvese la palabra «vivo»). De haber profundizado en sus descubrimientos médicos, Marten se habría convertido en cierto modo en el padre de la microbiología moderna, pero tendría que pasar casi un siglo antes de que los microbiólogos Robert Koch y Louis Pasteur relacionaran la enfermedad y la putrefacción con la célula microbiana.

Sin embargo, si uno se adentra en estos valles de la historia, no son ni mucho menos silenciosos o inactivos. Representan periodos extraordinariamente fecundos en los que los científicos tratan afanosamente de desentrañar la magnitud, el alcance y el potencial esclarecedor de un descubrimiento. ¿Se trata de un principio universal y general de los sistemas vivos o de una idiosincrasia particular de una gallina, una orquídea o una rana? ¿Explica observaciones hasta ahora inexplicables? ¿Existen otros niveles de organización más allá de él?

La razón por la que se producen estos valles de silencio tiene que ver en parte con el tiempo necesario para desarrollar instrumentos y sistemas de modelos que permitan responder a estas preguntas. La genética tuvo que aguardar al trabajo del biólogo Thomas Morgan, que demostró la existencia física del gen —investigando la herencia de los caracteres en la mosca de la fruta— en la década de 1920, y, finalmente, al nacimiento de la cristalografía de rayos X, la técnica utilizada para descifrar la estructura tridimensional de moléculas como el ADN, en la década de 1950, para comprender qué aspecto físico tienen los genes. La teoría atómica, enunciada por primera vez por John Dalton a principios de la década de 1800, tuvo que aguardar al desarrollo del tubo de rayos catódicos en 1890, así como a las ecuaciones matemáticas necesarias para elaborar modelos basados en la física cuántica a principios del siglo XX que permitieran dilucidar la estructura del átomo. La biología celular tuvo que aguardar a la centrifugación, a la bioquímica y a la microscopía electrónica.

Pero tal vez exista una respuesta semejante en los cambios conceptuales, o heurísticos, necesarios para pasar de la descripción de un elemento —una célula bajo un microscopio, un gen como unidad de la herencia— a la comprensión de su universalidad, organización, función y comportamiento. Las afirmaciones atomísticas son las más audaces de todas: el científico propone una reorganización fundamental del mundo en elementos unitarios. Átomos. Genes. Células. Es necesario pensar en la célula de una manera diferente: no como un objeto bajo una lente, sino como un lugar funcional para todas las reacciones químicas fisiológicas, como una unidad organizadora de todos los tejidos y como el punto unificador de la fisiología y la patología. En vez de pensar en una organización continua del mundo biológico, hay que pensar en una descripción que implique elementos discontinuos, diferenciados y autónomos que unifiquen ese mundo. Podríamos decir, de manera metafórica, que hay que ver más allá de la «carne» (continua, corpórea y visible) para imaginar la «sangre» (invisible, corpuscular y discontinua).

El periodo comprendido entre 1690 y 1820 representa un valle de este tipo para la biología celular. Después de que Hooke descubriera las células —o las paredes celulares, para ser más exactos— en un trozo de corcho pulido, innumerables botánicos y zoólogos enfocaron sus microscopios sobre muestras de animales y vegetales para entender sus subestructuras microscópicas. Hasta su muerte, en 1723, Antonie van Leeuwenhoek siguió observando a través de sus microscopios y documentando elementos —«átomos vivos», como él los llamó— del mundo invisible. La emoción de aquel primer encuentro con el mundo invisible nunca le abandonó (y sospecho que a mí tampoco me abandonará nunca).

A finales del siglo XVII y principios del XVIII, microscopistas como Marcello Malpighi y Marie-François-Xavier Bichat se dieron cuenta de que los «átomos vivos» de Leeuwenhoek no eran necesariamente, ni exclusivamente, unicelulares; en animales y vegetales más complejos, se organizaban para formar tejidos. El anatomista francés Bichat, en concreto, distinguió hasta veintiún tipos de tejidos elementales que constituían los órganos humanos. Por desgracia, murió a los treinta años de tuberculosis.[6] Aunque Bichat se equivocó a veces en sus afirmaciones sobre las estructuras de algunos de estos tejidos elementales, impulsó la biología celular hacia el desarrollo de la histología: el estudio de los tejidos y de los sistemas de células que colaboran entre sí.

Sin embargo, fue François-Vincent Raspail, más que ningún otro microscopista, quien intentó elaborar una teoría sobre la fisiología celular a partir de estas primeras observaciones. Sí, había células, células por todas partes, reconoció —en los tejidos vegetales y animales—, pero, para que su existencia tuviera un sentido, debían hacer alguna cosa.

Raspail creía en «hacer».[7] Este botánico, químico y microscopista autodidacta nació en 1794 en Carpentras (Vaucluse), en el sudeste de Francia. Se convirtió en un librepensador progresista tras rechazar la carrera eclesiástica, y se dedicó a oponerse a la autoridad moral, cultural, académica y política. Se abstuvo de unirse a las sociedades científicas, pues las encontraba elitistas y anticuadas, y decidió no asistir a la Facultad de Medicina. Sin embargo, no tuvo ningún reparo en adherirse a sociedades secretas para liberar a Francia durante la Revolución de 1830, lo que le llevó a ser encarcelado desde 1832 hasta principios de 1840. Durante su estancia en la cárcel, instruyó a sus compañeros sobre antisepsia, saneamiento e higiene. En 1846 fue juzgado de nuevo por un intento de golpe de Estado, así como por ofrecer consejos médicos a los reclusos sin contar con un título oficial de médico. Fue desterrado a Bélgica, pero hasta sus acusadores se mostraron apologéticos sobre el juicio: «El tribunal se enfrenta hoy a un eminente científico, un hombre al que la profesión médica se sentiría honrada de tener como miembro si él se dignara a unirse a ella y aceptara un diploma de la Facultad de Medicina».[8] Como era característico en él, Raspail se negó.[9]

Sin embargo, con todas estas distracciones políticas, y sin contar con ningún tipo de formación académica en biología, entre 1825 y 1860, Raspail publicó más de cincuenta artículos sobre una gran variedad de temas, como botánica, anatomía, medicina forense, biología celular y antisepsia. Además, apuntando más lejos que sus predecesores, comenzó a investigar la composición, la función y el origen de las células.

¿De qué estaban constituidas las células? «Cada célula selecciona de su medio circundante solo lo que necesita»,[10] escribió a finales de la década de 1830, presagiando un siglo de bioquímica celular. «Las células disponen de diversos medios para escoger, lo que da lugar a las diferentes proporciones de agua, carbono y bases en la composición de sus paredes celulares. Es fácil imaginar que ciertas paredes permitan el paso de determinadas moléculas», continuaba Raspail, anticipando tanto la idea de una membrana celular selectiva y porosa como la de la autonomía de la célula y la concepción de esta como unidad metabólica.

¿Qué hacían las células? «Una célula es [...] una especie de laboratorio», propuso. Detengámonos un momento a contemplar el alcance de este razonamiento. Partiendo solo de supuestos básicos sobre la química y las células, Raspail dedujo que una célula realiza procesos químicos para que los tejidos y los órganos funcionen. En otras palabras, hace posible la fisiología. Imaginó que la célula era el lugar donde se producían las reacciones que sustentan la vida. Pero la bioquímica estaba en pañales, por lo que la química y las reacciones que se producían en este «laboratorio» celular eran invisibles para Raspail. Solo podía describirlo como una teoría. Una hipótesis.

Por último, ¿de dónde provenían las células? Enmascarado en forma de epígrafe en un manuscrito de 1825, Raspail formuló el aforismo latino *Omnis cellula e cellula*: «Toda célula proviene de otra célula».[11] No lo investigó más, ya que no disponía de las herramientas ni los métodos experimentales para demostrarlo, pero ya había cambiado la concepción fundamental de lo que es y hace una célula.

Las almas poco ortodoxas reciben recompensas poco ortodoxas. Raspail, que se burló de la sociedad y de las sociedades, nunca fue reconocido por el *establishment* científico europeo. Pero uno de los bulevares más largos de París, que discurre desde las Catacumbas hasta Saint-Germaine, lleva su nombre. Al caminar por el bulevar Raspail, se pasa por detrás del Institut Giacometti, con sus esculturas de hombres solitarios y esqueléticos en pequeñas islas de pedestales, perdidos en perennes pensamientos. Cada vez que paseo por el bulevar, pienso en el rebelde y desafiante precursor de la biología celular (aunque Raspail, debo señalar, no era especialmente esquelético). Regresa a mi mente el concepto de la célula como un laboratorio para la fisiología de un órgano: cada célula cultivada en uno de mis incubadores es un laboratorio dentro de otro laboratorio. Los linfocitos T que yo había observado por el microscopio en el laboratorio de Oxford eran «laboratorios de vigilancia», que se desplazaban en un medio fluido buscando virus patógenos escondidos dentro de otras células. Los espermatozoides que Leeuwenhoek vio con su microscopio eran «laboratorios de información», que guardaban la información hereditaria de un macho, empaquetada en el ADN, y estaban dotados de un potente motor de natación para entregarla al óvulo y llevar a cabo la reproducción. La célula, por así decirlo, hace experimentos de fisiología, permitiendo que entren y salgan moléculas, fabricando y destruyendo sustancias químicas. Es el laboratorio de las reacciones que permite la vida.

En otro momento, o tal vez en otro lugar, el descubrimiento de formas unitarias y autónomas de materia viva —las células— no habría causado demasiado revuelo en la biología. Sin embargo, el nacimiento de la biología celular coincidió con dos de los debates más candentes sobre la vida que se desarrollaron en la ciencia europea durante los siglos XVII y XVIII. Ambos pueden parecer absurdos hoy en día, pero representaron unos de los desafíos más difíciles para la teoría celular. A medida que esta disciplina emergía de su oscuro velo en la década de 1830, los biólogos celulares tendrían que hacer frente a estos dos retos antes de que pudiera madurar su disciplina.

El primer debate provenía de los vitalistas: un grupo de biólogos, químicos, filósofos y teólogos convencidos de que los seres vivos no podían crearse a partir de las mismas sustancias químicas que había en el mundo natural. Las teorías del vitalismo existían desde la época de Aristóteles, pero la fusión del vitalismo con el romanticismo de finales del siglo XVIII dio lugar a una descripción extática de la naturaleza como imbuida de un *animus* «orgánico» especial, que no podía reducirse a ninguna materia o fuerza química o física. El histólogo francés Marie-François-Xavier Bichat, en la década de 1790, y el fisiólogo alemán Justus von Liebig, a principios del siglo XIX, fueron dos influyentes defensores de esta teoría. En 1795 el movimiento encontró su voz poética más fértil en Samuel Taylor Coleridge, quien imaginó que toda la «naturaleza animada» se estremecía cuando esta fuerza vital fluía a través de ella, como una brisa que hiciera resonar un arpa, creando una música irreductible a sus meras notas. Como escribió Coleridge:

> *Y ¿no serán los seres animados*
> *arpas dispuestas de diverso modo*
> *que se hacen pensamiento cuando sopla,*
> *viva y vasta, una brisa intelectual,*
> *de cada una el alma, Dios de todas?*[12]

Tenía que haber alguna marca divina que distinguía los fluidos y los cuerpos de los seres vivos, afirmaban los vitalistas. El viento en el arpa. Los seres humanos no eran un mero conglomerado de reacciones químicas inorgánicas «sin vida», y, aunque estuviéramos hechos de células, estas debían poseer también esos fluidos vitales. Los vitalistas no tenían ningún problema con las células en sí. A su entender, un Creador divino que moldeara todo el repertorio de organismos biológicos en el transcurso de seis días bien podría haber optado por fabricarlos a partir de bloques unitarios (crear un elefante y un milpiés a partir de los mismos bloques resultaría mucho más sencillo, sobre todo si tienes un pedido urgente con solo seis días para entregar la mercancía). Lo que les inquietaba era el origen de las células. Algunos vitalistas sostenían que las células nacían dentro de las células, como los seres humanos dentro de los vientres humanos; otros especulaban que «cristalizaban» de manera espontánea a partir del fluido vital, como las sustancias químicas que cristalizan en el mundo inorgánico; salvo que en este caso era la materia viva la que generaba la materia viva. Un corolario natural del vitalismo fue el concepto de «generación espontánea»: este fluido vital que impregnaba todos los sistemas vivos era necesario y suficiente para crear vida por sí mismo, incluidas las células.

En contraposición a los vitalistas, un pequeño y controvertido grupo de científicos defendía que las sustancias químicas vivas y las naturales eran la misma cosa, y que los seres vivos surgían de los seres vivos, no de forma espontánea, sino a través del nacimiento y el desarrollo. A finales de la década de 1830, en Berlín, el científico alemán Robert Remak observó al microscopio embriones de rana y sangre de pollo. Tenía la esperanza de poder captar el nacimiento de una célula, un acontecimiento especialmente raro en la sangre de pollo, así que esperó. Y esperó. Y entonces, una tarde, lo vio: bajo su microscopio, pudo observar cómo una célula se estremecía, se agrandaba, se abultaba y se dividía en dos, dando lugar a células «hijas». Una corriente de euforia debió ascender por la columna vertebral de Remak, pues había encontrado la prueba irrefutable de que las nuevas células surgían de la división de células preexistentes, *Omnis cellula e cellula*, como había señalado Raspail tan discretamente en un epígrafe.* Pero la revolucionaria observación de Remak fue ignorada en gran medida, ya que, por ser judío, se le denegó el acceso a la cátedra completa en la universidad. (Un siglo después, su nieto, un distinguido matemático, perecería en el campo de exterminio nazi de Auschwitz).

Los vitalistas seguían afirmando que las células surgían por coalescencia de los fluidos vitales. Para demostrar que estaban equivocados, los no vitalistas tendrían que encontrar una forma de explicar cómo se formaban las células, un reto que, según los vitalistas, nunca podría superarse.

El segundo debate que bullía durante los primeros años del siglo XIX era el de la preformación: la idea de que el feto humano ya estaba completamente formado en miniatura, cuando aparecía por primera vez en el útero tras la fecundación. La teoría del preformismo tenía una larga y colorida historia: surgida posiblemente de las

* El botánico alemán Hugo von Mohl también había observado el nacimiento de las células a partir otras células en los meristemos de los vegetales. Tanto Remak como Virchow conocían los trabajos de Von Mohl, que más tarde ampliarían, entre otros, Theodor Boveri y Walther Flemming, quienes describieron las etapas de la división celular en células vegetales y de erizos de mar.

leyendas populares y la mitología, fue adoptada por los primeros alquimistas. A mediados del siglo XV, el físico y alquimista suizo Paracelso escribió sobre los seres humanos en miniatura «transparentes», los «homúnculos», que ya estaban presentes en un feto. Algunos alquimistas estaban tan convencidos de la preexistencia de todas las formas humanas en un feto que pensaban que la incubación de un huevo de gallina con semen generaría un ser humano completamente formado, pues las instrucciones para fabricarlo ya estaban presentes en el espermatozoide. En 1694 el microscopista holandés Nicolaas Hartsoeker publicó unos dibujos que representaban seres humanos en miniatura dentro de un espermatozoide, con la cabeza, las manos y los pies plegados como un origami en la cabeza de la célula espermática, que al parecer había observado al microscopio.[13] El reto para los biólogos celulares consistía en demostrar cómo una criatura tan compleja como un ser humano podía surgir de un óvulo fecundado si no existía una plantilla preformada ya presente en su interior.

Fue la demolición de las teorías del vitalismo y el preformismo —y su reemplazo por la teoría celular— lo que consolidaría la nueva ciencia y daría paso al siglo de la célula.

A mediados de la década de 1830, mientras François-Vincent Raspail languidecía en la cárcel y Rudolf Virchow era aún un estudiante de medicina, un joven abogado alemán llamado Matthias Schleiden se sentía frustrado con su profesión. Intentó atravesar su cabeza con una bala, pero erró el blanco. Escarmentado por su fracaso, decidió abandonar el derecho y dedicarse a su verdadera pasión: la botánica.

Empezó a estudiar los tejidos vegetales bajo el microscopio. Los instrumentos eran ahora mucho más sofisticados que los de Hooke o Leeuwenhoek, con lentes de superior calidad y tornillos de enfoque que podían ajustarse finamente para lograr una nitidez exquisita. Como botánico, Schleiden sentía una curiosidad natural por la naturaleza de los tejidos vegetales y, al observar los tallos, las hojas, las raíces y los pétalos, encontró las mismas estructuras unitarias que había descubierto Hooke. Los tejidos, escribió, estaban formados por aglomeraciones de pequeñas unidades poligonales: «Un conjunto de seres totalmente individuales, independientes y separados, las propias células».[14]

Schleiden comentó sus descubrimientos con el zoólogo Theodor Schwann, en quien encontró un compañero fiel y comprensivo y un colaborador de por vida.

También Schwann había observado que los tejidos animales poseían un sistema de organización solo visible por el microscopio: estaban constituidos por unidades elementales, por células.

«Una gran parte de los tejidos animales procede de las células o está compuesto por ellas»,[15] escribió Schwann en un tratado de 1838. «La extraordinaria diversidad en la figura [de los órganos y los tejidos] se origina por los diferentes modos en que se unen las estructuras elementales simples, las cuales, aunque presentan modificaciones, son en esencia iguales, es decir, células».[16] Los complejos tejidos vegetales y animales estaban formados por estas unidades vivas: rascacielos construidos con bloques de Lego. Compartían el mismo sistema de organización. Las células fibrosas del músculo podían tener un aspecto completamente distinto al de un glóbulo rojo o una célula hepática, pero «aunque presentan modificaciones», escribió Schwann, eran las mismas: unidades vivas que componen los seres vivos. En todos los tejidos que Schwann examinó con meticulosidad, había unidades de vida de tamaño menor: las «muchísimas cajitas» que describió Hooke.

Ni Schwann ni Schleiden habían encontrado algo nuevo ni desvelado una propiedad de la célula aún no descubierta. No fue la novedad lo que les reportó notoriedad, sino el atrevimiento de su afirmación. Recopilaron los trabajos de sus predecesores —Hooke, Leeuwenhoek, Raspail, Bichat y un médico científico holandés llamado Jan Swammerdam— y los sintetizaron en una propuesta radical. Lo que todos estos investigadores habían descubierto, se dieron cuenta, no era una propiedad especial o idiosincrásica de ciertas especies o de ciertos animales y vegetales, sino un principio general y universal de la biología.* ¿Qué hacen las células? Consti-

* Al tiempo que los historiadores de la ciencia profundizan en los primeros años de la biología celular, se ve más empañada la pretensión de Schwann y Schlei-

tuir organismos. Poco a poco, a medida que el alcance y la universalidad de su afirmación se hicieron evidentes, Schleiden y Schwann propusieron los dos primeros principios de la teoría celular:

1. Todos los seres vivos están compuestos por una o varias células.
2. La célula es la unidad básica de la estructura y la organización de los seres vivos.

Sin embargo, también para Schwann y Schleiden era difícil comprender de dónde salían las células. Si los animales y los vegetales estaban formados por unidades vivas autónomas e independientes, ¿de dónde procedían estas unidades? Las células de un animal tenían que haber surgido de la primera célula fecundada, que debía haberse expandido millones o miles de millones de veces hasta formar el organismo. Entonces ¿cuál era el proceso por el cual las células surgían y se multiplicaban?

Tanto Schwann como Schleiden habían sido alumnos aventajados del fisiólogo Johannes Müller, la fuerza singularmente dominante en el enrarecido mundo de las ciencias biológicas alemanas. Müller era una «figura conflictiva, enigmática y transicional»[17] —tal como me lo describió la historiadora de la ciencia Laura Otis—, un científico acosado por las contradicciones: atrapado entre la

den de ser los primeros en dilucidar la teoría celular. En concreto, parece haberse ignorado relativamente el trabajo pionero del científico Jan Purkinyě (o Purkinje, como se le conoce más comúnmente) y de algunos de sus alumnos, como Gabriel Gustav Valentin. Puede que esto fuese una consecuencia del nacionalismo científico: Schwann, Schleiden y Virchow trabajaban en Alemania y escribían sus obras en alemán, considerado el idioma culto de la ciencia, mientras que Purkinje y sus alumnos realizaban sus investigaciones en Breslavia. Aunque esta ciudad era oficialmente territorio prusiano, se consideraba un puesto remoto poblado en su mayoría por ciudadanos polacos. En 1834, tras adquirir un nuevo microscopio, Purkinje y Valentin llevaron a cabo varias observaciones de tejidos y enviaron al Instituto de Francia un ensayo en el que sostenían que algunos animales y vegetales estaban constituidos por elementos unitarios. Sin embargo, a diferencia de Schwann y Schleiden, no propugnaron un principio general y universal que unificara todas las formas de vida.

creencia vitalista de que la materia viva tenía propiedades especiales y la búsqueda constante de unos principios científicos unificadores que gobernaran el mundo de los seres vivos.*[18] Influido por esta búsqueda de Müller de unos principios unificadores, Schleiden se dedicó a indagar sobre el origen de las células. El único mecanismo que pudo encontrar para explicar sus descubrimientos microscópicos sobre las células —sobre cómo podían surgir un gran número de unidades organizadas dentro de los tejidos— fue relacionarlos con un proceso químico que también produce un gran número de unidades organizadas a partir de una sustancia química, es decir, la cristalización. Las células debían formarse por algún tipo de proceso de cristalización en un fluido vital, sostenía Müller, y Schleiden no podía mostrarse en desacuerdo.

Sin embargo, cuanto más estudiaba los tejidos bajo el microscopio, más cerca se encontraba de poder refutar esta teoría. ¿Dónde estaban esos supuestos cristales vivos? En su libro *Mikroskopische Untersuchungen* (Investigaciones microscópicas), escribió: «Hemos comparado el crecimiento de los organismos con la cristalización,[19] [...] pero [la cristalización] implica muchas cosas inciertas y paradójicas».[20] Sin embargo, por muy paradójico que fuera, ni siquiera Schwann logró superar la ortodoxia del vitalismo, pese a lo que sus ojos le decían. Lo expresó así: «La conclusión fundamental es que un principio común subyace al desarrollo [...] al igual que las mismas leyes rigen la formación de los cristales».[21] Por mucho que lo intentó, no llegó a entender cómo nacía una célula.

En el otoño de 1845, en Berlín, Rudolf Virchow, que entonces tenía veinticuatro años y acababa de terminar sus estudios de medicina,

* El conflicto interno de Müller sobre el vitalismo era evidente en gran parte de sus escritos. En la introducción de su libro fundamental, *Tratado de fisiología*, por ejemplo, reflejaba su falta de certeza sobre la vida que surge de los fluidos vitales frente a la materia inorgánica «ordinaria»: «Debe admitirse, de cualquier modo, que la manera en que se combinan los elementos últimos en los cuerpos orgánicos, así como las energías por las que se efectúa la combinación, son muy peculiares [y] no pueden regenerarse por ningún proceso químico».

tuvo que atender a una mujer de cincuenta con un cansancio permanente, el abdomen hinchado y un agrandamiento del bazo que permitía palparlo. Le extrajo una gota de sangre y la examinó al microscopio. La muestra presentaba una concentración elevadísima de glóbulos blancos. Virchow lo llamó *leucocitemia*, y más tarde simplemente *leucemia*, es decir, una abundancia de glóbulos blancos en la sangre.[22]

En Escocia se había descrito un caso similar. En una tarde de marzo de 1845, un médico escocés llamado John Bennett fue requerido con urgencia para que visitara a un pizarrero de veintiocho años que estaba muriéndose por una causa misteriosa. «Es de tez oscura —escribió Bennett—, por lo general goza de buena salud y un ánimo sosegado; afirma que hace veinte meses empezó sentir una gran languidez con el esfuerzo, que ha continuado hasta hoy. En junio pasado advirtió un tumor en el lado izquierdo del abdomen, que fue aumentando de tamaño poco a poco durante cuatro meses, hasta quedar estacionario».[23]

Durante las siguientes semanas, el paciente de Bennett desarrolló enormes tumores en las axilas, la ingle y el cuello. En su autopsia, unas semanas después, el médico escocés descubrió que la sangre del pizarrero estaba atestada de glóbulos blancos. Consideró que el paciente había sucumbido a una infección. «El siguiente caso me parece de especial valor —escribió—, pues servirá para demostrar la existencia del auténtico pus, que se forma de modo universal en el sistema vascular».[24] Una «supuración» espontánea de la sangre, la llamó, volviendo de nuevo de manera implícita, como los vitalistas, a la generación espontánea. Pero no había ningún otro signo de infección o inflamación en ninguna parte, un hecho que desconcertó a los médicos.

El caso escocés se trató como una curiosidad o anomalía médica, pero Virchow, al haber observado por sí mismo una versión de esta singularidad, estaba intrigado. Si Schwann, Schleiden y Müller se hallaban en lo cierto al afirmar que las células se formaban por la cristalización de los fluidos vitales, ¿por qué —o cómo— habían aparecido millones de glóbulos blancos de la nada en la sangre?

El origen de estas células seguía atrayendo el interés de Virchow. No podía imaginar que decenas de millones de glóbulos blancos se desarrollaran de la nada y sin razón alguna. Comenzó a preguntarse si estos millones de glóbulos blancos anómalos podrían haber surgido de otras células. Las células hasta se parecían entre sí, y las cancerosas tenían un aspecto similar y monótono. Conocía las observaciones de Hugo von Mohl sobre las células vegetales, según las cuales estas células se dividían para formar dos células hijas. Y, desde luego, allí había estado esperando pacientemente Remak, junto a su microscopio, hasta ver las células de rana y de pollo naciendo de otras células. Pero, si ese proceso ocurría en los vegetales y en los animales, ¿por qué no también en la sangre humana? ¿Y si la leucemia que había observado era el resultado de un proceso fisiológico, la división celular, que se había desquiciado? ¿Y si las células disfuncionales engendraban células disfuncionales y este nacimiento constante y sin control de las células era lo que causaba la leucemia?

Hasta ese momento, la vida de Virchow se había caracterizado por su inquieta e implacable curiosidad y su escepticismo frente al conocimiento aceptado y las explicaciones ortodoxas. En 1848 esta inquietud adquirió una dimensión política.[25] A principios de ese año, la región de Silesia se había visto azotada por una hambruna; y, posteriormente, por una epidemia mortal de tifus. Los ministerios del Interior y de Educación, acuciados por la prensa y el clamor público, crearon finalmente una comisión para investigar el brote. Virchow, uno de los designados, viajó a Silesia, que limitaba con la frontera polaca del Reino de Prusia (y que ahora pertenece en su mayoría a Polonia). Durante las semanas que pasó allí, empezó a darse cuenta de que la patología del Estado se había convertido en la patología de sus ciudadanos. Escribió un artículo furibundo sobre la epidemia y lo publicó en la revista médica que acababa de cofundar, los *Archiv für pathologische Anatomie und Physiologie und für klinische Medicin* (Archivos de Anatomía Patológica y Fisiología y Medicina Clínica), que más tarde se llamaron *Virchows Archiv* (los Archivos de Virchow).[26] La causa de la enfermedad, explicó, no era solo el agente infeccioso, sino también décadas de desgobierno político y abandono social.[27]

Los escritos acusadores de Virchow no pasaron desapercibidos. Se le calificó de liberal —un término peligroso y peyorativo en la Alemania de la época— y se le puso bajo vigilancia. En 1848, cuando una revolución fulminante recorría Europa, Virchow salió a la calle para protestar. Fundó otra revista, *Medizinische Reform* (Reforma Médica), que le permitió utilizar la confluencia de sus conocimientos científicos y políticos como un mazo contra el Estado.

Estas provocaciones de un activista incendiario —incluso tratándose de alguien reconocido como uno de los científicos más brillantes de su generación— no fueron percibidas con agrado por los monárquicos. La rebelión fue sofocada, con brutal eficacia en algunas zonas, y Virchow fue forzado a dimitir de su puesto en el Hospital de la Charité. Le obligaron a firmar un documento en el que se comprometía a restringir sus escritos políticos y luego se le reubicó, con silenciosa ignominia, en un centro más tranquilo en Würzburg, donde se mantendría alejado de los focos y de los disturbios.

Resulta tentador especular sobre los pensamientos que rondarían la mente de Virchow al trasladarse de la bulliciosa y efervescente Berlín a la somnolienta y apartada Würzburg. Si la Revolución de 1848 tuvo una moraleja histórica fue que el Estado y sus ciudadanos estaban conectados entre sí. La suma estaba hecha de las partes, y las partes constituían la suma. La enfermedad o la negligencia en una sola parte podía convertirse en una enfermedad de todo el conjunto, al igual que una sola célula cancerosa podía generar miles de millones de células malignas y precipitar una enfermedad compleja y mortal. «El cuerpo es un estado celular donde cada célula es un ciudadano —escribiría Virchow—. La enfermedad no es más que el conflicto de los ciudadanos del Estado provocado por la acción de fuerzas externas».[28]

En Würzburg, aislado del vertiginoso ajetreo de Berlín y su política, Virchow empezó a formular dos nuevos principios que transformarían el futuro de la biología celular y la medicina. Aceptó la creencia de Schwann y Schleiden de que todos los tejidos, tanto animales como vegetales, estaban formados por células. Lo que no podía era aceptar que estas surgieran espontáneamente del fluido vital.

Entonces ¿de dónde salían las células? Como en el caso de Schwann y Schleiden, había llegado la hora de las máximas unificadoras y Virchow estaba preparado. Sus predecesores habían presentado todas las pruebas; él no tenía más que recoger la corona y colocarla sobre su cabeza. Esa propiedad de las células de surgir de otras células no era cierta solo para algunas células y algunos tejidos, afirmó Virchow, sino para todas las células. No era una anomalía o una idiosincrasia, sino una propiedad universal de la vida de los vegetales, los animales y los seres humanos. Cuando una célula se divide da lugar a dos, y dos dan lugar a cuatro, y así sucesivamente. «*Omnis cellula e cellula* —escribió—, las células surgen de las células». La frase de Raspail se había convertido en el principio fundamental de Virchow.[29]

No existía ninguna coalescencia de células a partir del fluido vital ni desde el interior del fluido vital de una célula individual. No existía ninguna «cristalización». Eran fantasías: nadie había observado ninguno de estos fenómenos. Hasta ahora, tres generaciones de microscopistas habían visto las células. Y lo único que los científicos habían observado era el nacimiento de células a partir de otras células, y eso ocurría también por división. No había necesidad de apelar a sustancias químicas especiales ni a procesos divinos para describir el origen de una célula. Una nueva célula procede de la división de una célula anterior; eso es todo. «No hay vida —escribió Virchow—, salvo por sucesión directa».[30]

Las células surgían de las células. Y la fisiología celular es la base de la fisiología normal. Si el primer principio de Virchow se refería a la fisiología normal, el segundo era su reverso; definía una nueva concepción de la medicina sobre la anormalidad. ¿Y si las disfunciones de las células fueran las responsables de las disfunciones del organismo? ¿Y si toda la patología se tratase de una patología celular? A finales del verano de 1856, le pidieron a Virchow que regresara a Berlín, perdonados ya sus pecados políticos de juventud a la luz de su creciente prominencia científica. Poco después publicó su libro más influyente, *Patología celular*, una serie de conferencias pronunciadas en el Instituto de Patología de Berlín en la primavera de 1858.

La publicación de *Patología celular* hizo estallar el mundo de la medicina.[31] Generaciones de anatomopatólogos habían considerado que las enfermedades provenían de la descomposición de los tejidos, órganos, aparatos y sistemas. Según Virchow, habían pasado por alto el verdadero origen de la enfermedad. Dado que las células eran las unidades estructurales de la vida y la fisiología, Virchow pensó que los cambios patológicos observados en los tejidos y órganos enfermos debían atribuirse a los cambios patológicos en las unidades del tejido afectado, es decir, a las células. Para entender la patología, los médicos debían buscar alteraciones esenciales no solo en los órganos visibles, sino también en las unidades invisibles del órgano.*

Las palabras «función» y su opuesta, «disfunción», eran cruciales: las células normales «hacían» cosas normales para garantizar la integridad y la fisiología del organismo. No eran solo elementos estructurales pasivos. Eran actores, protagonistas, hacedores, trabajadores, constructores, creadores: los funcionarios primordiales de la fisiología. Y, cuando estas funciones se alteraban de algún modo, el cuerpo enfermaba.

Una vez más, fue la simplicidad de la teoría lo que le confirió su poder y alcance. Para entender la enfermedad, no hacía falta buscar humores galénicos, aberraciones psíquicas, histerias internas,

* Virchow recordó el trabajo de dos cirujanos escoceses del siglo anterior, John Hunter y su hermano menor, William, así como el de Giovanni Morgagni, un anatomopatólogo de Padua. Las autopsias realizadas por los Hunter, Morgagni y otros anatomopatólogos y cirujanos habían revelado que, cuando una enfermedad afectaba a un órgano, se observaban signos patológicos inevitables y reveladores en la anatomía del tejido u órgano afectado. En la tuberculosis, por ejemplo, los pulmones se llenaban de nódulos blancos de pus llamados granulomas. En la insuficiencia cardiaca, las paredes musculares del corazón solían tener un aspecto más delgado y debilitado. Virchow propuso que, en cada uno de estos casos, existía una disfunción celular que era la verdadera causa de la enfermedad. A nivel microscópico, un corazón defectuoso era la consecuencia de unas células cardiacas defectuosas. Los granulomas llenos de pus de la tuberculosis eran la consecuencia de las reacciones celulares frente a la enfermedad micobacteriana.

neurosis o miasmas, ni tampoco aludir a la voluntad de Dios. Las alteraciones de la anatomía o el espectro de los síntomas —las fiebres y los bultos del pizarrero, junto con la sobreabundancia de glóbulos blancos en la sangre— podían explicarse por las alteraciones y el mal funcionamiento de las células.

En esencia, Virchow había perfeccionado la teoría celular de Schwann y Schleiden añadiendo otros tres principios fundamentales a los dos iniciales («Todos los seres vivos están compuestos por una o varias células» y «La célula es la unidad básica de la estructura y la organización de los seres vivos»):

3. Toda célula procede de otra célula (*Omnis cellula e cellula*).
4. La fisiología normal es la función de la fisiología celular.
5. La enfermedad, la alteración de la fisiología, es el resultado de la fisiología alterada de la célula.

Estos cinco principios constituirían los pilares de la biología celular y de la medicina celular. Revolucionarían nuestra comprensión del organismo, presentándolo como un conjunto de estas unidades. Completarían la concepción atomista del cuerpo humano, con la célula como su unidad «atómica» fundamental.

La fase final de la vida de Rudolf Virchow no solo sirvió para demostrar sus teorías sobre la organización social cooperativa del cuerpo —células que trabajan con otras células—, sino también su creencia en la organización social cooperativa del Estado: seres humanos que trabajan con otros seres humanos. Inmerso en una sociedad cada vez más racista y antisemita, defendió con vehemencia la igualdad entre los ciudadanos. La enfermedad igualaba a todos; la medicina no debía discriminar. «El ingreso en un hospital debe estar abierto a todo enfermo que lo necesite —escribió—, tenga o no dinero, sea judío o pagano».[32]

En 1859 fue elegido concejal de Berlín (y finalmente, en la década de 1880, miembro del Reichstag). Y empezó a ser testigo del resurgimiento en Alemania de una forma maligna de nacionalismo radical que acabaría culminando en el régimen nazi. El mito central de lo que más tarde se denominaría la «superioridad de la raza aria»

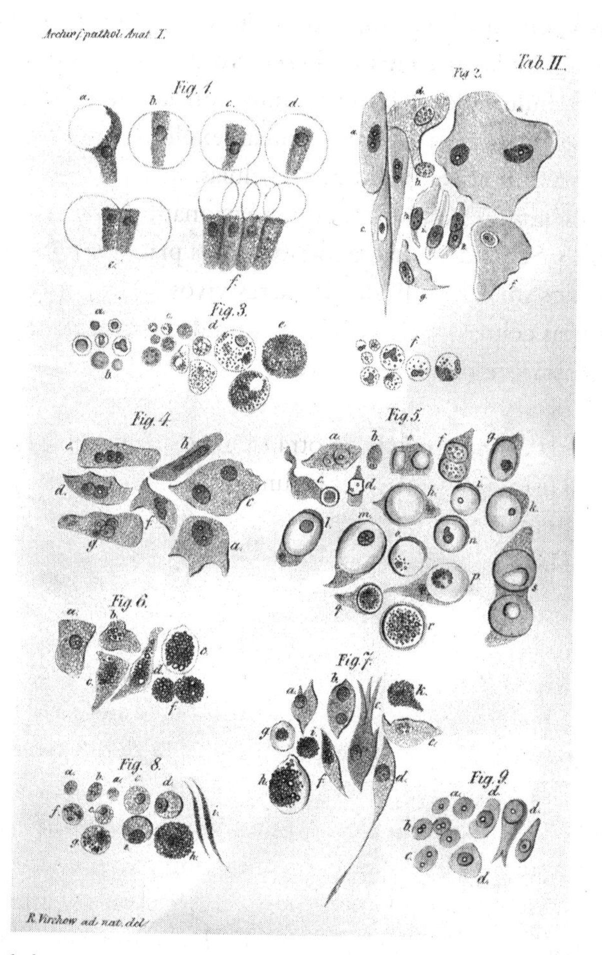

Un dibujo de los *Archivos de Virchow*, de alrededor de 1847, que ilustra la organización de las células y los tejidos. Obsérvense los múltiples tipos de células contiguas o adheridas de la figura 2. La figura 3f muestra los distintos tipos de células que hay en la sangre, como las que presentan gránulos y núcleos multilobulados (neutrófilos).

y una nación dominada por un *Volk* «puro», que eran personas rubias, de ojos azules y piel blanca, era una patología que ya se extendía malévolamente por el país.

La respuesta de Virchow, como era característico en él, fue rechazar la opinión aceptada y tratar de frenar el mito creciente de la división racial: en 1876 empezó a coordinar un estudio de 6,76 millones de alemanes para determinar el color de pelo y tono de piel predominante. Los resultados desmintieron la mitología del Estado. Solo uno de cada tres alemanes presentaba los rasgos distintivos de la superioridad aria, mientras que más de la mitad eran una mezcla: una permutación de piel morena o blanca, pelo rubio o castaño y ojos azules o marrones. Debe destacarse que el 47% de los niños judíos poseían una combinación de rasgos similar y un 11% eran rubios y de ojos azules, indistinguibles del ideal ario. Virchow publicó los datos en el *Archivo de Patología* en 1886,[33] tres años antes del nacimiento de un demagogo alemán nacido en Austria que resultaría ser un maestro en la construcción de mitos y lograría, a pesar de los datos científicos, crear razas a partir de los rostros y destruir por completo las ideas de civismo que Virchow había promovido de forma tan radical.

Virchow pasó gran parte de sus últimos años trabajando en la reforma social y la salud pública, interesándose en especial por los sistemas de alcantarillado y la higiene de las ciudades. En su transición de médico a investigador, a antropólogo, a activista y a político, fue dejando una estela luminosa (y voluminosa) de papeles, cartas, conferencias y artículos. Pero son sus primeros escritos —las reflexiones de un joven apasionadamente inquisitivo que buscaba una teoría celular de la enfermedad— los que siguen siendo más intemporales. En una conferencia clarividente de 1845, definió la vida, la fisiología y el desarrollo embrionario como las consecuencias de la actividad celular: «La vida es, de manera general, actividad celular. Desde que se empezó a usar el microscopio en el estudio del mundo orgánico, estudios de gran alcance [...] han demostrado que todos los vegetales y los animales empiezan siendo [...] una célula, dentro de la cual se desarrollan otras células, para dar lugar a más células, que juntas se transforman en nuevas formas y, por último, [...] constituyen el sorprendente organismo».[34]

En una carta en la que respondió a un científico que le había preguntado por la base de la enfermedad, identificó la célula como el lugar de la patología: «Toda enfermedad es consecuencia de una alteración de un número mayor o menor de unidades celulares del cuerpo vivo; toda alteración patológica, todo efecto terapéutico, encuentra su explicación última solo cuando es posible designar específicamente los elementos celulares vivos implicados».[35]

En mi despacho, tengo clavados estos dos párrafos en un tablón: el primero, que describe la célula como unidad de la vida y la fisiología; y el segundo, que la presenta como la unidad donde se localiza la enfermedad. Al pensar en la biología celular, en las terapias celulares y en la creación de nuevos seres humanos a partir de células, vuelvo inevitablemente a ellos. Son, por así decirlo, las melodías paralelas que suenan a lo largo de este libro.

En el invierno de 2002 vi uno de los casos médicos más complicados con los que me he topado, en el Hospital General de Massachusetts, en Boston, donde pasé tres años como médico residente. El paciente, M.K., un joven de unos veintitrés años, sufría una neumonía grave que no respondía a los antibióticos.[36] Pálido y demacrado, yacía acurrucado en su cama bajo las sábanas, empapado de sudor por una fiebre que parecía subir y bajar sin un patrón aparente. Sus padres —primos segundos italoamericanos, según me enteré— estaban sentados junto a su cama, con una expresión de agotamiento, estupor y desconcierto. El cuerpo de M. K. estaba tan devastado por las infecciones crónicas que parecía un niño de doce o trece años. Los residentes principiantes y las enfermeras no podían encontrarle una vena en las manos para insertar una vía intravenosa, y, cuando me pidieron que colocara una vía central de gran calibre en la vena yugular para suministrar antibióticos y líquidos, me pareció como si la aguja perforara un pergamino seco. Su piel tenía un aspecto translúcido, como de papel, que casi crepitaba al tocarla.

A M. K. le habían diagnosticado una variante de la inmunodeficiencia combinada grave (conocida por las siglas IDCG),[37] en la que tanto los linfocitos B (los glóbulos blancos que producen anticuerpos) como los linfocitos T (que destruyen las células infectadas por microbios y ayudan a organizar una respuesta inmunitaria) son disfuncionales. Un grotesco jardín de microbios —algunos comunes, otros exóticos— se había desarrollado en su sangre: *Streptococcus*, *Staphylococcus aureus*, *Staphylococcus epidermidis*, extrañas variedades de hongos y especies bacterianas raras de nombres impronunciables.

Era como si su cuerpo se hubiera transformado en una placa de Petri viviente para los microbios.

Pero algunos elementos del diagnóstico no tenían sentido. Cuando examinamos a M. K., presentaba un número de linfocitos B inferior a lo esperado, aunque la cifra no era alarmante. Lo mismo ocurría con su concentración sanguínea de anticuerpos, los soldados de infantería del sistema inmunitario contra las enfermedades. La resonancia magnética y la tomografía computarizada no revelaron ningún tumor o masa que pudiera indicar una enfermedad maligna. Se solicitaron más análisis de sangre. Durante todo el calvario, la madre del paciente permaneció junto a él, con los ojos enrojecidos y en silencio, durmiendo en una cama plegable y sosteniendo su cabeza en el regazo cada noche hasta que su hijo se dormía. ¿Por qué este joven estaba tan terriblemente enfermo?

Había algún tipo de disfunción celular que no encontrábamos. A última hora de una gélida tarde de noviembre, mientras estaba sentado en mi despacho de Boston —un denso manto de nieve había bloqueado las calles; volver en coche a casa suponía el riesgo de ir derrapando en zigzag por las calles—, repasé las posibilidades en mi cabeza. Lo que necesitábamos era una disección sistemática, parecida a una disección anatómica, de la patología celular: un atlas celular del cuerpo de este paciente. Abrí el libro de conferencias de Virchow y releí algunas líneas: «Todo animal se presenta como una suma de unidades vitales [...], lo que llamamos individuo siempre representa una disposición social de partes».[38] Cada célula, continuaba, «tiene su propia acción especial, aunque reciba su estímulo de otras partes».

«Una disposición social de las partes». «Cada célula [...] recibe su estímulo de otra célula». Imaginemos una red celular —una red social— en la que un punto hace que se desgarre toda la red. Pensemos en una verdadera red de pescar con un desgarro en un lugar esencial. Podríamos encontrar un punto roto al azar en el borde de esa red de pescar y extraer la conclusión de que ese es el origen del problema. Pero pasaríamos por alto el origen real —el epicentro— del enigma. Estaríamos centrándonos en la periferia, mientras que lo que fallaba era el centro.

A la semana siguiente, los anatomopatólogos llevaron una muestra de la sangre y de la médula ósea al laboratorio y empezaron a analizar los subconjuntos de células, uno por uno, como si se tratara de una disección quirúrgica, un análisis «virchowiano», lo denominaría. «Ignoren los linfocitos B —les indiqué—. Revisemos la sangre, célula por célula, y localicemos el centro de la red deteriorada». Los neutrófilos, que patrullan la sangre y los órganos en busca de microbios, eran normales, al igual que los macrófagos, otro tipo de glóbulo blanco con una función similar. Pero, cuando contamos y analizamos los linfocitos T, la respuesta saltó a la vista en los gráficos: su número era muy escaso, se hallaban en una fase inmadura del desarrollo y eran prácticamente no funcionales. Por fin habíamos encontrado el centro de la red rota.

Las anomalías en todas las demás células, así como el fracaso de su inmunidad, no eran más que síntomas de esta disfunción de los linfocitos T: el deterioro de los linfocitos T se había extendido por todo el sistema inmunitario, provocando la desintegración de toda la red. Este joven no tenía la variante de la IDCG que le habían diagnosticado inicialmente. Era como una máquina de Rube Goldberg que se había descompuesto: un problema de los linfocitos T se había convertido en un problema de los linfocitos B, lo que había provocado un derrumbe total de la inmunidad.

En las semanas siguientes intentamos realizar un trasplante de médula ósea para restaurar la función inmunitaria de M. K. Pensamos que, una vez implantada la nueva médula ósea, podríamos transfundirle linfocitos T funcionales del donante para restaurar su inmunidad. Sobrevivió al trasplante. Las células de la médula volvieron a desarrollarse y la inmunidad se restauró. Las infecciones disminuyeron y él empezó a recuperarse. La normalidad celular había restaurado la normalidad de un organismo. Al cabo de cinco años seguía sin infecciones, con la función inmunitaria restaurada y los linfocitos B y T comunicándose otra vez.

Cada vez que pienso en el caso de M. K. y en los recuerdos que tengo de él en su habitación del hospital —su padre arrastrándose hasta el North End de Boston bajo la nieve para traerle sus albóndigas italianas favoritas que encontraría después intactas junto a la cama del joven, y los médicos perplejos y desorientados escribiendo una nota tras otra en su historia clínica con las páginas llenas de signos de interrogación—, también pienso en Rudolf Virchow y en la «nueva» patología que impulsó. No basta con localizar una enfermedad en un órgano; es necesario entender qué células del órgano son las responsables. Una disfunción inmunitaria puede deberse a un problema de los linfocitos B, a un mal funcionamiento de los linfocitos T o a un fallo en cualquiera de los numerosos tipos de células que componen el sistema inmunitario. Por ejemplo, los pacientes con sida están inmunodeprimidos porque el virus de la inmunodeficiencia humana (VIH) destruye un subconjunto concreto de células —los linfocitos T CD4— que ayudan a coordinar la respuesta inmunitaria. Otras inmunodeficiencias surgen porque los linfocitos B no pueden producir anticuerpos. En cada caso, las manifestaciones superficiales de la enfermedad pueden coincidir, pero el diagnóstico y el tratamiento de la inmunodeficiencia concreta son imposibles si no se identifica la causa. Y, para determinar la causa, hay que diseccionar un sistema o aparato del organismo en lo que respecta a la posición y función de sus partes unitarias: las células. O, como me recuerda Virchow a diario, «Solo puede encontrarse la explicación ulterior a cualquier trastorno patológico, a cualquier efecto terapéutico, cuando es posible designar los elementos celulares vivos específicos que están implicados».

Para localizar el fundamento de la fisiología normal, o de la enfermedad, hay que mirar primero las células.

La célula patógena

Microbios, infecciones y la revolución de los antibióticos

> Como los ermitaños, los microbios solo tienen que preocuparse de alimentarse a sí mismos; no requieren ninguna coordinación ni la cooperación con otros, aunque algunos microbios en ocasiones aúnan sus fuerzas. En cambio, las células de un organismo pluricelular, desde las cuatro células de algunas algas hasta los treinta y siete billones de un ser humano, renuncian a su independencia para mantenerse tenazmente unidas; asumen funciones especializadas y restringen su propia reproducción en aras del bien común, creciendo solo lo necesario para cumplir sus funciones. Cuando se rebelan, puede aparecer el cáncer.[1]
>
> ELIZABETH PENNISI, *Ciencia*, 2018

Rudolf Virchow no fue el único científico que llegó a comprender el significado de las células observando la patología en la década de 1850. Dos siglos antes, los animálculos que Antonie van Leeuwenhoek había visto agitándose bajo su microscopio eran probablemente microbios inofensivos. Pero la mayoría eran organismos unicelulares y autónomos: gérmenes. Y, aunque la mayor parte de los gérmenes son inocuos, algunos tienen la capacidad de invadir los tejidos humanos y provocar inflamación, putrefacción y enfermedades mortales. Fue la teoría de los gérmenes —según la cual los microbios son células vivas independientes que, en algunos casos, generan enfermedades en el ser humano— la que pondría por primera vez a la célula (en este caso, a la célula microbiana) en íntimo contacto con la patología y la medicina.

El vínculo entre las células microbianas y las enfermedades humanas surgió de la respuesta a una pregunta que había preocupado a científicos y filósofos durante siglos: ¿qué produce la putrefacción? La putrefacción no era solo un problema científico, sino también teológico. En algunas doctrinas cristianas, los cuerpos de los santos y los reyes estaban supuestamente a salvo de la putrefacción, en especial mientras esperaban el estado intermedio entre la muerte, la resurrección y la ascensión al cielo. Sin embargo, dado que el grado de descomposición de los santos y los pecadores no parecía diferir, era necesario hacer un replanteamiento teológico: lo que fuera que provocaba la putrefacción no parecía comportarse de acuerdo con las leyes de Dios. Al fin y al cabo, era difícil conciliar la idea de un cadáver divino que ascendía a los cielos con fragmentos descompuestos que se desprendían como desechos corpóreos.

En 1668 Francesco Redi publicó un polémico artículo titulado «Experimentos en torno a la generación de los insectos».[2] Redi llegó a la conclusión de que los gusanos, uno de los primeros signos de la materia en putrefacción, solo podían surgir de los huevos puestos por las moscas, y no de la nada, desafiando de nuevo la doctrina vitalista de la generación espontánea.[3] Cuando Redi cubría un trozo de ternera o de pescado con una fina gasa, permitiendo la entrada de aire, pero no de moscas, no aparecían gusanos en la carne; mientras que en la misma carne, expuesta al aire y a las moscas, se desarrollaba un gran número de gusanos. Según las teorías anteriores sobre los miasmas, la descomposición de la carne procedía del interior o del miasma que flotaba en el aire. Redi sostenía que esta descomposición se producía cuando las células vivas (los huevos de las larvas) se posaban en la carne desde el aire. «*Omne vivum ex vivo*», escribió Redi. «Toda vida proviene de la vida». El fundador de la biología experimental, como se le conoce, había enunciado en pocas palabras una afirmación precursora del principio más audaz de Virchow. La vida procede de la vida, afirmó, aproximándose a la idea de que las células proceden de las células.

En París, en 1859, Louis Pasteur amplió los experimentos de Redi.[4] Colocó caldo de carne hervido en un matraz de cuello de cisne, un frasco redondo con un cuello vertical curvado en forma de S, como el de esa ave. Cuando Pasteur dejaba el matraz de cuello de cisne abierto, el caldo permanecía estéril: los microbios del aire no podían atravesar fácilmente la curva del cuello. Pero si inclinaba el frasco, de modo que el caldo quedase expuesto al aire, o rompía el cuello de cisne, el caldo se enturbiaba por el crecimiento de los microbios. Las células bacterianas, dedujo, son transportadas por el aire y el polvo. La putrefacción, o la descomposición, no se producía por la descomposición interna de los seres vivos, o por alguna forma visceral de pecado interior. La descomposición solo se producía cuando estas células bacterianas se depositaban en el caldo.

La descomposición y la enfermedad podían parecer a primera vista muy diferentes, pero Pasteur estableció un vínculo crucial entre ellas. Estudió las infecciones en los gusanos de seda, la descomposición del vino y la transmisión del carbunco en los animales. En todos estos casos, determinó que las infecciones estaban causadas no por partículas flotantes de miasma ni por maleficios divinos, sino por invasiones de microbios, de organismos unicelulares que penetraban en otros organismos y provocaban cambios patológicos y la degeneración de los tejidos.

En Alemania, en Wollstein, Robert Koch, un joven oficial de bajo rango, aunque con formación de médico, que trabajaba en un precario laboratorio, hizo las aportaciones más radicales a la teoría de Pasteur.[5] A principios de 1876 aprendió a aislar las bacterias del carbunco de vacas y ovejas infectadas, que observó al microscopio.[6] Eran unos microbios temblorosos, transparentes, en forma de bastoncillos y, pese a su frágil aspecto, potencialmente letales. Las bacterias podían también formar redondas esporas latentes, enormemente resistentes a la desecación o al calor; si se les añadía agua o entraban en contacto con un anfitrión susceptible, abandonaban su letargo y cobraban una vida mortífera, produciendo los bacilos alargados del carbunco, que se multiplicaban con rapidez y desencadenaban la enfermedad. Koch tomó una gota de sangre de una vaca infectada de carbunco, hizo una pequeña hendidura en la cola de un ratón con una astilla de madera estéril y esperó. El hecho de que hasta 1876 ningún otro científico hubiera experimentado con la transferencia de enfermedades de un organismo a otro con un método científico y sistemático sigue siendo un lapsus increíble e inexplicable en la historia de la biología.

La bacteria del carbunco segrega una toxina venenosa que mata las células. El ratón desarrolló lesiones de carbunco. Su bazo tenía un aspecto oscuro e inflamado, con células muertas, y los pulmones presentaban lesiones negras similares. Cuando Koch examinó el bazo al microscopio, encontró las mismas bacterias temblorosas en forma de bastoncillo, rodeadas de millones de células de ratón muertas. A continuación, repitió el experimento: inoculando a un ratón, extrayendo su bazo y transfiriendo una gota a otro ratón, y así veinte veces. En cada ocasión, el ratón receptor desarrollaba el carbunco.

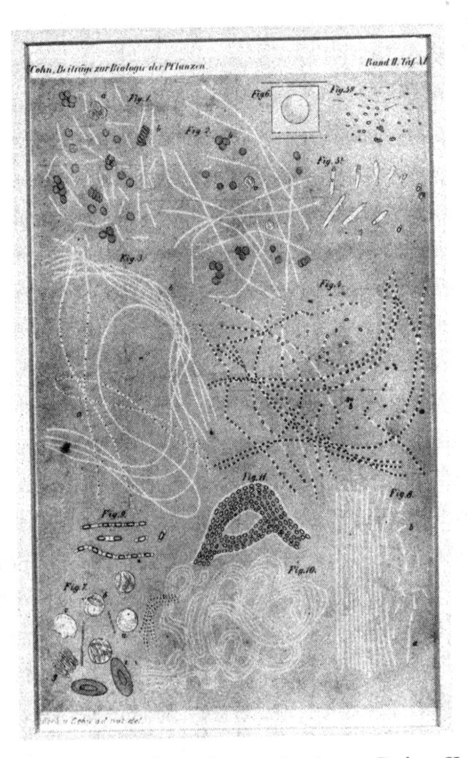

Dibujo de las observaciones de *Bacillus anthracis* realizadas por Robert Koch. Se pueden apreciar las formas alargadas y filamentosas del bacilo, así como las diminutas esporas circulares.

El último experimento de Koch fue el más ingenioso de todos: creó una cámara de vidrio estéril y suspendió en ella una gota de líquido extraída del ojo de un buey muerto. Inoculó la gota con un extracto de bazo de un ratón infectado con carbunco. En el líquido se desarrollaron profusamente las mismas bacterias en forma de bastoncillo, de modo que la gota transparente se tornó oscura.

El desarrollo de los experimentos de Koch fue constante y sistemático, con la precisión de un taladro. Louis Pasteur había supuesto la causalidad por asociación: la putrefacción del vino se asociaba a un crecimiento excesivo de bacterias; la putrefacción del caldo se vinculaba a su contacto con microorganismos. Koch, en cambio, deseaba una arquitectura más formal de la causalidad. En primer lugar, aisló un microorganismo de un animal enfermo. A continuación, demostró que al introducir el microbio patógeno en animales sanos provocaba la misma enfermedad. Después, volvió a aislar el microbio de los animales inoculados, hizo que se desarrollara en un cultivo puro y demostró que podía recrear la enfermedad. ¿Cómo iba alguien a romper esa lógica? «A la vista de este hecho —escribió en sus notas—, se acallan todas las dudas sobre si *Bacillus anthracis* es realmente la causa y el responsable del contagio del carbunco».[7]

En 1884, ocho años después de haber concluido sus experimentos con el carbunco, Koch utilizó sus observaciones y experimentos para establecer cuatro principios de una teoría de la causalidad de la enfermedad microbiana. Para poder afirmar que un microbio causa una determinada enfermedad (por ejemplo, que *Streptococcus* provoca la neumonía, o *Bacillus anthracis*, el carbunco), propuso lo siguiente: (1) el microorganismo o célula microbiana debe encontrarse en un individuo enfermo, no en uno sano; (2) la célula microbiana ha de aislarse y cultivarse a partir del individuo enfermo; (3) la inoculación de un individuo sano con el microbio cultivado tiene que reproducir las características esenciales de la enfermedad, y (4) el microbio debe volver a aislarse del individuo inoculado y coincidir con el microorganismo original.*

* Los postulados de Koch sobre la causalidad de las enfermedades, aunque son aplicables a la mayoría de las enfermedades infecciosas, no tienen en cuenta

Los experimentos de Koch y sus postulados resonaron profundamente en la biología y la medicina, influyendo también en el pensamiento de Pasteur. Sin embargo, a pesar de su proximidad intelectual (o tal vez a causa de ella), Koch y Pasteur desarrollaron una enconada rivalidad durante las siguientes décadas. (Por supuesto, la guerra franco-prusiana de la década de 1870 tampoco fomentó la camaradería científica entre franceses y alemanes). En los artículos de Pasteur sobre el carbunco, publicados en fechas bastante simultáneas a los de Koch, utilizaba el término francés *bactéridie**[8] con un placer casi vengativo, y se refería a la terminología de Koch en una oscura nota a pie de página como «el *Bacillus anthracis* de los alemanes».[9] Y Koch respondió a la burla con un insulto científico: «Hasta ahora los trabajos de Pasteur sobre el carbunco no han conducido a nada»,[10] escribió en una revista francesa en 1882.

Reducida a su esencia, su disputa científica era bastante nimia: Pasteur insistía en que, mediante el cultivo repetido de las células bacterianas en el laboratorio, se podía debilitar la capacidad de estas para provocar enfermedades o, en la jerga de la biología, atenuarlas. Su intención era utilizar el carbunco atenuado como vacuna: las bacterias debilitadas reforzarían la inmunidad, pero no causarían la enfermedad. Sin embargo, según Koch, la atenuación no tenía sen-

---

los factores del organismo anfitrión y no pueden aplicarse a las enfermedades no infecciosas. El tabaquismo, por ejemplo, provoca cáncer de pulmón, pero no todos los fumadores de cigarrillos lo padecen. No se puede aislar el humo del cigarrillo de un paciente con cáncer y transmitir la enfermedad a un segundo paciente, aunque el tabaquismo secundario sí puede causar cáncer de pulmón. Es indudable que el VIH provoca el sida, pero no todos los individuos expuestos al VIH se infectan por el virus y desarrollan el sida, ya que la genética del anfitrión afecta a la capacidad del virus para entrar en las células. En los pacientes con una enfermedad neurodegenerativa como la esclerosis múltiple, no se puede aislar un microbio o agente causante ni es posible transferir la enfermedad a otro ser humano. Más adelante, los epidemiólogos crearían un criterio más amplio para determinar la causalidad de las enfermedades no infecciosas.

* El científico francés Casimir Davaine también había observado microorganismos con forma de bastoncillo en muestras de carbunco, que llamó *bacteridias*. El uso del término por parte de Pasteur fue un homenaje científico a su colega francés y un desaire a los alemanes.

tido, ya que la patogenicidad de los microbios no variaba. Con el tiempo, se demostraría que ambos tenían razón: algunos microbios pueden atenuarse, mientras que otros son difíciles de aplacar. Juntos, los trabajos de Pasteur y Koch señalaron una nueva dirección en la patología. Demostraron que las células microbianas vivas y autónomas provocaban tanto la putrefacción como la enfermedad, al menos en modelos animales y en cultivos.

Pero ¿qué relación existía entre la putrefacción provocada por las células microbianas y las enfermedades humanas? El primer indicio de una posible relación provino de un obstetra húngaro, Ignaz Semmelweis, que trabajaba como asistente en una maternidad vienesa a finales de la década de 1840.[11] El hospital tenía dos salas de partos: la primera y la segunda. En el siglo XIX el parto suponía un riesgo de muerte casi en la misma medida que su capacidad de dar vida. Las infecciones —la fiebre puerperal o, más coloquialmente, la «fiebre del parto»— provocaban unas tasas de mortalidad materna posparto que oscilaban entre el 5 y el 10%. Semmelweis observó un patrón curioso: en comparación con la segunda sala, la primera tenía una tasa de mortalidad materna por la fiebre puerperal significativamente mayor. Esta discrepancia, difundida a través de chismes y rumores por toda Viena, era un secreto a voces. Las mujeres embarazadas suplicaban, seducían y manipulaban para poder ser atendidas en la segunda sala. Algunas mujeres, sabiamente, optaban incluso por los supuestos «partos en la calle», fuera del hospital, al considerar que la primera sala era un lugar mucho más peligroso que la calle para dar a luz.

«¿Qué era lo que protegía a las que daban a luz fuera del hospital de estas influencias endémicas desconocidas?»,[12] reflexionó Semmelweis. Se trataba de una oportunidad única para realizar un experimento «natural»: dos mujeres en el mismo estado entraban por ambas puertas del mismo hospital. Una salía con un recién nacido sano; la otra acababa en la morgue. ¿Por qué? Como un detective que descarta posibles culpables, Semmelweis hizo una lista mental de las causas, tachando una a una. No era el hacinamiento ni la edad de las mujeres ni la falta de ventilación ni la duración del parto ni la proximidad de las camas.

En 1847 el doctor Jacob Kolletschka, colega de Semmelweis, se cortó con un bisturí mientras realizaba una autopsia. No tardó en caer en un estado febril y séptico. Semmelweis observó que sus síntomas coincidían con los de las mujeres con fiebre puerperal.[13] Aquí, por tanto, podía estar la respuesta: la primera sala estaba a cargo de cirujanos y estudiantes de medicina que se movían alegremente entre el Departamento de Anatomía Patológica y la sala de partos, es decir, entre la disección y las autopsias de cadáveres y la asistencia a los partos. En cambio, la segunda sala estaba a cargo de comadronas, que no tenían contacto alguno con los cadáveres ni realizaban autopsias. Semmelweis se preguntó si los estudiantes y los cirujanos, que solían examinar a las mujeres sin guantes, estarían transfiriendo alguna sustancia material —«material cadavérico», lo llamó— de los cadáveres en descomposición al cuerpo de las mujeres embarazadas.

Insistió en que los estudiantes y los cirujanos debían lavarse las manos con agua clorada antes de entrar en las salas de partos. Llevó a cabo un cuidadoso registro de las muertes en las dos salas. El efecto de la medida fue asombroso, pues la tasa de mortalidad en la primera sala se redujo en un 90%. En abril de 1847 la tasa de mortalidad era de casi el 20 %: una de cada cinco mujeres moría de fiebre puerperal. En agosto, tras instituir el lavado de manos riguroso, la mortalidad entre las nuevas madres había descendido al 2 %.

Pese a lo sorprendente de los resultados, Semmelweis no contaba con ninguna explicación visible. ¿Se trataba de la sangre? ¿Algún fluido? ¿Una partícula? Los cirujanos más veteranos de Viena no creían en la teoría de los gérmenes ni les importaba la insistencia de un asistente subalterno de que se lavaran las manos al pasar de una sala a otra. Semmelweis fue acosado y ridiculizado, se le impidió que ascendiera y finalmente fue despedido del hospital. La idea de que la fiebre puerperal era, de hecho, una «plaga de los médicos» —una enfermedad yatrogénica, inducida por los médicos— no sentó bien a los catedráticos de Viena. Semmelweis escribió cartas cada vez más frustradas y acusadoras a obstetras y cirujanos de toda Europa, quienes despreciaron a Semmelweis considerándolo un chiflado. Al final, se mudó a la tranquila Budapest, pero enseguida sufrió una crisis nerviosa. Ingresó en un manicomio, donde los celadores le golpearon, dejándole con algunos huesos rotos y un pie gangrenado. Ignaz Semmelweis murió en 1865, probablemente por una sepsis causada por las heridas, consumido posiblemente por los gérmenes, la misma sustancia «material» que había tratado de identificar como causa de las infecciones.

En la década de 1850, no mucho después de que Semmelweis fuera destinado a Budapest, un médico inglés llamado John Snow se encontraba siguiendo el curso de una epidemia de cólera en el Soho de Londres.[14] Snow no solo contemplaba las enfermedades en términos de síntomas y tratamientos, sino que también consideraba la manera en que la geografía y la transmisión podían influir: sospechaba de manera instintiva que la epidemia se movía en ciertos patrones a través de los distintos barrios y paisajes, lo que podría proporcionar una pista sobre su causa. Elaboró una lista de los residentes locales para determinar el momento en el que se producía cada caso y su ubicación. Luego empezó a rastrear la infección hacia atrás en el tiempo y el espacio, como cuando se ve una película en movimiento inverso, buscando los orígenes, las fuentes y las causas.

Llegó a la conclusión de que el origen no eran los miasmas invisibles que flotaban en el aire, sino el agua de un surtidor específico de Broad Street, desde el cual la epidemia parecía expandirse —o más bien fluir— como las ondas que provoca una piedra arrojada a un estanque. Cuando Snow dibujó más tarde un mapa de la epidemia, marcando cada caso de muerte con una raya, las rayas se concentraban alrededor de ese surtidor. (En la actualidad, la mayoría de los epidemiólogos conocen un mapa posterior, dibujado en la década de 1960, donde los casos están marcados con puntos). «Descubrí que casi todas las muertes habían tenido lugar a poca distancia del surtidor [de Broad Street] —escribió—. Solo hubo diez muertes en casas situadas claramente más cerca del surtidor de otra calle. En cinco de estos casos, las familias de los difuntos me explicaron que siempre mandaban a por agua al surtidor de Broad Street, pues preferían esa agua a la de los surtidores que estaban más cerca. En otros tres casos, los fallecidos eran niños que iban a la escuela cerca del surtidor de Broad Street».[15]

Pero ¿qué sustancia transportaba esa fuente contaminada? En 1855 Snow comenzó a examinar el agua bajo el microscopio. Estaba convencido de que se trataba de algo capaz de reproducirse; alguna partícula con una estructura y una función capaz de infectar y reinfectar a los seres humanos. En su libro *On the Mode of Communication of Cholera* (Sobre el modo de trasmisión del cólera), escribió: «Para

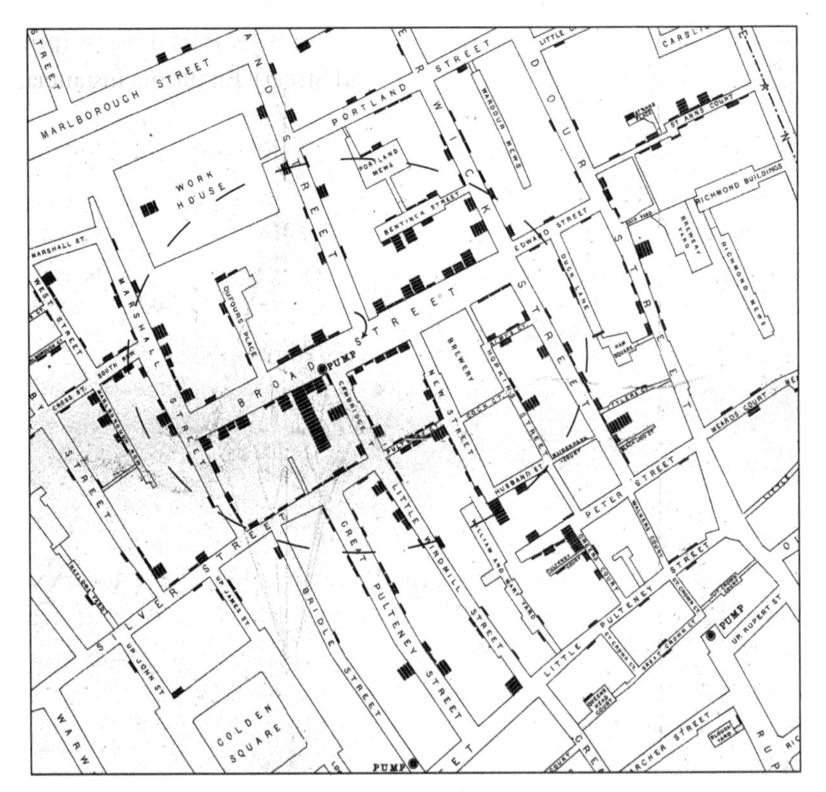

Uno de los dibujos originales de John Snow, de la década de 1850, sobre los casos de cólera alrededor del surtidor de Broad Street en Londres. La flecha muestra la ubicación del surtidor (añadida por el autor) y el número de casos por hogar está marcado por Snow como la altura de las rayas (el círculo que rodea la zona identificada por Snow ha sido añadido por el autor).

que la materia mórbida del cólera tenga la propiedad de reproducirse a sí misma, debe tener necesariamente algún tipo de estructura, muy probablemente la de una célula».[16]

Fue una intuición perspicaz, especialmente en lo que respecta al uso de la palabra «célula». En esencia, de alguna manera, Snow había unido tres teorías y campos dispares de la medicina. La primera, la epidemiología, trataba de explicar los patrones de las enfermedades humanas en el conjunto. Como disciplina, la epidemiología «se cernía» sobre la población; de ahí su nombre: *epi-demos* («sobre el pueblo»). Intentaba entender las enfermedades humanas desde el punto de vista de su transmisión en las poblaciones, el aumento y la disminución de su incidencia y prevalencia, así como su presencia o ausencia en determinadas distribuciones geográficas o físicas (por ejemplo, la distancia al surtidor de Broad Street). En última instancia, era una disciplina diseñada para evaluar el riesgo.

Pero Snow también había aproximado una teoría de la epidemiología a una teoría de la patología, al deducir que el riesgo provenía de una sustancia material. Alguna cosa —una célula, nada menos— en esa agua debía ser la causa de la infección. La geografía, o el mapa de la enfermedad, era tan solo una pista de su causa fundamental; se trataba de la huella de una sustancia física que se desplazaba a través del tiempo y el espacio, ocasionando la enfermedad.

La teoría de los gérmenes, el segundo campo, todavía en sus inicios, proponía la idea de que las enfermedades infecciosas estaban causadas por organismos microscópicos que invadían el cuerpo y alteraban su fisiología.

La tercera consistía en la más audaz de todas: la teoría celular, que sostenía que el microbio invisible que provocaba la enfermedad era, de hecho, un organismo independiente y vivo, una célula, que había contaminado el agua. Snow no había visto el bacilo del cólera en su microscopio. Sin embargo, había comprendido de forma instintiva que los elementos causales tenían que ser capaces de reproducirse en el cuerpo, volver a entrar en las aguas residuales y reiniciar un ciclo infeccioso. Las unidades infecciosas debían de ser entidades vivas capaces de copiarse a sí mismas.

Mientras escribo esto, pienso en la manera en que este marco —gérmenes, células, riesgo— sigue siendo el andamiaje del arte del diagnóstico en la medicina. Me doy cuenta de que, cada vez que veo a un paciente, sondeo la causa de su enfermedad a través de tres preguntas elementales. ¿Existe algún un agente exógeno, como una bacteria o un virus? ¿Se trata de una alteración endógena de la fisiología celular? ¿Es la consecuencia de un riesgo concreto, ya sea la exposición a algún microorganismo patógeno, un antecedente familiar o una toxina ambiental?

Hace años, siendo un joven oncólogo, conocí a un profesor universitario que, sin haber sufrido problemas de salud previos, de repente se vio afectado por una fatiga recurrente tan intensa que había días en los que no podía levantarse de la cama. En múltiples visitas a diversos especialistas, le habían diagnosticado todas las enfermedades imaginables: síndrome de fatiga crónica, lupus, depresión, un síndrome psicosomático, un cáncer oculto. La lista de enfermedades era interminable.

Todas las pruebas habían resultado negativas, excepto un análisis de sangre por el que le habían diagnosticado anemia crónica. Pero un número bajo de glóbulos rojos es un síntoma de enfermedad, no una causa. Mientras tanto, la debilidad avanzaba sin cesar. Le apareció una extraña erupción en la espalda, otro síntoma sin causa. Unos días más tarde, el hombre estaba de nuevo en la consulta, sin diagnóstico. Una radiografía reveló un velo de líquido acumulado en la cavidad pleural de dos capas que rodea los pulmones. Yo ya estaba seguro del diagnóstico. Era un cáncer, por supuesto, que se había estado escondiendo todo el tiempo. Introduje una jeringa entre dos costillas, extraje una pequeña cantidad de líquido y la envié al laboratorio de anatomía patológica. Estaba convencido de que encontrarían células cancerosas en el líquido y el caso estaría resuelto.

Sin embargo, antes de enviar al paciente para que le hicieran más pruebas de imagen y biopsias, me asaltaron algunas dudas. Mi instinto se rebeló contra la certeza de mi propio diagnóstico, así que lo remití al mejor internista que conocía (un hombre extraño, de otro mundo, que a veces parecía casi un médico anacrónico de un siglo anterior. «No te olvides de oler al paciente», me había aconsejado una vez este Proust de la medicina, y luego pasó a enumerar la cantidad de enfermedades que podían diagnosticarse solo con el olfato; de pie en su consulta, me quedé escuchándolo y aprendiendo, boquiabierto).

Al día siguiente, el internista me llamó.

¿Había interrogado al paciente sobre los riesgos?

Murmuré un vago sí, pero me di cuenta, avergonzado, de que toda mi evaluación se había centrado en el cáncer.

¿Sabía que mi paciente había pasado los tres primeros años de su vida en la India?, preguntó el internista. ¿O que había viajado allí varias veces desde entonces? No se me había ocurrido preguntarlo. Me había dicho que desde su infancia había vivido en Belmont, en Massachusetts, pero no indagué más ni le pregunté dónde nació o cuándo se había trasladado a Estados Unidos.

—¿Y has enviado el líquido pleural al laboratorio de bacteriología? —preguntó el sabio doctor Proust.

En ese momento mi rostro ya había enrojecido.

—¿Por qué?

—Porque es una tuberculosis reactivada, por supuesto.

Afortunadamente, el laboratorio había reservado la mitad del líquido que había enviado. En tres semanas se desarrolló *Mycobacterium tuberculosis*, el agente causal de la tuberculosis. El paciente recibió un tratamiento adecuado con antibióticos y poco a poco se recuperó. En unos meses, todos sus síntomas habían desaparecido.

Toda esta historia fue una lección de humildad. Desde entonces, cuando veo a un paciente con una enfermedad no diagnosticable, me acuerdo de John Snow y de mi amigo internista al que le gustaba oler a los pacientes, y murmuro en voz baja: gérmenes, células, riesgo.

La aplicación médica de la teoría de los gérmenes fue transformadora. En la ciudad escocesa de Glasgow, en 1864, pocos años después de que Louis Pasteur terminara sus experimentos sobre la putrefacción (y más de una década antes de que Robert Koch demostrara de forma definitiva que los microbios provocaban las enfermedades en modelos animales), un joven cirujano llamado Joseph Lister dio con el trabajo de Pasteur, *Recherches sur la putréfaction*. En un golpe de inspiración, conectó la putrefacción que Pasteur había observado en su matraz de cuello de cisne con las infecciones quirúrgicas que veía en sus salas. Incluso en la antigua India y Egipto, los médicos limpiaban sus instrumentos hirviéndolos. Sin embargo, en la época de Lister, los cirujanos prestaban poca atención a la posibilidad de contaminación por los microbios.[17] La cirugía era una práctica absolutamente insalubre, como si hubiera sido creada de manera deliberada para desafiar cualquier conocimiento histórico de la higiene. Por ejemplo, se extraía una sonda quirúrgica cubierta de pus de la herida de un paciente y se introducía, sin esterilizar, en el cuerpo de otra persona. De hecho, los cirujanos utilizaban la expresión «pus laudable» porque creían que la secreción de pus formaba parte del proceso de cicatrización. Si un bisturí caía al suelo de un quirófano, manchado de sangre y pus, el cirujano lo limpiaba en su delantal, igualmente contaminado, y continuaba usándolo sin inmutarse en su siguiente paciente.

Lister decidió que herviría sus instrumentos en una solución para destruir los gérmenes, convencido de que eran los responsables de la infección. Pero ¿qué solución? Sabía que el ácido carbólico se utilizaba para eliminar el hedor de las aguas del alcantarillado; probablemente, pensó, debía matar los gérmenes que creaban los miasmas alrededor de las aguas residuales. Y así, siguiendo una inspiración tras otra, empezó a hervir sus instrumentos quirúrgicos en ácido carbólico. La tasa de infecciones posquirúrgicas cayó en picado. Las heridas cicatrizaban con rapidez y el choque séptico —la temida pesadilla de cualquier procedimiento quirúrgico— disminuyó de repente en los pacientes. Al principio, los cirujanos se opusieron a la teoría de Lister, pero los datos eran cada vez más indiscutibles. Al igual que Semmelweis, Lister había convertido la teoría de los gérmenes en una práctica médica.

En poco menos de un siglo, desde la década de 1860 hasta la de 1950, la esterilidad, la higiene y la antisepsia, los únicos métodos establecidos para prevenir las infecciones, experimentarían un avance decisivo gracias a la invención de los antibióticos, capaces de destruir las células microbianas. En 1910 Paul Ehrlich y Sahachiro Hata descubrieron el primero de ellos, un derivado del arsénico conocido como arsfenamina, que podía eliminar los microbios que provocaban la sífilis.[18] Pronto surgió una cantidad aparentemente ilimitada de antibióticos, como la penicilina, una sustancia antibacteriana segregada por un hongo, descubierta por Alexander Fleming en 1928 en las placas de cultivo de bacterias,[19] y la estreptomicina, un fármaco contra la tuberculosis aislado a partir de bacterias de la tierra por Albert Schatz y Selman Waksman en 1943.[20]

Los antibióticos, los medicamentos que cambiaron por completo la medicina, suelen funcionar porque atacan algo que distingue a una célula microbiana de la célula del anfitrión. La penicilina destruye las enzimas bacterianas que sintetizan la pared celular, lo que da lugar a bacterias con «agujeros» en sus paredes. Las células humanas no poseen este tipo de paredes celulares, y por eso la penicilina es una bala mágica contra las especies bacterianas, para las cuales la integridad de su pared celular es esencial.

Todos los antibióticos potentes —la doxiciclina, la rifampicina, el levofloxacino— reconocen algún componente molecular que diferencia a las células humanas de una célula bacteriana. En este sentido, los antibióticos son siempre «medicamentos celulares», es decir, fármacos que se basan en las diferencias entre una célula microbiana y una humana. Cuanto más aprendamos sobre la biología celular, más sutiles serán las diferencias que descubramos y más potentes podrán ser los agentes antimicrobianos que logremos crear.

Antes de dejar los antibióticos y el mundo microbiano, vamos a detenernos un momento en las diferencias. Cada célula en la Tierra —es decir, cada unidad de los seres vivos— pertenece a uno de los tres dominios, o ramas, perfectamente diferentes de los organismos vivos. El primer dominio está constituido por las bacterias: organismos unicelulares rodeados por una membrana celular, que carecen de las estructuras celulares específicas de las células animales y vegetales y poseen otras estructuras exclusivas de ellas. (En estas diferencias se basa la especificidad de los fármacos antibacterianos mencionados).

Las bacterias han prosperado de forma perturbadora, arrolladora y asombrosa. Dominan el mundo celular. Pensamos en ellas como microbios patógenos —bartonela, neumococo, salmonela— porque algunas causan enfermedades. Pero nuestra piel, nuestros intestinos y nuestra boca están repletos de varios miles de millones de bacterias que no provocan ninguna enfermedad. (El libro fundamental del escritor científico Ed Yong, *Yo contengo multitudes: los microbios que nos habitan y una visión más amplia de la vida*, ofrece una visión panorámica de nuestro pacto íntimo y a menudo simbiótico con las bacterias).[21] De hecho, las bacterias suelen ser inofensivas o incluso útiles. En el intestino, ayudan a la digestión. En la piel, según sospechan algunos investigadores, pueden inhibir la colonización de microbios mucho más dañinos. Un especialista en enfermedades infecciosas me dijo una vez que los seres humanos solo eran «una bonita maleta que transporta bacterias por el mundo».[22] Puede que tuviera razón.

La abundancia y la resistencia de las bacterias son asombrosas. Algunas viven en respiraderos termales oceánicos donde el agua alcanza casi la temperatura de ebullición; podrían desarrollarse fácilmente en una tetera humeante. También crecen en el medio ácido del estómago. Otras viven con la misma facilidad en los lugares más fríos del planeta, donde la tierra permanece congelada en una tundra impenetrable durante diez meses al año. Son autónomas, capaces de moverse, comunicarse y reproducirse. Tienen potentes mecanismos de homeostasis que mantienen su medio interno. Y, aunque sean ermitaños perfectamente autosuficientes, también pueden cooperar para compartir recursos.

Nosotros habitamos en una segunda rama, o dominio, que se denomina eucariota. La palabra «eucariota» es un tecnicismo: se refiere a la idea de que nuestras células y las de los animales, los hongos y los vegetales contienen una estructura especial llamada núcleo (en griego, *karyon*). Este núcleo, como pronto veremos, es el lugar donde se alojan los cromosomas. Las bacterias carecen de núcleo y se denominan procariotas, es decir, «previos al núcleo». En comparación con las bacterias, somos seres frágiles, débiles y caprichosos, capaces de habitar en ambientes y nichos ecológicos mucho más restringidos.

Y ahora la tercera rama: las arqueas. Puede que el hecho más singular de la historia de la taxonomía sea que esta rama entera de los seres vivos no se haya descubierto hasta hace unos cincuenta años. A mediados de la década de 1970, Carl Woese, profesor de biología de la Universidad de Illinois en Urbana-Champaign, utilizó la genética comparativa —la comparación de los genes de diversos organismos— para deducir que habíamos clasificado mal no solo a algunos microbios raros, sino a todo un dominio de los seres vivos.[23] Durante décadas, Woese libró una guerra enérgica, pero solitaria y amarga, que acabó dejándolo exhausto. La taxonomía no solo estaba equivocada, insistía, sino que había ignorado todo un dominio de la vida. Las arqueas, sostenía Woese, no eran «casi como» las bacterias ni «casi como» los eucariotas.[24] («Casi como» para un taxonomista equivale a un padre diciéndole a su hijo: «Cállate, que me estás molestando»).

Muchos biólogos destacados ridiculizaron o simplemente ignoraron el trabajo de Woese. En 1998 el biólogo Ernst Mayr escribió un artículo sobre Woese cargado de arrogante condescendencia («La evolución es una cuestión de fenotipos [...], no de genes»), interpretando el asunto de manera totalmente equivocada.[25] No era la evolución lo que Woese discutía, sino la taxonomía, que precisamente es una cuestión de genes. Un murciélago y un pájaro pueden tener casi las mismas características físicas, o fenotipos. Es la diferencia en sus genes la que explica el secreto: pertenecen a taxones diferentes. La revista *Science* describió a Woese como un «revolucionario lleno de cicatrices».[26] Pero, décadas más tarde, hemos aceptado, validado y reivindicado ampliamente su teoría, de modo que las arqueas se clasifican ahora como un tercer dominio diferente de los seres vivos.

A simple vista, las arqueas se asemejan bastante a las bacterias. Son minúsculas y carecen de algunas de las estructuras típicas de las células animales y vegetales. Pero son indiscutiblemente distintas de las bacterias y de las células vegetales, animales y fúngicas. De hecho, todavía sabemos relativamente poco sobre ellas. Como dice Nick Lane, biólogo evolutivo del University College de Londres, en su libro *La cuestión vital:*[27] *¿por qué la vida es como es?*, son los gatos de

Cheshire entre los seres vivos: absolutamente esenciales para completar la historia, pero que revelan su presencia solo por su ausencia, es decir, por el hecho de que carecen de las características definitorias de los otros dos dominios, en parte porque hemos ignorado su estudio hasta hace poco.

Esta división de la vida en sus principales dominios nos lleva de nuevo a otra distinción esencial en la trayectoria de nuestra historia de las células. De hecho, hay dos historias que se entrecruzan. La primera es la historia de la biología celular. En esta primera historia hemos recorrido un vasto territorio: desde que Leeuwenhoek y Hooke observaron las células a finales del siglo XVII hasta el descubrimiento de los tejidos y los órganos dos siglos más tarde; y desde el descubrimiento de las bacterias como causa de la infección y la enfermedad por parte de Pasteur y Koch hasta la síntesis de Ehrlich de los primeros antibióticos en 1910. Hemos pasado de los orígenes de la fisiología celular —la clarividente visión de Raspail de que «una célula es [...] una especie de laboratorio»— a la atrevida propuesta del joven Virchow de que la célula es el lugar donde tiene lugar tanto la fisiología normal como la patología.

Pero esa es la historia de la biología celular, no la historia de la célula. La historia de la biología celular es insignificante frente a la historia de la célula. Las primeras células —las más simples y primitivas de nuestros antepasados— aparecieron en la Tierra hace entre unos 3.500 y 4.000 millones de años, unos 700 millones de años después del nacimiento del planeta. (Este es un periodo extraordinariamente corto, si se considera que solo había transcurrido una quinta parte de la historia de la Tierra antes de que los seres vivos estuvieran reproduciéndose en ella). ¿Cómo surgió esa «primera célula»? ¿Qué aspecto tenía? Los biólogos evolutivos llevan décadas tratando de responder a estas preguntas. La célula más sencilla —una «protocélula»— debía poseer un sistema de información genética capaz de reproducirse. El sistema de replicación original de la célula estaba formado, casi con toda seguridad, por una molécula parecida a una hebra llamada ácido ribonucleico, o ARN. De hecho, en experimentos de laboratorio, ciertas sustancias químicas expuestas a condiciones semejantes a las condiciones atmosféricas de la Tierra primitiva y encerradas en capas de arcilla pueden formar precursores de ARN e incluso a cadenas de moléculas de ARN.

Pero la transición de una cadena de ARN a una molécula de ARN capaz de autorreplicarse no es una hazaña evolutiva sencilla. Lo más probable es que se necesitaran dos moléculas de este tipo: una que actuaría como plantilla (es decir, el portador de la información) y otra que haría una copia de la plantilla (es decir, un duplicador).

Cuando estas dos moléculas de ARN —la plantilla y el duplicador— se encontraron, posiblemente tuvo lugar el romance evolutivo más importante y explosivo de la historia de nuestro planeta vivo. Pero los amantes debían evitar separarse; si las dos hebras de ARN se hubieran separado, no se habría producido la duplicación y, en consecuencia, tampoco la vida celular. Por ello, es probable que se necesitara algún tipo de estructura —una membrana esférica— para contener estos componentes.

Estos tres componentes (una membrana, un ARN portador de información y un duplicador) podrían haber definido la primera célula.[28] Si un sistema de ARN autorreplicante estuviera rodeado por una membrana esférica, haría más copias de ARN en el interior de la esfera y aumentaría de tamaño, agrandando la membrana.

En algún momento, creen los biólogos, el esferoide rodeado por la membrana se dividió en dos, y cada uno de ellos debía contener el sistema de duplicación de ARN.[29] (En experimentos de laboratorio, Jack Szostak y sus colegas han demostrado que estructuras esferoidales simples, rodeadas por membranas formadas por moléculas de grasa, pueden absorber más moléculas de grasa, crecer y, finalmente, dividirse en dos). Y, a partir de ahí, la protocélula iniciaría su larga marcha evolutiva para convertirse en el progenitor de la célula moderna. La evolución seleccionaría características cada vez más complejas de la célula, sustituyendo finalmente el ARN por ADN como portador de la información.

Las bacterias evolucionaron a partir de ese progenitor simple hace unos 3.000 millones de años y siguen evolucionando en la actualidad. Las arqueas son probablemente tan antiguas como las bacterias, ya que surgieron más o menos en la misma época —aunque la fecha exacta es todavía objeto de un intenso y ruidoso debate— y también han seguido existiendo y evolucionando hasta nuestros días.

Pero ¿qué ocurre con las células que no son bacterias ni arqueas, es decir, nuestras células? Hace unos 2.000 millones de años (una vez más, la fecha exacta es motivo de debate), la evolución dio un giro extraño e inexplicable. Fue entonces cuando apareció en la Tierra una célula que es el ancestro común de las células humanas, vegetales, fúngicas, animales y de las amebas. «Este ancestro —como explica Lane— era una célula reconocible como "moderna", con una estructura interna exquisita y un dinamismo molecular sin precedentes, todo ello impulsado por sofisticadas nanomáquinas codificadas por miles de nuevos genes en su mayoría desconocidos en las bacterias».[30] Los últimos datos sugieren que esta célula eucariota «moderna» surgió dentro de la arquea. Es decir, la vida solo tiene dos dominios principales, las bacterias y las arqueas, y los eucariotas (nuestras células) representan una subrama relativamente reciente de las arqueas.[31] Somos, posiblemente, «la vida recién llegada», el serrín que quedó después de tallar los dos dominios principales de la vida.

En las partes y capítulos siguientes, vamos a conocer esta célula moderna. Veremos su elaborada anatomía interna. Descubriremos su «dinamismo molecular sin precedentes», que permite la reproducción y el desarrollo. Comprenderemos la manera en que los sistemas organizados de células —los sistemas multicelulares con formas y funciones especializadas— permiten la formación y el funcionamiento de los órganos, sistemas y aparatos, mantienen la estabilidad del organismo, reparan las lesiones y luchan contra el deterioro. Y contemplaremos un futuro en el que estos conocimientos puedan servir para desarrollar medicamentos que faciliten construir partes funcionales de nuevos seres humanos con el objetivo de mejorar o curar enfermedades.

Pero hay una pregunta a la que no responderemos y que, tal vez, no sea posible hacerlo. El origen de la célula moderna es un misterio evolutivo. Parece que solo ha dejado una ínfima pista de su ascendencia o linaje, sin rastro de un segundo o tercer primo, sin compañeros lo bastante cercanos aún vivos, sin formas intermedias. Lane lo llama un «vacío inexplicable [...], el agujero negro en el corazón de la biología».[32]

Pronto pasaremos a conocer la anatomía, la función, el desarrollo y la especialización de esta célula eucariota moderna. Pero ni este libro ni la ciencia evolutiva podrán explicar del todo esta segunda historia, la del origen de nuestras células.

Segunda parte

Una sola y multitud

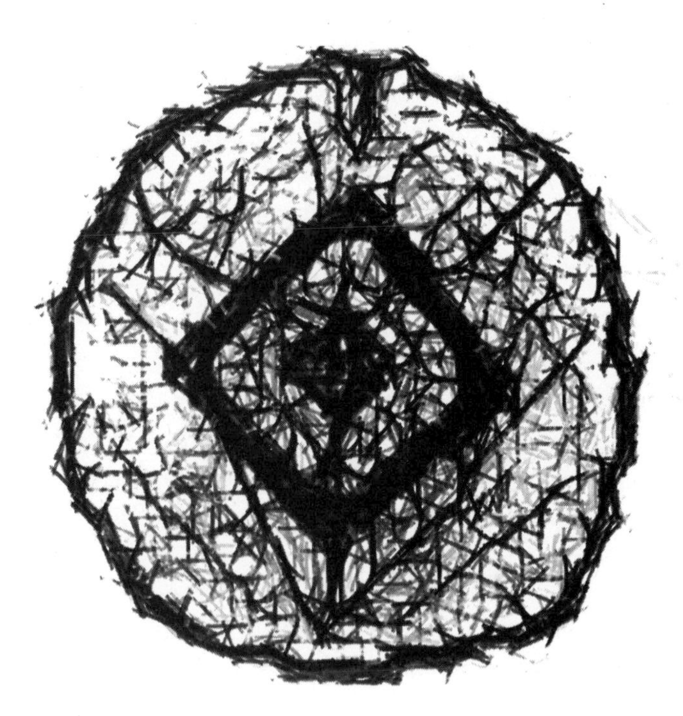

Las palabras «organismo» y «organizado» tienen la misma raíz. Ambas proceden del griego organon *(del latín,* organum*), un instrumento, herramienta o incluso un método de la lógica ideado para lograr algo. Si la célula es la unidad básica de la vida —la herramienta viva que forma el organismo—, ¿para qué está «ideada»?*

Pues bien, en primer lugar, ha evolucionado para ser autónoma, para sobrevivir como una unidad vital independiente. Esta autonomía depende, a su vez, de la organización, de la anatomía interior de la célula, es un aglomerado de sustancias químicas; en su interior contiene estructuras, o subunidades, diferenciadas que le permiten funcionar con independencia. Las subunidades se encargan de suministrar energía, desechar residuos, almacenar nutrientes, secuestrar productos tóxicos y mantener el medio interno de la célula. En segundo lugar, una célula se reproduce, de tal modo que una sola célula es capaz de producir todas las demás que componen el cuerpo de un organismo. Y, por último, en los organismos pluricelulares, la célula (o al menos la primera célula) puede diferenciarse y desarrollarse para formar otras células especializadas y crear las diferentes partes del cuerpo: tejidos, órganos, sistemas y aparatos.

*Así pues, estas son algunas de las propiedades primeras y más fundamentales de la célula: autonomía, reproducción y desarrollo.**

* En los organismos unicelulares, puede considerarse que el «desarrollo» es la maduración del organismo. La maduración de los microbios unicelulares se conoce bien. En los organismos pluricelulares, el desarrollo es más complejo. Se trata de un

Durante siglos hemos considerado estas características fundamentales como inexpugnables. La anatomía interior de la célula y su homeostasis interna eran justamente eso, algo interior o interno: cajas negras. La reproducción y el desarrollo ocurrían dentro del útero, otra caja negra. Pero, a medida que profundizamos en nuestro conocimiento de la célula, descubrimos que es posible abrir estas cajas negras y alterar las propiedades fundamentales de las unidades vivas. ¿Es posible reparar una subunidad de la célula con una función defectuosa? Y, si es así, ¿en qué medida? ¿Podemos crear una célula con un medio interno diferente, con subestructuras distintas y, por tanto, propiedades diferentes? Y, si la fecundación humana puede tener lugar fuera del útero, como ya se ha conseguido, ¿se podrá manipular genéticamente ese embrión creado artificialmente? ¿Cuáles son, pues, los límites y los peligros permisibles de la manipulación de las primeras propiedades fundamentales de la vida?

---

proceso que engloba la multiplicación de las células, su maduración, su desplazamiento a otras partes, la asociación con distintas células y la creación de estructuras especializadas con funciones especializadas para formar órganos y tejidos.

La célula organizada

La anatomía interior de la célula

> Dadme una vesícula orgánica [una célula] dotada de vida y os devolveré todo el mundo organizado.[1]
>
> François-Vincent Raspail

> Por fin, la biología celular hace posible un sueño centenario: el análisis de las enfermedades a nivel celular, el primer paso hacia su control definitivo.[2]
>
> George Palade

«La célula —afirmaba Rudolf Virchow en 1852— es una unidad cerrada de la vida que contiene en sí misma [...] las leyes que rigen su existencia».[3] En primer lugar, una unidad viva autónoma y delimitada, una «unidad cerrada» que lleva en su interior las leyes que rigen su existencia, debe tener una frontera.

La membrana es lo que define la frontera, los límites exteriores del ser. Los cuerpos están delimitados por una membrana multicelular: la piel. La psique también está delimitada por otra membrana: el yo. Y lo mismo ocurre con las casas y las naciones. Definir un medio interno es definir su frontera, un lugar donde termina el interior y comienza el exterior. Sin un límite, el yo no existe. Para que una célula sea, para que exista, debe poder diferenciarse de lo que no es.

Pero ¿cuál es la frontera de una célula? ¿Dónde termina una célula y empieza otra? Una célula comienza y termina también con una membrana que la rodea.

La membrana es un lugar paradójico. Si está sellada, sin permitir que nada entre o salga, mantendrá la integridad de su interior. Pero entonces ¿cómo podrá gestionar la célula las inevitables necesidades y responsabilidades de la vida? La célula necesita poros para que los nutrientes entren y salgan y puntos de acceso donde las señales del exterior puedan llegar y procesarse. ¿Y si el organismo se ve privado de comida y la célula debe conservar al alimento y detener el metabolismo? Una célula ha de poder eliminar residuos, pero ¿dónde o cómo hacer una trampilla para deshacerse de ellos?

Cada abertura de este tipo es una excepción a la regla de la integridad; al fin y al cabo, una puerta al exterior es también una puerta al interior. Los virus y otros microbios pueden utilizar las vías de absorción de nutrientes o de eliminación de residuos para entrar en una célula. En definitiva, la porosidad representa una característica esencial de la vida, y también una vulnerabilidad esencial de la misma. Una célula perfectamente sellada es una célula perfectamente muerta. Pero desprecintar la membrana abriendo puertas expone a la célula a posibles daños. La célula debe permitir las dos opciones: estar cerrada y, a la vez, abierta al exterior.

¿De qué están hechas las membranas celulares? En la década de 1890 Ernest Overton, fisiólogo (y, por cierto, primo de Charles Darwin), sumergió diversos tipos de células en cientos de soluciones que contenían sustancias variadas. Observó que las sustancias químicas solubles en aceite tendían a entrar en la célula, mientras que las no solubles en aceite no podían penetrar. La membrana celular debía ser una capa de grasa, dedujo Overton, aunque no pudo explicar de qué manera una sustancia como un ion o un azúcar, insoluble en las grasas, podía entrar o salir de la célula.

Las observaciones de Overton abrieron nuevas incógnitas. ¿La membrana celular era gruesa o fina? ¿Estaba formada por una sola capa de moléculas de grasa (denominadas lípidos)* alineadas en una sola fila o era una estructura con muchas capas?

* Posteriormente se subclasificaron los componentes. Los más abundantes eran un tipo de lípidos que llevaban en la «cabeza» una molécula cargada, el fosfato, y una cadena larga de carbonos como «cola». También se encontraron otras moléculas integradas en la membrana lipídica, como el colesterol.

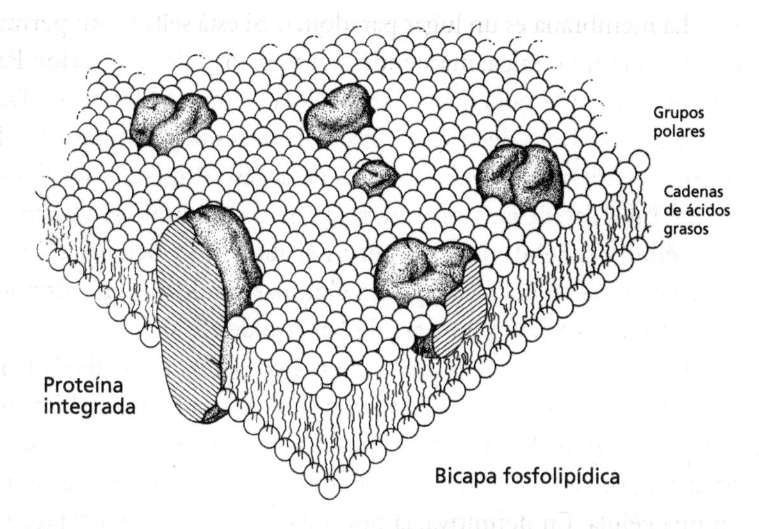

Modelo esquemático de la estructura de una membrana celular. Se puede apreciar la doble capa de lípidos con sus cabezas redondeadas apuntando hacia el interior y el exterior, y una larga cola en medio. La cabeza representa un fosfato cargado, soluble en agua (por eso apunta hacia dentro y hacia fuera), mientras que la cola unida al fosfato es una larga cadena de moléculas de carbono e hidrógeno insolubles en agua (por lo que apunta hacia el interior de la doble capa). Las estructuras abultadas que flotan en la membrana son proteínas, como canales, receptores y poros.

Un ingenioso estudio de dos fisiólogos desveló la estructura topológica de la membrana celular. En la década de 1920 Evert Gorter y François Grendel extrajeron toda la grasa de la superficie de un número exacto de glóbulos rojos, extendieron las moléculas en una sola capa y calcularon su superficie.[4] A continuación, estimaron el área de la superficie de las células de las que se habían extraído las membranas. La superficie de los lípidos extraídos era casi el doble de la superficie total de los glóbulos rojos.

Ese número puso de manifiesto una verdad inesperada: la membrana celular tenía que estar formada por dos capas de lípidos.[5] Se trataba de una bicapa lipídica. Imaginemos dos hojas de papel pegadas cara con cara y que conforman un objeto tridimensional, por ejemplo, un globo. Si el globo es la célula, las dos hojas de papel serían la membrana celular de doble capa.

En 1972, casi cincuenta años después de los experimentos de Gorter y Grendel, se resolvió la última pieza del rompecabezas:

cómo entran y salen de la bicapa lipídica moléculas como el azúcar o los iones, y cómo se comunica la célula con su exterior. Dos bioquímicos, Garth Nicolson y Seymour Singer, propusieron un modelo en el que las proteínas se hallaban incrustadas en la membrana celular, atravesándola, a modo de escotillas o canales.[6] La bicapa lipídica no era uniforme ni regular, sino porosa. Las proteínas, que estaban flotando en la membrana y se prolongaban desde el interior hasta el exterior, permitían que ciertas moléculas traspasasen la membrana y que otras proteínas y moléculas se uniesen al exterior de la célula.

Al apreciar la estructura en forma de mosaico de la membrana, con sus múltiples componentes ensamblados, Nicolson y Singer llamaron a esto el modelo del mosaico fluido de la membrana celular, cuya exactitud se demostró gracias a la microscopía electrónica.

Será más fácil, quizá, imaginar que podemos entrar y explorar el interior de una célula, del mismo modo que un astronauta podría imaginar que explora una nave espacial desconocida. Desde lejos apreciaríamos el contorno de la nave o de la célula: la esfera oblonga de color blanco grisáceo de un ovocito o el disco carmesí de un glóbulo rojo.

Al acercarnos a la membrana celular, empezaríamos a ver la capa exterior con más claridad. En esa superficie fluida están inmersas las proteínas. Algunas pueden ser receptores de señales, mientras que otras funcionan como un pegamento molecular que une una célula con otra. Además, es posible que sean canales. Podríamos tener la suerte de ver cómo un nutriente o un ion atraviesa un poro y entra en la célula.

Y ahora podríamos también entrar en la nave. Atravesaríamos su superficie externa, es decir, la membrana bicapa, pasando velozmente por el espacio entre las dos capas, de solo unos diez nanómetros de grosor —diez mil veces más fino que un cabello humano—, y apareceríamos dentro.

Al mirar alrededor y hacia arriba, veríamos la lámina interna de la membrana celular suspendida sobre nosotros, semejante a la superficie fluida del océano vista desde abajo. También observaríamos las partes internas de las proteínas colgando sobre nuestras cabezas, como la parte inferior de las boyas.

Podríamos nadar a través del fluido interno de la célula, que se denomina protoplasma, citoplasma o citosol. El protoplasma es el «fluido vital» que los biólogos del siglo XIX descubrieron en las células vivas y en los seres vivos.* Aunque muchos biólogos celulares habían observado la existencia de un fluido dentro de una célula, Hugo von Mohl fue el primero en utilizar el término en la década de 1840. El protoplasma es una sopa alucinantemente compleja de sustancias químicas. Tiene apariencia espesa y coloidal en algunas zonas y acuosa en otras.** Es la matriz gelatinosa que sustenta la vida.

Durante casi medio siglo después del trabajo de Von Mohl sobre el protoplasma en la década de 1840, los biólogos celulares imaginaban la célula como un globo lleno de un líquido informe. Pero lo primero que se puede observar, una vez dentro de la célula, es que el citoplasma presenta un «esqueleto» molecular que mantiene la

* De hecho, la importancia del protoplasma es tal que en la década de 1850 se produjo un intenso debate sobre si era el protoplasma, y no la célula, lo que debía considerarse la unidad básica de la vida; la célula no era más que un recipiente que lo contenía. El biólogo celular alemán Robert Remak fue uno de los más firmes defensores de esta idea. Finalmente, los teóricos de la célula ganaron, mientras que los «protoplasmistas» transigieron en admitir la primacía de la célula, pero manteniendo aún que cada célula contenía en su interior este fluido vital. El descubrimiento de otros múltiples orgánulos dentro del protoplasma de una célula también puede haber contribuido a difuminar la idea de que el protoplasma era el único bloque estructural necesario y suficiente de un organismo.

** Las variaciones en las propiedades físicas del protoplasma —acuoso, semilíquido o como una densa gelatina— es un tema que está despertando un interés cada vez mayor en la investigación reciente. La acumulación de sustancias químicas suspendidas en el interior de la célula en forma de gotas podría representar lugares donde se producen ciertas reacciones bioquímicas. Se ha demostrado la relevancia de estas «fases» definidas (como se les llama) en muchas reacciones importantes, y se está estudiando en otras.

forma de la célula, del mismo modo que un esqueleto óseo mantiene la estructura de un organismo.* Este andamiaje, denominado citoesqueleto, está compuesto principalmente por filamentos de una proteína fibrosa llamada actina y por unas estructuras tubulares producidas por una proteína denominada tubulina.** Sin embargo, a diferencia de los huesos, estas estructuras fibrosas que se entrecruzan en el interior de la célula no son estáticas ni meramente estructurales. Forman un sistema interno de organización. El citoesqueleto une los componentes de la célula y es necesario para su movimiento. Cuando un glóbulo blanco avanza hacia un microbio, utiliza los filamentos de actina, además de otras proteínas, para empujar sus sensores hacia delante, gelificando y desgelificando su parte frontal, como el movimiento ectoplásmico de un alienígena.[7]

Unidas al citoesqueleto, o flotando en el líquido protoplásmico, hay miles de proteínas que hacen posible las reacciones de la vida (la respiración, el metabolismo, la eliminación de residuos). Nadando por el protoplasma, sin duda encontraríamos una molécula de suma importancia, con forma de larga hebra, llamada ácido ribonucleico, o ARN.

Las hebras, o cadenas, de ARN están constituidas por cuatro subunidades: adenina (A), citosina (C), uracilo (U) y guanina (G). Una cadena puede estar formada por ACUGGGUUUCCGUCG GGCCC con miles de estas subunidades. La cadena transporta el mensaje, o código, para poder sintetizar una proteína.*** Podemos imaginarlo como un conjunto de instrucciones, un código morse

* El botánico Nikolai Kolstov fue uno de los primeros en proponer, en 1904, que el protoplasma tenía esa estructura interna organizada. Más adelante, cuando fue posible observar los diversos elementos del citoesqueleto con potentes microscopios, se demostró que Kolstov estaba en lo cierto.

** Hay otras proteínas que también participan en el citoesqueleto. En el citoesqueleto de algunas células se encuentra un tercer tipo de proteína, denominada filamento intermedio. Existen más de setenta tipos diferentes de proteínas que constituyen diversas clases de filamentos intermedios.

*** El ARN tiene otras muchas funciones, entre ellas la de regular el «encendido» y «apagado» de los genes, además de intervenir en la síntesis de proteínas, pero aquí nos centraremos en su función codificadora.

en una cinta. Un ARN concreto, recién fabricado en el núcleo de la célula, puede contener las instrucciones para sintetizar, por ejemplo, la insulina. Y podría haber otras hebras flotando con instrucciones para diferentes proteínas.

¿Cómo se descifran estas instrucciones? Si mirásemos a la izquierda o a la derecha, veríamos una enorme estructura macromolecular llamada ribosoma, un complejo formado por múltiples partes descrito por primera vez por el biólogo celular rumano y estadounidense George Palade en la década de 1940.[8] Sería imposible no verlo: una célula hepática, por ejemplo, contiene varios millones de ribosomas. El ribosoma capta los ARN y descodifica sus instrucciones para sintetizar proteínas. Esta fábrica celular de proteínas está formada por proteínas y ARN. Es otra de las fascinantes recurrencias de la vida, en la que gracias a ciertas proteínas se pueden fabricar otras proteínas.

La síntesis de proteínas es una de las principales tareas de la célula. Las proteínas constituyen las enzimas que controlan las reacciones químicas de la vida. Crean los componentes estructurales de la célula. Son los receptores de las señales del exterior. Forman los poros y canales de la membrana y los reguladores que activan y desactivan los genes en respuesta a los estímulos. Las proteínas son los caballos de tiro de la célula.

Podríamos encontrar otra estructura macromolecular, en este caso parecida a una picadora de carne en forma de tubo. Es el compactador de basura de la célula, el proteasoma, donde las proteínas van a morir. Los proteasomas degradan las proteínas en sus constituyentes y expulsan los fragmentos desmenuzados de nuevo al protoplasma, completando el ciclo de síntesis y degradación.

Al seguir nadando a través del protoplasma de la célula, encontraríamos una serie de estructuras más grandes, unidas por membranas. Podemos imaginarlas como salas delimitadas con una pared doble dentro de la nave espacial. Hay una sala para generar energía, otra para el almacenamiento, otra para enviar y recibir señales y otra para desechar los residuos. A medida que los microscopistas y los biólógos celulares fueron observando las células con mayor precisión, encontraron docenas de subestructuras funcionales organizadas, análogas a los órganos (riñones, huesos y corazones) que Vesalio y otros anatomistas habían identificado en el cuerpo. Los biólogos los llamaron orgánulos: miniórganos dentro de las células.

Una de las primeras estructuras que podríamos ver es un orgánulo en forma de riñón, descrito por primera vez, aunque de manera vaga, en células animales por un histólogo alemán llamado Richard Altmann, en la década de 1840.[9] Estos orgánulos, más tarde rebautizados como mitocondrias, son los generadores de combustible de la célula, las calderas que arden y refulgen constantemente para producir la energía necesaria para la vida. El origen de las mitocondrias sigue debatiéndose. Pero una de las teorías más fascinantes, y ampliamente aceptada, es que hace más de mil millones de años estos orgánulos eran células microbianas que desarrollaron la capacidad de producir energía mediante una reacción química en la que intervienen el oxígeno y la glucosa. Estas células microbianas fueron engullidas o capturadas por otras células y entablaron en una especie de asociación cooperativa, un fenómeno denominado endosimbiosis.

En 1967 la bióloga evolucionista Lynn Margulis describió este hecho en un artículo científico titulado «On the Origin of Mitosing Cells» (Sobre el origen de las células mitosantes).[10] Como explica Nick Lane en *La cuestión vital*, Margulis afirmaba que los organismos complejos «no evolucionaron mediante la selección natural "estándar", sino en una orgía de cooperación, en la que las células se implicaban tan fuertemente entre sí que incluso unas se introducían dentro de otras».[11] Demasiado radical, demasiado avanzada. En las calles de San Francisco y Nueva York, se celebraba el «Verano del Amor» y los jóvenes de ambos sexos se engullían unos a otros con ardor, pero en los salones científicos la teoría del engullimiento de Margulis fue recibida con un aluvión de escepticismo. Para ella, el verano del amor endosimbiótico se convirtió en un largo invierno de burlas y rechazo, hasta que décadas más tarde los científicos empezaron a constatar no solo las similitudes estructurales entre las mitocondrias y las bacterias, sino también sus similitudes moleculares y genéticas.

Las mitocondrias se encuentran en todas las células, pero sobre todo se concentran en gran número en aquellas que necesitan más energía o que regulan el almacenamiento de energía, como las células musculares, las células grasas (o adipocitos) y ciertas células cerebrales. En los espermatozoides, las mitocondrias se disponen alrededor de la cola y proporcionan la energía necesaria para que puedan nadar hasta el óvulo. Se reproducen dentro de la célula, pero, cuando llega el momento de la división celular, se reparten entre las dos células hijas. Es decir, no tienen una vida autónoma, solo pueden vivir dentro de las células.

Las mitocondrias poseen sus propios genes y genomas, que curiosamente tienen cierto parecido con los genes y genomas de las bacterias, lo que apoya de nuevo la hipótesis de Margulis de que eran células primitivas que fueron engullidas por otras células y luego entraron en simbiosis con ellas.

En una célula existen dos vías para generar energía: una rápida y otra lenta. La vía rápida ocurre principalmente en el protoplasma de la célula. Las enzimas descomponen la glucosa de manera seriada en moléculas cada vez más pequeñas, y esta reacción produce energía. Como el proceso no utiliza oxígeno, se denomina anaeróbico. El producto final de la vía rápida, en lo que respecta a la energía, son dos moléculas de una sustancia química llamada trifosfato de adenosina, o ATP.

El ATP es la moneda fundamental de la energía en prácticamente todas las células vivas. Cualquier actividad química o física que requiera energía —por ejemplo, la tracción de un músculo o la síntesis de una proteína— utiliza, o «quema», ATP.

La combustión lenta y más exhaustiva de los azúcares para producir energía tiene lugar en las mitocondrias. (Las células bacterianas, que carecen de mitocondrias, solo pueden utilizar la primera vía de reacciones). Aquí los productos finales de la glucólisis (literalmente, la descomposición química del azúcar) se incorporan en un ciclo de reacciones que finalmente producen agua y dióxido de carbono. Este ciclo de reacciones implica el uso de oxígeno (por lo que se denomina aeróbico) y es un pequeño milagro de la producción de energía: produce una cosecha de energía mucho mayor, de nuevo, en forma de moléculas de ATP.

La combinación de la combustión rápida y la lenta proporciona el equivalente a treinta y seis moléculas de ATP por cada molécula de glucosa. (El número real es ligeramente inferior, ya que no todas las reacciones son perfectamente eficaces). A lo largo de un día, generamos miles de millones de pequeños bidones de combustible para encender mil millones de pequeños motores en los miles de millones de células de nuestro cuerpo. «Si los miles de millones de pequeños fuegos que arden suavemente dejaran de arder —escribió el biofísico Eugene Rabinowitch—, ningún corazón podría latir, ninguna planta podría crecer hacia arriba desafiando la gravedad, ninguna ameba podría desplazarse, ninguna sensación podría viajar a lo largo de un nervio, ningún pensamiento podría encenderse en el cerebro humano».[12]

A continuación, podríamos encontrar un laberinto de pasillos serpenteantes y sinuosos, también unidos por membranas, que se entrecruzan en el cuerpo de la célula. También es un orgánulo y se llama retículo endoplásmico, aunque a menudo los biólogos lo abrevian como RE.

Esta estructura fue descrita por primera vez por los biólogos celulares Keith Porter y Albert Claude,* en estrecha colaboración con George Palade, en el Instituto Rockefeller de Nueva York, a finales de la década de 1940. Los experimentos para dilucidar la función de esta estructura y su papel fundamental para la biología de la célula representan uno de los viajes más trascendentales de la ciencia.

Palade llegó a la biología celular tras algunos rodeos. Nació en 1912 en Rumanía, en la ciudad de Iasi, que entonces se llamaba Jassy. Su padre, profesor de filosofía, quería que su hijo fuera también filósofo, pero George se sentía atraído por una disciplina más «tangible y concreta». Estudió medicina y comenzó su carrera como médico en la capital, Bucarest. Pero pronto se sintió atraído por la biología

* El citólogo francés Charles Garnier había observado por primera vez el retículo endoplásmico en 1897 con un microscopio óptico, pero no le asignó ninguna función específica.

celular. Como Rudolf Virchow, Palade también quería unificar la biología celular, la patología celular y la medicina. «Por fin, la biología celular hace posible un sueño centenario: el análisis de las enfermedades a nivel celular, el primer paso hacia su control definitivo»,[13] escribiría más tarde.

En la década de 1940 le ofrecieron un puesto de investigador en Nueva York. Su viaje a Estados Unidos atravesando la Europa devastada por la guerra fue un peregrinaje desgarrador. Tuvo que cruzar la sombría y desolada Polonia, donde fue retenido durante semanas a la espera de recibir el permiso de inmigración. «Se veía a sí mismo como una versión científica del personaje de Cristian en *El progreso del peregrino* —me contó un colega suyo—, eximido de alguna manera de todos los miles de trabas y escollos que podrían haber frustrado su viaje a Nueva York o, de hecho, al centro de la célula».[14]

En 1946, con treinta y cuatro años, Palade llegó por fin a Nueva York. Empezó su carrera como investigador en la Universidad de Nueva York y más tarde obtuvo una plaza en el Instituto Rockefeller. En 1948 le nombraron profesor adjunto y le asignaron un laboratorio en un «desangelado calabozo» situado en la tercera planta del sótano de uno de los edificios más antiguos de la institución.

El calabozo, aun siendo desangelado, se convirtió en un refugio para los biólogos celulares.[15] «El nuevo campo carecía casi por completo de tradición; todos los que trabajaban en él procedían de alguna otra provincia de las ciencias naturales»,[16] escribió Palade. De modo que tuvo que extraer, tomar prestado y robar de todas las ramas y provincias de la ciencia para crear su propia disciplina: la biología celular moderna. Estableció colaboraciones cruciales con Porter y Claude.[17] El laboratorio pronto se convertiría en el sótano intelectual de la anatomía y la función subcelulares, los cimientos sobre los que se construiría la monumental disciplina.

Del mismo modo que Robert Hooke y Antonie van Leeuwenhoek revolucionaron la biología celular en el siglo XVII observando a través de un microscopio, Palade, Porter y Claude descubrieron una forma más abstracta de «observar» el interior de la célula. Para empezar, fragmentaron las células y centrifugaron su contenido a alta velocidad en un gradiente de densidades. A medida que la centrífuga giraba a una velocidad vertiginosa, arrastrando hacia el fondo las partes más pesadas de la célula y dejando por encima las más ligeras, los diferentes componentes de la célula aparecían en distintos gradientes a lo largo de un tubo.

Cada componente podía extraerse de una parte concreta del tubo y evaluarse por separado para identificar su anatomía estructural y las reacciones bioquímicas que tenían lugar en su interior, como la oxidación, la síntesis, la desintoxicación y la eliminación de residuos. Y luego seccionaron la célula en láminas muy finas y las examinaron mediante un microscopio electrónico, lo que les permitió seguir el rastro de esos componentes y reacciones hasta su emplazamiento en las células animales.

Esto también era «observar», pero con dos tipos de lentes diferentes. Por un lado, la lente abstracta de la bioquímica: la separación centrífuga de los componentes subcelulares y el descubrimiento de las reacciones químicas y los componentes confinados en ellos. Y, por otro lado, la lente física de la microscopía electrónica, que asignaba estas funciones químicas a las estructuras y ubicaciones anatómicas dentro de las células. Palade describió estas dos formas de observar combinadas como un péndulo que oscilaba de la anatomía microscópica a la anatomía funcional, y viceversa: «La estructura, tal como se había concebido tradicionalmente a través del microscopio, estaba destinada a fundirse con la bioquímica, y la bioquímica de [...] los componentes subcelulares parecía ser la mejor manera de comprender la función de algunas de las estructuras recién descubiertas».[18]

Era un partido de ping-pong en el que ambas partes ganaban. Los microscopistas veían estructuras subcelulares y los bioquímicos les asignaban funciones. O bien los bioquímicos encontraban una función y luego recurrían a los microscopistas para localizar la estructura responsable de esa función. Con este método, Palade, Porter y Claude se adentraron en el corazón luminoso de la célula.

Pero volvamos al retículo endoplásmico, el sinuoso entramado que se encuentra en prácticamente todas las células. Hay una cierta voluptuosidad en esta estructura: su propia desmesura, como encajes superpuestos sobre otros formando pliegues. Al observar con un microscopio extraordinariamente potente las células del páncreas de un perro, se vio que los bordes exteriores de la membrana del RE estaban tachonados de partículas diminutas y densas.

Hay una gran abundancia de estas estructuras, pero ¿qué es lo que hacen?, se preguntó Palade. Por el trabajo de investigadores anteriores, sabía que el RE estaba asociado a la síntesis y transporte de proteínas, que realizan prácticamente todo el trabajo de la célula. Algunas, como las enzimas responsables de metabolizar la glucosa, se sintetizan dentro de la célula y permanecen allí para realizar sus funciones. Otras proteínas, como la insulina o las enzimas digestivas, son segregadas por las células a la sangre o a los intestinos. Y también hay proteínas, como los receptores y los poros, que están insertadas en la membrana celular. Pero ¿cómo llega una proteína a su destino?

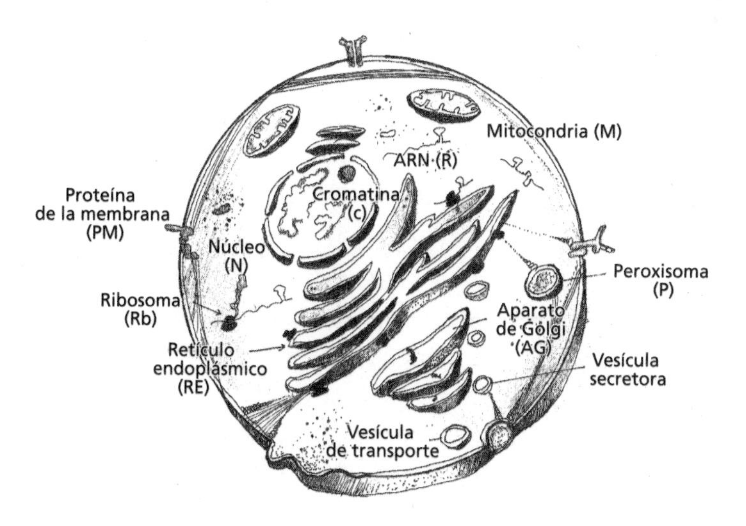

Esquema del autor de una célula con varias de sus subestructuras: retículo endoplásmico, núcleo, ARN, membrana celular, cromatina, peroxisoma, aparato de Golgi, mitocondria, proteína de la membrana, etc. Los hilos en el interior de la célula representan los elementos del citoesqueleto. Debe tenerse en cuenta que el dibujo no está a escala.

En 1960 Palade, junto con sus colaboradores, en concreto Philip Siekevitz, utilizó radiactividad —una baliza molecular— para marcar las proteínas en una célula y luego seguir su recorrido a lo largo del tiempo. Imprimió un «pulso» en la célula con una alta dosis de radiactividad, marcando así todas las proteínas que se sintetizaban, y luego «persiguió» a las proteínas con ayuda del microscopio electrónico para visualizar su trayectoria.*

Por fortuna, encontró la señal radiactiva asociada en primer lugar a los ribosomas, el lugar donde se sintetizan inicialmente las proteínas (los ribosomas eran las diminutas y densas partículas que Palade había observado en los bordes del RE). A continuación, para su asombro, algunas de las proteínas se desplazaron desde los ribosomas hacia el interior del retículo endoplásmico.**

Más adelante, siguiendo el peregrinaje de las proteínas, descubrió que este se desplazaba a través del RE y luego hacia un compartimento especializado llamado aparato de Golgi, una estructura que el microscopista italiano Camillo Golgi había descubierto en 1898, pero a la que nunca se le había atribuido una función. Desde allí, las proteínas marcadas se dirigían a los gránulos de secreción que se desprendían del aparato de Golgi y luego a su destino final:[19] la expulsión fuera de la célula (los biólogos James Rothman, Randy

* En 1961 Keith Porter había dejado el grupo para iniciar su propio trabajo en Harvard, y Claude se había marchado antes a la Universidad de Lovaina, en Bélgica. Pero un nuevo grupo de fraccionadores de células se incorporó al equipo de Palade: Siekevitz, Lewis Greene, Colvin Redman, David D. Sabatini y Yutaka Tashiro, así como dos expertos en microscopía electrónica, Lucien Caro y James Jamieson. Sumando las fuerzas de estos dos grupos, Palade logró trazar el recorrido de una proteína a través del retículo endoplásmico.

** En los años siguientes al descubrimiento de Palade, Sabatini y un inmigrante alemán llamado Günter Blobel hicieron uno de los descubrimientos más importantes sobre cómo las proteínas se dirigen al RE para segregarse fuera de la célula o para insertarse en la membrana celular. En resumen, en la secuencia de la proteína ya existe una señal, una especie de sello postal, que indica si su destino es segregarse fuera o dirigirse a la membrana. Las vías celulares específicas reconocen este sello y dirigen la proteína a su destino predeterminado. La versión más detallada es esta: Sabatini y Blobel, un biólogo, descubrieron que las proteínas segregadas fuera y las integrantes de la membrana llevan integrada en sus secuencias esta señal específica como una serie de aminoácidos. Cuando el ribosoma descodifica el ARN y sintetiza una proteína, un complejo molecular llamado partícula de reconocimiento de la señal (PRS) identifica esta señal que indica el destino y lleva la proteína hacia el RE. Un poro que penetra en el RE desde la célula permite el transporte de la proteína al RE.

Schekman y Thomas Südhof fueron pioneros en el estudio de cómo las proteínas que no están destinadas a ser exportadas acaban en los lugares adecuados dentro de la célula. Los tres científicos ganaron el Premio Nobel en 2013 por este trabajo sobre el transporte intracelular de proteínas). En casi todos los puntos de su recorrido, algunas de las proteínas se modifican: pueden acortarse, experimentar cambios químicos con la adición de un azúcar o rotar y unirse a otra proteína (las señales para realizar estas modificaciones suelen estar contenidas en la secuencia de la propia proteína).

Todo el proceso puede imaginarse como un elaborado sistema postal. Comienza con el código lingüístico de los genes (ARN), que se traduce para escribir la carta (la proteína). La proteína es escrita, o sintetizada, por el escritor de cartas de la célula (el ribosoma), que luego la envía al buzón (el poro por el que la proteína entra en el RE). El poro la dirige a la estación central de correos (el retículo endoplásmico), que la envía al centro de clasificación (el aparato de Golgi) y, finalmente, al vehículo de reparto (el gránulo de secreción). Las proteínas llevan incluso ciertos códigos añadidos, como sellos postales, que permiten que la célula identifique su destino final. Palade se dio cuenta de que este «sistema postal» es la forma en que la mayoría de las proteínas llegan a su ubicación correcta dentro de la célula.

Los estudios pioneros de Palade, Porter y Claude abrieron un nuevo mundo de la anatomía subcelular. La conjunción de las dos formas de observar —la microscopía y la bioquímica— fue sinérgica. A medida que los biólogos utilizaban estos métodos en las células, fueron encontrando más estructuras subcelulares funcionales y anatómicamente definidas. El biólogo belga Christian de Duve, otro científico del Instituto Rockefeller, descubrió una estructura llena de enzimas llamada lisosoma.[20] Como una especie de «estómago» celular, digiere partes de la célula deterioradas, así como bacterias y virus invasores.

Las células vegetales contienen estructuras denominadas cloroplastos, donde tiene lugar la fotosíntesis, la conversión de la luz en glucosa. Los cloroplastos, al igual que las mitocondrias, llevan su propio ADN, lo que hace pensar también que su origen sean micro-

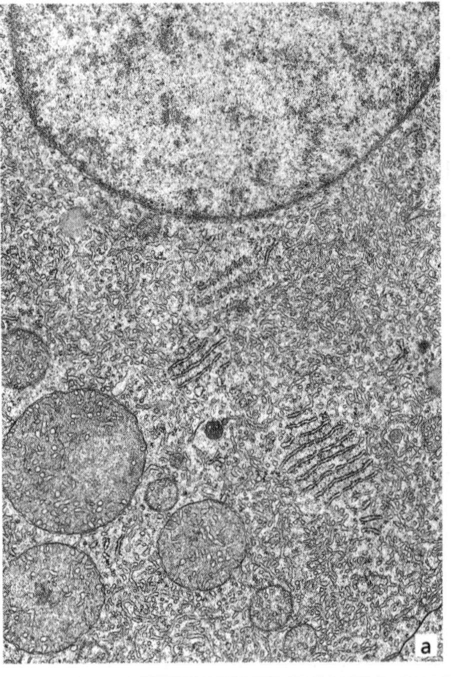

(a) Retículo endoplásmico (RE) en la glándula suprarrenal fetal humana. En la parte superior se encuentra el núcleo (media esfera); las estructuras paralelas en el centro de la imagen son el retículo endoplásmico rugoso y el retículo endoplásmico liso alrededor.
(b) Esquema del autor de la migración de una proteína segregada desde el ribosoma al RE, luego al aparato de Golgi y finalmente a los gránulos de secreción. Nótese la inserción de la proteína en el RE a medida que se sintetiza. La proteína se modifica en el RE, donde se le pueden añadir cadenas de azúcares. Su viaje continúa hacia el aparato de Golgi, allí puede modificarse aún más y luego se dirige a una vesícula secretora destinada a llevar la proteína fuera de la célula o a otras vesículas para enviarla a distintos compartimentos celulares.

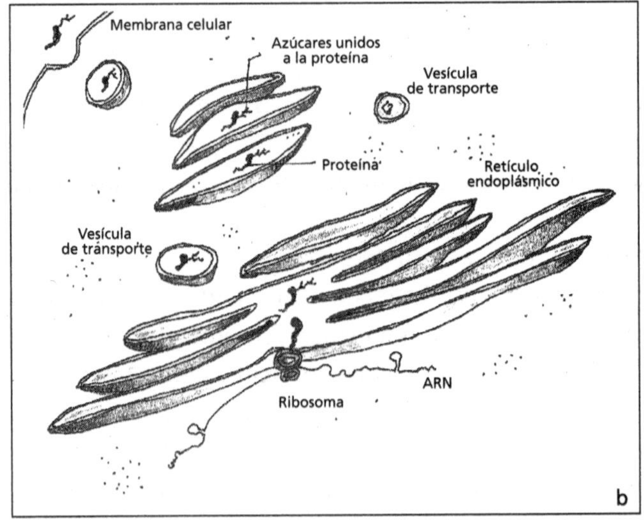

bios engullidos por otras células. Existe una estructura unida a la membrana llamada peroxisoma, otro de los descubrimientos de De Duve, donde tienen lugar en un medio aislado algunas de las reacciones más peligrosas de la vida —por ejemplo, la oxidación de las moléculas— y donde se genera peróxido de hidrógeno, una sustancia química intensamente reactiva. Si el peroxisoma se abriera y liberara sus venenos internos, la célula sería atacada por su propio contenido reactivo. Es el cáliz, lleno de venenos para metabolizar otros venenos, que la célula mantiene cuidadosamente cerrado. He reservado para el final el orgánulo más esencial y el más misterioso: el núcleo. Las bacterias no presentan núcleo, pero en las células que sí lo tienen —todas las vegetales y animales, incluidas las humanas—, el núcleo alberga la mayor parte del material genético celular, el manual de instrucciones de la vida. Es el banco donde se guarda el ADN, el genoma.

El núcleo representa el centro de mando de la célula. Es el lugar que recibe y luego difunde la mayoría de las señales de la vida. El ARN, el código para sintetizar proteínas, se forma aquí a partir del código genético, y luego se exporta fuera del núcleo. Podemos imaginar el núcleo como el centro de la vida.

El anatomista celular Robert Brown observó el núcleo en células de orquídeas en 1836. Por su posición en el centro de la célula, bautizó la estructura con el nombre griego de *kernel*. Sin embargo, su función, o su importancia vital para el funcionamiento de la célula, tardaría aún todo un siglo en conocerse. Al igual que las células, el núcleo está rodeado por una membrana porosa de dos capas, aunque sus poros se conocen y se han caracterizado mucho menos.

El núcleo, como ya he mencionado, encierra el genoma del organismo, formado por largas hebras de ácido desoxirribonucleico. La doble hélice de ADN está elaboradamente plegada y empaquetada alrededor de unas moléculas conocidas como histonas, y luego se compacta y enrolla aún más para formar unas estructuras llamadas cromosomas. Si pudiera estirarse el ADN de una sola célula en una línea recta, como un cable, mediría dos metros y medio. Y, si pudiera hacerse lo mismo con todas las células del cuerpo humano y colocar todo ese ADN uniendo extremo con extremo, podría extenderse de la Tierra al Sol y volver más de sesenta veces. Asimismo, si uniéramos todo el ADN de todos los seres humanos del planeta, llegaría a la galaxia de Andrómeda y volvería casi dos veces y media.[21]

Al igual que el citoplasma, el líquido interior de la célula, el núcleo tiene también una estructura organizada, pero todavía sabemos poco de ella. Los científicos que estudian el núcleo creen que contiene un «esqueleto» de fibras moleculares. Hay proteínas que atraviesan el citoplasma, entran a través de los poros de la membrana nuclear y se unen al ADN y activan o desactivan los genes. Las hormonas, unidas a las proteínas, pueden entrar y salir. El ATP, la fuente universal de energía, se desplaza rápidamente a través de los poros.

El proceso de activación y desactivación de los genes es vital y es lo que proporciona a la célula su identidad. El conjunto de genes que se activan y desactivan permite que una neurona sea una neurona y que un glóbulo blanco sea un glóbulo blanco. Cuando se desarrolla un organismo, los genes —o más bien las proteínas codificadas por los genes— informan a las células sobre sus posiciones relativas y ordenan los que serán sus destinos futuros. Los genes se activan y desactivan mediante estímulos externos, como las hormonas, que también señalizan cambios en el comportamiento de las células.

Cuando una célula se divide, se copia cada cromosoma y las dos copias se separan en el espacio. En las células humanas, la envoltura nuclear se disuelve, un conjunto completo de cromosomas migra a cada una de las dos células hijas recién nacidas y la membrana nuclear vuelve a aparecer alrededor de los cromosomas; en esencia, se produce una célula hija con un nuevo núcleo y los cromosomas alojados en el interior de este.

Sin embargo, una gran parte del núcleo sigue siendo un enigma: las puertas del centro de mando de la célula permanecen parcialmente cerradas. Como dijo un biólogo, «solo podemos esperar que lo que comentó el genetista J. B. S. Haldane sobre el cosmos resulte no ser cierto para el núcleo: "Sospecho que el universo no solo es más raro de lo que suponemos, sino más raro de lo que *podemos* suponer".[22] Si consideramos debidamente que el núcleo puede ser más complejo de lo que creíamos y, sin embargo, puede llegar a conocerse, entonces esta misma confianza puede otorgarnos el poder a nosotros y a nuestros estudiantes y sucesores para penetrar en las profundidades que nos aguardan sobre este tema, en lo siguiente de ello que nos atraiga. Hay muchas razones para creer en este proyecto. Así que mantengámonos animados».

Membrana, protoplasma, lisosoma, peroxisoma, núcleo... Las subunidades de la célula que hemos conocido son vitales para su existencia; realizan funciones especializadas que permiten a la célula poseer y mantener una vida independiente. Su ubicación, organización y orquestación son cruciales. En resumen, la autonomía de una célula reside en su anatomía.

Y esa autonomía, a su vez, permite una característica esencial de los sistemas vivos: la capacidad de mantener la constancia del medio interno, un fenómeno denominado homeostasis. El concepto de «homeostasis» (el término deriva de las palabras griegas *homoio* y *stásis*, que podríamos traducir como «semejante a la quietud») fue descrito por primera vez por el fisiólogo francés Claude Bernard en la década de 1870 y desarrollado por el fisiólogo Walter Cannon, de la Universidad de Harvard, en los años treinta del siglo XX.

Durante generaciones antes de Bernard y Cannon, los fisiólogos habían descrito a los animales como conjuntos de máquinas, sumas de partes dinámicas. Los músculos eran los motores; los pulmones, un par de fuelles; el corazón, una bomba. Pulsar, girar, bombear; el énfasis de la fisiología estaba en el movimiento, en las acciones, en el trabajo. *No te quedes ahí parado, haz algo.*

Bernard invirtió esa lógica. «La fixité du milieu intérieur est la condition de la vie libre, indépendante»:[23] la constancia del medio interior es la condición de la vida libre e independiente, escribió en 1878. Al desplazar el foco de la fisiología de la acción al mantenimiento de la estabilidad, Bernard cambió nuestra concepción del funcionamiento del cuerpo de un organismo. Un punto importante de la «actividad» fisiológica, paradójicamente, era permitir la inmovilidad. *No hagas nada, quédate quieto.*

Bernard y Cannon estudiaron la homeostasis en los organismos y los órganos, pero cada vez está más claro que esta es una característica fundamental de las células y, de hecho, de la vida. Para entender la homeostasis celular, comenzamos de nuevo con la membrana que separa la célula de su medio externo, de manera que sus reacciones internas puedan permanecer aisladas y contenidas. La membrana también ha desarrollado bombas para expulsar de la célula las sustancias no deseadas, de nuevo para mantener la estabilidad en el espacio interno de la célula. El protoplasma contiene amortiguadores (tampones) químicos para que la acidez o la alcalinidad celular no varíen, aun cuando cambie el entorno químico fuera de la célula. Una célula necesita energía, y las mitocondrias se la proporcionan. El proteasoma elimina las proteínas no deseadas, o mal plegadas. Los orgánulos de almacenamiento especializados de algunas células garantizan que haya un depósito de nutrientes que funcione como reserva en caso de escasez en el exterior. Los subproductos tóxicos del metabolismo se envían al peroxisoma para que sean destruidos.

Pronto pasaremos de la autonomía y la homeostasis a otras características fundamentales de la célula: la reproducción, la especialización funcional y la capacidad de la célula para dividirse y formar organismos pluricelulares. Pero antes vamos a resaltar los extraordinarios descubrimientos que abarca este capítulo. Las dos décadas comprendidas entre 1940 y 1960 pueden considerarse el periodo más fértil y productivo para los biólogos celulares que intentaron diseccionar la anatomía funcional del interior de la célula. En ellas puede observarse una majestuosidad y una maestría similares a las que se dieron casi exactamente un siglo antes, cuando Schwann, Schleiden, Virchow y otros sentaron las bases de la biología celular. Si los conocimientos revelados durante este periodo parecen hoy algo «normal» (en todos los libros de texto de ciencias de la enseñanza secundaria se encontrará alguna versión de la frase «Las mitocondrias son la fábrica de energía de la célula»), es porque hemos olvidado, como a menudo hacemos, el electrizante asombro que cada uno de estos descubrimientos generó en su momento. No creo que sea exagerado describir la transición del descubrimiento de la célula al de su anatomía estructural y, finalmente, a la revelación de su anatomía funcional como uno de los logros más inspiradores de la ciencia.

El descubrimiento de la anatomía funcional permitió una visión integrada de la célula y, por extensión, de las características que definen la vida. Una célula, como ya se ha dicho, no es solo un sistema de partes ensamblado a otras partes, al igual que un coche no es un carburador acoplado a un motor. Es una máquina integradora que debe amalgamar las funciones de estas partes individuales para permitir las características fundamentales de la vida. Entre 1940 y 1960 los científicos comenzaron a integrar las partes separadas de la célula para entender cómo podía una unidad autónoma de la vida funcionar y estar «viva».

Inevitablemente, estos descubrimientos fundamentales acabaron por impulsar el desarrollo de nuevos medicamentos. Si la anatomía y la fisiología macroscópicas iniciaron una nueva era para la cirugía y la medicina en los siglos XVIII y XIX, la anatomía y la fisiología celulares funcionales anunciaron nuevos escenarios para la enfermedad y la intervención terapéutica en el siglo XX. Sabemos desde hace tiempo que el desajuste funcional de un órgano provoca una enfermedad: el riñón falla, el corazón se debilita, los huesos se fracturan. Pero ¿qué ocurre con el desajuste funcional de un orgánulo celular?

En el verano de 2003 un niño de once años llamado Jared, jugador de hockey, empezó a perder la visión en ambos ojos.[24] El mundo se oscurecía poco a poco, mientras Jared, que intentaba por todos los medios seguir jugando, hacía esfuerzos para distinguir las líneas en la superficie de hielo de la pista de hockey. Sus padres lo llevaron a un oftalmólogo de la Clínica Mayo de Rochester, en Minnesota, para obtener un diagnóstico.

Una semana después la clínica identificó el origen del problema: Jared sufría una enfermedad llamada neuropatía óptica hereditaria de Leber (NOHL).[25] «Siento muchísimo decirles que Jared se quedará ciego», comunicó con delicadeza a los padres el oftalmólogo. Normalmente, esta enfermedad hereditaria se produce por una mutación en un gen llamado mtND4, que se encuentra en las mitocondrias. (El gen culpable se descubrió y mapeó en 1988, solo dos años antes de que se iniciase el Proyecto Genoma Humano).[26] Por razones que aún se desconocen, afecta específicamente al funcionamiento de las células ganglionares de la retina, que transmiten la información de la retina al nervio óptico y, posteriormente, al cerebro.

En los niños que la sufren, la enfermedad se desarrolla de forma inexorable. Al principio, las fibras nerviosas a lo largo de la papila óptica empiezan a engrosarse. Más tarde, se atrofia el nervio óptico y los nervios de la retina se adelgazan y adquieren un aspecto deslustrado. Jared había heredado la mutación más común de la NOHL: en la posición nucleotídica 11778 del genoma mitocondrial, que tiene una longitud total de unas dieciséis mil bases.*

«11778 —escribió Jared en su diario—. Me gustaría que esto hubiera sido la combinación de mi taquilla en el vestuario o del candado de mi bicicleta o incluso de mi armario en la escuela.[27] En cambio, iba a ser la combinación de una mutación genética en la posición del nucleótido 11778 que provocaría la enfermedad en mi cuerpo a los once años de edad y acabaría cambiando mi vida para siempre. [...] Ciego, ¿qué demonios quería decir ciego? Tengo once años. Juego al hockey. Me gustan las chicas, y yo les gusto a ellas. Tengo un montón de amigos y vivo sin preocupaciones. ¿Ciego? ¿Qué quiere decir que no podré ver? ¿No poder ver qué? Arréglalo, papá, y déjame ir a jugar con mis amigos».

Pero su papá, por más que lo intentó, no pudo arreglarlo. Las células ganglionares de Jared empezaron a deteriorarse. Astutamente, los padres consiguieron que su hijo empezase a interesarse por la guitarra. Aprendió a tocar usando solo el tacto y el sonido. Y mien-

* Las mutaciones mitocondriales son especiales porque solo pueden heredarse de la madre, mientras que la mayoría de las demás mutaciones pueden proceder de cualquiera de los dos progenitores. Las mitocondrias no tienen una existencia autónoma; solo pueden vivir dentro de las células. Se dividen cuando una célula se divide y luego se reparten entre las dos células hijas. Cuando se forma un óvulo en la madre, todas sus mitocondrias proceden de sus células. En el momento de la fecundación, el espermatozoide inyecta su ADN en el óvulo, pero ninguna mitocondria. Por tanto, todas las mitocondrias con las que se nace son de origen materno. La mutación en el gen mtND4 que heredó Jared tuvo que venir de su madre. Es probable que se produjera por casualidad, al formarse el óvulo, porque su madre no tenía la enfermedad.

tras la ceguera progresaba —de forma lenta pero implacable— también lo hacía su música. «Así que aquí estoy, en el Musicians Institut de Los Ángeles, en California, ocho años después de tocar mi primer y ensordecedor concierto para mi madre y mi padre en el Guitar Center. Creo que soy el primer estudiante ciego que ha asistido a esta magnífica escuela de música, lo que es genial. Supongo que creyeron que era lo bastante bueno como para estar a la altura de todos los demás estudiantes que tienen que leer las partituras».[28] Jared perdió la vista, pero encontró el sonido.

En el año 2011 un grupo de oftalmólogos de Hubei, en China, modificó un virus llamado AAV2 para incluirle la versión normal del gen ND4.[29] El virus infecta a las células humanas y de primates, pero no causa ninguna enfermedad evidente o aguda, y puede modificarse para que sea portador de un gen «extraño» como el ND4. Se suspendieron millones de partículas de virus modificadas con el gen en una gota de líquido. Una diminuta aguja perforó el borde de la córnea del paciente y depositó la gota de la densa sopa vírica en la capa vítrea, justo por encima de la retina.

Los científicos sabían que se estaban adentrando en un terreno delicado y peligroso: en septiembre de 1999 se había inyectado un adenovirus modificado genéticamente a Jesse Gelsinger, un adolescente con una enfermedad metabólica leve que afectaba a la capacidad de su hígado para metabolizar los subproductos de la degradación de las proteínas, lo que provocaba concentraciones casi tóxicas de amoniaco en su sangre. Sus médicos esperaban poder curar la enfermedad inyectándole el virus, un tratamiento experimental. Sin embargo, por desgracia, Jesse sufrió una reacción inmunitaria catastrófica frente al virus, que desencadenó la disfunción letal de múltiples órganos. Su muerte tuvo repercusiones inmediatas. Durante la primera década del siglo XXI, el campo de la terapia génica atravesó un profundo invierno. Pocos investigadores probaron a administrar virus modificados genéticamente a los seres humanos, y las autoridades sanitarias impusieron normas estrictas en este campo.

Pero la retina es un lugar especial. No solo basta una gota de virus para infectar las células, sino que además la retina posee un privilegio inmunitario único: junto con otros pocos lugares del cuerpo, como los testículos, por ejemplo, no cuenta con el control activo de una respuesta inmunitaria y, por tanto, es muy poco probable que genere una reacción grave a un agente infeccioso. Además, los vectores para la terapia génica habían mejorado mucho desde la época de Gelsinger, lo que reforzaba la confianza de los científicos en que el gen podría administrarse sin provocar una reacción adversa.

En 2011 los médicos chinos seleccionaron a ocho pacientes con LHON para realizar un pequeño ensayo clínico.[30] Los primeros resultados fueron esperanzadores: el virus introdujo los genes en las células ganglionares de la retina y estas sintetizaron la proteína ND4 correcta, que llegó hasta las mitocondrias. En los treinta y seis meses siguientes, la agudeza visual mejoró en cinco de los ocho pacientes.

Los estudios continúan mientras escribo esto, y los investigadores siguen refinando las características de los pacientes seleccionados y ampliando el periodo de observación. El producto vírico, ahora llamado Lumevoq, se encuentra actualmente en la última fase de los ensayos clínicos en pacientes con LHON con rápida pérdida de visión. En mayo de 2021 los investigadores volvieron a anunciar la finalización del ensayo RESCUE, en el que se utilizó la terapia génica en pacientes con la mutación para detener la pérdida progresiva de la visión en un periodo de seis meses tras el inicio de su deterioro visual.[31] Se trató de un estudio multicéntrico en el que se comparó el tratamiento con un placebo, con enmascaramiento doble* de la asignación del tratamiento —un modelo de estudio que se considera de referencia—, y que contó con la participación de treinta y nueve sujetos. (Un paciente recibió una dosis inferior del virus, por lo que quedaron treinta y ocho pacientes evaluables). Se inyectó el virus en uno de los ojos, mientras que en el otro se aplicó

* En dicho estudio, ni el paciente ni los investigadores conocían en qué ojo se administró el tratamiento ni en cuál el placebo. *(N. de las T.)*

un tratamiento simulado (que no contenía el virus). A las veinticuatro semanas, tanto los ojos tratados como los ojos de control (no tratados) seguían mostrando el inevitable descenso de la agudeza visual. La pérdida de visión se estabilizó en ambos ojos a las cuarenta y ocho semanas. Pero a las noventa y seis semanas, sorprendentemente, tanto los ojos tratados como los no tratados en cerca de tres cuartas partes de los sujetos que recibieron el tratamiento del estudio mostraron mejoras significativas en la agudeza visual. Por tanto, el ensayo fue un éxito y a la vez un misterio: aunque se esperaba que el ojo tratado con la terapia génica mejorara, ¿por qué mejoró también el ojo no tratado? ¿Existe alguna inconexión entre las células ganglionares de la retina o algún otro mecanismo de conexión entre los dos ojos que desconocemos? ¿Se filtró el virus a la circulación y afectó al otro ojo?

Desgraciadamente, para pacientes como Jared, que han perdido la visión por completo, es poco probable que la sustitución del gen ND4 les ayude; en su caso, es demasiado tarde para restaurar la visión. Cuando las células responsables han muerto, la reubicación de la función de un orgánulo ya no puede aportar beneficio alguno. Un orgánulo solo puede funcionar en el contexto de la célula adecuada.

Si los ensayos siguen adelante y los beneficios se mantienen a largo plazo —una gran incógnita—, Lumevoq acabará encontrando su lugar en la farmacopea médica. Pero estos primeros pasos de una terapia modificadora de las células con la intención de cambiar la función mitocondrial han marcado ya una nueva dirección en la medicina.

En los años cincuenta y sesenta del siglo pasado, la medicina y la cirugía asistieron a una explosión de tratamientos dirigidos a los órganos: derivar los vasos sanguíneos del corazón para evitar una obstrucción o sustituir un riñón enfermo por un órgano trasplantado. Apareció un nuevo universo de fármacos: antibióticos, anticuerpos, sustancias químicas para prevenir los coágulos o para reducir el colesterol... Pero esto es un tratamiento dirigido a un orgánulo: la reposición de una deficiencia funcional en la mitocondria de una célula ganglionar de la retina. Representa la culminación de décadas de estudio de la anatomía celular, la disección de los compartimentos subcelulares y la caracterización de su disfunción en estados de la enfermedad. Se trata de una terapia génica, por supuesto, pero también de una terapia celular *in situ*, es decir, del restablecimiento de la función de una célula enferma en su ubicación anatómica natural en el cuerpo humano.

La célula en división

La reproducción celular y el nacimiento de la FIV

> No existe lo que llamamos «reproducción». Cuando dos personas deciden tener un bebé, se comprometen a realizar un acto de producción.[1]
>
> ANDREW SOLOMON, *Lejos del árbol: historias de padres e hijos que han aprendido a quererse*

Una célula se divide.

Tal vez el acontecimiento más trascendental del ciclo vital de una célula sea el momento en el que nacen las células hijas. No todas las células son capaces de reproducirse: algunas, como ciertas neuronas, han sufrido una división permanente o terminal y no volverán a dividirse. Pero lo cierto es todas las células han nacido de otra célula (*Omnis cellula e cellula*). Como dijo el biólogo francés François Jacob, «el sueño de toda célula es devenir células»[2] (excepto, por supuesto, las que han optado por no cumplir el sueño).

Desde el punto de vista conceptual, la división celular en los animales podría resumirse a grandes rasgos en dos propósitos o funciones: producción y reproducción. Al decir *producción*, me refiero a la creación de nuevas células para formar, desarrollar o reparar un organismo. Cuando las células de la piel se dividen para cicatrizar una herida, cuando los linfocitos T se dividen para generar una respuesta inmunitaria, las células generan nuevas células para *producir* un tejido o un órgano o para cumplir una función.

Sin embargo, la generación de espermatozoides u óvulos en el cuerpo humano es completamente diferente. En este caso, se generan para llevar a cabo la *re*-producción, se dividen no para producir una nueva función o un órgano, sino un organismo nuevo.

En los seres humanos y en los organismos pluricelulares, el proceso de producción de nuevas células para formar órganos y tejidos se denomina «mitosis», de la palabra griega *mitos*, que significa «hilo». En cambio, el nacimiento de nuevas células, de espermatozoides y óvulos, con una función *re*-productiva —para crear un nuevo organismo— se llama «mitosis», de *meion*, la palabra griega para «reducción».

El científico alemán que descubrió la mitosis era un médico militar miope y desencantado que buscaba una nueva visión de la biología. Walther Flemming era hijo de un psiquiatra y estudió medicina en la década de 1860.[3] Como Rudolf Virchow, asistió a una escuela de medicina militar, y como aquel también encontró la disciplina demasiado rigurosa e inflexible y pronto se dedicó a estudiar las células. Los seres humanos y todos los organismos pluricelulares están constituidos por células y, sin embargo, la creación de un organismo a partir de células, desde una hasta varios miles de millones, era un proceso misterioso. En la década de 1870 a Flemming le intrigaba en especial la anatomía celular y empezó a utilizar colorantes de anilina y sus derivados para teñir los tejidos, con la esperanza de iluminar las estructuras subcelulares.

Al principio, pudo distinguir muy poco. El colorante solo reveló una sustancia filamentosa situada casi exclusivamente en el núcleo, aquella estructura típicamente esférica limitada por una membrana dentro de la célula que había descubierto el botánico escocés Robert Brown en la década de 1830.

Flemming, siguiendo la propuesta de su colega Wilhelm von Waldeyer-Hartz, bautizó a las sustancias filiformes que residían en el núcleo con el nombre de «cromosomas», «cuerpos coloreados», un nombre neutro. Se preguntaba cuál sería su función y su dinámica durante la división celular. Impulsado por la curiosidad, siguió observando bajo el microscopio las células que se dividían. Miraba, pero no veía. La vista, la verdadera vista, requiere perspicacia. Otros científicos, como Von Mohl y Remak, habían observado la división celular, pero llegaron a muy pocas conclusiones sobre la orquestación o las fases del proceso. Flemming se dio cuenta de que habían observado las células, pero no su interior. En 1878 tuvo una intuición trascendental: tiñó los cromosomas con un colorante azul durante la división celular y luego siguió todo el proceso de la división bajo el microscopio, para captar la actividad de los cromosomas y el núcleo dentro de la célula.

¿Qué hacían los cromosomas? ¿Y cómo se relaciona el núcleo, o los cromosomas de su interior, con la división celular? «¿Qué fuerzas intervienen en la división celular? —se preguntaba en un artículo escrito en dos partes en 1878 y 1880—. ¿Siguen algún esquema los cambios de posición de las estructuras visibles de la célula, el núcleo y los cromosomas, durante la división celular? Y, si es así, ¿qué esquema?»*[4,5]

El esquema, descubrió, era asombrosamente sistemático: estaba organizado con la precisión de una instrucción militar.** En las lar-

* Theodor Boveri y Walter Sutton realizarían la siguiente conexión lógica: la asociación de los cromosomas con la herencia. Es decir, vincularían la herencia genética a la herencia anatómica/física de los cromosomas, situando los genes (y la herencia) en los cromosomas. En sus experimentos con los guisantes, Gregor Mendel solo pudo identificar los genes de manera abstracta, como «factores» que pasaban de una generación a otra y transmitían rasgos, o características, de los padres a su descendencia; no tenía medios para identificar el lugar donde se hallaban físicamente estos factores. Sutton y Boveri, entre otros, aportarían las primeras pruebas de que la herencia de las características (es decir, los genes) se produce mediante la herencia de los cromosomas. Los trabajos de Thomas Morgan (el genetista que estudió la mosca de la fruta) y de otros genetistas se basaron en esta teoría para situar por fin los locus de los genes en los cromosomas. Décadas más tarde, los estudios de Frederick Griffith, Oswald Avery, James Watson, Francis Crick y Rosalind Franklin, entre otros, identificarían al ADN —la molécula que se halla en el centro del cromosoma— como el portador de la información genética. Y las investigaciones posteriores de Marshall Nirenberg y sus colaboradores de los Institutos Nacionales de la Salud (National Institutes of Health, NIH) estadounidenses demostrarían cómo se descodifican los genes para sintetizar las proteínas que, en última instancia, proporcionan las formas y características a los organismos.

** El botánico Karl Wilhelm von Nägeli consideró los experimentos de Flemming como una anomalía, pero también despreció el trabajo de Mendel, cavas de las salamandras —como en las células en proceso de división de mamíferos, anfibios y peces—, Flemming descubrió un ritmo en la división celular común a prácticamente todos los organismos. Fue un resultado estimulante: ningún científico antes que él había imaginado siquiera que las células de organismos tan diversos siguieran un esquema casi idéntico y rítmico durante la división de sus células.

El primer paso, observó Flemming, era la condensación de los cromosomas filamentosos en haces más gruesos: «ovillos», los llamó. El colorante se adhería ahora con fuerza; los cromosomas brillaban bajo el microscopio, como bobinas de hilo teñidas con un color índigo intenso. A continuación, los cromosomas condensados se duplicaban y se dividían a lo largo de un eje definido, creando estructuras que le recordaron a la explosión de dos estrellas que se separan. Las «figuras nucleares empiezan organizarse en estadios sucesivos durante la división»,[6] escribió. La membrana nuclear se disolvía y el núcleo también empezaba a dividirse. Por último, la propia célula se dividía y su membrana se segmentaba, dando lugar a dos células hijas.

Una vez en las células hijas, los cromosomas se descondensaban poco a poco y volvían a su «estado de reposo» de filamentos, de nuevo en los núcleos de las células hijas, como si se invirtiera el proceso que había iniciado la división celular. Como los cromosomas se duplicaban al principio y luego se reducían a la mitad al producirse la división celular, el número de cromosomas en las células hijas se mantenía. Los 46 se convertían en 92 y luego volvían a 46. Flemming la denominó división celular homotípica o «conservadora»: la célula madre y las células hijas conservaban el mismo número de cromosomas.* Entre la década de 1880 y principios del siglo XX, los biólogos Theodor Boveri, Oscar Hertwig y Edmund Wilson aportarían muchos detalles a este esbozo inicial de la división celular, profundizando en cada una de las fases que Flemming había descrito.

---

lificándolo como la obra de un chiflado. Pocas décadas después se dilucidaron los principios universales de la división celular aplicables a todos los organismos.

* Otros dos citólogos, Eduard Strasburger y Édouard van Beneden, observaron también la separación de los cromosomas seguida de la división de la membrana celular en dos células hijas (mitosis).

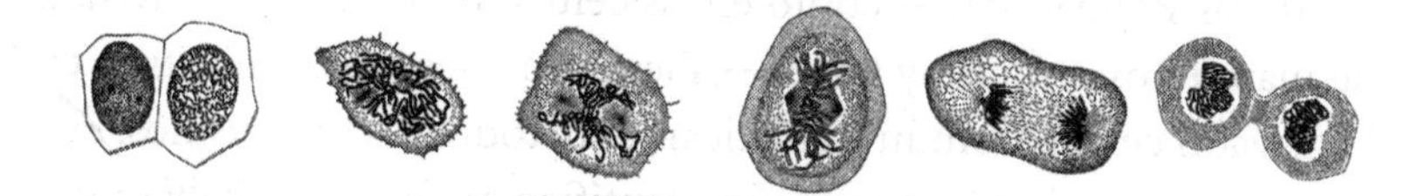

Dibujos de Walther Flemming de las sucesivas fases de la mitosis o división celular. Al principio, los cromosomas están presentes en forma de filamentos sueltos dentro del núcleo. Aquí se muestran dos células contiguas, cada una con el núcleo y los cromosomas no condensados. A continuación, los filamentos se compactan formando ovillos densos. La membrana nuclear se disuelve y los cromosomas se separan en dos extremos de la célula, como atraídos por alguna fuerza. Cuando se han separado del todo (penúltima figura), la célula se divide, dando lugar a dos nuevas células.

Flemming dibujó el proceso como un ciclo: los cromosomas en forma de filamento se condensaban como una madeja, se dividían y luego volvían al estado de reposo. Y más adelante, a medida que la célula avanzaba hacia su siguiente ciclo de división, se compactaban y dilataban de nuevo: condensándose, dividiéndose y descondensándose, casi como si un soplo de vida pasase a través de ellos.

Pero tenía que haber otro tipo de división celular, la que da lugar a la reproducción. Con una visión retrospectiva, es fácil comprender que la dinámica de esta forma de división celular no podía ser la misma que la de la mitosis: es una cuestión de matemáticas elementales. En la mitosis, la célula madre y las células hijas terminan con el mismo número de cromosomas.

Por ejemplo, empezamos con 46 (el número de cromosomas de las células humanas); estos se duplican (92) y luego cada célula hija recibe la mitad, de nuevo 46.

Pero ¿cómo podían funcionar esos números en la reproducción? Si los espermatozoides y los óvulos tuvieran el mismo número de cromosomas que sus células progenitoras, 46, el óvulo fecundado contendría el doble, 92. Ese número se duplicaría en la siguiente generación hasta llegar a 184, y luego se duplicaría de nuevo hasta 368, y así sucesivamente, aumentando exponencialmente generación tras generación. Con tantos cromosomas, la célula pronto explotaría.

La génesis de los espermatozoides y los óvulos, por lo tanto, requería primero la reducción a la mitad del número de cromosomas, a 23 en cada uno, para luego restaurar los 46 tras la fecundación. Esta variante de la división celular —reducción, seguida de restauración— la observaron Theodor Boveri y Oscar Hertwig en los erizos de mar a mediados de la década de 1870. En 1883 el zoólogo belga Édouard van Beneden también observó la meiosis en los gusanos, lo que confirmó el carácter común del proceso en los organismos complejos.

El ciclo vital de un organismo pluricelular podría explicarse, de forma resumida, como un simple juego de alternancia entre la meiosis y la mitosis. Los seres humanos, partiendo de 46 cromosomas en cada célula del cuerpo, gracias a la meiosis, producen espermatozoides en los testículos y óvulos en los ovarios, que terminan con 23 cromosomas en ambos casos. Cuando un espermatozoide y un óvulo se fusionan para formar un cigoto, el número de cromosomas se restablece a 46. El cigoto crece gracias a la división celular, la mitosis, y produce el embrión, que se desarrolla de manera progresiva para constituir los tejidos y los órganos —corazón, pulmones, sangre, riñones, cerebro...—, compuestos por células con 46 cromosomas. Cuando el organismo madura, acaba desarrollando gónadas (testículos u ovarios), cuyas células contienen 46 cromosomas. Y aquí el juego vuelve a alternarse: para formar las células reproductoras masculinas y femeninas, las células de las gónadas experimentan la meiosis y producen espermatozoides y óvulos con 23 cromosomas. La fecundación restablece el número a 46. Nace un cigoto y el ciclo se repite. Meiosis, mitosis, meiosis. Reducirse a la mitad, restablecerse, desarrollarse. Reducirse a la mitad, restablecerse, desarrollarse. *Ad infinitum*.

¿Qué es lo que controla la división de una célula? Flemming había presenciado las etapas sistémicas de la mitosis, pero ¿quién o, mejor dicho, qué lleva a cabo esta puesta en escena? En las décadas posteriores a la publicación de la obra fundamental de Flemming sobre la división celular, los biólogos celulares observaron que el ciclo vital de una célula en división transcurría en diversas fases.

Empecemos por las células que optan por salirse del ciclo. Se encuentran en reposo —*quiescentes*, en la jerga de la biología—, de forma permanente o semipermanente. Esta fase se denomina G0 (la G viene de *gap*, que puede traducirse como «intervalo» o «periodo de reposo»). De hecho, algunas de estas células nunca se dividirán; son posmitóticas. La mayoría de las neuronas maduras son un buen ejemplo de esto.

Cuando una célula decide entrar en el ciclo de división, pasa a un nuevo periodo de reposo, denominado G1. Es como si sumergiese solo la punta del pie en las aguas de la división celular, meditando su decisión. Durante la fase G1 se observan pocos cambios bajo el microscopio, pero, en términos moleculares, este primer intervalo es monumental. Se sintetizan las proteínas que coordinan la división celular. Las mitocondrias se duplican. La célula acumula moléculas, recopilando y sintetizando las que son esenciales para el metabolismo y el mantenimiento, e incrementando su cantidad antes de que se repartan entre las dos células hijas. También es el primer punto de control clave en la decisión de la célula de comprometerse o no con la gran tarea de la división celular. ¿Ir? ¿O no ir? Si faltan ciertos nutrientes, o si el entorno hormonal no es el adecuado, la célula puede optar por permanecer en G1. Es un punto anterior al punto de no retorno.

La fase que sigue al intervalo 1 es distinta y única, consiste en la duplicación de los cromosomas y, por tanto, la síntesis de nuevo ADN. Requiere energía, compromiso y un cambio de enfoque drástico. Se denomina fase S, de *síntesis* (síntesis de los cromosomas duplicados). Si estuviésemos en el interior de la célula, nadando en el protoplasma, como antes, percibiríamos que el foco de actividad se desplaza del citoplasma al núcleo. Las enzimas que duplican el ADN se adhieren a los cromosomas, mientras otras enzimas empiezan a desenrollar el ADN. Las unidades estructurales del ADN se trasladan al núcleo. Un complejo conjunto de enzimas que participan en la replicación del ADN se sitúan a lo largo de los cromosomas, sintetizando una copia duplicada. Y en el interior de la célula empieza a formarse un «aparato» para separar los cromosomas duplicados.

La tercera fase es quizá la más misteriosa y la menos conocida: es una segunda fase de reposo, llamada G2. ¿Por qué detener la división de una célula una vez que ha sintetizado un cromosoma duplicado? ¿Por qué desperdiciar una cadena de ADN recién sintetizada? La fase G2 existe como punto de control final antes de la división celular; las células no pueden permitirse catástrofes cromosómicas como translocaciones, brazos de ADN rotos, mutaciones drásticas o deleciones. Es un momento en el que la célula comprueba y vuelve a comprobar si la replicación del ADN es fiel, para proteger al ADN de cualquier daño o a los cromosomas de un acontecimiento devastador. Una célula que ha recibido radiación o quimioterapia que haya dañado el ADN puede detenerse en esta fase. Las proteínas denominadas «guardianas del genoma», como la proteína supresora de tumores p53, revisan el genoma y la célula para garantizar su integridad antes de producir nuevas células.*[7]

La fase final es la M, la mitosis propiamente dicha, cuando la célula se divide en las dos células hijas. La membrana nuclear se disuelve. Los cromosomas, a punto de separarse, se compactan aún más en las densas estructuras que Flemming había teñido con sus colorantes. El aparato molecular para separar los cromosomas duplicados está completamente organizado. Y ahora los cromosomas duplicados, situados juntos, como los gemelos en una cuna, comienzan a alejarse unos de otros, hasta que una mitad ocupa un extremo de la célula y la otra mitad es arrastrada al extremo opuesto. Aparece un surco entre las células y el citoplasma celular se divide en dos. La célula madre da lugar a dos células hijas.

* En cuanto a los puntos de control, G2 parece una solución sumamente simple, hasta que uno se da cuenta de que se trata de un acto de equilibrio bastante delicado. La «parada» de G2, por lo que sabemos, está destinada en gran medida a detectar mutaciones que serían catastróficas en una célula. Las mutaciones se generan en la fase S. Como cualquier máquina copiadora con una tasa de error intrínseca, las máquinas moleculares que producen nuevas copias de ADN durante la fase de síntesis cometen errores. Algunos de ellos se reparan de manera inmediata, pero otros permanecen. Si G2 detuviera todas las mutaciones, detectara todos los errores y los rectificara, nunca aparecerían mutantes y la evolución se detendría. Por tanto, G2 debe ser un guardián capaz de discernir, que sepa cuándo debe mirar y cuándo debe apartar la vista.

Conocí a Paul Nurse en 2017 en un viaje en coche por las llanuras de Holanda. Era un hombre de complexión compacta, con acento británico y una sonrisa amplia y franca, que me hizo pensar en una versión de Bilbo Bolsón de mayor y con arrugas. Los dos íbamos a dar una conferencia en el Hospital Infantil Wilhelmina de Utrecht, por lo que compartimos coche desde Ámsterdam hasta el campus. Nurse era simpático, humilde y amable, un tipo de científico que despertó mi afecto al instante. El paisaje que nos rodeaba se mostraba llano y monótono: campos secos y labrados de heno y paja, salpicados por unos cuantos molinos que se movían cíclicamente con las ocasionales ráfagas de viento.

Ciclos. La mecánica de la energía, la fuerza del viento que aumenta y disminuye, impulsando los ciclos de una máquina. ¿Era la célula en división una máquina semejante, que pasa por ciclos de división y reposo? Cuando Nurse era estudiante de posgrado en Edimburgo, empezó a preguntarse por la coordinación del ciclo celular. ¿Qué factores determinan si una célula debe dividirse o cuándo debe hacerlo? En las décadas de 1870 y de 1880, Flemming y Boveri, entre otros, habían observado las distintas etapas de la división celular. La pregunta era ¿qué moléculas y señales dirigen y regulan estas fases? ¿Cómo sabe una célula cuándo debe pasar, por ejemplo, de la fase G1 a la fase S?

Nurse procedía de una familia de clase trabajadora. «Mi padre era un obrero —le contó a un periodista en 2014—. Mi madre, una empleada de la limpieza. Todos mis hermanos abandonaron la escuela a los quince años. Yo era diferente. Aprobé los exámenes y conseguí entrar en la universidad, obtuve una beca e hice un doctorado».[8] Décadas después de pasar por la universidad, Nurse se enteraría de que su «hermana» era en realidad su madre. Por haber nacido de una relación extramatrimonial, fue adoptado por su abuela, que hizo de madre hasta que mucho tiempo después, cuando ya tenía cincuenta años, se enteró del acuerdo secreto. Me contó la historia con naturalidad mientras nos acercábamos a Utrecht. Le brillaban los ojos. «La reproducción nunca es tan sencilla como parece», añadió con sorna.

El mentor de Nurse en la Universidad de Edimburgo, Murdoch Mitchison, había estado estudiando el ciclo celular en una levadura llamada levadura de fisión, porque se reproduce de forma muy parecida a las células humanas, dividiéndose en dos. Las células de otras levaduras más comunes se dividen por «gemación», un proceso por el cual se forma una protuberancia de tamaño menor que corresponde a una célula hija.

En la década de 1980 Nurse empezó a crear mutantes de levadura que no se dividían correctamente. A casi ocho mil kilómetros de distancia, en Seattle, el biólogo celular Lee Hartwell también había llegado a una estrategia similar: buscaba genes que afectasen al ciclo y a la división celular produciendo mutantes en una levadura diferente, la levadura del pan, que se reproduce por gemación.

Tanto Hartwell como Nurse esperaban que los mutantes les ayudasen a descubrir los genes normales que controlan la división celular. Se trataba de un viejo truco biológico: alterar una función fisiológica para iluminar la fisiología normal. Un anatomista puede cortar, o ligar, una arteria en un animal y luego explorar la parte del cuerpo que ya no está irrigada, y así aprender sobre la función de la arteria. O un genetista puede mutar un gen para alterar un proceso genético —la división celular, por ejemplo— y descubrir así los reguladores funcionales principales que rigen el proceso de la mitosis.

En el verano de 1982 Tim Hunt, un biólogo celular de la Universidad de Cambridge, viajó al laboratorio de biología marina de Woods Hole, en Massachusetts, situado en la espectacular península de Cabo Cod, para colaborar en un curso sobre embriología. Los turistas, vestidos con pantalones cortos y camisas de lino con estampados de ballenas, llegaron a Cabo Cod para comer almejas fritas y relajarse en sus extensas playas de arena. Los científicos, por su parte, acudían allí para hurgar en las rocosas pozas de marea buscando almejas y, más a menudo, erizos de mar.

Los huevos de erizo, en especial, eran un recurso muy valioso, pues podían usarse como modelos experimentales simples y de gran tamaño. Al inyectar una solución salina a una hembra de erizo, brotará de ella una eflorescencia con montones de huevos anaranjados. Si se fecundan los huevos con el esperma de un erizo macho, se formará un cigoto que empezará a dividirse con la regularidad de un reloj, para dar lugar a un nuevo animal pluricelular. Desde Flemming, en la década de 1870, hasta el embriólogo Ernest Everett Just a principios del siglo XX y a Hunt en la década de 1980, los científicos habían utilizado estas criaturas espinosas y globulares, con sus eróticas «lenguas» carnosas (¿a quién se le ocurrió comerlas?) como sistemas modelo para estudiar la fecundación, la división celular y la embriología. Lo que la mosca de la fruta había sido para los inicios de la genética, el erizo lo sería para el estudio del ciclo celular.

Hunt quería descubrir cómo se controlaba la síntesis de las proteínas después de la fecundación, pero fue un trabajo frustrante que llevó a cabo con interrupciones. «En 1982 —escribió— los trabajos sobre el control de la síntesis de proteínas en los huevos de erizo de mar se habían paralizado prácticamente; todas las ideas que mis estudiantes y yo pusimos a prueba resultaron ser falsas, y la propia base del sistema era en esencia defectuosa».[9]

Pero el 22 de julio de 1982, al caer la tarde, Hunt observó un fenómeno curioso: exactamente diez minutos antes de que una célula de erizo fecundada se dividiera, una proteína alcanzó su concentración máxima y luego desapareció. Era algo rítmico y regular, el preciso batir del aspa de un molino de viento. En el seminario de aquella tarde, al que siguió una velada en la que se sirvió vino y queso, se enteró de que otros científicos, como Marc Kirschner, de Harvard, habían estado estudiando también la manera en que las células pasaban de una fase a otra durante la formación de los espermatozoides y los óvulos, o meiosis. La idea de que el aumento y la disminución de la concentración de una proteína pudiera señalar la transición de una fase a la siguiente fascinó a Hunt. Es posible que, nada más terminar su copa de vino, regresara al laboratorio.

Durante la década siguiente, Hunt volvió año tras año a Cabo Cod con un laboratorio en una maleta —«tubos y puntas de pipeta y placas de cultivo, e incluso una bomba peristáltica»—[10] para intentar descifrar los mecanismos que permitían las transiciones en el ciclo celular. En el invierno de 1986, Hunt y sus estudiantes habían encontrado más proteínas de este tipo que aumentaban y disminuían de manera precisa junto con las fases de la división celular mitótica. Una de ellas podía alcanzar su concentración máxima y descender en perfecta sintonía con la fase S (la etapa en la que se duplican los cromosomas). Otra aumentaba y disminuía con la fase G2 (el segundo punto de control antes de que se produzca la división celular). Hunt llamó a estas proteínas ciclinas, pues era un gran aficionado al ciclismo. Pronto se daría cuenta de que les había dado un nombre adecuado: estas proteínas parecían estar coordinadas de forma sobrenatural con las fases de los ciclos de división celular. El nombre se mantuvo.

Mientras tanto, Nurse y Hartwell estaban también acercándose a los genes que controlan el ciclo celular, gracias a su método de búsqueda de mutantes en las células de levaduras. También habían encontrado varios genes asociados a diferentes fases de la división celular. A finales de la década de 1980, denominaron a estos genes *cdc*, y más tarde *cdk*.* Las proteínas codificadas por ellos se denominaron cdk.

Pero había un misterio inquietante en las distintas líneas de descubrimientos. A pesar de las obvias convergencias en las preguntas formuladas, no habían encontrado las mismas proteínas, con una notable excepción: uno de los mutantes de Nurse se hallaba, de hecho, en un gen similar al de una ciclina.

¿Por qué? ¿Por qué Hunt encontró proteínas de tipo ciclinas en su búsqueda de los reguladores del ciclo celular? ¿Y por qué Hartwell y Nurse hallaron una serie de proteínas diferentes (en su mayoría) que coordinaban la división de las células? Era como si dos grupos de matemáticos, habiendo resuelto la misma ecuación, hu-

* Al principio estos genes se llamaron *cdc* (abreviatura de «ciclo de división celular»), pero más adelante se denominaron *cdc/cdk* y, luego, *cdk*. La k se refiere a una actividad enzimática de las proteínas codificadas por estos genes —una cinasa (en inglés, *kinase*)—, que añade un grupo fosfato a su proteína diana y suele activarla. Para simplificar, he utilizado *cdk* en cursiva para el gen y cdk en redonda para la proteína. Lo mismo se aplica a la familia de las ciclinas: los genes (*ciclinas*) están escritos en cursiva, mientras que las proteínas (ciclinas) están escritos en redonda.

bieran obtenido dos respuestas diferentes y, sin embargo, al menos en el método, ambas parecieran correctas. ¿Qué tenían que ver las ciclinas con las cdk?

En la década de 1990, en colaboración con varios equipos de investigadores, Hunt, Hartwell y Nurse llegaron a una síntesis de todas las observaciones, conciliando el papel de las ciclinas y las cdk en el ciclo celular. Estas proteínas actúan conjuntamente para regular las transiciones en las fases de la división celular. Son compañeras y colaboradoras: están conectadas de manera funcional, genética, bioquímica y física. Son el yin y el yang de la división celular.

Ahora sabemos que una ciclina concreta se une a una cdk concreta y la activa. Esa activación, a su vez, desencadena una cascada de acontecimientos moleculares en la célula —que se transmiten de una molécula activada a otra, como en un juego de *pinball*—, para «dar la orden» a la célula de pasar de una fase del ciclo celular a la siguiente. Hunt había resuelto la mitad del rompecabezas; Nurse y Hartwell se habían encargado de la otra mitad. En forma de diagrama se representaría así:

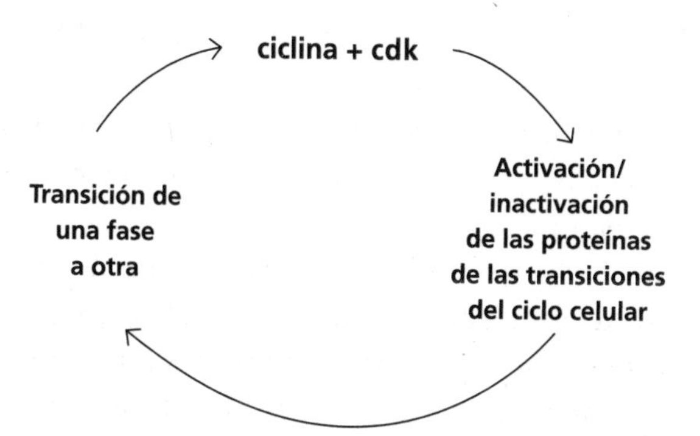

En el viaje a Utrecht me contó Nurse: «Estábamos observando la misma cosa desde diferentes lados. Visto con perspectiva, se trataba de lo mismo. Era como si hubiéramos captado dos sombras diferentes del mismo objeto».[11] Los molinos giraban a nuestro alrededor, completando otro ciclo.

Las ciclinas y las cdk trabajan juntas, pero hay diferentes pares para señalar las distintas transiciones. Una combinación determinada de ciclina y cdk podría actuar como regulador principal de la transición de G2 a M. La ciclina activa la cdk, que a su vez activa más proteínas para facilitar la transición. Cuando la ciclina se degrada, la actividad de la cdk cesa, y la célula aguarda la siguiente señal para la fase siguiente.

Otra combinación de ciclina-cdk regula la transición de G1 a S. Hay muchas otras proteínas que participan en la coordinación de la división celular, pero la asociación inicial entre una ciclina y su cdk afín es básica: son socios en el control del ciclo celular, los directores de la orquesta que Flemming había observado casi un siglo antes.

Es difícil señalar un ámbito de la medicina o la biología que no haya cambiado gracias a nuestros conocimientos sobre el ciclo celular o la dinámica de la división celular. ¿Qué provoca que las células cancerosas se dividan? ¿Podemos encontrar medicamentos que bloqueen específicamente esta división maligna?* ¿Cómo hace una célula madre sanguínea (hematopoyética) para, en determinadas circunstancias, producir una copia de sí misma (lo que se denomina «autorrenovación») y, en otras circunstancias, células sanguíneas maduras («diferenciación»)? ¿Cómo crece un embrión a partir de una sola célula? En 2001 Hartwell, Hunt y Nurse compartieron el Premio Nobel de Fisiología y Medicina en reconocimiento a la impor-

* Llama la atención que, dado el papel fundamental de las ciclinas y las cdk en la división celular, hayan aparecido o prosperado tan pocos tratamientos contra el cáncer que bloqueen las ciclinas o las cdk. En general, esto se debe a que la división celular es un fenómeno universal esencial para la vida, y representa un objetivo demasiado general para la terapia del cáncer: si se mata a una célula cancerosa en división, también se mataría a una célula normal en división, dando lugar a toxicidades intolerables. A finales de la década de 1990, se descubrió una familia de fármacos que inhiben las cdk 4/6, dos miembros concretos de la familia de las cdk. Casi veinte años después, los estudios demostraron que las nuevas generaciones de estos fármacos, en dosis bajas y en combinación con otros medicamentos, como el trastuzumab, un fármaco a base de anticuerpos contra el cáncer de mama, prolongaban la supervivencia de algunos tipos de pacientes con este cáncer. La búsqueda de inhibidores de la ciclina y las cdk específicos para el cáncer continúa, aunque la amenaza de la toxicidad se cierne de manera inequívoca sobre estos fármacos.

tancia universal de su trabajo para dilucidar el mecanismo por el que las células controlan su división.

Tal vez ningún ámbito de la medicina esté conceptualmente más cerca de la división celular —la mitosis y la meiosis— que la reproducción humana artificial o asistida o la FIV. (La palabra «artificial» puede parecer extraña aquí. ¿No es artificial toda la medicina? ¿Deberíamos llamar «inmunidad artificial» al uso de antibióticos para tratar una neumonía? ¿O al parto de un bebé «extracción artificial de un feto»? Así que usaré el término «reproducción asistida»).*

Comencemos con un hecho que resulta tan evidente para un especialista en terapia celular como sorprendente para alguien ajeno a este campo: la FIV es una terapia celular. De hecho, es una de las terapias celulares más comunes en los seres humanos. Constituye una opción para la reproducción desde hace más de cuatro décadas y, gracias a ella, han llegado a este mundo entre unos ocho y diez millones de niños. Muchos de esos niños nacidos de la FIV son ahora adultos con hijos propios, producidos sin necesidad de FIV. De hecho, el uso de esta la técnica se ha convertido en algo ya tan normal que ni siquiera la consideramos una medicina celular, aunque, por supuesto, es exactamente eso: la manipulación terapéutica de células humanas para remediar una forma antigua y dolorosa de sufrimiento humano, la infertilidad.

* Por «reproducción asistida» me refiero al campo de la medicina que busca mejorar la reproducción humana mediante fármacos, hormonas, intervenciones quirúrgicas y manipulación *ex vivo* (fuera del cuerpo) de células humanas. El alcance de esta disciplina es amplio: desde incluir la mejora de la producción de espermatozoides y óvulos humanos hasta la posibilidad de extraerlos y conservarlos. Puede utilizar métodos para fecundar óvulos con espermatozoides fuera del cuerpo, o para cultivar embriones humanos vivos e implantarlos en el útero de una mujer y producir un bebé. A esta lista, podríamos añadir nuevas técnicas que se están asociando rápidamente con las estrategias reproductivas, como la ingeniería genética de espermatozoides, óvulos y embriones humanos para producir nuevos tipos de células y, por extensión, nuevos seres humanos.

Esta técnica tuvo un nacimiento difícil; de hecho, estuvo a punto de morir por «prematuridad». La animosidad científica, la rivalidad personal, la oposición pública —e incluso médica— que acompañaron al nacimiento de la FIV han quedado eclipsadas en gran medida por su posterior éxito, pero los inicios fueron sin duda intensamente turbulentos y controvertidos.

A mediados de los años cincuenta, Landrum Shettles, un profesor poco ortodoxo de carácter reservado que enseñaba obstetricia y ginecología en la Universidad de Columbia, empezó a desarrollar un proyecto para crear un feto humano fecundado *in vitro.*[12] Quería curar la infertilidad. Shettles, que tenía siete hijos, rara vez iba a casa a descansar. Su laboratorio estaba amueblado con un acuario grande lleno de algas y una serie de relojes. Dormía en un catre improvisado en medio del constante tictac, y los médicos residentes lo encontraban a menudo, con su arrugado pijama verde de hospital, rondando por los pasillos a altas horas de la noche.[13]

Al principio, Shettles realizó sus experimentos en placas de Petri y tubos de ensayo. Recogió óvulos humanos de una donante, los fecundó con espermatozoides y consiguió mantener vivo el embrión incipiente durante seis días. Había publicado muchos artículos y recibido varios premios por su trabajo, como el Markle de Columbia.

Pero entonces su carrera experimentó un extraño giro. En 1973 Shettles aceptó ayudar a una pareja de Florida, el doctor John Del Zio y su esposa Doris Del Zio, a concebir un hijo. Shettles no informó a los comités reguladores o de investigación del hospital del alcance del proyecto, que incluía desde la fecundación en placas de Petri hasta la implantación de un embrión. Tampoco informó al jefe de obstetricia.

El 12 de septiembre de 1973 un ginecólogo del Hospital Universitario de Nueva York extrajo los óvulos de Doris. John transportó los óvulos y un frasco con su semen en un taxi hasta el laboratorio de Shettles. El viaje, que imagino que duraría una hora por el East Side y con el intenso tráfico del Upper Manhattan, puede haber sido uno de los recorridos en taxi más tensos de la historia de Nueva York.

Mientras tanto, el supervisor del doctor Shettles se enteró del experimento y montó en cólera. Crear un embrión humano *in vitro* —un «bebé probeta»— para implantarlo en un útero real era algo inaudito, y las implicaciones médicas y éticas eran obviamente desconocidas. La historia, tal vez apócrifa, es que el supervisor irrumpió en el laboratorio, abrió los incubadores con los óvulos fertilizados y destruyó el experimento. Los Del Zio demandaron al hospital y ganaron 50.000 dólares por daños emocionales.

Como era de esperar, Shettles —con su acuario, el catre, los relojes, el pijama verde de hospital a medianoche...— fue despedido de su departamento y expulsado de la universidad poco después. Se trasladó a una clínica de Vermont, donde sus costumbres poco ortodoxas volvieron a causarle problemas, y finalmente se instaló en su propia clínica en Las Vegas, y prometió continuar con sus sueños de crear bebés humanos mediante la FIV.

En Inglaterra, mientras tanto, un dúo de científicos, Robert Edwards y Patrick Steptoe, intentaban también fecundar *in vitro*. A diferencia de Shettles, no ignoraban las barreras científicas y morales que debían sortear para producir un embrión humano en un frasco de vidrio. Redactaron protocolos y documentos, presentaron su trabajo en congresos e informaron de sus intenciones a los comités y departamentos de los hospitales. Trabajaron de manera lenta y metódicamente para derribar cualquier ortodoxia. Eran inconformistas, pero, como describe la historiadora de la ciencia Margaret Marsh, «inconformistas prudentes».[14]

Edwards, hijo de un empleado ferroviario y de una fresadora, era un genetista y fisiólogo especializado en la división celular y las anomalías cromosómicas. Su carrera estuvo temporalmente truncada por los cuatro años que pasó en el ejército británico en la Segunda Guerra Mundial, así como por el tiempo que dedicó a obtener una licenciatura en zoología, que describió como «un desastre». «Mis becas se agotaron y estaba endeudado. A diferencia de otros estudiantes, yo no tenía padres ricos [...]. No podía escribir a casa diciendo: "Querido papá, envíame 100 libras porque me ha ido mal en los exámenes"».[15]

Pero Edwards acabó encontrando un lugar para estudiar genética animal en la Universidad de Edimburgo, donde sus intereses empezaron a decantarse hacia la reproducción. Realizó experimentos con espermatozoides de ratón y luego se pasó a los óvulos. Junto con su mujer, Ruth Fowler, una consumada zoóloga, demostró que inyectando a las hembras de ratón hormonas inductoras de la ovulación, se podían generar una gran cantidad de óvulos en una fase similar de sus ciclos vitales y que, por tanto, podían en principio extraerse y fecundarse *in vitro* en una placa. En 1963, tras una carrera itinerante por varias universidades, Edwards llegó a la Universidad de Cambridge para investigar sobre la maduración de los óvulos humanos. Se instaló con Ruth y sus cinco hijas en una modesta casa en Gough Way, junto a Barton Road, y en un laboratorio situado en la parte superior del Departamento de Fisiología, que era un laberinto de siete habitaciones con una calefacción precaria.

El campo de la biología de la reproducción, en especial la conexión entre la maduración de los óvulos y los espermatozoides y el ciclo celular, estaba en sus albores. Faltaban décadas para que se publicase el trabajo de Tim Hunt sobre los erizos de mar, que sentaría las bases del ciclo celular, y aún no se habían descubierto los genes de la división celular que harían famosos a Paul Nurse y Lee Hartwell.

Edwards conocía el trabajo de los científicos de Harvard John Rock y Miriam Menkin, que a mediados de los años cuarenta habían extraído casi ochocientos óvulos de mujeres sometidas a intervenciones ginecológicas y habían intentado fecundarlos con espermatozoides humanos.[16] El éxito había sido relativo. «Hemos realizado numerosos intentos para fecundar *in vitro* óvulos humanos», escribió Menkin en un artículo. Pero el proyecto resultó ser más complicado de lo que Rock o Menkin esperaban; la mayoría de las veces, los óvulos no se fecundaban.

En 1951 Min Chueh Chang, un científico de escaso renombre que trabajaba en la reproducción en el Instituto Worcester de Massachusetts, se dio cuenta de que los espermatozoides, y no solo el óvulo, podían contribuir en la misma medida a lograr la FIV.[17] Trabajando con conejos, su hipótesis era que un espermatozoide debía activarse —o «capacitarse», tal como lo expresó él— antes de fecundar un óvulo. Esta capacitación, creía Chang, se lograba exponiendo a los espermatozoides a ciertas condiciones y productos químicos en las trompas de Falopio de la hembra.

Edwards pasó meses analizando minuciosamente todos esos experimentos previos en el silencio reverencial de la biblioteca del Instituto Nacional de Investigación Médica de Mill Hill de Londres. Era como estudiar una letanía de fracasos, pero quería volver a intentar la fecundación de óvulos humanos fuera del cuerpo. Empezó trabajando con una ginecóloga, Molly Rose, del Hospital General de Edgware, para «madurar» los óvulos, es decir, para hacerlos receptivos a la fecundación. Pero, a diferencia de los óvulos de conejo y ratón, los óvulos humanos no maduraron. «A las tres, seis, nueve y doce horas no se había producido cambio alguno en ninguno de ellos. Parecían observarme sin parpadear»,[18] escribió. Los óvulos resultaron más bien impenetrables.

Una mañana de 1963 Edwards tuvo una idea crucial, tan simple como brillante. Se preguntó si «el programa de maduración de los óvulos de los primates, como el de los humanos, podría requerir más tiempo que el de los roedores».[19] De nuevo, consiguió una pequeña cantidad de óvulos gracias a Rose y los trató para que madurasen, pero esta vez decidió esperar.

«No debo observarlos demasiado pronto —escribió, reprendiéndose a sí mismo por su impaciencia—. Pasadas 18 horas exactas, los observé y comprobé, por desgracia, que el núcleo no había cambiado, ningún signo de maduración».[20] Un nuevo fracaso. Le quedaban únicamente dos óvulos, contemplándole sin pestañear, imperturbables, en la placa de Petri. A las 24 horas, Edwards sacó uno y le pareció ver un atisbo de maduración: algo estaba cambiando en el núcleo.

Quedaba un óvulo.

A las 28 horas, extrajo el último óvulo y lo tiñó. «Una emoción inaudita —escribió—. Los cromosomas empezaban justo a desplazarse en el centro del óvulo».[21] La célula había madurado; estaba lista para la fecundación. «Allí, en un óvulo, el último del grupo, yacía todo el secreto del programa humano».

Moraleja: no nos reproducimos como los conejos. Nuestros óvulos necesitan un poco más de seducción.

Edwards se acercaba al final de su década de soledad. Pero había otra cuestión que debía afrontar: los óvulos que Rose le había proporcionado procedían de mujeres sometidas a importantes intervenciones ginecológicas y, por lo tanto, era muy poco probable que se sometieran a la FIV. En definitiva, los óvulos de las operaciones de Rose eran los menos aptos para ser reimplantados, aunque resultaron ser los más convenientes como material experimental. Para terminar su ensayo, Edwards necesitaba óvulos humanos de otra fuente.

Consiguió los óvulos de pacientes del doctor Patrick Steptoe: mujeres con problemas ováricos que habían consentido en donar óvulos. Steptoe trabajaba como obstetra en el Hospital General de Oldham, una brumosa ciudad conocida por su industria textil, actualmente en decadencia, cerca de Manchester. Le interesaba especialmente la laparoscopia ovárica, un procedimiento para operar el ovario y sus tejidos circundantes mediante un endoscopio flexible que se introduce a través de pequeñas incisiones en la parte inferior del abdomen. Esta técnica apenas invasiva era a menudo objeto de burla por parte de los ginecólogos, que la consideraban imprecisa en comparación con la cirugía abierta invasiva. En un congreso médico, un distinguido ginecólogo se levantó y anunció de manera imperiosa: «La laparoscopia no sirve para nada. Es imposible visualizar el ovario».[22] Steptoe, un hombre de voz suave y carácter reservado, tuvo que levantarse para defender su práctica. «Se equivoca por completo —respondió—. Permite explorar toda la cavidad abdominal».

Robert Edwards estaba presente. Mientras los ginecólogos despreciaban a Steptoe, escuchaba con atención, comprendiendo que la extracción laparoscópica sería crucial para el éxito de su proyecto.[23] A diferencia de los óvulos obtenidos mediante procedimientos quirúrgicos invasivos, la extracción laparoscópica permitiría una intervención mucho más tolerable para las mujeres, y quizá justamente para una mujer que desease que le reimplantasen un óvulo fecundado en el útero.

Cuando finalizaron las ponencias, mientras el público discutía y se peleaba, Edwards se acercó a Steptoe en el vestíbulo.

—¿Usted es Patrick Steptoe? —le preguntó amablemente.

—Sí.

—Soy Bob Edwards.

Intercambiaron notas e ideas sobre la FIV. El 1 de abril de 1968 Edwards viajó a Oldham para reunirse con Steptoe. Diseñaron un plan de investigación y Steptoe accedió a enviar a Edwards algunos óvulos extraídos en sus operaciones laparoscópicas. El hecho de que Oldham se encontrara a cinco horas de distancia de Cambridge no disuadió a ninguno de los dos. El viaje de ida y vuelta para llevar un óvulo desde la clínica de Steptoe hasta el laboratorio de Edwards podía suponer la mayor parte de un día en un tren que circulaba lentamente atravesando poblaciones envueltas en humo y mojadas por la lluvia en el condado de Yorkshire. El protocolo de la investigación parecía sencillo, pero los detalles eran complejos. ¿Qué medio de cultivo mantendría vivos a los óvulos y a los espermatozoides? ¿Cuántas horas debían transcurrir tras la extracción de los óvulos para introducir los espermatozoides? ¿Cuántas divisiones celulares se necesitaban para que un óvulo fecundado fuera viable en un cuerpo humano? ¿Y cómo saber qué embrión debían elegir?

Gracias al doctor Barry Bavister, un colega de Cambridge, Edwards descubrió que la tasa de fecundación aumentaba enormemente si se incrementaba la alcalinidad del medio; esto era parte de la capacitación de los espermatozoides que había descrito Min Chueh Chang. Edwards encontró otros trucos para activar los espermatozoides. Y aprendió a hacer madurar a los óvulos en el cultivo, esperando a que alcanzasen el momento exacto de la maduración antes de añadirles los espermatozoides. Había que determinar las proporciones —cuántos espermatozoides por óvulo— y la composición exacta del líquido para cultivar los embriones. Pero, paso a paso, Edwards y Steptoe resolvieron el problema de la FIV. Una tarde, a finales del invierno de 1968, Jean Purdy, una científica y enfermera que trabajaba con Edwards, preparó el experimento decisivo.[24] «Aquellos óvulos —escribió— no tardaron en madurar en las mezclas de medio de cultivo [...] a las que se había añadido el líquido de Barry [Bavister]. Treinta y seis horas después, estimamos que estarían listos para la fertilización».

Esa tarde Bavister y Edwards se dirigieron al hospital y examinaron el cultivo con ayuda del microscopio. Bajo el ocular se desarrollaba un acontecimiento asombroso: los primeros pasos de la concepción de la vida humana. Según Purdy, «un espermatozoide acababa de entrar en el primer óvulo. [...] Una hora más tarde, observamos el segundo óvulo. Sí, allí estaba, en las primeras etapas de la fecundación. Un espermatozoide había entrado en el óvulo sin ninguna duda: lo habíamos conseguido. [...] Examinamos otros óvulos y encontramos más y más evidencias. Algunos óvulos se encontraban en las primeras fases de la fecundación, con las colas de los espermatozoides siguiendo a sus cabezas hacia las profundidades del óvulo; otros estaban incluso más avanzados, con dos núcleos —el del espermatozoide y el del óvulo—, ya que cada uno (el espermatozoide y el óvulo) donaba su componente genético al embrión».[25] Habían logrado la FIV.

El artículo de Edwards, Steptoe y Bavister, «Early Stages of Fertilization in Vitro of Human Oocytes Matured in Vitro»[26] (Etapas iniciales de la fecundación *in vitro* de ovocitos humanos madurados *in vitro*), se publicó en la revista *Nature* en 1969. Lamentablemente, no se incluyó a Jean Purdy, que había realizado el experimento, en consonancia con la práctica convencional de excluir a las mujeres de la ciencia. Más tarde, tanto Edwards como Steptoe intentaron reconocer su contribución, pues el método había nacido de la mano de Purdy. En el laboratorio, ella había creado el primer embrión humano producido mediante FIV; en el hospital, acunaría más tarde al primer bebé derivado de la FIV. En 1985, con treinta y nueve años, murió por un melanoma sin haber recibido nunca el reconocimiento científico que merecía.

El estudio provocó un furor casi inmediato en el público y la comunidad científica y médica. Los ataques vinieron de todas partes a la vez. Algunos ginecólogos no consideraban la infertilidad como una enfermedad. La reproducción, sostenían, no era un requisito para el bienestar, así que ¿por qué definir su ausencia como una «enfermedad»? Como escribió un historiador: «Quizá sea difícil comprender ahora la ausencia total de la infertilidad en la conciencia de la mayoría de los ginecólogos del Reino Unido en aquella época, entre los cuales Steptoe era una notable excepción. [...] La superpoblación y la planificación familiar se percibían como las inquietudes predominantes, y la infertilidad se obviaba por considerarse, en el mejor de los casos, una minoría escasa e irrelevante y, en el peor, una contribución positiva al control de la población».[27] Gran parte de las investigaciones ginecológicas en el Reino Unido y Estados Unidos se centraban en la anticoncepción, es decir, en traer menos niños al mundo. En Estados Unidos, según un artículo científico, «la investigación sobre el desarrollo de anticonceptivos se multiplicó por más de 6 entre 1965 y 1969, y la financiación filantrópica privada se multiplicó por 30».[28]

Los grupos religiosos, por su parte, hicieron hincapié en el estado especial del embrión: producir uno en una placa de Petri de laboratorio, destinado a ser transferido a un cuerpo humano, era violar las leyes más inviolables de la reproducción humana «natural». Y los expertos en ética eran muy conscientes del legado de los experimentos nazis de los años cuarenta, en los que se había sometido a los seres humanos a riesgos horribles, pero con escasos beneficios; ¿qué pasaría si los fetos producidos por este método o las madres que los llevarían terminaban corriendo riesgos desconocidos?

Tuvo que pasar casi una década desde la publicación de aquel artículo sobre las etapas iniciales de la FIV para que la comunidad médica se convenciera de que la infertilidad era, de hecho, una «enfermedad». A mediados de los años setenta, en colaboración con equipos de tocólogos y técnicos de laboratorio, se pusieron en marcha los primeros intentos para conseguir un feto vivo mediante FIV.

El 10 de noviembre de 1977 se transfirió un diminuto grupo de células embrionarias vivas, unas veinticinco veces más pequeño que un grano de arroz, al útero de Lesley Brown.[29] Esta mujer británica de treinta años y su marido, John, llevaban nueve años intentando concebir de forma natural, pero todos sus esfuerzos habían fracasado. Las trompas de Falopio de Lesley estaban obstruidas y, aunque sus óvulos eran funcionalmente normales, su paso desde el ovario hasta el lugar de fertilización en las trompas o en el útero se hallaba anatómicamente bloqueado. Durante la intervención, llevada a cabo en el Hospital General de Oldham, sus óvulos se extrajeron directamente del ovario, se maduraron siguiendo el protocolo de Edwards y Purdy, y se fecundaron con el semen de John. Purdy fue la primera en ver cómo las células embrionarias empezaban a dividirse con minúsculas sacudidas, una especie de aceleración celular dentro de un frasco de cristal.

Unos nueve meses después, el 25 de julio de 1978, el quirófano del hospital estaba repleto de investigadores, médicos y un equipo de representantes de la Administración. Era casi medianoche cuando John Webster, el médico que asistió el parto, extrajo a una niña por cesárea. La operación se llevó a cabo bajo un velo de absoluto secreto. En un principio, Steptoe había anunciado que el parto se produciría a la mañana siguiente, pero la víspera lo trasladó a medianoche sin hacerlo público, en parte para burlar a los periodistas que se agolpaban frente al hospital. A primera hora de la tarde, se había marchado del hospital con su Mercedes blanco, en una bien planeada cortina de humo para hacer creer a los periodistas que el equipo se retiraba a descansar. Al anochecer regresó a escondidas.

El nacimiento fue espectacularmente ordinario. «No fue necesario reanimar a la niña y el pediatra que la examinó no encontró defecto alguno —recuerda Webster—. Todos estábamos un poco preocupados por si hubiera nacido, por casualidad, con una fisura en el paladar o cualquier otro pequeño defecto que no hubiéramos podido detectar de antemano [...], que habría arruinado la investigación, pues la gente habría dicho que se debía a la técnica [de FIV]».[30] Examinaron cada uña, cada pestaña, cada dedo del pie, cada articulación, cada centímetro de la piel. La niña era angelicalmente perfecta.

No hubo «grandes celebraciones», dijo Webster. Tras el parto, el obstetra se marchó a dormir tranquilamente. «Me sentía bastante agotado, la verdad —recordaba—. Volví a la casa donde me hospedaba y cené algo. Creo que ni siquiera había alcohol allí».[31]

Bautizaron a la recién nacida como Louise Brown. Su segundo nombre es Joy.

Por la mañana, la noticia del nacimiento de Louise estalló en la prensa. Durante la semana siguiente, el hospital se vio asediado por periodistas con cámaras de fotos y blocs de notas en mano que intentaban conseguir una foto de la madre y la niña. A Louise Brown la llamaron «bebé probeta», un término extraño, ya que apenas se utilizaron probetas durante la fecundación.[32] (El gran frasco de cristal donde fue concebida está expuesto en el Museo de Ciencias de Londres). Su nacimiento desencadenó un tsunami de reacciones de furia, celebraciones, alivio y orgullo. En una carta indignada a la revista *Time*, una mujer de Michigan proclamaba: «Los Brown han [...] degradado e instrumentalizado a la niña, y por ese acto, y no por el del parto asistido, deberían considerarse símbolos de la degeneración de la moral occidental».[33] Un paquete anónimo procedente de Estados Unidos llegó a casa de los Brown en Bristol. En interior había un tubo de ensayo roto salpicado con un grotesco chorro de sangre falsa.

Otros, sin embargo, la calificaron como «bebé milagro». La portada del 31 de julio de la revista *Time* tomó prestado el famoso detalle de *La creación de Adán*, el fresco de Miguel Ángel que adorna el techo de la Capilla Sixtina, en el que el dedo de Dios está a punto de tocar el de Adán.[34] Solo que, en este caso, suspendido entre los dos dedos, había un tubo de ensayo y, dentro, el dibujo de un embrión: Louise Brown *in vitro*. Para los hombres y mujeres que no habían podido tener hijos, este avance supuso una extraordinaria esperanza: la infertilidad se había curado, al menos para los que aún tenían espermatozoides y óvulos viables.

Louise Joy Brown tiene ahora cuarenta y tres años. Heredó los rasgos suaves y redondeados de su madre y la sonrisa franca y el pelo rubio oscuro de su padre, que antes lucía como un torbellino de rizos y ahora lo lleva alisado, más dorado. Trabaja en una empresa de transporte y vive cerca de Bristol. A los cuatro años le contaron que había «nacido de forma algo diferente a los demás».[35] Esta frase eufemística puede ser una de las más notables en la historia de la ciencia.

Robert Edwards recibió el Premio Nobel en 2010 por su trabajo. Por desgracia, murió antes de poder asistir a la ceremonia de entrega en diciembre. Steptoe, que era doce años mayor que Edwards, había fallecido en 1988. Y Landrum Shettles murió en Las Vegas en 2003, insistiendo hasta el final en que habría sido el primero en desarrollar la FIV si sus esfuerzos no se hubieran visto truncados por la ortodoxia de sus superiores.

Este libro trata de la célula y de la transformación de la medicina. Y, aunque la FIV sea una de las terapias celulares más utilizadas en medicina, hay una peculiaridad en su historia que debemos reconocer: lo que permitió que se hiciera realidad fue la conjunción perfecta de los avances en biología reproductiva y obstetricia, no la biología celular.

Mientras que el nacimiento de Louise Brown marcó el renacimiento de la medicina reproductiva, los aspectos relacionados con el procedimiento de la FIV se mantuvieron en un estado de notable indiferencia frente a los rápidos avances de la biología celular. Incluso Edwards, que había empezado a interesarse por la reproducción movido por su estudio de la división cromosómica anómala durante la maduración de los óvulos (en 1962 publicó un artículo titulado «Meiosis in Ovarian Oocytes of Adult Mammals»[36] [Meiosis en ovocitos de mamíferos adultos]), no escribió prácticamente nada más sobre el ciclo celular, la segregación cromosómica y el control molecular de la meiosis y la mitosis una vez que Nurse, Hartwell y Hunt presentaron sus descubrimientos en la década de 1980. Más extraño aún fue el hecho de que Hunt fuera su colega en Cambridge, mientras que Nurse trabajaba a menos de ochenta kilómetros de distancia. Y los aspectos de la fisiología celular con los que cabría esperar que la fecundación y la maduración embrionaria tuvieran una mayor afinidad natural —la dinámica de la división celular, la producción de espermatozoides y óvulos, las fases mitóticas del cigoto— se quedaron en la periferia lejana de su campo visual.

En resumen, la FIV se consideraba principalmente una intervención hormonal seguida de un procedimiento obstétrico. Se extraían óvulos y espermatozoides, se introducían y salía un bebé humano. El laboratorio intermedio, donde se producía la fecundación y maduraba el embrión, era un mero eslabón de la cadena. La estufa de incubación consistía en, literalmente, una caja negra, aunque húmeda y caliente. Y las preguntas sobre cómo podía aumentarse la fertilidad de un óvulo o un espermatozoide o seleccionarse los mejores embriones para la implantación, preguntas íntimamente conectadas con la biología celular y la evaluación cromosómica y celular, seguían abiertas y sin respuesta.

Pero, por fin, los descubrimientos de Nurse, Hartwell y Hunt están empezando a introducirse en este campo y a transformarlo. Cada vez es más evidente que las preguntas que han perseguido a la reproducción humana solo pueden responderse comprendiendo la reproducción celular, recordando una vez más el principio de Rudolf Virchow de que toda enfermedad es una enfermedad celular. La FIV está aprendiendo el vocabulario de las ciclinas y las cdk. Por ejemplo, ¿por qué a veces es difícil conseguir óvulos de algunas mujeres, pese a la estimulación hormonal? En 2016 un grupo de investigadores demostró que en ello intervenían las mismas moléculas que Nurse, Hartwell y Hunt habían descubierto, las ciclinas y las cdk. Mientras una de estas combinaciones —la CDK-1 y una ciclina— permanece inactiva en los óvulos, estos quedan dormidos, quiescentes, en G0. Cuando se liberan y activan estas moléculas, los óvulos empiezan a madurar.[37] Si estos maduran demasiado pronto, se pierden de manera progresiva con el tiempo. Incluso con la estimulación hormonal, pueden agotarse al principio. En tales circunstancias, el animal es estéril.

Un hecho interesante es que esta liberación de la quiescencia (o «sueño» celular) y la consiguiente maduración prematura pueden tratarse con un fármaco sintetizado recientemente. Esta molécula experimental funciona previsiblemente bloqueando la activación de la combinación ciclina-cdk. Un fármaco de este tipo debería, en principio, ser capaz de provocar que los óvulos humanos se vuelvan a «dormir», lo que permitiría una tasa de éxito de la FIV potencialmente mayor en ciertos grupos de mujeres con infertilidad que no responden a los tratamientos.

En 2010 un grupo de investigadores de la Facultad de Medicina de la Universidad de Stanford adoptó un enfoque aún más simple para desarrollar una caja de herramientas para la FIV basándose aún más profundamente en la dinámica del ciclo celular. Una frustración permanente de la reproducción asistida es que solo uno de cada tres embriones fecundados llega a una fase en la que es probable que genere fetos viables. Para aumentar las probabilidades, se implantan múltiples embriones, pero esto, a su vez, conduce a una mayor frecuencia de mellizos y trillizos, lo que conlleva sus propias complicaciones médicas y obstétricas.

¿Es posible identificar los cigotos unicelulares que tengan más probabilidades de producir embriones sanos y maduros? ¿Se pueden identificar estos cigotos de forma prospectiva, es decir, antes de implantarlos, para aumentar así la tasa de éxito de un nacimiento único en los seres humanos? El grupo de Stanford tomó 242 embriones humanos y filmó su maduración desde el momento en que eran cigotos unicelulares hasta convertirse en unas bolas embrionarias huecas y multicelulares llamadas blastocistos, un signo inicial de un embrión sano y viable.[38] El blastocisto consta de dos partes. Su capa exterior da lugar a la placenta y al cordón umbilical, el sistema de apoyo del feto durante su desarrollo; mientras que la masa celular interna, adherida a la pared de su cavidad llena de líquido, se convierte en el embrión. Tanto la capa exterior como la masa interior se forman a partir de la primera célula fecundada, gracias a la rápida división de las células, mitosis tras mitosis.

El hecho de que solo un tercio de los embriones unicelulares formen blastocistos se refleja en la tasa de éxito de un tercio de la FIV que se ha constatado clínicamente.[39] Observando la película hacia atrás, y utilizando un software para medir varios parámetros, el grupo de Stanford identificó solo tres factores predictivos de la futura formación de blastocistos: el tiempo que tarda la primera célula en dividirse por primera vez; el tiempo entre esa primera división y la segunda, y la sincronización de la segunda y la tercera mitosis. Al basarse en este trío de parámetros, las probabilidades de predecir la formación de blastocistos (y, por consiguiente, la posibilidad de una implantación viable) aumentaron hasta un 93%. Imaginemos la FIV realizada con un solo embrión —evitando los embarazos de alto riesgo de mellizos y trillizos— y con una tasa de éxito del 90%.

También resulta interesante destacar que justamente la medición de parámetros similares a estos —la sincronización, el tiempo mitótico y la fidelidad de la división celular— es lo que había permitido a Paul Nurse y a sus estudiantes desentrañar el ciclo celular de las levaduras casi tres décadas antes.

La célula manipulada

Lulu, Nana y las transgresiones de la confianza

Actúa antes y piensa después.

Proverbio al revés

El 10 de junio de 2017 un biofísico convertido en genetista, He Jiankui, también conocido como JK, se entrevistó con dos parejas en la Universidad de Ciencia y Tecnología del Sur, en la ciudad china de Shenzhen. El encuentro tuvo lugar en una sala de reuniones anodina, con sillas giratorias de piel sintética y una pantalla de proyección en blanco. Otros dos científicos, Michael Deem, profesor de la Universidad de Rice y antiguo mentor de JK, y Yu Jun, cofundador del Instituto de Genómica de Pekín, asistieron a la reunión, aunque Yu declararía más tarde que solo se encontraban sentados cerca, ocupados en sus propios asuntos. Quizá estarían discutiendo los entresijos del genoma del gusano de seda que Yu había secuenciado. «Deem y yo estábamos conversando sobre otro tema»,[1] diría más tarde.

Sabemos muy poco de la reunión. Se grabó en un vídeo granulado y se conservan algunas imágenes procedentes de capturas de pantalla. Las parejas habían acudido a JK para dar su consentimiento a un procedimiento médico. Se trataba de una FIV, pero con una peculiaridad crucial. JK pretendía alterar de forma permanente los genes de los embriones —en esencia, crear bebés «transgénicos», editados genéticamente— antes de implantarlos en el útero.

Poco más de dos años después, el 30 de diciembre de 2019, He Jiankui sería condenado a tres años de cárcel por violar los protocolos fundamentales del consentimiento informado y por la utilización indebida de seres humanos. Sería imposible contar la historia de la biología reproductiva o del nacimiento de la medicina celular sin hablar sobre la historia de JK, de la tentación de modificar fetos humanos, de las aspiraciones científicas que salen mal y del futuro de la terapia genética para los embriones que quedan suspendidos en un frágil limbo.[2]

Pero para contar esa historia debemos retroceder casi medio siglo.

En 1968 el clarividente Robert Edwards, famoso por la FIV, había publicado un artículo sobre un tema aparentemente oscuro: la determinación del sexo en embriones de conejo. Antes de interesarse por la reproducción asistida, la atracción inicial de Edwards por la biología de la reproducción había surgido de la posibilidad de detectar anomalías cromosómicas en los embriones. En el síndrome de Down, por ejemplo, hay un cromosoma de más —el número 21— procedente del óvulo o del espermatozoide. Edwards se preguntaba si esos problemas cromosómicos podrían detectarse en el embrión —tal vez en la fase de blastocisto, la bola hueca de células— y si esos embriones con anomalías cromosómicas podrían seleccionarse y descartarse antes de la implantación. De este modo, una pareja podría decidir no implantar un feto con síndrome de Down o cualquier otra alteración cromosómica y hasta podría seleccionar los embriones «correctos» para ser implantados.[3]

En 1968 Edwards fecundó óvulos de conejo y los cultivó hasta que se convirtieron en blastocitos. Mantuvo el blastocisto inmóvil con una pipeta de succión —una tarea semejante a inmovilizar un globo de agua con una aspiradora— y luego, con una destreza milagrosa, utilizó unas minúsculas tijeras quirúrgicas para extraer unas trescientas células de la capa exterior del blastocisto. A continuación, tiñó las células extraídas con cromatina para determinar cuáles tenían cromosomas X e Y, es decir, los blastocistos masculinos. (En un artículo publicado en *Nature* en abril de 1968, Edwards y el coautor, Richard Gardner, explicaban que, al implantar selectivamente embriones de conejo machos o hembras, podían determinar el sexo biológico de las crías de mamíferos, una tarea imposible en la naturaleza. El artículo «Control of the Sex Ratio at Full Term in the Rabbit by Transferring Sexed Blastocysts» (Control de la proporción de sexos en nacimientos a término en el conejo mediante la transferencia de blastocitos sexados) comenzaba y terminaba con la tendencia de Edwards a las descripciones eufemísticas: «Se han hecho numerosos intentos de controlar el sexo de las crías de diversos mamíferos, incluido el hombre. [...] Ahora que podemos sexar correctamente los blastocitos de conejo, podría ser posible detectar otras diferencias en los embriones masculinos y femeninos».[4] Edwards había inventado un método para seleccionar embriones basado en la evaluación genética.

En los años noventa la FIV y las técnicas genéticas habían avanzado hasta el punto de que la técnica de Edwards pudo probarse en embriones humanos. En el Hospital Hammersmith de Londres, el científico Alan Handyside trabajó con parejas con antecedentes familiares de enfermedades ligadas al cromosoma X que solo podían heredar los hijos varones. Al «sexar» los embriones antes de implantarlos —como había hecho Edwards con los conejos—, Handyside y sus colaboradores demostraron que podían garantizar que solo se implantasen embriones femeninos, eliminando así el riesgo de dar a luz a un niño con la enfermedad ligada al cromosoma X. La técnica se denominó diagnóstico genético preimplantacional (DGP) o, en lenguaje común, selección de embriones. El DGP pronto se amplió para detectar embriones con síndrome de Down, fibrosis quística, enfermedad de Tay-Sachs y distrofia miotónica, entre otras enfermedades.

Pero la selección de embriones, para ser claros, es en esencia un proceso *negativo*. Al eliminar solo los embriones masculinos, se pueden seleccionar los embriones que han adquirido una dotación genética particular. Sin embargo, no se puede cambiar de manera directa la ruleta genética que dota a los embriones de sus genes. En otras palabras, se pueden depurar, o eliminar, embriones de un conjunto de permutaciones, pero no se pueden crear embriones con una serie de genes nuevos (*de novo*). Te toca lo que te toca (y no protestes): permutaciones de genes de ambos padres, pero nada fuera de esas combinaciones predeterminadas.

Pero ¿qué pasaría si quisiéramos producir embriones humanos con características (y futuros) genéticos que no tiene ninguno de los padres? ¿O qué sucedería si quisiéramos alterar alguna información del genoma de un embrión, por ejemplo, desactivando un gen, que pudiera causar una enfermedad letal? En 2012 se puso en contacto conmigo una mujer con un trágico historial familiar de cáncer de mama. El elevado riesgo de cáncer se debía a una mutación en el gen BRCA-1, una mutación que se había extendido por toda la familia. Ella misma era portadora de la variante dañina, así como una de sus dos hijas. ¿Podía ayudarla a encontrar una estrategia médica para restaurar el gen mutado en los embriones de sus hijas? No tenía mucho que ofrecer, salvo la posibilidad de que ella o sus hijas pudieran recurrir a la selección de embriones para eliminar (depurar) a los portadores de la mutación en BRCA-1.

¿Y qué ocurre si ambos progenitores son portadores de mutaciones en las dos copias de un gen relacionado con una enfermedad, las dos copias del padre y las dos de la madre? Un hombre con fibrosis quística quiere concebir un hijo con la mujer a la que ama, que también padece fibrosis quística. Todos sus hijos serían portadores de las mutaciones en ambas copias y, por tanto, sufrirían la enfermedad de forma inevitable. ¿Podría un científico hacer algo para garantizar que un hijo de esa unión tenga al menos una copia corregida del gen? En otras palabras, ¿podría un embrión humano ser objeto no solo de un proceso negativo —la selección de embriones—, sino también de un proceso *positivo*: la adición o alteración de un gen, o la edición de genes?

Durante décadas, los científicos lo habían intentado con embriones de animales. En la década de 1980 habían conseguido introducir células modificadas genéticamente en blastocitos de ratón. Después de múltiples pasos, lograron producir ratones «transgénicos» vivos con genomas que habían sido modificados de forma deliberada y permanente. Pronto les siguieron las vacas y las ovejas transgénicas, todas creadas con técnicas similares. Cuando estos animales produjeron espermatozoides y óvulos, transmitieron la modificación genética a las generaciones futuras.

Pero los métodos utilizados para crear esos animales no eran fáciles de aplicar a los seres humanos. Los obstáculos técnicos eran grandes. Y las preocupaciones éticas sobre la intervención genética, con las correspondientes cuestiones sobre la eugenesia humana, eran igualmente disuasorias. El sueño de generar seres humanos transgénicos —con genomas permanentemente modificados que transmitirían a sus hijos— seguía en suspenso.

Sin embargo, en 2011 entró en escena una nueva y revolucionaria técnica. Los científicos dieron con un método para modificar genes que sería mucho más fácil de utilizar en las células y, potencialmente, en los embriones humanos en estadios iniciales.* La técnica, llamada edición génica, proviene de un sistema de defensa bacteriano.

La edición génica —por la que se realizan cambios dirigidos, deliberados y específicos en un genoma— puede llevarse a cabo mediante múltiples estrategias, pero la forma más utilizada se basa en una proteína bacteriana llamada Cas9. Esta proteína puede introducirse en las células humanas y, a continuación, «guiarse» o dirigirse a una parte específica del genoma de una célula para realizar una alteración deliberada: normalmente un corte en el genoma que suele desactivar el gen diana. Las bacterias emplean este sistema para fragmentar los genes de los virus invasores y, de este modo, inactivar al

* Es imposible nombrar a todos los científicos que han contribuido a este campo —el número es enorme—, pero destacan algunos investigadores. En la década de 1990 un científico español, Francis Mojica, fue el primero en detectar que existía un sistema de defensa antivírico codificado en el genoma bacteriano. Entre 2007 y 2011 Philippe Horvath, que trabajaba en la fábrica de yogur Danisco, en Francia, y Virginijus Syksnys, en Vilna (Lituania), profundizaron en la investigación de esta forma de inmunidad. Y entre 2011 y 2013 Jennifer Doudna, Emmanuelle Charpentier y Feng Zhang manipularon genéticamente el sistema de defensa para realizar cortes programables en el ADN. Esta lista ha tenido que resumirse necesariamente, pero se puede encontrar una historia más completa en «CRISPR Timeline», Broad Institute en línea, <https://www.broadinstitute.org/what-broad/areas-focus/project-spotlight/crispr-timeline>.

invasor. Los científicos pioneros de la edición génica, Jennifer Doudna, Emmanuelle Charpentier, Feng Zhang y George Church, entre otros, han adaptado este sistema de defensa bacteriano y lo han convertido en una forma de realizar ediciones deliberadas en el genoma humano.

Imaginemos, por un momento, que todo el genoma humano es una inmensa biblioteca. Sus libros están escritos con un alfabeto que solo contiene cuatro letras: A, C, G y T, los cuatro componentes químicos del ADN. El genoma humano contiene más de 3.000 millones de estas letras y en cada célula hay unos 6.000 millones, ya que cada progenitor aporta una copia del genoma. Si lo imaginamos como una biblioteca de libros, con unas 250 palabras por página y 300 páginas por libro, podríamos pensar en nosotros mismos —o más bien en las instrucciones para desarrollarnos, mantenernos y repararnos— como si estuviéramos escritos en unos 80.000 libros.

Si se combina la Cas9 con un fragmento de ARN para guiarla, se puede conseguir que realice un cambio deliberado en el genoma humano. Equivaldría a encontrar y borrar una palabra de una frase en una página de un libro de la biblioteca de 80.000 libros. Alguna vez se equivoca y borra también una palabra que no corresponde, pero su fidelidad general es notable. Más recientemente, el sistema se ha modificado no solo para borrar palabras, sino también para aplicar una extensa gama de posibles cambios en un gen, como añadir nueva información o realizar modificaciones más sutiles. Cas9 es como un borrador de «búsqueda y destrucción». Para continuar con la analogía, podría cambiar «Verbal» por «Herbal» en el prefacio del volumen 1 del *Diario de Samuel Pepys* en una biblioteca universitaria que contiene 80.000 libros. Las demás palabras de todas las demás frases de los libros de la biblioteca se dejan, en general, intactas.

En marzo de 2017, según JK, el Comité de Ética Médica del Hospital de Mujeres y Niños Harmonicare en Shenzhen aprobó su estudio para editar un gen en embriones humanos. «El comité está constituido por siete personas —escribió—. Nos explicaron que mantuvieron un debate exhaustivo sobre los riesgos y beneficios antes de llegar a la conclusión de otorgar la autorización». Más tarde, el hospital negaría haber leído o autorizado el protocolo. Tampoco existe ninguna documentación sobre el «debate exhaustivo» que condujo a la autorización. Además, aún no se ha identificado a las siete personas que supuestamente aprobaron el protocolo.

El gen que JK proponía editar en embriones humanos era el CCR5, un gen relacionado con el sistema inmunitario y que es una conocida vía de entrada del virus de la inmunodeficiencia humana, o VIH. En estudios anteriores se había demostrado que los seres humanos que tienen dos copias desactivadas del gen CCR5 con una mutación natural llamada delta 32 son resistentes a la infección por el VIH.[5]

Pero la lógica del experimento de He Jiankui empieza a desmoronarse aquí. En primer lugar, las parejas fueron elegidas porque el padre, y no la madre, tenía una infección por el VIH crónica, aunque controlada. El riesgo de transmisión del VIH a través de los espermatozoides, una vez realizado el lavado seminal para el procedimiento de la FIV, es nulo. Estos embriones, en definitiva, no corrían mayor riesgo de infectarse por el VIH que un embrión concebido por una pareja seronegativa. Y, lo que es peor, hay pruebas de que la desactivación del gen CCR5, que controla aspectos esenciales de la respuesta inmunitaria, puede aumentar la gravedad de la infección causada por otros virus, como el virus del Nilo Occidental y el de la gripe (este último especialmente común en China). JK había optado por alterar un gen sin ningún beneficio evidente para un embrión humano y con un riesgo potencialmente mortal en el futuro. Y sigue sin conocerse si las parejas fueron informadas de los posibles efectos adversos del procedimiento y si se obtuvo realmente el consentimiento informado. En su afán por ser el primero en crear seres humanos editados de forma genética, JK había violado prácticamente todos los principios que rigen el uso ético de seres humanos como pacientes participantes de estudios clínicos.

Es difícil reconstruir lo que sucedió a continuación y cuándo pasó exactamente, pero, en algún momento a principios de enero de

2018, se recogieron doce óvulos de una de las mujeres, que fueron fecundados con el semen lavado de su marido. Por las diapositivas de las presentaciones que hizo JK, parece que inyectó un espermatozoide por óvulo mediante una microaguja, un procedimiento llamado inyección intracitoplasmática de espermatozoides. Al mismo tiempo, debió inyectar en el óvulo la proteína Cas9 junto con la molécula de ARN para realizar un corte en el gen CCR5.

Al cabo de seis días, escribió JK, cuatro de los cigotos unicelulares se convirtieron en «blastocistos viables». Poco después, debió hacer una biopsia de la capa externa del blastocisto para determinar si se habían realizado las modificaciones, o «ediciones».[6]

«Dos de los blastocistos se habían editado con éxito», escribió el genetista. En uno de ellos se modificaron las dos copias del gen CCR5, mientras que en el otro solo se modificó una copia. Pero las ediciones génicas que JK había obtenido diferían de la mutación natural delta 32 que se encuentra en los seres humanos. Había producido una mutación diferente en el gen, que tal vez conferiría resistencia al VIH, pero a lo mejor no; es imposible saberlo, ya que nadie había realizado antes una edición génica de este tipo. Y en solo uno de los embriones se habían modificado las dos copias; el otro seguía teniendo una copia intacta. Al parecer, se analizaron las células del blastocisto para detectar la posibilidad de que se hubieran realizado ediciones génicas involuntarias en otras partes del genoma. Se encontró una posible edición no intencionada en una muestra de las células biopsiadas, pero el equipo llegó a la conclusión, sin muchas pruebas que la avalaran, de que era «irrelevante».

A pesar de estas múltiples advertencias, el equipo de JK implantó los dos embriones modificados en el útero de la madre a principios de 2018. Poco después escribió un correo electrónico a Steve Quake, su antiguo asesor posdoctoral en la Universidad de Stanford, con la palabra «Éxito» en la línea del asunto. Decía: «¡Buenas noticias! La mujer está embarazada. ¡La edición génica ha sido un éxito!».[7]

Quake se alarmó de inmediato. En una reunión previa con JK en Stanford en 2016, había intentado convencerlo insistentemente y luego le había instado con firmeza para que solicitase el permiso adecuado de los comités de ética y obtuviese el consentimiento informado de los pacientes. Lo mismo había hecho Matt Porteus, un catedrático de pediatría de Stanford al que JK se había dirigido para pedirle consejo. Porteus lo describe así: «Me pasé la siguiente media hora, o cuarenta y cinco minutos, explicándole todas las razones por las que estaba mal, que no existía una justificación médica; no estaba abordando ninguna necesidad médica no resuelta, no había informado de ello».[8] JK permaneció en silencio todo el tiempo, con la cara enrojecida, pues no esperaba recibir una crítica tan vehemente.

Quake reenvió el correo electrónico de JK a un colega experto en bioética, cuyo nombre no se ha revelado. «Esta es probablemente la primera edición de la línea germinal* humana. [...] Le pedí encarecidamente que obtuviera la autorización de la Junta de Revisión Institucional** y tengo entendido que lo hizo. Su objetivo es ayudar a los padres seropositivos a concebir. Es un poco pronto para que lo celebre, pero, si el embarazo llega a término, sospecho que será un notición».[9]

El colega respondió: «La semana pasada le dije a alguien que yo creía que esto ya había ocurrido. Sin duda será un notición...».

En efecto, lo fue. El 28 de noviembre de 2018, en la Cumbre Internacional sobre Edición del Genoma Humano en Hong Kong, JK subió al escenario llevando un maletín de cuero y vestido con pantalones oscuros y una camisa de rayas. Fue presentado por Robin Lovell-Badge, un genetista inglés. Este se había enterado hacía poco de que He Jiankui estaba a punto de anunciar en una conferencia el nacimiento de bebés humanos editados genéticamente, y preveía

* «Línea germinal» es el conjunto de células de un organismo pluricelular que transmiten su material genético a la progenie. Equivale a las células sexuales, es decir, los óvulos y los espermatozoides. La edición de la línea germinal implica modificaciones heredables. *(N. de las T.)*

** La Junta de Revisión Institucional es el nombre que se da en Estados Unidos al Comité de Ética de la Investigación, encargado de velar por la protección de los derechos, la seguridad y el bienestar de los pacientes que participan en las investigaciones. *(N. de las T.)*

una tormenta mediática. La noticia ya se había filtrado a la prensa, y los periodistas, eticistas y científicos del público miraban hacia el podio hambrientos por formular sus preguntas. Lovell-Badge presentó a JK de manera titubeante:

> Solo para recordar a todos los presentes que..., eh..., queremos dar al doctor He Jiankui la oportunidad de explicar lo que ha hecho..., mmm..., lo que respecta a la ciencia, en especial, pero también..., mmm..., bueno..., eh..., en lo que respecta a otros aspectos de lo que ha hecho. Así que, por favor, permítanle hablar sin interrupciones. Como he comentado, tengo el derecho de suspender la sesión en caso de que se produzca demasiado alboroto o interrupciones. [...] Nosotros no estábamos informados de esta historia. De hecho, el doctor me envió las diapositivas que iba a presentar en esta sesión y no incluían nada del trabajo del que va a hablar ahora.[10]

JK hizo su presentación de manera artificiosa y vaga, casi como un diplomático soviético leyendo un discurso preparado. Pasó las diapositivas con desgana y ofreció descripciones igualmente imprecisas del experimento, a menudo como si él hubiera sido un mero espectador. Las células biopsiadas de un blastocisto, dijo, contenían dos copias «probablemente» desactivadas del gen CCR5, aunque, como mencioné antes, ninguna de las variantes era la misma que la mutación natural delta 32 que se encuentra en los seres humanos.*[11]

* Para entender la naturaleza exacta de las mutaciones introducidas en los genomas de los fetos por el método de JK, tenemos que empezar hablando de los genes. Los genes están «escritos» en el ADN, que está compuesto por una cadena de cuatro subunidades: A, C, T y G. Un gen como el CCR5 está compuesto por una secuencia de estas subunidades: por ejemplo, ACTGGGTCCCGGG, y así sucesivamente. Para la mayoría de los genes, la cadena de letras puede extenderse en varios miles de estas subunidades. En la mutación humana natural delta 32 en CCR5 faltan 32 letras continuas en el centro del gen, lo que inactiva el gen. Sin embargo, JK no reprodujo esta deleción exacta de 32 letras. Con la edición génica, es bastante sencillo elegir un gen como diana y borrar parte de él. Pero reproducir una mutación exacta es mucho más difícil técnicamente. En vez de hacer eso, JK tomó un atajo. En consecuencia, a una de las mellizas le faltan 15 (no 32) letras en una copia del gen CCR5, mientras que su otra copia está intacta. A la otra melliza

El otro embrión tenía una copia intacta y una copia con una nueva mutación que no se encuentra en la naturaleza, que tal vez confiera resistencia al VIH, pero tal vez no... La madre, según JK, optó por que le implantaran los dos embriones modificados, pero no los otros dos no modificados. ¿Cómo llegó a esa decisión, teniendo en cuenta que la vía que eligió era mucho más arriesgada? ¿Y quién la orientó ética y médicamente para que tomase tal decisión? Da la impresión de que esas preguntas ni siquiera se plantearon.

En octubre de 2018 nacieron las mellizas «modificadas genéticamente», informó JK. Curiosamente, en el artículo que escribió sobre el experimento, que nunca llegó a publicarse en una revista médica sometida a revisión de expertos y solo se difundió en internet, se cambió esta fecha a noviembre. A las dos niñas, aparentemente sanas, se las llamó Lulu y Nana. JK se negó a divulgar sus verdaderas identidades. Se habían obtenido algunos datos inconexos de las células de las mellizas —a partir de la sangre del cordón umbilical y de la placenta— para confirmar la presencia de la mutación, pero había preguntas cruciales que seguían sin responderse. ¿Eran todas las células del organismo portadoras de las mutaciones o solo algunas?* ¿Se encontraron mutaciones nuevas, aparte de las buscadas? ¿Eran las células con la deleción en CCR5 resistentes al VIH?

JK repitió la palabra «éxito» varias veces en su artículo. Pero, como escribió Hank Greely, jurista y bioeticista de Stanford: «El éxito es dudoso en este caso. En ninguno de los embriones se logró realizar

le faltan cuatro letras en una copia y tiene una letra de más en la segunda copia. Ninguna de las dos presenta la mutación delta 32 en CCR5, que se produce de forma natural en los seres humanos.

* Hay algunas preguntas científicas fundamentales que He Jiankui no respondió y que siguen sin responderse. Cuando utilizó el sistema CRISPR para realizar modificaciones en los embriones, ¿se alteraron genéticamente todas las células del embrión o solo algunas? Y, si solo fueron algunas células, ¿cuáles? El fenómeno por el que algunas células de un organismo presentan una modificación genética mientras que otras no la presentan se denomina «mosaicismo». ¿Son Lulu y Nana mosaicos genéticos? La segunda serie de preguntas se deriva de los efectos no deseados de la manipulación genética. ¿Se alteraron otros genes? ¿Se secuenciaron células individuales para determinar si solo se modificó el CCR5? Si es así, ¿cuántas células se evaluaron? No sabemos nada de esto.

la deleción de 32 pares de bases en el gen CCR5 conocida en millones de seres humanos. En cambio, en los embriones, y en definitiva en las niñas, se efectuaron modificaciones nuevas, cuyos efectos no están claros. Además, ¿qué significa «resistencia parcial» al VIH? ¿Parcial en qué grado? ¿Era una resistencia suficiente como para justificar la transferencia del embrión con un gen CCR5 nunca antes visto en los seres humanos a un útero del que posiblemente nacería?».[12]

La sesión de preguntas y respuestas que siguió a la presentación de JK solo puede describirse como uno de los momentos más surrealistas de la historia de la medicina. Al final de su conferencia, Lovell-Badge y Porteus, haciendo acopio de una enorme moderación profesional, condujeron a JK hacia una discusión estructurada de los datos. Le preguntaron sobre los efectos potencialmente nocivos de la edición génica en Lulu y Nana, sobre el tipo de consentimiento informado y los métodos utilizados para seleccionar a las parejas para el estudio.

Las respuestas resultaron inconexas; era como si JK hubiera realizado el experimento sonámbulo, ajeno a sus consecuencias éticas. «Además de mi equipo..., eh..., unas cuatro personas leyeron el consentimiento informado», tartamudeó, negándose a nombrar a ninguna de ellas. Admitió que él mismo había obtenido el consentimiento y que dos profesores universitarios —supuestamente Michael Deem y Yu Jun— habían presenciado cómo obtenía el consentimiento de algunos pacientes. (Pero ¿no se suponía que Deem y Jun estaban conversando sobre la genética de los gusanos de seda durante la reunión con las dos parejas?). Otras preguntas más incisivas suscitaron respuestas que parecían divagaciones deliberadas: sobre la pandemia mundial del VIH y la necesidad de nuevos medicamentos, pero poco sobre las ediciones génicas reales que se habían realizado en las mellizas. Al final del debate el doctor David Baltimore, uno de los organizadores de la reunión y premio Nobel, apareció en el escenario sacudiendo la cabeza con exasperación y pronunció una de las críticas más mordaces que se han hecho del estudio clínico de JK. «No creo que haya sido un proceso transparente. Solo nos hemos enterado de él. [...] Considero que ha fallado la autorregulación de la comunidad científica debido a la falta de transparencia».[13]

Y entonces los espectadores, que se habían estado conteniendo durante la charla, explotaron con sus preguntas. Un científico se levantó para preguntar qué «necesidad médica no resuelta» se había abordado con el experimento: después de todo, el riesgo de infección por VIH de los gemelos era nulo, ¿no?

He Jiankui se refirió vagamente a la posibilidad de que, aunque Lulu y Nana fueran seronegativas, podían estar expuestas al VIH. Pero esto también se basaba en una lógica insostenible: la madre no era portadora del VIH, y el lavado seminal y la FIV garantizaban que los embriones no estuvieran expuestos de ninguna manera al virus. A continuación, dijo al público que se sentía «orgulloso» de haber realizado el experimento, lo que provocó un resoplido sonoro. Algunos entrevistadores ahondaron en el asunto del consentimiento. Otros cuestionaron el velo de secretismo que rodeaba el experimento: ¿por qué no se había dado a conocer públicamente ni informado a casi nadie de la comunidad científica?

Al final, la presentación de JK —que tenía como objetivo, tal vez, consagrarlo como el primer científico que había llevado a cabo la edición génica en embriones humanos— se convirtió en una completa algarabía. Los periodistas aguardaban en fila a la salida del auditorio, apuntando con sus micrófonos, para atacarle con sus preguntas. Un grupo de organizadores le escoltó fuera de la sala, como si fuesen los guardias de seguridad de un preso político.

La bioquímica Jennifer Doudna, una de las pioneras del sistema de edición génica, ganadora del Premio Nobel en 2020 junto con su colaboradora, la doctora Emmanuelle Charpentier, recuerda haberse quedado «horrorizada y aturdida» por la conferencia de JK. El biofísico chino había intentado ponerse en contacto con la doctora Doudna antes de su presentación —quizá para conseguir su apoyo—, pero ella estaba atónita. Cuando aterrizó en Hong Kong, encontró la bandeja de entrada de su correo electrónico llena de mensajes desesperados solicitando su consejo. «La verdad es que pensé: "Esto no puede ser cierto. Es una broma" —recordaba—. "Han nacido bebés". ¿Quién pone eso en el asunto de un correo electrónico de semejante importancia? Me pareció espantoso, disparatado, casi cómico».[14] La conferencia confirmó los temores de Doudna: JK había traspasado la línea roja sin apenas reparos éticos. «Después de escuchar al doctor He Jiankui —declaró la experta en bioética R. Alta Charo—, mi conclusión es que fue algo equivocado, prematuro, innecesario y básicamente inútil».[15]

A finales de 2019 JK fue condenado a tres años de cárcel en China; también se le prohibió realizar cualquier investigación relacionada con la FIV en el futuro. Entretanto, mientras escribo esto en junio de 2021, un robusto y apasionado genetista ruso, Denis Rebrikov, que trabaja en uno de los mayores centros de FIV de Rusia financiados por el Gobierno, ha anunciado que tiene previsto modificar un gen para la sordera humana hereditaria. Heredar dos copias mutadas de este gen, el GJB2, provoca sordera. Los implantes cocleares pueden restablecer parte de la audición del habla, pero, curiosamente, no de la música; además, los pacientes con implantes suelen necesitar meses de rehabilitación.

Rebrikov promete, siguiendo los pasos de Steptoe y Edwards, ser el «inconformista prudente». Pero tanto si actúa con prudencia como si no, se propone ser un inconformista; dice que, aunque solicitará la aprobación reglamentaria y obtendrá el consentimiento informado siguiendo las normas estrictas, seguirá adelante con las manipulaciones genéticas de embriones.[16] Según Rebrikov, desarrollará el proceso paso a paso: publicando datos, llevando a cabo una secuenciación genómica exhaustiva para controlar los efectos de las modificaciones deseadas y las no deseadas. Y sus terapias, afirma, serán exclusivas para las parejas sordas que sean portadoras de la mutación en ambas copias del gen, que den su pleno consentimiento y que deseen tener un hijo que no sea sordo. Ha identificado a cinco parejas con estas características y una en concreto, un matrimonio moscovita con mutaciones en el gen GJB2 y una hija sorda, está considerando seriamente su propuesta.

Las sociedades médicas y científicas de todo el mundo están apresurándose para establecer reglas y normas que regulen la edición génica en embriones humanos. Algunas han pedido una moratoria internacional, pero carecen de autoridad para aplicarla. Otras permitirían el uso de la edición génica para tratar enfermedades que causen un sufrimiento extraordinario, pero ¿entra la sordera hereditaria en esa categoría? Aunque las organizaciones científicas y bioéticas internacionales pueden responder a esta pregunta, no existe ningún organismo regulador con poder o autoridad para permitir o prohibir los experimentos de edición génica en embriones humanos.

La FIV, como he comentado antes, es una manipulación celular que permite llevar a cabo formas complejas de manipulación humana. La selección de embriones, la edición génica y, potencialmente, la introducción de nuevos genes en el genoma dependen de manera esencial de la reproducción celular (el encuentro entre el espermatozoide y el óvulo) y del primer estallido de la producción de células (el crecimiento del embrión en sus primeras fases) en una placa de Petri. Tras llevar fuera del útero la creación del embrión humano —después de lograr microinyectar, cultivar, congelar, descartar selectivamente, modificar de forma genética, desarrollar y biopsiar el embrión en diversos estadios—, es posible desplegar en él toda una serie de técnicas genéticas transformadoras.

He Jiankui tomó decisiones terribles a todos los niveles: el gen, los pacientes, el protocolo y el objetivo erróneos. Pero también respondió a la inevitable seducción de las nuevas tecnologías: quería ser «el primero». Hablaba con frecuencia de que su investigación era su pasaporte para el Premio Nobel. Se comparaba a sí mismo con Edwards y Steptoe, pero en realidad lo considero un Landrum Shettles moderno: ferozmente ambicioso e impaciente, apasionado por la ciencia, y, por lo que parece, incapaz de discriminar entre pacientes humanos que participan en una investigación y los peces de un acuario.

Esto no es una excusa para sus decisiones; otros científicos, armados con las mismas técnicas, lograron contenerse. Pero, ya sea mediante la selección de embriones o la edición génica, la manipulación genética de embriones humanos para evitar enfermedades (o, quizá, para mejorar las capacidades humanas) parece estar convirtiéndose día a día en un destino inevitable para la medicina. Lo que empezó como un tratamiento para la infertilidad humana se está transformando en una terapia para la vulnerabilidad humana. Y en el centro de esta terapia se encuentra una célula cada vez más maleable y preciosa: el óvulo fecundado, el cigoto humano.

Estamos a punto de salir del mundo enclaustrado del cigoto unicelular para adentrarnos en el embrión en desarrollo. Pero podríamos detenernos aquí y plantear la pregunta: ¿por qué abandonamos el mundo unicelular? ¿Por qué nos convertimos en «nosotros», es decir, en organismos pluricelulares? Tomemos una célula de levadura o una especie de alga unicelular. Estas células independientes, o células modernas, como las llama el biólogo Nick Lane, poseen prácticamente todas las características de las células de organismos mucho más complejos, incluidos los seres humanos. Son abundantes, se desarrollan con gran éxito en sus hábitats y pueden prosperar en diversos lugares de la Tierra. Se comunican entre sí, se reproducen, realizan procesos metabólicos e intercambian señales. Poseen núcleos, mitocondrias y la mayoría de los orgánulos celulares que hacen que una célula autónoma funcione con extraordinaria eficacia. Lo cual plantea otra pregunta: ¿por qué se formaron organismos pluricelulares?[17]

Cuando los biólogos evolucionistas exploraron esta cuestión a principios de los años noventa, dedujeron que, entre los eucariotas (células nucleadas), la transición de la existencia unicelular a la pluricelularidad podría haber implicado escalar un imponente muro evolutivo. No ocurrió de manera que una célula de levadura se despertó una mañana y decidió que era mejor funcionar como un organismo pluricelular. En palabras de László Nagy, un biólogo evolutivo húngaro, la transición a la pluricelularidad «se considera una transición importante con grandes obstáculos genéticos [y, por tanto, evolutivos]».[18]

Pero los datos de diversos experimentos y estudios genéticos recientes parecen indicar que la historia fue muy diferente. En primer lugar, la pluricelularidad es antigua. Existen fósiles de formas espirales, de estructuras semejantes a las primeras frondas de los helechos, que empezaron a aparecer en las algas verdiazules y verdes hace unos dos mil millones de años; se trata de agrupaciones de células que parecen haberse congregado por alguna razón. Hace unos 570 millones de años surgieron «organismos» con forma de hoja, con estructuras radiales similares a las nerviaciones, formados por múltiples células y que se desarrollaron en los fondos marinos. Las esponjas se aglomeraron a partir de células simples. Las colonias de microorganismos se organizaron para formar nuevos «seres», anunciando un nuevo tipo de existencia.

Pero quizá la característica más sorprendente de la pluricelularidad es que evolucionó en múltiples especies diferentes de manera *independiente*, no solo una vez, sino muchísimas veces.[19] Es como si el impulso de convertirse en pluricelular fuera tan fuerte y omnipresente que la evolución tuvo que saltar la valla una y otra vez. Las evidencias genéticas lo indican de forma irrefutable. La existencia colectiva era tan ventajosa respecto al aislamiento que las fuerzas de la selección natural gravitaron repetidamente hacia lo colectivo. El paso de las células individuales a la pluricelularidad fue, como escribieron los biólogos evolutivos Richard Grosberg y Richard Strathmann, una «pequeña transición de gran importancia».[20]

La «pequeña transición» de la unicelularidad a la pluricelularidad puede estudiarse y reproducirse, hasta cierto punto, en el laboratorio. En uno de los intentos más curiosos, llevado a cabo en la Universidad de Minnesota en 2014, un grupo de investigadores dirigido por Michael Travisano y William Ratcliff logró hacer evolucionar a un organismo unicelular hasta un ser pluricelular.[21]

Ratcliff conserva el aspecto de un estudiante universitario, delgado, con un entusiasmo desbordante y sus gafas de montura de alambre, aunque es un profesor muy citado con un importante laboratorio en Atlanta.[22] Una mañana de 2010, cuando le faltaba poco para terminar su doctorado en ecología, evolución y comportamiento, estuvo conversando con Travisano sobre la evolución de la pluricelularidad. Ambos sabían que diferentes organismos unicelulares habían evolucionado a distintas formas pluricelulares por diferentes razones y utilizando varias vías.

Ratcliff se rio mientras describía el experimento, citando la famosa primera línea de la clásica novela de Tolstói: «Todas las familias felices se parecen unas a otras; cada familia desdichada lo es a su manera». En el caso de la evolución pluricelular, me explicó, la lógica se invierte: cada organismo unicelular que evolucionó hacia la pluricelularidad tomó un camino único. Se hizo «feliz» —o, dicho de otro modo, más apto evolutivamente— a su manera. Los organismos unicelulares siguieron siendo igualmente unicelulares. Es, en palabras de Ratcliff, «una situación contraria a la descrita en *Anna Karenina*».

Travisano y Ratcliff trabajaban con levaduras. Así que, en diciembre de 2010, durante las vacaciones de Navidad, Ratcliff inició uno de los experimentos sobre la evolución más maravillosamente simples. Permitió que las células de levadura se desarrollaran en diez matraces distintos y luego dejó reposar los matraces durante cuarenta y cinco minutos, de manera que las levaduras unicelulares se quedaron flotando y las agrupaciones pluricelulares (aglomerados) más pesadas descendieron al fondo. (Tras repetir el experimento varias veces, descubrieron que, si centrifugaban el caldo de cultivo a baja velocidad, la separación era más eficaz). Ratcliff recogió los aglomerados multicelulares que la gravedad había atraído hacia el fondo, los cultivó y repitió el proceso más de sesenta veces con cada uno de los diez cultivos originales, seleccionando cada vez los aglomerados que descendían. Se trataba de una simulación de múltiples generaciones de selección y crecimiento: las islas Galápagos de Darwin en un frasco.[23]

El décimo día, mientras Ratcliff se dirigía de nuevo al laboratorio, nevaba copiosamente. «Los copos de nieve grandes y pesados de Minnesota», recordaba. Se sacudió la nieve de los zapatos y del anorak, miró los matraces y de inmediato supo que algo había sucedido: el décimo cultivo estaba transparente, con un sedimento en el fondo. Y lo que observó bajo el microscopio fue un reflejo del exterior: el sedimento de los diez cultivos había convergido en la selección de un nuevo tipo de agregado multicelular: una acumulación parecida a un cristal con muchas ramificaciones de varios cientos de células de levadura. Un copo de nieve viviente. Una vez agregados, los «copos de nieve» sobrevivieron en estas agrupaciones. Al cultivarlos de nuevo, no se volvieron unicelulares otra vez, sino que conservaron su configuración. Tras el salto a la pluricelularidad, la evolución se negó a retroceder.

Ratcliff se dio cuenta de que los agregados («seudocopos de nieve», los llamó) se formaban porque las células parentales y las descendientes se mantenían unidas incluso después de la división celular. Este patrón se repetía generación tras generación, como una familia en la que los hijos ya mayores se niegan a abandonar el hogar ancestral.

A medida que el experimento continuaba y se creaban aglomerados de copos de nieve cada vez mayores, a los investigadores empezó a intrigarles otra cuestión. ¿Cómo se propagaban los agregados? Un simple modelo hipotético podía ser que se separaba una sola célula de un aglomerado y luego se desarrollaba y se ramificaba para formar una nueva estrella pluricelular. En cambio, descubrieron que los agregados se reproducían dividiéndose por la mitad en nuevos agregados una vez que habían alcanzado un determinado tamaño. La familia multigeneracional se dividía en dos familias multigeneracionales. «Fue impresionante —me comentó Ratcliff—. La evolución, la evolución pluricelular, en un matraz».

Al principio, la propagación de los aglomerados multicelulares se debió a limitaciones físicas: los «seudocopos de nieve» habían crecido tanto que se vieron obligados a dividirse por la tensión física debida a su tamaño. Pero luego se produjo otra sorpresa: a medida que los grupos evolucionaban, un subgrupo de células en el medio cometió una forma de suicidio deliberado y programado, lo que permitió que se formase una hendidura —un surco o línea de fractura— entre los dos agregados, para permitir la separación de un aglomerado de otro.

Le pregunté a Ratcliff qué podría pasar si seguía cultivando los copos de nieve generación tras generación. Ya ha llegado a varios miles y quiere seguir hasta cincuenta mil o incluso cien mil en el transcurso de su vida. «Pues ya hemos observado la aparición de nue-

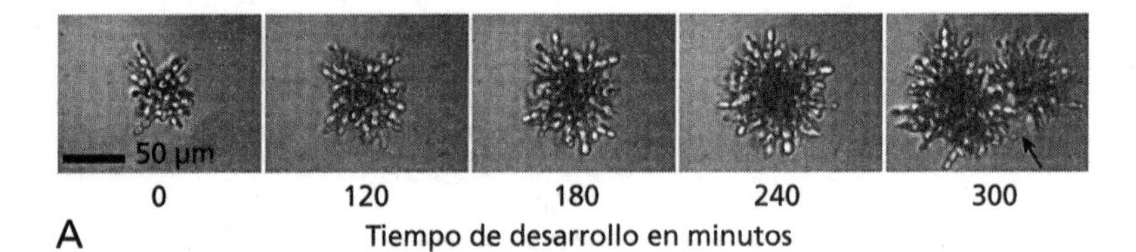

El ciclo de vida de un «copo de nieve» de levadura. Las agrupaciones en forma de copo de nieve evolucionaron a partir de células de levadura unicelulares mediante la selección de aglomerados más grandes. Estos grandes agregados se mantienen y no vuelven a ser unicelulares, es decir, su pluricelularidad resulta evolutivamente seleccionada. A las ramificaciones en desarrollo, se añaden nuevas células, lo que aumenta el tamaño del aglomerado. Al principio, los copos de nieve se dividían por la tensión física debida a su tamaño, como la rama de un árbol que ha crecido demasiado para permanecer unida. Sin embargo, con el paso de las generaciones, se desarrollaron células especializadas para llevar a cabo un suicidio deliberado y programado con el objetivo de crear un lugar de fractura que facilitase la separación de un aglomerado de otro.

vas propiedades —respondió con una mirada lejana, como si imaginara el futuro de este nuevo ser—. Los grupos son ahora veinte mil veces más grandes que las células individuales. Y las células han desarrollado una especie de entramado entre ellas. Ahora es difícil separarlas, hasta que se forma un surco de células muertas. Y algunas han comenzado a disolver las paredes que hay entre ellas. Estamos tratando de observar si están empezando a formar algún tipo de canal de comunicación para transportar los nutrientes, o las señales, a través de estos grandes agregados. Hemos añadido genes de la hemoglobina para ver si crean un mecanismo para la transferencia de oxígeno. Hemos empezado añadiendo genes que podrían hacer que convirtieran la luz en energía, como ocurre con las plantas».

Los científicos evolucionistas han llevado a cabo variaciones de este experimento con diferentes organismos unicelulares —levaduras, mohos mucilaginosos, algas—, de las que se desprende un principio general.[24] Bajo la presión evolutiva adecuada, las células individuales pueden convertirse en agregados multicelulares en unas pocas generaciones. Sin embargo, algunas tardan más: en un experimento, un alga unicelular se convirtió en un aglomerado multicelular en 750 generaciones. Eso no es más que un abrir y cerrar de ojos, un tictac en el tiempo evolutivo, pero 750 vidas para una célula de alga.

Solo podemos elaborar teorías y experimentos de laboratorio sobre la razón por la que las células individuales se ven atraídas de forma tan singular para formar grupos multicelulares. Para ver las verdaderas fuerzas de la selección natural en acción, tendríamos que retroceder en el tiempo. Pero, según las teorías imperantes, la especialización y la cooperatividad conservan la energía y los recursos, a la vez que permiten el desarrollo de nuevas funciones sinérgicas. Una parte del grupo puede encargarse de la eliminación de residuos, por ejemplo, mientras otra obtiene los alimentos, y así el aglomerado pluricelular adquiere una ventaja evolutiva. Una hipótesis prominente, reforzada por experimentos y modelos matemáticos, propone que la multicelularidad evolucionó para sustentar tamaños más grandes y movimientos rápidos, lo que permite al organismo escapar de la depredación (es difícil tragar un cuerpo del tamaño de un copo de nieve) o realizar movimientos más rápidos y coordinados hacia gradientes débiles de nutrientes. La evolución se decantó por la existencia colectiva porque los «organismos» podían correr para no ser comidos o también correr para comer.[25] La respuesta no se conoce, o tal vez haya muchas respuestas. Lo que sí sabemos es que la evolución hacia la pluricelularidad no fue accidental, sino intencionada y dirigida. Como he descrito anteriormente en el experimento de Ratcliff con la levadura, ciertas células adquieren la capacidad de realizar una forma programada de muerte celular, o de autosacrificio, para separar un grupo de otro, un signo de especialización celular en lugares concretos y definidos. Y, como ha descubierto Ratcliff, a medida que sus agregados multicelulares crecen generación tras generación, podrían estar en el proceso de desarrollar canales para llevar los nutrientes a las profundidades de su anatomía.

Fijémonos en estas palabras: especialización, anatomía y ubicación. En algún momento, quizá, Ratcliff empezará a describir sus agregados como «organismos». Ya ha empezado a estudiar cómo adquieren su anatomía. Se pregunta de qué forma se dividen las células para crear estructuras especializadas, qué hace que adquieran funciones especializadas y cómo esas estructuras determinan su ubicación dentro de las agrupaciones. ¿Cómo podríamos imaginar los nuevos canales en formación? ¿Vasos celulares? ¿Sistemas de suministro de nutrientes? ¿Un aparato de señalización primitivo? Un biólogo celular podría sentirse tentado a utilizar una palabra para describir la formación de anatomías organizadas y funcionales, así como la aparición de células especializadas a medida que estos «organismos» aumentan en tamaño y complejidad. Podría llamarlo «desarrollo».

La célula en desarrollo

De una célula a un organismo

La vida consiste más que en «ser» en «devenir».[1]

IGNAZ DÖLLINGER, naturalista, anatomista
y catedrático de medicina alemán del siglo XIX

Hagamos una pausa durante un momento para examinar el nacimiento de un cigoto humano. Un espermatozoide se abre paso a través de una distancia aparentemente oceánica y penetra en un óvulo.* Una proteína especial en la superficie del óvulo y su recep-

* El principal mecanismo que permite desplazarse a los espermatozoides es una larga cola ondulante llamada flagelo. En su base hay una serie de moléculas de proteína que interactúan entre sí para crear un «motor» minúsculo pero potente unido a la cola, que le procura su constante movimiento de látigo. Este motor molecular está rodeado de anillos de mitocondrias que proporcionan toda la energía necesaria para el frenético esfuerzo del espermatozoide por alcanzar el óvulo. En contraste con el largo flagelo ondulante, existen proteínas similares que pueden formar proyecciones o filamentos móviles mucho más pequeños, parecidos a los pelos, llamados cilios, y que son fundamentales en la biología celular. Los cilios permiten que múltiples tipos de células se desplacen por el cuerpo al agitar sus filamentos en un movimiento constante y a menudo unidireccional. Algunos ejemplos son los cilios adheridos a las células que recubren los intestinos, que permiten que los nutrientes viajen por el cuerpo, mientras que a los glóbulos blancos les ayudan a desplazarse por los vasos sanguíneos para defender el cuerpo de las infecciones. Se cree que los cilios de las células de las trompas de Falopio impulsan al óvulo recién liberado hacia su lugar de fecundación, mientras que los de las células que recubren las vías respiratorias palpitan constantemente para expulsar la

tor afín en el espermatozoide conectan las dos células. Una vez que penetra un espermatozoide en el óvulo, desde el interior de este se difunde una ola de iones, iniciando una serie de reacciones que impiden la entrada de otros espermatozoides.

Al fin y al cabo, en el sentido celular, somos monógamos.

Aristóteles imaginó los siguientes pasos de la formación del feto como una especie de moldeado menstrual. Sostenía que la «forma» del feto era la sangre menstrual procedente de la madre. El padre suministraba el semen —la «información»— para moldear la sangre con la forma del feto e insuflarle vida y calor. Esto tenía una lógica, aunque retorcida: la concepción daba lugar a la pérdida de la menstruación y, según Aristóteles, ¿dónde podía ir a parar esa sangre sino a formar el feto?

Era un modelo totalmente incorrecto, pero contenía algo de verdad. Aristóteles rompió con la antigua idea de la preformación, que sostenía la existencia de un ser humano en miniatura llamado homúnculo que venía ya preformado —con ojos, nariz, boca, orejas intactos—, pero encogido y plegado hasta un tamaño microscópico en el semen, como un juguete que se expande hasta adquirir su tamaño completo cuando se le añade agua. La teoría preformista inquietaría a muchas mentes científicas desde la Antigüedad hasta principios del siglo XVIII.

---

mucosidad y las partículas extrañas. Durante el desarrollo de un organismo, los cilios facilitan el movimiento celular dentro del embrión. Sin el funcionamiento correcto de los cilios, sería prácticamente imposible reproducir, desarrollar o reparar un cuerpo humano. Algunos niños padecen un raro síndrome genético llamado discinesia ciliar primaria (DCP), que afecta a la capacidad de los cilios para mantener el dinamismo en las grandes y pequeñas vías de transporte del cuerpo. Esto puede dar lugar a múltiples anomalías sistémicas, como una congestión nasal crónica e infecciones respiratorias frecuentes por la acumulación de flemas y sustancias extrañas en las vías respiratorias. Para complicar aún más la situación, alrededor de la mitad de los pacientes con DCP sufren un desplazamiento congénito de los órganos, debido a una disfunción celular durante el desarrollo; por ejemplo, el corazón puede estar en el lado derecho del pecho en lugar del izquierdo. Las mujeres con DCP tienden a ser estériles porque las células de las trompas de Falopio no pueden mover los óvulos hasta la zona donde serían fecundados.

La propuesta aristotélica, en cambio, planteaba que el desarrollo del feto se producía a través de una serie de acontecimientos diferenciados que finalmente conducían a su forma. La génesis ocurría precisamente a través de una génesis, y no por una mera expansión. Como escribiría el fisiólogo William Harvey en la década de 1600: «Hay algunos [animales] en los que una parte se fabrica antes que otra, y a partir del mismo material, más tarde, reciben la nutrición, el volumen y la forma a la vez». Esta última teoría se llamaría más adelante epigénesis, reflejando vagamente la idea de que la génesis se producía a través de una cascada de cambios embriológicos que incidían sobre o en (*epi*) el cigoto en desarrollo.

A mediados de la década de 1200, un fraile alemán, Alberto Magno, cuyos intereses abarcaban desde la química hasta la astronomía, estudió los embriones de diversos animales, incluidas las aves. Al igual que Aristóteles, creía, equivocadamente, que las primeras fases de la formación del feto eran una especie de coagulación corpórea —como cuando se cuaja el queso— a partir del semen y el óvulo. Pero Alberto Magno hizo avanzar de forma radical la teoría de la epigénesis. Fue uno de los primeros en identificar la formación de órganos diferenciados en el embrión: la protuberancia de un ojo donde antes no había ninguna protuberancia, y las extensiones de las alas de un polluelo a partir de protuberancias apenas perceptibles en los dos lados del embrión.

En 1759, casi cinco siglos después, un joven de veinticinco años, hijo de un sastre alemán, Caspar Friedrich Wolff, escribió una tesis doctoral titulada *Theoria Generationis*,[2] en la que desarrolló las observaciones de Magno describiendo la serie de cambios continuos que se producían durante el desarrollo embrionario. Wolff ideó un ingenioso método para estudiar los embriones de animales al microscopio. Así pudo observar el desarrollo de los órganos por etapas: el corazón del feto produciendo sus primeros movimientos pulsátiles y los intestinos formando sus sinuosos tubos.

Algo que llamó la atención de Wolf fue la *continuidad* del desarrollo: constató la formación de nuevas estructuras que derivaban de otras anteriores, aunque su morfología final tuviera poco parecido físico con cualquier cosa del embrión primitivo. «Hay que describir y explicar los nuevos objetos —escribió—, y a la vez hay que contar su historia, aunque no hayan alcanzado su forma definitiva y duradera, y sigan *cambiando continuamente*» (la cursiva es mía). Para el poeta alemán Johann Wolfgang von Goethe, la serie de metamorfosis milagrosas de una forma embrionaria hasta convertirse en un organismo maduro era un signo del «juego» de la naturaleza. «Es una toma de conciencia de la manera en que la naturaleza, por así decirlo, está siempre jugando —escribió en 1786—, y en este juego hace surgir la vida en sus múltiples formas».[3] El feto no se convertía en vida de manera pasiva; la naturaleza «jugaba» con las primeras formas de un embrión, como un niño podría jugar con la arcilla, moldeándola y esculpiéndola hasta llegar a la forma de un organismo maduro.

Las observaciones de Alberto Magno y, más adelante, de Caspar Wolff, sobre la transformación continua de los órganos del feto —el juego de la naturaleza— acabarían por derribar la teoría del preformismo.[4] Esta sería sustituida por una teoría de la *biológica celular* del desarrollo embrionario en la que todas las estructuras anatómicas de un embrión en desarrollo se forman a partir de células que se dividen, que crean diferentes estructuras y desempeñan funciones diversas. Como escribiría el naturalista Ignaz Döllinger en el siglo XIX, «la vida consiste más que en "ser" en "devenir"».

Pero volvamos a nuestro cigoto flotando en el útero. La célula fecundada se divide pronto en dos células, luego esas dos en cuatro, y así sucesivamente hasta que se forma una pequeña bola de células. Estas siguen dividiéndose y moviéndose —la aceleración celular que había observado la enfermera científica Jean Purdy en el laboratorio de Robert Edwards—, hasta que la masa inicial de células forma un hueco en el interior, como un globo lleno de agua en el que las células recién formadas constituyen sus paredes: una estructura llamada blastocisto. Y un pequeño grupo de células se divide aún más y empieza a colgar de la pared interior del globo hueco. Las paredes exteriores de la cueva, el revestimiento del globo, se adhieren al útero materno y se convierten en parte de la placenta, las membranas que rodean al feto, y en el cordón umbilical. El pequeño aglomerado de células con forma de murciélago que cuelga dentro del globo se convertirá en el feto humano.*

La siguiente serie de acontecimientos representa la verdadera maravilla de la embriología. El diminuto grupo de células que cuelga de las paredes del globo celular, la masa celular interna, se divide de manera frenética y empieza a formar dos capas de células: la externa, llamada ectodermo, y la interna, el endodermo. Unas tres semanas después de la concepción, una tercera capa de células invade las dos capas y se aloja entre ellas, como un niño que se cuela en la cama de sus padres, apretado entre los dos. Ahora es la capa intermedia, denominada mesodermo.

Este embrión de tres capas —ectodermo, mesodermo y endodermo— es la base de todos los órganos del cuerpo humano. El ectodermo dará lugar a aquello que se relaciona con la superficie exterior del cuerpo: piel, pelo, uñas, dientes, incluso el cristalino del ojo. El endodermo produce lo relativo a la superficie interna del cuerpo, como los intestinos y los pulmones. El mesodermo se encarga de todo lo que está en el centro: músculos, huesos, sangre y corazón.

Ahora el embrión está listo para la secuencia final de actividades. Dentro del mesodermo, se ensamblan una serie de células a lo

* He intentado simplificar bastante, evitando mucha de la jerga embrionaria. Para los que quieran profundizar: la pared del blastocisto, llamada trofoblasto, da lugar a las membranas que albergan al embrión al inicio —el corion y el amnios— y a una estructura para suministrar nutrientes denominada saco vitelino. A medida que el corion invade el útero formando la placenta, el saco vitelino degenera y la placenta se convierte en la principal fuente de nutrientes. Del ombligo sale un cordón con vasos sanguíneos que conecta al embrión con la circulación sanguínea materna, permitiendo el intercambio de gases y nutrientes. Para obtener información más detallada sobre el desarrollo del trofoblasto, recomiendo consultar Martin Knöfler *et al.*, «Human Placenta and Trophoblast Development: Key Molecular Mechanisms and Model Systems», *Cellular and Molecular Life Sciences*, 76 (18), septiembre de 2019, pp. 3479-3496, doi:10.1007/s00018-019-03104-6. Fuente: <https://pubmed.ncbi.nlm.nih.gov/31049600/>.

largo de un delgado eje para formar una estructura semejante a una vara llamada notocorda, que se extiende desde el extremo craneal (anterior) del embrión hasta el extremo caudal (posterior). La notocorda se convertirá en el «GPS» del embrión en desarrollo, para que pueda determinar la posición y el eje de los órganos internos, además de segregar unas proteínas llamadas inductores. Justo por encima de la notocorda, una sección del ectodermo —la capa externa— responde a la inducción invaginándose, plegándose hacia dentro, y formando un tubo. Este tubo se convertirá en el precursor del sistema nervioso, constituido por el cerebro, la médula espinal y los nervios.

En una de las muchas ironías del desarrollo embrionario, tras haber establecido la estructura del embrión, la notocorda humana perderá su protagonismo y su función. El único remanente celular en el cuerpo humano adulto es el núcleo pulposo que queda pegado entre las vértebras, en los discos vertebrales. Al final, el creador del embrión queda atrapado en la prisión ósea de la propia criatura que ha creado.

Una vez que se han generado la notocorda y el tubo neural, empiezan a formarse los órganos a partir de las tres capas (cuatro, si se cuenta el tubo neural): el corazón primitivo, el esbozo hepático, los intestinos y los riñones. Unas tres semanas después de la gestación, el corazón generará su primer latido. Una semana más tarde, una parte del tubo neural empezará a sobresalir hasta convertirse en el principio del cerebro humano. Todo esto, recordemos, surgió de una sola célula: el óvulo fecundado. Como escribió el médico Lewis Thomas en su colección de ensayos *La medusa y el caracol*, «en un momento determinado surge una célula única que tendrá como descendencia el cerebro humano. La mera existencia de esa célula debería ser una de las causas de mayor asombro de la Tierra».[5]

Lo que acabo de explicar es descriptivo. Pero ¿qué hay de los mecanismos que impulsan la embriogénesis? ¿Cómo saben estas células y órganos en qué deben convertirse? Es imposible plasmar en unos pocos párrafos la inmensa complejidad de las interacciones entre las células y entre las células y los genes que permiten al embrión en desarrollo crear, en el momento adecuado y en el lugar adecuado del cuerpo, cada una de sus partes: órganos, tejidos, sistemas y aparatos. Cualquiera de estas interacciones es un acto virtuoso, una elaborada sinfonía de múltiples partes perfeccionada durante millones de años de evolución. Lo que podemos captar aquí es un tema muy básico de esa sinfonía: los mecanismos y procesos fundamentales que permiten a la célula en desarrollo transformarse en un organismo desarrollado.

En la década de 1920, en uno de los experimentos más fascinantes de la embriología, un recio biólogo alemán de modales bruscos llamado Hans Spemann y su alumna Hilde Mangold empezaron a desentrañar el enigma. Del mismo modo que Antonie van Leeuwenhoek había aprendido a pulir esferas de vidrio para convertirlas en lentes exquisitamente nítidas, Spemann y Mangold aprendieron a afilar pipetas y agujas de vidrio calentándolas en mecheros Bunsen y traccionando suavemente la punta hasta que el tubo —medio fundido— se estiraba y adelgazaba formando una punta casi invisible. (De hecho, quizá se podría escribir una historia de la biología celular desde la perspectiva de la historia del vidrio). Utilizando estas pipetas, agujas, dispositivos de succión, tijeras y micromanipuladores, Spemann y Mangold lograron extraer pequeños fragmentos de tejido de partes concretas de embriones de rana cuando estos tenían aún una estructura globular, mucho antes de que se formaran capas, estructuras y órganos complejos.

Extrajeron uno de esos fragmentos de tejido de un embrión muy al inicio de su desarrollo. Por experimentos anteriores, en los que habían observado la evolución de diversas partes del embrión, sabían que este grupo de células estaba destinado a albergar el extremo anterior de la notocorda, partes del intestino y algunos de sus órganos adyacentes.[6] Este grupo de células se llamaría más tarde «organizador».

Trasplantaron el tejido a otro embrión de rana y esperaron a que el renacuajo creciera. Lo que apareció bajo el microscopio fue un monstruo parecido a Jano. Como era de esperar, el renacuajo quimérico tenía dos notocordas y dos intestinos: los propios y los del donante. Pero el embrión se volvió aún más monstruoso, convirtiéndose en un renacuajo con dos partes superiores del cuerpo completamente unidas, una pegada a la otra, y dos sistemas nerviosos y dos cabezas totalmente formados. El tejido extraído del renacuajo donante no solo se había organizado a sí mismo, sino que también había ordenado a las células del anfitrión situadas por encima y a su alrededor que adoptaran destinos de acuerdo con sus especificaciones.[7] En palabras de Spemann, había «inducido» el crecimiento de una segunda cabeza completa.*

Pasarían décadas hasta que los científicos lograran identificar las proteínas precisas que se segregaban para «impulsar» a las células a formar un nuevo sistema nervioso y una nueva cabeza. Pero Spemann y Mangold habían descubierto la base del desarrollo embrionario progresivo de las diferentes estructuras. Las células en desarrollo de las etapas iniciales, como las células organizadoras, segregan factores locales que hacen que las células que se desarrollan de etapas posteriores fijen sus destinos y formas, y estas células, a su vez, segregan factores que crean los órganos y las conexiones entre ellos.** El crecimiento de un embrión es un proceso, una cascada de sucesos. En cada etapa, las células preexistentes liberan proteínas y sustancias químicas que indican a las nuevas células que aparecen y que tiene la capacidad de migrar adónde deben ir y en qué deben convertirse. Dan órdenes para que se formen otras capas y, más tarde, los tejidos y los órganos. Y las células de estas capas activan y desactivan los genes en función de la ubicación y de sus propiedades intrínsecas

* En este caso, las células trasplantadas procedían del extremo anterior de la notocorda, por lo que se formaron dos cabezas con dos sistemas nerviosos. Los experimentos para conseguir que se desarrolle la parte posterior del embrión de rana a partir del extremo posterior de la notocorda y el mesodermo son mucho más difíciles, por razones anatómicas.

** Esto plantea la siguiente pregunta: ¿cómo asumen sus destinos los organizadores? Pues bien, a partir de señales procedentes de células en desarrollo de etapas anteriores, lo que se extiende hacia atrás hasta llegar al óvulo fecundado unicelular. El óvulo fecundado ya contiene factores proteicos distribuidos en gradientes. En cuanto empieza a dividirse, estos gradientes preestablecidos envían señales y determinan el futuro de las células en las distintas partes del embrión.

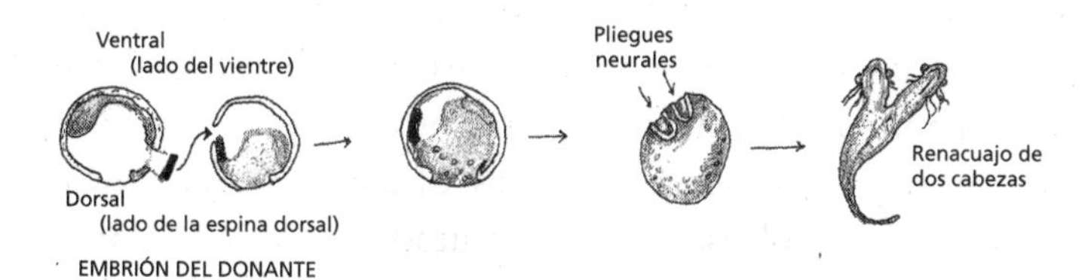

Reproducción de un diagrama de un artículo de Spemann y Mangold en el que describían su experimento. La transferencia de tejido del labio dorsal de un embrión al otro induce un embrión con dos pliegues neurales, lo que da lugar a un renacuajo con dos cabezas. Se trasplanta una parte del labio dorsal de un embrión de rana en una etapa muy temprana (antes de que se haya formado ningún órgano o estructura) a un embrión receptor. El receptor tiene ahora dos labios: uno propio y otro del donante. Spemann y Mangold descubrieron que las células organizadoras trasplantadas del embrión donante generaban sus propios tubos neurales, vísceras y, finalmente, una segunda cabeza de renacuajo completamente formada. Es decir, las señales de las células del labio dorsal inducen a las células situadas por encima y alrededor de ellas a formar las estructuras del embrión, lo que incluye la cabeza y el sistema nervioso. Las células organizadoras, por tanto, deben tener una capacidad inherente para determinar el destino de sus vecinas.

para adquirir su identidad propia. Cada etapa se basa en las señales procedentes de una etapa anterior, los saltos de la epigénesis que los primeros embriólogos captaron de forma tan vívida.

Desde los años setenta, los embriólogos han descubierto que el proceso es aún más complejo. Existe una interacción entre las señales intrínsecas, codificadas por los genes dentro de las células, y las señales extrínsecas inducidas por las células circundantes. Las señales extrínsecas (proteínas y sustancias químicas) llegan a las células receptoras y activan o reprimen los genes de estas. También interactúan entre sí: anulando o amplificando sus acciones, lo que finalmente lleva a las células a adoptar sus destinos, posiciones, conexiones y ubicaciones.

Así es como construimos nuestra casa celular.

En 1957 una empresa alemana llamada Chemie Grünenthal desarrolló lo que consideraba un maravilloso sedante y ansiolítico al que bautizaron como talidomida.[8] La campaña de comercialización fue agresiva. El fármaco estaba dirigido especialmente a las mujeres embarazadas, que, debido a la misoginia despreocupada en esa época, solían considerarse «ansiosas» y «emocionalmente inestables» y, por tanto, necesitaban ser sedadas. La talidomida no tardó en ser autorizada en cuarenta países y se recetó a decenas de miles de mujeres.

En Estados Unidos, donde los médicos estaban aún más dispuestos a sedar y donde la talidomida se enfrentaría a regulaciones aún menos estrictas que en Europa, estaba destinada a convertirse en un fármaco superventas, lo que para su fabricante alemán era obvio desde el comienzo. A principios de los años sesenta, Grünenthal empezó a buscar un socio para llevar el medicamento a Estados Unidos. El único obstáculo era conseguir la autorización de la Administración de Alimentos y Medicamentos (o FDA, por sus siglas en inglés) estadounidense, lo que se consideraba, por lo general, una simple cuestión de papeleo, aunque algo onerosa. Encontraron un socio perfecto en la empresa Wm. S. Merrell, que se había fusionado para formar el conglomerado farmacéutico Richardson-Merrell.

Mientras tanto, a principios de 1960, la FDA nombró a una nueva revisora médica, Frances Kelsey. Esta canadiense de cuarenta y seis años se había licenciado y doctorado en medicina en la Universidad de Chicago. Tras un periodo como profesora universitaria de farmacología (donde aprendió a evaluar la seguridad de los medicamentos) y como médico de familia en Dakota del Sur (donde aprendió que incluso los medicamentos «seguros» podían producir graves efectos secundarios si se administraban en dosis incorrectas o al paciente erróneo), comenzó una larga carrera en la FDA. Finalmente, ascendería al puesto de directora de la División de Nuevos Medicamentos y subdirectora de asuntos científicos y médicos en la Oficina de Cumplimiento. Una funcionaria de rango medio. Una guardiana de la puerta de entrada, suponía Merrell. Una traba insignificante, entre muchas otras, en el camino de un nuevo y brillante medicamento desarrollado por un gigante farmacéutico y comercializado por otro.

La solicitud de Merrell para introducir la talidomida en Estados Unidos se abrió pasó en la FDA y acabó aterrizando en la mesa de Kelsey. Pero, a medida que esta leía sobre el medicamento, empezó a dudar de su seguridad. Los datos parecían demasiado buenos. «Eran demasiado positivos —recordaba—. No podía ser el fármaco perfecto sin ningún riesgo».

En mayo de 1961, mientras los ejecutivos de Merrell presionaban a la FDA para que autorizara el medicamento para su uso general, Kelsey emitió una respuesta que bien podría considerarse una de las cartas más significativas escritas en la historia de la agencia gubernamental: «La carga de la prueba de que el medicamento es seguro [...] *recae en el solicitante*»[9] (la cursiva es mía). Pasaba las noches en vela, leyendo publicaciones de informes de casos. En febrero de 1961, descubrió, un médico inglés había detectado un grave entumecimiento de los nervios periféricos tras tratar a algunos pacientes; una enfermera que tuvo acceso al fármaco había dado a luz a un niño con graves problemas en las extremidades. Se abalanzó sobre el caso del médico. «Con respecto a esto, nos preocupa mucho que, por lo que parece, las pruebas [de] la neuritis periférica en Inglaterra fueran conocidas por ustedes pero no reveladas de manera directa».[10]

Los ejecutivos de Merrell amenazaron con emprender acciones legales, pero Kelsey siguió investigando. Le habían llegado noticias de informes sobre defectos al nacer; ahora quería pruebas de que el medicamento era seguro, no solo para las neuronas periféricas sino también para las mujeres embarazadas. Cuando Merrell intentó de nuevo solicitar una autorización de comercialización, Kelsey insistió en que la empresa demostrara que la talidomida era segura o retirara su solicitud.

Mientras en Washington la batalla entre Merrell y Kelsey se enconaba cada vez más, desde Europa empezaban a llegar informes más alarmantes. Las mujeres a las que se había recetado el fármaco en Gran Bretaña y Francia durante el embarazo empezaron a observar graves malformaciones congénitas en sus hijos. Algunos tenían malformaciones en el sistema urinario. Otros tenían problemas de corazón. También defectos intestinales. El defecto más horrible apreciable a la vista era que había bebés que nacían con extremidades muy cortas, mientras que otros no tenían ninguna extremidad. En los años siguientes se registraron en total unos ocho mil niños con malformaciones y unas siete mil posibles muertes uterinas, probablemente en ambos casos subestimaciones importantes del daño real.

Sin embargo, mientras se sucedían los informes alarmantes de Europa, Merrell mantenía su optimismo implacable sobre la talidomida. A pesar de las objeciones de Kelsey, la empresa había distribuido el fármaco a unos mil doscientos médicos estadounidenses como «agentes de la investigación». (Smith, Kline & French, otra empresa, participó también en el ensayo con pacientes). En febrero de 1962 Merrell escribió una carta a los médicos, redactada con un tono sereno, en la que les aconsejaba que siguieran recetando el fármaco: «Todavía no hay pruebas concluyentes de una relación causal entre el uso de talidomida durante el embarazo y las malformaciones en el recién nacido».

En julio, cuando la ola de casos en Europa alcanzó su punto máximo, la FDA comunicó un mensaje urgente a sus funcionarios: «Habida cuenta del gran interés público que suscita esta situación, se trata de uno de los [asuntos] más importantes que hemos abordado en mucho tiempo. Deben emplear todos los medios posibles para ponerse en contacto con los médicos en el plazo previsto [...], a más tardar el jueves 2 de agosto por la mañana [1962]».[11] A finales de ese mes, quedó prohibida toda prescripción del fármaco. La talidomida estaba muerta.

En otoño la FDA comenzó a analizar si Merrell había infringido la ley al recetar talidomida como parte de su «ensayo de investigación» y si había prevaricado al ocultar información en la documentación sobre la seguridad del fármaco presentada ante la agencia gubernamental. Los abogados de la FDA enumeraron veinticuatro cargos independientes de violación legal. Sin embargo, en 1962, Herbert J. Miller, el fiscal general adjunto del Departamento de Justicia de Estados Unidos, optó por no procesar a la empresa, con el absurdo y tragicómico argumento de que había distribuido el fármaco a «médicos de la más alta categoría profesional»[12] y que solo se había demostrado el daño provocado de manera definitiva en «un bebé con malformaciones». Ambas afirmaciones eran falsas. Y añadía como conclusión: «El procesamiento penal no está justificado ni es deseable». El caso se cerró. Merrell, por su parte, había retirado discretamente su solicitud a la FDA y archivado el medicamento de forma permanente. La talidomida había sido responsable de un crimen de proporciones insondables, pero no se encontró a ningún criminal.

¿De qué manera provoca la talidomida defectos congénitos? A medida que el cigoto se desarrolla, sus células deben determinar su identidad y posición integrando factores extrínsecos (proteínas y sustancias químicas procedentes de las células vecinas que les indican adónde ir y en qué convertirse) y factores intrínsecos (proteínas de la célula, codificadas por los genes, que se activan y desactivan en respuesta a estas señales).

Ahora sabemos que la talidomida se une a una (o varias) de las proteínas de la célula que descomponen otras proteínas específicas; actúa como un degradador específico de proteínas. Un borrador de proteínas intracelulares. Como vimos con los genes de las ciclinas, la degradación regulada de una proteína concreta en una célula es fundamental para la capacidad de la célula de integrar señales: señales para dividirse, diferenciarse, integrar signos extrínsecos e intrínsecos y determinar su destino. En biología celular la ausencia de una proteína puede ser tan importante como su presencia para regular el crecimiento, la identidad y la posición de una célula.

En concreto, es probable que las células del cartílago, ciertos tipos de células inmunitarias y las células del corazón se vean afectadas por la destrucción regulada de las proteínas que altera la talidomida, aunque algunas de estas siguen siendo dianas hipotéticas. Al no poder integrar las señales que reciben, es probable que las células mueran o se vuelvan disfuncionales. Pueden afectarse una gran cantidad células, dando lugar a las numerosas malformaciones congénitas difusas que provocó la talidomida.[13] El efecto es extraordinariamente potente: un solo comprimido de 20 miligramos es suficiente para provocar defectos congénitos. Decenas de miles de mujeres de todo el mundo sin poder saber si sufrirían un aborto darían a luz niños muertos o mutilados por un defecto congénito irreversible debido a la talidomida.

Frances Kelsey salvó probablemente decenas de miles de vidas al oponerse, como el último baluarte regulador, a la implacable embestida de un gigante farmacéutico. En 1962 se le concedió la Medalla de Honor Presidencial de Estados Unidos.[14] Este capítulo sirve para conmemorar su servicio y tenacidad.

Si este libro trata del nacimiento de la medicina celular, también debe registrar el nacimiento de su opuesto demoniaco: el nacimiento —y la muerte— de un veneno para las células.

Titulé la segunda parte «Una sola y multitud» no solo para ilustrar la transición en nuestra historia desde la célula única hasta los organismos pluricelulares, sino también para reflejar un aspecto crítico en la ciencia. Los biólogos suelen trabajar solos o a veces en parejas, pero, como las propias células, también se unen en comunidades científicas. Y estas comunidades, a su vez, pertenecen y deben responder a la comunidad de todos los seres humanos. Existe una persona sola y muchas, y también «multitud».

En esta parte hemos abordado las propiedades fundamentales de la célula: autonomía, organización, división celular, reproducción y desarrollo. ¿Cuáles son los límites permisibles y los peligros de la manipulación de estas primeras propiedades fundamentales, y cómo cambia nuestra percepción de la «manipulación» a medida que avanzan las nuevas tecnologías? Con la FIV, por ejemplo, la reproducción «asistida» —algo que antes se consideraba radical, prohibido e incluso aborrecible para algunos— se ha convertido en la norma. Y mientras Denis Rebrikov, el biólogo ruso, prepara su laboratorio para editar genéticamente embriones con trastornos auditivos, nos enfrentamos a nuevas formas de manipular la reproducción que alteran nuestro sentido de las normas. Obviamente, la historia de la talidomida es una lección de escarmiento sobre la manipulación (involuntaria) del feto en desarrollo. Pero, en los últimos años, la cirugía para corregir los defectos congénitos del feto en el útero ha avanzado de manera radical, y se están desarrollando sistemas de administración de fármacos para incidir sobre el feto en modelos animales. ¿Será que los procesos «naturales» que han evolucionado sin alterarse desde el nacimiento del ser humano son ya parte del pasado, mientras que la «manipulación» de la célula en desarrollo es nuestro futuro inminente?

Esto es innegable: hemos abierto la caja negra de la célula. Cerrar la tapa ahora podría significar excluir la posibilidad de un futuro magnífico. Mantenerla abierta sin directrices ni reglas sería dar por sentado que hemos llegado a un acuerdo global tácito sobre lo que está permitido y lo que no a la hora de manipular la reproducción y el desarrollo humanos, lo cual ciertamente no hemos hecho. Solíamos pensar en las características fundamentales de nuestras células como nuestro destino obvio. Ahora empezamos a tratar estas propiedades como ámbitos legítimos de anexión científica: nuestro destino manifiesto.*

Estos debates —la manipulación de la reproducción y el desarrollo, o de los embriones para modificar sus genes— resuenan en todo el mundo mientras escribo esto (y mientras describía de manera exhaustiva las promesas y los peligros de estas tecnologías en mi libro *El gen*). Las discusiones no se resolverán fácilmente, ya que no afectan solo a las características fundamentales de las células, sino también a las de los seres humanos. La única manera de encontrar una solución razonable, o incluso una solución intermedia, consiste en mantener un compromiso continuo con la evolución del debate sobre los límites de la intervención científica y el avance de las tecnologías celulares. Todas las personas son parte interesada en este debate. Afecta a una sola, a muchas y a «multitudes».

* El autor juega aquí con «destino obvio» (*destiny, manifest*, en inglés), en la frase anterior, y la expresión «destino manifiesto» (*manifest Destiny*, en inglés), en esta frase, aludiendo a la doctrina expansionista de Estados Unidos conocida como «destino manifiesto» (<https://es.wikipedia.org/wiki/Doctrina_del_destino_manifiesto)>. *(N. de las T.)*

Tercera parte

La sangre

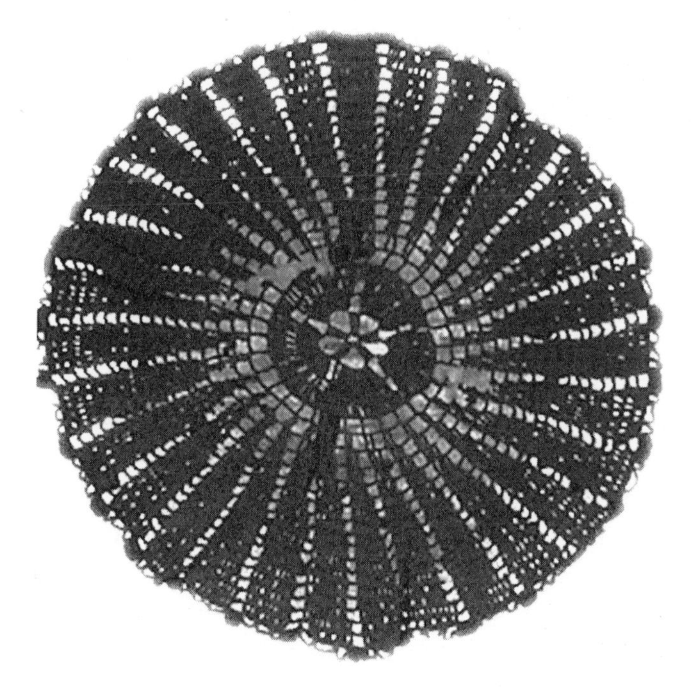

La pluricelularidad, la transición evolutiva que permitió a los organismos unicelulares organizarse en seres pluricelulares, quizá fuera inevitable, pero no resultó fácil. Los organismos pluricelulares tuvieron que desarrollar órganos distintos para realizar funciones especializadas. Cada uno de aquellos seres se vio obligado a crear unidades funcionales —diferenciadas pero conectadas— para atender sus diversas necesidades: autodefensa, autorreconocimiento, flujo de señales por el cuerpo, digestión, metabolismo, almacenamiento, eliminación de residuos.

Todos los órganos del cuerpo son un ejemplo de estos aspectos: cooperación entre células y especialización celular para desempeñar la función del órgano. Pero, quizá más que cualquier otro sistema celular, la sangre sirve de modelo para describir cómo todo un sistema de células desempeña estas funciones. La circulación constante de la sangre es la principal vía de distribución del cuerpo para suministrar oxígeno y nutrientes a todos los tejidos. Garantiza una respuesta coordinada a las lesiones: las plaquetas y los factores de coagulación se desplazan por el aparato circulatorio para responder a las lesiones de carácter agudo. Y hace posible una respuesta a la infección: los glóbulos blancos transitan por el mismo sistema de vasos para poner una barrera defensiva tras otra a los microorganismos patógenos.

Descifrar la biología de cada uno de estos sistemas ha posibilitado, a su vez, la creación de nuevas terapias celulares: transfusión de sangre, activación inmunitaria, modulación plaquetaria, entre otras. Y, así, de las células aisladas pasamos a los sistemas de múltiples células: a la cooperación, la defensa, la tolerancia y el autorreconocimiento, los aspectos que mejor ilustran las ventajas e inconvenientes de la pluricelularidad.

La célula inquieta

Círculos de sangre

> La célula [...] es un nexo: un punto de unión entre disciplinas, métodos, técnicas, conceptos, estructuras y procesos.
>
> Su importancia para la vida, y para las ciencias de la vida y de otro tipo, se debe a esta excepcional condición de nexo y a su potencial aparentemente inagotable para encontrarse en tales relaciones de interconexión.[1]
>
> MAUREEN A. O'MALLEY,
> filósofa de la microbiología,
> y STAFFAN MÜLLER-WILLE,
> historiador de la ciencia, 2010

> Yo tengo mucho de indeciso e inquieto.[2]
>
> RUDOLF VIRCHOW, en una carta a su padre, 1842

Veamos en qué punto de nuestro relato nos encontramos. Hemos empezado con el descubrimiento de las células: su estructura, su fisiología, su metabolismo, su respiración y su anatomía interna. Nos hemos adentrado, si bien brevemente, en el mundo de los microbios unicelulares y el efecto transformador de ese descubrimiento en la medicina: la antisepsia y el posterior descubrimiento de los antibióticos. A continuación, se ha tratado la división celular: la producción de células nuevas a partir de otras que ya existen (mitosis) y la génesis de células para la reproducción sexual (meiosis). Hemos sido testigos de la identificación de las cuatro fases de la división celular (G1, S, G2, M), de la caracterización de sus reguladores fundamentales —ciclinas y proteínas cdk— y de la coordinada danza de sus funciones complementarias. Se ha visto también cómo nuestro conocimiento de la división celular está transformando la oncología y la FIV y cómo las técnicas reproductivas, combinadas con la biología celular, nos han obligado a adentrarnos en el terreno desconocido para la ética de la manipulación de embriones humanos.

Pero hasta ahora nos hemos ocupado de las células aisladas: el microbio unicelular, que invade el organismo y provoca infecciones. El cigoto en división, flotando solo en la placa de Petri como un planeta solitario. El óvulo y el semen, en frascos distintos, transportados en taxi entre hospitales por todo Manhattan. La célula ganglionar de la retina, preservada de la degeneración mediante terapia génica.

Sin embargo, el propósito de una célula en un organismo pluricelular no es estar sola ni vivir sola, sino atender las necesidades de ese organismo. Tiene que funcionar como parte de un ecosistema; debe ser un componente esencial del conjunto. «La célula es [...] un nexo», escribieron Maureen O'Malley y Staffan Müller-Wille en 2010. Toda célula vive, y funciona, con un «potencial aparentemente inagotable para encontrarse en tales relaciones de interconexión».

Son estas *relaciones de interconexión* —entre células y células, entre células y órganos, y entre células y organismos— las que trataremos a continuación.

Paso casi todos mis lunes con la sangre. Soy hematólogo de formación. Estudio la sangre y trato sus enfermedades, incluidos los cánceres y precánceres de los glóbulos blancos. Los lunes llego mucho antes que mis pacientes, cuando la luz matutina aún incide oblicuamente en la pizarra negra de las mesas de laboratorio. Cierro los postigos y miro frotis de sangre por el microscopio. Una gota de sangre está extendida sobre un portaobjetos de vidrio para formar una película de células que no se superponen entre sí, cada una teñida con colorantes especiales. Las preparaciones microscópicas son como reseñas de libros o tráileres de películas. Las células empezarán a contarme la historia de los pacientes incluso antes de que los vea en persona.

Me siento ante el microscopio en la sala a oscuras, con un cuaderno junto a mí, y murmuro entre dientes mientras examino los frotis. Es una vieja costumbre; una persona que pasara por mi lado bien podría tomarme por loco. Siempre que examino una preparación, murmuro el método que me enseñó mi profesor de hematología cuando estudiaba medicina, un hombre alto con un bolígrafo en el bolsillo que siempre perdía tinta: «Separa los principales componentes celulares de la sangre. Glóbulos rojos. Glóbulos blancos. Plaquetas. Examina cada tipo de célula por separado. Anota lo que observas de cada tipo. Avanza metódicamente. Número, color, morfología, forma, tamaño».

Es, con diferencia, el mejor momento de mi jornada laboral. «Número, color, morfología, forma, tamaño». Avanzo metódicamente. Me encanta observar las células, de la misma manera que a un jardinero le gusta mirar las plantas; no solo el conjunto, sino también las partes dentro de las partes: las hojas, las frondas, el característico olor a tierra alrededor de un helecho, los hoyos que un pájaro carpintero ha abierto en las ramas altas de un árbol. La sangre me habla, pero solo si presto atención.

Greta B. era una mujer de mediana edad a la que habían diagnosticado anemia. Sus médicos pensaban que podía deberse a la menstruación y le habían prescrito suplementos de hierro. Pero la anemia no remitía. El mero hecho de dar unos pocos pasos la dejaba sin aliento. Cuando pasó las vacaciones en la cordillera de Sierra Nevada en California, a dos mil metros sobre el nivel del mar, apenas podía respirar. Los médicos le aumentaron la dosis de hierro, pero sin resultados.

La enfermedad de Greta resultó ser más misteriosa de lo que sus médicos pensaban en un principio. Si se miraban sus hemogramas, la suya no era una simple anemia. Sí, su cifra de glóbulos rojos era más baja de lo normal, como cabía esperar. Pero también lo era su cifra de glóbulos blancos, ligeramente inferior a los límites normales para su edad. Y las plaquetas estaban por debajo de los valores normales, aunque solo una pizca.

Al microscopio, el frotis de sangre de Greta reveló un panorama más complejo. Examiné el frotis como un animal salvaje que explora un nuevo paisaje —deteniéndome, olisqueando, enviando señales a mi cerebro en alerta—. Los glóbulos rojos parecían casi normales. Casi. Subrayé la palabra. Al fijarme mejor, detecté algunos con un aspecto extraño que tenían un claro punto azul en el centro: los restos de un núcleo del que carecen la mayoría de los glóbulos rojos maduros, ya que normalmente lo expulsan a la médula ósea. «Esos restos nucleares no deberían estar ahí», murmuré en voz alta, y lo anoté en mi cuaderno.

Los glóbulos blancos tenían un aspecto de lo más extraño. Los glóbulos blancos normales son de dos tipos principales: linfocitos y neutrófilos. (Distinguiremos entre ambos más adelante). En el caso de Greta, los neutrófilos eran los más extraños de todos. Los núcleos de los neutrófilos normales tienen de tres a cinco lóbulos, como un archipiélago de tres a cinco islas conectadas por estrechos istmos. Pero algunos de los neutrófilos de Greta solo tenían dos lóbulos nucleares, con una forma redonda perfecta y conectados entre sí por un fino hilo azul. Parecían unas gafas del siglo XVIII. «Células con forma de quevedos», escribí. Las gafas de Gandhi. Y al menos un par de neutrófilos tenían el núcleo grande y dilatado con cromatina que parecía desestructurada. Glóbulos sanguíneos inmaduros, o blastocitos. Los primeros signos de glóbulos blancos malignos.

Leí mis notas. Tanto los glóbulos rojos como los blancos —dos de los principales componentes celulares de la sangre— eran anormales. Una biopsia de médula ósea confirmó que Greta padecía síndrome mielodisplásico (SMD), un síndrome clínico en el que la médula ósea no genera sangre normal. En torno a uno de cada tres pacientes con un diagnóstico de SMD desarrolla leucemia: cáncer de los glóbulos blancos.

Greta dejó las pastillas de hierro y empezó a tratarse con un medicamento experimental. Sus hemogramas se normalizaron durante unos seis meses, pero luego volvió a tener anemia y el porcentaje de blastocitos en su médula ósea empezó de nuevo a aumentar. En circunstancias normales, los blastocitos constituyen, como máximo, el 5% de la médula ósea; su cifra de blastocitos era varias veces superior, lo que indicaba que el SMD estaba en proceso de transformarse en una leucemia franca. Cuando eso ocurriera, sus opciones de tratamiento se limitarían a recibir quimioterapia para destruir la leucemia o a la posibilidad de probar otro medicamento experimental para mantener la enfermedad a raya.

En la Facultad de Medicina, mis profesores me enseñaron a hablar el idioma de la sangre; ahora, por fin, el tejido habla conmigo. De hecho, la sangre lo hace con todos y todo: es el mecanismo fundamental de comunicación a larga distancia, de transmisión, en los seres humanos. Se trate de hormonas, nutrientes, oxígeno o productos de desecho, la sangre abastece y conecta —habla— a todos los órganos. Incluso habla consigo misma: sus tres componentes celulares, los glóbulos rojos, los glóbulos blancos y las plaquetas participan en un complejo sistema de señalización y diálogo. Las plaquetas se agrupan para formar un coágulo. Una sola plaqueta aislada no puede generarlo, pero millones de ellas, junto con proteínas presentes en la sangre, colaboran para detener una hemorragia. Los glóbulos blancos tienen el sistema más complejo de todos: se envían señales unos a otros para coordinar una respuesta inmunitaria, la reparación de heridas, luchando contra los microbios y patrullando el cuerpo en busca de invasores, como un *sistema* de células. La sangre es una red. Como en el caso de M. K., el joven paciente de neumonía con inmunodeficiencia, el derrumbe de una pieza de la red puede acarrear el derrumbe de la red entera.

La idea de la sangre como órgano de comunicación, o transmisión, entre los órganos es muy antigua. En torno a 150 d.C., Galeno de Pérgamo —el cirujano griego de los gladiadores romanos y, más tarde, el médico del emperador Lucio Aurelio Cómodo— había postulado que, para que un cuerpo estuviera sano, debía existir un «equilibrio» entre los cuatro humores que lo componían: sangre, flema, bilis amarilla y bilis negra.[3] Esta teoría humoral de la enfermedad es anterior a Galeno: Aristóteles había escrito sobre ella y los médicos védicos se referían a menudo a la interacción de los fluidos internos. Pero Galeno era uno de sus más vehementes defensores. Sostenía que la enfermedad aparecía cuando uno de los humores del cuerpo se descompensaba. La neumonía era un exceso de flema. La ictericia (mejor dicho, la hepatitis) estaba causada por la bilis amarilla. El cáncer se debía a una acumulación de bilis negra, un fluido que también se asociaba con la melancolía o la depresión («melancolía» significa literalmente «bilis negra»), una teoría brillante tan atractiva en el plano metafórico como defectuosa en el mecánico.

De los cuatro fluidos, la sangre era el más conocido. Brotaba de las heridas de los gladiadores; se obtenía fácilmente de animales sacrificados para manipularla experimentalmente; de hecho, formaba parte del vocabulario cotidiano de la humanidad. Galeno observó que al principio era tibia, rápida y roja, y que después, como las víctimas que la perdían, se tornaba azul, lenta y fría. Asoció su función normal con el calor, la energía y la nutrición. Su rojez, o rubor, era un indicador de su tibieza y vitalidad. La sangre existía para distribuir nutrientes y calor a los órganos, postulaba Galeno. El corazón, imaginaba, era el horno del cuerpo —una máquina de fundición generadora de calor que los pulmones enfriaban como haría un fuelle—. Se trataba de una reformulación de la idea de Aristóteles de que la sangre era el «aceite de cocina» interno del cuerpo. La sangre recogía los alimentos calentados por el corazón y, como un vehículo que reparte comida a domicilio, mantenía los nutrientes calientes hasta que llegaban al cerebro, los riñones y otros órganos.

En 1628, el fisiólogo inglés William Harvey refutó esta teoría en su libro *De motu cordis; estudio anatómico del movimiento del corazón y de la sangre en los animales*.[4] Los primeros anatomistas habían postulado que la sangre circulaba en un solo sentido, del corazón a los intestinos, por ejemplo, donde llegaba a un callejón sin salida. Harvey postuló que la sangre fluía en círculos continuos: entraba en el corazón, salía y regresaba a él después de finalizar su ruta de reparto. No había conductos distintos para calentarla y enfriarla. «Empecé a pensar que podía tener un cierto movimiento, por así decirlo, en círculo[5] —escribió—. [La sangre] circula por los pulmones y el corazón, y es bombeada a todo el cuerpo. Ahí pasa por los poros de la carne a las venas, por las que retorna de la periferia al centro, de las venas más pequeñas a las más grandes, y por último llega [de nuevo al corazón]».[6] El corazón no era un horno o una fábrica, o ni tan siquiera un ventilador para enfriar un horno o fábrica. Era una bomba —o más bien dos, unidas entre sí— que impulsaba la sangre por esos dos circuitos. (Retomaremos el trabajo de Harvey sobre el corazón en unos capítulos).

Pero ¿cuál era el propósito del movimiento circular de la sangre? ¿Qué sustancia transportaba —en esos círculos incesantes— por todo el cuerpo?

Células, por supuesto, entre otras cosas. Glóbulos rojos. Leeuwenhoek los había visto flotando en la sangre. El 14 de agosto de 1675, escribió: «Los glóbulos sanguíneos [glóbulos rojos] de un cuerpo sano deben de ser muy flexibles y maleables si han de circular por las estrechas venas y arterias capilares, y [...], al pasar, adquieren una forma ovalada y recuperan su redondez cuando entran en un espacio más grande».[7] Era una idea visionaria: que los glóbulos sanguíneos, al pasar por los finos capilares, deformaban su estructura y después recobraban su redonda forma de disco. Marcello Malpighi, el anatomista italiano del siglo XVII, también había visto aquellos glóbulos rojos.[8] Al igual que el médico y científico holandés Jan Swammerdam, que en 1658 extrajo del estómago de un piojo una gota de sangre humana recién ingerida. En la década de 1770, un anatomista y fisiólogo británico llamado William Hewson estudió la forma de los glóbulos rojos en mayor profundidad.[9] Llegó a la conclusión de que no eran glóbulos redondos, sino que tenían forma de disco, con una hendidura en el centro, como un cojín redondo al que acaban de asestar un puñetazo.

Aquellas células eran tan abundantes que debían de tener una función, supuso Hewson. Pero el misterio de lo que transportaban los glóbulos rojos —por qué los discos circulaban de manera tan incesante y por qué se abrían paso tan resueltamente por los diminutos capilares, distorsionando su misma forma— seguía sin resolverse. En 1840, el fisiólogo alemán Friedrich Hünefeld descubrió una proteína en los glóbulos rojos de las lombrices.[10] Hünefeld se sorprendió de su abundancia —más del 90% del peso seco de un glóbulo rojo corresponde a una sola proteína—, pero no entendía su función. El nombre que recibió la proteína (hemoglobina) fue una anodina alusión a su ubicación en la célula. Un globo en la sangre.

Sin embargo, a finales de la década de 1880, los fisiólogos empezaron a comprender la importancia del «globo». Observaron que la hemoglobina transportaba hierro y que este, a su vez, ligaba el oxígeno, la molécula encargada de la respiración celular. Las observaciones de Harvey, Swammerdam, Hünefeld y Leeuwenhoek empezaron a concretarse en una teoría. El principal cometido de los glóbulos rojos era transportar oxígeno, ligado a la hemoglobina, a los tejidos de todos los órganos del cuerpo. Los glóbulos rojos recogen oxígeno en los pulmones y después se dirigen al corazón, que los distribuye al resto del cuerpo a través de las arterias.*

Además de células, el plasma, el componente líquido de la sangre, transporta otras sustancias cruciales para la fisiología humana: dióxido de carbono, hormonas, metabolitos, productos de desecho, nutrientes, factores de coagulación y señales químicas.

Una característica asombrosa de la circulación sanguínea es que, como ocurre con cualquier sistema circular, se repite constante y cíclicamente. Los glóbulos rojos transportan oxígeno a todas las partes del cuerpo —incluidos los músculos del corazón, el órgano encargado de distribuir la sangre por todo el cuerpo—. El corazón toma oxígeno de los glóbulos rojos para bombear la sangre, volviendo así a distribuirlos por el cuerpo a fin de que le lleven más oxígeno para bombear la sangre y así sucesivamente, en círculos que nunca cesan. En otras palabras, la circulación depende del corazón,

* Pero ¿por qué se necesita una célula para transportar el oxígeno? ¿Por qué no puede la hemoglobina flotar en el plasma como una proteína libre y circular por el cuerpo? Es un enigma que aún no se ha resuelto y que guarda relación con la estructura de la hemoglobina: un tema fascinante que retomaremos en las últimas páginas de este libro.

cuya función clave depende de..., bueno, la circulación. La transmisión de todas las sustancias del cuerpo y, por añadidura, el funcionamiento de todos los órganos dependen de la más inquieta de nuestras células.

Pero la sangre también es capaz de otra clase de transmisión: puede transferirse de un ser humano a otro. La transfusión de sangre, la primera forma moderna de terapia celular, sentaría las bases para la cirugía, el tratamiento de la anemia, la quimioterapia del cáncer, la traumatología, el trasplante de médula ósea, la seguridad del parto y el futuro de la inmunología.

La transfusión de sangre no empezó con demasiado buen pie: los primeros experimentos para transfundir sangre a los seres humanos oscilaron entre lo macabro y lo descabellado. En 1667, Jean-Baptiste Denys, el médico personal del rey Luis XIV de Francia, sangró repetidas veces a un niño con sanguijuelas y después intentó transfundirle sangre de oveja. De manera milagrosa, el niño sobrevivió, probablemente porque la cantidad de sangre transfundida fue mínima y no hubo respuesta alérgica. Aquel mismo año, Denys intentó transfundir sangre animal a Antoine Mauroy, un hombre con un trastorno psiquiátrico.[11] Eligió la sangre de un ternero, un animal conocido por su temperamento sobrio, porque creía que podría apaciguar la furibunda locura de Mauroy —reforzando una vez más la noción de Galeno de que la sangre era uno de los portadores de la psique—. Por desgracia, después de tres transfusiones, Mauroy no solo se encontraba extremadamente tranquilo, sino que estaba muerto, con el cuerpo y la cara hinchados a causa de una respuesta alérgica. Su mujer intentó llevar a Denys a los tribunales por asesinato y el médico se libró de ir a la cárcel por muy poco. Dejó de ejercer la medicina. El episodio levantó un cierto revuelo en Francia y se prohibió experimentar con transfusiones de sangre de animales a humanos.

Hubo más investigaciones sobre la transfusión de sangre a lo largo de los siglos XVII y XVIII. Los científicos observaron que las transfusiones entre animales gemelos idénticos se aceptaban, mientras que las realizadas entre hermanos, incluidos los gemelos fraternos (no idénticos), se rechazaban, lo que sugería que se requería alguna clase de compatibilidad genética para que la transfusión tuviera éxito. Pero la naturaleza de esa compatibilidad continuaba siendo un misterio.

En 1900, un científico austriaco llamado Karl Landsteiner empezó a abordar el desafío de la transfusión de sangre en humanos de manera más sistemática. A diferencia de las locuras que lo habían precedido —sangre de oveja y de ternero transfundida a la fuerza a niños sangrados con sanguijuelas o a hombres con un desequilibrio mental—, Landsteiner se propuso ser metódico. La sangre era un órgano líquido. Se movía libremente por el cuerpo. ¿Por qué no podía moverse, con la misma libertad, de un cuerpo humano a otro?

Landsteiner mezcló sangre de un individuo (llamémoslo A) y suero de otro (B), y observó cómo reaccionaban en tubos de ensayo y en preparaciones microscópicas.[12] (El suero es distinto del plasma; es el líquido que queda después de que la sangre se haya coagulado. Contiene proteínas, incluyendo anticuerpos, pero no células. Obviamente, el suero de A mezclado con la sangre de A no produciría ninguna reacción —un signo de compatibilidad—). «El resultado fue exactamente el mismo que si los glóbulos sanguíneos se hubieran mezclado con su propio suero», señaló Landsteiner.[13] La mezcla se volvía homogénea y permanecía en estado líquido. Pero, en otras ocasiones, la combinación formaba minúsculos grumos semisólidos (mi profesor de hematología los describía como «las pepitas del zumo de fresa»). La incompatibilidad no podía radicar en que las células de A rechazaran las de B; recordemos que el suero no tiene células. Más bien, tenía que ser una proteína —que más adelante se descubrió que era un anticuerpo—, presente o ausente en la sangre de A, la que atacaba a las células de B, un signo de incompatibilidad inmunitaria.*

Mezclando sangre de varios donantes y determinando su compatibilidad, Landsteiner observó que podía clasificar la sangre hu-

* Más adelante se descubrió que el anticuerpo reaccionaba a un conjunto de azúcares presentes en la superficie de los glóbulos rojos.

mana en cuatro grupos: A, B, AB y O.* Los grupos indicaban la compatibilidad para las transfusiones. Los humanos del grupo sanguíneo A solo podían aceptar sangre de otros del mismo grupo sanguíneo (y del grupo O). Los del grupo B solo podían aceptar sangre de otros de ese grupo (y del grupo O). El grupo O era el más extraño: la sangre O no reaccionaba ni con la A ni con la B. Los humanos de ese grupo podían donar sangre a una persona de cualquiera de los dos tipos, pero no lograban aceptar sangre de nadie que no fuera del grupo O. Después de establecer estos tres grupos sanguíneos, Landsteiner completó la clasificación un año después con el grupo AB. En este caso, las personas de ese grupo podían recibir sangre de todos los donantes, aunque solo conseguían donarla a otros humanos del grupo AB. En el lenguaje corriente, los cuatro grupos pasaron a conocerse como A, B, O (donantes universales) y AB (receptores universales). En una única tabla (reproducida en la recopilación de sus trabajos, que se publicaron en 1936), Landsteiner definió los cuatro grupos sanguíneos básicos y sentó las bases de la transfusión de sangre. Fue un avance de tanta importancia médica y biológica que esa sola tabla bastaría para que le concedieran el Premio Nobel de Fisiología y Medicina en 1930.

Con el tiempo, el sistema de grupos sanguíneos se perfeccionaría. Para determinar la compatibilidad dentro de cada grupo se añadieron otros factores, como el Rh positivo (que denota la presencia de una proteína hereditaria denominada factor Rhesus en la superficie de los glóbulos rojos) y el Rh negativo (que indica la ausencia de factor Rh): A+, B-, AB-, etc.

El descubrimiento de la compatibilidad sanguínea transformó el campo de la transfusión de sangre. En 1907, en el Hospital Mount Sinai de Nueva York, el doctor Reuben Ottenberg empezó a utilizar la reacción de compatibilidad de Landsteiner para llevar a cabo

* Al principio, Landsteiner solo encontró tres grupos sanguíneos que llamó A, B y C. Pero en sus trabajos, publicados en 1936, ya había identificado cuatro grupos sanguíneos independientes, ahora denominados A, B, AB y O.

las primeras transfusiones de sangre seguras entre humanos. Determinando la compatibilidad sanguínea de donantes y receptores de sangre antes de la transfusión, Ottenberg demostró que era posible transfundir sangre de manera segura entre humanos mutuamente compatibles. La transfusión se convirtió poco a poco en una ciencia sistemática y segura. En 1913, después de más de media década de experiencia en este campo, Ottenberg escribió:

> Los accidentes posteriores a la transfusión de sangre han sido tan frecuentes que muchos médicos vacilan en recomendarla, salvo en casos desesperados [pero] desde que empezamos a hacer observaciones sobre esta cuestión en 1908, tales accidentes podrían prevenirse con minuciosas pruebas previas [...]. Nuestras observaciones sobre más de 125 casos han confirmado este punto de vista y estamos totalmente convencidos de que los síntomas adversos pueden prevenirse.[14]

Pero, aun así, las primeras transfusiones de sangre continuaban siendo extremadamente lentas y aparatosas. La coordinación resultaba clave; era como una frenética carrera de relevos con una jeringuilla llena de sangre en vez de un testigo. Un técnico extraía repetidamente sangre mediante una aguja insertada en el brazo del donante, otro llevaba el líquido rojo tan rápido como podía a un tercero y este lo inyectaba en el brazo del receptor. O un cirujano podía establecer una conexión física entre la arteria del donante y la vena del receptor —creando, literalmente, un vínculo de sangre— para que el líquido pudiera pasar directamente del aparato circulatorio del donante al del receptor sin entrar en contacto con el aire. Pero, sin estas intervenciones, la sangre en estado líquido tenía una vida brevísima fuera del cuerpo. Si se la dejaba a sus anchas, aunque solo fueran unos minutos, se coagulaba y pasaba de ser un líquido que salvaba vidas a transformarse en un espeso gel inservible.

Hicieron falta unos cuantos avances tecnológicos más para que las transfusiones de sangre pudieran utilizarse sobre el terreno. La adición de una simple sal presente en el zumo de lima, el citrato de sodio, impedía que la sangre se coagulara, lo que permitía almacenarla durante más tiempo. En 1914, el año en el que estalló la Gran Guerra, un médico argentino, Luis Agote, transfundió sangre citratada de una persona a otra —un ejemplo glorioso de cómo la tecnología se anticipó a su necesidad—. «Este gran avance en la técnica de la transfusión sanguínea coincidió hasta tal punto con el comienzo de la guerra —escribió el cirujano británico Geoffrey Keynes en 1922— que casi pareció que la *previsión* de su necesidad para el tratamiento de las heridas de guerra hubiera impulsado la investigación».[15] Otro avance, la refrigeración, alargó la vida útil de la sangre almacenada. Otras innovaciones fueron usar bolsas recubiertas de parafina para almacenar la sangre y añadir un azúcar simple, la dextrosa, para evitar que se estropeara. El número de transfusiones se disparó en hospitales de todo el mundo. En 1923, hubo 123 transfusiones en el Hospital Mount Sinai. En 1953, ya eran más de 3.000 al año.[16]

La verdadera prueba para la transfusión de sangre —su prueba sobre el terreno, por así decirlo— fue en los campos de batalla bañados de sangre de las dos guerras mundiales. Los bombardeos arrancaban extremidades; las heridas internas sangraban profusamente; las arterias seccionadas por balas podían vaciarse de sangre en unos minutos. En 1917, cuando Estados Unidos se unió a los Aliados en la lucha contra Alemania y las otras Potencias Centrales, dos especialistas médicos militares, el comandante Bruce Robertson y el capitán Oswald Robertson, fueron los primeros en practicar transfusiones de sangre para combatir la hemorragia aguda y el choque hemorrágico. También el plasma se utilizó ampliamente para reanimar a los soldados heridos de gravedad. Aunque era una solución a corto plazo para las hemorragias, resultaba más fácil de almacenar y no había que clasificarlo ni determinar su compatibilidad.

Los dos Robertson no tenían ninguna relación de parentesco. Oswald, que servía en el frente francés del Cuerpo Médico de Estados Unidos, empezó a ver la sangre como un órgano móvil —inquieto, no solo dentro de los humanos o entre humanos, sino entre fronteras nacionales y campos de batalla—. Extraía sangre del grupo O a soldados convalecientes en un lugar determinado, metía botellas de vidrio estériles de dos litros que contenían sangre citratada y suplementada con dextrosa en cajas de munición llenas de serrín y hielo y las enviaba al campo de batalla para su uso. De hecho, el capitán Oswald había creado uno de los primeros bancos de sangre. (En 1932 se estableció un banco más oficial en Leningrado).

Le llovieron las muestras de gratitud. «El 13 de junio, me amputó la pierna por encima de la rodilla —escribió un soldado al comandante Bruce Robertson en 1917— y, hasta que recibí sangre de otra persona, usted calculaba que mis posibilidades de irme al otro barrio eran de 3 a 1. [...] ¿Tendría un momento para darme el nombre y las señas del hombre que me donó sangre? Me gustaría mucho escribirle».[17]

Cuando estalló la Segunda Guerra Mundial, apenas dos décadas después, la recogida, la clasificación y la transfusión de sangre se habían convertido en prácticas habituales sobre el terreno. En comparación con la Primera Guerra Mundial, la tasa de mortalidad de los soldados heridos que llegaban a un hospital de campaña se redujo casi a la mitad —debido en parte a las transfusiones de sangre—. A principios de la década de 1940, Estados Unidos, con la ayuda de la Cruz Roja estadounidense, puso en marcha un programa de donación y recogida de sangre a escala nacional. Al final de la guerra, la Cruz Roja había recogido trece millones de unidades de sangre y, en unos pocos años, el país tenía 1.500 bancos de sangre ubicados en hospitales.[18] Existían 46 centros de donación comunitarios y 31 centros regionales para donar sangre.

Como escribió un autor en 1965 en un número de la revista *Annals of Internal Medicine*: «La guerra nunca ha sido pródiga en regalos a la humanidad; puede hacerse una excepción con el impulso y popularización del uso de sangre y plasma [...] atribuible a la guerra civil española, la Segunda Guerra Mundial y el conflicto de Corea».[19] Quizá más que ninguna otra intervención, la transfusión de sangre y su almacenamiento en bancos —la terapia celular— se erigen como el legado médico más importante de la guerra.

Es casi imposible imaginar el desarrollo de la cirugía moderna, el parto seguro o la quimioterapia oncológica sin la invención de la transfusión de sangre. A finales de la década de 1990, reanimé a un paciente con insuficiencia hepática que sufrió una de las hemorragias más graves que he presenciado. Era un hombre de sesenta y tantos años del sur de Boston con una cirrosis hepática cuya causa no habían conseguido determinar los hepatólogos especialistas. Había sido dueño de un restaurante y bebía alcohol, pero insistía en que lo consumía en una cantidad muy inferior a la que podría dañarle el hígado. No tenía ninguna infección vírica crónica. Alguna predisposición genética debía de haberse combinado con el consumo de alcohol y haberle causado la inflamación celular crónica que le había dejado el hígado cirrótico y atrofiado. Sus ojos estaban amarillentos debido a la ictericia y sus concentraciones de albúmina, una proteína sintetizada en la sangre, eran peligrosamente bajas. Su sangre no se coagulaba con normalidad —una vez más, un signo de hígado enfermo, ya que el órgano produce algunos de los factores necesarios para que la sangre se coagule—. En aquel momento estaba en el hospital, a la espera de un trasplante de hígado. Pero, en general, se encontraba bien y solo estaban controlándole las constantes vitales.

Al principio, la noche transcurrió sin incidentes. Pero entonces el paciente tuvo náuseas y una bajada de tensión arterial. Un pequeño monitor pitó. El tensiómetro fue variando las lecturas: algo iba mal. Poco después, parecía que le hubieran abierto una espita en las entrañas, con sangre brotando por todas partes. La insuficiencia hepática a menudo provoca que los vasos sanguíneos del estómago y del esófago se dilaten y se vuelvan frágiles; si revientan, la hemorragia puede ser imparable. Si a eso le añadimos la coagulación deficiente asociada a la cirrosis, el desenlace puede ser fatal. Las enfermeras y médicos de la UCI intentaron detener la hemorragia y después llamaron al equipo de reanimación. Esa noche yo era el médico jefe de guardia.

Cuando entré en la habitación, la actividad ya era frenética. Las vías insertadas en las venas del paciente eran demasiado finas. «Necesito una vía», ordené, sorprendido del volumen y firmeza de mi voz. Le colocamos otras dos vías, pero apenas cabía esperar que el lento goteo de las bolsas de suero compensara la rapidez con la que perdía sangre.

Para entonces, el hombre había empezado a revolverse en la cama y parecía a punto de perder el conocimiento. Habló sin ton ni son —palabrotas, personajes de telecomedias, recuerdos de infancia— y después, de manera inquietante, dejó por completo de hablar. Lo toqué. Tenía los pies helados: los vasos sanguíneos de su piel se habían constreñido para retener la sangre en los órganos vitales. El suelo, entretanto, había quedado cubierto de toallas blancas teñidas de rojo; había coágulos de sangre secándose en mis zuecos. Mi bata estaba llena de sangre reseca y había adquirido una tonalidad violácea. Una enfermera cambió las toallas empapadas de sangre por otras nuevas, pero a los pocos minutos volvían a estar teñidas de rojo.

Un residente de cirugía consiguió insertarle un catéter de gran calibre en la yugular mientras yo buscaba frenéticamente un lugar para insertarle una vía en la ingle.

«Pulso, pulso, pulso», dije entre dientes. Entretanto, la tensión arterial siguió bajándole y el pulso se le debilitó. El equipo de reanimación continuó trabajando con una coordinación que me recordó los primeros tiempos de la transfusión de sangre: también aquello era una carrera de relevos en la que la sangre hacía las veces de testigo.

Pareció que transcurrieran horas antes de que subieran las bolsas de sangre, pero, en realidad, el proceso duró menos de diez minutos. Colgamos dos bolsas. «Aprieta suave», dije, y la enfermera consiguió que la bolsa se vaciara en unos minutos. «Aprieta fuerte», añadí, cambiando de opinión, como si pudiera acelerar el tiempo. Hicieron falta once, quizá doce, bolsas de sangre para estabilizar al paciente. Perdí la cuenta. También le transfundimos un par de bolsas de factores de coagulación y plaquetas para que la sangre se coagulara antes. Dos horas después, habíamos conseguido restablecer el pulso y la hemorragia había disminuido. A última hora de la tarde, se había detenido. La piel se le entibió y empezó a responder a las órdenes. «Mueva la mano izquierda». Lo hizo. «Mueva los dedos de los pies». También lo hizo. Sentí una alegría indescriptible. Cuando se despertó al día siguiente, consiguió sostener un vaso de hielo en la mano.

Mi imagen imborrable de esa noche es ir por el pasillo vacío de la sexta planta y entrar en el baño para desinfectar mis zuecos empapados de sangre con un atomizador y lavar la sangre reseca. El cuero estaba tan impregnado de ella que me entraron náuseas. Fue un momento macbethiano: no logré quitar las manchas. Tiré los zuecos a la basura y a la mañana siguiente me compré otros en la tienda del hospital.

Desde aquella noche, nunca utilizo la expresión «baño de sangre» a la ligera. Resulta que soy una de las pocas personas que, de hecho, han acabado bañadas de sangre.

La célula restauradora

Plaquetas, coágulos y una «epidemia moderna»

> El magno César, muerto y en barro convertido,
> un agujero al viento taparle habrá podido.
> ¡Oh, que un barro que al orbe tuvo en temor eterno
> resguardara los muros del cierzo del invierno![1]
>
> WILLIAM SHAKESPEARE, *Hamlet*, acto V, escena 1

Sería demasiado simplista decir que los cirujanos, o las enfermeras, o yo mismo, detuvimos la hemorragia del paciente aquella noche en Boston. Nuestro papel fue secundario. Hubo una célula —o, más bien, un fragmento de célula— que resultó fundamental para controlar la hemorragia.

En 1881, el patólogo y microscopista italiano Giulio Bizzozero descubrió que la sangre humana transportaba minúsculos fragmentos de células —diminutos pedacitos discoides, apenas visibles, pero siempre presentes—.[2] Los hematólogos llevaban décadas preguntándose por aquellos fragmentos que flotaban en la sangre; en 1865, un anatomista y microscopista alemán llamado Max Schultze los había descrito como «fragmentos granulados».[3] Schultze pensó que eran trozos de glóbulos sanguíneos, los detectó en coágulos y escribió que, para «quienes se ocupan de estudiar a fondo la sangre de los humanos, recomiendo encarecidamente el estudio de estos gránulos de la sangre humana».[4]

Bizzozero los reconoció como un componente independiente de la sangre. «Son varios los autores que, desde hace tiempo, intuyen la existencia de una partícula sanguínea constante, distinta de los glóbulos rojos y blancos —escribió—. Es sorprendente que ninguno de los investigadores anteriores haya recurrido a la observación de la sangre circulante en animales vivos». Puso nombre a los fragmentos: *piastrine*, en italiano, por su aspecto plano, redondo, con forma de plato. En inglés, se los llamó *platelets*, que significa «platitos».[5*]

Bizzozero era más que un microscopista; era un fisiólogo en toda regla. Después de observar aquellos fragmentos de células en la sangre, empezó a preguntarse por su función. ¿Eran meros restos: pecios en un rojo mar de sangre? Cuando pinchó la arteria de un conejo con una aguja, observó que las plaquetas se acumulaban en el foco de la lesión: «Las plaquetas de la sangre, arrastradas por el torrente circulatorio, se ven retenidas en la zona dañada en cuanto la alcanzan —escribió—. Al principio, solo se ven entre 2, 4 o 6 [plaquetas]; muy pronto el número asciende a centenares. Por lo general, también se ven retenidos entre ellas algunos glóbulos blancos. Poco a poco, el volumen aumenta y pronto el *trombo* [coágulo de sangre] llena la luz de los vasos sanguíneos e impide cada vez el paso de la sangre».[6]

Las plaquetas tienen una biología poco común desde su mismo origen. A principios del siglo XX, el hematólogo de Boston James Wright desarrolló un colorante nuevo para visualizar las células de la médula ósea. Entre los distintos tipos de células —los neutrófilos en proceso de maduración, cuyo núcleo ovoide se transforma poco a poco en uno multilobulado; los glóbulos rojos, que se desarrollan en apretados racimos llamados hemoblastos— encontró una célula enorme que parecía haber desafiado las convenciones de la biología celular. En vez de poseer un solo núcleo, era una célula con más de una docena de lóbulos nucleares. Se había formado, posiblemente, a partir de una célula madre que había repli-

* El término español «plaqueta» deriva del francés *plaque*, que se utiliza para referirse a una cosa plana y fina que se coloca sobre otra. *(N. de las T.)*

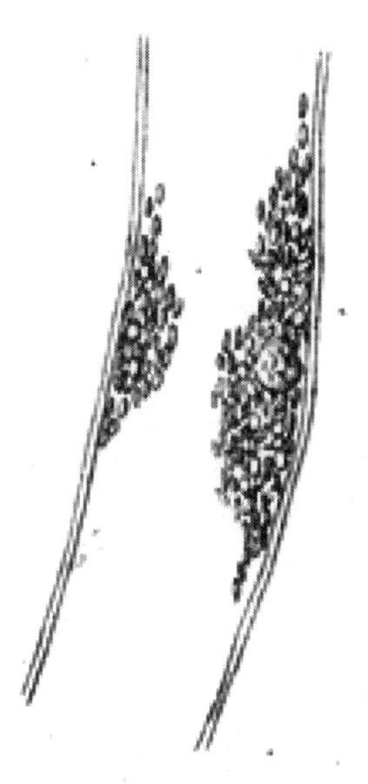

Ilustración de Bizzozero extraída de su artículo sobre la coagulación que muestra el crecimiento de un coágulo alrededor del foco de una lesión vascular. Obsérvese la gran célula del centro, probablemente un neutrófilo, atraído por la inflamación, rodeado de plaquetas.

cado su contenido nuclear, pero que había detenido la división o generación de células hijas, prefiriendo, en cambio, madurar y después romperse en un millar de fragmentos. De hecho, cuando Wright siguió la trayectoria de aquellos megacariocitos (enormes células provistas de múltiples lóbulos nucleares), descubrió que, efectivamente, se rompían, como fuegos artificiales, en miles de pequeños fragmentos: las plaquetas.

Estos primeros estudios anatómicos dieron paso a un periodo de intensa investigación sobre la función y la fisiología de aquellas células. Como había observado Bizzozero, se descubrió que las plaquetas eran el componente fundamental de un coágulo. Activadas por señales procedentes de una lesión —una herida, por ejemplo, o un vaso sanguíneo roto—, acudían al foco de la lesión e iniciaban un ciclo que no cesaba hasta taponar la hemorragia. Eran células restauradoras (o, para ser más exactos, fragmentos de células).

Paralelamente, los investigadores descubrieron que existía en la sangre un segundo sistema que interactúa con las plaquetas para detener las hemorragias. Lo integraban una serie de proteínas de la sangre denominadas factores de coagulación que también detectan las lesiones y responden en una compleja cascada de reacciones enzimáticas para formar una densa malla de fibras que estabiliza el tapón de plaquetas y detiene la hemorragia. Los dos sistemas —las plaquetas y los factores de coagulación— se comunican entre sí y cada uno amplifica el efecto del otro para formar un coágulo estable.

Una serie de trastornos genéticos en los que la función plaquetaria es deficiente —lo que ocasiona anomalías de coagulación— permitieron dilucidar cómo una plaqueta detecta una lesión. En 1924, un hematólogo finlandés, Eric von Willebrand, describió el caso de una niña de cinco años de las islas Åland del mar Báltico cuya sangre no coagulaba bien.[7] Analizando la sangre de otros miembros de la familia, varios de los cuales presentaban trastornos de coagulación similares, Von Willebrand descubrió que todos ellos tenían una anomalía hereditaria que afectaba a la función plaquetaria. En 1971, los investigadores por fin descubrieron al culpable: las personas que padecían aquella enfermedad, a la que llamaron enfermedad de Von Willebrand en honor del hematólogo, carecían de una proteína clave para la coagulación o la tenían en cantidades insuficientes. Como correspondía, llamaron a esta proteína factor de Von Willebrand (vWf).

El factor de Von Willebrand circula en la sangre y también está estratégicamente situado justo debajo de las células que tapizan los vasos sanguíneos. Cuando un vaso se daña a causa de una lesión, el vWf queda expuesto. Las plaquetas tienen receptores que se unen al vWf y, por tanto, la capacidad de detectar cuándo una herida ha dañado el vaso, y empiezan a acumularse en torno al foco de la lesión.

Pero la formación de un coágulo es un proceso mucho más complejo. Las proteínas segregadas por las células lesionadas emiten más señales para atraer a las plaquetas a la zona dañada, amplificando su activación. Y los factores de coagulación que flotan en la sangre utilizan otros sensores para detectar la lesión. Se inicia una cascada de cambios que culmina con la conversión de una proteína llamada fibrinógeno en una proteína formadora de fibrillas denominada fibrina. Las plaquetas, atrapadas en la malla de fibrina, como sardinas en una red, acaban formando un coágulo maduro.

Si los avatares de la vida humana antigua comportaban taponar heridas para mantener la homeostasis, los avatares de la vida moderna han generado el problema contrario: una activación plaquetaria excesiva. El proceso encargado de reparar heridas se ha vuelto patológico; como podría haber dicho Rudolf Virchow, la fisiología celular ha dado un giro y se ha convertido en patología celular. En 1886, William Osler, uno de los fundadores de la medicina moderna, describió unos coágulos ricos en plaquetas que se habían formado en las válvulas del corazón y en la aorta, el gran vaso sanguíneo con forma de cayado que recorre el cuerpo.[8] Casi tres décadas después, en 1912, el doctor James B. Herrick, un cardiólogo de Chicago, describió el misterioso caso de un banquero de cincuenta y cinco años que un día cayó redondo y murió. Cuando le practicó la autopsia, descubrió que la arteria que transportaba la sangre al corazón estaba ocluida por un coágulo. La nueva patología pasó a conocerse como «ataque al corazón», donde la palabra «ataque» indica la rapidez y brusquedad de la crisis.

Y así, por mucho que los seres humanos de la Antigüedad pudieron haber deseado disponer de un medicamento que activara las plaquetas para reparar sus heridas, los humanos modernos buscan medicamentos que atenúen su actividad. Nuestros estilos de vida, hábitos y entornos —concretamente, las dietas ricas en grasas, la falta de ejercicio, la diabetes, la obesidad, la hipertensión arterial y el tabaco— han favorecido la acumulación de placas de ateroma: unos depósitos calcificados y ricos en colesterol que se apilan en las paredes de las arterias como precarios montones de escombros en los arcenes de las carreteras, una bomba a punto de estallar.*[9] Cuando una placa se rompe, se percibe como una herida.

* La comprensión de los mecanismos del metabolismo del colesterol, su relación con las enfermedades cardiacas y la creación de nuevos medicamentos para regular el colesterol es un ejemplo de cómo las observaciones clínicas perspicaces, la biología celular, la genética y la bioquímica pueden compenetrarse para

Y, como de costumbre, la cascada de coagulación se activa y actúa. Las plaquetas se apresuran a taponar la «herida», pero el tapón, en vez de reparar una lesión, obstruye el vaso e impide que la sangre vital llegue al músculo cardiaco. La plaqueta restauradora se convierte así en una plaqueta mortífera.

---

resolver un misterioso problema clínico. La historia empieza con las observaciones clínicas de varias familias que presentaban síntomas atípicos debidos a concentraciones extremadamente elevadas de colesterol en la sangre. En 1964, por ejemplo, un niño de tres años llamado John Despota fue atendido por sus médicos de atención primaria en Chicago. Le habían salido unos bultos de color marrón amarillento llenos de colesterol por toda la piel. Su concentración de colesterol en la sangre era seis veces superior a la normal. A los doce años, presentaba signos de placas de colesterol en las arterias y sufría episodios frecuentes de dolor torácico. Estaba claro que John tenía una predisposición genética a la acumulación anormal de colesterol —¡padecía ataques al corazón a los doce años!—, de manera que sus médicos enviaron una biopsia de su piel a dos investigadores que estudiaban la biología del colesterol. Durante la década siguiente, analizando casos como el de John, los investigadores Michael Brown y Joe Goldstein descubrieron que las células normales tienen en su superficie receptores para un determinado tipo de partícula rica en colesterol que circula por la sangre: la lipoproteína de baja densidad, o LDL (por las siglas en inglés de *low-density lipoprotein*). En circunstancias normales, las células interiorizan el colesterol y lo metabolizan para que haya poco colesterol malo (el transportado por las LDL) circulando por la sangre. En pacientes como John Despota, este proceso de interiorización y metabolismo se interrumpe debido a mutaciones genéticas. Hay mucho colesterol malo circulando por la sangre, lo que, a la larga, origina esos depósitos con aspecto de papilla grumosa en las arterias, incluidas las del corazón, y causa dolor torácico y ataques al corazón. En los años siguientes, Brown y Goldstein descubrieron montones de mutaciones genéticas poco frecuentes que alteraban el metabolismo del colesterol. Pero, en una gran síntesis de este trabajo que se realizó a continuación, los cardiólogos empezaron a darse cuenta de que las concentraciones elevadas de LDL eran las culpables de los depósitos de colesterol no solo en los escasos individuos con mutaciones genéticas, sino también en una amplia franja de la población con riesgo de sufrir ataques al corazón. Eso, a su vez, condujo al desarrollo de la atorvastatina cálcica y otros medicamentos para reducir el colesterol que han sido tremendamente beneficiosos para las cardiopatías. Brown y Goldstein recibieron el Premio Nobel en 1985; sus investigaciones han salvado millones de vidas. En la década de 1980, mientras trabajaban en el laboratorio de Brown y Goldstein, Helen Hobbs y Jonathan Cohen descubrieron otros genes que alteraban la interiorización y el metabolismo del colesterol malo, lo que dio lugar a otra nueva generación de medicamentos que reducen el colesterol y previenen los ataques al corazón.

«La epidemia moderna de cardiopatías —escribe el médico e historiador James Le Fanu— empezó de manera bastante repentina en la década de 1930. A los médicos no les costó reconocer su gravedad porque muchos de sus colegas se encontraron entre sus primeras víctimas; médicos de mediana edad sanos a primera vista que, sin motivo aparente, se desplomaban de golpe y morían. Aquella nueva enfermedad necesitaba un nombre. Parecía que la causa era un coágulo de sangre en las arterias del corazón que estaban estrechadas por la acumulación de una sustancia parecida a una papilla grumosa, el ateroma, compuesto por un material fibroso y un tipo de grasa llamada colesterol».[10]

Si nos dedicamos a leer esquelas en periódicos locales de los años cincuenta y sesenta —una ocupación bastante malsana, lo reconozco—, seremos testigos del nacimiento de esta epidemia moderna. Los obituarios abundaban en nombres de hombres y mujeres que habían tenido «dolor torácico repentino», seguido de desplome y muerte: Elmer Sweet, Mendocino, California, portero, con cincuenta y tres años en 1950; John Adams, hojalatero de Pine City, Minnesota, con setenta y siete años en 1952; Gordon Mitchell, supervisor de una hilandería, con cuarenta años en 1962; Lloyd Ray Luchsinger, con sesenta y un años en 1963, y así sucesivamente, día tras día. Con el aumento de los fallecimientos por ataques al corazón, los farmacólogos se centraron en buscar medicamentos que inhibieran la cascada de coagulación. El más destacado fue la aspirina. Su principio activo, el ácido salicílico, extraído originalmente del sauce, había sido utilizado por los antiguos griegos, los sumerios, los indios y los egipcios para controlar la inflamación, el dolor y la fiebre.

En 1897, un joven químico llamado Felix Hoffman que trabajaba para la farmacéutica alemana Bayer encontró la manera de sintetizar una variante química del ácido salicílico.[11] El medicamento se llamó aspirina, o AAS, abreviatura de ácido acetilsalicílico. (El nombre se creó a partir de la *a* de *acetilación* y *spir* de *Spiraea ulmaria*, la planta de la que habitualmente se extraía el ácido salicílico).

La síntesis de la aspirina por parte de Hoffman fue una maravilla de la química, pero el camino que llevó de la molécula al medicamento resultó tortuoso. Friedrich Dresser, un alto directivo de

Bayer que desconfiaba de la aspirina, estuvo a punto de parar su producción aduciendo que el medicamento tenía un efecto «debilitador» en el corazón. Prefería concentrarse en el desarrollo de una droga —la heroína— como jarabe para la tos y analgésico. Pero Hoffman armó tanto escándalo para que la aspirina siguiera produciéndose que los directivos de Bayer estuvieron a punto de despedirlo. Al final, los comprimidos se fabricaron y se vendieron al público. Paradójicamente, para contentar a Dresser, el medicamento, que al principio se comercializó para aliviar dolores, molestias y la fiebre, tenía que llevar en el envoltorio la indicación «No afecta al corazón».

En las décadas de 1940 y 1950, Lawrence Craven, un médico de familia de una zona residencial de California, empezó a recetar aspirina a sus pacientes para prevenir los ataques al corazón.[12] Craven experimentó consigo mismo, aumentando la dosis de aspirina a doce comprimidos —muy por encima de la dosis recomendada— hasta que la nariz empezó a sangrarle profusamente de manera espontánea. Después de cortar la hemorragia con servilletas, convencido ya de que la aspirina era un potente agente anticoagulante, Craven trató a casi 8.000 pacientes con el medicamento. Observó que sus índices de ataques al corazón disminuían notablemente.

Pero Craven no era un científico; no tenía un grupo de control de pacientes no tratados para compararlos con aquellos a los que había administrado aspirina. Su estudio no se tuvo en cuenta durante décadas hasta que, en los años setenta y ochenta, ensayos aleatorizados a gran escala demostraron que la aspirina era, en efecto, uno de los tratamientos más eficaces para prevenir y tratar un ataque al corazón en curso.

En la década de 1960, investigaciones más a fondo sobre la biología de las plaquetas revelaron cómo actúa la aspirina para prevenir los coágulos. Las plaquetas, en colaboración con algunas otras células, producen sustancias químicas para señalizar una lesión y activarse. La aspirina, en dosis bajas, bloquea la enzima clave que produce estas sustancias químicas detectoras de lesiones, disminuyendo así la activación de las plaquetas y los posteriores coágulos. Como mecanismo de prevención de los ataques al corazón, la aspirina es, muy probablemente, uno de los medicamentos más importantes del siglo XX.

Un ataque al corazón, o infarto de miocardio, se produce cuando la placa de ateroma de una de las arterias coronarias se rompe y origina un coágulo. En la década de 1990, durante mi residencia médica, estuve en un consultorio de medicina interna dirigido por un octogenario ya sin apenas pelo que calzaba elegantes zapatos de cordones y tenía un aire refinado y aristocrático. Me habló de la época, durante su propia residencia médica, en la que el único tratamiento para un ataque al corazón era reposo en cama, oxígeno y sedación con morfina administrada con una jeringuilla de vidrio. Estaba a años luz de las pruebas diagnósticas y los tratamientos actuales: las prisas por llegar al hospital (cada minuto perdido es un minuto en el que se destruye músculo cardiaco, lo que causa daños irreparables); un electrocardiograma (ECG), para medir la actividad eléctrica del corazón, realizado en la ambulancia y enviado digitalmente al hospital; aspirina, oxígeno y la frenética carrera para llevar al paciente a un laboratorio de cateterismo cardiaco, donde pueden administrarle un medicamento trombolítico intravenoso, capaz de disolver rápidamente un coágulo de sangre, o someterlo a un procedimiento para abrir la arteria obturada mediante un catéter con un globo inflable en la punta denominado catéter balón.

Mi tutor decía que podía diagnosticar la arteriopatía coronaria con solo un reconocimiento físico. Primero, hacía una lista mental de los factores de riesgo del paciente, algunos evitables y otros no —obesidad, concentraciones elevadas de un determinado tipo de colesterol, tabaquismo, hipertensión arterial o antecedentes familiares de enfermedad coronaria— y asignaba puntos a cada uno en un cálculo que se guardaba para sí. Auscultaba al paciente en el cuello por si oía ruidos cardiacos que pudieran indicar una acumulación de placa en las arterias carótidas que pasan por el cuello camino del cerebro; generalmente, los depósitos grasos en una arteria indicaban depósitos grasos en otra. Y tomaba debida nota de cualquier antecedente de dolor torácico, o incluso del más leve cosquilleo, cuando el paciente andaba o corría. A continuación, con la pomposidad de un mago, declaraba que el paciente tenía, o no tenía, una enfermedad coronaria, antes de enviarlo a que le realizaran pruebas para confirmar el diagnóstico. Solía acertar. Con una pizca de esa misma pomposidad, llamaba a las arterias coronarias que suministran sangre al corazón «los ríos de la vida».

Como la basura y el limo que se amontonan a orillas de un río, la placa coronaria suele acumularse a lo largo de décadas, abombándose hacia el centro del vaso hueco y frenando el paso de la sangre, aunque nunca obstruyéndolo por completo. La placa contiene depósitos de colesterol, células inmunitarias inflamadas y calcio, entre otros componentes. La abertura de la arteria (luz) se estrecha y la retención del tráfico se manifiesta en el dolor torácico, punzante e intermitente, denominado angina de pecho mientras el músculo cardiaco se esfuerza por obtener toda la sangre cargada de oxígeno que necesita.

Pero la angina de pecho podría presagiar una crisis mucho más aguda. Un día los detritos pueden desgajarse e invadir el centro del río. Las plaquetas, los detectores de las lesiones del cuerpo, acuden a la zona de la herida abierta para taponarla. Lo que en un principio era una respuesta fisiológica a una lesión se convierte en una respuesta patológica a una placa coronaria. El tráfico más lento por el centro del río se convierte en un atasco: un ataque al corazón.

Con el paso de los años, los farmacólogos han descubierto toda una gama de medicamentos y procedimientos para prevenir o tratar los ataques cardiacos. Está la aspirina, por supuesto, que impide que las plaquetas formen coágulos. Hay trombolíticos que disuelven los coágulos activos y antiagregantes plaquetarios que evitan que las plaquetas se activen.[13] Y, en el ámbito de la prevención, está la atorvastatina cálcica, uno de los muchos medicamentos que reducen las concentraciones de un determinado tipo de colesterol, transportado en la sangre por partículas parecidas a grumos llamadas LDL. Los medicamentos como la atorvastatina cálcica reducen las concentraciones de LDL en la sangre y eso, a su vez, previene la acumulación de los depósitos ricos en colesterol que obstruyen nuestras arterias.

Pero estos medicamentos deben tomarse a diario durante toda la vida. No hace mucho, una biotecnológica de Boston de reciente creación, Verve Therapeutics, ha propuesto una audaz estrategia para reducir las concentraciones de colesterol malo en la sangre. Su fundador, el genetista y cardiólogo Sek Kathiresan, se formó en el Hospital General de Massachusetts unos años antes que yo. Se trataba de un hospital en el que los médicos con mayor experiencia enseñaban a los residentes más veteranos, quienes, a su vez, formaban a los de los primeros años. Fue gracias a Sek, residente de último año cuando yo lo era de primero, como aprendí a insertar una vía intravenosa en la yugular de un hombre que se retorcía de dolor en la UCI o a guiar un catéter a través de las venas del cuello hasta el ventrículo del corazón de una mujer para medir con precisión las presiones cardiacas. Años más tarde, descubriría que el interés de Sek por las cardiopatías era profundamente personal: su hermano, que tenía poco más de cuarenta años, se había desplomado después de salir a correr y había fallecido de un ataque al corazón. En las décadas siguientes, el innovador trabajo de Sek identificaría montones de genes que, cuando se heredan con alteraciones, aumentan el riesgo de ataques al corazón.

Muchas de las proteínas clave que posibilitan la formación, el transporte y la circulación del colesterol malo se sintetizan en el hígado. Recordemos las técnicas de edición génica utilizadas por He Jiankui para alterar los genes de embriones humanos —reescribiendo, en esencia, el guion genético de las células humanas—. Ni Sek ni Verve tienen ningún afán ni deseo de modificar los genes de embriones humanos; en cambio, cuentan con utilizar técnicas de edición génica para inactivar los genes que codifican estas proteínas relacionadas con el colesterol en las células hepáticas humanas —y con lograrlo, además, sin sacar el hígado del cuerpo—. Los científicos de Verve han ideado maneras de insertar catéteres en las arterias que conducen al hígado. (La destreza que tiene Sek después de décadas de práctica en cardiología ha sido de ayuda). Estos catéteres suministrarán enzimas de edición génica, cargadas en el interior de nanopartículas, al órgano. Una vez que estas partículas liberen su carga dentro de las células hepáticas, las enzimas de edición génica cambiarán el guion de los genes que participan en el metabolismo del colesterol, disminuyendo así de manera drástica la cantidad de colesterol circulante en la sangre —en esencia, activando las vías de metabolización de las LDL—. Se trata de una infusión única de células. Una vez modificados, los genes se conservarán así durante toda la vida. Si da resultado, la terapia génica de Verve nos transformaría en seres humanos con concentraciones permanentemente bajas de colesterol, permanentemente protegidos de las arteriopatías coronarias y de los ataques al corazón. Sería la mayor proeza de la modificación de células por ingeniería genética en el campo de las cardiopatías. El río de la vida (por emplear la frase preferida de mi tutor) se limpiaría y ya no volvería a ensuciarse nunca más.

La célula guardiana

Los neutrófilos y su *Kampf* contra los microorganismos patógenos

> En 1736 perdí a uno de mis hijos, un hermoso niño de cuatro años, a causa de la viruela, contraída de la manera habitual. Durante mucho tiempo, lamenté amargamente, y aún lo lamento, no haberle inoculado la vacuna.[1]
>
> Benjamin Franklin

La sangre es tan roja —el color que tanto prepondera en nuestra imagen mental de lo que es la sangre— que los glóbulos blancos pasaron siglos sin tan siquiera detectarse o descubrirse. En la década de 1840, un patólogo francés de París, Gabriel Andral, miró por un microscopio y descubrió lo que dos generaciones de microscopistas parecían haber pasado por alto: otro tipo de célula sanguínea.[2] A diferencia de los glóbulos rojos, aquellas células carecían de hemoglobina, tenían núcleo, eran de forma irregular y a veces estaban provistas de seudópodos —extensiones y proyecciones digitiformes—. Las llamó «leucocitos», o glóbulos blancos. (Son «blancos» solo en el sentido de que no son «rojos»).

En 1843, el médico inglés William Addison postuló con buen tino que aquellas células blancas —«corpúsculos incoloros», como él las denominó— desempeñaban un papel clave en la infección y la inflamación.[3] Addison había estado reuniendo informes forenses de tubérculos: unos nódulos blancos llenos de pus asociados por lo general con la tuberculosis, pero también con algunas otras infecciones. En la descripción de un caso, señaló: «Un joven, de veinte años, refirió que tenía tos y dolor en el costado, [...] tenía un poco de tos [seca] que lo preocupaba».[4] Pronto los síntomas evolucionaron a «un estertor cavernoso y mucoso y, al toser, un *gorgoteo* muy característico». El hombre murió cuatro meses después, «con todos los síntomas asociados a un deterioro pronunciado y rápido». Cuando el doctor Addison le examinó los pulmones en la autopsia, los encontró llenos de «tubérculos, en cantidades considerables».[5] Al colocarlos entre un portaobjetos y un cubreobjetos, los tubérculos a menudo se desmenuzaban o se fusionaban formando pegotes. Al microscopio, aquellos pegotes estaban compuestos por pus y miles de glóbulos blancos, como si aquellas células hubieran acudido especialmente a las zonas inflamadas. Algunas de ellas estaban «llenas de gránulos»,[6] observó Addison. Quizá fueran las encargadas de transportar aquellos gránulos a las zonas infectadas del cuerpo, pensó.

Pero ¿cuál era la relación entre los glóbulos blancos y la inflamación? En 1882, un viajero profesor de zoología, Iliá Ilich Méchnikov, también conocido como Eli o Elías, se peleó con sus colegas de la Universidad de Odesa y se marchó a Mesina, en Sicilia, donde montó su propio laboratorio.[7] Era un hombre temperamental con tendencia a la depresión —intentó suicidarse dos veces a lo largo de su vida, una de ellas tragándose una cepa de bacterias patógenas—, a menudo reñido con la ortodoxia científica, pero con un ojo infalible para la verdad experimental.

En Mesina, donde las playas cálidas, ventosas y de aguas poco profundas siempre abundaban en fauna marina, Méchnikov empezó a experimentar con estrellas de mar. Una tarde en la que se había quedado solo —su mujer e hijos habían ido a ver monos al circo local—, Méchnikov empezó a idear un experimento que definiría su carrera y cambiaría nuestra manera de entender la inmunidad. Las estrellas de mar eran semitransparentes; él había estado observando cómo las células se movían por su cuerpo. Le interesaba especialmente el movimiento de las células después de una lesión. ¿Y si le clavaba una espina a uno de los brazos?

No durmió en toda la noche y retomó el experimento a la mañana siguiente. Un grupo de células móviles —una «capa recia y mullida»—[8] se había acumulado diligentemente alrededor de la espina. En esencia, había observado las primeras etapas de las respuestas inflamatoria e inmunitaria: la afluencia de células inmunitarias al foco de la lesión y su activación una vez que habían detectado una sustancia extraña (en aquel caso, la espina). Méchnikov observó que las células inmunitarias se desplazaban hacia el foco de la inflamación de manera autónoma, como si las impulsara una fuerza o las atrajera una sustancia química. (Más adelante, aquellas sustancias químicas se identificarían como proteínas específicas, denominadas quimiocinas y citoquinas, liberadas por las células al lesionarse). «La acumulación de células móviles alrededor del cuerpo extraño se realiza sin ayuda de los vasos sanguíneos o el sistema nervioso —escribió— por la sencilla razón de que estos animales no tienen ni lo uno ni lo otro. Por tanto, es gracias a alguna clase de acción espontánea como las células se agrupan alrededor de la espina».[9]

En los años siguientes, Méchnikov desarrolló esa idea —las células inmunitarias acuden activamente a los lugares donde hay inflamación— y realizó una serie de experimentos. Amplió sus observaciones a otros organismos y a otros tipos de lesión. Introdujo esporas infecciosas que pasaban a través del intestino de *Daphnia*, unos crustáceos diminutos conocidos comúnmente como pulgas de agua. Descubrió que las células inmunitarias no solo se desplazaban a los lugares donde había inflamación, sino que también intentaban ingerir el agente infeccioso o irritante que se había acumulado en ellos. Llamó a este fenómeno fagocitosis: el encapsulamiento e ingestión de un agente infeccioso por parte de una célula inmunitaria.[10]

En una serie de artículos publicados a mediados de la década de 1880, que acabaron valiéndole el Premio Nobel, Méchnikov utilizó el termino alemán *Kampf*, que significa «lucha», «combate» o «pelea», para describir la relación entre un organismo y sus invasores.[11] Describió un «drama que se desarrolla en el interior de los organismos» que era como una lucha perpetua. (Resulta tentador conjeturar que su relación con la comunidad científica era su propia *Kampf* perpetua). Según Méchnikov, «se libra una batalla entre los dos elementos [el microbio y las células fagocíticas]. A veces las esporas consiguen reproducirse. Se generan microbios que segregan una sustancia capaz de disolver las células móviles. En general, estos casos son poco frecuentes. Lo más común es que las células móviles maten y digieran las esporas infecciosas y, de ese modo, aseguren la inmunidad del organismo».

Las versiones humanas de las células fagocíticas que descubrió Méchnikov —macrófagos, monocitos y neutrófilos— se encuentran entre las primeras células que responden a las lesiones e infecciones.[12] Los neutrófilos se producen en la médula ósea. Su nombre hace referencia al hecho de que se tiñeran con colorantes neutros, pero no con colorantes ácidos o básicos; de ahí «neutró-filo» o «amigo de lo neutro».*[13]

Los neutrófilos solo viven unos pocos días después de entrar en el torrente circulatorio. ¡Pero qué días tan trepidantes! Espoleados por una infección, los neutrófilos de la médula ósea maduran e inundan los vasos sanguíneos, listos para el combate, su superficie granulada, su núcleo dilatado —una legión de soldados adolescentes desplegados para la batalla—. Han desarrollado mecanismos especiales para migrar rápidamente a los tejidos y se desplazan por los vasos sanguíneos con la habilidad de un contorsionista. Es como si los dominara un impulso frenético de llegar a los focos de infección e inflamación —en parte por la intensidad con la que perciben el gradiente de citocinas y quimiocinas liberadas por las lesiones—. Son máquinas ligeras, enérgicas y móviles, creadas para el ataque

* Esta clasificación de los glóbulos blancos a partir de su coloración fue una más de las aportaciones clave de Paul Ehrlich a la biología. Después de trabajar con miles de colorantes, descubrió que algunos tenían una extraordinaria capacidad para unirse a una célula o a una de sus subestructuras. En un principio, Ehrlich utilizó esa propiedad de unión para diferenciar unas células de otras —de ahí los neutrófilos, que se coloreaban de azul cuando se unían a colorantes neutros, y los basófilos, otro tipo de célula presente en la sangre que se unía a un colorante no ácido—. Ehrlich, que llamó a esta idea afinidad específica, empezó a preguntarse si la afinidad específica de una sustancia química por una célula concreta podía utilizarse no solo para colorear una célula, sino también para destruirla. Esa idea fue la base de su descubrimiento del antibiótico arsfenamina en 1910 y alimentaría su deseo de encontrar una bala mágica para el cáncer: una sustancia química con una afinidad y una toxicidad específicas para una célula maligna.

inmunitario. Asesinos profesionales —células guardianas— con una misión.

Su llegada al foco de la infección inaugura un complejo despliegue militar. Para alcanzarlo, se redistribuyen hacia la periferia de un vaso sanguíneo, un fenómeno denominado marginación. A continuación, empiezan a «rodar» por sus paredes, estableciendo contactos transitorios con proteínas específicas de las paredes, soltándose y volviéndose a unir. Por último, se adhieren con más firmeza a la pared y migran, activamente, al tejido —el pulmón o la piel—, donde bombardean al microbio con las sustancias tóxicas que transportan en sus gránulos. Pueden empezar a fagocitar el microbio o sus trozos, encapsulándolos y dirigiéndolos a los lisosomas, unos compartimentos especiales llenos de enzimas tóxicas para descomponer el microbio.

Una característica sorprendente de esta primera respuesta inmunitaria es que sus células, entre las que se encuentran los neutrófilos y los macrófagos, están inherentemente equipadas con receptores que reconocen proteínas (y otras sustancias químicas) presentes en la superficie o en el interior de algunas células bacterianas y virus. Detengámonos un momento a reflexionar sobre este hecho. Nosotros —animales pluricelulares— llevamos tanto tiempo en guerra con los microbios a lo largo de nuestra historia evolutiva que, como viejos enemigos inseparables, nos hemos definido unos a otros. Bailamos pegados. Nuestras células inmunitarias de respuesta rápida están inherentemente equipadas con receptores de reconocimiento de patrones cuya función es fijarse a moléculas presentes en las células microbianas o lesionadas que no son específicas de un microorganismo patógeno concreto (por ejemplo, *Streptococcus*), sino que están ampliamente presentes en todas las bacterias y virus. Algunos receptores reconocen una proteína que se encuentra en las paredes de las células bacterianas, pero no en la membrana de las células animales. Otros se unen a una proteína que solo está presente en los flagelos de algunas bacterias. Incluso algunos detectan las señales emitidas por las células infectadas por virus. En líneas generales, estos receptores son de dos tipos: los que reconocen «patrones moleculares asociados al daño» (sustancias liberadas tras un daño celular) y los que detectan «patrones moleculares asociados a microorganismos patógenos» (componentes de las células microbianas). En resumen, recorren el cuerpo en busca de *patrones* de lesión e infección, sustancias que indican invasión y patogenicidad.

Cuando un neutrófilo o un macrófago se encuentra con una célula bacteriana, ya está listo para el combate. La suya no es una forma «aprendida», o adaptativa, de inmunidad; la respuesta es intrínseca de la célula y los sensores de la respuesta existen en el neutrófilo desde su mismo origen. En otras palabras, llevamos en la superficie de nuestras células imágenes invertidas de algunos microbios, o recuerdos de lo que provocan en nuestro cuerpo, como negativos fotográficos. Nosotros y ellos: están dentro de nosotros incluso cuando no lo están. Es un símbolo de nuestra *Kampf*.

En la década de 1940, esta rama de la respuesta inmunitaria —los neutrófilos y los macrófagos, entre otros tipos de células, con sus correspondientes señales y quimiocinas— empezó a denominarse «sistema inmunitario innato»,* en parte porque existe inherentemente en todos nosotros y no tiene necesidad de adaptarse a (o aprender) ningún aspecto del microbio que ha causado la infección. (Trataremos la rama adaptativa de la respuesta inmunitaria, con los linfocitos B y T y los anticuerpos, en el capítulo siguiente). Innata, también, porque es la rama más antigua del sistema inmunitario y,

* El sistema inmunitario innato cuenta con muchas otras células, como los mastocitos, los linfocitos citolíticos naturales (NK, por las siglas en inglés de *natural killer*) y las células dendríticas. Cada uno de estos tipos de célula desempeña una función diferente en la respuesta inmunitaria rápida a los microorganismos patógenos. La única característica que tienen en común es que carecen de capacidad de aprendizaje o adaptación para dirigir su ataque contra un microorganismo patógeno específico. Tampoco conservan ningún recuerdo de un microorganismo patógeno concreto (aunque trabajos recientes han demostrado que algunos subconjuntos de linfocitos citolíticos naturales podrían tener un recuerdo adaptativo limitado de ciertos microorganismos patógenos). En cambio, como células de respuesta rápida, son activadas por señales generales emitidas después de una infección, inflamación o lesión, y poseen mecanismos para atacar, destruir y fagocitar células al tiempo que activan la respuesta de los linfocitos B y T.

por tanto, la heredamos de nuestros antepasados. Las estrellas de mar la tienen, como Méchnikov fue el primero en observar. También la poseen las pulgas de agua, los tiburones, los elefantes, los loris, los gorilas y, por supuesto, los seres humanos.

Prácticamente todas las criaturas pluricelulares presentan alguna versión de esta respuesta innata. Las moscas solo tienen un sistema innato; si mutamos los genes de ese sistema, las moscas —las mismísimas criaturas asociadas con la descomposición— se infestan de microbios y empiezan a descomponerse. Una de las imágenes más inquietantes con las que me he encontrado en biología celular es la de una mosca —con el sistema inmunitario innato destruido— siendo devorada por bacterias.

El sistema innato no solo es uno de los más antiguos, sino que, al ser el primero en responder, es el más importante para nuestra inmunidad. Asociamos la inmunidad a los linfocitos B y T, o a los anticuerpos, pero, sin neutrófilos y macrófagos, correríamos la misma suerte que la mosca putrefacta.

Pese al papel central de la respuesta inmunitaria innata, o quizá por él, la inmunidad innata ha resultado difícil de manipular médicamente. Pero, quizá sin darnos cuenta, llevamos más de un siglo jugando con ella. Nos referimos a la vacunación, aunque, por supuesto, cuando se inventaron las vacunas, no existía el vocabulario de la inmunidad innata ni se conocía el mecanismo de protección. Incluso el término «vacuna» se acuñó siglos después de que la vacunación se practicara ampliamente en China, la India y el mundo árabe.

En abril de 2020, en una sofocante mañana en Calcuta, India —fuera de mi habitación de hotel, los halcones volaban en círculo, alzados por las corrientes de aire caliente—, visité un templo de la diosa Shitalá, la deidad que sana de la viruela. Comparte espacio con Manasá, la deidad de las serpientes, que cura sus mordeduras venenosas y protege de su veneno. El nombre de Shitalá significa «la fría»: cuenta la leyenda que surgió de las cenizas ya enfriadas de una pira sacrificial. Pero el calor que supuestamente disipa no es solo el fuego del verano que azota la ciudad a mediados de junio, sino también el calor interno de la inflamación. Su misión es proteger a los niños de la viruela y curar el dolor de quienes la contraen. Es la diosa antiinflamatoria.

El templo era un recinto pequeño y húmedo situado al borde de la calle College, a unos pocos kilómetros del Colegio Médico de Calcuta. En su interior, rociada por chorros de agua, había una estatuilla de la diosa montada en un burro portando una tinaja de refrescante líquido —como se la representa desde la época védica—. El templo tenía 250 años, me informó el guarda. Eso lo databa, no por casualidad, en la época en la que una misteriosa secta de brahmanes empezó a recorrer la llanura del Ganges para popularizar una práctica denominada *tika*, que consistía en mezclar una pústula de un paciente de viruela con una pasta de arroz hervido y hierbas finas, y vacunar a los niños restregando la mezcla sobre una incisión practicada en la piel. (La palabra *tika* proviene del término sánscrito para «marca»).

«La zona en la que se practican las incisiones suele infectarse y supura un poco —escribió en 1731 un médico inglés que recelaba bastante de la práctica— y [...] si las incisiones supuran y no hay fiebre ni salpullidos, ya no están expuestos a la infección».[14]

Los indios que practicaban la *tika* probablemente la aprendieron de médicos árabes que, a su vez, lo hicieron de los chinos. Ya en el año 900 d.C., los curanderos chinos se dieron cuenta de que las personas que sobrevivían a la viruela no volvían a contraerla, lo que las convertía en cuidadoras ideales de quienes padecían la enfermedad. De algún modo, haber pasado la viruela protegía al cuerpo de volver a contraerla, como si este conservara un «recuerdo» de la primera exposición.[15] Basándose en esa idea, los médicos chinos recogían una costra de viruela de un paciente, la molían hasta convertirla en un polvo fino y seco, y utilizaban un largo tubo de plata para insuflárselo a los niños por la nariz.[16] La vacunación era un arma de doble filo: si el polvo contenía demasiado inóculo del virus vivo, el niño no adquiriría la inmunidad sino la enfermedad, un desenlace devastador que ocurría en torno a una de cada cien veces. Pero, si el niño sobrevivía al inóculo y a su «enconamiento», solo desarrollaba una enfermedad localizada atenuada, sin síntomas o con síntomas leves, y quedaba inmunizado de por vida.

En el siglo XVIII, la práctica se había extendido por todo el mundo árabe. En la década de 1760, se sabía que los curanderos tradicionales de Sudán se dedicaban a *tishteree el jidderee*, «comprar viruela».[17] El curandero, normalmente una mujer, abordaba a las madres de niños enfermos para conseguir las mejores pústulas para la vacunación y regateaba el precio con ellas. Era un arte exquisitamente calculado: las curanderas más sagaces reconocían las pústulas que tenían el punto de madurez exacto con las que producir suficiente material vírico para conferir protección, pero no tanto como para transmitir la enfermedad. La palabra «viruela» proviene de *variola*, el término latino para «moteado», en alusión a los bultos y pústulas que aparecían en la cara y el cuerpo de los afectados. Y la inmunización contra la viruela se llamó variolización.

A principios del siglo XVIII, lady Mary Wortley Montagu, esposa del embajador británico en Turquía, contrajo la enfermedad, que le dejó la piel perfecta picada de viruelas. En Turquía, presenció la variolización en la práctica y, el 1 de abril de 1718, escribió maravillada a su amiga de infancia, la señora Sarah Chiswell:

> Hay un grupo de ancianas que se ocupan de realizar esta operación todos los otoños, en el mes de septiembre, cuando el fuerte calor disminuye [...]. La anciana acude con una cáscara de nuez llena de la materia del mejor tipo de viruela y te pregunta qué vena quieres que te abra. De inmediato, te pincha donde tú le indicas, con una aguja grande (lo que no duele más que un rasguño corriente) e introduce en la vena toda la materia que cabe en la cabeza de la aguja y, después de eso, venda la heridita con un trozo hueco de cáscara y abre de ese modo cuatro o cinco venas. [...] Luego, [los niños vacunados] empiezan a tener fiebre y guardan cama durante dos días, muy rara vez tres. En muy pocas ocasiones, tienen más de veinte o treinta [ronchas] en la cara, que nunca les dejan cicatriz, y al cabo de ocho días están tan bien como antes de la enfermedad. Donde tienen la herida, hay llagas supuradas mientras dura la dolencia, lo que no dudo de que sea un gran desahogo para ella. Todos los años, miles de personas se someten a esta operación y el embajador francés dice afablemente que aquí se toman la viruela como una distracción,

> como se toman las aguas en otros países. No hay ningún caso de nadie que haya muerto de ella y puedes creer que estoy convencida de la seguridad de este experimento, ya que tengo intención de probarlo con mi querido hijo.[18]

El niño no contrajo la viruela jamás.

La variolización dejó también otro legado: dio pie a la que quizá fue la primera vez que se utilizó la palabra «inmunidad». En 1775, un diplomático holandés aficionado a la medicina, Gerard van Swieten, utilizó el término *immunitas* para describir la fiebre y la resistencia a la viruela inducidas por la variolización.[19] De ese modo, las historias de la inmunidad y la viruela quedaron entrelazadas para siempre.

Situada en 1762, la historia, posiblemente apócrifa, cuenta que un aprendiz de boticario llamado Edward Jenner oyó decir a una lechera: «Yo nunca tendré la viruela, porque he pasado la viruela bovina. Nunca tendré la cara fea y picada».[20] Quizá había sacado la idea del folclore local, pues la «piel perfecta de las lecheras» era un tópico entre los ingleses. En mayo de 1796, Jenner propuso un procedimiento más seguro para la vacunación contra la viruela. La viruela bovina, causada por un virus emparentado con el de la viruela, producía una forma mucho menos grave de la enfermedad, sin pústulas profundas y sin riesgo de muerte.

Jenner recogió pústulas de una joven lechera, Sarah Nelmes, y se las inoculó al hijo de ocho años de su jardinero, James Phipps. En julio, volvió a vacunarlo, pero esa vez con material procedente de una lesión de viruela. Aunque Jenner había cruzado prácticamente todos los límites de la experimentación ética con humanos (por ejemplo, no hay constancia de ningún consentimiento informado y la posterior exposición al virus vivo de la viruela bien podría haber sido mortal para el niño), parece que su experimento dio resultado: Phipps no desarrolló la enfermedad. Tras la resistencia inicial de la comunidad médica, Jenner intensificó su labor de vacunación y pasó a conocerse ampliamente como el padre de la vacunación. De hecho, la palabra «vacuna» recuerda el experimento de Jenner: proviene de *vacca*, «vaca» en latín.

Sin embargo, es muy posible que esta historia, contada y recreada en los manuales, esté plagada de errores. El virus que contenían las pústulas de Sarah Nelmes era probablemente el de la viruela equina, no el de la bovina. En un libro que autopublicó en 1798, Jenner lo reconoció: «Así, la enfermedad pasa del caballo al pezón de la vaca, y de la vaca al ser humano».[21] Además, Jenner podría no haber sido el primer vacunador del mundo occidental: en 1774, Benjamin Jesty, un fornido y próspero granjero del pueblo de Yetminster, en el condado de Dorset, convencido también por las historias de lecheras que contraían la viruela bovina y después parecían ser inmunes a la viruela, supuestamente recogió lesiones de la ubre de una vaca infectada y se las inoculó a su mujer y a sus dos hijos.[22] Jesty se convirtió en el blanco de las burlas de médicos y científicos, pero su mujer e hijos sobrevivieron a la epidemia de viruela sin contraer la enfermedad.

Pero ¿cómo generaba inmunidad la inoculación, en especial inmunidad a largo plazo? Algún factor producido en el cuerpo debía de ser capaz de hacer frente a la infección y, además, de conservar un recuerdo de ella durante muchos años. La vacunación, como pronto veremos, actúa generalmente estimulando la producción de anticuerpos específicos contra un microbio. Los anticuerpos son fabricados por los linfocitos B y se conservan en la memoria celular del huésped porque algunos de esos linfocitos viven durante décadas —hasta mucho después de que se introdujera el primer inóculo—. En el capítulo siguiente veremos cómo los linfocitos B desarrollan memoria inmunitaria y cómo les ayudan los linfocitos T.

Pero el aspecto de la vacunación que no se valora suficientemente es que se trata de una manipulación del sistema inmunitario innato. Mucho antes de que los linfocitos B y T aparezcan en escena, el primer paso de la vacunación es activar las células de respuesta rápida: los macrófagos, neutrófilos, monocitos y células dendríticas. Son estas células las que detectan el inóculo, sobre todo si está mezclado con un agente irritante; la pasta de arroz hervido y hierbas finas a la que me he referido antes podría haber servido sin saberlo a ese propósito. Luego, mediante diversos procesos de señalización, incluida la fagocitosis, digieren y procesan el inóculo para iniciar la respuesta inmunitaria.

Y aquí surge el enigma central de la inmunología: si se desactiva el antiguo sistema innato no adaptativo —el sistema diseñado para atacar a los microbios de manera indiscriminada—, también se desactivan los linfocitos B y T adaptativos, el sistema que sí discrimina y conserva el recuerdo de un microbio específico. En los ratones, la inactivación genética de la inmunidad innata hace que los animales tengan una respuesta deficiente a las vacunas.[23] Los seres humanos que carecen de un sistema inmunitario innato funcional —por lo general, niños con síndromes genéticos poco comunes— están muy inmunodeprimidos y su respuesta a las vacunas también está muy disminuida. Fallecen por infecciones bacterianas y fúngicas de igual manera que las moscas que carecen de inmunidad innata mueren por un trágico fracaso inmunitario: infestadas, arrolladas, desbordadas por microbios.

La vacunación, más que cualquier otra forma de intervención médica —más que los antibióticos, la cirugía cardiaca o cualquier nuevo medicamento—, ha cambiado la faz de la salud humana. (Un reñido competidor podría ser el parto seguro). Hoy en día hay vacunas contra los microorganismos patógenos humanos más mortíferos: difteria, tétanos, paperas, sarampión y rubéola. Se han desarrollado vacunas para prevenir la infección por el virus del papiloma humano (VPH), que es, con diferencia, la principal causa de cáncer de cuello uterino. Y pronto hablaremos del descubrimiento triunfal de no solo una sino varias vacunas independientes contra el SARS-CoV-2, el virus que provocó la pandemia de COVID-19.

Pero la historia de la vacunación no se explica por los avances del racionalismo científico. Su héroe no es Addison, el descubridor de los glóbulos blancos. Tampoco lo es Méchnikov, cuyo descubrimiento de los fagocitos podría haber abierto la puerta a la inmunidad protectora. Ni tan siquiera los científicos que descubrieron la respuesta innata a células bacterianas merecen que los ensalcen como los heroicos artífices de este hito de la medicina.*

* Gran parte de nuestros conocimientos sobre la inmunidad innata y los genes que activan esta rama de la respuesta inmunitaria se deben a los experimen-

Por el contrario, su historia se sustenta en rumores velados, chismes y leyendas. Sus héroes no tienen nombre: los médicos chinos que secaron al aire las primeras pústulas de viruela; la misteriosa secta de adoradores de Shitalá que molían material vírico, lo mezclaban con arroz hervido e inoculaban la mezcla a los niños; las curanderas sudanesas que aprendieron a distinguir las lesiones más maduras.

Una mañana de abril de 2020, encendí un microscopio en mi laboratorio de Nueva York. El matraz de cultivo tisular estaba abarrotado de monocitos móviles que uno de mis investigadores de posgrado estaba cultivando.

«Aquí estáis», me dije. Era una de esas mañanas en las que el laboratorio está vacío y puedo tener una conversación conmigo mismo sin que nadie me oiga. Aquellos monocitos, células del sistema inmunitario innato que pueden «comerse» los microorganismos patógenos y sus restos, habían sido modificados genéticamente para convertirse en superfagocitos, su hambre multiplicada por diez. Habíamos insertado un gen que los inducía a querer comerse una cantidad de material celular diez veces mayor de la que ingieren los fagocitos normales, y a hacerlo diez veces más rápido. El proyecto, una colaboración con el científico Ron Vale, consistía en crear un nuevo tipo de inmunidad. Recordemos que los monocitos, junto con los macrófagos y los neutrófilos, carecen de sensibilidad para discriminar entre estímulos específicos; en cambio, tienen receptores que se unen a factores comunes a muchas bacterias y virus y migran hacia células que emiten señales generales de socorro indicativas de lesión o inflamación.

Pero ¿y si pudiéramos redirigir los monocitos para que devoraran y destruyeran una célula específica? ¿Y si los dotáramos de genes que, en vez de detectar patrones generales de infección, fueran receptivos a una proteína específica presente únicamente en la superficie de, por ejemplo, una célula cancerosa? El soldado, habitualmen-

tos realizados en la década de 1990 por Charles Janeway, Ruslan Medzhitov, Bruce Beutler y Jules Hoffman.

te destinado a un batallón, se convierte así en un asesino cuyas órdenes directas son perseguir un objetivo específico. Eso era lo que intentábamos: habíamos creado una nueva clase de receptores que se expresarían en los monocitos, se unirían a una proteína de las células cancerosas y provocarían una forma hiperactiva de fagocitosis —lo que, con suerte, daría lugar a que el monocito devorara la célula cancerosa con una voracidad nunca vista—. En esencia, habíamos intentado crear una célula intermedia que se encontraba a medio camino entre un monocito, con su propensión a devorar células de manera indiscriminada, y un linfocito T, cuya capacidad es ir tras un objetivo concreto. Era un tipo de célula que jamás había existido en biología: una quimera. Esperábamos que una célula así fusionara la indiscriminada agresividad tóxica de la inmunidad innata con la capacidad de destrucción más selectiva de la inmunidad adaptativa, asestando así un fuerte puñetazo al cáncer, pero sin activar la respuesta inflamatoria en general.

En los primeros experimentos con animales, trasplantamos tumores a ratones y les infundimos millones de aquellos superfagocitos. Aquellas células habían devorado los tumores. Ahora estábamos cultivándolas en enormes cantidades y probando todo tipo de mecanismos para poder redirigirlas contra los cánceres de mama, los melanomas y los linfomas.

Han transcurrido casi dos años desde aquella mañana de abril en la que vi por primera vez a los superfagocitos devorar células cancerosas en mi laboratorio. Y es una curiosa coincidencia que, mientras escribo esta frase —la mañana del 9 de marzo de 2022—, la primera paciente, una joven de Colorado con un mortífero cáncer de los linfocitos T, esté recibiendo una infusión intravenosa de este tratamiento experimental (el protocolo ha obtenido todas las aprobaciones necesarias de la FDA de Estados Unidos y la Junta de Revisión Institucional).

Transcurrirán meses antes de que sepamos si el tratamiento da resultado. La única información que tengo es que la paciente no ha tenido complicaciones. Pero, mientras recibe la infusión intravenosa, es como si pudiera sentir cada gota que entra en sus venas. «¿En qué piensa? ¿Qué mira? ¿Está sola?».

Cuando por fin me dormí esa noche, alrededor de las cuatro de la madrugada, soñé con mi infancia. En mi sueño, era un niño de diez años en Delhi, que pensaba —¿cómo no?— en gotitas de agua. Los monzones azotaban la ciudad en julio y agosto y yo me ponía a jugar: cuando empezaban las lluvias, me apostaba en la ventana, abría la boca e intentaba atrapar gotas de agua. En mi sueño de esa noche, al principio atrapaba las gotas con la boca, pero, de golpe, me caía un goterón en el ojo. Después se oía un trueno lejano y la lluvia cesaba.

Es difícil describir la embriagadora mezcla de terror, expectación y alegría que se siente cuando un descubrimiento del propio laboratorio pasa a convertirse en un medicamento humano. Thomas Edison, el inventor, solía definir la genialidad como un 90% de transpiración y un 10% de inspiración. Yo no tengo nada de genio; solo siento la transpiración. No puedo quitarme de la cabeza a la paciente del tratamiento experimental. La única vez que he sentido algo parecido fue en los primeros momentos después de que nacieran mis dos hijos.

Pero también ahora asistimos a un nacimiento. Puede que esté naciendo una nueva terapia. Y, con ella, un nuevo ser humano.

Apagué el microscopio y pensé en el extraño templo de Shitalá —y en lo mucho que ha costado templar o enardecer el fervor de la inmunidad innata para transformarla en un instrumento de nuestras necesidades médicas—. Se sabe que Shitalá, la diosa fría, también tiene su lado irritable: si se enfada, puede hacer estragos en el cuerpo inflamándolo a causa de pústulas, fiebre, virulentas infecciones.

En un futuro no muy lejano, aprenderemos a dirigir la cólera del sistema inmunitario innato contra las células cancerosas; a apaciguarlo en el caso de las enfermedades autoinmunes; a reforzarlo con la creación de una nueva generación de vacunas contra microorganismos patógenos. Una vez que enseñemos a nuestras células inmunitarias innatas a atacar a las células malignas de nuestro cuerpo, habremos inventado una modalidad totalmente nueva de terapia celular que saca partido de la inflamación. Quizá podríamos describirla, un tanto metafóricamente, como la maldición del cáncer.

La célula defensora

Cuando un cuerpo encuentra a otro cuerpo

Si un cuerpo encuentra a otro cuerpo
cuando van entre el centeno,
si un cuerpo besa a otro cuerpo,
¿tiene un cuerpo que llorar?[1]

ROBERT BURNS, «Comin Thro' the Rye», 1782

No es casualidad que el templo de Shitalá en Calcuta también adore a otra deidad: Manasá, la diosa de las serpientes, que protege de los venenos y las mordeduras de este reptil. Se la suele representar como un ser majestuoso, aunque adusto, a menudo con una cobra bajo los pies y una aureola de cobras con la cabeza erguida. Tiene serpientes reptándole por los enmarañados mechones de un cabello que recuerda al de Medusa. Las representaciones de Manasá entre las tribus de Bengala son mucho más temibles: tiene cuerpo de sierpe y a menudo está ceñida por serpientes de la cabeza a los pies.

La unión de estas dos antiguas calamidades nos remonta a un tiempo pasado: las mordeduras de serpiente y la viruela acosaron a la India del siglo XVII como demonios hermanos y parece lógico que las diosas que protegen de cada una compartan templo. (La India sigue registrando ochenta mil mordeduras de serpiente anuales, la mayor cifra del mundo).

Así pues, resulta oportuno que, si la historia del sistema inmunitario innato empieza con Shitalá, la historia del sistema inmunitario adaptativo —la rama formada por los anticuerpos y los linfocitos B y T— lo haga con una mordedura de serpiente.

La leyenda tiene tantas versiones que a veces resulta difícil separar realidad y ficción. En el verano de 1888, el doctor Paul Ehrlich, que trabajaba en el laboratorio de Robert Koch en Berlín, se contagió de la cepa de tuberculosis que utilizaba para sus experimentos. De hecho, el propio Ehrlich se hizo el diagnóstico, utilizando una prueba que había ideado él, la tinción de Ziehl-Neelsen, para detectar la bacteria en su esputo. Lo enviaron a convalecer a Egipto, donde se pensaba que el aire cálido del río Nilo era saludable.[2]

Una mañana, durante su estancia en Egipto, le pidieron que acudiera urgentemente a ayudar en un caso médico. Una serpiente había mordido al hijo de un hombre y los lugareños sabían que Ehrlich era médico. No se sabe si el niño sobrevivió, pero su padre contó a Ehrlich una historia increíble extraída de su propia vida: a él también le había mordido una serpiente de niño, y varias más cuando ya era adulto. Había sobrevivido al ataque de la primera serpiente y paulatinamente, con cada nueva mordedura, sus síntomas se habían vuelto más leves. Tras exponerse al veneno de aquella especie de serpiente en repetidas ocasiones, el hombre se había vuelto prácticamente inmune a él. Entre los cazadores de serpientes en la India, abundan las versiones de esta historia. Cuenta la leyenda que se practican diminutas incisiones en la piel y se exponen a dosis minúsculas y cada vez mayores de veneno desde la infancia hasta bien entrada la adolescencia. Después de varias exposiciones, también ellos son inmunes a la mordedura.

A Ehrlich se le quedó grabada la historia de aquel padre. Estaba claro que había desarrollado alguna clase de respuesta al veneno —un antídoto— y que después había adquirido memoria inmunitaria. Pero ¿cuál era el mecanismo que permitía al cuerpo humano desarrollar una inmunidad protectora? ¿Por qué, cabe preguntarnos, una única exposición a una pústula seca de viruela nos genera inmunidad contra la enfermedad durante toda la vida?

En 1890, poco después de su regreso de Egipto, Ehrlich conoció al biólogo Emil von Behring, que acababa de entrar en el recién fundado Real Instituto Prusiano de Enfermedades Infecciosas, en Berlín. En el instituto, Von Behring y un científico japonés que estaba de visita, Shibasaburō Kitasato, no tardaron en iniciar una serie de experimentos sobre la inmunidad específica. Uno de los más espectaculares fue un experimento que recordó a Ehrlich la inmunidad protectora del hombre egipcio:[3] Kitasato y Von Behring demostraron que el suero de un animal expuesto a las bacterias que causaban el tétanos y la difteria podía administrarse a otro animal y volverlo inmune a aquellas enfermedades.[4] En una nota a pie de página bastante vaga del artículo sobre la difteria, Von Behring utilizó por primera vez la palabra *antitoxisch*, o antitoxina, para describir la actividad del suero.[5]

La pregunta continuaba siendo ¿qué era aquella *antitoxisch* y cómo se generaba? Von Behring la había imaginado como una propiedad del suero —una abstracción—.[6] ¿O acaso era una sustancia material fabricada en el cuerpo? En un extenso artículo de carácter especulativo que escribió en 1891 y tituló «Estudios experimentales sobre la inmunidad», Ehrlich instó a sus colegas científicos a no pensar únicamente en el potencial, sino también en la naturaleza material de la sustancia. Se atrevió a acuñar la palabra *Anti-Körper* (anticuerpo). *Körper*, de *corpus*, o *cuerpo*, indicaba su creciente convicción de que un anticuerpo era, de hecho, una sustancia química: un «cuerpo» producido para defender al cuerpo.

¿Cómo se fabricaban aquellos anticuerpos? ¿Y cómo podían ser específicos para una toxina y no para otra? En la década de 1890, Ehrlich había empezado a desarrollar una impresionante teoría. Postulaba que todas las células del cuerpo presentaban un inmenso conjunto de proteínas únicas —cadenas laterales, las llamó— unidas a su superficie. Químico de vocación, Ehrlich recurrió al lenguaje de las tinciones. Sabía que la tonalidad de un colorante podía modificarse mediante la unión de una cadena lateral química distinta. Y lo mismo ocurría, quizá, en el caso de los anticuerpos: cambiando la cadena lateral de una sustancia química podían modificarse las propiedades de unión, o afinidad específica, de un anticuerpo. Cuando una toxina o sustancia patógena se unía a una de aquellas

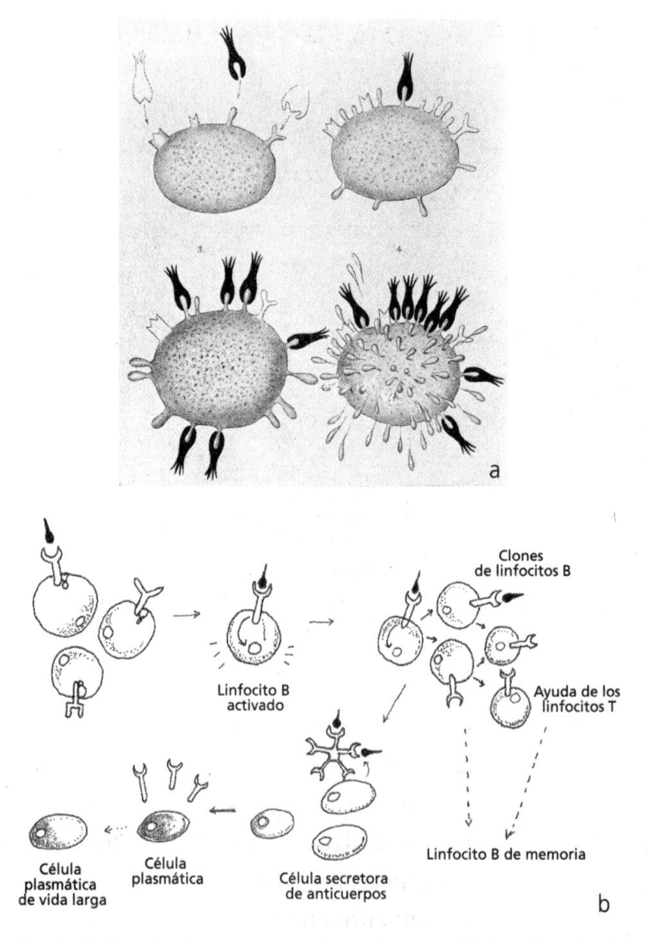

(a) Ilustración de Ehrlich de cómo se generan los anticuerpos. El científico alemán imaginaba que los linfocitos B (mostrados en la figura 1) tenían muchas cadenas laterales en su superficie celular. Cuando un antígeno (molécula negra) se une a una de esas cadenas laterales (figura 2), el linfocito B produce esa cadena lateral en mayor cantidad (figura 3), con exclusión del resto, hasta que finalmente empieza a segregar ese anticuerpo (figura 4). (b) Ilustración del autor del verdadero proceso de génesis de los anticuerpos mediante selección clonal, utilizando dibujos similares a los de Ehrlich. Cada linfocito B expresa un receptor único en su superficie celular. Cuando un antígeno se une a él, ese linfocito B se expande y genera una célula secretora de anticuerpos de vida corta (ese primer anticuerpo suele ser un complejo de cinco anticuerpos, un pentámero). Finalmente, se forma una célula plasmática secretora de anticuerpos. Algunas de estas células plasmáticas se transforman en células plasmáticas de vida larga. Los linfocitos B activados, con la ayuda de los linfocitos T, también se transforman en linfocitos B de memoria.

cadenas laterales en una célula, esta aumentaba la producción de ese anticuerpo. Con repetidas exposiciones, reflexionaba Ehrlich, la célula producía tanto anticuerpo unido a la célula que este acababa pasando a la sangre. Y la presencia del anticuerpo en la sangre generaba memoria inmunitaria. La sustancia a la que se unía el anticuerpo —la toxina o la proteína extraña— pronto se denominó antí*geno*: una sustancia que *gen*era un anticuerpo.

Aunque la teoría de Ehrlich era errónea, partía de muchas premisas que eran ciertas. No se equivocó al deducir que un anticuerpo se unía físicamente a su antígeno afín como una llave encaja en una cerradura. Tampoco lo hizo al suponer que los anticuerpos acababan pasando a la sangre y generaban un tipo de memoria inmunitaria. Pero la teoría de la cadena lateral de Ehrlich dejaba muchas preguntas sin respuesta. ¿Cómo podía la memoria inmunitaria durar casi toda la vida cuando las propias proteínas tenían una vida limitada y acababan destruyéndose o excretándose?

Al final, fueron las palabras de Ehrlich, más que sus teorías, lo que se retuvo en la memoria de la ciencia. Otros investigadores habían propuesto los términos «cuerpo inmunitario», «amboceptor» o «cópula» —palabras que quizá habrían reflejado las propiedades de los anticuerpos con mayor precisión—. Pero la poética simplicidad de la palabra «anticuerpo» la hizo atractiva para generaciones de investigadores. Un anticuerpo era un cuerpo —una proteína— que se unía a otra sustancia. Y un antígeno era una sustancia que generaba un anticuerpo. Como apuntó un científico, «las dos palabras estaban destinadas a formar una de esas parejas inseparables como Romeo y Julieta o el Gordo y el Flaco».[7] Los nombres, al igual que las sustancias químicas, iban ligados, como las parejas inseparables. Cuajaron.

A principios de la década de 1940, unos experimentos con aves habían demostrado que los anticuerpos se producían en un extraño órgano situado cerca del ano (cloaca), denominado bolsa de Fabricio por su forma de saco y por su descubridor, el anatomista medieval Girolamo Fabrizi d'Acquapendente. Las células que los producían se denominaron linfocitos B, por la palabra «bolsa». Los mamíferos, incluidos los humanos, carecemos de bolsa cloacal. Nuestro organismo produce linfocitos B principalmente en la médula ósea, que después maduran en los ganglios linfáticos.

Hasta ese momento, la teoría de las cadenas laterales de Ehrlich —que postulaba que los anticuerpos eran producidos por cadenas laterales de la superficie de las células a las que se unía un antígeno— apenas se había modificado. La verdadera «forma» molecular de un anticuerpo se descubriría años más tarde:[8] entre 1959 y 1962, Gerald Edelman y Rodney Porter, que trabajaban en la Universidad de Oxford y el Instituto Rockefeller de Nueva York, respectivamente, descubrirían que los anticuerpos son moléculas con forma de «Y».[9] Los extremos de los brazos de la «Y» se unen al antígeno y cada uno de ellos actúa como el diente de un tenedor: la mayoría de los anticuerpos tienen, pues, dos regiones de unión en los extremos de los brazos. La cola de la «Y» tiene muchas utilidades. Los macrófagos —las células devoradoras— la usan para ingerir microbios, virus y fragmentos de péptidos, del mismo modo que el mango de un tenedor se usa para llevarse la comida a la boca; los receptores específicos de su superficie «agarran» la cola del mismo modo que un puño podría agarrar un tenedor. Este es, de hecho, uno de los mecanismos de la fagocitosis, el fenómeno que había observado Iliá Méchnikov.

La cola de la «Y» tiene más utilidades aún: una vez unida a una célula, atrae una cascada de proteínas inmunitarias tóxicas de la sangre para atacar a las células microbianas. En resumen, un anticuerpo puede concebirse como una molécula con diversas partes —las regiones de unión de los extremos que se fijan al antígeno y una cola que le permite coordinarse con el sistema inmunitario para convertirse en un potente asesino molecular—. Estas dos funciones del anticuerpo —fijador de antígenos y activador inmunitario— se combinan en una sola molécula, cuya forma —una horca inmunitaria— está íntimamente ligada a su función.

Pero retrocedamos una década: en los años cuarenta, mucho antes de que se conociera la forma de horca de los anticuerpos, las preguntas filosóficas y matemáticas que había suscitado la idea de Ehrlich eran profundas e inquietantes. El eje fundamental de su teoría era que las células presentaban en su superficie cientos, o incluso miles, de receptores de antígeno «ya hechos», como un erizo imaginario provisto de un millón de púas distintas. La respuesta inmunitaria consistía meramente en aumentar la producción de esos anticuerpos —en despojarse de una púa— cuando uno de esos receptores se unía a un antígeno.

Pero las cifras no tenían lógica. ¿Cuántos anticuerpos ya hechos podía haber en la superficie de una célula? ¿Cuántas púas podía tener un erizo? ¿Estaba todo el universo de antígenos «reflejado» en los receptores de las células como en un espejo: un erizo con infinitas púas? ¿Cómo podía siquiera haber suficientes genes en un linfocito B para fabricar semejante contrauniverso de anticuerpos? Si Ehrlich estaba en lo cierto, cada uno de nuestros linfocitos B debía llevar siempre consigo un cosmos invertido de todo lo que era capaz de una respuesta inmunitaria. ¿A todos los antígenos imaginables? Hay una leyenda india en la que Yashodhara, la madre de Krishna, una de las principales deidades hindúes, abre la boca a su hijo porque se ha tragado un puñado de tierra. Le separa los dientes y ve todo el universo dentro de él: las estrellas, los planetas, los millones de soles, las galaxias que giran, los agujeros negros. ¿Portaba cada uno de nuestros linfocitos B un cosmos reflejado, la otra cara de todos los antígenos del universo?

En 1940, el legendario químico del Instituto Tecnológico de California, Linus Pauling, ofreció una respuesta —una respuesta tan equivocada que acabaría apuntando a la verdad—.[10] Los logros científicos de Pauling eran épicos. Había resuelto una propiedad clave de la estructura de las proteínas y descrito la termodinámica del enlace químico. Se cuenta que el físico cuántico Wolfgang Pauli, tan conocido por su carácter gruñón como por su mente brillante, leyó el trabajo de un alumno y comentó que era «tan malo que ni siquiera estaba mal». Pauling, con sus atrevidas y disparatadas teorías, que a menudo dejaba caer como si nada durante los encuentros de científicos, conseguía justo lo contrario: a veces, sus hipótesis o modelos estaban tan mal que ni siquiera eran malos. Los colegas de Pauling se habían acostumbrado a sus descabelladas teorías; incluso las agradecían. Analizar las contradicciones internas de los modelos de Pauling —en otras palabras, argumentar en qué fallaba la propuesta y por qué no podía ser correcta— a menudo les permitía dar con el verdadero mecanismo, la verdad.

Pauling imaginaba que, cuando los anticuerpos se encontraban con sus antígenos, estos los moldeaban a su antojo y determinaban su forma. En resumen, el antígeno (parte de una proteína bacteriana, por ejemplo) «dictaba las instrucciones» —como él decía— sobre la forma que debía adoptar el anticuerpo y le servía de molde, como la cera derretida que se vierte para modelar una máscara mortuoria.

Pero a los investigadores les costaba conciliar la teoría instruccional de Pauling sobre los anticuerpos con los fundamentos de la genética y la evolución. Al fin y al cabo, las proteínas están codificadas por genes y, si los genes tienen un código fijo, entonces las proteínas, construidas a partir de ese código, tienen una estructura fija. Un anticuerpo —una proteína— es una sustancia química biológica con una forma física predeterminada, no una especie de sudario que puede amoldarse perfectamente a un antígeno momificado.

Solo había una respuesta posible: si la estructura de los anticuerpos era maleable, los genes que los codificaban también debían de serlo —por mutación—. En Stanford, el genetista Joshua Lederberg cuestionó las ideas de Pauling y propuso una alternativa: «¿Llevan los antígenos instrucciones que los hacen específicos para determinados anticuerpos o seleccionan líneas celulares que surgen por mutación?».[11] Para Lederberg, al menos en teoría, la respuesta era obvia. En biología celular y en genética —de hecho, en la mayor parte del mundo biológico—, el aprendizaje y la memoria obedecen a mutaciones, no a instrucciones o aspiraciones. El cuello largo de una jirafa no es el resultado de que generaciones de sus antepasados aspiraran a estirar el cuello para llegar a los árboles altos. Son las mutaciones, seguidas de la selección natural, lo que da lugar a un mamífero con la columna vertebral expandida y, por tanto, el cuello más largo. ¿Cómo demonios iban los anticuerpos a «aprender» a deformarse para adaptarse a la forma de un antígeno? ¿Por qué demonios iba un anticuerpo a comportarse de un modo tan extraño, como una especie de velo que cambiaba espontáneamente de forma para amoldarse a un antígeno?

Lederberg tenía razón, por supuesto. La respuesta correcta al enigma de la génesis de los anticuerpos acabó encontrándose soterrada en un artículo poco conocido publicado en 1957 en el *Australian Journal of Science* por un inmunólogo australiano. (Aun hoy, hay profesores de inmunología que reconocen no haberlo leído). En la década de 1950, Frank Macfarlane Burnet, basándose en trabajos anteriores de Niels Jerne y David Talmage, se dio cuenta de que ni Pauling ni Ehrlich habían dado con la respuesta al enigma. Los anticuerpos no se creaban a partir de instrucciones o aspiraciones. Ni tampoco podía un único linfocito B presentar todos los anticuerpos posibles para unirse a todos los antígenos posibles.

Burnet le dio la vuelta al planteamiento de Ehrlich. Recordemos que, según Ehrlich, cada célula —un erizo con infinitas púas— mostraba en su superficie una enorme diversidad de anticuerpos. Así, cuando un antígeno determinado se unía a un anticuerpo compatible, dicho anticuerpo era seleccionado de entre todos los de la célula y empezaba a multiplicarse. Burnet, en cambio, se planteó: ¿y si cada linfocito B mostrara un único receptor de antígenos? ¿Podría ser el linfocito y no el anticuerpo el que fuera seleccionado y se multiplicara al unirse al antígeno? La idea es que no son las proteínas —los anticuerpos— las que se multiplican, sino las células. Ante un estímulo apropiado, un linfocito B que porte un único receptor de antígenos entre sus proteínas de superficie hará exactamente eso, multiplicarse, aumentando con ello la población de linfocitos B que mostrarán el anticuerpo compatible.

Burnet hacía una comparación que seguía la lógica neodarwiniana. Imaginemos una isla de pinzones, cada uno portador de una mutación que le confiere un pico único y ligeramente distinto: algunos grandes y planos, otros finos y afilados. Imaginemos que, de repente, los recursos naturales se vuelven limitados: los árboles frutales son derribados en una tormenta y todas las frutas con pulpa desaparecen; el único alimento que queda son los duros huesos. Un pinzón de pico grueso, capaz de partir los huesos caídos, podría sobrevivir por selección natural, mientras que un pinzón de pico fino, concebido para alimentarse del néctar de la fruta, moriría.

En resumen, cada pinzón por separado, al igual que cada célula por separado, carece de un repertorio o cosmos infinito de picos y acaba eligiendo o adaptando el que mejor se ajusta a sus circunstancias. Mejor dicho, la selección natural elige el pinzón que tiene un pico ideal para la catástrofe natural. La población de pinzones seleccionados aumenta. Y la memoria de la catástrofe perdura.

Burnet extendió la analogía a los linfocitos B.[12] Imaginemos una nutrida legión de linfocitos B en un cuerpo, todos provistos de un único receptor de antígenos —cada linfocito es un pinzón con un pico único, por así decirlo—. Imaginemos cada receptor como un anticuerpo, con la salvedad de que está unido a la superficie de un linfocito B (y conectado con una red de moléculas de señalización para activar el linfocito). Cuando un antígeno se une a uno de estos linfocitos B (un clon), este se activa y empieza a multiplicarse. Se selecciona el pinzón (o linfocito B) que tiene el pico (o anticuerpo) correcto. En este caso, la selección no es natural, sino clonal: la selección de una célula determinada capaz de unirse a un antígeno.

Cuando un linfocito B que muestra en su superficie el tipo de receptor adecuado encuentra a un antígeno extraño, tiene lugar un proceso maravilloso. Como apuntó Lewis Thomas en su libro *Las vidas de la célula*, publicado en 1974: «Cuando se hace la conexión y un linfocito con su receptor es puesto en la presencia de su antígeno específico, se produce uno de los magníficos pequeños espectáculos de la naturaleza. La célula se agranda, hace nuevo ADN rápidamente y se convierte en lo que se denomina un linfoblasto. Enseguida comienza a dividirse dando origen a una colonia de células idénticas, todas equipadas con el mismo receptor».[13] Al final, los clones de linfocitos B dominantes, que muestran el receptor «correcto» (el que mejor se une al antígeno), superan a todos los demás en número. Es un proceso darwiniano, muy similar a la manera en la que el pinzón con el pico correcto es «elegido» por selección natural.

Tal como Ehrlich ya había imaginado en 1891, estos linfoblastos empiezan a segregar el receptor a la sangre. Libre de la membrana del linfocito B y transportado en la sangre, el receptor se «convierte» en anticuerpo.* Y, cuando se une a su diana, puede atraer una cascada de proteínas para intoxicar el microbio y reclutar macrófagos para devorarlo o fagocitarlo. Varios decenios después, los investigadores demostraron que algunos de estos linfocitos B activados no se extinguen. Permanecen en el organismo en forma de células de memoria. En palabras de Thomas: «La nueva colonia [de linfocitos estimulados por el antígeno] es un recuerdo, nada menos». Una vez que ha cesado la infección y se ha eliminado el microbio, algunos de estos linfocitos B se vuelven más inactivos, pero perduran —pinzones acurrucados en la cueva—. Cuando el organismo vuelve a encontrarse con el antígeno, el linfocito B de memoria se reactiva. Sale de su letargo y se divide activamente para madurar y convertirse en una célula plasmática productora de anticuerpos, generando así una memoria inmunitaria. En resumen, la memoria inmunitaria no se conserva en una proteína que perdura, como Ehrlich podía haber imaginado.

Es un linfocito B, estimulado con anterioridad, el que guarda el recuerdo de la exposición previa.

¿Cómo adquiere cada linfocito B su anticuerpo único? Los pinzones de Darwin habían desarrollado su pico propio mediante mutaciones en los espermatozoides y los óvulos, lo que cambió la morfología de cada pico. Estas son mutaciones de la línea germinal: están presentes en el ADN de todas las células del pinzón y se transmiten, intactas, de una generación a otra; por tanto, un pinzón de pico

* He simplificado un poco el proceso, pero he recogido los aspectos básicos de la génesis de los anticuerpos. La activación del receptor de un linfocito B por parte de un antígeno, la secreción de ese receptor a la sangre, el mejoramiento del anticuerpo con el tiempo, la secreción continuada del anticuerpo por parte de las células plasmáticas y la transformación de algunos linfocitos B activados en linfocitos B de memoria son los aspectos clave del proceso. Como pronto veremos, algunas células productoras de anticuerpos —células plasmáticas— pasan a tener una vida larga. Ambos parecen contribuir a guardar el recuerdo de una infección anterior. Los linfocitos T cooperadores son clave para este proceso y nos ocuparemos de ellos en los siguientes capítulos.

grueso tendrá como descendencia otro pinzón de pico grueso, y así sucesivamente.

En la década de 1980, una serie de esclarecedores experimentos demostraron que los linfocitos B también adquieren sus anticuerpos únicos mediante mutaciones, si bien se trata de un tipo de mutación meticulosamente regulada que ocurre en estas células, no en los espermatozoides y los óvulos.[14] Los linfocitos B reorganizan una serie de genes productores de anticuerpos, mezclando y combinando módulos genéticos, como prendas de ropa. La analogía simplifica demasiado el proceso, pero es importante. Por poner un ejemplo, un anticuerpo puede estar compuesto por tres módulos genéticos combinados: una chaqueta retro conjuntada con un pantalón amarillo y una boina negra, mientras que otro puede tener una combinación de módulos distinta, quizá un abrigo de color oscuro conjuntado con un pantalón azul y unos zapatos de cordones. Hay un vestuario muy variado de módulos genéticos que cada linfocito B puede probarse; imaginemos cincuenta camisas, treinta sombreros, doce pares de zapatos, etc. Para madurar, un linfocito B solo tiene que abrir su armario, seleccionar una permutación única de módulos genéticos y reorganizarlos para producir un anticuerpo.

Cada uno de estos reordenamientos genéticos es también una mutación, si bien se trata de un tipo de mutación intencionada y altamente regulada dentro de un linfocito B. Un mecanismo especial efectúa estos reordenamientos genéticos y proporciona a cada anticuerpo una identidad estructural única y, por tanto, una afinidad única para unirse a un determinado antígeno. La inconfundible composición genética de cada linfocito B maduro le permite presentar un receptor concreto en su superficie. Cuando un antígeno se une a él, el linfocito B se activa. Pasa de tener el receptor en su superficie a segregarlo, en forma de anticuerpo, a la sangre. Se producen aún más mutaciones en el linfocito B que mejoran la unión del anticuerpo al antígeno.* Al final, el linfocito B madura y se convier-

* Este proceso se denomina maduración por afinidad y continúa hasta que el anticuerpo adquiere una afinidad de unión increíblemente elevada para un anticuerpo.

te en una célula tan volcada en la producción de anticuerpos que su estructura y metabolismo se modifican para favorecer el proceso. Ahora es una célula dedicada a fabricar anticuerpos —una célula plasmática—. Algunas de estas células plasmáticas también pasan a tener una vida larga y conservan el recuerdo de la infección.

Los descubrimientos sobre los linfocitos B, las células plasmáticas y los anticuerpos irrumpen en la medicina de maneras inesperadas. Ya hemos tratado el papel del sistema inmunitario innato —de los macrófagos y los monocitos, por ejemplo— en el efecto de una vacuna. Pero, en último término, la actividad de una vacuna depende del sistema inmunitario adaptativo: son los linfocitos B los que producen anticuerpos y esos anticuerpos se encargan, por lo general, de generar inmunidad a largo plazo (como sabemos, los linfocitos T también contribuyen a ello). Un macrófago o monocito puede presentar fragmentos digeridos de un microbio o atraer linfocitos B al foco de una infección, pero son estas células productoras de anticuerpos las que se unen a alguna parte del microbio. El linfocito B que porta un receptor que se une al microbio se activa para multiplicarse por clonación y empieza a segregar el anticuerpo a la sangre. Por último, ese linfocito B experimenta cambios internos y pasa a formar parte del compartimento de linfocitos B de memoria, conservando así el recuerdo del inóculo original.

Pero, aparte de las vacunas, el descubrimiento de los anticuerpos reavivó la fantasía de Paul Ehrlich de que existía una bala mágica: si se podía de algún modo convencer a un anticuerpo para que atacara a una célula cancerosa o a un microbio patógeno, actuaría como un medicamento natural contra ellos. Sería un medicamento como ningún otro: un medicamento diseñado específicamente para atacar y destruir a su diana.

El desafío de fabricar estos anticuerpos con propiedades terapéuticas fue resuelto por un científico argentino, César Milstein, en la Universidad de Cambridge. Milstein estaba allí en calidad de estudiante visitante para investigar la química de las proteínas en células bacterianas. El laboratorio constaba de una única habitación. Milstein necesitaba un medidor de pH para determinar la acidez de sus disoluciones químicas y su vecino Fred Sanger, el legendario químico de las proteínas, solo tenía uno en un cuarto del rincón del Departamento de Bioquímica. Entre charlas y mediciones de pH, se hicieron amigos íntimos. En 1958, Sanger recibió el Premio Nobel por resolver la estructura de una proteína —un logro colosal de la biología molecular—. Y en 1980 obtendría un segundo Nobel por descubrir cómo secuenciar el ADN.

En 1961, Milstein regresó al Instituto Malbrán de Argentina para dirigir la división de Biología Molecular. Pero el traslado, motivado por un deseo romántico de retornar a su tierra natal, pronto se trastocó en pesadilla. En Argentina imperaba un nacionalismo sectario y disgregador. El 29 de marzo de 1962, apenas un año después de que Milstein se estableciera en la ciudad de Buenos Aires, el país se vio sacudido por otro cruento golpe de Estado, el cuarto en Argentina, al que seguirían otros dos.

Se desató el caos. Expulsaron a los judíos de las universidades, parte de la división de Milstein se disolvió, asesinaron a comunistas a punta de pistola y encarcelaron a civiles, sobre todo judíos. Milstein, con su apellido y su ascendencia judíos y sus ideas liberales, vivía con el temor de que lo arrestaran y lo acusaran de disidente o comunista. Sanger, gracias a sus contactos, lo arregló para que Milstein saliera clandestinamente de Argentina y regresara a Cambridge. El medidor de pH que habían compartido, guardado en la última planta de un laboratorio, resultó ser un talismán: el billete que, sin saberlo, permitiría a Milstein regresar a Inglaterra.

Una vez en Cambridge, el interés de Milstein pasó de las proteínas bacterianas a los anticuerpos. Fascinado por su especificidad, empezó a acariciar la idea de crear balas mágicas a partir de los linfocitos B. ¿Era posible convertir una sola célula plasmática, capaz de segregar un único anticuerpo seleccionado, en una fábrica de anticuerpos? ¿Podía ese anticuerpo transformarse en un nuevo medicamento?

El problema residía en que las células plasmáticas no eran inmortales. Crecían durante unos días, después empezaban a decaer y acababan por encogerse y morir. Milstein, en colaboración con el biólogo celular alemán Georges Köhler, pensó en una solución tan brillante como poco ortodoxa: utilizando un virus que podía mantener las células unidas entre sí, fusionaron el linfocito B con una célula cancerosa. La idea sigue maravillándome. ¿Cómo se les pudo ocurrir utilizar a un muerto viviente como son los virus para «resucitar» a una célula moribunda? El resultado fue una de las células más extrañas de la biología. La célula plasmática conservaba su propiedad de producir anticuerpos, mientras que la célula cancerosa la hacía inmortal. Pusieron a su peculiar célula el nombre de hibridoma —una mezcla de «híbrido» y «oma», el sufijo de «carcinoma»—. La célula plasmática inmortal era capaz de segregar un solo tipo de anticuerpo de manera perpetua. Llamamos a ese anticuerpo de un solo tipo (en otras palabras, un clon) anticuerpo monoclonal.

El artículo de Milstein y Köhler se publicó en *Nature* en 1975.[15] Semanas antes de que saliera a la luz, alertaron a la Corporación Nacional de Desarrollo de la Investigación (NRDC, del inglés National Research Development Corporation) del Reino Unido, gestionada por el Gobierno, de las vastas aplicaciones comerciales de aquellos anticuerpos; podían ser la base de nuevos fármacos muy específicos. Pero la NRDC decidió no patentar el método ni ninguno de los materiales. «Ciertamente, cuesta encontrar alguna aplicación práctica inmediata», declaró por escrito. En las décadas que han transcurrido desde entonces, aquella valoración tan superficial de la aplicabilidad de los anticuerpos monoclonales ha costado probablemente a la NRDC y a la Universidad de Cambridge varios miles de millones de euros en ingresos.

Las repercusiones prácticas fueron inmediatas. Los anticuerpos monoclonales, abreviados AcM, podían utilizarse ahora como agentes de detección o como marcadores de células. Pero su aplicación más importante, rentable y conocida era médica: podían formar un ingente arsenal de nuevos medicamentos.

Por lo general, un medicamento actúa uniéndose a su diana —como Paul Ehrlich había apuntado, igual que una llave encaja en una cerradura— e inactivando o, en ocasiones, activando su función.

La aspirina, por ejemplo, se une a la ciclooxigenasa, una enzima que interviene en la coagulación de la sangre y en la inflamación. Según esa misma lógica, los anticuerpos, diseñados para unirse a otras proteínas, también podían convertirse en medicamentos: ¿y si un anticuerpo pudiera unirse a una proteína de la superficie de una célula cancerosa y activar la cascada de acontecimientos que la destruirá? ¿O reconocer una proteína de una célula inmunitaria hiperactiva que estuviera causando una artritis reumatoide y arponearla hasta acabar con ella?

En agosto de 1975, N. B., un hombre de cincuenta y tres años de Boston, notó que los ganglios linfáticos de las axilas y del cuello se le había inflamado y le dolían.[16] Tenía fuertes sudores nocturnos y siempre estaba cansado. Sin embargo, dejó pasar un año entero antes de acudir por fin a los médicos del Instituto Sidney Farber del Cáncer en Boston.* Al examinarlo, los oncólogos observaron que, además de los ganglios inflamados, N. B. tenía el bazo tremendamente dilatado, hasta tal punto que notaban el borde exterior cuando le palpaban el abdomen.

A continuación, comprobaron una serie de valores analíticos. La cifra de glóbulos blancos del paciente era ligeramente superior a la normal. Sin embargo, lo que llamaba la atención era la distribución de los glóbulos blancos en la sangre: no solo había un número elevado de linfocitos, sino que también parecían malignos. Se insertó una aguja de biopsia larga y fina en uno de los ganglios linfáticos inflamados para extraer una muestra de tejido, que se envió a un patólogo para su análisis. A N. B. le diagnosticaron un linfoma —un linfoma linfocítico difuso poco diferenciado (o DPDL, por las siglas en inglés de *diffuse, poorly differentiated, lymphocytic lymphoma*).

El DPDL avanzado —con el bazo, los ganglios linfáticos y las células linfáticas circulantes inflamados— es una enfermedad con mal pronóstico. A N. B. le extirparon el bazo infestado de células

* El centro médico se conoce actualmente como Instituto Dana-Farber del Cáncer.

malignas y empezaron a tratarlo con quimioterapia. Le administraron un medicamento tras otro por vía intravenosa para destruir las células cancerosas. Ninguno dio resultado. Las cifras de glóbulos blancos siguieron aumentando.

Lee Nadler, un oncólogo del instituto, pensó en otro tratamiento. Las células de linfoma tienen una serie de proteínas en su superficie. Si se inyectan a ratones, estos animales fabrican anticuerpos contra ellas. Nadler, siguiendo una modificación del método de Milstein y Köhler, utilizó las células cancerosas de N. B. para generar anticuerpos contra sus células tumorales y después le inyectó suero que contenía uno de los anticuerpos, esperando que hubiera una respuesta. Se trataba de un ejemplo extremo de terapia personalizada contra el cáncer; o, más bien, de inmunoterapia personalizada contra el cáncer.

La primera dosis de suero, de 25 miligramos, no pareció afectar al linfoma. La segunda dosis, de 75 miligramos, produjo un pronunciado descenso en el número de glóbulos blancos. El cáncer sufrió un revés, pero se rehízo enseguida. Una tercera dosis, de 150 miligramos, suscitó nuevamente una respuesta: la cifra de células de linfoma en la sangre se redujo casi a la mitad. Pero después las células tumorales de N. B. se volvieron resistentes y dejaron de responder al tratamiento. La sueroterapia, como Nadler la llamó, se suspendió y N. B. murió.

Pero el doctor Nadler siguió buscando proteínas en las membranas de las células de linfoma que pudieran ser dianas de los anticuerpos. Al final, encontró un candidato ideal llamado CD20. Pero ¿podía un anticuerpo contra el CD20 desarrollarse como medicamento contra el linfoma?

A cinco mil kilómetros de allí, en la Universidad de Stanford, el inmunólogo Ron Levy también buscaba un anticuerpo que atacara a las células de linfoma. A principios de la década de 1970, Levy había regresado a su país después de pasar un año sabático en el Instituto Weizmann de Ciencias de Israel. Allí, un investigador, Norman Kleinman, había desarrollado un método para aislar células plasmáticas que podían producir anticuerpos —anticuerpos contra el cáncer, posiblemente—, pero las células tenían una vida tan corta que parecía un reto imposible. «Aislábamos células plasmáticas que podían producir un solo tipo de anticuerpo, y siempre morían», me explicó Levy.[17]

«Y entonces —continuó—, en 1975, de repente, a Milstein y a Köhler se les ocurrió un método para fusionar una célula plasmática con una cancerosa. Esa fusión permitía que la célula productora de anticuerpos viviera para siempre. —Se le iluminó la cara; se puso a tamborilear con las manos en la mesa—. Fue una revelación. Una mina de oro. Paradójicamente, pudimos utilizar la inmortalidad de una célula cancerosa [fusionada con una plasmática] para crear una célula inmortal que produjera un anticuerpo contra el cáncer. Pudimos combatir el cáncer con sus mismas armas».

Levy se puso a buscar anticuerpos contra los linfomas de los linfocitos B —cánceres de los linfocitos B—. Al principio, se centró en la terapia de anticuerpos personalizada, en la que se generaba un anticuerpo único «a medida» de cada paciente, por así decirlo. Encontró una empresa llamada IDEC, que se ocupó de fabricar los anticuerpos. Pero, aunque algunos pacientes respondían a ellos, IDEC y Levy pronto se dieron cuenta de que aquel enfoque era totalmente inviable: ¿cuántos anticuerpos, contra cuántos antígenos distintos, podía producir una empresa?

En una segunda fase, Levy encontró un AcM contra el CD20, la molécula que Nadler había descubierto tanto en la superficie de los linfocitos B normales como en la de los malignos. Levy reconoce que no estaba convencido: pensaba que la intervención experimental «iba a destruir el sistema inmunitario y no sería segura —me dijo—. Pero ellos [IDEC] nos convencieron para llevar a cabo el ensayo clínico igualmente».

Levy estaba equivocado y, además, tuvo muchísima suerte. Afortunadamente, los seres humanos pueden vivir sin linfocitos B que expresan el CD20, en parte porque, una vez que los linfocitos B maduran para convertirse en células productoras de anticuerpos, o células plasmáticas, no tienen el CD20 en su superficie y son, por tanto, resistentes al anticuerpo. Atacar a las células de linfoma que expresan el CD20 precipitaría inevitablemente un ataque simultáneo a los linfocitos B normales, lo que dejaría a los pacientes parcialmente inmunodeprimidos, pero no los mataría; seguirían teniendo células plasmáticas para producir anticuerpos. «Había una posibilidad remota de que diera resultado», dijo Levy. En 1993, contrató a dos becarios, David Maloney y Richard Miller, para llevar a cabo el ensayo.

Una de las primeras pacientes en recibir el anticuerpo fue una locuaz especialista en medicina interna llamada W. H. Tenía un linfoma folicular, un cáncer de evolución lenta, o indolente, que expresa el CD20. «Respondió a la primera dosis», recordó el doctor Levy. Sin embargo, recayó tan solo un año después y tuvo que reanudar el tratamiento experimental con AcM. Esa vez, W. H. tuvo una respuesta completa y los tumores desaparecieron. No obstante, la pauta se mantuvo: sufrió una segunda recaída en 1995, en la que se le administró el anticuerpo monoclonal combinado con quimioterapia. Volvió a responder al tratamiento.

En 1997, la FDA de Estados Unidos aprobó el tratamiento con el anticuerpo monoclonal quimérico rituximab. Ese año, el linfoma de W. H. reapareció. El rituximab lo dejó fuera de combate, pero la enfermedad regresó para jugar la revancha en 1998, 2005 y 2007. Veinticinco años después de su diagnóstico, W. H. sigue viva. Desde entonces, el rituximab ha encontrado su sitio en el tratamiento de diversos cánceres, así como de enfermedades no cancerosas. Se ha utilizado en combinación con la quimioterapia para tratar e incluso curar linfomas de gran malignidad que expresan el CD20, así como para cánceres linfáticos poco comunes. A principios de la década de 2000, conocí a un joven que padecía un cáncer de bazo muy poco habitual con células que expresaban el CD20. Tenía fiebre a diario y le resultaba imposible andar. Le extirpamos el bazo inflamado —tan grande que no cabía en una bandeja quirúrgica normal y hubo que colocarlo en un carro para llevarlo al Departamento de Anatomía Patológica— y después lo tratamos con rituximab. Los tumores nodulares se disolvieron poco a poco y la fiebre remitió. Veinte años después sigue sin recaer.

El rituximab fue uno de los primeros anticuerpos monoclonales contra el cáncer. Desde entonces, son muchos los anticuerpos que se han incorporado a la farmacopea, incluidos el trastuzumab (utilizado para tratar determinados tipos de cáncer de mama), el brentuximab vedotin (linfoma de Hodgkin) y el infliximab (enfermedades autoinmunes como la enfermedad de Crohn y la artritis psoriásica). Le recordé a Levy que, en Inglaterra, la NRDC había dudado de la «aplicabilidad práctica» del tratamiento con anticuerpos. Se rio y dijo: «Ni tan siquiera estoy seguro de que nosotros conociéramos su potencial».

«Utilizar células para luchar contra otras células —se maravilló—. Nunca pensamos realmente en todo lo que podríamos hacer cuando fabricamos aquel primer anticuerpo».

La célula discernidora

La sutil inteligencia del linfocito T

> Durante siglos, el timo ha sido un órgano en busca de una función.[1]
>
> Jacques Miller, 2014

En 1961, un estudiante de treinta años que cursaba su doctorado en Londres, Jacques Miller, descubrió la función de un órgano humano del que la mayoría de los científicos se habían olvidado.[2] El timo, llamado así porque guarda un vago parecido con las hojas lobuladas del tomillo (*Thymus* en latín), era, según Galeno, «una glándula grande y blanda» situada por encima del corazón. Incluso Galeno, que practicó la medicina en el siglo II d.C., observó que iba involucionando con la edad. Y, cuando el órgano se extirpaba a animales adultos, no ocurría nada importante. Un órgano prescindible que iba encogiendo e involucionando, ¿cómo podía ser esencial para la vida humana? Los médicos y los científicos empezaron a ver el timo como un vestigio evolutivo, no muy distinto del apéndice o la rabadilla.

Pero ¿podía desempeñar una función durante el desarrollo del feto? Utilizando unas pinzas diminutas y suturas de seda finísimas, Miller extrajo el timo a ratones unas dieciséis horas después de que nacieran. El efecto fue tan inesperado como espectacular: la concentración en la sangre de linfocitos —los glóbulos blancos del torrente circulatorio que no son ni macrófagos ni monocitos— disminuyó vertiginosamente y los animales se volvieron cada vez más vulnerables a infecciones comunes. La cifra de linfocitos B se redujo, pero otro tipo de glóbulo blanco, desconocido hasta ese momento, lo hizo de manera aún más drástica. Muchos de los ratones murieron a causa del virus de la hepatitis murina; a otros tantos les colonizaron el bazo bacterias patógenas. Más extraño aún, cuando Miller les injertó en el flanco piel obtenida de otro ratón, no la rechazaron. Por el contrario, el injerto siguió vivo e intacto y le creció «abundante pelo».[3] Era como si el ratón no tuviera ningún mecanismo para distinguir sus tejidos de los que no eran suyos. Había perdido su conciencia de «lo propio».

A mediados de la década de 1960, Miller y otros investigadores comprendieron que el timo distaba mucho de ser un vestigio. En los recién nacidos, era el órgano en el que maduraba una clase distinta de célula inmunitaria: no un linfocito B, sino un linfocito T (*T* de *timo*).

Pero, si los linfocitos B generaban anticuerpos para eliminar microbios, ¿qué hacían los linfocitos T? ¿Por qué los ratones que carecían de ellos se habían visto colonizados por infecciones y por qué habían aceptado tan mansamente injertos de piel ajena que tendrían que haber rechazado de inmediato? ¿Cómo y por qué habían perdido su conciencia de «lo propio»? Y, además, ¿qué es «lo propio»?

El hecho de que la fisiología de una de las células más esenciales del cuerpo humano continuara siendo un misterio en la década de 1970 demuestra que la biología celular como ciencia sigue estando en mantillas. Los linfocitos T se descubrieron hace tan solo unos cincuenta años. Y, apenas dos décadas después del experimento de Miller, en 1981, estas células se convertirían en el epicentro de una de las epidemias más graves de la historia de la humanidad.

El laboratorio de Alain Townsend estaba situado al final de una empinada cuesta en el Instituto de Medicina Molecular,* al lado de la

* Actualmente se llama Instituto Weatherall de Medicina Molecular.

Universidad de Oxford. En el otoño de 1993, cuando llegué a allí para hacer mi posgrado en inmunología con Alain, los misterios de la función de los linfocitos T aún estaban desvelándose. El instituto era un edificio moderno de vidrio y acero. La guardia de seguridad de la entrada, una mujer con marcado acento galés, nos pedía la documentación antes de permitirnos la entrada. Sin la identificación correcta, se negaba a dejarnos pasar. Pasé dos años hurgándome el bolsillo en busca de la identificación hasta que por fin me armé de valor para enfrentarme a ella. Había ido, todos los días, durante veinticuatro meses seguidos. ¿No me reconocía por la cara?

Me miró con frialdad. «Yo solo hago mi trabajo». Su trabajo, imagino, era detectar intrusos —como si yo pudiera ser James Bond, que había subido la cuesta en un Aston Martin oculto tras una careta de Mukherjee con la misión secreta de alimentar mis cultivos de linfocitos T por la noche. Con el tiempo, he acabado valorando su diligencia. Hacía lo mismo que haría el sistema inmunitario.

En el laboratorio de Alain, me asignaron un problema que sigue fascinando y frustrando a los científicos: ¿cómo puede un virus crónico, como el virus del herpes simple (VHS), el citomegalovirus (CMV) o el virus de Epstein-Barr (VEB), permanecer tenazmente oculto dentro del cuerpo humano, mientras que otros virus, como el de la gripe, se eliminan por completo después de la infección? ¿Por qué los virus crónicos no son aniquilados por el sistema inmunitario, en especial por los linfocitos T?[4]*

* Ahora sabemos que cada uno de estos virus ha desarrollado un método específico para evitar la detección inmunitaria —un fenómeno denominado evasión inmunitaria vírica—. En el caso del VEB, los estudios de la inmunóloga Maria Masucci y mi propia tesis doctoral coincidieron en la respuesta. El genoma del virus de Epstein-Barr codifica muchos genes. Pero, una vez que entra en los linfocitos B, el VEB puede desactivar la mayoría de estos genes salvo dos: el EBNA1 y el LMP2. La proteína EBNA1 sería una candidata ideal para que los linfocitos T la detectaran, pero, sorprendentemente, es invisible a ellos. Esto se debe, en parte, a que la EBNA1 se resiste a fragmentarse en el interior de la célula. Como pronto sabremos, Alain Townsend descubrió que los linfocitos T solo pueden reconocer fragmentos de proteínas víricas —péptidos— cargados en una molécula que pertenece al complejo principal de histocompatibilidad, abreviado MHC (por la sigla en inglés de *major histocompatibility complex*). Y resulta que la EBNA1 no produce

El laboratorio era un ajetreado paraíso intelectual, rebosante de una energía frenética que era nueva para mí. A las cuatro de la tarde, tocaban una vieja campana de latón y todo el instituto bajaba en masa a la cafetería para tomarse un té flojo, tibio y casi imbebible y unas galletas duras casi incomibles. Ita Askonas, una de las pioneras de la inmunología, se rodeaba de vez en cuando de sus admiradores en un rincón; Sydney Brenner, el genetista de Cambridge ganador de un Nobel, podía pasarse por allí para charlar y las cejas, tan pobladas que parecían orugas, se le enarcaban y estremecían de alegría cada vez que le hablábamos de un nuevo resultado experimental.

Un investigador italiano, Vincenzo Cerundolo, era mi mentor directo. Cerundolo, al que todos llamábamos Enzo, era bajito, parlanchín y vivaracho. Sin embargo, en las primeras semanas que pasé en el laboratorio, me ignoró por completo; iba de un lado para otro deprisa y corriendo, evitándome como si fuera un irritante aparato que alguien había dejado fuera de sitio. Intentaba terminar un trabajo de investigación y enseñar a un estudiante de posgrado recién llegado los enrevesados detalles de la inmunología no parecía merecer su tiempo o energía.

Uno de los aspectos del proyecto de Enzo consistía en fabricar virus para infectar células de ratón y humanas. El virus estaba diseñado para introducir genes en células humanas a fin de que Enzo pudiera analizar las funciones de los genes. Para multiplicar el virus —es decir, para fabricar más partículas víricas— había que infectar una capa de células. A continuación, se extraía el virus vertiendo todo el cultivo en un tubo, y congelándolo y descongelándolo tres veces. Era un procedimiento que requería precisión y paciencia. Si no se llevaba a cabo, era imposible separar las partículas víricas; pero pasarse de la raya podía destruir por completo el virus. Una mañana,

ningún péptido. Es posible que la LMP2 tenga otros medios de evasión inmunitaria, pero aún se desconocen. El virus del herpes simple adopta una táctica distinta para la evasión inmunitaria que consiste en desactivar el mecanismo mediante el cual los péptidos son transportados para cargarse en las moléculas del MHC. El citomegalovirus, por su parte, tiene aún otra maniobra de evasión: fabrica una proteína que puede destruir un componente del MHC —la mismísima molécula que permite a los linfocitos T detectar una célula infectada por el CMV—.

poco después de llegar al laboratorio, encontré a Enzo haciendo aspavientos delante de uno de aquellos tubos. Una técnica de investigación, también italiana, había hecho un preparado de virus para él, pero se había ido de vacaciones y Enzo no tenía la menor idea de si el virus se había extraído o seguía en el tubo. Era un momento de mucha tensión. Una carga vírica baja y todo el experimento, clave para su trabajo, se iría al garete. Masculló una palabrota en italiano: *cavolo*.

Le pregunté si podía ver el tubo y me lo dio.

En la parte de abajo, en tinta apenas visible, vi que la técnica había escrito las letras *C, S, C, S, C, S*.

—¿Cómo se dice *congelar* en italiano? —le pregunté.

—*Congelare* —respondió Enzo.

—¿Y *descongelar*?

—*Scongelare*.

Así que eso era lo que había escrito la técnica: Congelar. Descongelar. Congelar. Descongelar. Congelar. Descongelar, salvo que lo había hecho en una especie de código morse italiano: C, S, C, S, C, S. Tres veces cada acción.

Enzo me miró de hito en hito. A lo mejor resultaba que yo merecía la pena. Terminó su experimento y me preguntó si me apetecía un café. Preparó dos tazas. Algo se había descongelado entre nosotros.

Nos hicimos amigos. Me enseñó virología, a cultivar células, la biología de los linfocitos T, argot italiano y el secreto para preparar una buena salsa boloñesa. Yo subía la cuesta en bicicleta todas las mañanas bajo la lluvia incesante para trabajar con él y la bajaba por las tardes, de nuevo bajo la lluvia. Iba y venía a mi antojo —a veces a medianoche—, mientras mis experimentos seguían su curso en las estufas de incubación del laboratorio.

Mi mundo interior estaba impregnado de ideas sobre los linfocitos T y sus interacciones con los virus crónicos. Me replanteaba mis experimentos mientras iba cuesta abajo, repasando mentalmente los datos, imaginando la vida del virus en el interior de la célula. «Para entender la virología de los linfocitos T, aprende a pensar como un virus», me había dicho Enzo. Y eso hacía yo. Una tarde me «convertía» en el VEB y al día siguiente era el herpes (esto último requería tener un cierto de sentido del humor).

Incluso después de que me marchara de Oxford, Enzo y yo continuamos colaborando y publicamos artículos juntos. Él me enviaba frascos de células para mis experimentos en el laboratorio. Y yo le mandaba recetas de mi madre para sus experimentos en la cocina. Nos veíamos en seminarios de todo el mundo y siempre retomábamos la conversación como si nunca hubiéramos dejado de hablar. Ambos habíamos pasado simultáneamente de interesarnos por la inmunología a centrarnos en el cáncer y, por último, en la inmunología del cáncer. Con el transcurso de las décadas, pasé de ser su alumno a convertirme en su colega y amigo. Pero nunca pude prepararle un café expreso que le satisficiera. Lo intenté una vez y lo escupió. Era, como podría haber dicho Wolfgang Pauli, tan malo que ni siquiera estaba mal.

A principios de 2019, me enteré de que le habían diagnosticado un cáncer de pulmón avanzado. El golpe de saber que estaba enfermo me dejó aturdido; me sentía incapaz de llamarlo. Pasó una semana, quizá dos, hasta que por fin marqué su número desde Nueva York. Cogió el teléfono de inmediato. Me habló de su enfermedad sin ambages. Aquellos linfocitos T cuyos misterios había dedicado su vida a descubrir quizá encontrarían un modo de combatir su cáncer. Como escribió Alain Townsend sobre Enzo en la revista *Nature Immunology*:[5] «Oímos la frase "luchar contra el cáncer", pero esa descripción palidece ante la extenuante batalla inmunitaria personal que él libró contra las células rebeldes que lo desafiaban. Luchó a brazo partido con todos los recursos que pudo recabar en su país y el resto del mundo, exprimiendo al máximo sus hondos conocimientos y experiencia. Y lo hizo [...] impasible, sin perderse un solo seminario, siempre a disposición de sus alumnos y colegas. Fue una suprema demostración de valor».

En 2020, unas semanas antes de que me dispusiera a visitar Oxford para dar una charla, me enteré de que Enzo había muerto. Anulé el viaje. Esa tarde me quedé más rato en el laboratorio, recordando en silencio a mi mentor, mi profesor boloñés, mi amigo, acariciando los recuerdos hasta hacerlos imborrables. Me sentía aturdido, desencantado, congelado en mi tristeza. Fue solo entonces, horas después, cuando la pena estalló dentro de mí en lágrimas incontenibles.

Congelare; scongelare.

Mundos interiores, mundos exteriores, separados por membranas. ¿Qué hacen los linfocitos T durante una infección? Imaginemos, poniéndonos en la piel de un sistema inmunitario humano, que existen dos mundos patológicos de microbios. Hay un mundo «exterior» constituido por bacterias o virus que flotan fuera de la célula, en la linfa, la sangre o los tejidos. Y hay un mundo «interior» formado por virus que están alojados en las células y viven dentro de ellas.

Es este último mundo el que plantea un problema metafísico o, mejor dicho, físico. Una célula, como ya hemos explicado, es una entidad autónoma rodeada de una membrana que la separa del exterior. Su interior —el citoplasma, el núcleo— es un refugio cerrado, en gran medida inescrutable desde el exterior, salvo por las señales, o receptores, que la célula decide enviar a su superficie.

Pero ¿qué ocurre si un virus se ha instalado a vivir dentro de una célula? ¿Qué sucede si, por ejemplo, un virus de la gripe se ha infiltrado en la célula y se ha apropiado de su mecanismo de producción de proteínas para fabricar proteínas víricas que no se distinguen de las propias de la célula? Eso es lo que hacen los virus: se «aclimatan». Un virus de la gripe convierte a su rehén en una auténtica fábrica de gripe que produce miles de viriones por hora. Y, dado que los anticuerpos no pueden entrar en las células, ¿cómo van a identificar una de esas células patógenas que se hace pasar por una célula normal? ¿Qué impide, pues, que cualquier virus utilice todas las células de nuestro cuerpo como el refugio microbiano ideal?

Pronto descubriría que las respuestas a todas estas preguntas residían en la célula cuyo seductor canto me había llevado de California al laboratorio de Alain Townsend en Oxford; la célula que puede, con una sensibilidad casi milagrosa, discernir una célula infectada por un virus de una que no lo está, y la célula que es capaz de diferenciar lo propio de lo ajeno. El sutil y sabio linfocito T.

En la década de 1970, Rolf Zinkernagel y Peter Doherty, dos inmunólogos que trabajaban en Australia, encontraron la primera pista para descifrar el reconocimiento de antígenos por parte de los linfocitos T.[6] Empezaron por los llamados linfocitos T citotóxicos: linfocitos T que reconocen las células infectadas por virus y las inundan de toxinas hasta que se encogen y mueren, eliminando así el microbio que se refugia en su interior. Estos linfocitos T citotóxicos (que destruyen células) presentaban un marcador especial en su superficie: CD8, un tipo de proteína.

La peculiaridad de estos linfocitos T CD8, según descubrieron Zinkernagel y Doherty, era su capacidad para reconocer infecciones víricas únicamente en el contexto de lo propio. Reflexionemos sobre esa idea: nuestros linfocitos T solo pueden reconocer células infectadas por virus si son de nuestro cuerpo, no del de otra persona.*

Había otra característica de los linfocitos T citotóxicos que era igual de desconcertante. Aunque un linfocito T CD8 podía reconocer una célula del propio cuerpo, solo destruía las células infectadas de este. Sin infección vírica, no actuaba. Era como si fuera capaz de hacer dos preguntas independientes. En primer lugar: «¿Es de mi cuerpo la célula que estoy inspeccionando?». En otras palabras, ¿es propia? Y, en segundo lugar: «¿Está infectada por un virus o bacteria?». ¿Se ha visto modificado lo propio? Un linfocito T destruía su diana únicamente si se cumplían ambas condiciones: lo afectado era lo propio y había infección.

* Si el linfocito T y la célula diana no son «compatibles» —lo que significa que son de cuerpos distintos y llevan marcadores proteicos distintos en su superficie—, el sistema inmunitario destruirá la célula tanto si está infectada como si no. Esta es la base para el rechazo de los injertos: si nos trasplantan células de un desconocido, las rechazaremos. Trataremos este reconocimiento de lo «no propio» más adelante.

Dicho de otro modo, los linfocitos T han evolucionado para reconocer lo propio, pero cuando está alterado y alberga una infección. ¿Pero cómo? Valiéndose de técnicas genéticas, Zinkernagel y Doherty descubrieron que la detección de lo propio compete a un conjunto de moléculas llamadas moléculas del MHC de clase I.*

Es como si la proteína del MHC fuera un marco. Sin el marco adecuado, o contexto —el cuerpo al que pertenece—, el linfocito T ni tan siquiera puede ver la fotografía, aunque sea una versión distorsionada de lo que constituye ese cuerpo. Y, de nuevo, sin la fotografía en el marco (posiblemente, una parte del virus que infecta ese cuerpo), el linfocito T no puede reconocer la célula infectada. Necesita tanto el microorganismo patógeno como el cuerpo del que forma parte; o sea, tanto la fotografía como el marco.**

Zinkernagel y Doherty habían resuelto una pieza del rompecabezas: que los linfocitos T reconocen lo propio infectado. Pero la segunda pieza planteaba un problema igual de espinoso. La molécula del MHC de clase I interviene, sí, pero ¿cómo señala una célula lo propio alterado, es decir, lo propio con una infección? ¿Cómo encuentra un linfocito T CD8 una célula propia con un virus de la gripe en su interior?

Alain Townsend, mi antiguo tutor, que con los años se ha convertido en íntimo amigo, se ocupó de esta cuestión en la década de 1990, primero en Mill Hill (Londres) y después en Oxford. Alain es uno de los científicos más brillantes y lúcidos que conozco. A veces, era la mismísima caricatura del profesor de Oxford: detestaba viajar

* La proteína del MHC de clase I tiene miles de variantes. Cada uno de nosotros es portador de una combinación única de genes del MHC de clase I. Es este MHC propio el que primero detecta el linfocito T. Si la célula infectada y el linfocito T CD8 son de una persona (con el mismo MHC de clase I), hay reconocimiento y la célula infectada es destruida.

** Esto se sustenta probablemente en una profunda lógica evolutiva. Un fragmento de péptido presentado por un macrófago o un monocito indica una infección auténtica. Uno que flota libremente —que carece del marco que le proporciona un fagocito y no está presentado de la manera adecuada— podría ser un residuo fortuito o, peor, un fragmento de una célula humana. Una respuesta inmunitaria al fragmento propio induciría una respuesta autoinmunitaria, una consecuencia devastadora de la inmunidad de los linfocitos T.

para asistir a encuentros científicos en destinos exóticos. La palabra «tropical» le daba horror. Almorzaba harinosas empanadas de carne casi todos los días y había perfeccionado el incisivo hábito inglés del eufemismo. Si pensaba que una idea era absurda, o poco científica, miraba a lo lejos y, al cabo de un momento, decía: «¡Oh! Esa idea parece..., um..., er..., tremendamente sutil». En las reuniones de laboratorio, debo reconocer que yo a menudo era tremendamente sutil.

A finales de la década de 1980 y principios de la siguiente, Townsend, entre otros, empezó a desvelar cómo un linfocito T citotóxico detecta una célula infectada por un virus. Townsend inició sus experimentos con linfocitos T CD8 citotóxicos. Estaba especialmente interesado en las células infectadas por el virus de la gripe. ¿Cómo se reconocen y eliminan esas células infectadas? Al igual que Zinkernagel y Doherty habían demostrado con anterioridad, Townsend descubrió que los linfocitos T CD8 destruían células infectadas por la gripe que eran del mismo cuerpo —en otras palabras, dependían del reconocimiento de lo propio—. Pero, como ya hemos mencionado, la célula propia tenía que portar una infección —y la expresión de una proteína vírica— para que la destruyeran. ¿Cuál era la proteína vírica que reconocían? Los investigadores habían descubierto que algunos de esos linfocitos T citotóxicos detectaban la presencia de la proteína de la gripe, llamada nucleoproteína (NP), dentro de una célula infectada por ese virus.*

Pero ahí fue donde empezó el misterio. Era un problema de lo externo frente a lo interno. «Esa proteína, la NP, nunca llega a la superficie de la célula»,[7] me dijo Alain. Íbamos a bordo de un taxi londinense después de haber asistido a una ponencia. Era un típico atardecer de Londres, con súbitos destellos de tenue luz inglesa, y las calles, a nuestro paso por ellas —Regent Street, Bury Street— esta-

* La nucleoproteína es una proteína de la gripe que se fabrica dentro de la célula. A continuación, se empaqueta en el virión de la gripe. La proteína carece de señales que le permitan expresarse en la superficie de la célula, de ahí la perplejidad de Alain Townsend sobre cómo era posible que un linfocito T la detectara.

ban bordeadas de interminables hileras de casas con algunas ventanas iluminadas y puertas inexpugnables. ¿Cómo podía un detective que fuera de puerta en puerta encontrar a alguien dentro de una de aquellas casas, a menos que la persona asomara la cabeza por casualidad?

Los linfocitos T no pueden entrar en las células —hay membranas que los separan—, pero, entonces, ¿cómo puede un linfocito T analizar los componentes del interior de una célula infectada?

«La NP siempre está dentro de la célula», continuó Alain. Los ojos le brillaron —con enfado— al recordar los experimentos. Había llevado a cabo las pruebas más sensibles que había —sin pausa, durante semanas— para encontrar aunque fuera un mínimo rastro de NP en la superficie de la célula infectada de gripe, donde un linfocito T podría detectarla. Pero no lo había. La NP jamás saca la cabeza fuera de la membrana de la célula. «En lo que respecta a las proteínas de la superficie de la célula, para un linfocito T que detecta la NP no hay nada que ver —añadió—. Es invisible en la superficie de la célula —¡ni tan siquiera está ahí!— y, no obstante, el linfocito T la ve perfectamente». El taxi se detuvo en un semáforo en ámbar, como si aguardara una respuesta.

Así pues, ¿cómo detectaba el linfocito T la NP? Los descubrimientos clave tuvieron lugar a finales de la década de 1980. Alain descubrió que los linfocitos T CD8 citotóxicos no reconocían la NP intacta que sacaba la cabeza fuera de la célula. Más bien, detectaban péptidos víricos —fragmentos de la proteína vírica, la NP—. Y, lo más importante, esos péptidos tenían que «presentarse» a los linfocitos T en el «marco» adecuado —en ese caso, cargarse en la proteína del MHC de clase I y llevarse a la superficie de la célula—. Lo propio, sí, pero alterado.

La proteína del MHC de clase I —la misma que Zinkernagel y Doherty habían relacionado con la respuesta de los linfocitos T citotóxicos— era, de hecho, un portador de péptidos y un «marco». El MHC llevaba lo de dentro afuera al enviar constantemente al exterior una muestra de las entrañas de una célula.

Imaginémoslo como un espía —nuestro hombre en La Habana— que envía señales visuales sobre el interior de una célula a nuestro sistema inmunitario—. El linfocito T necesita al espía adecuado —de ahí el requisito del reconocimiento propio—. Y necesita también las señales visuales adecuadas —de ahí el requisito de un microorganismo patógeno extraño dentro de una célula—. Es otro ejemplo más de los códigos de la biología. Si combinamos al hombre infiltrado adecuado con la señal visual adecuada —el MHC propio que porta un fragmento de un péptido vírico—, el linfocito T se lanza tras su presa.

En biología, rara vez hay un momento más conmovedor que cuando la estructura de una molécula se acopla con su función: el aspecto de una molécula y su cometido se funden en una unión perfecta. Tomemos, por ejemplo, el caso del ADN, la emblemática doble hélice. Parece un portador de información —una cadena de cuatro sustancias químicas, A, C, T y G, con una secuencia única (ACTGGCCTGC), como un código morse de cuatro letras—. La doble hélice también nos permite entender cómo tiene lugar la replicación. Las hebras son complementarias, yin y yang: la A de una hebra se aparea con la T de la otra, y la C se aparea con la G. Cuando una célula se divide para fabricar dos copias de ADN, cada hebra sirve de molde para generar la otra. El yin dicta la formación del yang; el yang moldea el yin; y se forman dos nuevas dobles hélices complementarias de ADN.

La cola de los espermatozoides que los impulsa en su carrera hacia el óvulo parece una cola, con la salvedad de que está compuesta por una serie de proteínas ensambladas. El motor que mueve la cola parece un motor, con unas piezas móviles que rotan. Y el codo que conecta el motor con la cola y transforma el movimiento circular en el movimiento de natación propio de los espermatozoides recuerda a un codo diseñado precisamente para lograr esta transformación.

Y también era así con la molécula del MHC de clase I. Cuando la cristalógrafa Pam Bjorkman —actualmente profesora en el Instituto de Tecnología de California— por fin resolvió su estructura, pareció acoplarse perfectamente con su función.[8] El aspecto de la molécula es, bueno, el que cabría esperar: parece una mano que sostiene las dos mitades de un panecillo abierto. Las dos partes del panecillo —dos hélices proteicas de la molécula del MHC— dejan una hendidura perfecta en el centro. El péptido vírico listo para ser presentado es la salchicha alojada en la hendidura entre las dos mitades del panecillo, a la espera de que se lo sirvan a un linfocito T.

«Todo cobró sentido en aquella imagen. Todo encajó», dijo Alain. El elemento ajeno (el péptido vírico en su hendidura) y el propio (la molécula del MHC que lo envuelve como la espiral de un cuaderno) son visibles para el linfocito T. Alain se emocionó muchísimo al contemplar aquella estructura; estaba viendo la presentación de un péptido vírico a un linfocito T. «A todo inmunólogo se le acelerará el pulso al ver la estructura tridimensional del sitio de unión de una molécula del MHC»,[9] escribió en las páginas de *Nature*, porque explica la «base estructural» del reconocimiento de antígenos. Aquella imagen de la molécula de clase I respondió mil preguntas de los inmunólogos y suscitó otras mil. Alain incluyó en el título de su artículo de 1987 un fragmento de un poema de William Butler Yeats:

Esas imágenes que todavía
nuevas imágenes engendran.[10]

Y, efectivamente, la imagen de la molécula del MHC de clase I, con su péptido unido, engendró nuevas imágenes. ¿Qué tiene esta molécula que permite el reconocimiento de antígenos por los linfocitos T? Y, dado que la molécula del MHC de clase I —la proteína portadora— es una bandeja molecular que presenta tanto elementos propios como ajenos, ¿qué estructura tiene la molécula de reconocimiento afín de la superficie del linfocito T? ¿Qué aspecto tiene la proteína que detecta el complejo formado por el péptido y la molécula del MHC que lo porta?

Más o menos en el mismo periodo en el que se resolvió la estructura molecular del MHC de clase I, varios grupos, incluido el de Mark Davis en Stanford, el de Tak Mak en Toronto y el de Jim Allison en Houston, se centraron en estudiar el gen que codifica el receptor de los linfocitos T —la molécula de su superficie que reconoce el MHC unido al péptido—.[11] Y, cuando por fin se resolvió su estructura, hubo, una vez más, un acoplamiento perfecto entre estructura y función.

El receptor de los linfocitos T se parece a dos dedos levantados. Partes de ambos tocan lo propio —es decir, los bordes de la molécula del MHC que envuelve el péptido—. Y otras tocan el péptido ajeno que se aloja en su hendidura. Tanto lo propio como lo ajeno se reconocen de manera simultánea: los dos requisitos para la detección de una célula infectada están comprendidos en la estructura. Una parte de un dedo toca lo propio y la otra entra en contacto con lo ajeno. Cuando se tocan ambos, hay reconocimiento.

La correspondencia entre forma y función es una de las ideas más bellas de la biología, ya formulada hace siglos por pensadores como Aristóteles. En las estructuras de las dos moléculas —la del MHC y el receptor de los linfocitos T— pueden reconocerse los temas fundamentales de la inmunología y la biología celular. Nuestro sistema inmunitario se basa tanto en el reconocimiento de lo propio como en su distorsión. Está diseñado, por la evolución, para detectar lo propio alterado. Como Alain concluyó en su artículo de referencia: «El reconocimiento por los linfocitos T puede ahora explorarse de una manera razonable».

Dejemos por un momento de lado la correspondencia entre estructura y función. Townsend sabía que la solución al problema del reconocimiento de antígenos por los linfocitos T había creado otro problema. Había engendrado otra nueva imagen más: ¿cómo lograba una proteína vírica —por ejemplo, la NP— sintetizada en el interior de una célula, salir al exterior, donde un linfocito T podía encontrarla?

Cuando profundizaron en sus estudios moleculares, Townsend y otros empezaron a descubrir un complejo mecanismo interno que desempeñaba precisamente esa tarea de poner las entrañas de la célula del revés para mostrarlas al mundo exterior. Ahora sabemos que el proceso empieza en cuanto la proteína vírica es fabricada en el interior de la célula. La célula no sabe si la proteína forma parte de su repertorio normal o es ajena; no hay ninguna característica especial de una proteína vírica que la identifique como «vírica».

Y así, como todas las proteínas, la NP acaba siendo enviada al mecanismo de eliminación de residuos interno de la célula, su trituradora de carne —el proteasoma—, que la desmenuza en trozos más pequeños (péptidos) y expulsa los péptidos al interior de la célula. Y después, utilizando canales especiales, esos péptidos son transportados a un compartimento en el que pueden cargarse en moléculas del MHC de clase I. Una vez cargadas, esas proteínas llevan los péptidos víricos a la superficie celular y los presentan al linfocito T. Las moléculas de clase I, tal como indicaba su estructura, son como bandejas moleculares que ofrecen constantemente «aperitivos» de las entrañas de la célula a los linfocitos T para que los inspeccionen.

Es una de las maneras más inteligentes de dar otro uso al aparato molecular interno de una célula: la fábrica natural de eliminación de residuos del organismo trata la proteína vírica como si fuera cualquier otra proteína que hay que eliminar, la carga en una proteína portadora y la expulsa a la superficie de la célula.

De ese modo, lo de dentro pasa a ser lo de fuera. La célula ha enviado al exterior una muestra de su vida interior, unida al marco correcto, para que el sistema inmunitario la inspeccione. Cuando un linfocito T CD8 se acerque y se ponga a olfatear su superficie, encontrará una amplia selección de péptidos de su interior cargados ahí —incluido, por supuesto, el péptido del virus—. Y solo en el caso de que ese péptido ajeno esté presentado por el MHC propio (lo propio alterado) activará una respuesta inmunitaria que destruirá la célula infectada.

Hasta ahora nos hemos centrado en el mundo «interior» de la célula —es decir, en los microorganismos patógenos alojados dentro de ella—. Pero el mundo «exterior» —cuando los microorganismos patógenos flotan libremente en el cuerpo— también suscita preguntas: ¿cómo activan una respuesta de los linfocitos T los virus y bacterias presentes fuera de la célula?

En principio, activar una respuesta de los linfocitos T antes de que un virus haya infectado su célula diana —mientras aún circula por la sangre, por ejemplo, o se desplaza por el sistema linfático— tendría muchas ventajas para el organismo: podría preparar las distintas ramas de la respuesta inmunitaria para la inminente infección. También sería capaz de disparar alarmas en el cuerpo —fiebre, inflamación y producción de anticuerpos, todo en un intento de atajar la infección cuanto antes—. Como ya hemos dicho, las células del sistema inmunitario innato —macrófagos, neutrófilos y monocitos— patrullan el cuerpo a todas horas en busca de señales de lesiones e infecciones. En cuanto se detecta una infección, estas células acuden a la zona infectada para ingerir, o fagocitar, las células bacterianas o las partículas víricas. Devoran a los invasores, los interiorizan y los dirigen a compartimentos especiales. Estos compartimentos —entre los que se encuentran los lisosomas— están abarrotados de enzimas que degradan el virus y lo desmenuzan en trozos más pequeños, incluidos los fragmentos de proteína conocidos como péptidos.

También esta es una forma de «interiorización», aunque no de la clase que causa infecciones. En este caso, el virus se percibe como un desconocido que hay que destruir. Aún tiene que entrar en una célula, fabricar nuevos viriones y «aclimatarse». El trabajo de Alain Townsend, comentado más arriba, se había centrado en la respuesta de los linfocitos T CD8 que tiene lugar después de que un virus se haya refugiado en el interior de una célula. Pero ¿cómo era la respuesta de los linfocitos T en cuanto el sistema de vigilancia del organismo detectaba un microorganismo patógeno?

En la década de 1990, Emil Unanue, actualmente profesor en la Facultad de Medicina de la Universidad de Washington, empezó a explorar la respuesta de los linfocitos T a los microbios fuera de la célula.[12] Descubrió que esta forma de detección inmunitaria sigue principios casi análogos a los que había descubierto Townsend.

Una vez fagocitados, transportados al lisosoma y degradados, los virus y bacterias se fragmentan en péptidos.* Y, de igual manera que la molécula del MHC de clase I «enmarca» y presenta los péptidos internos de una célula a los linfocitos T, una clase emparentada de proteínas —llamadas moléculas del MHC de clase II— les presentan principalmente péptidos externos. Su estructura también es similar: una mano que sostiene las dos mitades de un panecillo, con una hendidura en el centro para el péptido.

Dicho de otro modo, en términos generales:

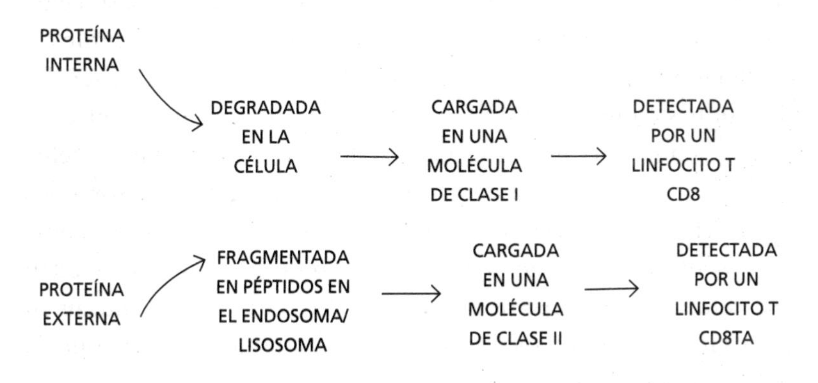

Pero es aquí donde la respuesta inmunitaria se diversifica incorporando un segundo flanco de ataque. Los péptidos internos, presentados por moléculas del MHC de clase I, como habían descubierto Zinkernagel y Doherty, son detectados por una clase de linfocitos T llamados linfocitos T CD8 citotóxicos. Los linfocitos CD8, recordémoslo, destruyen la célula infectada y, con ello, eliminan el virus.

En cambio, la mayoría de los péptidos derivados de microorganismos patógenos del exterior de la célula (y unos pocos del interior que acaban en el lisosoma) son presentados por moléculas del MHC de clase II, que detecta una segunda clase de linfocitos T, llamados linfocitos T CD4.[13]

* Una advertencia: una cantidad muy pequeña de péptidos del interior de la célula —por lo general, productos de desecho— también se envían al lisosoma para que los destruya y se presentan en moléculas del MHC de clase II.

El linfocito T CD4 no es citotóxico (una vez más, esto tiene lógica. El virus ya está muerto y hecho pedazos; ¿para qué destruir la célula que avisa al linfocito T de la presencia de un virus muerto?). Este linfocito T es, más bien, un coordinador. Cuando detecta el complejo péptido-molécula del MHC II, el linfocito CD4 empieza a coordinar una respuesta inmunitaria. Insta a los linfocitos B a que empiecen a sintetizar anticuerpos. Segrega sustancias que mejoran la capacidad fagocitaria de los macrófagos. Provoca un fuerte aumento del riego sanguíneo a la zona infectada y atrae más células inmunitarias, incluidos los linfocitos B, para que hagan frente a la infección.

En ausencia del linfocito CD4, la transición entre la inmunidad innata y la inmunidad adaptativa —es decir, entre la detección de un microorganismo patógeno y la producción de anticuerpos por parte de los linfocitos B— no tendría lugar. Por todas estas propiedades, y sobre todo por cooperar en la producción de anticuerpos por parte de los linfocitos B, este tipo de célula se denomina linfocito T «cooperador». Su función reside en tender un puente entre los sistemas inmunitarios innato y adaptativo —macrófagos y monocitos por un lado, y linfocitos B y T, por otro—.*[14]

* Tan encarnizada y constante es nuestra batalla contra los microorganismos patógenos que incluso el cooperador necesita cooperadores. Muchas clases de células distintas —los monocitos, macrófagos y neutrófilos que ya hemos tratado— pueden presentar complejos péptido-molécula del MHC, esas bandejas moleculares cargadas con su contenido interno, para atraer linfocitos T cooperadores y citotóxicos; después de todo, se trata de un sistema general de vigilancia para detectar células infectadas por virus. Pero hay una célula especializada que es tan receptiva a los linfocitos T —que está especializada en la presentación de antígenos— que su principal y única función podría ser detectar microorganismos patógenos y provocar una respuesta inmunitaria. Esta célula, descubierta por el científico Ralph Steinman, se encuentra principalmente en el bazo y despliega montones de ramificaciones —casi como si hiciera señas al linfocito T para que acuda a echar un vistazo—. Steinman la había descubierto mirando por un microscopio en los setenta y dedicó casi cuatro décadas a averiguar su función—. Es una célula que posee uno de los mecanismos más eficaces para atrapar virus y bacterias, un sistema de procesamiento muy eficiente para presentar complejos péptido-molécula del MHC, una enorme densidad de moléculas de superficie para activar los linfocitos T y también uno de los métodos más potentes para segregar señales de alarma moleculares que activan tanto la respuesta inmunitaria

El procesamiento y la presentación de antígenos a los linfocitos CD4 y CD8 —las piedras angulares del reconocimiento por parte de los linfocitos T— son procesos lentos pero sumamente metódicos. A diferencia de un anticuerpo, un sheriff armado que está deseando plantar cara a una banda de delincuentes moleculares en el centro del pueblo, un linfocito T es el detective privado que va de casa en casa en busca de los delincuentes que se esconden dentro. En *Las vidas de la célula*, Lewis Thomas escribió: «Los linfocitos, como las avispas, están genéticamente programados para la exploración, pero a cada uno de ellos se le permite una idea solitaria y diferente. Rondan por los tejidos sintiendo y controlando».[15] No obstante, a diferencia del linfocito B, el linfocito T no busca un culpable que saldrá del salón disparando a diestro y siniestro. Como un Sherlock Holmes omnisciente con su pipa y su paraguas, va detrás del rastro de una persona. Los restos dejados por una presencia interior. Una carta hecha pedazos, con parte de un nombre, tirada al cubo de basura exterior. (Podríamos imaginar ese pedazo de papel arrugado, cargado dentro de un cubo de basura, como un péptido presentado en una molécula del MHC).

---

adaptativa como la innata. Se denomina «célula dendrítica», a partir del término griego antiguo para *árbol*, por las numerosas ramificaciones y digitaciones que se proyectan desde su cuerpo (casi podríamos imaginar que estas ramificaciones han evolucionado para crear distintos sitios de acoplamiento para los linfocitos T). Pero también está muy ramificada metafóricamente, pues es capaz de coordinar todos los aspectos del polifacético sistema inmunitario y prepararlo para responder a una infección. La célula dendrítica es, quizá, la primera en responder para activar la respuesta inmunitaria a un microorganismo patógeno. Ralph Steinman murió en Nueva York el 30 de septiembre de 2017, unos días antes de que el Comité del Premio Nobel le concediera el galardón por su descubrimiento (lamentablemente, durante un tiempo hubo premio, pero no premiado. El Nobel no se concede a título póstumo, si bien la decisión de otorgárselo a Steinman se había tomado mucho antes de su muerte, de manera que acabaron concediéndoselo). Hubo muchos obituarios y homenajes en su honor por parte de científicos, médicos y discípulos. Pero el homenaje que me parece más emotivo, escrito por el inmunólogo de Seattle Phil Greenberg, lleva un título que nos remonta a los orígenes de la biología celular —a Leeuwenhoek, Hooke y Virchow, mirando por sus microscopios y descubriendo un nuevo cosmos de la biología—. El artículo se titula «Ralph M. Steinman: un hombre, un microscopio, una célula y mucho más». Es la historia de casi todos los investigadores que pueblan este libro, plasmada en tres palabras: un científico. Un microscopio. Una célula.

Existe una dualidad en el sistema inmunitario: un sistema de reconocimiento no necesita ningún contexto celular (linfocitos B y anticuerpos), mientras que el otro solo se activa cuando la proteína extraña se presenta en el contexto de una célula (linfocitos T). Esta dualidad es la que garantiza que los virus y bacterias no solo sean eliminados de la sangre por los anticuerpos, sino que también lo sean de las células infectadas —donde, de lo contrario, podrían alojarse de forma segura— por los linfocitos T.

En contra de cómo Alain emplea la palabra, es, de hecho, tremendamente sutil.

En Estados Unidos, los primeros pacientes empezaron a llegar a los hospitales y consultorios médicos en 1979 y 1980. Era el invierno de 1979 y un médico de Los Ángeles, Joel Weisman, observó un repunte en la cantidad de hombres jóvenes, por lo general de entre veinte y treinta años, que se presentaban en su consulta con una extraña enfermedad: un «síndrome mononucleico, con lapsos febriles, adelgazamiento y tumefacciones linfáticas».[16] En el otro extremo de Estados Unidos, también habían empezado a surgir brotes similares de enfermedades poco comunes. En marzo de 1980, en Nueva York, un paciente llamado Nick contrajo una extraña enfermedad debilitante: «agotamiento, adelgazamiento, periodos febriles y una general consunción lenta de todo el organismo».[17]

A principios de 1980, había más pacientes —de nuevo, principalmente hombres jóvenes de Nueva York y Los Ángeles—, muchos de los cuales habían adquirido una clase de neumonía que hasta entonces solo se había visto en pacientes muy inmunodeprimidos, causada por un hongo patógeno que era prácticamente desconocido fuera de los manuales: *Pneumocystis jiroveci*. La enfermedad era tan poco común que el único medicamento para tratarla, la pentamidina, se dispensaba en farmacias autorizadas por el Gobierno federal de Estados Unidos. En abril de 1981, un farmacéutico de los Centros para el Control de Enfermedades (CDC, del inglés Centers for Disease Control) de este país observó que la demanda del antifúngico casi se había triplicado y que todas las peticiones parecían provenir de diversos hospitales de Nueva York y Los Ángeles.[18]

El 5 de junio de 1981, una fecha histórica, el *Semanario de Morbilidad y Mortalidad* (*MMWR*, del inglés *Morbidity and Mortality Weekly Report*), el informe semanal sobre las enfermedades de Estados Unidos publicado por los CDC, refirió cinco casos de hombres jóvenes con neumonía por *Pneumocystis joriveci*, o neumocitosis, e incidió en el hecho insólito de que todos ellos se hubieran producido en Los Ángeles, a pocos kilómetros de distancia unos de otros.[19] A menudo, como se supo más adelante, los pacientes eran hombres que habían tenido contacto sexual con otros hombres. «La aparición de neumocitosis en estos cinco individuos antes sanos sin una inmunodeficiencia de base clínicamente evidente es poco común —decía el informe—.[20] [...] Los tres pacientes cuya sangre se analizó tenían la función inmunitaria celular alterada. [En otro estudio] Dos de los cuatro [hombres] refirieron contactos homosexuales recientes [...].[21] Todas las observaciones anteriores apuntan la posibilidad de una *disfunción inmunitaria celular* [la cursiva es mía] relacionada con una exposición frecuente que predispone a los individuos a infecciones oportunistas».

Y entonces, en ambas costas de Estados Unidos, empezaron a aparecer hombres en los consultorios médicos con un tipo de cáncer poco común que afecta a la piel y a las mucosas del cuerpo. El sarcoma de Kaposi, casi inexistente en Estados Unidos, era un cáncer de progresión lenta que más adelante se asociaría con una infección vírica. Por lo general, se presentaba como lesiones cutáneas de color púrpura azulado y había aparecido de manera esporádica en hombres mediterráneos de edad avanzada y en pacientes de una zona endémica del África subecuatorial. Pero en Nueva York y Los Ángeles, los sarcomas eran cánceres invasores de gran malignidad, que dejaban la piel de brazos y piernas cubierta de ronchas violáceas. En marzo de 1981, la revista *The Lancet* publicó un informe sobre ocho casos de este tipo —otro extraño brote—.[22] Para entonces, Nick, el hombre con la enfermedad debilitante, había muerto de una lesión cavitada en el cerebro causada por *Toxoplasma gondii*, un microorganismo patógeno común, por lo general no invasor, presente, de entre todos los animales, en los inofensivos gatos domésticos.

A finales del verano de 1981, enfermedades extrañas que hasta entonces solo se veían en pacientes gravemente inmunodeprimidos parecieron surgir como por arte de magia. Todas las semanas, el *MMWR* refería los desalentadores datos de una epidemia con mil caras, compuesta por enfermedades que no parecían guardar ninguna relación entre sí: más casos de neumocitosis, meningitis criptocócica, toxoplasmosis, sarcomas violáceos que aparecían en hombres jóvenes, extraños virus inactivos que de repente se tornaban activos e invasores, linfomas poco comunes que afloraban de golpe.

El único nexo epidemiológico que unía aquellas enfermedades era su marcada predilección por los hombres que mantenían relaciones sexuales con otros hombres, aunque en 1982 ya había quedado claro que los receptores de transfusiones de sangre frecuentes, como los pacientes con hemofilia, un trastorno de la coagulación, también estaban expuestos. Y, en casi todos los casos, había signos de fracaso inmunitario muy grave, concretamente de la inmunidad celular. En un número de 1981 de la revista *The Lancet*, una carta al editor propuso el nombre «gay compromise syndrome» (síndrome de insuficiencia gay).[23] Algunos lo llamaron «Gay-Related Immune Deficiency» (inmunodeficiencia relacionada con los gais) o, de manera más perversa (y con evidente intención discriminatoria), «cáncer gay».[24] En julio de 1982, mientras los médicos aún buscaban frenéticamente la causa, la enfermedad pasó a llamarse síndrome de inmunodeficiencia adquirida, abreviado, sida.[25]

Pero ¿cuál era la causa de aquel fracaso inmunitario? Ya en 1981, tres grupos independientes de Nueva York y Los Ángeles habían estudiado a los pacientes y habían descubierto que tenían el sistema inmunitario celular gravemente debilitado (incluso el informe del *MMWR* de junio de ese año había señalado un fracaso de la «inmunidad celular»).[26] Al examinar cada clase de célula inmunitaria por separado, el defecto clave pronto se identificó como un linfocito T CD4 cooperador disfuncional que, además, estaba reducido en número. La cifra normal de linfocitos CD4 oscila entre 500 y 1.500 por milímetro cúbico de sangre. Los pacientes con sida avanzado solo tenían 50, o incluso 10. El sida, en palabras de un grupo de investigadores, era «la primera enfermedad humana que se caracterizaba por la pérdida selectiva de un subconjunto específico de linfocitos T, concretamente, los linfocitos T CD4+ cooperadores/inductores».[27] El umbral del sida se estableció en 200 linfocitos CD4 cooperadores por milímetro cúbico de sangre.

Pronto se vio que el causante era un agente infeccioso, probablemente un virus. Podía transmitirse por la vía sexual, tanto en relaciones homosexuales como heterosexuales, por transfusiones de sangre y por agujas infectadas introducidas en el torrente sanguíneo, generalmente para el consumo de drogas ilegales por vía intravenosa. Los análisis habituales no detectaban ningún virus o bacteria conocidos. Aquella era una infección por un virus desconocido de origen desconocido que atacaba a la inmunidad celular. También era una tormenta perfecta, ya que un virus de esas características es, biológica y metafóricamente, un microorganismo patógeno extremadamente diestro, que acaba con el mismísimo sistema diseñado para destruirlo a él.

La identidad del virus que causa el sida por fin se reveló el 20 de marzo de 1983, cuando el investigador francés Luc Montagnier, en colaboración con Françoise Barré-Sinoussi, publicó un artículo en la revista *Science* que describía el aislamiento de un virus nuevo en los ganglios linfáticos de varios pacientes con sida.[28] En el transcurso del año siguiente, mientras la enfermedad se propagaba por Europa y América y mataba a miles de personas, los virólogos debatieron sobre si aquel virus era, en efecto, la causa del sida. En 1984, el laboratorio del investigador biomédico Robert Gallo en el Instituto Nacional del Cáncer zanjó definitivamente el debate: el equipo publicó cuatro artículos en la revista *Science* que aportaban pruebas inequívocas de que el nuevo virus causaba el sida.[29] Lo bautizaron virus de la inmunodeficiencia humana, o VIH.[30] El laboratorio de Gallo describió un método para cultivar el virus y desarrolló anticuerpos contra él que constituirían la base de los primeros test para detectar la infección.

Generalmente, consideramos que el sida es una enfermedad vírica. Pero también es una enfermedad celular. El linfocito T CD4 ocupa un lugar central en la inmunidad celular. Decir que es una célula «cooperadora» es como afirmar que Thomas Cromwell era un burócrata de nivel medio; más que una célula cooperadora, el linfocito T CD4 es el cerebro que maneja todo el sistema inmunitario, el coordinador, el nexo clave a través del cual fluye la mayor parte de la información inmunitaria. Sus funciones son diversas. Su cometido empieza, como ya hemos visto, cuando detecta péptidos de microorganismos patógenos, cargados en moléculas del MHC de clase II y presentados por células. A continuación, pone en marcha la respuesta inmunitaria, activándola, emitiendo señales de alarma, haciendo posible la maduración de los linfocitos B y atrayendo linfocitos T CD8 a los focos de infección vírica. Segrega factores que permiten la comunicación entre las ramas de la respuesta inmunitaria. Es el principal puente entre la inmunidad innata y la inmunidad adaptativa, entre todas las células del sistema inmunitario. Así pues, la destrucción de los linfocitos CD4 da rápidamente paso a la destrucción del sistema inmunitario en su conjunto.

El hombre alto y delgado que vino a verme un viernes por la tarde tenía una sola preocupación: la pérdida de peso. No había sentido fiebre ni escalofríos ni sudores nocturnos. Sin embargo, estaba adelgazando a una velocidad vertiginosa. Todos los días se subía a la báscula de su casa y veía que había perdido medio kilo más. Se levantó para enseñármelo: había ido apretándose el cinturón, un agujero tras otro, a lo largo de los últimos seis meses hasta que había llegado al último. Y aun así se le caían los pantalones.

Indagué un poco más. Era un jubilado de Rhode Island que había sido agente inmobiliario. Estuvo casado, pero en la actualidad vivía solo. Su actitud me resultaba peculiar: aunque era totalmente franco en lo que concernía a sus síntomas y riesgos médicos, se mantenía reservado con respecto a su vida personal y solo me daba información de carácter muy vago.

—¿Consume alguna droga por vía intravenosa? —pregunté.

—No —respondió con énfasis—. Nunca lo he hecho.

—¿Algún familiar con cáncer?

Sí. Su padre había muerto de cáncer de colon. Su madre tenía cáncer de mama.

—¿Sexo sin protección?

Me miró como si estuviera loco.

—No. —Me dijo que llevaba años sin tener relaciones sexuales.

Lo exploré. No encontré nada que me llamara la atención. «Le pediré los análisis de rigor», dije. La pérdida de peso asintomática es un enigma médico complejo. Determinaríamos si había hemorragia oculta o signos de cáncer. La tuberculosis no parecía una posibilidad. Su riesgo de contraer el VIH era bajo, pero podíamos retomar el tema más adelante.

Concluida la visita, se levantó para marcharse. Llevaba unas zapatillas de deporte sin calcetines. Y fue al darse la vuelta cuando la vi con el rabillo del ojo: una lesión de color púrpura en un tobillo, justo por encima de la zapatilla.

—Espere un momento —le dije—. Descálcese.

Examiné la lesión con detenimiento. Era un bultito en la piel, del tamaño de una judía, color berenjena. Parecía un sarcoma de Kaposi.

—También le pediré los valores de linfocitos CD4 —dije, y añadí con delicadeza—: Y la prueba del VIH. —No pareció inmutarse.

Una semana después, recibí los resultados: tenía sida avanzado. Su cifra de linfocitos CD4 era una décima parte de la que consideramos normal y la biopsia de la lesión púrpura confirmaba, como yo había sospechado, que se trataba de un sarcoma de Kaposi, una de las enfermedades definitorias del sida.

Derivé a mi paciente a un especialista en VIH. La siguiente vez que vino a verme, volvió a negar con vehemencia haber incurrido en ninguna de las conductas de riesgo que se asocian con el VIH/sida: no había tenido relaciones sexuales sin protección ni con hombres ni con mujeres, no había consumido ninguna droga por vía intravenosa, y tampoco se había hecho ninguna transfusión de sangre.

Parecía como si el virus le hubiera caído del cielo. Era inútil seguir preguntándole. Una impenetrable cortina de privacidad se interponía entre nosotros. En su novela de 1981 *Hijos de la medianoche*, Salman Rushdie escribe sobre un médico que solo puede reconocer a su paciente, una mujer joven, a través de un agujero en una sábana blanca.[31] A veces, tenía la sensación de que solo podía ver a mi paciente a través del agujero de una tela, una cortina —¿de qué? ¿Homofobia? ¿Negación? ¿Vergüenza sexual? ¿Adicción?—. Empezamos a tratarlo con antirretrovirales. Su número de linfocitos CD4 empezó a aumentar, más despacio de lo que esperábamos, pero fue mejorando, día a día. El peso se le estabilizó durante un tiempo.

Entonces, empezó otra vez a adelgazar. En un inesperado giro argumental, le salieron otras dos lesiones (de color azul negruzco) en el brazo. ¿Hematomas? ¿Tumores de Kaposi? Pero no tenía sentido que lo hicieran en ese momento. Para entonces, había empezado a sufrir picos febriles y escalofríos. Le habían surgido bultos en las axilas y las dos nuevas lesiones de color azul negruzco le aumentaron de tamaño. Unos días después, volvía a estar en la sala de urgencias.

A partir de ese momento, todo fue de mal en peor. La tensión arterial le bajó de golpe y los dedos de los pies se le pusieron azulados. En sus hemocultivos se aislaron bacterias del género *Bartonella*, a menudo presentes en los pacientes con sida. Y su misterioso caso dio otro giro: resultó que las nuevas lesiones de color azul negruzco que le habían salido en la piel no eran tumores de Kaposi, sino protuberancias con aspecto de tumor debidas a una inflamación de los vasos sanguíneos causada por la bartonelosis. ¿Qué probabilidad hay de que dos lesiones idénticas del mismo paciente tengan dos causas radicalmente distintas? A veces, los misterios de la medicina son más hondos de lo que nos podemos imaginar.

Lo tratamos con los antibióticos doxiciclina y rifampicina hasta que le remitieron los síntomas. Estuvo hospitalizado dos semanas. Fui a verlo una semana después de que lo ingresaran y lo encontré tan reservado como de costumbre. La bartonelosis casi siempre está causada por el arañazo de un gato; por lo general, la transmiten las pulgas introducidas bajo la piel por el arañazo.

Nos quedamos un rato sentados en silencio, como si estuviéramos planeando una estrategia en aquella batalla mutua de secretismo.

«¿Gatos? —le pregunté—. Nunca me había dicho que tenía gatos».

Me miró desconcertado. No tenía gatos.

Ningún factor de riesgo para contraer el VIH. Ninguna droga. Ninguna relación sexual sin protección. Ningún gato. Ningún arañazo. Me encogí de hombros y me di por vencido.

Por suerte, el hombre se ha recuperado de sus infecciones. Los antirretrovirales están funcionando y sus cifras de CD4 vuelven a ser normales. Pero la caja negra de las causas sigue estando herméticamente cerrada. A veces, los misterios humanos son más hondos que los médicos.

La terapia antirretroviral combinada, con tres o cuatro medicamentos, ha cambiado el panorama del tratamiento del VIH. La farmacopea contra el virus ha aumentado año tras año. Hay medicamentos que impiden que el virus se replique de manera eficaz, medicamentos que imposibilitan que duplique su ARN o se integre en el genoma del huésped, medicamentos que no permiten que el virus inmaduro se convierta en una partícula infecciosa y medicamentos que le impiden fusionarse con las células vulnerables —cinco o seis clases distintas de medicamentos en total—. El tratamiento con estos medicamentos es tan eficaz que los pacientes con VIH pueden vivir durante decenios sin síntomas de la enfermedad, con una carga vírica indetectable, en la jerga médica. No están curados, pero sí controlados, con cargas víricas tan bajas que no pueden contagiar a otras personas.

Y hay laboratorios en todo el mundo que están investigando vacunas contra el VIH que puedan prevenir la infección, eliminando así la necesidad de un tratamiento crónico multimedicamentoso. De hecho, algunos de los estudios farmacológicos de mayor alcance han pasado del tratamiento a la prevención. En uno de ellos, un tratamiento con dos dosis del antirretroviral nevirapina —prescrito a una madre seropositiva antes del parto— y una dosis administrada al recién nacido durante tres días después de nacer, redujo el riesgo de transmisión del 25% a aproximadamente el 12%.[32] Cuesta unos cuatro euros. Casi todos los meses se prueban combinaciones más potentes de medicamentos para prevenir la transmisión en madres embarazadas o en personas de alto riesgo después de un contacto sexual.

Pero, mientras esperamos la vacuna contra el VIH, al menos una vía para curar una enfermedad celular podría ser la terapia celular. El 7 de febrero de 2007, Timothy Ray Brown, un hombre seropositivo, se sometió a un trasplante de médula ósea.[33] A Brown, oriundo de Seattle, le diagnosticaron el VIH en 1995 mientras cursaba estudios universitarios en Berlín. Lo habían tratado con antirretrovirales, incluidos los entonces novedosos inhibidores de la proteasa, y había vivido sin síntomas durante una década. Su cifra de linfocitos CD4 era casi normal y su carga vírica resultaba indetectable.

Sin embargo, de golpe, en 2005, empezó a sentirse agotado y débil, incapaz de terminar sus habituales trayectos en bicicleta. Le detectaron una anemia moderada, aunque su VIH seguía controlado. Una biopsia de médula ósea reveló que Timothy tenía leucemia mielógena aguda (LMA), un mortífero cáncer de los glóbulos blancos. (Brown tuvo muy mala suerte. Hay una relación débil entre este cáncer y la infección por el VIH. Los hombres y mujeres infectados por este virus tienen un riesgo elevado de desarrollar ciertos linfomas y un riesgo dos veces mayor de adquirir LMA, aunque se necesitan más estudios).

Al principio, lo trataron con la quimioterapia tradicional, pero recayó en 2006. Para la siguiente fase del tratamiento, sus oncólogos propusieron altas dosis de quimioterapia para destruir sus células malignas —y, con ellas, sus defensas contra la enfermedad—, seguidas de un trasplante de médula ósea de un donante compatible. Normalmente, no es fácil encontrar donantes de médula ósea compatibles, pero, para sorpresa suya, Brown descubrió que podía elegir entre 267 en el registro internacional. Ante la abundancia de posibilidades, su médico, Gero Hütter, un hematólogo berlinés con inclinación a experimentar, propuso buscar un donante que también tuviera una mutación natural en la proteína CCR5, el correceptor que el VIH utiliza para entrar en los linfocitos CD4. En algunos seres humanos, todas las células, incluidos los linfocitos CD4, tienen una mutación natural en el gen CCR5 llamada CCR5 delta 32 —la misma mutación que el genetista chino He Jiankui había intentado crear en Lulu y Nana mediante edición génica—. Los humanos que heredan dos copias de este gen CCR5 mutante son resistentes a la infección por VIH. Así pues, el trasplante de Brown no solo sería un tratamiento médico innovador, sino también un experimento sin precedentes.

Hütter sabía de un paciente anterior, también de Berlín, al que habían retirado el tratamiento farmacológico contra el VIH porque se creía que había heredado de forma natural un gen que lo hacía resistente al VIH. Su carga vírica no había repuntado ni tan siquiera después de haber suspendido la medicación; un claro indicio, pero no una prueba sólida, de que la herencia genética de un paciente podía influir en su vulnerabilidad al VIH.

Hütter sabía que el caso de Brown representaría un gran avance. Por un lado, el donante de células madre, no el huésped, aportaría el gen resistente. Y, aunque el principal objetivo del trasplante era curar la leucemia de Timothy Brown, argumentaba: ¿por qué no intentar derrotar la infección del VIH en la misma acometida celular?

Por desgracia, la leucemia reapareció en poco más de un año después del trasplante, lo que requirió otro intento con células madre del mismo donante. Fue una experiencia durísima. «Sufrí delirios, estuve a punto de perder la vista y me quedé casi paralizado»,[34] escribió Brown en un reflexivo artículo el año 2015, el vigésimo aniversario de su diagnóstico de cáncer. La recuperación se prolongó durante meses, y después años. Poco a poco, aprendió de nuevo a andar y recuperó la vista.

Pero siguió sin tomar su medicación contra el VIH, como se había previsto después del primer trasplante. Y, a medida que las nuevas células madre, con la versión naturalmente resistente de las células CCR5 delta 32, se implantaban, continuó siendo seronegativo. Se curó de la leucemia y —quizá de manera más sorprendente— del VIH.

El caso de Brown continúa debatiéndose ampliamente en la comunidad médica. Aunque al principio se hablaba de él anónimamente como el «paciente de Berlín», Brown decidió revelar su identidad en los medios de comunicación y en las revistas científicas a principios de 2010, el año que regresó a Estados Unidos. Estuvo trece años sin VIH y empezó a considerarse «curado». En 2020, Timothy Ray Brown tuvo una recaída de la leucemia y murió a los cincuenta y cuatro años, pero sin ningún signo del VIH en su sangre.

Dejemos una cosa clara: la pandemia mundial de VIH no va a resolverse mediante el trasplante de médula ósea con células de un donante que presentan la mutación CCR5 delta 32. El procedimiento es demasiado caro, tóxico y laborioso para considerarse una opción práctica para una amplia franja de la población humana.

Sin embargo, la historia de Brown encierra importantes enseñanzas, y preguntas sin respuesta, que son pertinentes para el desarrollo de vacunas y antirretrovirales. En primer lugar, alterar el reservorio celular del VIH en la sangre puede potencialmente curar la enfermedad o, al menos, lograr un control estrecho y permanente de la viremia. Después de que Timothy Brown se curara del VIH, otro paciente, en Londres, también lo hizo con un trasplante de médula ósea. A menos que estos dos casos sean una anomalía, es poco probable que exista un reservorio «secreto», aparte de la sangre, donde el VIH pueda esconderse y reactivarse cuando se retira la medicación —un posible problema que preocupa a los investigadores desde hace décadas—. (Adviértase que he escrito sangre, no solo linfocitos T CD4. Se sabe que por ejemplo los macrófagos, también derivados de la sangre, actúan como reservorios del VIH).

Es imposible saber si en el cuerpo de Brown quedaba un reservorio latente del VIH después de su supuesta cura, pero lo cierto es que vivió libre del virus durante más de una docena de años. Y, si lo había en los macrófagos que le quedaban, quizá el virus, incapaz de infectar sus linfocitos T CD4, estuviera atrapado de forma permanente, como un hombre bajo la trampilla cerrada de un sótano.

¿Qué factores habían contribuido a la posible curación? ¿La cepa concreta del VIH? ¿La baja carga vírica previa a los trasplantes? La «modificación genética» del sistema inmunitario de Brown después del trasplante? Las respuestas a estas preguntas guiarán la próxima generación de terapias contra el VIH. Averiguaremos dónde se esconde el virus, cómo atacar sus reservorios y cómo pueden las células resistir la infección. Más importante aún, averiguaremos cómo podemos enseñar al sistema inmunitario a reconocer este microorganismo patógeno tan ladino.

La célula tolerante

Lo propio, el horror autotóxico y la inmunoterapia

Y mis pretensiones serán las tuyas,
pues que cada átomo mío también te pertenece.[1]

WALT WHITMAN, «Canto a mí mismo», 1892

Es hora de retomar la pregunta ¿qué es lo propio? Un organismo, como ya he sugerido, es una unión cooperativa de unidades; una asamblea de células. Pero ¿dónde empieza y termina la unión? ¿Y si una célula extraña intenta incorporarse a ella? ¿Qué pasaporte debe llevar para poder pasar? Como la oruga de *Alicia en el país de las maravillas* preguntó a Alicia: «¿Quién eres Tú?».[2]

Las esponjas del fondo del mar extienden sus tubos unas hacia otras, pero los tubos dejan de crecer cuando una esponja se acerca mucho a su vecina. En palabras de una espongióloga: «Un claro margen donde no hay confluencia separa las distintas especies o [incluso] los distintos especímenes de la misma especie».[3] ¿Qué impide que las células pasen de una esponja a otra, o de un ser humano a otro? ¿Cómo se reconoce una esponja a sí misma?

En el capítulo anterior, hay implícita una pregunta relacionada que debe responderse: los linfocitos T, he escrito, reconocen lo propio alterado. Pero, si se analiza con detenimiento, la frase suscita multitud de preguntas sobre toda clase de enigmas. Dividámosla en dos partes.

En primer lugar, ¿cómo reconoce un linfocito T lo propio alterado? En otras palabras, ¿cómo sabe que debe destruir su diana cuando le presentan un péptido vírico o bacteriano, pero no cuando le presentan un péptido propio? El linfocito no lleva un registro de todos los péptidos propios que existen a la vez —el número de todos los péptidos posibles en una célula ascendería a más de cientos de millones—, así que ¿cuál es el mecanismo para garantizar que un linfocito T no ataque a su propio cuerpo? Y, en segundo lugar, ¿cómo se reconoce lo propio? ¿Cómo sabe un linfocito T que el marco que porta el péptido —la molécula del MHC— es de su cuerpo y no de otro?

Empecemos por la cuestión de lo propio. A primera vista, parece un problema bastante artificial. Los seres humanos apenas tenemos que preocuparnos de que las células de otros humanos invadan y colonicen nuestro cuerpo e intenten hacerse pasar por nosotros (aunque esa fantasía siga inspirando películas y libros de terror). Pero, en el caso de los organismos pluricelulares más primitivos —por ejemplo, las esponjas—, para los cuales vivir es una batalla diaria plagada de amenazas, todo bocado de comida es precioso y el territorio es un recurso limitado, la posible invasión de lo ajeno no es un asunto baladí. Un organismo así debe preguntarse: ¿dónde termino yo y empieza el otro? Su «yo» solo puede existir si sus fronteras se respetan de manera estricta. Un organismo así debe preguntarle constantemente a cada una de sus células: «¿Quién eres Tú?».

Mucho antes del nacimiento de la biología celular, Aristóteles imaginó el yo como la esencia del ser; una unión de cuerpo y alma.[4] El límite físico del yo, postuló, estaba definido por el cuerpo y su anatomía. Pero la totalidad del ser era la unión de ese recipiente físico con la entidad metafísica que lo ocupaba: el cuerpo habitado por el alma. En principio, a Aristóteles también podría haberle preocupado la posible invasión del recipiente físico propio por parte de un alma ajena —de hecho, los videntes a menudo utilizaban la «posesión» para explicar las crisis mentales y de conducta—, pero no parece que la cuestión lo trajera de cabeza: una vez que el recipiente físico había sido ocupado por un alma, su posible invasión por parte de otra alma —o su fusión con ella— no lo inquietaba.

En el sentido contrario, algunos filósofos védicos de la India, que escribieron entre los siglos v y ii a.C., acogían de buen grado la desaparición del yo individual y su fusión con lo universal.[5] Rechazaban el dualismo griego entre cuerpo y alma —y, de hecho, entre un cuerpo individual y el alma cósmica—. Llamaron al yo *atman* (hay muchas otras palabras sánscritas para referirse al yo, pero *atman* es la que encierra más significado). El yo universal y multitudinario, en cambio, era el *Brahman*. Para estos filósofos, el yo era una fusión ideal del *atman* y el *Brahman* o, quizá más exactamente, el flujo continuo del yo universal a través del yo individual. Sin embargo, esta fusión/flujo se reservaba como meta de la realización espiritual. Había una ecología cósmica que unía lo individual y lo colectivo espiritual en un único Ser. La frase «Tat Tvam Asi» —«Eso eres Tú»— abunda en los Upanishads y es una expresión del yo ilimitado que no solo impregna un único cuerpo físico, sino también el cosmos. *Tú*, el yo, proclaman los Upanishads, está impregnado y penetrado por *Eso*, lo universal. En un cuerpo ideal, lo universal fluye a través de lo individual. (La palabra «invade», con sus connotaciones negativas, se evita por razones obvias).

En ciencia, esta ausencia de límites entre el cuerpo individual y el cuerpo cósmico ha encontrado eco en tiempos más recientes en la ecología. Podríamos decir que todo el ecosistema de los seres vivos está conectado por una red de relaciones y, hasta cierto punto, por la desaparición del yo diferenciado. Un cuerpo humano y un árbol, y el pájaro que habita en ese árbol, por ejemplo, están ligados por esa clase de redes —redes que los ecologistas solo están empezando a entender—. El pájaro come la fruta de un árbol y disemina los huesos a través de sus heces; el árbol, por su parte, le proporciona un lugar donde posarse. No es invasión, insisten los ecologistas. Es interconectividad.

Pero la interconectividad ecológica no es física ni competitiva; es relacional y simbiótica, un tema que retomaremos más adelante. No obstante, para los biólogos celulares, es la fusión física la que sigue planteando un problema fundamental. El concepto de «quimerismo», —la fusión de yoes físicos— no es una fantasía de la Nueva Era, sino una amenaza antiquísima. A los yoes celulares no les gusta especialmente mezclarse con otros yoes celulares. ¿Por qué, si no, iba una esponja a esforzarse tanto por limitar su fusión con otra esponja para formar una esponja *Brahman* cósmica feliz en su infinitud?

Los linfocitos T se enfrentan al mismo desafío. Recordemos que un linfocito T se activa cuando le es presentado un péptido extraño en una proteína del MHC fijada en la superficie de una célula —pero que solo lo hace si esa proteína es del mismo cuerpo—. Es como si el linfocito T únicamente se activara si el marco, o contexto, es adecuado —«adecuado» en el sentido de que el marco es propio y el péptido presentado es ajeno—. Pero ¿cómo reconoce un linfocito T lo propio?

Incluso los fisiólogos antiguos observaron que el rechazo de lo ajeno —y la definición de límites estrictos— era una característica de los tejidos humanos. Los cirujanos de la India, concretamente Súsruta, que vivió en algún momento entre el 800 y el 600 a.C., habían efectuado injertos de piel de la frente a la nariz.[6] (Se trataba de un procedimiento bastante común en la India antigua, ya que a los delincuentes y disidentes a menudo les cortaban la nariz como castigo y los médicos tenían que ingeniárselas para reconstruirla). Pero, cuando los primeros cirujanos probaron con aloinjertos —injertos de piel de un cuerpo a otro—, descubrieron que el sistema inmunitario del receptor atacaba y rechazaba la piel trasplantada, la cual se volvía azul, se gangrenaba y acababa degenerando y muriendo.

Durante la Segunda Guerra Mundial, se reavivó el interés por entender las bases científicas de los injertos. Concretamente los injertos de piel eran muy necesarios, ya que tanto los soldados como los civiles a menudo sufrían heridas, quemaduras o escaldaduras a causa de bombas e incendios. El Gobierno británico creó un Comité de Heridas de Guerra dependiente del Consejo de Investigación Médica para impulsar los estudios sobre las heridas y su curación.

En 1942, una mujer de veintidós años ingresó en el Glasgow Royal Infirmary con «extensas quemaduras en el pecho, el costado derecho y el brazo derecho».[7] El cirujano, Thomas Gibson, colaboró con un zoólogo de Oxford, Peter Medawar, para injertarle pequeños trozos de la piel de su hermano en las heridas. Por desgracia, los injertos fueron rechazados rápidamente y dejaron un rastro de tejido carbonizado y necrótico en las heridas de la paciente. Cuando volvieron a intentarlo, el rechazo fue incluso más inmediato. A través del estudio de biopsias seriadas de los injertos y el examen de los linfocitos T infiltrantes, Medawar y Gibson empezaron a entender que era el sistema inmunitario —o, más bien, la célula inmunitaria más tarde conocida como linfocito T— lo que rechazaba el injerto. Lo no propio, postuló Medawar, era reconocido por la inmunidad propia con la mediación de los linfocitos T.[8]

Medawar conocía los trabajos de un inmunólogo británico llamado Peter Gorer y del genetista estadounidense Clarence Cook Little, quienes, de manera independiente, habían trasplantado tejidos de un ratón a otro. Si los ratones donante y receptor eran de la misma cepa, los tejidos trasplantados —por lo general tumores— se «aceptaban» y crecían; pero, cuando los tumores injertados pertenecían a cepas distintas, había rechazo inmunitario. (El interés de Little por la «pureza genética» rayaba a veces en la obsesión. Desarrolló cepas consanguíneas de ratones para experimentos de trasplante —claves para el estudio de la tolerancia de los linfocitos T—. Intentó criar perros para experimentos y desarrolló su propio linaje de teckels consanguíneos como animales de compañía. Pero esos mismos impulsos lo convirtieron en un ferviente defensor de la eugenesia estadounidense, lo que empañó su reputación como científico).*

Pero ¿qué factores determinaban aquella compatibilidad o tolerancia: el reconocimiento de lo propio frente a lo ajeno? En 1929, buscando un lugar contemplativo, lejos de la discordia de los depar-

* Pese a ser un coloso en el campo de los trasplantes, Little también sería criticado por su connivencia con las tabacaleras en la década de 1950, cuando empezó a relacionarse con el Instituto de Investigación del Tabaco, que insistía en que fumar era seguro.

tamentos universitarios, donde todas las semanas estallaban discusiones sobre compatibilidad y trasplante de tumores, Clarence Little fundó el laboratorio Jackson en un campo de dieciséis hectáreas a orillas del océano Atlántico en Bar Harbor, Maine. Allí pudo criar miles de ratones en paz. La vista desde las ventanas era espectacular; los largos veranos lo bañaban todo de la luz prodigiosamente lúcida del Atlántico Norte. En cambio, el campo de los trasplantes continuaba siendo un caos —un impenetrable rompecabezas biológico con centenares de observaciones amontonadas y mezcladas—. Little no le encontraba ninguna lógica.

Mediante el trasplante seriado de tumores entre cepas, Little comprendió que no era un gen, sino muchos, los que intervenían en el rechazo inmunitario del injerto. A principios de la década de 1930, el laboratorio Jackson se había convertido en un refugio natural para los investigadores de trasplantes que buscaban los misteriosos genes de compatibilidad que definían lo propio frente a lo ajeno. Un joven científico, George Snell, acudió al laboratorio para profundizar en los estudios sobre trasplantes de Little. Licenciado por el Dartmouth College y la Universidad de Harvard, Snell crio ratones, generación tras generación, para producir animales que aceptaran o rechazaran injertos entre sí. Era un hombre de pocas palabras, retraído, frío como el hielo y muy perseverante: en una ocasión, cuando una colonia entera de ratones, criados a lo largo de al menos catorce generaciones, murió en un incendio del laboratorio, Snell se puso la bata como si nada y empezó de nuevo a criarlos.

La cría selectiva, al tiempo que supervisaba la tolerancia de lo propio frente a lo ajeno, dio fruto. Inmunitariamente hablando, Snell acabó creando múltiples «yoes idénticos»: ratones cuyos tejidos eran totalmente compatibles entre sí. Podía trasplantarse piel, u otro tejido, de uno de aquellos ratones a su hermano compatible y el injerto se «aceptaba» —toleraba— como si fuera propio. Aún más importante, el experimento de endogamia generó dos cepas de ratones que eran casi idénticas desde el punto de vista genético, con la salvedad de que rechazaban los injertos de la otra.

Snell utilizó aquellos animales para analizar en profundidad la genética de lo propio frente a lo ajeno.[9] A finales de la década de

1930, basándose en los trabajos de Gorer, fue poco a poco centrándose en un conjunto de genes que determinaban la tolerancia. Los denominó genes H, por genes de histocompatibilidad —*histo* de *tejido* y *compatibilidad* por su capacidad para conseguir que el tejido ajeno se acepte como propio—. Snell descubrió que era una versión de estos genes H la que definía los límites del «yo» inmunitario. Si los organismos tenían los mismos genes H, podía trasplantarse tejido de uno a otro. Si no lo hacían, el trasplante se rechazaba.

A lo largo de las décadas siguientes, se identificaron más genes de histocompatibilidad en ratones, todos ellos localizados en el cromosoma 17 (en los humanos se encuentran principalmente en el cromosoma 6). Quizá el avance más trascendental en este campo se produjo cuando por fin se reveló la identidad de los genes H. Resultó que la mayoría de ellos codificaban moléculas del MHC funcionales, las mismas moléculas, recordemos, que intervenían en cómo un linfocito T reconoce su diana.

Tomémonos un momento para ver las cosas en perspectiva. En inmunología, como en cualquier ciencia, hay grandes momentos de síntesis, en los que observaciones aparentemente dispares y fenómenos aparentemente inexplicables convergen en una única respuesta mecánica. ¿Cómo nos reconocemos? Porque todas las células de nuestro cuerpo expresan un conjunto de proteínas de histocompatibilidad (H2) que son distintas de las proteínas expresadas por las células de un desconocido. Cuando nos trasplantan piel o médula ósea de otra persona, nuestros linfocitos T reconocen esas proteínas del MHC como ajenas —no propias— y rechazan las células invasoras.

¿Qué son estos genes de «lo propio frente a lo ajeno» que codifican las proteínas? Pues son los mismos genes que Snell y Gorer descubrieron y llamaron H2. Los seres humanos tienen numerosos genes del complejo principal de histocompatibilidad «clásicos» y posiblemente muchos otros, de los cuales al menos tres, y es probable que más, están estrechamente relacionados con la compatibilidad y el rechazo de los injertos. Un gen, llamado HLA-A, tiene más de mil variantes, algunas comunes y otras muy poco frecuentes. Se hereda una variante de la madre y otra del padre. El segundo gen, HLA-B, también tiene miles de variantes. Como es fácil deducir, la cantidad de permutaciones entre solo dos genes tan variables como estos es apabullante. Las probabilidades de que compartamos un código de barras de esta clase con un desconocido cualquiera que conocemos en un bar son casi nulas (y una razón más para no fusionarnos con él).

¿Y qué hacen estas proteínas cuando no rechazan injertos y células de desconocidos; obviamente un fenómeno artificial, al menos en los seres humanos (pero no, quizá, en las esponjas u otros organismos)? Como han demostrado Alain Townsend y otros, su principal función es permitir que la respuesta inmunitaria inspeccione los componentes internos de las células para detectar infecciones víricas.

En resumen, las moléculas del HLA (o H2) desempeñan dos funciones relacionadas. Presentan péptidos a un linfocito T para que este pueda detectar infecciones y otros invasores y organizar una respuesta inmunitaria. Y también son determinantes antigénicos mediante los que las células de una persona se distinguen de las de otra, con lo que definen los límites de un organismo. De ese modo, el rechazo de injertos (importante, probablemente, para los organismos primitivos) y el reconocimiento de invasores (importante para los organismos pluricelulares complejos) se combinan en un único sistema. Ambas funciones se basan en la capacidad de los linfocitos T para reconocer el complejo péptido-molécula del MHC, o lo propio alterado.

Pasemos ahora a la otra mitad del enigma: la cuestión de lo propio «ligeramente alterado». El linfocito T, como ya he mencionado, utiliza las moléculas del MHC para reconocer lo propio y rechazar lo ajeno. Pero ¿cómo puede discernir si el péptido presentado por la molécula del MHC propio proviene de una célula normal (en otras palabras, forma parte del repertorio normal de péptidos de la célula) o, en cambio, lo hace de un invasor extraño, como un virus que habita en el interior de la célula después de haber entrado en ella y haberse «aclimatado»? He hablado mucho de la guerra: la *Kampf*, los ataques tóxicos a microorganismos patógenos; el rechazo de injertos. ¿Qué hay, pues, de la paz? ¿Por qué las células inmunitarias, cargadas de toxinas y sedientas de venganza, no se vuelven en contra nuestra?

Este fenómeno de autotolerancia también desconcertó a los inmunólogos. A principios de la década de 1940, en Madison (Wisconsin), Ray Owen, genetista e hijo de un productor lechero, realizó un experimento basado, en cierto sentido, en el concepto contrario al de Peter Medawar. En su estudio, Medawar había intentado entender el fenómeno del rechazo, o la intolerancia a lo ajeno: ¿por qué el sistema inmunitario de una hermana rechaza la piel de su hermano? Owen invirtió la pregunta: ¿por qué no se vuelve un linfocito T contra su propio cuerpo? ¿Cómo adquiere tolerancia de lo propio?[10]

Owen sabía por su experiencia en la granja lechera que, de vez en cuando, las vacas parían gemelos de padres distintos: una vaca Guernsey podía tener un gemelo cuyo padre era un toro Guernsey y otro que era hijo de un toro Hereford porque ambos toros la habían fecundado durante el mismo periodo fértil.

Estos gemelos de padres distintos comparten la placenta. Pero tienen glóbulos rojos distintos que portan antígenos distintos. Por lo general, una vaca Guernsey que no es fruto de un embarazo gemelar rechazaría la sangre de una Hereford. Pero, en los escasos gemelos que comparten la placenta, Owen descubrió que ese rechazo no se producía. Era como si algún componente de la placenta hubiera enseñado al sistema inmunitario de un animal a «tolerar» las células del otro.

La idea de Owen apenas tuvo eco. Pero, en la década de 1960, cuando los inmunólogos empezaron a tomarse en serio la inducción de tolerancia, la rescataron. De algún modo, la exposición embrionaria a un antígeno debía de inducir tolerancia en el sistema inmunitario para que lo reconociera como propio y no atacara a la célula que lo presentaba. En un libro de 1969 titulado *Self and Not-Self* (Lo propio y lo no propio), Macfarlane Burnet (que para entonces ya había recibido el Premio Nobel por su teoría clonal de los anticuerpos) amplió las observaciones de Owen con una teoría radical: «Reconocer que un determinante antigénico es ajeno requiere que no haya estado presente en el cuerpo *durante la vida embrionaria* [la cursiva es mía]»,[11] escribió, validando los anteriores experimentos de Owen.

La base de aquella tolerancia residía en que los linfocitos T que reaccionaban contra células propias (células inmunitarias que atacaban a lo propio —es decir, fragmentos de proteínas derivadas de nuestras propias células y presentados en moléculas de nuestro propio MHC—) eran de algún modo borrados o eliminados del sistema inmunitario durante la lactancia o el desarrollo prenatal. Los inmunólogos llamaron a los linfocitos autorreactivos «clones prohibidos» —prohibidos porque habían osado reaccionar a algún aspecto de un péptido propio y eran, por tanto, eliminados antes de que pudieran madurar y atacar a lo propio—. Burnet los comparó con «huecos» en la reactividad inmunitaria. Uno de los enigmas filosóficos de la inmunidad es que lo propio existe en gran medida en negativo —como huecos en el reconocimiento de lo ajeno—. Lo propio se define, en parte, por lo que tiene prohibido atacarlo. Desde el punto de vista biológico, lo propio no está delimitado por lo que se manifiesta, sino por lo que es invisible: es lo que el sistema inmunitario no puede ver. «Tat Twam Asi». «Eso eres Tú».

Pero ¿dónde se generaban aquellos huecos prohibidos? ¿Cómo crean las células inmunitarias, como los linfocitos T, un hueco en su repertorio de reconocimiento que no ataca a una proteína propia —por ejemplo, los antígenos de la superficie de un glóbulo rojo o una célula renal— como ajena?

Una serie de experimentos proporcionó la respuesta. Como había demostrado Jacques Miller, los linfocitos T se generan en la médula ósea y migran al timo para madurar allí. Philippa Marrack y John Kappler, un matrimonio de inmunólogos de Colorado, forzaron la expresión de una proteína extraña en células de ratón, incluidas las células del timo.[12] Normalmente, esa proteína debería ser reconocida y rechazada por los linfocitos T. Pero, como había predicho Burnet, observaron que los linfocitos T inmaduros que reconocían fragmentos de esa proteína —los que atacaban a lo propio—

se eliminaban en el timo mediante un proceso denominado selección negativa. Los linfocitos T eliminados no llegaban a madurar. Dejaban los «huecos» que Burnet había postulado en los linfocitos T autorreactivos.

Pero la eliminación de linfocitos T en el timo —un mecanismo que se denomina tolerancia central porque afecta a todos los linfocitos T durante su maduración central— no es suficiente para garantizar que las células inmunitarias no acaben atacando a lo propio. Aparte de la tolerancia central, existe un fenómeno denominado tolerancia periférica; aquí, la tolerancia se induce una vez que los linfocitos T han abandonado el timo.[13]

En uno de estos mecanismos interviene una célula extraña y misteriosa llamada linfocito T regulador (T reg). Su aspecto es casi idéntico al de un linfocito T, con la salvedad de que, en vez de estimular una respuesta inmunitaria, el T reg la inhibe. Los linfocitos T reguladores se concentran en los focos de inflamación y segregan factores solubles —mensajeros antiinflamatorios— que atenúan la actividad de los linfocitos T. La prueba más palpable de su actividad es la enfermedad que se desarrolla cuando faltan. En los seres humanos, una mutación poco común altera la formación de estos linfocitos y causa un trastorno autoinmune de rápida progresión en el que los linfocitos T atacan a la piel, el páncreas, la tiroides y los intestinos. Los niños afectados por el síndrome de desregulación inmunitaria-poliendocrinopatía-enteropatía ligada al cromosoma X (IPEX, por las siglas en inglés de *immune dysregulation, polyendocrinopathy, enteropathy, X-linked*) tienen diarrea incurable, diabetes y la piel psoriásica, frágil y descamada. Se atacan a sí mismos porque los linfocitos T que controlan a los demás linfocitos T, los policías que vigilan a la policía, están desaparecidos en combate.

El hecho de que el tipo de célula que confiere inmunidad activa e induce la respuesta inflamatoria (el linfocito T) y el tipo de célula que inhibe estos procesos (el linfocito T regulador) surjan de las mismas células madre —los precursores de los linfocitos T de la médula ósea— es una peculiaridad no resuelta del sistema inmunitario. De hecho, aparte de diferencias muy sutiles en los marcadores genéticos, los linfocitos T y los linfocitos T reguladores no se distinguen anatómicamente. Y, no obstante, tienen funciones complementarias. La inmunidad y su opuesto están hermanados: el Caín de la inflamación con el Abel de la tolerancia. Algún día entenderemos por qué la evolución eligió emparejar estos linfocitos. Pero el linfocito T regulador continúa siendo un misterio: una célula que, por su aspecto, parece que podría activar la inmunidad, pero que, de hecho, la inhibe.

«Detrás de las montañas hay más montañas», dice el proverbio haitiano. Un linfocito T fuera de control puede ser tan tóxico para el organismo que, detrás de los sistemas de protección, hay más sistemas de protección. ¿Qué ocurre cuando las principales fuerzas reguladoras ya no impiden que el sistema inmunitario ataque a su propio cuerpo? A finales del siglo XX, Paul Ehrlich, el eminente bioquímico, lo llamó horror autotóxico —el cuerpo intoxicándose a sí mismo—.[14] El nombre no es en absoluto exagerado. La autoinmunidad varía de leve a ferozmente rabiosa. En la alopecia areata, una enfermedad autoinmune, se cree que los linfocitos T atacan a las células del folículo piloso. En un paciente puede descubrirse una sola calva, mientras que, en otro, los linfocitos T pueden atacar a todos los folículos pilosos y dejarlo completamente calvo.

En 2004, cuando era médico residente, me ofrecí como ayudante en un curso de posgrado sobre inmunología clínica. Mi cometido consistía en localizar a los pacientes del hospital que tenían enfermedades autoinmunes y, con su consentimiento, hablar de los síntomas, la causa y el tratamiento con los estudiantes de posgrado. Mi única objeción a la vívida frase de Ehrlich es que esté en singular. El horror autotóxico —la autoinmunidad— tiene tantas manifestaciones y adopta tantas formas que no hay un único horror, sino multitud de ellos.

Conocimos a una paciente treintañera con esclerodermia, una afección en la que el sistema inmunitario ataca a la piel y el tejido conjuntivo. En su caso, la enfermedad había empezado, como a menudo ocurre, con un fenómeno denominado enfermedad de Raynaud, en el que los dedos de las manos y los pies se ponen azulados cuando se exponen al frío. «Y entonces —explicó a los estudiantes— los dedos empezaron a ponérseme azulados cuando estaba estresada emocionalmente o cansada, aunque no hiciera frío». Recordé una imagen del poema de Shakespeare sobre el invierno de su obra *Trabajos de amor perdidos*: «Dick, el pastor, sopla las uñas»,[15] mientras el viento aúlla a su alrededor. Pero el frío de aquella paciente era interno, debido a la constricción de los vasos sanguíneos de las manos y los pies. Era como si la autoinmunidad la congelara internamente.

El cuerpo de la paciente sufrió ataques más extraños que aquel: la piel empezó a ponérsele tirante en algunas zonas cuando el sistema inmunitario se volvió contra su tejido conjuntivo. A continuación, se le puso brillante y rígida, como si una fuerza invisible tirara de ella, y se le marcaron los huesos que había debajo. Los labios se le adelgazaron y agrietaron. La trataron con inmunosupresores y, para reducir la inflamación, con corticoesteroides, lo que le provocó un episodio maniaco. «Era como si mi propia piel hubiera empezado a aprisionarme, como si me hubieran envuelto en film transparente».

El siguiente era un hombre con lupus eritematoso sistémico (LES), que a menudo se denomina lupus a secas. El nombre de la enfermedad, «lobo» en latín, se debe a que los médicos romanos pensaban que las lesiones cutáneas de esa clase de horror autotóxico tenían aspecto de mordiscos de lobo o, más probablemente, a que la erupción que aparece en la cara, en el puente de la nariz y bajo los ojos, recordaba las manchas faciales de los lobos. Si a eso le sumamos el hecho de que la luz del sol puede agravar la erupción, lo que a menudo obliga a los enfermos de lupus a vivir a oscuras y a solo salir de casa bajo la luz de la luna, el siniestro nombre cuajó. Las persianas de la habitación de hospital estaban bajadas y únicamente dejaban pasar un rayo de luz oblicua. Nos congregamos a su alrededor, como si estuviéramos en una cámara sepulcral.

El paciente tenía una erupción leve —empezó a llevar gafas de sol para ocultarla—, pero la enfermedad también le había afectado los riñones. Tenía unos dolores insoportables e intermitentes en las articulaciones, desde los codos hasta las rodillas. El lupus es una enfermedad movediza y esquiva. Puede afectar a un único órgano o aparato, como la piel o el aparato urinario, o, de golpe, atacar a varios aparatos a la vez. Aquel paciente se había prestado a participar en un ensayo clínico con un inmunosupresor nuevo que parecía haberle mitigado un poco la enfermedad. Aún es un misterio a qué reacciona exactamente el sistema inmunitario en el lupus, pero suele implicar antígenos del núcleo de la célula, antígenos de su membrana y antígenos en forma de complejos de proteína-ADN. Y, a veces, la lista de órganos que se ven afectados no hace sino aumentar: la enfermedad pasa de las articulaciones a los riñones y de ahí a la piel. Es como un fuego que se retroalimenta: una vez rota la barrera de lo propio, todo lo que es propio puede ser atacado.

El horror del autotóxico encerraba una profunda enseñanza científica, aunque los inmunólogos tardarían décadas en extraerla. La autoinmunidad, el ataque a células propias, planteaba una pregunta obvia: ¿y si fuera posible dirigir la toxicidad inmunitaria contra las células cancerosas? Después de todo, las células malignas habitan en la inquietante frontera entre lo propio y lo no propio; derivan de células normales y comparten muchos de sus rasgos, pero también son malvados invasores —rinocerontes para algunos y unicornios para otros—. En la década de 1890, un cirujano neoyorquino, William Coley, había intentado tratar a pacientes de cáncer con un preparado de células bacterianas que pasó a conocerse como toxinas de Coley.[16] Esperaba provocar una potente respuesta inmunitaria que pudiera volverse contra el tumor. Pero las reacciones eran imprevisibles. Y, con el desarrollo de las quimioterapias citotóxicas en la década de 1950, la idea de un ataque inmunitario contra el cáncer pasó de moda.

No obstante, con las continuas recaídas de los pacientes de cáncer tratados con la quimioterapia tradicional, la noción de inmunoterapia volvió a resurgir. Recordemos, por un momento, los mecanismos que permiten que el organismo no sea devorado por sus propios linfocitos T. Existen clones «prohibidos» que, de otro modo, reaccionarían contra los tejidos normales y son eliminados durante la maduración de los linfocitos T. Y hay linfocitos T reguladores que pueden inhibir la respuesta inmunitaria.

En la década de 1970, los científicos descubrieron más mecanismos para inducir tolerancia en los linfocitos T a fin de que no ataquen a su propio cuerpo. Para destruir su diana —por ejemplo, una célula infectada por un virus o una célula cancerosa— no bastaba con que el receptor de los linfocitos T reconociera el complejo péptido-molécula del MHC. Para impulsar un ataque inmunitario, también tenían que activarse otras proteínas de la superficie de los linfocitos T. No había un único interruptor, sino muchos. Estas protecciones detrás de las protecciones —montañas detrás de las montañas— son como el seguro de un arma de fuego y habían evolucionado para garantizar que los linfocitos T no dirigieran sin querer su fuego amigo hacia células normales. Estos seguros, o frenos, actuarían como puntos de control contra la matanza indiscriminada de nuestras propias células.

Pero, antes de comprender e inhibir esos frenos, preocupaba la incertidumbre sobre la especificidad: ¿podía una respuesta de los linfocitos T humanos dirigirse contra el cáncer? En el Instituto Nacional del Cáncer, en Bethesda, Maryland, un cirujano oncólogo llamado Steven Rosenberg había extraído linfocitos T vírgenes de tumores malignos, como los melanomas, pensando que las células inmunitarias que se habían infiltrado en un tumor debían de tener la capacidad de reconocerlo y atacarlo. El equipo de Rosenberg había cultivado aquellos linfocitos infiltrantes de tumor hasta tener varios millones de ellos y después había vuelto a infundírselos a los pacientes.[17]

La terapia fue eficaz en algunos casos: en los pacientes de melanoma tratados con los linfocitos T infundidos de Rosenberg, los tumores se redujeron y en algunos la remisión tumoral fue completa y duradera. Pero las respuestas eran imprevisibles. Los linfocitos T extraídos del tumor de un paciente quizá habían aprendido a combatirlo, pero también podían ser meros espectadores, testigos pasivos que seguían en la escena del crimen. O podían estar extenuados o haberse habituado; haber desarrollado tolerancia al tumor.

Los cánceres, por muy variados que sean, tienen una serie de características en común —entre ellas, su invisibilidad para el sistema inmunitario—. En principio, los linfocitos T pueden ser eficaces armas inmunitarias contra los tumores. Como ya demostraron Clarence Little y Peter Gorer en la década de 1930, cuando se trasplanta un tumor entre ratones genéticamente incompatibles, los linfocitos T del ratón receptor lo rechazan porque lo consideran ajeno. Pero los sistemas tumor/receptor que habían escogido Little y Gorer eran extremadamente incompatibles: el tumor ostentaba, en su superficie, una molécula del MHC que podía reconocerse como «ajena» de manera instantánea y, de ese modo, rechazarse con rapidez. En fechas más recientes, en el caso de Emily Whitehead, sus linfocitos T-CAR se habían modificado específicamente para reconocer una proteína en la superficie de sus células leucémicas.

Sin embargo, la mayoría de los cánceres humanos representan un desafío mucho más sutil para el sistema inmunitario. Harold Varmus, el biólogo del cáncer galardonado con un Nobel, describió el cáncer como «una versión distorsionada de nuestro ser normal». Y así es: las proteínas que fabrican las células cancerosas son, con unas pocas excepciones, las mismas que fabrican las células normales, con la salvedad de que las células cancerosas distorsionan la función de esas proteínas y se apropian de las células para que experimenten un crecimiento maligno. El cáncer, en resumen, puede ser un «yo» rebelde, pero es, sin lugar a dudas, un «yo».

Por otra parte, las células cancerosas que acaban generando una enfermedad de importancia clínica en un ser humano surgen mediante un proceso evolutivo. Las células que quedan después de sus ciclos de selección pueden haber desarrollado ya la capacidad de eludir la inmunidad, como las células inmunitarias de Sam P., que, durante años, pasaron por el lado de su tumor, lo ignoraron y siguieron su camino.

Este doble problema —la afinidad del cáncer por lo propio y su invisibilidad inmunitaria— es el gran enemigo de los oncólogos. Para atacar a un cáncer inmunitariamente, primero hay que hacerlo *re*-visible (por acuñar una palabra) para el sistema inmunitario. Y, en segundo lugar, el sistema inmunitario debe encontrar en el cáncer algún determinante antigénico claro que le permita atacarlo sin destruir la célula normal.*

El experimento de Steve Rosenberg fue una primera tenue muestra de que aquellos dos obstáculos podían salvarse: en unos pocos casos, los tumores podían hacerse detectables para el sistema inmunitario a fin de que los linfocitos T los eliminaran. Pero ¿qué hacían exactamente las células cancerosas para ser invisibles? ¿Podían utilizar los mismos mecanismos que el organismo normal emplea para evitar atacarse a sí mismo, es decir, los frenos que impiden la autoinmunidad?

En el invierno de 1994, Jim Allison, que trabajaba en la Universidad de California en Berkeley, puso en marcha un experimento que reactivaría el campo de la inmunoterapia —en parte, al descubrir los mecanismos que mantienen los linfocitos T bajo control—. Inmunólogo de formación, Allison estaba estudiando una proteína llamada CTLA-4 que se encontraba en la superficie de los linfoci-

* Hay un tercer campo de investigación cada vez más importante que estudia la capacidad del cáncer para hacerse resistente a los medicamentos y a los mecanismos naturales del organismo. Las células cancerosas evolucionan para crear entornos celulares únicos a su alrededor —por lo general, rodeándose de células normales— en los que los medicamentos no pueden penetrar o que pueden desarrollar activamente resistencia a ellos. De manera similar, estos entornos celulares pueden eludir la inmunidad inactivando los linfocitos T, los linfocitos citolíticos naturales y otras células inmunitarias al impedirles siquiera entrar en la periferia de la célula cancerosa o formando vasos sanguíneos nuevos para suministrar nutrientes a las células malignas. Los ensayos para cortar el riego sanguíneo a las células cancerosas, utilizando una amplia variedad de medicamentos, solo han tenido un éxito moderado. Y lo mismo ha ocurrido con los ensayos para forzar a las células inmunitarias a permanecer activas en el «microentorno» del cáncer. Una de las imágenes científicas más aterradoras que he visto en los últimos tiempos es un tumor rodeado de una coraza de células normales que ha excluido a los linfocitos T activados. Estos forman un anillo alrededor de la coraza celular que el cáncer ha construido a su alrededor, pero son incapaces de atravesarla. El inmunólogo Ruslan Medzhitov ha llamado a esto hipótesis de la «célula cliente»: las células cancerosas se hacen pasar por células «clientes» del órgano en el que se desarrollan —o, más exactamente, evolucionan para parecerse a ellas—, al igual que un ladrón podría hacerse pasar por un cliente de la tienda que está robando mientras la policía —el sistema inmunitario, en este caso— busca en otra parte.

tos T. La proteína se conocía desde los años ochenta, pero su función continuaba siendo un enigma.

Allison trasplantó a ratones tumores que se sabía que eran resistentes a la respuesta inmunitaria. Los tumores crecieron indomables, como era de esperar, eludiendo todo tipo de rechazo inmunitario. Los experimentos realizados por los inmunólogos Tak Mak y Arlene Sharpe en la década de 1990 habían apuntado que la CTLA-4 podía ser uno de los frenos utilizados para tener a los linfocitos T activados bajo control; cuando habían eliminado el gen en ratones, los linfocitos T se habían descontrolado y los animales habían desarrollado mortíferas enfermedades autoinmunes. Allison replanteó el experimento, pero con un giro: en vez de eliminar el gen CTLA-4 por completo, ¿podía un bloqueo de los linfocitos T inducido por medicamentos dirigirlos contra el cáncer?

Allison inyectó a algunos de los ratones anticuerpos para bloquear la CTLA-4 —en esencia, inhibiendo la función de la proteína—.[18] En los días siguientes, los tumores inmunorresistentes de los ratones a los que había inyectado los anticuerpos bloqueantes de la CTLA-4 desaparecieron. Repitió el experimento en Navidad. Una vez más, los tumores malignos de ese grupo de ratones se disolvieron, devorados, como descubriría más adelante, por un infiltrado de iracundos linfocitos T activados.

Intrigados por esa activación de los linfocitos T contra un tumor, Allison y otros investigadores pasaron más de una década intentando comprender mejor la función de la proteína. Como habían demostrado todos los experimentos anteriores, descubrieron que la CTLA-4 era un sistema para evitar el horror autotóxico; era un freno para tener a los linfocitos T bajo control. En circunstancias normales, cuando la CTLA-4 de los linfocitos T activados se une a otra proteína, llamada B7,* que está presente en la superficie de células de los ganglios linfáticos, donde maduran los linfocitos T, se

* He intentado evitar una enorme cantidad de jerga inmunológica en la explicación. B7 es, de hecho, un complejo de dos moléculas, CD80 y CD86. Además, existen otros sistemas de protección para evitar que los linfocitos T se activen de manera inapropiada. Una de esas proteínas, la CD28, descubierta por el inmunólogo Craig Thompson, también está investigándose a fondo en mi laboratorio y en otros.

activa el freno. Los linfocitos T en maduración quedan inhibidos para atacar a lo propio, pero también para rechazar tumores. Sin embargo, si se bloqueaba esa vía inhibitoria, el freno se desactivaba y se anulaba la tolerancia. La CTLA-4 actuaba como una barrera entre los linfocitos T inactivados y los activados. Se denominó punto de control, a partir de la idea de que la proteína mantenía la activación de los linfocitos T bajo control.*

Estoy escribiendo esta historia como si todos estos descubrimientos clave hubieran ocurrido en unos pocos minutos, pero hicieron falta décadas de trabajo y dedicación. Conocí a Allison en Nueva York hace unos años y hablamos del tortuoso camino científico que lo había llevado a descubrir la función de la CTLA-4. Se rio jovialmente, como si los diez duros años que había dedicado al proyecto solo fueran un recuerdo lejano. «Nadie me creía —dijo—. No pensaban que hubiera otro freno más a que los linfocitos T atacaran a las células cancerosas. Pero nosotros perseveramos hasta que resolvimos el problema».

Mientras Allison descubría la función de la proteína CTLA-4, un científico japonés llamado Tasuku Honjo, que trabajaba en Kioto, se concentraba en la función de otra misteriosa proteína denominada PD-1. Como en el caso de Allison, transcurrió una década que arrojó resultados extraños y a menudo contradictorios. Pero, poco a poco, el equipo de Honjo dilucidó la función de la proteína PD-1.[19] Descubrieron que se parecía a la CTLA-4 en que también era un inductor de tolerancia. Al igual que la CTLA-4, la PD-1 se expresa en los linfocitos T. Su ligando afín —de hecho, su «freno»— se conoce como PD-L1. Está presente en la superficie de las células normales de todo el cuerpo. Si imaginamos la CTLA-4 de la superficie de los linfocitos T como el seguro de un arma de fuego, la proteína PD-L1 de la superficie de las células normales sería el chaleco reflectante llevado por un transeúnte inocente que dice: «No dispare. ¡Soy inofensivo!».**

* Con el tiempo, los investigadores han descubierto que los linfocitos T tienen numerosos puntos de control. Cada uno de ellos actúa como un freno para evitar que los linfocitos T de gatillo fácil ataquen a lo propio.

** De hecho, la PD-L1 es más que un chaleco reflectante. Puede incluso inducir la muerte de linfocitos T, atajando así de raíz un ataque suyo.

En tan solo unas décadas, se han descubierto dos nuevos sistemas de tolerancia periférica, así como la manera de inactivarlos. La unión de la CTLA-4 de los linfocitos T a su ligando afín B7 los vuelve impotentes. Asimismo, la presencia de la PD-L1 en las células normales las hace invisibles. Los mecanismos que impiden que el organismo se devore a sí mismo conjugan de algún modo esta combinación de impotencia e invisibilidad.

Ahora sabemos que los cánceres pueden utilizar ambos mecanismos para protegerse de los ataques del sistema inmunitario. Algunos expresan la PD-L1, en esencia, poniéndose sus chalecos reflectantes de invisibilidad: «No disparen. ¡Soy inofensivo!». Honjo descubrió que, cuando se inyectaba a ratones inhibidores de la PD-1, estos inducían a los linfocitos T a atacar incluso a los tumores inmunorresistentes que llevaban chalecos reflectantes; el cáncer quedaba desenmascarado. Tanto Honjo como Allison habían llegado de forma independiente al mismo paradigma: si se desactivaban los frenos de un linfocito T, o se despojaba a las células cancerosas de su chaleco reflectante, la respuesta inmunitaria podía, de hecho, atacar al cáncer. Habían burlado los puntos de control.

De aquel trabajo surgió una nueva clase de medicamentos, entre ellos, anticuerpos para inhibir la CTLA-4 y la PD-1.[20] Los primeros ensayos clínicos con estos nuevos medicamentos revelaron su eficacia. Los melanomas resistentes a las quimioterapias remitieron y desaparecieron. Los tumores metastásicos de vejiga fueron atacados* y rechazados. Nació un nuevo tipo de inmunoterapia contra

* ¿Por qué, cómo —¡por qué, por qué, por qué, cómo, cómo!— puede una célula cancerosa eludir a los linfocitos T encargados de reconocerla y eliminarla? Esta pregunta acosa a la inmunoterapia actual. En un tumor sólido, hay algo —quizá el entorno que ha creado a su alrededor— capaz de eludir e incluso impedir la reactivación más potente de los linfocitos T. ¿Qué es ese «algo»? La prueba más sólida, y esto no es un juego de palabras, es que el ataque inmunitario a un cáncer solo ocurre si puede formarse dentro de un tumor sólido un órgano linfoide plenamente activo que contiene neutrófilos, macrófagos, linfocitos T cooperadores, linfocitos T citotóxicos y una estructura celular organizada. Este órgano linfoide secundario (OLS) es como el ganglio linfático que suele formarse cuando los linfocitos T atacan a un virus o un microorganismo patógeno, salvo que en este caso lanza su ataque contra un tumor. Los tumores que no permiten la formación

el cáncer, denominada «inhibición de los puntos de control»; la eliminación de los frenos a la «intolerancia» de los linfocitos T.

Sin embargo, estas terapias tenían sus limitaciones: si se desactivaban los frenos, los linfocitos T activados, sedientos de sangre, podían volverse contra las células normales. Fue este ataque autoinmunitario a sus propias células hepáticas lo que, finalmente, limitó la respuesta de mi amigo Sam P. al tratamiento. Los inhibidores de los puntos de control permitieron que los linfocitos T atacaran a su melanoma y controlaran su crecimiento maligno. Pero también desataron un ataque contra su hígado que no logramos contrarrestar. Era una forma de horror autotóxico inducida médicamente. Sam estaba atrapado en la frontera entre su cáncer y sí mismo. Al final, las células tumorales sortearon la frontera y sobrevivieron. Sam no lo logró.

Casualmente, terminé esta parte del libro un lunes por la mañana, el día que me reservo para mirar la sangre. Salí del despacho donde suelo escribir y enfilé el pasillo hasta la sala del microscopio. Vacía y en silencio, por suerte. Atenué la iluminación, encendí el microscopio. Una caja con preparaciones me esperaba sobre la mesa. Coloqué una en el microscopio y lo enfoqué.

Sangre. Un cosmos de células. Las inquietas: los glóbulos rojos. Las guardianas: los neutrófilos multilobulados que protagonizan las primeras etapas de la respuesta inmunitaria. Las restauradoras: las minúsculas plaquetas —menospreciadas en su momento por ser fragmentos inútiles— que redefinieron cómo respondemos a las agresiones a nuestro cuerpo. Las defensoras, las discernidoras: los linfocitos B, que fabrican misiles de anticuerpos; los linfocitos T, que van de puerta

---

de estos OLS son resistentes a la inmunoterapia, mientras que los que sí los forman suelen responder a ella. Pero esto es una correlación. La relación causa-efecto y los mecanismos que permiten o impiden la formación de tales OLS siguen sin conocerse. Cuando los comprendamos, podremos crear una nueva generación de medicamentos inmunoterapéuticos, o combinaciones de ellos, para avanzar en la lucha contra el cáncer.

en puerta y pueden detectar incluso el olor de un invasor, incluido, posiblemente, el cáncer.

Mientras mis ojos pasaban de una célula a otra, pensé en la trayectoria de este libro. Nuestro relato ha progresado. Nuestro vocabulario ha cambiado. Nuestras metáforas han variado. Unas páginas atrás, imaginábamos la célula como una nave espacial solitaria. Luego, en el capítulo «La célula en división», la célula ya no estaba sola, sino que se convertía en progenitora de dos células, y después de cuatro. Era una fundadora, una generadora de tejidos, órganos y cuerpos —cumpliendo el sueño de que una sola célula devenga dos y luego cuatro—. Y después se transformaba en una colonia: el embrión en desarrollo, en el que las células hallaban su lugar en el paisaje de un organismo.

¿Y la sangre? La sangre es un conglomerado de órganos, un sistema de sistemas. Ha construido campos de instrucción para sus ejércitos (ganglios linfáticos), carreteras y calles para desplazar a sus células (vasos sanguíneos). Tiene ciudadelas y murallas que sus habitantes (neutrófilos y plaquetas) vigilan y reparan a todas horas. Ha inventado un sistema de identificación para reconocer a sus ciudadanos y expulsar a los intrusos (linfocitos T) y ha creado un ejército para protegerse de los invasores (linfocitos B). En su evolución, ha desarrollado un lenguaje, una organización, una memoria, una arquitectura, subculturas y autorreconocimiento. Se me ocurre una nueva metáfora. Quizá podríamos considerarla una civilización de células.

Cuarta parte

El conocimiento

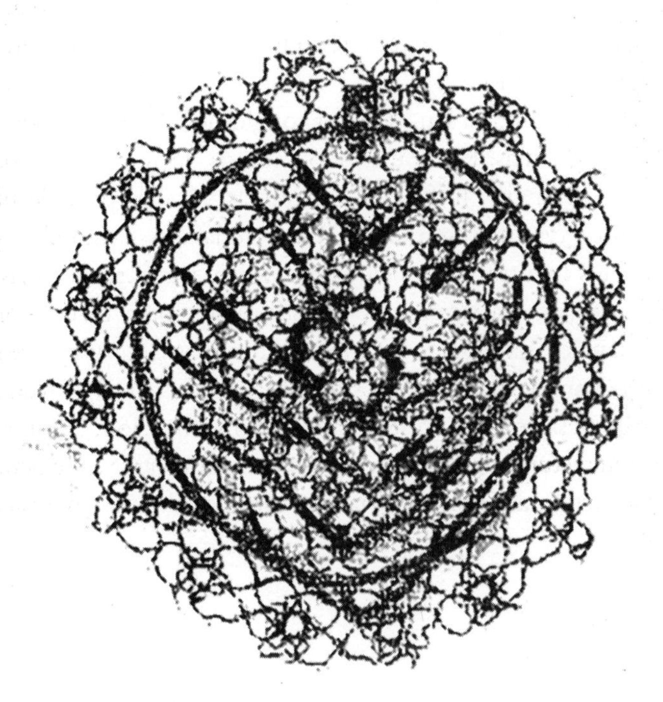

La pandemia

> [...] en la egregia ciudad de Florencia, bellísima entre todas las de Italia, sobrevino una mortífera peste. [...] tras haber comenzado algunos años atrás en las regiones orientales [...] y desde donde [...] prosiguió, devastadora, hacia Occidente [...]. Para curar tal enfermedad no parecían servir ni consejos de médicos ni mérito de medicina alguna [...] sino que el tocar las ropas o cualquier objeto sobado o manipulado por los enfermos transmitía la dolencia al tocante. [...] los que conservaban la vida [...] no miraban más que a una finalidad harto cruel: la de alejarse de los enfermos y de sus casas, con lo que creían adquirir salud. [...] vivían separados de todos los demás, recogiéndose en sus casas y recluyéndose en los lugares donde no hubiese enfermo alguno.[1]
>
> GIOVANNI BOCCACCIO, *Decamerón*

A principios del invierno de 2020, antes de que nuestra confianza se viniera abajo, parecía que, de todos los complejos sistemas celulares del organismo, el sistema inmunitario era el que mejor conocíamos. En 2018, cuando Allison y Honjo recibieron el Premio Nobel por su descubrimiento de cómo los tumores eluden la inmunidad de los linfocitos T, el galardón pareció marcar un techo en nuestro conocimiento de la inmunidad —y quizá de la biología celular en general—. Estaban creándose eficaces medicamentos capaces de desenmascarar tumores invisibles para el sistema inmunitario. Por supuesto, seguían sin resolverse algunos misterios fundamentales. Cómo lograba aquel sistema el difícil equilibrio entre generar una respuesta inmunitaria contundente contra los microorganismos patógenos y garantizar que esa misma respuesta no se volviera contra nuestro propio cuerpo —cómo la *Kampf* contra los invasores microbianos no degeneraba en la guerra civil del horror autotóxico— continuaba siendo un profundo enigma (en el caso de Sam P., no fuimos capaces de controlar la hepatitis autoinmune inducida por la inmunoterapia contra el cáncer). Pero las piezas clave del rompecabezas parecían haber encajado. Hace unos años, hablé con un investigador posdoctoral que se disponía a dejar su puesto en la universidad para trabajar en una empresa de biotecnología que planeaba desarrollar novedosas terapias inmunitarias contra el cáncer. Me dijo que cada vez eran más los investigadores que imaginaban el sistema inmunitario como una máquina cognoscible, con engranajes, mecanismos y piezas móviles —manipulables, descifrables, sustituibles—. No me pareció que su optimismo tuviera nada de arrogante. En 2020, ocho de los aproximadamente cincuenta medicamentos aprobados por la FDA de Estados Unidos guardaban relación con la respuesta inmunitaria; en 2018, habían sido doce de un total de cincuenta y nueve; casi una quinta parte de todos los medicamentos humanos que estaban descubriéndose tenían algo que ver con el sistema inmunitario. Todo indicaba que estábamos pasando de la inmunología básica a la inmunología aplicada.

Y entonces vino la caída, en el sentido bíblico de la palabra.

El 19 de enero de 2020, un hombre de unos treinta años, recién llegado de Wuhan, China, entró en un consultorio médico del condado de Snohomish, Washington, con tos. Leer la descripción de aquel primer caso en Estados Unidos, publicada en el *New England Journal of Medicine* en marzo de aquel año, es ponerse a temblar:

«Al entrar en el consultorio, el paciente se puso una mascarilla en la sala de espera».[2]

¿Quién estaba a su lado en aquella sala? ¿A cuántas personas había contagiado en los últimos días? ¿Quién iba sentado al otro lado del pasillo en el avión que lo había llevado de Wuhan a Seattle?

Emily Whitehead, la primera niña tratada en el Hospital Infantil de Filadelfia por una leucemia linfoblástica aguda. En ausencia de un tratamiento experimental o un trasplante de médula ósea, esta variante de la enfermedad es mortal. Los linfocitos T de Whitehead se extrajeron, se modificaron genéticamente para «armarlos» contra su cáncer y volvieron a infundirse en su cuerpo. Estas células modificadas se denominan linfocitos T con receptor quimérico para el antígeno o linfocitos T-CAR (por las siglas en inglés *chimeric antigen receptor T cells*). Tratada por primera vez en abril de 2012, cuando tenía siete años, Emily sigue gozando de buena salud.

1

2

Rudolf Virchow en su laboratorio de anatomía patológica. Cuando era un joven patólogo, trabajó en Würzburg y Berlín en las décadas de 1840 y 1850 y revolucionó la idea de la medicina y la fisiología. Sostuvo que las células eran las unidades básicas de todos los organismos y que la clave para comprender las enfermedades humanas era entender las disfunciones de las células. Su libro *Patología celular* transformaría nuestra visión de las enfermedades humanas.

Un retrato de Antonie (o Antonius) van Leeuwenhoek. Un comerciante de telas reservado y temperamental de Delft, en los Países Bajos, Leeuwenhoek sería uno de los primeros en visualizar las células bajo un microscopio de lente única en la década de 1670. Llamó a las células que vio —probablemente protozoos, hongos unicelulares y espermatozoides humanos— «animálculos». Leeuwenhoek fabricó más de quinientos microscopios de este tipo, todos ellos un prodigio de la ingeniería y la experimentación práctica. El polímata inglés Robert Hooke había visto células en un corte transversal del tallo de una planta casi una década antes, pero no ha sobrevivido ningún retrato fidedigno suyo.

3

En la década de 1880, Louis Pasteur formuló la audaz hipótesis de que las células bacterianas («gérmenes») eran la causa primordial de las infecciones y la putrefacción. Mediante ingeniosos experimentos, descartó la idea de que los «miasmas» invisibles del aire eran los responsables de la putrefacción y las enfermedades humanas. La idea de que estas últimas podían estar causadas por células patógenas (es decir, gérmenes) autónomas capaces de transmitirse de una persona a otra reforzaría la teoría celular y la pondría en íntimo contacto con la medicina.

4

El doctor Robert Koch (1843-1910), un microbiólogo alemán que, junto con Pasteur, introduciría la «teoría de los gérmenes». La principal contribución de Koch fue sistematizar la idea de «causa» de una enfermedad. Al establecer los criterios de lo que constituía una «causa», Koch dotó a la medicina de rigor científico.

5

6

George Palade (derecha) y Philip Siekevitz junto a un microscopio electrónico en el Instituto Rockefeller en la década de 1960. El equipo de biólogos celulares y bioquímicos de Palade, en colaboración con Keith Porter y Albert Claude, sería uno de los primeros en definir la anatomía interna y la función de los compartimentos celulares u «orgánulos».

7

La enfermera y embrióloga británica Jean Purdy (1945-1985) y el fisiólogo Robert Edwards (1925-2013) en su laboratorio de Cambridge, el 28 de febrero de 1968. Purdy entrega a Edwards una placa sacada de una estufa de incubación que contiene óvulos humanos fecundados fuera del cuerpo. Purdy, Edwards y el tocólogo Patrick Steptoe colaboraron para desarrollar las técnicas de fecundación *in vitro* (FIV) y la primera «bebé probeta» —llamada Louise Brown— nació nueve años después, en 1978. Purdy murió de cáncer en 1985 y su contribución a la biología de la reproducción y a la FIV jamás se le reconoció plenamente.

El científico chino He Jiankui (o «JK») interviniendo en la Segunda Cumbre Internacional sobre Edición del Genoma Humano celebrada en Hong Kong el 28 de noviembre de 2018. JK dejó atónitos y escandalizados a científicos y eticistas al anunciar que había manipulado genéticamente dos embriones humanos. Reservado y ambicioso, JK esperaba recibir reconocimiento por su trabajo, pero, en cambio, la comunidad científica lo castigó por haber llevado a cabo su investigación sin apenas supervisión ni justificación.

8

9

Hilde Mangold (1898-1924) con su hijo en 1924. Mangold y Hans Spemann llevaron a cabo experimentos clave para esclarecer cómo un óvulo unicelular fecundado acaba convirtiéndose en un organismo multicelular.

Niños del Reino Unido afectados por la talidomida, que se había prescrito a sus madres durante el embarazo para calmarles la «ansiedad» y las náuseas. Estos niños nacieron con múltiples defectos congénitos debido a los efectos celulares del fármaco, que ahora sabemos que puede afectar a muchas células del organismo, incluidas las del corazón y del cartílago. En la fotografía, de 1967, un niño aprende a escribir con la ayuda de un mecanismo para sujetar el lápiz. La talidomida serviría de lección a los organismos reguladores al enseñarles que manipular la biología celular, sobre todo en el ámbito de la reproducción, puede tener efectos devastadores.

10

La doctora Frances Oldham Kelsey (1914-2015) junto a una mesa repleta de informes sobre nuevos fármacos en su despacho de la Administración de Medicamentos y Alimentos de Estados Unidos en Washington, el 31 de julio de 1962. La doctora Kelsey se negó a autorizar la venta de la talidomida alemana en Estados Unidos. El fármaco, vendido con otros nombres en Europa, causó deformidades en los recién nacidos cuando las madres lo tomaron al principio del embarazo.

11

12 Vierville-sur-Mer, 6 de junio de 1944. En la costa de Normandía, en la «playa de Omaha», médicos militares realizan una transfusión de sangre a un soldado herido. La transfusión de sangre —una terapia celular— les salvaría la vida a miles de hombres y mujeres durante la guerra.

Un retrato de Paul Ehrlich y su colaborador Sahachiro Hata, hacia 1913. Ehrlich y Hata, bioquímicos, desarrollarían fármacos nuevos para tratar enfermedades infecciosas como la sífilis y la tripanosomiasis. La teoría de Ehrlich sobre cómo generan anticuerpos los linfocitos B daría lugar a un vigoroso debate en la década de 1930. Al final, se demostraría que Ehrlich estaba equivocado, pero su idea de un «anticuerpo» creado específicamente para unirse y atacar a un invasor constituiría la base de nuestra comprensión de la inmunidad adaptativa.

13

Timothy Ray Brown, también conocido como el «paciente de Berlín», uno de los primeros hombres en curarse del sida, posa durante el Simposio Internacional sobre el VIH y Enfermedades Infecciosas Emergentes (ISHEID, por las siglas en inglés de *International Symposium on HIV and Emerging Infectious Diseases*), el 23 de mayo de 2012, en Marsella. Brown, seropositivo durante más de una década, se sometió a un trasplante experimental de médula ósea con células de un donante que contenían una variante natural poco común del receptor de superficie celular CCR5 delta 32 y de las que se había demostrado que convertían las células en resistentes a la infección por el VIH. El hematólogo alemán Gero Hütter y su equipo realizaron el trasplante. Brown acabaría muriendo de leucemia, pero su resistencia al VIH, debida probablemente a la resistencia natural a la infección conferida por las células de su donante, suscitaría profundos interrogantes sobre la posibilidad de desarrollar vacunas contra el VIH.

14

15

ARRIBA: Santiago Ramón y Cajal en 1876. Sus dibujos del sistema nervioso, con la ayuda de una tinción desarrollada por Camillo Golgi, revolucionarían nuestras ideas sobre el funcionamiento del cerebro y el sistema nervioso. También se consideran de los más bellos y reveladores de la ciencia.

IZQUIERDA: Frederick Banting y Charles Best con un perro en la azotea del edificio de Medicina de la Universidad de Toronto en agosto de 1921. Banting y Best desarrollaron ingeniosos experimentos para identificar y purificar la hormona insulina, el coordinador fundamental de las concentraciones de glucosa en el organismo.

16

17

En septiembre de 2005, James Till (izquierda) y Ernest McCulloch compartieron el Premio Lasker de Investigación Médica Básica en Nueva York. Fueron galardonados por su trabajo pionero en la identificación de la célula formadora de sangre o hematopoyética.

18

Leland «Lee» Hartwell (izquierda), que obtuvo el Premio Nobel de Fisiología o Medicina en 2001, hablando con el Nobel de 1990, E. Donnall Thomas, después de una rueda de prensa en Seattle, Washington, el 8 de octubre de 2001. Hartwell, que es presidente y director emérito del Centro Oncológico Fred Hutchinson y profesor de genética en la Universidad de Washington, obtuvo el galardón por su trabajo pionero en identificar cómo se divide la célula. Thomas recibió el premio en 1990 por su investigación sobre el trasplante de médula ósea. Los dos campos de la biología celular —tan distintos en apariencia— se unen en la actualidad para hallar conexiones y temas en común (por ejemplo, ¿cómo puede conseguirse que una célula madre hematopoyética trasplantada se divida y dé origen a sangre nueva en un ser humano?).

«Después de esperar unos veinte minutos, lo hicieron pasar a la consulta y lo exploraron».

¿Llevaba mascarilla el médico que le hizo el reconocimiento? ¿Y la enfermera que le tomó la temperatura? ¿Dónde están ahora?

«El hombre refirió que había regresado al estado de Washington el 15 de enero después de viajar a Wuhan, China, para visitar a unos familiares».

El 20 de enero se enviaron dos hisopos, uno nasal y uno oral (y, posteriormente, muestras de heces) a los Centros para el Control y la Prevención de Enfermedades. En ambos se detectó un nuevo coronavirus: el SARS-CoV-2.

Al noveno día de su enfermedad —y al quinto día de hospitalización—, su estado empeoró. Sus concentraciones de oxígeno disminuyeron al 90%, lo que era claramente anormal en un hombre joven sin problemas pulmonares previos. Una radiografía de tórax reveló manchas opacas en el pulmón, indicativas de neumonía grave. Los análisis de sangre mostraron una función hepática anormal; tenía picos de fiebre alta. Estuvo a punto de morir, pero al final se recuperó.

Han transcurrido más de dos años desde que aquel hombre con tos entró en el consultorio médico de Seattle. Mientras escribo estas líneas, en marzo de 2022, se han producido en el mundo casi 450 millones de infecciones, casi 6 millones de muertes (ambas cifras se quedan probablemente cortas, dada la falta de información fiable sobre pruebas diagnósticas y fallecimientos por el virus). El contagio se ha extendido por todo el planeta, sin dejar prácticamente ningún rincón incólume. Han ido apareciendo nuevas cepas del virus que portan nuevas mutaciones, algunas más mortíferas que otras: Alfa, Delta y, ahora, Ómicron. Se están testando clínicamente más de sesenta vacunas contra el virus. Hay tres aprobadas en Estados Unidos, la Organización Mundial de la Salud (OMS) ha aprobado nueve y están desarrollándose varias más.

Los países ricos, con buenos sistemas de atención médica sanitaria, se encuentran al límite de sus fuerzas. En el Reino Unido se han producido más de 160.000 muertes. En Estados Unidos, la cifra oficial de fallecimientos es de 965.000. Y el recuento de muertos, enfermos, afectados, desplazados, arruinados, dolientes continúa. Sin pausa.

No puedo quitarme de la cabeza las imágenes ni los sonidos de la pandemia. ¿Quién puede? Las bolsas mortuorias naranjas, amontonadas en las camas, en morgues improvisadas. Las fosas comunes en Ecuador. El constante gemido de las sirenas de ambulancia fuera de mi hospital, fundiéndose hasta que tan solo oía una cortina de lamentos; la sala de urgencias, en la primavera de 2021, llena a rebosar, con camillas en los pasillos; los pacientes jadeando mientras se ahogaban en sus propios fluidos; la UCI luchando por conseguir más camas todos los días. Los médicos y las enfermeras que todas las noches cruzaban como zombis el paso de peatones fuera de mi despacho, exhaustos y ojerosos después de terminar su turno y con las características marcas en la cara, donde los bordes de las mascarillas N95 se les habían hincado en las mejillas. Las ciudades confinadas y vacías, con bolsas de papel arrastradas por el viento en las calles. Las miradas de recelo, o de franco terror, cuando un hombre tosía o estornudaba en el metro.

La fotografía del primo de un amigo —un brasileño sano y vigoroso de cuarenta y tantos años— en una playa de Río de Janeiro hacía dos veranos, con los brazos alzados alegremente por encima del agua. A finales de julio de 2021, se contagió el virus. La neumonía se le agravó. La frecuencia respiratoria le aumentó a más de treinta respiraciones por minuto. Solo puedo evocar una segunda imagen: el mismo hombre en una cama de la UCI, respirando con tanta dificultad que tiene los músculos del cuello tensos, los labios azulados. Vuelve a alzar los brazos, pero con agitación, no para expresar alegría, sino para indicar su deseo de sobrevivir. Mi amigo y yo nos enviamos mensajes urgentes, noche tras noche y, durante un tiempo, estuve tranquilo. El primo estaba conectado a un respirador, pero mejoraba, aunque despacio. Y entonces, el último mensaje, recibido durante la noche del 9 de abril: «Lo siento, pero ha fallecido».

La segunda ola que azotó la India en abril de 2021 fue mucho más mortífera que la primera.[3] El virus había mutado a una cepa llamada Delta, mucho más infecciosa, y posiblemente más mortífera, que la cepa original que había venido de Wuhan. Delta arrasó la India, diezmando su sistema de salud pública ya maltrecho y poniendo de manifiesto la alarmante ausencia de una respuesta organizada y coordinada. Delhi se paró y dejó a millones de trabajadores migrantes en la calle. Mi madre estuvo presa en su piso. A lo largo de las semanas de confinamiento, sus mensajes diarios para tranquilizarme se acortaron hasta convertirse en un telegráfico código morse: «Hoy: OK».

No puedo olvidar la imagen de un trabajador migrante de Nueva Delhi arrodillado en la puerta del hospital, suplicándonos que le diéramos una bombona de oxígeno para su familia. Un periodista de sesenta y cinco años de Lucknow tuiteó que se había contagiado, tenía fiebre y le costaba respirar, pero sus llamadas telefónicas a hospitales y médicos no obtuvieron respuesta.[4] Sus tuits, que rebotaron por el ciberespacio, transmitieron mensajes cada vez más desesperantes. Mientras el mundo miraba horrorizado, él enviaba fotografías de sus concentraciones de oxígeno cada vez más bajas (52 %, 31 %), concentraciones incompatibles con la vida. En el último tuit, aparece una fotografía suya, sujetando un oxímetro de pulso entre los dedos azulados. Concentración de oxígeno: 30 %. Y después ya no hubo más mensajes.

Había días en los que no me atrevía a abrir el periódico. Era como si hubiéramos reinventado las etapas del duelo: ira que da paso a la culpa y después a la impotencia. La India se consumió con tanta rapidez que todos los sistemas, todas las redes, se colapsaron y fueron desgastándose hasta desintegrarse.

Pienso, a veces, en una leyenda. Bali, rey de los demonios, ha conquistado tres mundos: la tierra, el infierno y los cielos. Un hombrecillo de mirada penetrante con un paraguas, Vámana —la encarnación enana de Visnú— comparece ante él y le pide que le conceda un único deseo. En su arrogancia, Bali, el rey de los demonios, se permite ser generoso. La petición de Vámana es tan insignificante que da risa: tanta tierra como pueda abarcar con tres zancadas. ¿El hombrecillo mide —cuánto— apenas un metro de estatura? ¿Quiere unos pocos metros cuadrados de un reino que se extiende hasta el infinito? Bali se ríe; sí, por supuesto, el hombrecillo puede tener su parcelita de tierra.

Y entonces, mientras Bali lo mira horrorizado, Vámana crece. Su cuerpo adquiere una forma gigantesca. Su primer paso atraviesa toda la Tierra. El segundo abarca los cielos; el tercero comprende el infierno. No queda más reino que conceder. Pone el pie sobre la cabeza de Bali y lo empuja a los abismos del averno.

Obviamente, la analogía falla en varios aspectos —Vámana era un ser divino y el virus lo fue todo menos una intervención divina—. Nuestros fallos, por desgracia, fueron profundamente humanos: un sistema mundial de salud pública desbordado y anquilosado; la falta de preparación; la información errónea que se propagó, como un virus, de país en país; los problemas en la cadena de suministro que impidieron abastecerse de mascarillas protectoras y ropa médica desechable; líderes de países fuertes que resultaron ser blandos en su respuesta a la ola de contagios.

Pero el pie que nos pisaba la cabeza era real. Justo cuando creíamos conocer la biología celular del sistema inmunitario, en el momento en el que más seguros nos sentíamos, ese pie empujó a los científicos a los abismos del averno.

Cuando un microbio minúsculo empezó a atravesar mundos, saltando de un continente a otro, nada parecía tener sentido. Como me dijo Akiko Iwasaki, una viróloga de Yale, otros coronavirus similares al SARS-CoV-2 llevaban milenios circulando por las poblaciones humanas, pero ninguno había causado tantos estragos.[5] Algunos virus emparentados, como el SARS y el MERS, eran más mortíferos que el CoV-2, pero se habían contenido con rapidez. ¿Qué característica de la interacción entre el SARS-CoV-2 y las células humanas había permitido que aquel virus concreto desencadenara una pandemia mundial?

Un informe médico de un consultorio médico alemán proporcionó dos pistas que, a primera vista, era difícil interpretar como signos inquietantes. En enero de 2020 (volviendo la vista atrás, qué ingenuos, qué seguros de todo, parecíamos durante aquella efímera calma; *¿de cuánto reino podía apropiarse un hombrecillo que medía menos de un metro de estatura?*), un hombre de treinta y tres años de Múnich tuvo una reunión de trabajo con una mujer de Shanghái.[6] Pocos días después, cayó enfermo, con fiebre, dolor de cabeza y síntomas gripales. Se recuperó en casa y volvió a trabajar, lo que conllevó reuniones con otros colegas. Volvió a tener fiebre y dolor de cabeza y se recuperó enseguida. Una infección normal y corriente. Un caso común de resfriado común.

Unos días después, el hospital de Múnich lo llamó por teléfono: la mujer de Shanghái había caído enferma en el vuelo de regreso a China. Había dado positivo en la prueba del SARS-CoV-2. Pero ahí estaba el misterio: cuando se había reunido con él, no tenía síntomas; parecía totalmente sana. Solo había enfermado dos días después. En resumen, le había contagiado el virus cuando era presintomática. Nadie podría haberles dicho, ni a ella ni al hombre expuesto, que era portadora del virus. Ningún aislamiento o cuarentena basados en los síntomas podrían haber evitado el contagio.

El misterio se ahondó cuando le hicieron la prueba al hombre. Para entonces, sus síntomas habían remitido; volvió a trabajar y se encontraba perfectamente. Pero, cuando le midieron la cantidad de virus en el esputo, resultó ser un supercontagiador: ¡había cien millones de partículas víricas infecciosas por mililitro de esputo!; con solo toser unas pocas veces podía llenar una habitación de una niebla densa, invisible y extremadamente contagiosa. También él contagiaba el virus sin tener síntomas.

Según avanzaba el rastreo de contactos, apareció la segunda característica amenazadora del virus: el hombre había contagiado a otras tres personas. La «contagiosidad» del virus —un factor clave para determinar el ritmo al que aumentan los contagios— era de al menos tres. Si una persona puede contagiar a tres, inevitablemente, el aumento de los contagios es exponencial. Tres, nueve, veintisiete, ochenta y uno. En veinte ciclos, la cifra asciende a 3.486.784.401, en torno a la mitad de la población del planeta.

Transmisión asintomática/presintomática. Aumento exponencial. Aquel informe aparentemente inofensivo ya había establecido los dos ingredientes clave de una pandemia. El tercero no tardó en aparecer: una letalidad imprevisible y misteriosa. A aquellas alturas, ¿quién no había visto la imagen con grano, hecha con la cámara de un teléfono móvil, del oftalmólogo de Wuhan que se había atrevido a informar de los primeros casos? Está empapado de sudor y jadea al respirar mientras batalla con la neumonía que acabará matándolo. Con la propagación de los contagios, el mundo cobró conciencia de su trágica letalidad: en Seattle, Nueva York, Roma, Londres y Madrid, las UCI se llenaron y la cifra de cadáveres siguió aumentando. Y las preguntas surgieron con la misma furia: ¿cuál era la base de las infecciones presintomáticas? ¿Y cómo era posible que un virus que provocaba infecciones relativamente leves en algunas personas se tornara tan mortífero en otras?

Es lícito preguntarse por qué los misterios médicos de la pandemia de COVID-19 ocupan las páginas centrales de un libro sobre biología celular. La respuesta es que la biología celular es un aspecto central de los misterios médicos. Todo lo que sabíamos sobre las células y sus interacciones —cómo responde el sistema inmunitario innato a un microorganismo patógeno; cómo se comunican entre sí las células inmunitarias; cómo un virus, que se multiplica implacable en el interior de una célula pulmonar, es capaz de causar una infección presintomática sin poner sobre aviso a otras células de alrededor; cómo las células del aparato gastrointestinal pueden ser las primeras en responder a un microorganismo patógeno— debe reconsiderarse y analizarse a fondo. La pandemia exige autopsias de muchos tipos, pero también es necesaria una autopsia de nuestros conocimientos sobre biología celular. No podría escribir este libro sin escribir sobre la COVID-19.

En 2020, un grupo de investigadores holandeses que buscaba genes que podían aumentar el riesgo de contraer una forma grave de la

COVID-19 empezó a dilucidar la respuesta.[7] El grupo localizó dos pares de gemelos de familias distintas, cuatro hombres jóvenes, que habían padecido una forma anormalmente virulenta de la enfermedad. La secuenciación genética reveló que uno de los pares había heredado una mutación inactivadora en un gen, el TLR7 (en promedio, los gemelos fraternos comparten la mitad de los genes). De manera sorprendente, el segundo par de gemelos también había heredado una mutación en ese mismo gen que parecía disminuir su actividad (la mutación en sí era distinta, pero se encontraba en el mismo gen).

¿Qué tiene el gen TLR7 que pueda explicar su papel en el agravamiento de la infección por SARS-CoV-2? Recordemos el sistema inmunitario innato, que responde a patrones o señales de peligro emitidas por las células durante las primeras etapas de una infección. No obstante, antes de que el sistema innato pueda activarse, primero la célula tiene que detectar la invasión. Resulta que el TLR7 (por las siglas en inglés de *Toll Like Receptor* 7) —o receptor tipo *toll* 7— es uno de los detectores clave de invasión vírica. Es un sensor de moléculas, integrado en las células, que se «enciende» cuando un virus infecta una célula. La activación del TLR7, a su vez, estimula la emisión de señales de peligro por parte de una célula —entre ellas, la síntesis de una molécula denominada interferón de tipo 1— para avisar a otras células de que amplifiquen sus defensas antivíricas y para iniciar la respuesta inmunitaria.

La teoría apunta que las mutaciones en el gen TLR7 de los dos pares de gemelos de algún modo habían inactivado la proteína o disminuido su función. En consecuencia, la secreción de interferón de tipo 1 —la señal de peligro— se había visto reducida. La invasión no se había detectado, la alarma no había llegado a dispararse y el sistema inmunitario innato no había reaccionado de la manera adecuada. De alguna forma, el funcionamiento deficiente de la respuesta celular innata a la infección vírica había aumentado la propensión de los dos pares de gemelos holandeses a desarrollar la forma más grave de la enfermedad causada por el SARS-CoV-2.

Con la multitud de científicos que se sumaron a estudiar el SARS-CoV-2 y su interacción con la inmunidad, surgieron más pistas reveladoras. En el laboratorio de Ben tenOever en Nueva York, unos investigadores descubrieron que, poco después de la infección, el virus «reprograma» la célula infectada.[8] En enero de 2020, hablé con tenOever, un inmunólogo de cuarenta años que trabaja en el Hospital Mount Sinai. «Es casi como si el virus secuestrara a la célula»,[9] me dijo.

El «secuestro» de la célula requiere una treta de lo más retorcida: al mismo tiempo que transforma la célula infectada en una fábrica productora de millones de viriones, el SARS-CoV-2 le impide segregar interferón de tipo 1. En la Universidad Rockefeller de Nueva York, Jean-Laurent Casanova llegó a la misma conclusión: descubrió que los casos más graves de infección por el SARS-CoV-2 se daban en pacientes —por lo general hombres— que carecían de la capacidad para generar una señal de interferón de tipo 1 funcional después de la infección.[10] A veces, en la biología celular se hacen descubrimientos de lo más peculiares e inesperados. Aquellos hombres con COVID-19 grave ya tenían autoanticuerpos contra el interferón de tipo 1 —es decir, su organismo había atacado a la proteína, que había dejado de ser funcional, incluso antes de contagiarse—. Aquellos pacientes ya tenían una respuesta deficiente del interferón de tipo I, pero no fueron conscientes de su deficiencia hasta que contrajeron el virus. En su caso, la infección por COVID-19 había puesto de manifiesto una enfermedad autoinmune que padecían desde hacía tiempo sin saberlo —un horror autotóxico (contra el interferón de tipo 1, la señal que advertía de una invasión vírica) latente e inconocible que solo se reveló con la infección por SARS-CoV-2.

Los estudios empezaron a encajar unos con otros, como las piezas de un rompecabezas: el virus era más mortífero cuando infectaba a un huésped cuya primera respuesta contra él estaba paralizada funcionalmente —como «un asaltante que ha entrado en una casa cuya puerta no estaba cerrada con llave»,[11] en palabras de un autor—. En definitiva, la patogenicidad del SARS-CoV-2 quizá radicaba precisamente en su capacidad de engañar a las células para que creyeran que no era patógeno.

Siguieron acumulándose datos. La célula anfitriona infectada, con su capacidad deficiente para emitir una primera señal de peligro, no era una mera «casa cuya puerta no estaba cerrada con llave». Más bien, era una casa con no uno, sino dos sistemas de alarma deficientes. No podía dar la primera señal de alarma —el interferón de tipo 1—, pero, mientras las llamas devoraban la casa, la célula disparaba una potente segunda alarma y emitía otra serie de señales de peligro —las citocinas— para que las células inmunitarias acudieran. Un ejército descoordinado de células —soldados perplejos y embaucados— se dirigía a los focos de infección y perpetraba un bombardeo con arrasamiento. Era demasiado, y demasiado tarde. Las células inmunitarias de gatillo fácil arrojaban una nube de toxinas para contener el virus. La guerra contra el virus —tanto como el propio virus— se convertía en una crisis cada vez más grave.

Los pulmones se encharcaban; los restos de células muertas obstruían los alveolos. «Parece haber una bifurcación en el camino hacia la inmunidad a la COVID-19 que determina el desenlace de la enfermedad —me dijo Iwasaki—. Si se genera una respuesta inmunitaria innata robusta durante la primera fase de la infección [posiblemente mediante una respuesta del interferón de tipo 1 intacta], se controla el virus y la enfermedad es leve. Si eso no ocurre, se produce una replicación incontrolada del virus en el pulmón que [...] aviva el fuego de la inflamación que causa la enfermedad grave».[12] Iwasaki utilizó una frase especialmente gráfica para describir esta clase de inflamación hiperactiva y disfuncional: la llamó «respuesta inmunitaria desajustada».

¿Por qué, o cómo, provoca el virus una «respuesta inmunitaria desajustada»? No lo sabemos. ¿Cómo «secuestra» la respuesta del interferón de la célula? Tenemos algunas pistas, pero no una respuesta concluyente. ¿Es la secuencia de la respuesta —la ineficiencia de la fase inicial, seguida de la hiperactividad de la fase posterior— el principal problema? No lo sabemos. ¿Qué hay del papel de los linfocitos T que detectan fragmentos de proteínas víricas en las células infectadas? ¿Podrían proporcionar alguna protección frente a la gravedad de la infección vírica? Hay datos que indican que la inmunidad de los linfocitos T puede paliar la gravedad de la infección, pero otros estudios no respaldan el grado de protección. No lo sabemos. ¿Por qué causa el virus una enfermedad más grave en los hombres que en las mujeres? De nuevo, hay respuestas hipotéticas, pero carecemos de respuestas concluyentes. ¿Por qué algunas personas generan potentes anticuerpos neutralizantes después de la infección y otras no? ¿Por qué algunas tienen secuelas persistentes tras la infección, como fatiga crónica, mareos, confusión mental, alopecia y dificultad para respirar, entre otros síntomas? No lo sabemos.

La monotonía de las respuestas es humillante, desquiciante. No lo sabemos. No lo sabemos. No lo sabemos.

Las pandemias nos enseñan epidemiología. Pero también nos enseñan epistemología: cómo sabemos lo que sabemos. El SARS-CoV-2 nos ha obligado a dirigir nuestros focos científicos más potentes hacia el sistema inmunitario, lo que posiblemente ha dado lugar al examen más intenso al que esta comunidad de células —y las señales que circulan entre ellas— se ha sometido jamás. Pero es posible que lo que creemos saber sobre el SARS-CoV-2 se limite a lo que ya conocemos sobre el sistema inmunitario, es decir, a lo que sabemos que sabemos. No podemos conocer lo que no sabemos que no sabemos.

Y la pandemia quizá ha puesto de manifiesto otra laguna en nuestro conocimiento: tal vez otros virus, como el SARS-CoV-2, tienen maneras insospechadas de distorsionar las células del sistema inmunitario que dan como resultado su patogenicidad y nosotros, sencillamente, hemos ignorado esas explicaciones más complejas (de hecho, conocemos esos mecanismos en virus como el citomegalovirus o el virus de Epstein-Barr). La historia que nos hemos contado sobre por qué el SARS-CoV-2 es tan hábil en apropiarse de nuestro sistema inmunitario es, quizá, una historia totalmente incompleta. Nuestro conocimiento de las verdaderas complejidades del sistema inmunitario sigue, en parte, oculto en su caja negra.

La ciencia busca verdades. Hay una imagen impactante en uno de los artículos de Zadie Smith donde aparece una caricatura de Charles Dickens rodeado de todos los personajes que ha inventado: el regordete señor Pickwick con un chaleco que le queda pequeño, el aventurero David Copperfield con sombrero de copa, la desaliñada e ingenua pequeña Nell.[13]

Smith habla sobre los escritores —en particular, sobre el desdoblamiento corpóreo y mental que experimenta una escritora de ficción cuando habita plenamente la mente, el cuerpo y el mundo de un personaje que ha creado—. Esa familiaridad, o intimidad, se percibe como una «verdad». «Dickens no tenía aspecto de estar preocupado o avergonzado —escribe Smith sobre la caricatura—. No parecía sospechar que pudiera padecer esquizofrenia o alguna otra patología. Tenía un nombre para su afección: novelista».

Imaginemos ahora a otro individuo, pero rodeado de personajes que son medio fantasmas. Algunos de ellos —como el interferón de tipo I, el receptor tipo *toll* o el neutrófilo— son visibles en su mayor parte, pero habitan en la penumbra de la visibilidad. Creemos que los conocemos y los entendemos, pero, de hecho, no lo hacemos. Algunos solo proyectan sombras. Otros son completamente invisibles. Incluso los hay también que nos engañan acerca de su identidad. Y estamos rodeados de otros cuya presencia ni tan siquiera percibimos. Ni los conocemos ni les hemos puesto nombre, aún.

Yo también tengo un nombre para esa afección: científico. Buscamos, creamos, imaginamos, pero solo encontramos explicaciones incompletas para los fenómenos, incluso para aquellos que podemos haber descubierto (parcialmente) a través de nuestro trabajo. No podemos habitar su mente.

La COVID-19 hizo aflorar la humildad que se requiere para convivir con estos personajes que nos rodean. Somos como Dickens, pero rodeados de sombras, fantasmas y mentirosos. Como me dijo un médico: «Ni tan siquiera sabemos lo que no sabemos».

Hay una historia alternativa —una narrativa triunfalista— que también puede contarse sobre la pandemia. Es la siguiente: los inmunólogos y virólogos, basándose en décadas de investigación sobre los fundamentos de la biología celular y la inmunidad, desarrollaron vacunas contra el SARS-CoV-2 en un tiempo récord —en Estados Unidos, algo menos de un año después de que el hombre de Wuhan entrara en el consultorio médico de Seattle—. Muchas de estas vacunas utilizaban métodos completamente nuevos para desarrollar inmunidad —ARNm modificado químicamente, por ejemplo— una vez más, basándose en décadas de conocimiento sobre cómo las células inmunitarias detectan proteínas extrañas y pueden prevenir infecciones.

Pero el triunfalismo fracasa ante los más de seis millones de muertes. La pandemia ha dado impulso a la inmunología, pero también ha puesto en evidencia enormes fisuras en nuestros conocimientos. Ha aportado una necesaria dosis de humildad. No se me ocurre un momento de la ciencia que haya puesto de manifiesto unas carencias tan profundas y fundamentales en nuestro conocimiento de la biología de un sistema que creíamos conocer. Hemos aprendido mucho. Nos queda mucho por aprender.

Quinta parte

Los órganos

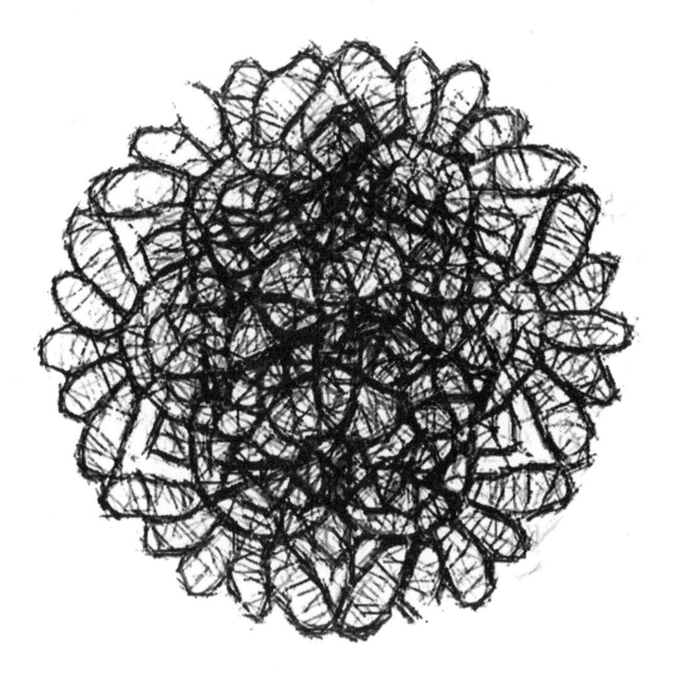

Hemos hablado mucho de órganos, pero aún no hemos abordado ninguno en concreto. La sangre, que hemos visto como modelo de cooperación y comunicación celular, no es un simple «órgano». Se trata más bien de un sistema con diversas funciones: suministrar oxígeno (los glóbulos rojos), responder a las lesiones (las plaquetas) y también responder a las infecciones e inflamaciones. Algunas de sus funciones incluyen a su vez otras funciones: hay una inmunidad innata (los neutrófilos y los macrófagos, que tienen una capacidad inherente para detectar y destruir a los agentes patógenos) que coopera con la inmunidad aprendida (los linfocitos B y T, que se adaptan y aprenden a llevar a cabo una respuesta inmunitaria específica contra los agentes patógenos).

En biología, un órgano se define como una unidad estructural o anatómica en la que las células se asocian para servir a un propósito común. En los animales más pequeños, incluso un reducido grupo de células servirá para ese propósito. El gusano nematodo Caenorhabditis elegans, *que muchos biólogos estudian, tiene un sistema nervioso formado por 302 neuronas. Esta cifra es unos trescientos millones de veces inferior al número de neuronas del cerebro humano.*

A medida que los organismos se volvieron más grandes y complejos, los órganos también tuvieron que hacerlo. Pero la característica fundamental que define a los órganos —un propósito común, la «ciudadanía» de las células que Virchow había imaginado— se mantuvo y sigue manteniéndose como algo constante. En los animales, los órganos se estructuran anatómicamente para que las células que residen en ellos puedan actuar en concierto —como células ciudadanas— para hacer posible su función.

Las células de los órganos, como veremos, siguen usando los principios básicos de la biología celular: la síntesis de proteínas, el metabolismo, la eliminación de residuos, la autonomía. Pero cada célula de cada órgano también se especializa: adquiere una función única que sirve al órgano en su conjunto y, en última instancia, coordina algún aspecto de la fisiología humana. Por tanto, los órganos humanos y sus células han tenido que adquirir funciones cada vez más especializadas. Un gusano nematodo puede respirar a través de la piel, pero los seres humanos necesitan pulmones. Además, en los organismos «megacelulares», como los seres humanos, es necesario cubrir distancias oceánicas: el páncreas envía insulina a las células de los dedos del pie con cada latido del corazón, una distancia mayor que la que recorren la mayoría de los nematodos en toda su vida.

La especialización y la ciudadanía celular —las señas de identidad de la biología celular de un órgano— dan lugar a las complejas propiedades «emergentes» de la fisiología humana, propiedades que solo pueden surgir cuando múltiples células coordinan sus funciones y trabajan juntas. Un latido. Un pensamiento. Y el restablecimiento de la estabilidad: la orquestación de la homeostasis.

Para entender la biología del ser humano, por tanto, debemos entender los órganos. Y para entender los órganos, sus disfunciones en la enfermedad y la posibilidad de restablecerlos, tenemos que entender la biología de las células que hace que funcionen.

La célula ciudadana

Los beneficios de la pertenencia

> Una aparición tan enigmática como universal es la de la masa que de pronto aparece donde antes no había nada. Puede que unas pocas personas hayan estado juntas, cinco, diez o doce, solamente. Nada se había anunciado, nada se esperaba. De pronto, todo está lleno de gente. De todos los lados afluyen otras personas como si las calles tuviesen solo una dirección.[1]
>
> ELIAS CANETTI, *Masa y poder*

> Pues el concepto de un circuito de la sangre no destruye la medicina clásica; por el contrario, contribuye a su avance.[2]
>
> WILLIAM HARVEY, 1649

Durante meses, en los días mortecinos al comienzo de la pandemia en Nueva York, me resultó imposible escribir. Por ser médico, se me consideraba un «trabajador esencial», así que el «trabajo esencial» debía continuar. Entre febrero y agosto de 2020, mientras los contagios se arremolinaban como un virulento tornado alrededor de la ciudad, acudí a mi oficina en Columbia, me puse la mascarilla N95 obligatoria y atendí a los pacientes que lo necesitaban (el Centro de Oncología seguía funcionando, aunque con poco personal. De algún modo, conseguimos mantener la quimioterapia, las transfusiones y los procedimientos esenciales programados). Algunos de mis pacientes contrajeron el virus, entre ellos una mujer de sesenta años con preleucemia y otra con un mieloma, cuyo trasplante de células madre tuvo que retrasarse; pero, por fortuna, solo dos pacientes ingresaron en la UCI y no hubo ninguna muerte. Los demás se recuperaron.

Pero mis movimientos parecían robóticos y mi mente estaba en blanco: me quedaba mirando fijamente la pantalla del ordenador, a menudo hasta la una o las dos de la madrugada; redactaba uno o dos párrafos y luego los tiraba a la papelera cada mañana. Lo que sentía no era el bloqueo del escritor, sino la languidez del escritor. Escribía, sí, pero todo lo que plasmaba en la página carecía de vida y de energía. Lo que me preocupaba era el derrumbe de la infraestructura y de la homeostasis que habíamos presenciado durante lo peor de la crisis en Estados Unidos y, más tarde, en todo el mundo.

Cuando mi frustración alcanzó su punto culminante, prácticamente regurgité un ensayo que luego se publicó en el *New Yorker*. En parte, fue un grito del corazón; en parte, una súplica por un cambio y, en parte, una autopsia de lo que había presenciado en medio de la pandemia. La medicina, escribí, no es un médico con un maletín negro.[3] Es una compleja red de sistemas y procesos. Y algunos sistemas que creíamos que se autorregulaban y se autocorregían, como el cuerpo humano que goza de buena salud, resultaron ser excesivamente sensibles a las turbulencias, igual que el organismo en una enfermedad crítica.

Durante casi un año entero había estado pensando en organismos que sucumben a la enfermedad, en un sistema celular dispuesto a luchar contra los invasores. Pero, a medida que se acercaba la primavera de 2021, las constantes metáforas sobre la lucha habían perdido su poder. Quería pensar en la normalidad y en la reparación, en los sistemas celulares que constituyen la infraestructura de la fisiología humana (y a la inversa, en la futura reparación y restauración de los sistemas humanos que habían fallado). Quería escribir sobre la homeostasis y la autocorrección. Estaba cansado de mis reflexiones sobre cómo el cuerpo reconoce agentes —virus— extraños. Quería volver a la ciudadanía, recuperar el sentimiento de pertenencia.

De todos los órganos del cuerpo, el corazón es el que mejor encarna esa sensación de pertenencia. Usamos la palabra «pertenecer» para referirnos al apego o al amor, y el corazón ha sido el representante principal de ese sentimiento durante milenios (aunque, por supuesto, ahora sabemos que gran parte de la vida emocional se encuentra en el cerebro). Cuando decimos «mi corazón te pertenece», estamos refiriéndonos al vínculo entre ese órgano y el apego.

De niño, mi corazón pertenecía a mi madre. Mi padre era una presencia distante, alguien que transmitía seguridad y gentileza, pero reservado, en cierto modo inalcanzable. Su madre, mi abuela, vivía con nosotros. Traumatizada por haber sido desplazada durante la partición de la India, permanecía aislada en su habitación, cocinaba su propia comida y lavaba su ropa, casi como si la casa fuera un refugio temporal que pudieran arrebatarle en cualquier momento. Sus pertenencias, la mayoría intactas y aún empaquetadas con hojas de periódico, seguían en el baúl de acero que había transportado al cruzar la frontera desde Pakistán Oriental a la India. Aparte de una cama y un colchón viejo, en su habitación no había nada más; se había separado de la posibilidad de la separación. No recuerdo que me tocase nunca. Su corazón se había roto.

Mi transición a la edad adulta supuso un cambio en la relación con mi padre. Mientras estudiaba en la Universidad de Stanford, en un mundo anterior al de los teléfonos móviles y el correo electrónico, empecé a escribirle. Al principio, nuestras cartas eran breves y forzadas, pero con el tiempo se hicieron más largas y cálidas. Empecé a verlo bajo una nueva luz. Su desarraigo me resultaba familiar: en 1946 tuvo que abandonar su pueblo natal cuando apenas era un adolescente, metido en un ferry nocturno con destino a Calcuta, una ciudad al borde de un ataque de nervios. A finales de los años cincuenta, se mudó de nuevo, siendo ya un joven ejecutivo, a Nueva Delhi. Viniendo de la Bengala Oriental, la encontró tan extraña cultural y socialmente como a mí me resultó la vida de lanzar *frisbees*, engullir helados y jugar al *beer-pong* en mi residencia de estudiante en California. En 1989, a las cinco semanas de haber empezado mi primer curso, San Francisco fue sacudido por el terremoto de Loma Prieta. El temblor fue de tal magnitud que, mientras me hallaba bajo el dintel de la puerta de mi dormitorio, vi que se combaba el pasillo y una onda sinusoidal atravesaba el cemento, como si me encontrara a lomos de una serpiente que se hubiera despertado de repente. Mi padre se enteró de la noticia e inmediatamente me escribió. En 1960, cuando estaba construyendo su primera casa en Delhi, un terremoto había destruido la estructura de una sola planta en la que había invertido todos sus ahorros. Me explicó —no se lo había contado a nadie— que había pasado la noche sentado sobre los cimientos, rodeado por las vigas destrozadas, llorando.

Yo soñaba con regresar a casa, aunque fuera por poco tiempo. Una tarde, fui a recoger mi correo y encontré un paquete pesado: mi padre me había enviado los billetes para que pudiera viajar a Nueva Delhi durante mi primer invierno (se suponía que iba a quedarme en California hasta el verano siguiente). Fue un vuelo de dieciséis horas y dormí durante todo el trayecto, hasta que las luces de la ciudad, sofocadas por la niebla, se hicieron visibles y el avión emitió esa especie de alarido de elefante al abrirse la trampilla de las ruedas, justo antes de aterrizar. Desde entonces, debo haber volado a la India cuatro docenas de veces, pero ese sonido sigue haciendo que mi corazón brinque con una extraña alegría.

El funcionario de la aduana me pidió un pequeño soborno y me dieron ganas de abrazarlo: estaba en casa. Todavía puedo sentir el retumbar de mi corazón al salir del aeropuerto. Podría hablar de la cascada neuronal que experimenté —los recuerdos que me inundaron, la descarga de adrenalina en mi sangre—, pero, aunque el estímulo se desencadenaba en el cerebro, yo sentía la experiencia en el corazón. Mi padre estaba allí, como estaría cada año a mi llegada, envuelto en un chal blanco y con otro más para envolverme a mí. Regresar. Pertenecer.

Al margen de las metáforas, el corazón es en realidad un órgano en el que la pertenencia y la ciudadanía entre las células tienen una importancia crucial. ¿Qué hace que las células del corazón sean especiales? ¿Qué les permite realizar con precisión, segundo a segundo, día tras día, la actividad coordinada que identificamos como el latido del corazón? Fijémonos en ese latido: este fenómeno que muchos podríamos considerar el emblema de lo cotidiano —el corazón late más de dos mil millones de veces a lo largo de la vida de una persona media— es, de hecho, una proeza milagrosamente compleja de la biología celular. El corazón es un modelo de cooperación, ciudadanía y pertenencia celular.

Aristóteles, por ejemplo, consideraba que el corazón era el cabeza del grupo, el ciudadano más importante de todos los órganos, el centro de la vitalidad del cuerpo.[4] Los demás órganos agrupados en torno al corazón, sostenía, estaban allí solo como cámaras de calefacción y refrigeración. Los pulmones eran fuelles que se expandían y contraían para mantener el motor frío. El hígado era un disipador térmico magnífico, que desviaba el exceso de calor producido por el más vital de los órganos, para que no se sobrecalentara. Galeno de Pérgamo impulsó esta idea: «El corazón es una especie de hogar, la fuente del calor innato por el que se gobierna el animal».[5]

Pero la posición central del corazón en la vida humana —hasta el punto de que todos los demás órganos eran meros tubos de calefacción y refrigeración para su motor— planteaba la siguiente pregunta: ¿qué hace este órgano? El fisiólogo medieval Avicena, o Ibn Sina, que vivió en torno al año 1000, trató de responder a esta pregunta en un tratado magistral que denominó *Al Qanun fi'at-Tibb*, *El canon de la medicina* (la palabra *Qanun* también puede traducirse como «ley»; Avicena buscaba leyes universales que rigieran la fisiología).[6] Se centró en el pulso, observando su cualidad ondulatoria y su correlación con los latidos del corazón. Cuando el pulso era irregular, también lo eran las pulsaciones del corazón, y las palpitaciones provocaban síntomas como desmayos o letargo. Cuando los latidos del corazón se volvían débiles, también se debilitaba el pulso, y esos síntomas presagiaban la muerte. La ansiedad aumentaba el pulso de forma simultánea con los latidos del corazón. Y también, advirtió, ocurría lo mismo con el «mal de amores»: el anhelo por la pertenencia. Un amigo me contó que visitó a un médico tibetano experto en el pulso. Este le hizo algunas preguntas superficiales y luego le tomó el pulso. «Ha sufrido una terrible ruptura —le dijo el médico—. Su vida no volverá a ser la misma». El médico tibetano tenía razón: algo en el pulso —su rapidez o su opacidad— le había proporcionado una pista sobre el anhelo y la pertenencia. Debido a la ruptura, mi amigo y su vida habían quedado desarraigados para siempre.

La descripción de Avicena del corazón como fuente de las pulsaciones —en esencia, una bomba— fue uno de los primeros intentos de describir su función. Pero fue el fisiólogo inglés William Harvey, en el siglo XVII, quien describió de manera exhaustiva los circuitos combinados del corazón —considerado como una bomba— en el cuerpo humano.[7] Harvey estudió medicina en Padua y luego regresó a Cambridge para seguir formándose. En 1609 fue nombrado médico del Hospital de San Bartolomé, con un salario anual de 33 libras. Era de baja estatura, con la cara redonda —«ojos pequeños, redondos, muy oscuros y vivos; el pelo negro como un cuervo y rizado»—,[8] un hombre de gustos sencillos. Vivía en una pequeña casa en el deteriorado barrio de Ludgate, aunque su cargo como médico del hospital le daba derecho a disponer de dos casas mucho más grandes cerca de su trabajo. Resulta tentador relacionar su austeridad en lo material con la austeridad de sus métodos experimentales. Con la ayuda solo de bandas y torniquetes, comprimiendo algunas arterias o venas, Harvey se propuso resolver un problema sobre el que los fisiólogos había estado confundidos durante siglos.

Ya hemos visto la mente inquisitiva de Harvey y su capacidad demoledora de la ortodoxia en el campo de la embriología y la fisiología: fue uno de los más firmes críticos de la teoría de que el embrión venía «preformado» en el útero o de que la sangre era el aceite que calentaba el cuerpo. Pero su revolucionario trabajo sobre el corazón y la circulación fue su contribución científica más importante. Harvey no disponía de potentes microscopios, así que recurrió a experimentos fisiológicos muy sencillos para comprender el funcionamiento del corazón. Perforó las arterias de los animales y descubrió que, cuando estas se vaciaban de sangre, las venas también lo hacían; en consecuencia, dedujo, las arterias y las venas debían de estar conectadas en un circuito. Al comprimir la aorta, el corazón se hinchaba, llenándose de sangre. Al comprimir las venas principales, el corazón se vaciaba: por lo tanto, la aorta debía transportar la sangre fuera del corazón, y las venas debían llevarla hacia el este, una conclusión tan claramente esencial para entender la circulación que resulta incomprensible que hubiera eludido a generaciones de fisiólogos.

Lo más importante es que, cuando examinó el tabique que separa los lados izquierdo y derecho del corazón, vio que era demasiado grueso y no presentaba poros: por lo tanto, la sangre del lado derecho debía viajar a los pulmones antes de regresar para entrar por el lado izquierdo (un ataque directo a las creencias de Galeno y los primeros anatomistas). Cuando Harvey observó cómo latía el corazón, vio que se contraía y se relajaba: de modo que el corazón debía de ser la bomba que enviaba la sangre a través de un circuito alrededor del cuerpo, de las arterias a las venas y luego de vuelta.

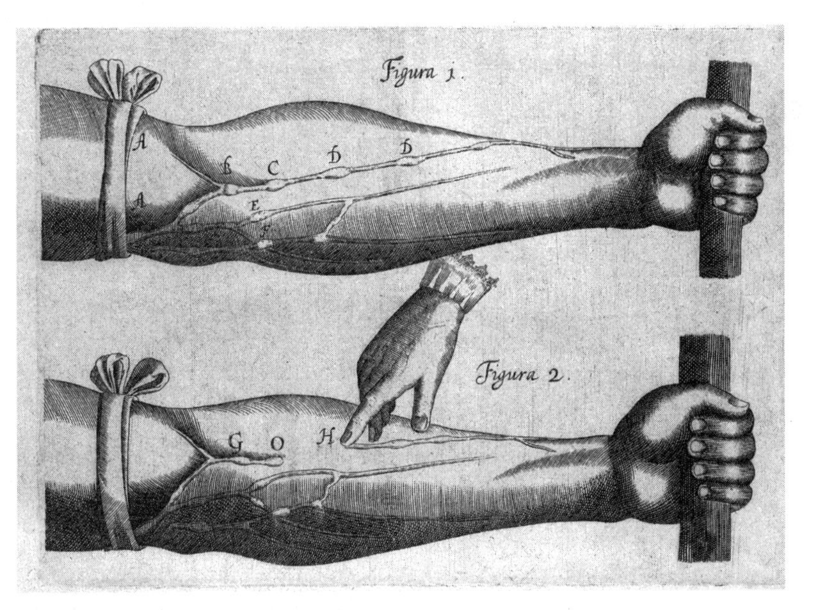

Dibujo de William Harvey (de *De Motu Cordis*) de experimentos simples como comprimir las venas y las arterias para demostrar de qué manera la sangre fluye por las venas hacia el corazón y por las arterias cuando sale de este.

En 1628 Harvey publicó sus conclusiones en una serie de siete volúmenes que ahora se conocen como *De Motu Cordis* (*Estudio anatómico del movimiento del corazón y de la sangre en los animales*), que sacudiría los propios fundamentos de la anatomía y la fisiología del corazón. Según Harvey, el corazón era una bomba que movía la sangre en un circuito por el cuerpo, de las arterias a las venas, y viceversa. Estas ideas, escribió, «agradaron a unos y a otros, no tanto: unos [...] me calumniaron y me achacaron el crimen de haber osado apartarme de los preceptos y convicciones de todos los anatomistas; otros deseaban que explicase mejor los nuevos hallazgos que, según ellos, eran dignos de consideración y podrían resultar de notable utilidad».[9]

Ahora sabemos, en parte gracias a los trabajos de Harvey sobre la anatomía del corazón, que este consiste, de hecho, en dos bombas: una en el lado izquierdo y otra en el lado derecho, situadas juntas, como los gemelos en un útero.

Todo es un círculo, así que empecemos por el lado derecho. La bomba del lado derecho recoge la sangre de las venas del cuerpo. Exhausta y agotada, tras haber suministrado oxígeno y nutrientes a los órganos, la sangre *venosa* (a menudo de un color rojo más oscuro que el carmesí brillante) penetra en la cámara superior derecha, llamada aurícula derecha. A continuación, atraviesa una válvula y penetra en la cámara de bombeo, el ventrículo derecho. Con un potente impulso, el ventrículo derecho bombea la sangre hacia los pulmones. Este es el circuito del lado derecho: de las venas al corazón y a los pulmones.

Los pulmones, tras recibir la sangre del lado derecho del corazón, oxigenan la sangre y eliminan el dióxido de carbono. La sangre oxigenada y limpia, ahora de color carmesí intenso, se dirige al lado izquierdo. Se recoge en la aurícula izquierda del corazón y luego es impulsada hacia el ventrículo izquierdo. Este, que quizá sea el músculo más incansable del cuerpo, expulsa la sangre con fuerza hacia el amplio arco, o cayado, de la aorta, el principal vaso sanguíneo que lleva la sangre oxigenada al cuerpo y al cerebro.

Circulando una y otra vez: «El concepto de un circuito de la sangre no destruye la medicina clásica; por el contrario, contribuye a su avance», escribió Harvey.

Pero imaginar el corazón como algo mecánico, una bomba, implica olvidar el enigma principal: ¿cómo se fabrica una bomba con células? Al fin y al cabo, una bomba es una máquina coordinada con enorme precisión. Necesita una señal para dilatarse y otra para contraerse. Necesita válvulas para garantizar que el líquido no retroceda. Necesita un mecanismo que garantice que, durante la contracción, no se tambalee sin propósito ni dirección. Una bomba descoordinada es como un globo a la deriva.

El 17 de enero de 1912, Alexis Carrel, un científico francés que trabajaba en el Instituto Rockefeller de Nueva York, seccionó un pequeño fragmento del corazón de un feto de pollo de dieciocho días y dejó que se desarrollase en un medio de cultivo líquido.[10] «[E]l fragmento palpitó rítmicamente durante algunos días y creció mucho —explicó—.[11] Después del primer lavado [...], el cultivo volvió a crecer notablemente». Cuando lo extrajo y volvió a cultivar un fragmento, comprobó que seguía siendo capaz de palpitar: en marzo, casi tres meses después de haberlo extraído del corazón del pollito, «seguía palpitando a un ritmo que oscilaba entre 60 y 84 pulsaciones por minuto [...]». Finalmente, «el 12 de marzo las pulsaciones se volvieron irregulares; el fragmento latía en una serie de 3 a 4 pulsaciones y luego se detenía durante unos 20 segundos». En el transcurso de unos tres meses, el fragmento de corazón de pollo cultivado en una placa de Petri había generado unos nueve millones de latidos.

El experimento de Carrel se consideró una prueba de que los órganos podían vivir y funcionar fuera del cuerpo, pero también señaló una idea igualmente importante: las células del corazón, cultivadas fuera del cuerpo, tenían la capacidad autónoma de latir rítmicamente. Algo intrínseco en las células hacía que fueran capaces de producir un latido coordinado como el que da lugar a la función de «bomba». Ese mismo año, W. T. Porter, fisiólogo de Harvard, demostró que, al cortar los nervios del corazón de un perro, los ventrículos podían palpitar de forma autónoma,[12] lo que constituyó una demostración «en vivo» de lo que Carrel había descubierto en una placa de Petri.

El latido coordinado de las células del corazón fascinaba a los fisiólogos. En la década de 1880 el biólogo alemán Friedrich Bidder había observado que las células del corazón «se ramifican y comunican entre sí formando un todo continuo».[13] Constituyen una especie de consorcio, una ciudadanía de células. La fuente de su poder contráctil parece residir en su unión, en su pertenencia.

Pero ¿cómo se genera esa fuerza contráctil? En la década de 1940 un fisiólogo de origen húngaro, Albert Szent-Györgyi, empezó a investigar sobre la manera en que una célula podía adquirir la capacidad de contraerse y relajarse.[14] Para entonces, ya se había consolidado como uno de los fisiólogos más eminentes de su generación: había ganado el Premio Nobel por descubrir la vitamina C y estaba estudiando el modo en que las células generan energía. Gran parte de lo que sabemos sobre las reacciones mitocondriales que producen moléculas de energía surgió de estas investigaciones. Era un hombre de poderosas convicciones y con una curiosidad itinerante. Durante la Primera Guerra Mundial fue reclutado en el Cuerpo de Médicos, pero se sentía tan asqueado y desilusionado por el conflicto bélico que se pegó un tiro en el brazo y alegó haber sido herido por el enemigo; de este modo pudo proseguir con sus estudios científicos y médicos. Recorrió varias universidades, laboratorios y ciudades —Praga; Berlín; Cambridge, en Inglaterra, y Woods Hole, en Massachusetts— para investigar sobre la bioquímica de la respiración celular, la fisiología de los ácidos y las bases en el organismo, las vitaminas y las reacciones bioquímicas esenciales para la vida.

En los años cuarenta la infinita curiosidad de su mente le había llevado a estudiar el músculo cardiaco. La pregunta que le preocupaba era esencial para entender el funcionamiento del corazón: ¿cómo se genera su fuerza de bombeo? Szent-Györgyi partió de la idea de Virchow: si un órgano es capaz de contraerse y dilatarse, sus células deben poder también contraerse y dilatarse. En cada célula muscular, pensó, debía de haber alguna molécula especializada o un conjunto de moléculas con la capacidad de generar una fuerza direccional para poder acortar la célula y contraerla. «Para crear un sistema que pueda acortarse —escribió—, la naturaleza debe usar partículas proteicas largas y finas».[15] En esa época ya se había identificado una de las «proteínas largas y finas». Como describió Szent-Györgyi, «las partículas proteicas largas y finas como hebras, a partir de las cuales la naturaleza ha creado la materia contráctil es la "miosina"».

Pero una proteína larga y fina es en definitiva una cuerda. Si esta cuerda se ata a los extremos de una célula, empezamos a contar con los elementos básicos de un aparato contráctil. ¿Y cómo se tensa y afloja este sistema de cuerdas? Szent-Györgyi y sus colaboradores descubrieron que las fibras de miosina están íntimamente conectadas con otra red densa y organizada de fibras largas y finas, compuesta principalmente por una proteína llamada actina. En resumen, en una célula muscular había dos sistemas de fibras interconectadas: la actina y la miosina.

El truco de la contracción de una célula muscular es que estas dos fibras —la actina y la miosina— se deslizan entre sí, como dos redes de cuerdas. Cuando se estimula una célula para que se contraiga, una parte de la fibra de miosina se une a un punto de la fibra de actina, como una mano que desde una cuerda se agarrase a la otra. Después, se suelta y avanza para unirse al siguiente punto: imaginemos un hombre colgado de una cuerda que se agarra a la otra y tira, un puño y luego otro puño. Agarrar. Tirar. Soltar. Agarrar. Tirar. Soltar.

Cada célula muscular posee miles de estas cuerdas alineadas: bandas de actina paralelas a las bandas de miosina.* A medida que las cuerdas, alineadas unas junto a las otras, se deslizan entre sí —agarrar, tirar, soltar—, los extremos de la célula también son atraídos, con lo que la célula se ve obligada a contraerse. El proceso requiere energía, por supuesto, y todas las células del corazón y de los

* Existen tres tipos fundamentales de células musculares en el cuerpo humano: las del músculo cardiaco, que constituye el tema principal de este capítulo; las del músculo esquelético (con el que movemos, por ejemplo, los brazos a voluntad), y las del músculo liso (que se mueve de forma involuntaria, pero con regularidad, permitiendo, por ejemplo, que el líquido avance en los intestinos). Para contraerse, los tres tipos de músculos utilizan variaciones del sistema de la actina y la miosina, junto con algunas otras proteínas.

músculos están repletas de mitocondrias que suministran la energía necesaria para que las dos fibras se deslicen. (Un rápido inciso: una peculiaridad del sistema es que lo que requiere energía no es la unión de las fibras, sino el momento en que la actina se desprende de la miosina. Cuando un organismo muere y pierde la fuente de energía, las fibras musculares, incapaces de soltar sus puños, quedan atrapadas en un agarre permanente: atadas. Las cuerdas celulares de los músculos se tensan. El cuerpo se endurece y se contrae en el apretón permanente de la muerte, el fenómeno que llamamos *rigor mortis*).

Pero esto describe el recorrido contráctil de una célula. Para que el corazón funcione como un órgano, todas sus células deben contraerse de manera coordinada. Y aquí es donde la observación de Friedrich Bidder de que las células del músculo cardiaco parecen formar un «todo continuo» se vuelve esencial. En la década de 1950 los microscopistas descubrirían que las células del corazón estaban conectadas entre sí a través de canales moleculares minúsculos, llamados *uniones comunicantes*. Es decir, cada célula tiene la capacidad inherente de comunicarse con la siguiente. Aunque son muchas, se comportan como una sola. Cuando se genera un estímulo de contracción en una célula, este viaja automáticamente a la siguiente, provocando su estimulación, lo que finalmente genera la contracción al unísono.

¿Qué es ese «estímulo»? Se trata de iones, principalmente de calcio, que entran y salen de las células cardiacas a través de canales especializados en sus membranas. En estado de reposo, la célula cardiaca presenta una concentración baja de calcio. Durante la estimulación, el calcio penetra en la célula cardiaca e induce su contracción. Y la entrada de calcio es un bucle que se autoalimenta: cuando entra calcio en la célula cardiaca se libera más calcio, lo que da lugar a un aumento brusco y pronunciado de la concentración de este. Las interconexiones entre las células —esas «uniones» descubiertas en los años cincuenta— transportan el mensaje iónico de una célula a otra. Una se convierte en muchas. La multitud genera energía. De este modo, el órgano —el conjunto continuo de células— se comporta como un todo.

Hay otros dos elementos celulares en el corazón que son esenciales para su funcionamiento. En primer lugar, entre las cavidades hay válvulas para evitar que la sangre retroceda. Las células de las aurículas —las cavidades que recogen la sangre— se contraen primero y envían la sangre a los ventrículos. Las válvulas situadas entre las aurículas y los ventrículos se cierran, produciendo un ruido de aleteo, un *lup*, el primer sonido cardiaco. Y, después, las células del ventrículo se contraen también de manera coordinada. Las válvulas de salida de los ventrículos se cierran produciendo un *dum*, el segundo sonido cardiaco. *Lup-dum*, *lup-dum*. El sonido de un conjunto de ciudadanos trabajando juntos al unísono.

El último elemento de una bomba es el generador del ritmo, un metrónomo. Los fisiólogos descubrieron que en el corazón residen unas células especializadas semejantes a las nerviosas, capaces de generar impulsos eléctricos rítmicos que estimulan la contracción. Sin embargo, otros nervios —cables eléctricos de conducción rápida— transportan estos impulsos por todo el corazón, primero a las aurículas y luego a los ventrículos. Cuando el impulso llega a una célula, las uniones intercelulares hacen que todas las células se contraigan juntas.

El resultado es una coordinación milagrosa. Contracción auricular. Contracción ventricular. Las células del corazón constituyen una ciudadanía orquestada. Cada célula del músculo cardiaco mantiene su identidad. A la vez, cada célula está tan íntimamente conectada con la siguiente que, cuando llega el impulso de contraerse, la contracción es precisa y coordinada. El corazón no vacila; sus ventrículos se contraen en un potente impulso. Podríamos decir que el órgano se comporta casi como una célula centrada en una única tarea.

La célula contemplativa

La neurona multitarea

El Cerebro — es más ancho que el Cielo —
Porque — ponlos juntos —
Y contendrá el uno al otro
Fácilmente — y a Ti — además —

El Cerebro es más profundo que el mar —
Porque — sostenlos — Azul contra Azul —
Y el uno al otro absorberá —
Como hacen como — las Esponjas — con los Baldes —[1]

EMILY DICKINSON, alrededor de 1862

Si el corazón tiene un único propósito, el cerebro muchos. Antes de empezar, debemos admitir el reto: es imposible abordar el funcionamiento de un órgano de tan inmensa complejidad en un solo libro, y mucho menos en un capítulo.

Pero dejemos de lado la función por un momento y empecemos por la estructura. En las prácticas de anatomía que realicé en la Facultad de Medicina, dividían a los estudiantes en grupos. Mi grupo, formado por cuatro estudiantes, recibió un cerebro humano de textura blanda que había estado conservado en formaldehído, un obsequio para la ciencia médica dejado por un hombre de cuarenta años que había muerto en un accidente de tráfico y donado sus órganos. Tuve una sensación de absoluta extrañeza al sostener aquel órgano del tamaño y la forma de un gran guante de boxeo e imaginarlo como depositario de la memoria, la conciencia, el habla, el temperamento, las sensaciones y los sentimientos. El amor. La envidia. El odio. La compasión. Todo ello había residido en algún entramado de neuronas. Lo estaba sosteniendo a él, pensé, a ese hombre de quien nunca conocería su nombre o identidad. En algún lugar de ese órgano existían las neuronas que en el pasado habían recordado el rostro de su madre. En algún lugar estaba el recuerdo del último momento que vivió antes de que el coche se saliera de la carretera; en algún lugar, la melodía de su canción favorita.

Por fuera, el más extraordinario de todos los órganos tenía un aspecto extraordinariamente aburrido: una masa de tejido cubierta de relieves curvilíneos de materia gris. Por debajo colgaba un cerebelo con dos lóbulos del tamaño del puño de un niño. A ambos lados había unas prominencias: los «pulgares» del guante de boxeo, vistos lateralmente. Un fragmento de tejido seccionado, parecido a un tallo, era el lugar donde había estado conectado con la médula espinal.

Pero, cuando corté el tejido por un lado, fue como abrir un cofre del tesoro. Parecía contener infinidad de estructuras: circunvoluciones, ventrículos llenos de líquido, sacos, glándulas y densos grupos de células nerviosas, llamados núcleos. La hipófisis —una de las pocas glándulas desparejadas del cuerpo— pendía del centro como una pequeña baya. La glándula pineal, considerada por Descartes como la sede del alma, también estaba alojada en el centro. Cada una de estas glándulas y núcleos contenía un conjunto único de células dedicadas a alguna función particular y a menudo diferente. En un libro de biología celular no se puede explicar cómo este conjunto interminable de estructuras —y un conjunto igualmente interminable de células (neuronas, células productoras de hormonas y células gliales, las células no neuronales que apoyan la función de los nervios)— permiten en última instancia las complejas funciones cerebrales. Pero para entender este órgano podríamos empezar por la función de la neurona, la unidad más esencial del cerebro.

Durante varias décadas, a finales del siglo XIX, la más versátil y enigmática de las células del cuerpo ni siquiera se consideraba una célula. De hecho, para la mayoría de los microscopistas era invisible: la estructura de la neurona estaba en gran parte escondida. En 1873 Camillo Golgi, el biólogo italiano que trabajaba en Pavía, descubrió que, si añadía una solución de nitrato de plata a un trozo de tejido neuronal translúcido, se producía una reacción química que daba lugar a manchas negras que se depositaban en el interior de algunas de las neuronas.[2] Bajo el microscopio, observó una red parecida a un encaje. Pensó que la red representaba una estructura continua de conexiones, una «reticulación», como la llamó. La propia teoría celular estaba aún en pañales —Schwann y Schleiden habían propuesto en 1838 y 1839 que todos los organismos consistían en agrupaciones de células— y, por tanto, Golgi se preguntó si el sistema nervioso sería una telaraña de «apéndices celulares», una «maraña inextricable» de prolongaciones celulares interconectadas y contiguas, como se ha descrito en alguna ocasión.[3] La teoría era un galimatías: según imaginaba Golgi, todo el sistema nervioso era una especie de red de pescar compuesta por finas prolongaciones que partían del cerebro.

Un joven y rebelde patólogo español cuestionó la teoría de Golgi. Aficionado a la gimnasia, deportista y gran dibujante —«tímido, insociable, reservado y de temperamento brusco»,[4] como lo describió un biógrafo—, Santiago Ramón y Cajal era hijo de un profesor de anatomía que, siguiendo la tradición de Vesalio, llevaba a su hijo a los cementerios de su ciudad para diseccionar piezas anatómicas.[5] De niño, Santiago era famoso por sus elaboradas bromas. Su primer «libro» trataba sobre cómo fabricar hondas, una mezcla, podría decirse, de su amor por la precisión y su desprecio por la autoridad. También dibujaba de forma compulsiva: huevos de aves, nidos, hojas, huesos, especímenes biológicos, estructuras anatómicas: todas las formas de objetos naturales le fascinaban y las dibujaba en su cuaderno. Más tarde llamaría a este hábito de dibujar su «manía irresistible».[6] Estudió medicina en Zaragoza y finalmente se trasladó a

Valencia, donde obtuvo la cátedra de Anatomía Descriptiva. En Madrid coincidió con un amigo que acababa de regresar de París, donde había aprendido el método de tinción de Golgi.

Muchos científicos habían intentado reproducir la tinción de Golgi, pero se trataba de una reacción caprichosa y temperamental, que a menudo daba lugar a una sola mancha de tejido teñido de negro. Cuando funcionaba bien, resaltaba —o, mejor dicho, perfilaba— la densa red reticular que había llevado a Golgi a imaginar el sistema nervioso como una intrincada conexión de cables sin interrupción. Pero el genio de Ramón y Cajal consistía en enmendar el método de manera insistente, de nuevo combinando la precisión con su desprecio por la autoridad precedente. Ajustó la concentración de nitrato hasta lograr una dilución exacta, seccionó el tejido en cortes precisos y muy finos y utilizó un microscopio de gran definición para observar las neuronas teñidas por la «reacción negra». A diferencia de Golgi, lo que Ramón y Cajal vio fue una organización celular totalmente diferente. El sistema nervioso no consistía en una «reticulación» enmarañada ni en un amasijo de finas prolongaciones. Estaba formado por células neuronales individuales, con una anatomía intrincada y delicada, que se extendían para conectarse con otras células neuronales individuales.

Lo plasmó en un dibujo hecho a mano con tinta negra, uno de los más bellos de la historia de la ciencia. Algunas neuronas eran como árboles de mil ramas, con un conjunto denso de prolongaciones por encima, un cuerpo celular piramidal en el centro y una extensión en forma de tallo por debajo. Unas eran como estrellas, otras como hidras de muchas cabezas. También podían tener prolongaciones infinitamente finas en múltiples direcciones. O ser compactas; o extenderse desde la superficie del cerebro hasta las capas más profundas.

Sin embargo, a pesar de su insondable diversidad, Ramón y Cajal descubrió que las neuronas solían presentar características comunes. Poseían un cuerpo celular —el soma— del que a menudo brotaban decenas, cientos o incluso miles de ramificaciones, llamadas dendritas. Y poseían una larga vía de salida —un axón— que se prolongaba hacia la siguiente célula. En concreto, el axón de una neurona, su vía de salida, estaba separado de la siguiente neurona por un espacio intermedio, que se denominó «sinapsis». El sistema nervioso estaba conectado, sí, pero los «cables» consistían en células conectadas a otras células conectadas a más células, con espacios intermedios entre ellas.

Ramón y Cajal utilizó estos dibujos para proponer una teoría de la estructura del sistema nervioso. Afirmó que la información viajaba unidireccionalmente a través de un nervio. Las dendritas —las prolongaciones que había observado que salían del cuerpo celular de la neurona— «recibían» el impulso. Después, el impulso atravesaba el cuerpo celular y se desplazaba por el axón, atravesaba la sinapsis y llegaba a la siguiente célula nerviosa. El proceso se repetía en la otra célula: sus dendritas recogían el impulso, lo transmitían al cuerpo celular y luego el impulso fluía a través del axón hasta la siguiente célula. Y así sucesivamente, *ad infinitum*.

El proceso de conducción nerviosa, por lo tanto, era el movimiento del impulso de una célula a otra. No había una telaraña única y reticular de «apéndices celulares», como había descrito Golgi, ni un sincitio de células ciudadanas, como en el corazón. En lugar de eso, las células nerviosas «hablaban» entre sí, recogiendo la señal entrante (a través de las dendritas) y generando la señal saliente (a través del axón). Y este parloteo celular —o más bien intercelular— era el que permitía las complejas propiedades del sistema nervioso: sensibilidad, sensación, conciencia, memoria, pensamiento y sentimiento.

En 1906 Ramón y Cajal y Golgi recibieron conjuntamente el Premio Nobel por dilucidar la estructura del sistema nervioso.[7] Puede que haya sido el premio más extraño de su historia, pues más que un galardón fue un armisticio: las ideas de Cajal y de Golgi sobre la estructura del sistema nervioso eran opuestas. Con el tiempo, y con la ayuda de microscopios más potentes, se demostraría que la teoría de Ramón y Cajal —de las neuronas independientes que se comunican entre sí, y el impulso que viaja de una célula a otra en una sola dirección— era correcta. El sistema nervioso estaba formado por cables y circuitos, pero los «cables» no eran un retículo contiguo, sino células individuales que tenían la capacidad de recoger información y transmitirla a otra serie de neuronas.

Uno de los legados de Cajal es que nunca realizó un solo experimento en biología celular, o al menos un experimento en el sentido tradicional. Viendo sus dibujos de neuronas uno se da cuenta de lo mucho que se puede aprender con solo observar.[8] Es volver a personajes como Da Vinci o Vesalio, para quienes el dibujo era como el pensamiento: un astuto observador y dibujante podía generar una teoría científica tanto como un intervencionista a través de experimentos. Cajal dibujaba lo que veía, y su comprensión de cómo «funcionaba» el sistema nervioso emanaba enteramente de dibujar células y extraer conclusiones. Existe una conexión entre dibujar y pensar: dibujar es ilustrar, iluminar, es decir, sacar a luz lo que estaba oculto, revelar la verdad. La «manía irresistible» de Cajal —dibujar verdades, extraer verdades— sentó las bases de la neurociencia.

Volvamos, por un momento, a la idea de Ramón y Cajal sobre una neurona como una célula individual capaz de transmitir un impulso —un mensaje— a otra célula. ¿Cuál era el mensaje y quién era el mensajero?

Durante siglos los científicos habían creído que los nervios eran conductos huecos como tuberías, y que en su interior circulaba algún fluido o aire —el pneuma— que transportaba una onda de información de un nervio al siguiente y del nervio a un músculo, provocando finalmente la contracción de ese músculo. Según esta teoría, el músculo era una especie de globo y, cuando se llenaba de pneuma, se hinchaba como una vejiga con aire.

En 1791 un biofísico italiano, Luigi Galvani, desinfló «la teoría de los globos» con un experimento que cambió el curso de la ciencia neurológica. La historia, probablemente apócrifa, cuenta que su ayudante estaba diseccionando una rana muerta con un bisturí cuando tocó por accidente un nervio.[9] A la vez saltó una chispa eléctrica cercana que alcanzó el bisturí y el músculo del animal muerto se movió, como si hubiera cobrado vida.

Asombrado, Galvani repitió el experimento con diversas variaciones. Conectó la pata de la rana a su médula espinal utilizando un cable improvisado con un alambre de hierro y otro de bronce. Al poner en contacto los dos cables, la corriente pasó a través de los electrodos y la pata de la rana se movió de nuevo. (Galvani supuso que la electricidad que viajaba desde la médula espinal hasta el músculo era intrínseca al animal, un fenómeno que denominó «electricidad animal». Su colega Alessandro Volta, fascinado con el experimento, descubrió que la verdadera fuente de electricidad no era el animal, sino el contacto entre los dos metales sumergidos parcialmente en los líquidos de la rana muerta. Con el tiempo, Volta utilizaría esta idea para inventar la primera pila primitiva).

Galvani pasó gran parte de su vida explorando la «electricidad animal», una forma única de energía biológica que consideraba su descubrimiento más apasionante. Pero este hallazgo central resultó ser más bien periférico. La mayoría de los animales, excepto las anguilas y las mantas eléctricas, no producen bioelectricidad. Fue el descubrimiento menor de Galvani el que resultaría revolucionario. Este consistió en la idea de que la señal que se desplazaba de un nervio a otro, y de un nervio a un músculo, no era el aire sino la electricidad: la entrada y salida de iones cargados.

En 1939 Alan Hodgkin, poco después de haber terminado sus estudios en Cambridge, en Inglaterra, fue invitado a trabajar sobre la conducción nerviosa con el fisiólogo Andrew Huxley en la Asociación de Biología Marina de Plymouth.[10] El laboratorio era un gran edificio de ladrillo situado en la colina de la Ciudadela; en sus pasillos corría una energizante brisa marina. Esta ubicación era fundamental. Desde las ventanas con vistas a la bahía de Plymouth, los investigadores podían ver las capturas que llegaban en los barcos de pesca. Y, de todas las cosas que se extraían del océano, había una que era la más preciada para ellos: el calamar, cuyas neuronas se encuentran entre las más grandes del reino animal, casi cien veces mayores que algunas de las delgadas y diminutas neuronas que Cajal había dibujado en su cuaderno.

Hodgkin había aprendido a diseccionar neuronas de calamar en el laboratorio de biología marina de Woods Hole, en Massachusetts. Y los dos investigadores insertaron en la célula un minúsculo electrodo de plata, mucho más fino que la punta de un alfiler. Aprendieron a enviar impulsos y a registrar la reacción, escuchando el «parloteo» de una neurona individual.

En septiembre de 1939, mientras Hodgkin y Huxley registraban el impulso de un axón, los nazis invadieron Polonia, sumiendo al continente en la guerra. Los dos científicos habían terminado sus primeras grabaciones de la conducción eléctrica y se apresuraron a enviar su artículo a la revista *Nature*.[11] El trabajo era asombroso, con solo dos figuras, una de las cuales mostraba el diseño del experimento, con el axón del calamar y un alambre de plata insertado en él.

Sin embargo, la segunda figura era la más impresionante. Habían registrado la llegada de un pequeño impulso eléctrico —una minionda— seguida de una gran onda de iones cargados entrando en la neurona. La onda grande remitía y descendía, y luego el sistema volvía a la normalidad. Una y otra vez, cuando estimulaban el axón, registraban el mismo aumento creciente de la carga y su vuelta a la normalidad. Habían observado la dinámica de un nervio transmitiendo su señal a otro nervio.

La guerra interrumpió la colaboración entre Hodgkin y Huxley durante casi siete años. A Hodgkin, el diestro ingeniero, lo destinaron a fabricar máscaras de oxígeno y radares para los pilotos; a Huxley, el matemático, le encargaron el desarrollo de ecuaciones para hacer más precisas las ametralladoras. En 1945, poco después del fin de la guerra, reanudaron su trabajo con los calamares en Plymouth para profundizar más y más en el sistema nervioso y encontrar formas más precisas de medir el flujo de carga en la neurona, lo que culminó en un modelo matemático para describir el movimiento de los iones en la célula neuronal.

Casi siete décadas después, los neurocientíficos siguen utilizando las ecuaciones de Hodgkin y Huxley y sus métodos experimentales para comprender el sistema nervioso. Ahora se conocen las líneas generales de cómo «habla» una neurona. Podríamos usar uno de los dibujos de Ramón y Cajal como modelo para comprender el movimiento de una señal a través de un nervio. En primer lugar, imaginemos el nervio en estado de reposo: el medio interno de la neurona contiene una alta concentración de iones de potasio y una concentración mínima de iones de sodio. Esta exclusión de los iones de sodio del interior de la neurona es esencial; podríamos imaginar a estos iones como una multitud retenida fuera de la ciudadela, al otro lado de los muros del castillo, aporreando las puertas para entrar. El equilibrio químico natural impulsaría la entrada de sodio en la neurona. En su estado de reposo, la célula excluye activamente la entrada de sodio, utilizando energía para expulsar los iones. El resultado neto es que la neurona en reposo posee una carga negativa, tal y como descubrieron Hodgkin y Huxley en su experimento original de 1939.

Pasemos ahora a las dendritas, las estructuras de múltiples ramificaciones que dibujó Ramón y Cajal. Las dendritas son el lugar de la neurona donde se origina la señal de «información». Cuando un estímulo —normalmente una sustancia química llamada «neurotransmisor»— llega a una de las dendritas, se une a un receptor afín en la membrana. Y es en ese punto donde empieza la cascada de la conducción nerviosa.

La unión de la sustancia química con el receptor hace que se abran los canales de la membrana. Las puertas de la ciudadela se entornan y el sodio penetra en grandes cantidades en la célula. A medida que entran más iones, la carga neta de la neurona cambia: cada entrada de iones genera un pequeño impulso positivo. Y conforme se unen más y más transmisores y se abren más de estos canales, el impulso aumenta en amplitud. Una carga acumulada recorre el cuerpo de la célula.

Imaginemos ahora que el ejército de iones invasores, una carga (literalmente), se dirige más allá de las dendritas hacia el cuerpo celular de la neurona —el soma— y alcanza un punto crucial en la neurona llamado «cono del axón». Es aquí donde se pone en marcha el ciclo biológico clave que permite la conducción nerviosa. Si el impulso que llega al cono axónico es mayor que un umbral establecido, los iones inician un bucle autogenerado. Los iones estimulan la apertura de más canales en el axón. En biología, cuando una sustancia química estimula la liberación de la misma sustancia, se activa un bucle de retroalimentación positiva: cuanto más hay, más se genera. Los canales iónicos sensibles a los iones son los ejes de la conducción axonal, se autoalimentan, como si la multitud se multiplicara abriendo más puertas en la ciudadela, permitiendo la entrada de más de los suyos. Por los canales entra más sodio, mientras sale otro ion, el potasio.

El proceso se amplifica: la multitud de iones invasores abre más puertas y entran aún más iones de sodio. A medida que se abren más y más canales, entra una gran corriente de iones de sodio y salen iones de potasio, provocando el gran pico positivo que Hodgkin y Huxley vieron por primera vez en 1939. La carga neta del axón pasa de negativa a fuertemente positiva. La cascada de conducción, una vez iniciada, es ahora imparable: se desplaza cada vez más lejos a lo largo del axón.* El proceso se autopropaga. Se abren y cierran una serie de canales, generando un pico eléctrico. Ese primer pico abre otra serie de canales unos pocos micrómetros más allá en la neurona, produciendo así un segundo pico a poca distancia. A continuación, se produce un tercer pico unos pocos micrómetros más lejos y así sucesivamente, hasta que el impulso llega al final del axón.**

Pero, una vez que los picos recorren la neurona, hay que restablecer el equilibrio. Cuando la célula completa su pico de carga, los canales empiezan a cerrarse. La neurona comienza a recuperar su estado anterior, bombeando el sodio hacia fuera y el potasio hacia

* Este mecanismo de conducción dentro de una neurona —la apertura de los canales de sodio y la afluencia de sodio— no se aplica a todas las neuronas. Algunas utilizan como mecanismo de conducción de sus señales otros iones, como el calcio.

** La mayoría de las neuronas están recubiertas por una vaina comparable al plástico aislante que recubre un cable. La vaina aislante se interrumpe cada pocos micrómetros a lo largo del axón. En estas partes no revestidas de la membrana de la neurona se encuentran los canales iónicos. Los picos eléctricos se generan en estos lugares. El pico se desplaza unos pocos micrómetros a lo largo de la neurona hasta el siguiente lugar no revestido, donde genera el siguiente pico.

dentro, restaurando el equilibrio y volviendo finalmente a su estado de carga negativa en reposo.

Observando con atención los elaborados dibujos de Cajal, podemos descubrir en ellos otra característica inusual. En los cortes más finos que realizó y dibujó, y en la más delicada de sus ilustraciones, en los lugares donde las neuronas no se superponen unas con otras, hay un diminuto espacio entre el extremo de una neurona, donde termina su impulso (es decir, en el final de su axón), y el comienzo de la siguiente neurona, donde el impulso presumiblemente activa una segunda neurona (es decir, en el extremo de una de sus dendritas en forma de árbol).

Examinemos de nuevo, por ejemplo, el detalle de la parte de la figura marcada con la letra g. Los botones que señalan el final de un nervio casi tocan las dendritas del siguiente nervio, pero no del todo. «Hay que ser valiente —escribió la poetisa Kay Ryan— para dejar

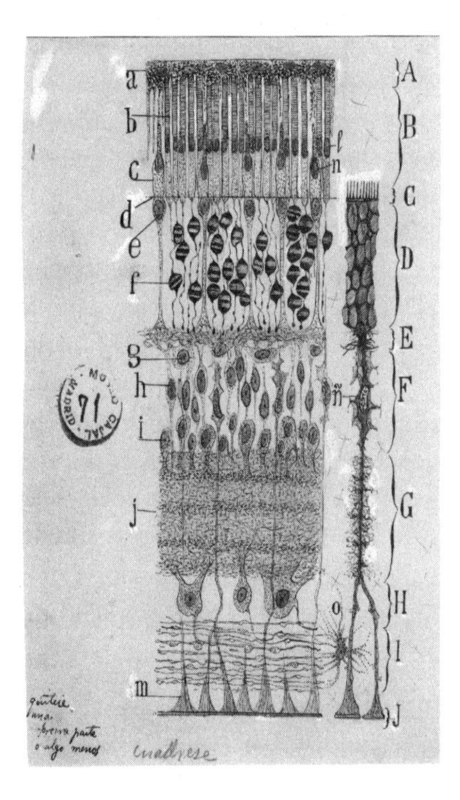

Dibujo de Santiago Ramón y Cajal que muestra un corte de la retina con varias capas de células neuronales. Obsérvese cómo algunas neuronas terminan en un *botón* (por ejemplo, en la capa marcada con la letra f), que representa parte de la sinapsis. Nótese también que el extremo del axón a menudo no está en contacto físico con las dendritas (las delicadas ramificaciones de la segunda neurona). Este espacio vacío representa la sinapsis, que más tarde se descubrió que transportaba señales químicas (neurotransmisores) que activaban o inhibían la segunda neurona. Los espacios vacíos y su proximidad a las ramas dendríticas de la segunda neurona son especialmente claros en las neuronas en la capa marcada con la letra f.

espacios vacíos»,[12] y Cajal, el científico dibujante, era todo menos temeroso. Ese espacio —de unos veinte a cuarenta nanómetros de distancia— está en blanco. Es minúsculo; podría desaparecer con un mínimo movimiento. Tal vez sea un artefacto de la microscopía o de la tinción. Pero, como el espacio vacío de una pintura china, ese espacio podría representar el elemento más importante de todo el dibujo y tal vez de toda la fisiología del sistema nervioso. Inmediatamente surge la pregunta de por qué hay ese espacio en blanco. Si se fabricase un sistema nervioso como un circuito de cables, ¿qué electricista iba a cometer la estupidez de dejar espacios en blanco entre los cables? Pero Cajal dibujó exactamente lo que vio: el caballo de la observación conduciendo el carro de la teoría. Y una vez más, como ocurre con tantas cosas en esta historia, la observación condujo a la incredulidad.

¿Cómo pasa un impulso nervioso, después de haber atravesado el nervio según la descripción de Hodgkin y Huxley, hasta el siguiente nervio? En las décadas de 1940 y 1950, el eminente neurofisiólogo John Eccles, experto en el campo de la neurotransmisión, sostenía con vehemencia que el único medio para que la señal viajase era la electricidad. Las neuronas eran conductores eléctricos —«cables»—, afirmaba Eccles, así que ¿por qué los cables iban a utilizar algo más que impulsos eléctricos para trasladar las señales de uno a otro? ¿Dónde se había oído que hubiera un aparato en el que el cableado usase diferentes formas de transmisión al pasar de cable en cable? En un libro de texto publicado en 1949, el colega de Eccles, John Fulton, otro fisiólogo, escribió: «La idea de un mediador químico que se libera en la terminación del nervio y que actúa sobre una segunda [neurona] o músculo resultaba insatisfactoria en muchos aspectos».[13]

Podría ser útil diferenciar entre dos grandes tipos de problemas en la ciencia. El primero —que podríamos llamar el problema de «la tormenta de arena»— surge cuando hay una confusión tan inmensa en un campo que no es posible distinguir ningún patrón o mapa de ruta. Hay arena en el aire dondequiera que se mire, y se necesita una vía de pensamiento completamente nueva. La teoría cuántica es un buen ejemplo. A principios del siglo xx, cuando se descubrieron el mundo atómico y el subatómico, los principios heurísticos de la física newtoniana no eran suficientes, y se necesitó un cambio de paradigma sobre este mundo atómico y subatómico para salir de la tormenta de arena.

El segundo es el opuesto. Lo llamaremos el problema del «grano de arena en el ojo». Todo tiene perfecto sentido, excepto un hecho desagradable que no encaja en la preciosa teoría. Es como un grano de arena dentro del ojo: ¿por qué demonios no desaparece ese irritante hecho contradictorio?

En las décadas de 1920 y 1930, para el neurofisiólogo inglés Henry Dale y su colega de toda la vida, Otto Loewi, el espacio entre las neuronas se había convertido en un problema de tipo grano de arena en el ojo.[14] Sí, estaban de acuerdo en que la transmisión entre neuronas era eléctrica; no se podía negar la señal que Hodgkin y Huxley habían detectado al escuchar el impulso de una neurona. Pero, si todo era un circuito de cables, ¿qué pasaba con esa interrupción espacial entre los nervios?

Después de estudiar en Cambridge y luego pasar una breve estancia en el laboratorio de Ehrlich, en Frankfurt, Dale hizo algo inusual en su época: abandonó los puestos académicos, que consideraba demasiado inseguros, para comenzar a trabajar como farmacólogo en los laboratorios Wellcome, en Inglaterra.[15] Allí, basándose en el trabajo de John Langley y Walter Dixon, empezó a aislar sustancias químicas que tenían efectos importantes en el sistema nervioso. Algunas, como la acetilcolina, inyectada en un gato, ralentizaban el ritmo cardiaco. Otras sustancias químicas aceleraban los latidos del corazón. Y otras podían actuar como estimulantes de la actividad de las células nerviosas en los músculos. En 1914 Dale fue nombrado director del Instituto Nacional de Investigación Médica de Mill Hill, a las afueras de Londres. Con cautela, especuló con la posibilidad de que estas sustancias químicas fueran «transmisores» de información entre las neuronas, o entre las neuronas y las células musculares que enervaban. Al inyectarlas en los gatos, habían estimulado los nervios que enervaban el corazón, provocando que se acelerase o ralentizase la actividad cardiaca. Y estas sustancias químicas reactivaban el impulso eléctrico siguiente. Dale continuó dándole vueltas a la idea. Las sustancias químicas, y no solo la electricidad, podían transmitir impulsos eléctricos de un nervio a un músculo y tal vez incluso de un nervio a otro.

En Graz, en Austria, otro neurofisiólogo, Otto Loewi, conectó también con la idea de los neurotransmisores químicos.[16] La noche anterior al domingo de Pascua de 1920 —durante el breve periodo de paz de entreguerras— soñó con un experimento. Recordaba muy poco del sueño, pero le parecía que tenía que ver con un músculo y un nervio de una rana. «Me desperté —escribió—, encendí la luz y garabateé unas notas en un trozo de papel. Luego me volví a dormir. A las seis de la mañana recordé que durante la noche había escrito algo importante, pero no pude descifrar la letra. En la noche siguiente, a las 3 de la madrugada, la idea volvió. Se trataba del diseño de un experimento para determinar si la hipótesis de la transmisión química que había formulado diecisiete años antes era correcta. Me levanté enseguida, fui al laboratorio y realicé un sencillo experimento con un corazón de rana según el diseño nocturno».[17]

El domingo de Pascua, poco después de las tres de la madrugada, Loewi corrió a su laboratorio. Primero cortó el nervio vago de una rana, para desconectar uno de los principales motores del latido del corazón. El nervio vago envía un impulso que ralentiza los latidos del corazón y, como era de esperar, el corazón de la rana sin el nervio vago se aceleró.

A continuación, estimuló el nervio vago intacto de una segunda rana, lo que hizo que el corazón latiera más lentamente. Esto también era de esperar: al estimular el nervio inhibidor, el corazón debía ir más despacio.

Pero ¿qué factor del nervio vago intacto estimulado había provocado el latido más lento del corazón? Si se trataba de un impulso eléctrico —como insistía Eccles con tanta firmeza— nunca podría transferirse de uno a otro (los iones eléctricos se difundirían y diluirían durante la transferencia). El truco del experimento estaba en la transferencia: cuando Loewi recogió las sustancias químicas («el perfundido») que habían segregado el nervio vago estimulado y las transfirió al primer corazón de la rana, el que se había acelerado, este también se ralentizó. Como había cortado el nervio, no podía deberse al nervio vago propio de la rana. Solo podía explicarse por el perfundido.

En resumen, alguna sustancia química —no un impulso eléctrico— liberada por el nervio vago podía transferirse de un animal a otro para controlar el ritmo de los latidos del corazón. Más adelante, se identificaría que esa sustancia química —un neurotransmisor— era precisamente la que había identificado Henry Dale: la acetilcolina.

A finales de la década de 1940, a medida que se sumaban las pruebas que apoyaban la hipótesis de Dale y Loewi, incluso Eccles se convenció. Dale y Loewi, a quienes se otorgó el Premio Nobel en 1936, escribieron que la conversión de Eccles fue como «la conversión de san Pablo en el camino a Damasco, cuando "de repente una luz resplandeció y las escamas se le cayeron de los ojos"».[18]

Ahora sabemos que las sustancias químicas liberadas —los neurotransmisores— se almacenan en vesículas (unos sacos unidos a la membrana) en el extremo del axón. Cuando llega el impulso eléctrico al extremo del axón, las vesículas reaccionan liberando su carga. Estas sustancias químicas atraviesan el espacio entre una célula y la siguiente —la sinapsis— y empiezan de nuevo el proceso de estimulación. Se unen a sus receptores en las dendritas de la siguiente neurona, abren canales iónicos y reinician el impulso en la segunda neurona (receptora).* La señal pasa a una tercera célula. Una neuro-

* Un pequeño número de neuronas en los animales transmiten sus impulsos entre sí mediante estímulos eléctricos. En vez de liberar neurotransmisores, estas neuronas están conectadas eléctricamente entre ellas a través de unos poros especializados llamados uniones comunicantes, similares a los poros conectivos que se encuentran en las células cardiacas. De este modo, la proximidad entre las neuronas es aún mayor, diez veces más que en una sinapsis química. Estas «sinapsis eléctricas», sin embargo, son poco frecuentes. Su principal ventaja es la velocidad —la electricidad viaja rápidamente de una célula a otra— y, por tanto, suelen encontrarse en

na parlanchina y despierta «habla» con la siguiente. Las dos contramelodías de la neurona se entrelazan en un tándem, como una canción infantil: señal eléctrica, señal química, señal eléctrica, señal química, señal eléctrica.

Una característica fundamental de esta forma de comunicación es que la sinapsis tiene la capacidad no solo de excitar la neurona para que se active —como en el ejemplo anterior—, sino que además puede ser una sinapsis inhibitoria que provoque que la siguiente neurona sea menos propensa a activarse. Una sola neurona puede recibir señales positivas y negativas de otras neuronas. Su trabajo consiste en «integrar» estas señales. La integración de todas estas señales excitatorias e inhibitorias es lo que determina si una neurona se activa o no.

Lo que he descrito es un esbozo de cómo funciona una neurona y cómo esa función se relaciona con el cerebro. Pero se trata del más escueto de los esbozos. De todas las células del cuerpo, la neurona es quizá la más sutil y maravillosa. En esencia, el principio es el siguiente: imaginemos la neurona no solo como un «cable» pasivo, sino también como un integrador activo.*[19] Considerando que cada

circuitos celulares donde la velocidad es esencial. La babosa de mar *Aplysia*, o «liebre de mar», utiliza un circuito eléctrico para lanzar un chorro de tinta y ocultarse de los depredadores en su respuesta de huida.

* Esto plantea una cuestión filosófica y biológica: ¿por qué el circuito neuronal no es totalmente eléctrico? ¿Por qué no funciona la idea de Eccles de un sistema de cableado para conducir la electricidad, en vez de un sistema que pasa constantemente de la electricidad a las señales químicas y de nuevo a la electricidad y así de forma sucesiva en ciclos interminables? La respuesta tal vez esté (como siempre) en la evolución y el desarrollo del circuito neuronal. Un circuito neuronal no es solo un cable que transmite señales del cerebro al resto del cuerpo. Es, como he descrito, un «integrador» de la fisiología. Puede haber momentos en los que el corazón necesite acelerarse o ralentizarse. O, en un ámbito más complejo, el estado de ánimo o la motivación podrían tener que regularse para potenciarse o disminuirse. Si los circuitos neuronales estuvieran sellados en una «caja cerrada» de un sistema de cableado eléctrico, su integración con la fisiología del resto del cuerpo sería difícil y potencialmente imposible. Además, aparte de la integración, las sinapsis químicas tienen la capacidad de amplificar o amortiguar una señal, por lo que son más adecuadas para crear los circuitos necesarios para las actividades complejas del sistema nervioso. Imaginemos un ordenador portátil: una caja cerrada, un sistema de cableado interno. El portátil no puede «saber» si alguien está frustra-

neurona es un integrador activo, podemos imaginar la creación de circuitos extraordinariamente complejos a partir de estos cables activos.[20] Esos circuitos complejos podrían constituir la base para crear módulos computacionales aún más complejos, capaces de dar soporte a la memoria, la sensibilidad, los sentimientos, el pensamiento y las sensaciones. Fusionando un conjunto de estos módulos computacionales, obtendríamos la más compleja de las máquinas del cuerpo humano. Esa máquina es el cerebro humano.

«Si hay un tema que [...] tiene un aura de fascinación, si los investigadores que trabajan en él son ganadores que reciben grandes ayudas de investigación —aconsejó una vez el biólogo E. O. Wilson—, apártate de este tema».[21] Para los biólogos celulares que exploraban el cerebro, la neurona era tan llamativamente fascinante —tan misteriosa, tan insondablemente compleja, tan diversa en sus funciones y magnífica en su forma— que eclipsaba a una célula compañera que todo el tiempo merodea cerca de ella. La célula glial, o glía, era como la ayudante de una estrella de cine atrapada perpetuamente en la sombra de la celebridad. Incluso su nombre, derivado de la palabra griega para «pegamento», indicaba un siglo de abandono: las células gliales se consideraban nada más que el pegamento que unía a las neuronas. Un pequeño grupo de tenaces neurocientíficos había estudiado estas células desde principios del siglo XX, cuando Cajal las describió en los cortes del cerebro. Para el resto, eran irrelevantes: no algo sustancial, sino el relleno del cerebro.

---

do, irritable, necesita trabajar más rápido o ir más despacio; es una caja de cables y circuitos eléctricos sin sinapsis con el estado emocional o mental. Los órganos no pueden ser cajas cerradas. Una señal transportada entre las neuronas, las hormonas y los transmisores que viaja a través de la sangre o de otras neuronas debe ser capaz de interactuar con las otras señales para modificar y modular su función, integrando así la fisiología neuronal con el resto de la fisiología del cuerpo. Y un mediador químico es una solución ideal. Puede acelerar o ralentizar la actividad de un circuito. Se trata de un ordenador portátil «inteligente» y complejo, con capacidad de reacción: si detecta que estamos de mal humor, puede que nos aconseje dejar de enviar correos electrónicos agresivos de los que luego podríamos arrepentirnos. Y, si le damos una fecha límite, se acelerará.

Las células gliales están presentes en todo el sistema nervioso, aproximadamente en una cantidad semejante a la de las neuronas.[22] Durante un tiempo se pensó que eran diez veces más comunes, lo que alimentó la hipótesis del «relleno del cerebro». A diferencia de las neuronas, no generan impulsos eléctricos, pero, al igual que estas, son extraordinariamente diversas en cuanto a su estructura y función.[23] Algunas poseen prolongaciones ramificadas ricas en grasa y que recubren las neuronas y forman las vainas. Estos recubrimientos, llamados vainas de mielina, actúan como aislantes eléctricos para las neuronas, como el plástico que envuelve los cables. Algunas células gliales son nómadas y carroñeras, se encargan de limpiar los desechos y las células muertas del cerebro. Otras suministran nutrientes al cerebro o recogen los neurotransmisores de las sinapsis neuronales para restablecer las señales neuronales.

El surgimiento de las células gliales desde las sombras de la neurociencia hasta el escenario central de la investigación representa un cambio interesantísimo en la biología celular del sistema nervioso. Hace unos años fui a la Universidad de Harvard a visitar el laboratorio de Beth Stevens, que lleva más de una década estudiando la glía. Como tantos neurobiólogos a lo largo de la historia, llegó a la glía a través de las neuronas. En 2004 empezó a trabajar como investigadora posdoctoral en la Universidad de Stanford para estudiar la formación de circuitos neuronales en el ojo.

Las conexiones neuronales entre los ojos y el cerebro se forman mucho antes del nacimiento, para establecer el cableado y los circuitos que permiten al niño empezar a ver el mundo en el momento en que sale del útero.[24] Mucho antes de que se abran los párpados, durante el desarrollo temprano del sistema visual, se producen ondas de actividad espontánea que van de la retina al cerebro, como los bailarines que ensayan sus movimientos antes de una actuación. Estas ondas configuran el cableado del cerebro: prueban sus futuros circuitos, fortaleciendo y aflojando las conexiones entre las neuronas. (La neurobióloga Carla Shatz, que descubrió estas ondas de actividad espontánea, escribió: «Las neuronas que se activan juntas, permanecen juntas»).[25] Este acto de entrenamiento fetal —la soldadura de las conexiones neuronales antes de que los ojos funcionen realmente— es crucial para el buen funcionamiento del sistema visual. El mundo tiene que ser soñado antes de ser visto.

Durante este periodo de ensayo, se genera una enorme cantidad de sinapsis —puntos de conexión química— entre las células nerviosas, que después se «podan» durante el desarrollo posterior. Para crear una sinapsis, la neurona tiene estructuras especializadas, que a menudo se ven como pequeñas protuberancias en el extremo terminal del axón, donde almacena las sustancias químicas que segrega para transmitir una señal a la siguiente neurona. Se cree que la poda sináptica consiste en reducir estas estructuras especiales, eliminando la conexión sináptica en ese lugar, como si se quitara o cortara la soldadura entre dos cables. Es un fenómeno extraño: nuestros cerebros crean un exceso de conexiones y luego recortamos lo que sobra.

Las razones de esta poda sináptica son un misterio, pero se piensa que afina y refuerza las sinapsis «correctas», mientras que elimina las débiles e innecesarias. «Refuerza algo que siempre se ha intuido —me dijo un psiquiatra de Boston—. El secreto del aprendizaje es la eliminación sistemática del exceso. Nos desarrollamos sobre todo a base de morir».[26] Estamos programados para no estar programados, y esta plasticidad anatómica puede ser la clave de la plasticidad de nuestras mentes.

Pero ¿quién se encarga de la poda de las sinapsis? En el invierno de 2004 Beth Stevens se incorporó al laboratorio de Ben Barres, un neurocientífico de Stanford. «Cuando empecé a trabajar en el laboratorio de Ben, se sabía poco sobre cómo se eliminan determinadas sinapsis», me dijo. Stevens y Barres investigaban las neuronas visuales: el ojo constituiría el ojo del cerebro.

En 2007 anunciaron un hallazgo sorprendente.[27] Descubrieron que las células gliales eran las responsables de esta poda de las conexiones sinápticas en el sistema visual. El trabajo, publicado en la revista *Cell*, atrajo una enorme atención, pero también abrió una serie de nuevos interrogantes. ¿Qué célula glial específica era responsable de la poda? ¿Y cuál era el mecanismo de la poda? El año siguiente Stevens pasó a trabajar en el Hospital Infantil de Boston para crear su propio laboratorio. Cuando la visité en una gélida mañana de marzo de

2015, el laboratorio bullía de actividad. Los estudiantes universitarios estaban inclinados sobre los microscopios. Una mujer trituraba con determinación un fragmento de cerebro humano recién extraído para obtener células individuales y transferirlas a un frasco de cultivo de tejidos.

La cinética corporal es algo natural en Stevens: mientras habla, sus manos y dedos ilustran las ideas, creando y deshaciendo sinapsis en el aire. «Las preguntas que nos planteamos en el nuevo laboratorio eran la consecuencia directa de las que me planteé en Stanford», dijo.[28]

En 2012 Stevens y sus estudiantes habían creado modelos experimentales para estudiar la poda sináptica y habían identificado las células responsables de este fenómeno. Se habían observado las células especializadas conocidas como microglías —semejantes a arañas y con muchas prolongaciones— rastreando el cerebro en busca de desechos; su papel en la eliminación de agentes patógenos y residuos celulares se conocía desde hacía décadas. Pero Stevens también las encontró enrolladas alrededor de las sinapsis que habían sido señaladas para ser eliminadas. La microglía recorta las conexiones sinápticas entre neuronas y las elimina. Son las «jardineras incansables» del cerebro, como explica en un artículo.[29]

Quizá la característica más llamativa de la poda sináptica es que utiliza un mecanismo inmunitario para eliminar las conexiones entre neuronas. Los macrófagos del sistema inmunitario fagocitan —comen— organismos patógenos y restos celulares. La microglía del cerebro usa algunas proteínas y procesos similares para marcar las sinapsis que deben comerse, pero, en lugar de ingerir agentes patógenos, engullen las partes de las neuronas que intervienen en las conexiones sinápticas. Se trata de otro ejemplo cautivador de reconversión: las mismas proteínas y vías que se emplean para eliminar los agentes patógenos del cuerpo se reconfiguran para depurar las conexiones entre las neuronas. La microglía ha evolucionado para «comer» trozos de nuestro propio cerebro.

«Una vez que conocimos la manera en que interviene la microglía, surgieron todo tipo de preguntas —dijo Stevens—. ¿Cómo sabe una célula microglial qué sinapsis debe eliminar? [...] Sabemos que las sinapsis compiten entre sí y que la más fuerte gana. Pero

¿cómo se marca la sinapsis más débil que debe podarse? El laboratorio trabaja ahora en todas estas cuestiones».

La poda de las conexiones neuronales por parte de las células gliales se ha convertido en el eje de una intensa investigación, y no solo en el laboratorio de Stevens. Experimentos recientes indican que las disfunciones en la poda glial pueden estar relacionadas con la esquizofrenia, una enfermedad en la que la poda no se produce adecuadamente.[30] Otras funciones de diferentes células gliales se han relacionado con la enfermedad de Alzheimer, la esclerosis múltiple y el autismo. «Cuanto más profundizamos, más encontramos», me explicó Stevens. Es difícil hallar un aspecto de la neurobiología que no implique a la célula glial.

Me alejé del laboratorio de Stevens por las calles de Boston cubiertas de hielo recitando mentalmente los versos del poema de Kenneth Koch «Un tren puede ocultar a otro»:

En una familia una hermana puede ocultar a otra,
así que si vas a cortejar, es mejor haberlas visto todas. [...]
Y en el laboratorio
un invento puede esconder otro invento,
una noche puede esconder otra noche; una sombra, un nido de sombras.[31]

Durante décadas la neurona se paseó por la pasarela de la biología celular con tanto glamour que eclipsó a la célula glial. Pero cuando se trata de hacer descubrimientos científicos o de realizar inventos, es mejor haber visto todas las células, no solo las que pasean exhibiéndose. La célula glial ha salido de su «nido de sombras». Como uno de sus subtipos, ha envuelto como con una vaina todo el campo de la neurobiología. Lejos de ser la asistente de una celebridad, es la nueva estrella de la disciplina.

En la primavera de 2017 me sentí abrumado por la ola de depresión más profunda que jamás he experimentado. Utilizo la palabra «ola» de manera deliberada: cuando por fin rompió dentro de mí, después de haberse arrastrado con lentitud durante meses, me sentí como si me ahogara en una marea de tristeza que no podía superar ni atravesar nadando. En la superficie, parecía que mi vida estaba perfectamente controlada, pero por dentro me sentía lleno de dolor. Había días en los que salir de la cama o incluso recoger el periódico de la puerta me resultaba indescriptiblemente difícil. Los pequeños momentos de placer —un divertido dibujo de mi hijo de un tiburón o una sopa de champiñones perfecta— parecían encerrados en cajas, cuyas llaves habían sido arrojadas al fondo del océano.

¿Por qué? No podía explicarlo. Parte de ello, quizá, tenía que ver con asumir la muerte de mi padre ocurrida un año antes. Tras su fallecimiento, me había volcado en el trabajo de manera frenética, sin darme tiempo ni espacio para el duelo. Por otro lado, debía enfrentar el hecho ineludible de hacerme mayor. Me encontraba al final de mi cuarentena, mirando hacia lo que parecía un abismo. Las rodillas me dolían y me crujían al correr. Apareció una hernia abdominal de la nada. ¿Y aquellos poemas que podía recitar de memoria? Ahora me esforzaba por buscar en mi cabeza las palabras que habían desaparecido («Una mosca zumbaba al morir yo / La quietud en el cuarto / me recordaba...». Mmm... me recordaba... ¿Cómo era?). Me estaba fragmentando. Estaba entrando oficialmente en la mediana edad. No era mi piel la que empezaba a descolgarse, sino mi cerebro. Una mosca zumbaba...

Las cosas empeoraron. Traté de ignorar lo que ocurría, hasta que se desbordó por completo. Hice como la famosa rana en la olla, que no se da cuenta de que va aumentando la temperatura hasta que el agua empieza a hervir. Empecé a tomar antidepresivos (que me ayudaron, pero no demasiado) y acudí a un psiquiatra (que me ayudó mucho más). Pero la repentina manifestación del trastorno y su resistencia al tratamiento me desconcertaron. Lo único que podía sentir era la «malsana tristeza» que el escritor William Styron describe en *Esa visible oscuridad*.[32]

Llamé a Paul Greengard, profesor de la Universidad Rockefeller. Lo había conocido en un retiro en Maine hacía algunos años —nos sentimos identificados como científicos, hablando de células y bioquímica mientras caminábamos durante un kilómetro y medio en una playa de guijarros blancos azotada por el viento— y nos habíamos hecho muy amigos. Era bastante mayor que yo —tenía ochenta y nueve años cuando nos conocimos—, pero su mente parecía gozar de una eterna juventud. Nos encontrábamos a menudo para almorzar en Nueva York o dábamos largos y pausados paseos por la avenida York o por el campus de la universidad. Nuestras conversaciones eran muy variadas: neurociencia, biología celular, chismorreos universitarios, política, amistades, la última exposición del Museo de Arte Moderno, los últimos descubrimientos en la investigación sobre el cáncer. A Paul le interesaba todo.

En las décadas de 1960 y 1970, los experimentos de Greengard le llevaron a una novedosa forma de pensar sobre la comunicación neuronal. Los neurobiólogos que estudiaban la sinapsis habían descrito en general la comunicación entre neuronas como un proceso rápido. Un impulso eléctrico llega al final de la neurona, es decir, al terminal axónico. Provoca la liberación de neurotransmisores químicos en un espacio especializado: la sinapsis. Por su parte, las sustancias abren canales en la siguiente neurona y los iones penetran, reiniciando el impulso. Este es el cerebro «eléctrico»: una caja de cables y circuitos (con una señal química —un neurotransmisor— intercalada entre los dos cables).

Pero Greengard sostenía que había un tipo diferente de neurotransmisor. Las señales químicas emitidas por una neurona también crean una cascada de señales «lentas» en la neurona. La señalización neuronal de una célula a otra induce profundos cambios bioquímicos y metabólicos en la neurona receptora. Se desencadena una compleja cascada de cambios químicos: alteraciones en el metabolismo, en la expresión de los genes y en la naturaleza y concentración de los transmisores químicos que se segregan en la sinapsis. Y estos cambios «lentos», a su vez, alteran la conducción eléctrica del impulso de un nervio a otro. Durante décadas, esta lenta cascada se consideraba de poca importancia («Acabará cambiando de opinión», dijo otro investigador sobre el trabajo de Greengard).[33] Pero ahora se sabe que las modificaciones bioquímicas producidas en las células neuronales —la «cascada de Greengard»— se infiltran en el cerebro, cambian la función de las neuronas y dictan muchas de sus propiedades posteriores.

Podríamos, por tanto, dividir las patologías del cerebro en las que afectan a las señales «rápidas» (la rápida conducción eléctrica de las células neuronales), las que afectan a las señales «lentas» (las cascadas bioquímicas que se alteran en las células nerviosas) y las que se sitúan en un punto intermedio.

¿Depresión? Cuando le hablé a Greengard sobre la neblina de dolor que estaba experimentando, me invitó a comer con él. Era el final del otoño de 2017. Comimos en la cafetería de la universidad —él era un comedor lento y escrupuloso que examinaba cada bocado en su tenedor como si fuera un espécimen biológico antes de llevárselo a la boca— y luego dimos un paseo por el campus de la Universidad Rockefeller. Nos acompañó su perro Alpha, un boyero de Berna, con su pesado andar, babeando.

«La depresión es un problema cerebral lento», dijo.[34]

Me acordé del poema de Carl Sandburg: «Llega la niebla / con sus mullidas almohadillas de gata. / Se sienta a mirar / la ciudad y el puerto / sobre sus ancas calladas / y luego sigue su camino».[35] Mi cerebro se sentía todo el tiempo sumergido en la niebla, como si una criatura se hubiera posado en él sobre su lentas y silenciosas ancas, pero sin marcharse.

El escritor Andrew Solomon describió la depresión como una «grieta en el amor».[36] Pero, en términos médicos, era un problema relacionado con la regulación de los neurotransmisores y sus señales. Una grieta en las sustancias químicas.

«¿Qué sustancias químicas? ¿Qué señales?», le pregunté a Paul.

Sabía que el neurotransmisor serotonina tenía algo que ver.

Paul me contó la historia del origen de la teoría de la «química cerebral» de la depresión. En el otoño de 1951, en el Hospital Sea View de Staten Island, en Nueva York, los médicos que trataban a pacientes tuberculosos con un nuevo medicamento llamado iproniazida observaron transformaciones repentinas en el estado de ánimo y el comportamiento de sus pacientes.[37] Los pabellones, normalmente sombríos y silenciosos, con pacientes moribundos y letárgicos, «estaban iluminados la semana pasada con las caras felices de hombres y mujeres», escribió un periodista. La energía fluía de nuevo y regresó el apetito. Muchas de las personas internadas, enfermas y catatónicas durante meses, pedían cinco huevos para desayunar. Cuando la revista *Life* envió a un fotógrafo al hospital para que investigara, los pacientes ya no estaban adormilados en sus camas.[38] Jugaban a las cartas o paseaban ligeros por los pasillos.

Más tarde, los investigadores descubrieron que la iproniazida provocaba, como efecto secundario, un aumento de la concentración de serotonina en el cerebro. Y la idea de que la depresión estaba causada por la escasez del neurotransmisor serotonina en la sinapsis neuronal se afianzó en la psiquiatría. Al no haber suficiente serotonina en la sinapsis, los circuitos eléctricos que responden a la sustancia química no reciben suficiente estimulación. La estimulación inadecuada de las neuronas que regulan el estado de ánimo da lugar a la depresión.

Si eso era todo lo que había en la depresión, aumentar la serotonina en el cerebro debería resolver la crisis. En los años setenta Arvid Carlsson, un bioquímico de la Universidad de Gotemburgo, en Suecia, colaboró con la empresa farmacéutica sueca Astra AB para desarrollar un fármaco, la zimelidina, que aumentaba la concentración del neurotransmisor en el cerebro.[39] Estos primeros fármacos dieron lugar a sustancias químicas más selectivas que aumentaban la concentración de serotonina en el cerebro: los inhibidores selectivos de la recaptación de serotonina, o ISRS, como la fluoxetina (Prozac) y la paroxetina.* Y, efectivamente, algunos pacientes deprimidos tratados con estos ISRS experimentaron profundas remisiones de su enfermedad. En 1994 Elizabeth Wurtzel, en su libro de memorias *Nación Prozac*, superventas en Estados Unidos, descri-

* El neurofisiólogo Arvid Carlsson era ya conocido por sus trabajos anteriores sobre el neurotransmisor dopamina y sus efectos en la enfermedad de Parkinson. Sus investigaciones sobre la levodopa, un precursor de la dopamina, condujeron al desarrollo de este fármaco para tratar el trastorno del movimiento de la enfermedad de Parkinson.

bió una experiencia transformadora.[40] Antes de comenzar el tratamiento con antidepresivos, flotaba de un «ensueño suicida» al siguiente. Sin embargo, a las pocas semanas de empezar a tomar Prozac, su vida cambió. «Una mañana me desperté y realmente tuve ganas de vivir [...]. Fue como si el miasma de la depresión se hubiera disipado, [...] tal como se levanta la neblina en San Francisco a medida que transcurre el día. [...] ¿Fue el Prozac? Sin duda».[41]

Pero la respuesta a los ISRS no fue ni mucho menos universalmente positiva. Y los resultados experimentales y clínicos con los ISRS revelaron datos contradictorios: en algunos estudios con los pacientes más gravemente deprimidos, se produjo una mejora apreciable de los síntomas en aquellos que recibieron el fármaco respecto a los que tomaron un placebo, mientras que, en otros estudios, el efecto fue leve y a menudo fugaz. Y el tiempo que tardaba en hacer efecto —con frecuencia semanas o meses— no parecía indicar que el simple hecho de aumentar la concentración de serotonina pudiera restablecer el funcionamiento de algún circuito eléctrico y, por tanto, curar la depresión. Cuando probé la paroxetina y más tarde Prozac, la neblina de mi cerebro no desapareció. Resultó obvio que el mero ajuste de la concentración de serotonina en las sinapsis de las neuronas que regulan el estado de ánimo no podía ser la respuesta sencilla.

Paul asintió con la cabeza. El laboratorio de Greengard en la Universidad Rockefeller acababa de descubrir una vía «lenta», inducida por la serotonina, que podría ser responsable de la depresión. La serotonina, según había descubierto Greengard y otros investigadores, no solo actúa como un neurotransmisor «rápido», y la depresión no es únicamente un circuito neuronal que funciona mal y que puede restablecerse aumentando la serotonina en la sinapsis. De hecho, activa una señal «lenta» en las neuronas —señales bioquímicas que se abren paso con sus mullidas almohadillas de gata— que incluye la alteración de la actividad y la función de varias proteínas intracelulares identificadas en el laboratorio de Greengard.

Paul cree que estas proteínas que modifican la actividad neuronal son cruciales para la señalización lenta en las neuronas que regulan el estado de ánimo y la homeostasis emocional. En sus primeros trabajos demostró que una de ellas, llamada DARPP-32, es la principal responsable de la forma en que una neurona responde a otro neurotransmisor, la dopamina, que interviene en muchas otras funciones neurológicas, como la respuesta cerebral en la recompensa y la adicción.[42]

«No es solo la concentración de serotonina», dijo Paul con rotundidad, señalando hacia el aire con los dedos. Su aliento iba dejando una estela de vaho en el aire el limpio y helado de Nueva York. «Eso es demasiado simple. Lo importante es lo que la serotonina hace a la neurona. La forma en que cambia la química de la neurona y su metabolismo —dijo—. Y eso puede variar de una persona a otra». Se volvió hacia mí. «En tu caso puede haber factores o razones genéticas que hagan que la respuesta sea más difícil de mantener o de restablecerse».

«Estamos buscando nuevos fármacos que afecten a esta vía lenta», continuó Greengard. Lo que buscaba era un paradigma totalmente nuevo para la depresión y, por tanto, una nueva forma de tratar este trastorno.

Nuestro paseo había llegado a su fin. Paul no me había tocado siquiera, pero sentí como si hubiera curado una herida implacable en mi interior. Le dije adiós con la mano y lo observé mientras regresaba a su laboratorio. Alpha estaba agotado, pero él parecía lleno de energía.

La depresión es una grieta del amor. Pero lo más importante quizá es que también constituye una grieta en la forma en que las neuronas responden —de manera lenta— a los neurotransmisores. No es solo un problema del cableado, según Greengard, sino más bien un trastorno celular: una señal inducida por los neurotransmisores, de alguna manera defectuosa, que crea un estado disfuncional en una neurona. Es una grieta en nuestras células que deviene una grieta en el amor.

Paul Greengard murió de un ataque al corazón en abril de 2019 a los noventa y tres años. Lo echo mucho de menos.

Conocí a Helen Mayberg en el Hospital Mount Sinai de Nueva York una tarde de noviembre de 2021. El viento me golpeaba en la cara mientras me dirigía caminando hacia su despacho. Las hojas de otoño caían a mi alrededor como copos de nieve, presagiando la llegada del invierno. Mayberg es una neuróloga especializada en enfermedades neuropsiquiátricas y dirige un centro llamado Advanced Circuit Therapeutics. Es una de las pioneras de una técnica llamada estimulación cerebral profunda (ECP), que consiste en la inserción quirúrgica de electrodos minúsculos en zonas muy específicas del cerebro. A través de esos electrodos se transmiten pequeñísimos impulsos eléctricos a las células del cerebro cuyo mal funcionamiento puede ser responsable de enfermedades neuropsiquiátricas. Mediante la modulación de estas zonas del cerebro con estimulación eléctrica, Mayberg espera poder tratar las formas de depresión más resistentes a los tratamientos normales. Se trata de una especie de terapia celular o, mejor dicho, una terapia dirigida a los circuitos celulares.

A principios de la década de 2000, dando un giro radical a la estrategia de tratamiento predominante en la época mediante fármacos —como el Prozac y la paroxetina—, Mayberg empezó a utilizar una serie de técnicas para cartografiar los circuitos celulares del cerebro que podían ser responsables de la depresión.[43] La ECP ya se había utilizado para tratar la enfermedad de Parkinson y los investigadores habían observado que podía mejorar la coordinación del movimiento en los pacientes afectados. Pero aún no se había probado en la depresión resistente al tratamiento. Utilizando potentes técnicas de imagen, cartografías de circuitos neuronales y pruebas neuropsiquiátricas, Mayberg encontró una zona del cerebro, llamada área 25 de Brodmann (BA25), donde presuntamente residen las células que parecen regular el tono emocional, la ansiedad, la motivación, el impulso, la autorreflexión e incluso el sueño: los aspectos que están claramente desregulados en la depresión. Observó que la BA25 estaba hiperactiva en los pacientes con depresión resistente a los tratamientos. Sabía que la estimulación eléctrica crónica puede disminuir la actividad en un área del cerebro. Esto puede parecer una contradicción, pero no lo es; la estimulación eléctrica crónica de un circuito neuronal a altas frecuencias puede reducir su actividad. Mayberg pensó que la estimulación eléctrica administrada a las células de la BA25 podría aliviar los síntomas de la depresión crónica grave.

El área 25 de Brodmann no es un lugar de fácil acceso. Si se imagina el cerebro humano como un guante de boxeo en posición de dar un puñetazo, el área 25 se halla hundida en el centro del puño, justo donde podría estar el dedo corazón (hay un área a cada lado del cerebro). Un periodista la describió así: «En un par de curvas de color rosa pálido de tejido neural que se denominan cíngulo paraterminal y tienen el tamaño y la forma del dedo arqueado de un recién nacido, el área 25 [de Brodmann] ocupa la punta de los dedos».[44] En 2003, en colaboración con algunos neurocirujanos de Toronto, Mayberg inició un estudio consistente en insertar electrodos en ambos lados del cerebro para estimular el área 25 en pacientes que sufrían depresión resistente al tratamiento. Parecía una tarea imposiblemente delicada: hacer cosquillas en las yemas de los dedos de un recién nacido para provocar que se riera.

El estudio incluyó seis pacientes: tres hombres y tres mujeres de edades comprendidas entre los treinta y siete y los cuarenta y ocho años. «Recuerdo a cada uno de esos pacientes —me dijo Mayberg—. Una enfermera con una discapacidad física fue la primera. Se describía a sí misma como totalmente embotada»,[45] como anestesiada de forma permanente. «Al igual que muchos pacientes que he atendido antes y después de ella, sus metáforas sobre su enfermedad tenían que ver con algo vertical. Estaba atrapada en un agujero, en un vacío. Había caído en él. Otros hablaban de cuevas, de campos de fuerzas que los empujaban hacia abajo. No me había dado cuenta entonces, pero escuchar las metáforas fue absolutamente vital. Fueron las metáforas las que me permitieron saber si un paciente respondía o no al tratamiento».

Para insertar el electrodo con precisión en el BA25, el neurocirujano que colaboraba con Mayberg, Andrés Lozano, colocó alrededor de la cabeza del paciente un marco estereotáctico, que actúa como una especie de GPS tridimensional para seguir la posición del electrodo cuando el cirujano lo introduce en el cerebro. Mientras Mayberg apretaba los cierres del marco estereotáctico, la paciente la miraba de manera inexpresiva, sin mostrar ni miedo ni aprensión. «Estaban a punto de taladrarle la cabeza para llevar a cabo un procedimiento totalmente desconocido en el cerebro y lo único que manifestaba era embotamiento. Nada. En ese momento me di cuenta de lo horrible que era para ella».

Mayberg la condujo al quirófano. «La verdad es que tuvimos mucho miedo. No teníamos ni idea de lo que podía provocar la estimulación». «¿Reduciría la presión sanguínea? ¿Activaría algún circuito celular que los neurocientíficos desconocían? ¿Desencadenaría una psicosis inesperada? El cirujano taladró el cráneo de la paciente e insertó los electrodos. La posición parecía correcta y Mayberg conectó la corriente y aumentó poco a poco la frecuencia.

«Y entonces ocurrió», me explicó Mayberg. Cuando tocaron el punto exacto, de repente la paciente dijo: «¿Qué han hecho?».

—¿Qué quiere decir? —preguntó Mayberg.

—Quiero decir que han hecho algo y el vacío se ha desvanecido.

El vacío se desvaneció. Mayberg desconectó el estimulador.

—Quizá solo sentí algo raro. No importa.

Mayberg lo encendió de nuevo.

El vacío se desvaneció de nuevo.

—Descríbalo —le apremió Mayberg.

—No sé si sabré. Es como la diferencia entre la sonrisa y la risa.

«Por eso hay que escuchar las metáforas», me dijo Mayberg. La diferencia entre una sonrisa y la risa. En su despacho había una foto de un río con un profundo sumidero en el centro, donde el agua entraba a borbotones por todos lados. «Una paciente me envió esa foto para describir su depresión». Otro vacío, un agujero. Trampas verticales e ineludibles. Cuando Mayberg conectó el estimulador, la mujer dijo que sintió como si la hubieran sacado del pozo y sentado en una roca sobre el agua. Podía ver a su antiguo yo en el agujero, pero ella estaba en una roca, sentada por encima del pozo. «Estas imágenes y descripciones dicen mucho más que unas casillas marca-

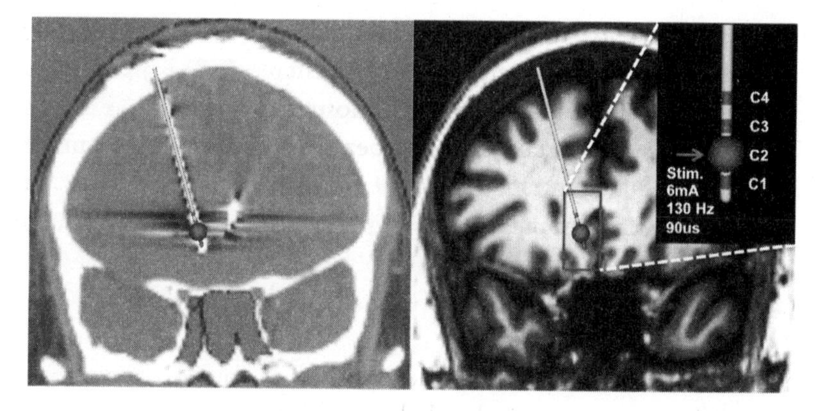

Imagen del artículo de Mayberg que muestra un electrodo insertado a través del cráneo en el área 25 de Brodmann, en el centro del cerebro. La estimulación eléctrica prolongada de las células neuronales de esta zona se utilizó para tratar la depresión resistente al tratamiento.

das en una escala de depresión». Mayberg trató a otros cinco pacientes con ECP antes de publicar sus datos. Esto es lo que ocurrió al conectar el estimulador: «Todos los pacientes refirieron de manera espontánea efectos súbitos que incluían "calma o liviandad repentina", "desvanecimiento del vacío", sensación de más conciencia, mayor interés, sensación de conexión y un aumento repentino de la luminosidad en la habitación, y alguien incluso describió que los detalles visuales se volvían más nítidos y los colores más intensos en respuesta a la estimulación eléctrica».[46]

Los pacientes se marcharon a casa con sus electrodos y baterías. A los seis meses, el tratamiento seguía funcionando en cuatro de los seis, con medidas significativas y objetivas de mejora en su estado de ánimo. «Se recupera todo el síndrome —explicó Mayberg más adelante a un entrevistador—. En algunos pacientes puede producirse un cambio muy radical, mientras que en otros tarda en hacerse evidente, hasta un año o dos. A otros pacientes [la estimulación cerebral profunda] parece no ayudarles, por razones que aún no están claras».

Mayberg ha tratado a casi un centenar de pacientes. «No todos responden y no sabemos por qué», me dijo. Pero, en algunos casos, el efecto es casi inmediato. Una mujer, también enfermera, describió su enfermedad como una incapacidad total para sentir conexiones emocionales o incluso sensoriales. «Me contó que cuando tenía a sus hijos en brazos no sentía nada. Ninguna sensación, ningún consuelo, ningún placer». Cuando Mayberg activó la ECP, la paciente se volvió hacia ella y le dijo: «¿Sabe lo que es extraño? Me siento conectada a usted». Otra paciente recordaba el momento exacto en que comenzó su enfermedad. «Estaba paseando a su perro por un lago y sintió que todos los colores habían desaparecido. Se habían convertido en blanco y negro. O simplemente grises». Cuando Mayberg activó la ECP, la paciente se sobresaltó. «Los colores han regresado». Otra mujer describió su respuesta como cuando se acerca el cambio de estación. Todavía no era primavera, pero sentía el presagio de esa estación. «Los crocus han florecido».

«Todavía hay muchas incógnitas de diverso tipo que no entiendo —continuó Mayberg—. Como sabes, la depresión tiene un componente psicomotor: a menudo los pacientes no pueden moverse. Permanecen tumbados en la cama, catatónicos. Cuando activamos la ECP, los pacientes quieren volver a moverse, pero las actividades que desean hacer son limpiar habitaciones, sacar la basura, lavar los platos. Un paciente, antes de caer en su depresión, era un buscador de emociones. Solía saltar en paracaídas. Cuando activamos la ECP, dijo que quería volver a moverse».

—¿Qué quiere hacer? —le preguntó Mayberg.

—Quiero limpiar mi garaje.

Se están realizando estudios más rigurosos —ensayos clínicos comparativos y aleatorizados en múltiples centros— centrados en la ECP para tratar la depresión resistente al tratamiento. Resulta significativo que un estudio fundamental (denominado BROADEN, por las siglas inglesas de *Brodmann area 25 Brain Neuromodulation* [neuromodulación cerebral profunda del área 25 de Brodmann]), iniciado en 2008, tuviera que interrumpirse porque los primeros datos no mostraban ni de lejos el tipo de eficacia que Mayberg había observado en sus primeros estudios.[47] En 2013, cuando se dispuso de datos sobre unos noventa pacientes que habían recibido ECP durante al menos seis meses, sus puntuaciones de depresión no eran mejores que las del grupo de control (pacientes en los que se realizó la intervención quirúrgica, pero sin activar el estimulador). Y lo que es peor: algunos pacientes con el implante sufrieron múltiples complicaciones derivadas de la cirugía. Varios de ellos tuvieron infecciones, otros presentaron dolores de cabeza intolerables y otros refirieron un aumento de la depresión y la ansiedad. El promotor del ensayo, una empresa llamada St. Jude's (absorbida después por Abbott), interrumpió el estudio. Como escribió un periodista: «La experiencia, que fue dolorosa, ha hecho que [Mayberg] regrese a sus principios de investigación iniciales: examinar en profundidad los criterios de selección de los posibles candidatos [a recibir la estimulación cerebral profunda]; determinar formas de mejorar los procedimientos de implantación para adaptarlos a los equipos quirúrgicos menos experimentados en el procedimiento; mejorar los métodos de ajuste del dispositivo una vez implantado en un paciente; y, lo que es más importante, realizar investigaciones para determinar por qué la ECP puede no funcionar en determinados pacientes y cómo identificarlos antes de someterlos a la cirugía. También se está estudiando lo contrario: averiguar a quién se puede ayudar, y con mayor rapidez, antes de realizar el procedimiento quirúrgico».[48]

Mayberg cree que hay varias razones por las que el estudio BROADEN salió mal. «Tenemos que encontrar el paciente adecuado, la zona adecuada y la forma adecuada de controlar la respuesta. Hay muchas cosas que aún tenemos que aprender». Algunos de sus críticos más duros siguen sin estar convencidos («Los tratamientos bioelectrónicos están de moda y los farmacéuticos ya no se llevan», escribió un bloguero con un mordaz sarcasmo que no pasó desapercibido para sus lectores).[49]

Pero, curiosamente, a lo largo de muchos meses, los pacientes del estudio interrumpido que decidieron mantener sus dispositivos de ECP «encendidos», empezaron a experimentar respuestas potentes y objetivas. En un artículo publicado en la revista *Lancet Psychiatry* en 2017, tras realizar un seguimiento de estos pacientes durante dos años, en vez de los seis meses del análisis inicial, el 31 % había experimentado una tasa de remisión cercana a la que Mayberg había registrado en sus estudios iniciales.[50] Así que se ha reavivado el entusiasmo por la ECP para el tratamiento de la depresión crónica grave. «Solo tenemos que hacer el estudio de la manera correcta», dijo Mayberg. Este campo ha pasado por su propio trastorno ciclotímico: desesperanza seguida de un optimismo eufórico (y quizá prematuro) y de una recaída en el desaliento. Finalmente, vuelve a surgir una nueva esperanza, aunque prudente. Aquella tarde de noviembre me pareció que Mayberg había empezado a sentir el presagio de un cambio de estación. No había crocus en los jardines del Mount Sinai West —al fin y al cabo, era noviembre—, pero sabía que florecerían en febrero.

Mientras tanto, se está intentando aplicar la estimulación cerebral profunda —la terapia de los «circuitos celulares», como me gusta considerarla— a una serie de trastornos neuropsiquiátricos y neurológicos, como el trastorno obsesivo compulsivo (TOC) y las adicciones, entre otros. La pregunta es si la estimulación eléctrica de los circuitos celulares va a convertirse en un nuevo tipo de medicina. Algunos de estos intentos podrían tener éxito; otros podrían fracasar. Pero si se alcanza un cierto grado de éxito, dará lugar a una nueva clase de persona (y de personalidad): humanos con «marcapasos cerebrales» implantados para modular sus circuitos celulares. Podemos imaginar que irán por el mundo con baterías recargables en las riñoneras y pasarán por los controles de seguridad de los aeropuertos diciendo: «Llevo una batería en el cuerpo junto con un electrodo atravesándome el cráneo que envía impulsos a las células del cerebro para regular mi estado de ánimo». Quizá yo seré uno de ellos.

La célula orquestadora

Homeostasis, estabilidad y equilibrio

Cada célula realiza una acción especial,
aunque reciba su estímulo de otras partes.[1]

RUDOLF VIRCHOW, 1858

Ahora contaremos doce
y nos quedamos todos quietos.
Por una vez sobre la tierra
no hablemos en ningún idioma,
por un segundo detengámonos,
no movamos tanto los brazos.[2]

PABLO NERUDA, «A callarse»

La mayoría de las células que hemos visto hasta ahora hablan entre sí en su entorno local. Aparte de las células del sistema inmunitario, en las que una señal de una célula puede convocar a células distantes al lugar de la infección o la inflamación, no hemos oído hablar mucho de la comunicación celular que puede producirse entre las vastas extensiones del cuerpo de un organismo. Una célula nerviosa susurra a través de la sinapsis a la siguiente célula nerviosa. Las células del corazón están tan unidas físicamente que un impulso eléctrico dentro de una se propaga a la otra a través de las uniones intercelulares. Hay muchos murmullos, pero muy pocos gritos.

Sin embargo, un organismo no puede depender únicamente de la comunicación local. Imaginemos un acontecimiento que afecte no solo a un sistema o aparato, sino a todo el cuerpo. El hambre. La enfermedad crónica. El sueño. El estrés. Cada órgano podría responder de manera particular a este acontecimiento. Pero —volviendo a la idea de Virchow de que el organismo es una ciudadanía celular— los mensajes entre los órganos deben estar orquestados. Algunas señales, o impulsos, deben moverse entre las células para informar del «estado» global en el que se encuentra el organismo. Las señales se desplazan de un órgano a otro a través de la sangre. Tiene que haber un medio para que una parte del cuerpo se «encuentre» con una parte distante. Estas señales se denominan «hormonas», de la palabra griega *hormon*, es decir, algo que impulsa o inicia una acción. En cierta forma, impulsan al organismo a actuar como un todo.

Escondido en un recodo del abdomen, acomodado entre el estómago y las vueltas de los intestinos, se encuentra un órgano en forma de hoja: «misterioso, oculto», como lo describió un patólogo.[3] Consta de dos lóbulos, llamados «cabeza» y «cola», unidos por un cuerpo. Herófilo, el anatomista alejandrino que vivió alrededor del año 300 a.C., fue probablemente uno de los primeros en identificarlo como un órgano distinto, pero no le puso nombre.[4] (Lo cierto es que es difícil atribuir un descubrimiento sin un nombre). La denominación de páncreas aparece en la literatura médica en los escritos de Aristóteles —«el presunto páncreas», escribió con cierto desprecio, pero el término seguía sin ofrecer ninguna pista sobre su función. Tan solo se calificó como *pan* («todo») y *kreas* («carne»), un órgano completamente de carne. En algún momento de sus disecciones anatómicas, Galeno —cuatrocientos años después de Herófilo— indicó que el páncreas estaba lleno de secreciones. Pero tampoco él estaba seguro de su función, aunque eso rara vez le impedía aventurar una hipótesis. «Como la vena, la arteria y el nervio se unen por detrás del estómago, todos esos vasos son fácilmente vulnerables en el lugar de su división [...]. Por ello, la naturaleza ha creado sabiamente un cuerpo glandular, llamado páncreas, y ha colocado por debajo y alrededor de él a todos los órganos, llenando los espacios vacíos para que ninguno pueda desgarrarse sin un soporte».[5]

Siglos más tarde, Vesalio dibujó uno de los diagramas más detallados del órgano, situándolo en relación con el estómago y el hígado. Observó que parecía un «gran cuerpo glandular» y que, por tanto, debía estar diseñado para segregar algo, como hacen siempre las glándulas.[6] Pero luego, al igual que Galeno, volvió a la idea de que era más que nada una estructura de soporte, para evitar que el estómago aplastara los vasos sanguíneos contra la columna vertebral. En resumen: un cojín lleno de algún líquido. Una magnífica almohada.

Al parecer, solo hubo un disidente de la teoría del «páncreas cojín», y su lógica se basaba en un simple razonamiento anatómico. Gabriel Falopio, un biólogo de la Padua del siglo XVI, no conseguía encontrarle sentido: en los animales que caminaban sobre cuatro patas, argumentaba, ¿de qué serviría un cojín situado detrás del estómago? «Para los animales que caminan en decúbito prono, sería totalmente inútil», escribió Falopio.[7] Pero su perspicaz razonamiento, así como el órgano sobre el que opinaba, cayeron pronto en el olvido.

El descubrimiento de la función de las células pancreáticas comenzó, de forma poco auspiciosa, con una disputa entre dos anatomistas que terminó en un asesinato. El mayor de ambos, Johann Wirsung, era un profesor alemán de anatomía muy respetado en Padua. El 2 de marzo de 1642, en un hospital anexo a la iglesia de San Francisco, Wirsung diseccionó el abdomen de un criminal ahorcado para extraerle el páncreas. Varios ayudantes colaboraron en la autopsia, entre ellos su alumno Moritz Hoffman. Cuando Wirsung extrajo el páncreas y siguió explorando el órgano, descubrió una característica que hasta entonces había pasado desapercibida: estaba atravesado por un conducto —que posteriormente se denominó conducto pancreático principal— que desembocaba en los intestinos.[8] Wirsung publicó una serie de dibujos describiendo su hallazgo y envió varios grabados a los principales anatomistas de su época, con pocos comentarios sobre la función de dicho conducto (aunque uno podría haberse preguntado: ¿por qué razón un cojín anatómico estaría atravesado por un conducto si no fuera para transportar algo?).

La apropiación del descubrimiento anatómico por parte de Wirsung pudo haber avivado alguna antigua rivalidad. En la noche del 22 de agosto de 1643, poco más de un año después de haber anunciado que había identificado el conducto pancreático, se hallaba en un callejón frente a su casa en Padua, cuando fue abordado por un belga que lo asesinó disparándole.[9] Las razones de este extraño y brutal final de su vida siguen siendo objeto de especulación, pero hay un posible motivo que destaca entre todos. Moritz Hoffman, el alumno estrella de Wirsung, estaba envuelto en una amarga disputa con su mentor. Hoffman afirmaba que había mostrado a Wirsung la existencia del conducto pancreático en un ave y que este había utilizado los hallazgos de Hoffman para identificar el mismo conducto en los seres humanos, sin ofrecer ningún reconocimiento a su alumno. El magistral anatomista, alegó Hoffman, era en realidad un magistral plagiador.

Se podría haber esperado que el asesinato de Wirsung disuadiera el desarrollo de la anatomía pancreática —no recuerdo ningún otro asesinato a causa de un conducto—, pero el interés por la función pancreática se avivó. Si el páncreas no era el cojín del estómago, ¿qué hacía entonces? ¿Qué transportaba ese conducto enterrado en su interior? El 25 de marzo de 1848, un sábado por la mañana, Claude Bernard —el fisiólogo de París que acuñó el concepto de «homeostasis»— realizó un experimento crucial. No era una época fácil para concentrarse en la ciencia. Las revoluciones se extendían por Europa. El rey francés acababa de abdicar. Los ejércitos salían a la calle, pero Bernard permanecía encerrado en su laboratorio. A él le importaba más el restablecimiento del equilibrio en el cuerpo, la manera en que las células podían mantener un estado de constancia (a diferencia de Virchow, no le interesaban especialmente las cuestiones del Estado).

Extrajo el «jugo» pancreático de un perro y le añadió un poco de cera derretida. Al cabo de unas ocho horas, descubrió que el jugo había emulsionado la grasa de la cera, descomponiéndola en pequeñas partículas, y se había formado una capa de gotas lechosas que flotaban en la superficie. Basándose en trabajos anteriores de otros fisiólogos, Bernard descubrió que los jugos pancreáticos, segregados por las células del páncreas, también descomponían los almidones y las proteínas, es decir, convertían las moléculas complejas de los alimentos en unidades más simples y digeribles. En 1856 Bernard publicó su *Mémoire sur le Pancréas*, en la que describía en detalle su teoría de que el páncreas liberaba estos jugos para permitir la digestión.[10] El conducto que Wirsung había descubierto era el canal principal que conducía estos jugos al sistema digestivo, donde descomponían las moléculas complejas de los alimentos en otras más simples. Por fin había encontrado la función de la glándula.

Pero el mundo también deben medirlo los ojos. Cuando Bernard acabó sus estudios fisiológicos sobre el páncreas, la teoría celular se hallaba en pleno apogeo y los microscopistas ya habían enfocado sus lentes sobre la microanatomía de la glándula pancreática. Y en el invierno de 1869, cuando el fisiólogo Paul Langerhans observó muestras de cortes finos de tejido pancreático a través de un microscopio, descubrió que el órgano escondía otra sorpresa. Como era de esperar, encontró los conductos que Wirsung había descrito, rodeados de grandes células distendidas con aspecto de bayas que más tarde se identificarían como las que segregan los jugos digestivos: células «acinares», como se llamarían finalmente (*acinus* significa «baya» en latín). Pero, cuando Langerhans observó lo que había más allá de las células acinares, encontró una segunda estructura celular. En el interior del páncreas se alojaban unos pequeños islotes de células, distintas de las acinares, que se habían teñido de azul brillante con un colorante celular. Tenían un aspecto totalmente diferente de las que producían los jugos digestivos.* A menudo los islotes se hallaban separados entre sí, como archipiélagos de islas flotando en el mar del tejido pancreático. Con el tiempo, estas agrupaciones se llamarían islotes de Langerhans.

* Las células de los islotes producen una serie de hormonas, como el glucagón, la somatostatina y la grelina.

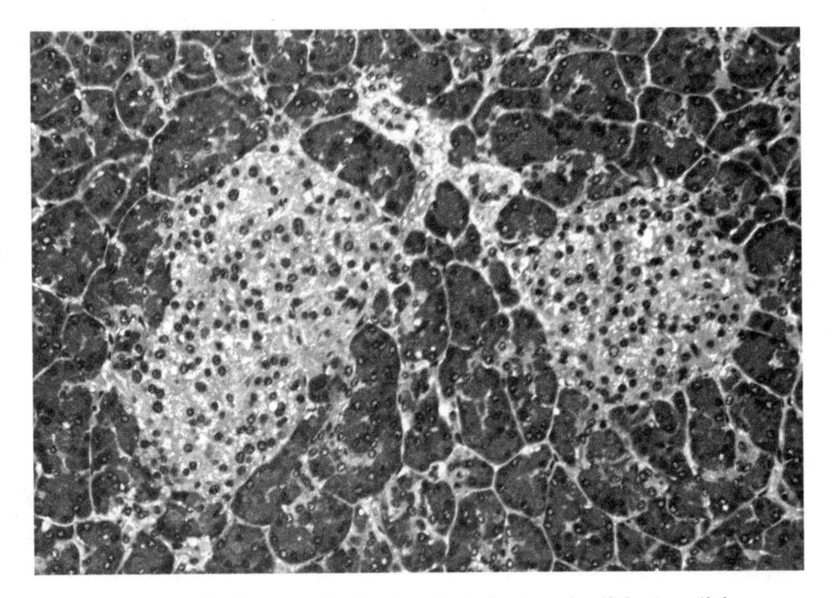

Corte del páncreas donde se aprecian los dos principales tipos de células. Las células acinares, de gran tamaño, producen enzimas digestivas alrededor de los islotes de células (más pequeñas), que segregan insulina.

De nuevo surgieron más preguntas y especulaciones sobre la función de estas islas de células. Al parecer, el páncreas era una glándula que podía dar más de sí.

En julio de 1920 Frederick Banting trabajaba como cirujano cerca de Toronto.[11] Su clientela era pequeña e inconstante, por lo que pasaba gran parte del tiempo sentado solo en su despacho sin ningún caso que atender. Ese mes ganó 4 dólares; en septiembre, 48, apenas lo suficiente para cubrir las necesidades básicas y mantener su consulta. Conducía un coche destartalado, de quinta mano, que aguantó unos trescientos kilómetros y luego dejó de funcionar. Cuando llegó el otoño, las numerosas deudas seguían aumentando y Banting aceptó un trabajo como ayudante de las clases prácticas del profesor titular en la Universidad de Toronto.

Una tarde de octubre leyó un artículo en la revista *Surgery, Gynecology and Obstetrics* donde se describía el desarrollo de la diabetes en pacientes con diversos trastornos del páncreas, entre ellos, la presencia de cálculos que obstruían los conductos que transportan los jugos digestivos.[12] El autor indicaba que algunos de estos trastornos, especialmente los que provocaban la obstrucción de los conductos, daban lugar a la degeneración de las células acinares, las que segregaban las enzimas digestivas. Pero resultaba curioso que, mientras que las células acinares se marchitaban y degeneraban pronto al obstruirse los conductos, las células de los islotes sobrevivían mucho más tiempo. La diabetes, señalaba el autor casi entre paréntesis, no solía desarrollarse hasta que las células de los islotes de Langerhans se deterioraban.

Banting quedó intrigado. La función de los islotes de células aún no se conocía; quizá tuvieran alguna relación con la diabetes. Este trastorno relacionado con el metabolismo del azúcar —cuando el organismo es incapaz de percibir o detectar adecuadamente la presencia de azúcar, esta se acumula en la sangre y pasa a la orina— era una enfermedad intrigante. Banting siguió pensando en el tema mientras daba vueltas en la cama en una noche de insomnio. Tal vez el páncreas, con sus dos lóbulos, poseía de hecho dos mentes. Generaciones de fisiólogos, entre los que destaca Bernard, se habían concentrado exclusivamente en su función externa: la secreción de jugos digestivos. Pero ¿y si las células de los islotes segregaban una segunda sustancia química —una sustancia interna— capaz de detectar y regular la glucosa? La disfunción de estas células haría que el cuerpo fuera incapaz de percibir la presencia de glucosa y que la concentración de azúcar se disparara en la sangre, lo que constituye la característica principal de la diabetes. «Pensé en la clase y en el artículo, pensé en mis miserias y en cómo me gustaría librarme de las deudas y de las preocupaciones», escribió Banting. Anotó el esquema vago de un experimento.

Si se pudieran diferenciar las funciones «externas» e «internas» —las secreciones de las células acinares y de los islotes—, se podría encontrar la sustancia responsable del control del azúcar, la clave para entender la diabetes.

«Diabetus», escribió esa noche.

«Ligar los conductos pancreáticos de los perros. Mantener a los perros vivos hasta que los ácinos degeneren y solo queden los islotes.

»Tratar de aislar la secreción interna de estos para aliviar la glucosuria [la presencia de azúcar en la orina, un signo de la diabetes]».

Karl Popper, el eminente historiador de la ciencia, explicó una vez la historia de un hombre de la Edad de Piedra que imagina la invención de la rueda en un futuro lejano. «Describe cómo será ese invento», le pide su amigo. El hombre trata de encontrar las palabras. «Será redonda y sólida, como un disco —dice—. Tendrá radios y un soporte central. Ah, y un eje para conectarla a la otra rueda, que también será un disco». Y entonces el hombre hace una pausa para reflexionar sobre lo que ha hecho. Al anticiparse a la invención de la rueda, la ha inventado ya.

En años posteriores, Banting describiría sus anotaciones de aquella tarde de octubre como la invención de la rueda. Bajo su punto de vista, ya había descubierto la hormona que controla el azúcar, que más tarde se llamaría insulina.

Pero ¿dónde podría realizar el experimento para demostrarlo? Impulsado por una mezcla de ansiedad y curiosidad, pronto se armó de valor y se dirigió a uno de los profesores más veteranos de Toronto, un escocés serio y erudito llamado John Macleod, para hacer un experimento con perros.

El primer encuentro, el 8 de noviembre de 1920, fue un desastre.[13] Tuvo lugar en el despacho de Macleod, quien tenía su escritorio cubierto de pilas de papeles, que iba hojeando distraídamente mientras hablaban. Macleod había investigado el metabolismo del azúcar durante décadas y era una figura destacada en el campo, compasivo pero riguroso. No se impresionó. Tal vez esperaba que Banting tuviera conocimientos profundos sobre la diabetes y la respuesta metabólica al azúcar; en cambio, se topó con un joven cirujano inseguro, con poca experiencia en la investigación, que hablaba de un órgano del que al parecer sabía poco, con un plan incoherente y dudoso para explorarlo. No obstante, aceptó que Banting intentara su experimento con algunos perros en su laboratorio. Banting le atosigó de manera insistente: el experimento tenía que funcionar. Al final, Macleod encargó a dos de sus estudiantes que uno de ellos ayudara a Banting. Los estudiantes lo echaron a suertes. Ganó Charles Best, un joven y talentoso investigador.

Banting y Best empezaron los experimentos principales bajo el calor abrasador del verano de 1921, operando a perros en un laboratorio polvoriento, abandonado y cubierto con un techo de alquitrán, en el último piso un edificio de consultas. El 17 de mayo Macleod enseñó a Best y a Banting cómo realizar la pancreatectomía en los perros, un proceso de dos etapas mucho más complejo de lo que describían los artículos científicos. El laboratorio apenas disponía de lo esencial y el calor era agobiante. Banting, empapado de sudor, se cortó las mangas de su bata de laboratorio. «Era casi imposible mantener la herida limpia con tanto calor», se quejó.

El experimento que Banting había ideado era sencillo en teoría, pero endemoniadamente complejo en la práctica. En unos cuantos perros suturarían quirúrgicamente los conductos del páncreas para que las células acinares se atrofiasen y muriesen, pero dejando intactas las de los islotes, según el protocolo del artículo que Banting había leído.[14] En un segundo grupo de canes, extirparían todo el páncreas —los ácinos y los islotes—, eliminando así la «sustancia» de los islotes. Al transferir las secreciones de un grupo a otro —uno con islotes y otro sin ellos—, identificarían la función de las células de los islotes y la sustancia que segregaban.

Los primeros intentos fracasaron. Best mató al primer perro con una sobredosis de anestesia. El segundo murió por una hemorragia. Y el tercero, por una infección. Necesitaron varios intentos hasta conseguir que un perro sobreviviera el tiempo suficiente para llevar a cabo la primera fase del experimento.[15]

A finales de ese verano, mientras la temperatura seguía subiendo, extirparon el páncreas entero al perro 410, un terrier blanco.[16] Como era de esperar, empezó a sufrir una diabetes leve, su concentración de azúcar en la sangre era el doble del valor normal. No fue ni mucho menos el caso más extremo, pero Banting y Best decidieron que era suficiente. El siguiente paso era crucial: trituraron el páncreas de un perro que conservaba las células de los islotes e inyectaron el jugo extraído al terrier. Si existía la «sustancia de los islotes», la diabetes debería revertir. Una hora después, el azúcar del terrier se normalizó. Le inyectaron una segunda dosis y el azúcar volvió de nuevo a la normalidad.

Banting y Best repitieron el experimento una y otra vez. Extraían el extracto pancreático de un perro, dejando los islotes intactos. Inyectaban el extracto en un perro diabético y medían la concentración de azúcar en la sangre. Tras múltiples intentos, empezaron a convencerse de que algo segregado por las células de los islotes provocaba la reducción del azúcar en sangre. Inventaron un nombre para una sustancia que solo habían visto en abstracto. La llamaron isletina.

La isletina era una sustancia difícil para trabajar con ella: temperamental, inestable, imprevisible. Como su nombre indica, insular. Pero Macleod empezó a creer que Banting y Best habían encontrado algo importante, aunque la señal fuera débil. Pronto asignó otro científico al proyecto: James Collip, un joven bioquímico canadiense que ya había demostrado ser un experto en extracciones bioquímicas. El trabajo de Collip consistiría en purificar la esquiva sustancia, la isletina, a partir de los extractos pancreáticos que Banting y Best habían elaborado.

Los primeros intentos fueron toscos y sus efectos decepcionantes. Collip trabajó con litros y litros de una papilla pancreática caldosa, tratando de seguir el rastro de la actividad reductora del azúcar que Banting y Best habían observado en los perros. Finalmente, obtuvo una primera muestra diluida e impura, pero, en definitiva, un preparado de extracto del páncreas.

Este extracto debía pasar una prueba crucial para determinar si podía revertir la diabetes en un paciente humano. Fue un experimento clínico cargado de tensión. Se probó en Leonard Thomson, un chico de catorce años con una grave crisis de diabetes. Su orina estaba saturada de azúcar. Su cuerpo, caquéctico y famélico, era solo un montón de piel y huesos. Entraba y salía del estado de coma. En enero de 1922 Banting le inyectó el extracto impuro, pero el resultado fue decepcionante. El chico presentó una respuesta leve, casi indetectable, que pronto desapareció.

Banting y Best se sintieron derrotados: su primer experimento en los seres humanos había fracasado. Pero Collip siguió adelante realizando extracciones cada vez más puras. Si la «sustancia» estaba en algún lugar del páncreas, encontraría una forma —algún método— de purificarla. Buscó nuevos disolventes, encontró nuevos métodos de destilación, varió las temperaturas y cambió las concentraciones de alcohol para disolver el material, hasta que logró un extracto muy purificado.

El 23 de enero de 1922, el equipo volvió a probar con Thompson. Este seguía desesperadamente enfermo, y le inyectaron de nuevo el extracto purificado al máximo de Collip. El efecto fue inmediato. El azúcar en la sangre disminuyó de manera drástica. Desapareció de la orina. El olor dulce y afrutado de las cetonas en su aliento, la desfavorable advertencia de un cuerpo en grave crisis metabólica, se disipó. El chico, semicomatoso, se despertó.

Banting quería ahora obtener más extracto para tratar a más pacientes. Pero Collip, el último en llegar, se negó a revelar al equipo el protocolo de purificación; al fin y al cabo, ¿no era él quien había resuelto el rompecabezas? Psicológica y físicamente tenso hasta el punto de estallar, Banting, el hombre que había perseguido esta sustancia como un capitán Ahab durante cuatro años, entró en el laboratorio de Collip y agarró su abrigo. Empujó a este sobre una silla y le echó las manos al cuello, amenazando con estrangularle. Si Best no hubiera intervenido en el momento justo y separado a ambos hombres, el páncreas habría sido responsable no de uno, sino de dos asesinatos.

Al final, Collip, Best, Macleod y Banting acordaron una frágil tregua. Cedieron la patente de la sustancia purificada a la universidad y crearon un laboratorio para producir más cantidad para tratar a los pacientes. El nombre de isletina se cambió por el de insulina. En un ensayo clínico de mayor envergadura se obtuvo un resultado igualmente espectacular: la concentración de azúcar de los pacientes a los que se les inyectó la insulina disminuyó de forma drástica. Los niños semicomatosos y con cetoacidosis se despertaron. Los cuerpos caquécticos y consumidos engordaron. Pronto se hizo evidente que la insulina era el regulador magistral del metabolismo del azúcar, la hormona responsable de detectar el azúcar y transmitir una señal a las células de todo el cuerpo.

En 1923, solo dos años después de que Banting y Best realizaran su primer experimento, Banting y Macleod recibieron el Premio Nobel por el descubrimiento de la insulina. A Banting le contrarió tanto la elección de Macleod y la exclusión de Best que declaró que repartiría su premio por su cuenta con Best. Macleod respondió que compartiría su mitad con Collip. La historia ha relegado a un segundo plano a Macleod, que durante todo el proyecto había alternado entre el escepticismo y el apoyo. El descubrimiento de la insulina se atribuye en la actualidad a Banting y Best.

Ahora sabemos que la insulina está sintetizada por un subconjunto particular de células de los islotes del páncreas —las células ß—, y que la presencia de glucosa en la sangre estimula su secreción. Seguidamente viaja por todo el cuerpo. Casi todos los tejidos responden a la insulina: la presencia de azúcar significa que puede llevarse a cabo la extracción de energía y todo lo que requiera energía, como la síntesis de proteínas y grasas, el almacenamiento de sustancias químicas para su uso futuro, la activación de las neuronas, el crecimiento de las células... Es, quizá, uno de los mensajes más importantes transmitidos a «larga distancia», que actúa como coordinador central y orquestador del metabolismo en todo el cuerpo.

La diabetes de tipo 1, que afecta a varios millones de pacientes en todo el mundo, es una enfermedad en la que las células inmunitarias atacan a las células ß de los islotes del páncreas.[17] Sin insulina, el cuerpo no puede percibir la presencia de azúcar, aunque haya suficiente cantidad en la sangre. Las células del cuerpo, interpretando que el organismo no tiene azúcar, empiezan a buscar otros tipos de combustible. Mientras tanto, el azúcar, a punto para ser usado pero sin tener a donde ir, aumenta peligrosamente en la sangre y se elimina en la orina. Hay azúcar por todas partes, pero ni una sola molécula que pueda saciar a las células. Se trata de una de las crisis metabólicas más graves del organismo humano: la inanición celular en un contexto de abundancia.

En las décadas siguientes al descubrimiento de la insulina, la vida de millones de diabéticos de tipo 1 se ha transformado. Cuando estudié medicina en los noventa, los pacientes solían medir su concentración de glucosa en sangre extrayéndose gotas de sangre que analizaban mediante glucómetros, y se inyectaban la dosis adecuada del fármaco de acuerdo con una tabla. Ahora hay dispositivos implantables que comprueban continuamente la glucosa sanguínea —monitores continuos de glucosa, o MCG— y bombas de insulina que administran de forma automática la dosis correcta de insulina. Es un sistema de circuito cerrado.

Pero el sueño de los investigadores de la diabetes es crear seres humanos con páncreas bioartificiales. Si pudieran cultivarse células ß dentro de un saco implantable e insertarse en un ser humano, estas células podrían funcionar de forma autónoma para detectar la glucosa, segregar insulina e incluso multiplicarse para crear más células ß. Un dispositivo de este tipo necesitaría un suministro de sangre para aportar nutrientes y oxígeno, y una salida para enviar la insulina. Y lo que es más importante, debería protegerse de un ataque inmunitario —es decir, de la destrucción autoinmunitaria de las células de los islotes por parte del sistema inmunitario de la persona—, que es lo que origina la diabetes.

En 2014 un equipo dirigido por Doug Melton, en Harvard, publicó un método para inducir a las células madre humanas paso a paso para que produjesen células ß secretoras de insulina.[18] Melton había empezado su carrera académica como biólogo especializado en el desarrollo y en las células madre, estudiando las señales que utiliza un embrión para crear órganos y la manera en que las células madre responden a estas señales.

Entonces sus dos hijos desarrollaron diabetes de tipo 1.[19] Cuando su hijo Sam tenía seis meses, empezó a temblar y a vomitar y se puso tan enfermo que lo llevaron al hospital. Su orina estaba cargada de azúcar. Emma, la hija, nacida unos años antes, también acabó desarrollando la enfermedad. Durante un tiempo, según explicó Melton a un periodista, su mujer fue el páncreas de sus hijos: les pinchaba los dedos cuatro veces al día, comprobaba la concentración de glucosa y les inyectaba la dosis adecuada de insulina.[20] Pero, con los años, esa saga personal ha convertido a Melton en un investigador de la diabetes embarcado en una búsqueda compulsiva para fabricar células ß humanas e implantarlas en el cuerpo: un páncreas bioartificial.

La estrategia de Melton consistió en recapitular el desarrollo humano. Todo ser humano comienza su vida como una única célula pluripotente (es decir, una célula capaz de dar lugar a todos los tejidos del cuerpo) y con el tiempo se crea un páncreas totalmente capaz de detectar el azúcar y desarrollar las células de los islotes secretoras de insulina. Melton pensaba que, si esto podía hacerse en el útero, también sería posible en una placa de Petri usando los factores y siguiendo los pasos adecuados. Durante las dos décadas siguientes, muchos científicos del laboratorio de Melton trabajaron para conseguir que las células madre pluripotentes humanas formaran las células de los islotes. Pero inexorablemente se quedaban atascadas en la penúltima etapa antes de madurar.

Una noche de 2014, una investigadora llamada Felicia Pagliuca se quedó hasta tarde en el laboratorio de Melton realizando experimentos.[21] Su marido ya la había llamado y pedido que volviera a casa para cenar, pero Pagliuca tenía un último experimento que acabar. Añadió un colorante a las células madre que había inducido a entrar en el proceso de devenir células de los islotes, con la esperanza de que se volvieran azules, señal de que estaban produciendo insulina. Al principio, observó un sutil tono azul, pero luego se fue oscureciendo cada vez más. Volvió a mirar y luego otra vez para confirmar que sus ojos no la engañaban. Las células habían producido insulina.

Melton, Pagliuca y su equipo publicaron sus fructíferos resultados ese año. Las células que habían generado, escribieron, «expresan marcadores propios de las células ß maduras, aumentan el flujo de calcio en respuesta a la glucosa [señal de que han detectado el azúcar], almacenan la insulina en gránulos secretores y segregan cantidades de insulina similares a las de las células ß adultas en respuesta a múltiples exposiciones secuenciales a la glucosa *in vitro*».[22] Esto es lo más cerca que han llegado los investigadores de fabricar células ß humanas que sobrevivan, funcionen y puedan multiplicarse produciendo millones de células.

Las células secretoras de insulina creadas a partir de células madre se están probando ya en ensayos clínicos. Una de las estrategias consiste en tomar estos millones de células de los islotes e infundirlos directamente en el cuerpo del paciente, administrando a la vez inmunosupresores para evitar el rechazo de las células. Uno de los primeros pacientes que recibió la infusión, Brian Shelton, un diabético de tipo 1 de Ohio, de cincuenta y siete años, parece haber conseguido controlar el azúcar, un primer paso crucial para medir la eficacia de la estrategia. Rápidamente, se están incorporando más pacientes al ensayo.[23]

El paso siguiente podría ser encapsular estas células en un dispositivo protegido frente al ataque inmunitario, que se mantenga estable en el cuerpo y permita la entrada y salida de nutrientes. Un equipo en el que participa Jeff Karp, también en Harvard, está diseñando dispositivos diminutos implantables que podrían lograr estos objetivos.

En algún momento del futuro podríamos encontrarnos con un nuevo tipo de paciente diabético que no necesite inyecciones, baterías ni medidores que emitan pitidos (en vez de eso, llevarán las baterías y los medidores incorporados, como las personas que reciben estimulación cerebral profunda para la enfermedad de Parkinson o la depresión). Después de tantos desaciertos y equívocos, un asesinato, un estrangulamiento, un Premio Nobel repartido entre cuatro y ese momento inolvidable de una mancha azul esparciéndose sobre un grupo de células, puede que hayamos resuelto el enigma del órgano de dos mentes y lo hayamos convertido en un ser bioartificial. Una vez que ese neoórgano se integre en nuestro cuerpo, el páncreas —el coordinador principal del metabolismo, el fabricante de la hormona a la que responden todos los tejidos— haría honor a su nombre griego. Pasaría a forma parte de nuestro organismo como una nueva forma de «todo carne».

Imaginemos que salimos a cenar una noche. Tal vez en Venecia, en Italia, en un magnífico restaurante cerca de los Giardini, los jardines públicos de la ciudad, a orillas del Bacino di San Marco. Para empezar, tomamos un *baccalà mantecato*, la crema de bacalao salado que los venecianos robaron a los portugueses y convirtieron en un monumento culinario nacional. A continuación, un montón de pan tostado y un plato enorme de *rigatoni* y suficiente chablis para llenar un pequeño canal.

De regreso al hotel, quizá no nos demos cuenta de que se ha activado una cascada celular. Olvidémonos por un momento de la digestión. Es la cascada metabólica —y el restablecimiento del equilibrio químico— lo que constituye el pequeño milagro de la biología celular que se despliega en el cuerpo mientras regresamos al hotel.

Los hidratos de carbono del pan y los *rigatoni* se digieren hasta convertirse en azúcares más simples y finalmente en glucosa. La glucosa se absorbe en los intestinos, pasa a la sangre y se incorpora al torrente circulatorio. Cuando la sangre llega al páncreas, este detecta el aumento de la concentración de glucosa y envía insulina. La insulina, a su vez, lleva el azúcar de la sangre a todas las células del cuerpo, donde puede almacenarse, por si se necesita, o utilizarse como energía cuando haga falta. El cerebro es el receptor final de estas señales: si hay demasiado poco azúcar, reacciona enviando señales opuestas. Pero otras hormonas, segregadas por diferentes células, envían señales para liberar los azúcares almacenados en la sangre. Las reservas proceden de las células hepáticas, que responden, al menos de manera temporal, liberando la glucosa almacenada para restablecer el equilibrio.

¿Pero qué pasa con la sal? El cuerpo acaba de ser invadido por el cloruro sódico. Si no se restableciese el equilibrio día tras día, la sangre se convertiría poco a poco en agua de mar, con una salinidad semejante a la del canal junto al que estábamos sentados. Y así, tal vez sin ser conscientes de ello, se nos despierta la sed. Bebemos uno, dos o quizá tres vasos de agua. Y ahora entra en acción un segundo sensor metabólico. Para entender lo que ocurre con la sal, tenemos que comprender la biología celular de otro órgano orquestador: el riñón.

En las profundidades del riñón hay una estructura anatómica multicelular llamada nefrona. Cada nefrona —identificada por primera vez por los anatomistas celulares a finales del siglo XVII— puede imaginarse como un minirriñón. La nefrona es el lugar donde la sangre entra en contacto con las células renales, y donde se producen las primeras gotas de orina. El torrente sanguíneo transporta el exceso de sal, disuelta en el plasma, hasta los riñones. Los vasos sanguíneos se ramifican y vuelven a ramificarse para formar arterias de paredes cada vez más finas. Por último, las arterias más finas se enrollan sobre sí mismas formando un nido de capilares de paredes delgadas, tan delicadas y porosas que permite que la parte líquida y no celular de la sangre —el plasma— pueda salir de los vasos y entrar en la nefrona, es decir, en el minirriñón.

El líquido atraviesa entonces una membrana que rodea los vasos y, finalmente, una pared de células renales especializadas que forman una barrera con orificios. Cada una de estas transiciones —salir del vaso sanguíneo, atravesar la membrana y la pared de células renales— sirve de filtro. Las proteínas y las células de gran tamaño quedan retenidas de forma selectiva, de modo que solo pasan las moléculas pequeñas, como las sales, el azúcar y los productos de desecho del metabolismo. El líquido —la orina— penetra en un recipiente colector y luego pasa a un sistema de tubos revestidos de células llamados túbulos renales. Los túbulos se conectan con conductos que drenan en tubos colectores más grandes, como afluentes que se unen para formar un río, hasta converger en un gran conducto —el uréter— que lleva la orina hasta la vejiga.

Volvamos pues al sodio que hemos consumido. El exceso de sodio hace que un sistema hormonal, regulado por el riñón y la glándula suprarrenal, situada justo encima del riñón, disminuya su señal. Las células del túbulo responden a estos cambios eliminando el exceso de sodio en la orina, reduciendo así la sal y devolviendo la concentración de sodio a su valor normal. La sal también es detectada por células especializadas del cerebro que controlan la concentración global de sales en la sangre, una propiedad denominada «osmolalidad». Cuando estas células detectan una osmolalidad elevada, envían otra hormona para que las células del riñón retengan más agua. A medida que el organismo absorbe más agua, se diluye el sodio en la sangre y su concentración se restablece, aunque a costa de retener más agua en general. Es posible que a la mañana siguiente tengamos los pies hinchados, pero podríamos pensar que el *baccalà* bien valió que ahora no nos quepan los zapatos.

¿Qué pasa, entonces, con los productos que no son de desecho? ¿Por qué no perdemos moléculas de nutrientes esenciales o azúcares cada vez que orinamos? El azúcar y otros nutrientes esenciales son reabsorbidos en el organismo por las células del conducto colector a través de canales especiales. La respuesta nos lleva de nuevo a una de las extrañas estrategias que las células utilizan con frecuencia: generamos una sobreabundancia y luego la reducimos para restablecer la normalidad.

¿Y el alcohol? El último tipo de célula de este trío de células orquestadoras (o cuarteto, si contamos el cerebro) es la célula del hígado: el hepatocito. La célula hepática está especializada en el almacenamiento y la eliminación de residuos, la secreción y la síntesis de proteínas, entre muchas otras funciones. Pero la eliminación de residuos es tan esencial para el organismo —y el hígado está tan especializado en ello— que merece que nos detengamos en él.

Solemos considerar al metabolismo como un mecanismo para generar energía. Pero, viéndolo de otro modo, también es un mecanismo para generar desechos. El riñón elimina parte de estos desechos, como se ha dicho, a través de la orina. Pero el riñón no es una planta de desintoxicación: su estrategia básica para los desechos es simplemente verterlos por una alcantarilla.

Las células del hígado, en cambio, han desarrollado muchos mecanismos para desintoxicar y para eliminar los residuos.[24] En algunos casos, se produce una molécula «de sacrificio» que se une a otra potencialmente tóxica y la inactiva; tanto la molécula de sacrificio como la toxina se degradan después hasta que el veneno pierde su toxicidad. En el caso de otros productos de desecho, la sustancia química se destruye mediante reacciones específicas. El alcohol, por ejemplo, se desintoxica mediante una serie de reacciones, hasta descomponerse en una sustancia química inocua. En el hígado hay incluso células especializadas que se alimentan de células muertas o moribundas, como los glóbulos rojos. Los productos reutilizables de las células muertas se reciclan. Otros se eliminan a través de los intestinos o por el riñón. En resumen, las células del hígado también forman parte de la «orquesta» de la regulación y el equilibrio, pero, a diferencia de las células de los islotes pancreáticos, realizan su regulación de manera local. La célula pancreática mantiene el equilibrio metabólico y los riñones, el equilibrio de la sal. El hígado mantiene el equilibro químico.

A principios de la primavera de 2020, los laboratorios se cerraron a causa de la propagación de la COVID-19 tanto en Nueva York como en el resto del mundo. En el hospital yo atendía a un número reducido de pacientes, en parte porque, al no estar vacunado aún (las vacunas todavía no estaban autorizadas), temía transmitir la infección a mis pacientes tratados con quimioterapia, cuyo sistema inmunitario no podría luchar contra un virus letal. Seguí atendiendo a los más enfermos, a los más vulnerables. El ala de oncología del hospital continuó funcionando heroicamente, gracias a las enfermeras.

Cuando no estaba en el hospital o en el laboratorio, pasaba los fines de semana en una casa situada en un acantilado frente a Long Island Sound. A primera hora de la mañana, con los rayos de sol formando un entramado geométrico sobre el césped, como cuando la luz atraviesa un prisma, observaba a dos águilas pescadoras que habían anidado cerca. Sobrevolaban el océano y luego, milagrosamente, parecía como si se quedasen quietas en el aire, aunque soplasen caprichosas ráfagas de viento desde cualquier dirección. El escritor Carl Zimmer describió el mismo fenómeno en los murciélagos. Su milagrosa estabilidad en el aire, escribió, era otra forma de homeostasis en acción.[25]

El hígado, el páncreas, el cerebro y el riñón son cuatro de los principales órganos de la homeostasis.* Las células ß del páncreas controlan la homeostasis metabólica a través de la hormona insulina. Las nefronas de los riñones controlan la sal y el agua, manteniendo un nivel constante de salinidad en la sangre. El hígado, entre sus muchas funciones, evita que nos saturemos de productos tóxicos, como el etanol. El cerebro coordina esta actividad detectando las concentraciones, enviando hormonas y actuando como maestro orquestador del equilibrio y la restauración.

La quietud. Contar hasta doce. «Ahora contaremos doce y nos quedaremos todos quietos». Quizá la más infravalorada de nuestras cualidades.

Al final, por supuesto, a todos nos arrastrará fuera de la estabilidad alguna ráfaga feroz de aberración patológica en uno de estos sistemas de células. Pero los cuatro guardianes de la homeostasis, trabajando juntos, como los sistemas de plumas de las alas y la cola, reajustándose levemente cuando los vientos cambian de dirección, mantienen al organismo estable. Cuando estos sistemas funcionan bien, hay estabilidad. Existe la vida. Cuando no funcionan, el delicado equilibrio se rompe. El águila pescadora ya no puede quedarse quieta.

* Obsérvese que he escrito «principales». Cada célula de cada órgano del cuerpo presenta alguna forma de homeostasis. Algunas de estas formas son únicas, mientras que otras son comunes a todas las células, como comentamos en la primera parte.

Sexta parte

El renacimiento

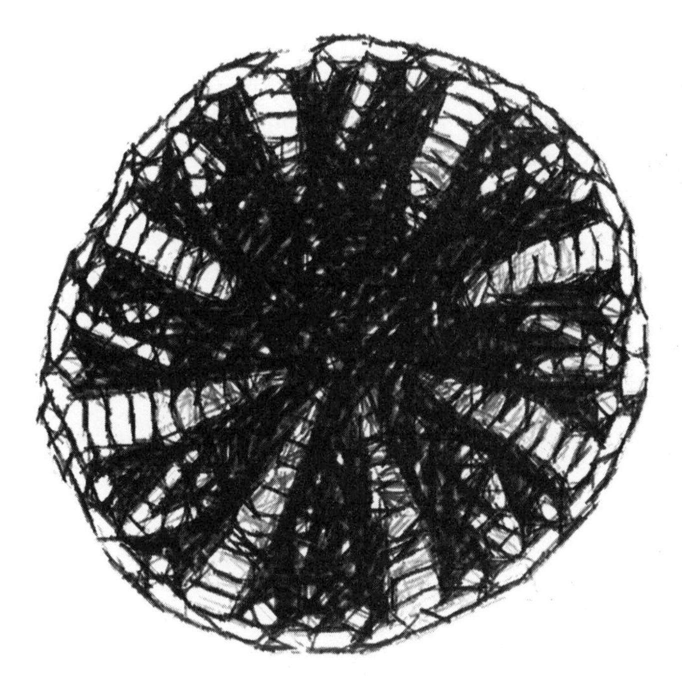

«La vejez es una masacre», escribió Philip Roth.[1] *Pero la verdad es que es una maceración, el constante machaque de una lesión tras otra, la imparable transformación de la función en disfunción y la inexorable pérdida de resiliencia.*

Los seres humanos contrarrestan este declive mediante dos procesos que se superponen: la reparación y la renovación. Por «reparación» me refiero a la cascada celular que se activa tras producirse una lesión. Suele caracterizarse por la inflamación, seguida de la producción de células para sellar el daño. La «renovación», por su parte, se refiere a la reposición constante de células, normalmente a partir de una reserva de células madre o progenitoras, en respuesta a la muerte y decadencia natural de las células. Con la edad, ambos procesos se reducen de manera drástica, ya sea en el número de células madre o en su función. El ritmo de reparación se ralentiza. La reserva para la renovación disminuye.

Uno de los misterios pendientes en la biología celular es la razón por la que, en la edad adulta, algunos órganos pueden repararse y también renovarse, mientras que otros pierden ambas capacidades. Las células madre formadoras de sangre, o hematopoyéticas, pueden regenerar completamente el sistema sanguíneo. Pero la muerte de una neurona casi nunca da lugar a una neurona que la sustituya. Otros órganos combinan los dos procesos. El hueso, quizá, es uno de los más complejos: utiliza la reparación y la renovación para combatir el deterioro. Las células capaces de reparar el hueso se conservan durante toda la vida adulta, aunque su eficacia disminuye mucho con la edad. Pero las células que forman el cartílago de las articulaciones se deterio-

ran enormemente al envejecer. Mi madre se rompió el tobillo y la fractura se reparó, aunque con lentitud. Pero la inflamación de las articulaciones de sus rodillas es irreversible, y estas nunca volverán a tener la flexibilidad de su infancia, cuando era capaz de trepar con absoluta facilidad a los guayabos.

Por último, abordaremos un tipo de célula que se resiste a la decadencia: la célula cancerosa o, mejor dicho, diversos tipos de células cancerosas. ¿Se debe esto a que algunos cánceres se comportan como órganos con reservas para la renovación, como células madre para el cáncer? ¿O es simplemente que las células siguen generando más células, como ocurre cuando un órgano se repara a sí mismo después de una lesión? ¿Es el cáncer una enfermedad relacionada con la reparación o con la renovación, o con ambas?

Otro misterio persistente del cáncer es por qué algunas células malignas se desarrollan en ciertos órganos, pero rehúsan crecer en otros. ¿Hay alguna cosa en el medio que envuelve las células que pueda favorecer o evitar el cáncer? ¿Los nutrientes que aportan?

Está claro que hay aspectos de la ecología celular del cáncer que todavía desconocemos. Y, por tanto, terminaremos nuestra historia de las células tomando prestados algunos conceptos de la ecología. Hemos visto las células, sistemas de células, órganos y tejidos. Pero nos queda aún por conocer otro nivel de organización: los ecosistemas celulares. La música que impulsa la complejidad de la fisiología celular —y, a la inversa, la lista de reproducción de la patología maligna— sigue siendo uno de los rompecabezas sin resolver de la biología celular.

La célula regeneradora

Las células madre y el nacimiento de los trasplantes

> «Quien no está ocupado en nacer, está ocupado en morir» [...]. Te dedicas a nacer durante todo el primer y largo ascenso de la vida, y luego, después de algún punto culminante, te dedicas a morir: esa es la lógica del verso.[1]
>
> RACHEL KUSHNER, *The Hard Crowd*
> (La multitud dura)

> Las células madre no solo se transforman en otras células (un proceso llamado diferenciación) para fabricar lo que el organismo necesita y después, una vez acabado su trabajo, desaparecen silenciosamente. Son algo más que los progenitores de otras células. También se replican a sí mismas —como células en estado indiferenciado— para estar presentes y poder responder a la llamada más tarde, cuando sea necesario reconstituir el sistema sanguíneo.[2]
>
> JOE SORNBERGER, *Dreams and Due Diligence*
> (Los sueños y la diligencia debida)

El 6 de agosto de 1945, alrededor de las ocho y cuarto de la mañana, a unos 9.000 metros de altura sobre la ciudad japonesa de Hiroshima, una bomba atómica apodada *Little Boy* fue lanzada desde un avión militar estadounidense, un bombardero B-29 llamado Enola Gay.[3] La bomba tardó unos 45 segundos en descender y luego estalló en el aire, a unos 600 metros de altitud sobre el Hospital Quirúrgico de Shima, donde las enfermeras y los médicos estaban trabajando y los pacientes yacían aún en sus camas. Liberó el equivalente energético a 15 kilotones de TNT, es decir, como si unos 35.000 coches bomba estallaran a la vez. Un círculo de fuego, de más de 6 kilómetros de radio, se extendió desde el epicentro, destruyendo todo a su paso. El alquitrán de las calles hervía. El vidrio fluía como un líquido. Las casas fueron barridas como por una gigantesca mano abrasadora. En las escaleras de piedra a la entrada del banco Sumitomo, un hombre, o quizá una mujer, se desintegró al instante, dejando su sombra impresa sobre la piedra blanqueada por la explosión.

Las olas mortíferas que siguieron tuvieron tres crestas. Entre 60.000 y 80.000 personas —casi el 30 % de la población de la ciudad— murieron abrasadas casi de forma instantánea. «Traté de describir la [nube en forma de] seta, esa masa turbulenta— explicó uno de los artilleros de cola del avión—. Vi los incendios que surgían en diferentes lugares, como llamas elevándose sobre un lecho de brasas, [...] toda la ciudad parecía cubierta por lava o melaza, que corría hacia las faldas de las montañas, donde los pequeños valles confluían en la llanura, mientras los incendios aparecían por todas partes».[4]

Luego vino una segunda ola: la enfermedad debida a la radiación (o «enfermedad de la bomba atómica», como se denominó inicialmente). Como señaló el psiquiatra Robert Jay Lifton, «los supervivientes empezaron a notar que sufrían una extraña forma de enfermedad. Consistía en náuseas, vómitos y pérdida de apetito; diarrea con abundante sangre en las heces; fiebre y debilidad; manchas moradas en diversas partes del cuerpo por hemorragias bajo la piel [...], inflamación y úlceras en la boca, la garganta y las encías».[5]

Pero aún faltaba por llegar una tercera ola de devastación. Los supervivientes que recibieron las dosis más bajas de radiación empezaron a desarrollar trastornos por insuficiencia en la médula ósea que provocaban anemias crónicas. La producción de glóbulos blancos se interrumpía, después de lo cual su concentración caía en picado en pocos meses. Como describieron los científicos Irving Weissman y Judith Shizuru, «los que habían recibido las dosis de radiación menos letales murieron y lo hicieron casi con toda seguridad por una insuficiencia hematopoyética [relacionada con la producción de sangre]».[6] No fue la muerte aguda de las células sanguíneas lo que mató a estos supervivientes. Fue la incapacidad de mantener la reposición constante de sangre; un fracaso de la homeostasis sanguínea. El equilibrio entre la regeneración y la muerte se había roto. Parafraseando a Bob Dylan: las células que no estaban ocupadas en nacer estaban ocupadas en morir.

Por macabro que fuera, el bombardeo de Hiroshima demostró que el cuerpo humano posee células que producen sangre continuamente, no solo de manera puntual, sino también durante periodos prolongados, hasta la edad adulta. Si se destruyen estas células —como ocurrió en Hiroshima—, todo el sistema sanguíneo acaba desmoronándose, incapaz de equilibrar el ritmo de descomposición natural con el de la renovación. Con el tiempo, estas células capaces de renovar la sangre se denominarían «células madre (progenitoras) formadoras de sangre» o «hematopoyéticas».

Nuestra comprensión de las células madre nació de una paradoja: un ataque indescriptiblemente violento en un intento de restaurar la paz al final de una guerra indescriptiblemente violenta. Pero las células madre son en sí mismas una paradoja biológica. Sus dos funciones principales parecen a primera vista opuestas. Por un lado, una célula madre debe producir células funcionales «diferenciadas»; una célula madre sanguínea, por ejemplo, debe dividirse para dar lugar a las células que constituyen los elementos maduros de la sangre (glóbulos blancos, glóbulos rojos, plaquetas). Pero, por otro lado, también debe multiplicarse para reponerse a sí misma, es decir, a una célula madre. Si una célula madre solo cumpliera la primera función —diferenciarse en células maduras y funcionales—, la reserva para la reposición acabaría agotándose. A lo largo de la edad adulta, la cantidad de células sanguíneas iría disminuyendo año tras año, hasta no quedar ninguna. Además, si solo se repusieran a sí mismas —un fenómeno denominado «autorrenovación»—, no habría producción de sangre.

El equilibrio acrobático entre la propia supervivencia y el altruismo —la autorrenovación y la diferenciación— es lo que hace que las células madre sean indispensables para un organismo y, por tanto, que permitan la homeostasis de tejidos como la sangre. La ensayista Cynthia Ozick escribió en una ocasión que los antiguos creían que el rastro húmedo de baba que dejaba un caracol al desplazarse era una parte del animal.[7] Poco a poco, a medida que desprendía la baba, el caracol se iba desgastando y acababa por desaparecer del todo. Una célula madre (o, en el caso del caracol, una célula productora de baba) es un mecanismo que garantiza que se genere constantemente el rastro húmedo de baba —es decir, las células nuevas— y que el caracol no se desgaste hasta quedar en nada.

Consideremos la siguiente analogía peculiar. Es tentador imaginar la célula madre como un trastatarabuelo o trastatarabuela ancestral. Su progenie genera más progenie, produciendo un amplio linaje a partir de una única célula trastatarabuela.

Pero, para ser una verdadera célula madre, esta debería ser una antepasada insólita. Tendría que ser capaz de concebir una copia de sí misma para mantener la reposición del linaje. Esta trastatarabuela, además de tener un hijo (que dará lugar a su vez a un enorme linaje), producirá una copia de sí misma: una gemela eternamente viva. Y, una vez que nazca esta trastatarabuela autorrenovable, el proceso de regeneración puede ser ilimitado. Esta analogía tiene algo de mito y, de hecho, es común que en los mitos los reyes o dioses poderosos intenten crear gemelos de reserva (muñecos, objetos de vudú, almas encerradas secretamente en animales, gemelos, personajes contenidos en amuletos) para reproducirse a sí mismos y a su clan en caso de que ocurra algo terrible. Como la mayoría de las células madre, estos dobles mitológicos suelen permanecer aletargados —latentes— hasta que alguna lesión los despierta. Y entonces se activan y vuelven a engendrar todo el clan. No es un nacimiento, sino un renacimiento.

¿Poseen todos los organismos adultos células madre? ¿Existen estas células en todos los tejidos o solo en algunos? En la ciencia, como en la moda, las tendencias se mantienen en auge durante un tiempo y luego se abandonan. En 1868 el embriólogo alemán Ernst Haeckel propuso la teoría de que todos los organismos pluricelulares surgieron de una única célula: la primera célula.[8] Por extensión lógica, esa primera célula debía tener las propiedades para convertirse en todo tipo de células diferenciadas: de la sangre, los músculos, las vísceras, neuronas... Fue Haeckel quien utilizó el término *Stammzellen* —célula madre— para describir esta primera célula. Pero el significado que Haeckel daba al término «célula madre» era todavía impreciso: sin duda, esta daba lugar a un organismo completo, pero ¿producía una copia de sí misma?

Durante un tiempo, en la década de 1890, los biólogos debatieron si esa célula totipotente —capaz de producir todos los tejidos del cuerpo— podría estar escondida en algún lugar del organismo adulto. (En cierto modo, las mujeres poseen un precursor de esa célula: el óvulo. Una vez fecundado, puede generar todos los tejidos de un nuevo organismo, aunque, por desgracia, no regenera a la madre). En 1892 el zoólogo Valentin Hacker, estudiando el *Cyclops*, una especie de pulga de agua dulce pluricelular que lleva el nombre del monstruo de la mitología griega porque tiene un solo ojo, observó una célula en su interior que se dividía en dos células.[9] Una de las células hijas dio lugar a ciertas capas de tejido que formaban parte del organismo, mientras que la otra se convirtió en una célula germinal que en el futuro sería capaz de producir todos los tejidos de un organismo, es decir, una célula madre. Hacker también denominó a estas células *Stammzellen*, tomando prestado el término de Haeckel. Pero, a diferencia de Haeckel, utilizó el término de forma más precisa: se trataba de una primera célula que se dividía dando lugar a una célula hija que produciría el cuerpo del *Cyclops* y a otra célula que —sostenía Hacker— podría generar un nuevo *Cyclops*.

Pero ¿y los mamíferos? De todos los órganos y tejidos que se encuentran en los mamíferos, el único lugar en el que se podían encontrar estas células era la sangre. Los glóbulos rojos y algunos glóbulos blancos (los neutrófilos, por ejemplo) mueren y se reponen constantemente; si existiera una célula madre, ¿dónde iba a estar sino en la sangre? El citólogo Artur Pappenheim, estudiando la médula ósea a finales de la década de 1890, había encontrado islas de células donde se regeneraban múltiples tipos de células sanguíneas, como si una sola célula fundamental fuera capaz de generar múltiples tipos celulares.[10] En 1896 el biólogo Edmund Wilson utilizó la expresión «célula madre» para describir una célula capaz de diferenciarse y autorrenovarse, tal y como Hacker había observado en el *Cyclops*.[11]

A medida que el concepto de «célula madre» fue ganando popularidad en la biología a principios de la década de 1900, se definió de forma más jerárquica.[12] La célula totipotente podía dar lugar a todo tipo de células, incluidos todos los tejidos del organismo (como la placenta, el cordón umbilical y las estructuras que nutren y protegen al embrión). Por debajo, en el siguiente escalón de la renovación se situaba la célula «pluripotente», capaz de generar casi todos los tipos de células del organismo (es decir, todos los tejidos del feto —cerebro, huesos, intestinos—, excepto los que forman la placenta y las estructuras de apoyo que conectan el feto con la madre). Y aún más abajo en la jerarquía estaba la célula «multipotente», capaz de producir todos los tipos de células de un tejido concreto, como la sangre o los huesos.

Entre la década de 1890 y principios de la de 1950, algunos biólogos sostenían que los distintos elementos de la sangre —glóbulos blancos, glóbulos rojos y plaquetas— surgían de las mismas células madre «multipotentes» residentes en la médula ósea. Otros mantenían que cada tipo de célula procedía de una célula madre diferente. Pero, sin pruebas formales en ninguna de las dos direcciones, el interés por esta misteriosa célula madre sanguínea se desvaneció. En los años cincuenta, las referencias a las células madre habían desaparecido en gran medida de la literatura biológica.

A mediados de la década de 1950, dos investigadores canadienses, Ernest McCulloch y James Till, iniciaron una colaboración para estudiar la fisiología de la regeneración de las células sanguíneas tras la exposición a la radiación.[13] Till y McCulloch, una pareja curiosa, procedían de entornos muy diferentes. McCulloch —ancho, de baja estatura, robusto— era el vástago de una familia «tradicionalmente rica de Toronto», como lo describió un biógrafo.[14] Tenía un intelecto vivo e inquieto: «Pensaba de forma lateral, jugando a encontrar conexiones no evidentes». Se formó en medicina interna en el Hospital General de Toronto. En 1957 fue contratado por un corto periodo como jefe de hematología en el Instituto Oncológico de Ontario, pero se aburrió de la monótona práctica de la medicina y pronto la abandonó para dedicarse a la investigación.

Till, en cambio, era un granjero de Saskatchewan, alto y delgado, con un doctorado en biofísica por la Universidad de Yale. Su mente era como una flecha, le interesaban las matemáticas y era implacable con los detalles. Aportaba el método a la locura creativa de McCulloch. Los intereses y conocimientos de ambos también se complementaban. Till se había formado en radiofísica; sabía cómo medir las radiaciones y sus efectos en el organismo (había sido alumno del riguroso Harold Johns, investigador de los efectos de la radiación del cobalto). McCulloch era hematólogo, y su interés se centraba en la sangre y su formación.

En 1957, cuando iniciaron su colaboración, Toronto era una ciudad provinciana y tranquila, más parecida a Búfalo que a Nueva York. Las noticias científicas llegaban con cuentagotas. Sin embargo, tras la bomba atómica, se había despertado una inquietud internacional por estudiar si los cuerpos y los órganos podían protegerse de los efectos letales de la radiación. A Till y McCulloch les interesaba en especial el efecto de la radiación en la sangre. Pero ¿cómo podrían medir ese efecto? Tras exponer a un ratón a una gran dosis de radiación, descubrieron que la formación de sangre se interrumpía durante unas dos semanas y media, y el ratón moría, como las víctimas de la tercera ola de muerte en Hiroshima. La única forma de salvar al ratón era transferirle células de la médula ósea de otro ratón. Mediante esta transferencia de células de la médula ósea (el órgano donde se produce la sangre), Till y McCulloch pudieron salvar al ratón irradiado, que fue capaz de regenerar de nuevo la sangre. Este burdo experimento —la recuperación de un animal casi muerto— abriría una nueva frontera en la biología de las células madre.

En una invernal tarde de domingo de diciembre de 1960, pocos días antes de Navidad, Till salió de su casa en Toronto para ver los resultados de un experimento en su laboratorio. El diseño experimental era sencillo: habían irradiado a los ratones con dosis lo bastante elevadas como para destruir su producción intrínseca de sangre, y luego les habían trasplantado la médula de otros ratones. Cada ratón había recibido un número diferente de células de la médula —una dosis ajustada— para salvarlo de la muerte.

Till sacrificó a los ratones, los preparó para las autopsias y examinó metódicamente cada órgano. La médula. El hígado. La sangre. El bazo. Aparentemente, no había mucho que ver. Pero, al observar con detenimiento el bazo, encontró unos pequeños bultos blancos: colonias. Su mente matemática le indujo a contar el número total de colonias en cada ratón y a representar esto en un gráfico. Los «bultos» se correlacionaban de manera casi exacta con el número de células de médula trasplantadas. Cuantas más células trasplantadas, más colonias se formaban. ¿Qué podía significar esto? La respuesta más sencilla era que estas colonias no eran un número aleatorio de células trasplantadas que estaban por casualidad en el bazo, sino una medida cuantitativa de un tipo especial de célula. Esta célula debía poseer la capacidad intrínseca de formar colonias en el bazo —un signo de la regeneración— y debía encontrarse en una proporción fija en la médula ósea (de ahí que, cuantas más células se trasplantaban, más colonias se producían).

Till y McCulloch pronto descubrirían que cada bulto —cada colonia— era un nódulo regenerador de células sanguíneas. Pero no un nódulo regenerador cualquiera. Estas colonias fabricaban todos los elementos activos de la sangre: glóbulos rojos, glóbulos blancos y plaquetas. Además, eran extraordinariamente escasas: alrededor de 1 colonia por cada 10.000 células de la médula.

Till y McCulloch publicaron sus resultados en un artículo con un título poco atractivo («A Direct Measure of the Radiation Sensitivity of Normal Mouse Bone Marrow Cells» [Un indicador directo de la sensibilidad a la radiación de las células normales de la médula ósea en el ratón];[15] ni siquiera mencionaron a las células madre) en una revista académica de radiobiología. «Hay que recordar que en ese momento el grupo interesado en este tipo de investigación era bastante reducido —escribió Till—.[16] Esto fue mucho antes de todo el entusiasmo generado por lo que sucedió en la década siguiente más o menos». Pero Till y McCulloch sabían de manera instintiva que sus resultados habían revelado un principio de enorme importancia: una pequeñísima parte de las células de la médula trasplantadas, como intrépidos fundadores que cruzan un océano en un barco improvisado, había emigrado al bazo y establecido colonias aisladas para regenerar la sangre, todos los principales elementos celulares de esta. Como describió Joe Sornberger, el escritor de ciencia, «el artículo representó una forma completamente nueva de ver la manera en que el cuerpo fabrica la sangre, además de presentar una serie de implicaciones potenciales para otros replanteamientos biológicos: si esto ocurría en la sangre, ¿cómo fabrica el cuerpo el músculo cardiaco o el tejido cerebral? Pero, de manera inmediata, no alteró el equilibrio del mundo científico y, en general, pasó prácticamente desapercibido para la comunidad biológica».[17]

En colaboración con Lew Siminovitch y Andrew Becker a principios de los años sesenta, Till y McCulloch ahondaron en sus investigaciones sobre estas células sanguíneas formadoras de colonias. En primer lugar, determinaron que algunas colonias producían los tres tipos de células sanguíneas —glóbulos rojos, glóbulos blancos y plaquetas—, la definición de una célula multipotente. Un año después, demostraron que cada colonia había surgido de una única célula «fundadora». Y, por último, cuando aislaron las colonias de células del bazo y las trasplantaron a ratones irradiados, comprobaron que podían asumir de nuevo su capacidad de generar más colonias multipotentes, el sello de la autorrenovación.

En efecto, habían descubierto una célula capaz de dar lugar no solo a uno, sino a múltiples linajes de células sanguíneas (los glóbulos rojos, los glóbulos blancos y las plaquetas): la célula madre hematopoyética o formadora de sangre. Irving Weissman, actual director del programa de Células Madre de Stanford, era un estudiante cuando leyó el primer artículo de Till y McCulloch sobre la sensibilidad a la radiación. «El verdadero descubrimiento —comentó más adelante— consistió en dar un giro radical a la situación, al pasar de "la médula ósea es una caja negra; no sabemos nada de ella" a "la médula ósea contiene células aisladas que pueden producir múltiples tipos de células diferentes"».[18]

Weissman recuerda la repercusión que tuvo el experimento en el mundo de la biología celular. Till y McCulloch consiguieron «reformular el concepto que se tenía de la sangre, la fuente de la vida». «Antes de los experimentos de Till y McCulloch, se creía que cada tipo de célula de la sangre procedía de una única célula progenitora —añadió—. Pero Till y McCulloch demostraron justo lo contrario». La «madre» de los glóbulos rojos, la «madre» de los glóbulos blancos y la «madre» de las plaquetas, me explicó Weissman, «procedían de la misma célula madre.[19] Y estas células madre daban lugar a más y más células, glóbulos rojos, glóbulos blancos y plaquetas, hasta crear un sistema sanguíneo completamente nuevo. La repercusión en el campo del trasplante de médula ósea fue extraordinaria. Si los trasplantadores podían encontrar esta célula, podrían regenerar todo el sistema sanguíneo». Podrían construir un ser humano con sangre nueva a partir de esa célula madre.

Así que Weissman se puso a buscar esa célula. ¿Dónde residían estas células madre o progenitoras? ¿Cuál era su comportamiento, su metabolismo, su tamaño, su forma, su color? Inspirado por los experimentos de Till y McCulloch, para aislar las células, empezó a usar una técnica llamada citometría de flujo, desarrollada en Stanford por los esposos Len y Leonore Herzenberg.[20] La citometría de flujo, explicada de manera simple, es como pintar las células con lápices de colores: cada célula presenta diferentes combinaciones de colores (una, azul y verde; otra, verde y rojo) en función de las combinaciones de las proteínas de su superficie. Los «lápices de colores» son anticuerpos portadores de sustancias químicas que emiten fluorescencia en diferentes colores, que reconocen las diferentes proteínas de la superficie celular. Se puede utilizar una máquina para separar las células en función de su tinción basándose en diferentes combinaciones de colores.

Weissman realizó montones de permutaciones y finalmente encontró una combinación de marcadores que permitió aislar las células madre sanguíneas de los ratones extraídas de la médula ósea.[21] Tal y como habían predicho Till y McCulloch, estas eran muy escasas, había menos de 1 por cada 10.000 células, pero exquisitamente potentes. Con el tiempo, a medida que la técnica de Weissman se fue perfeccionando y se añadieron más marcadores, los investigadores pudieron aislar una sola célula madre sanguínea y regenerar todo el sistema sanguíneo de un ratón. Y luego pudieron extraer una sola de esas células de ese ratón y regenerar la sangre de otro. A principios de los años noventa, Weissman y otros investigadores utilizaron la misma técnica para identificar células madre hematopoyéticas humanas.

Las células madre hematopoyéticas humanas y las del ratón tienen un aspecto similar. Son células pequeñas y redondas con núcleos compactos. En su estado de reposo, permanecen en gran medida inactivas, es decir, rara vez se dividen. Sin embargo, si se las coloca en un medio con los factores químicos adecuados o se les proporcionan las señales internas adecuadas en la médula ósea, ponen en marcha un feroz programa de división celular (en los años sesenta, el investigador australiano Donald Metcalf fue uno de los primeros en encontrar estos «factores» químicos que permiten el crecimiento de determinados tipos de células derivadas de la célula madre).[22] Una sola célula madre puede producir miles de millones de glóbulos rojos y blancos maduros, y todo un sistema de órganos de un animal.

En la primavera de 1960, una niña de seis años llamada Nancy Lowry cayó enferma.[23] Tenía los ojos y el pelo oscuros, y un flequillo que le cubría las cejas. Los valores de sus células sanguíneas empezaron a descender; los pediatras advirtieron que estaba anémica. Una biopsia de la médula ósea reveló que padecía una enfermedad llamada anemia aplásica, un trastorno de insuficiencia de la médula ósea. Sin embargo, Barbara Lowry, la gemela idéntica de Nancy, estaba perfecta. Sus valores eran normales, sin ningún signo de insuficiencia de la médula.

La médula ósea produce células sanguíneas, que necesitan reponerse con regularidad, y la de Nancy se estaba apagando rápidamente. Las causas de esta enfermedad son a menudo misteriosas —una infección, una reacción inmunitaria o incluso una reacción a un fármaco—, pero en su manifestación típica los espacios donde debían formarse las células sanguíneas nuevas se llenan poco a poco de glóbulos de grasa blanca.

Los Lowry vivían en la lluviosa y verde Tacoma, en Washington. En el Hospital Universitario de Washington, en Seattle, donde atendían a Nancy, los médicos no sabían qué hacer. Probaron con transfusiones de glóbulos rojos, pero los valores de estos volvían a caer sin remedio. Uno de ellos conocía a un médico y científico llamado E. Donnall «Don» Thomas, que había intentado llevar a cabo trasplantes de médula en seres humanos. Thomas trabajaba en Cooperstown, en el estado de Nueva York.[24] Los médicos de Seattle se pusieron en contacto con él para pedirle ayuda.

En los años cincuenta, Thomas había intentado un nuevo tipo de tratamiento: infundió células de la médula ósea a un paciente con leucemia de un gemelo idéntico y sano. Hallaron indicios breves de que las células madre sanguíneas de la médula donada se habían «injertado» en los huesos del paciente, pero este recayó enseguida. Thomas había intentado mejorar el protocolo de trasplante de células madre sanguíneas en perros, con escaso éxito. Los médicos de Seattle le convencieron para que lo intentara de nuevo en seres humanos. La médula de Nancy se estaba deteriorando, pero no había células malignas en ella. Por suerte, las Lowry eran gemelas idénticas, con una «histocompatibilidad» perfecta: la médula ósea podía transferirse de una a otra sin provocar rechazo. ¿«Prenderían» las células madre sanguíneas de la médula ósea de una gemela en la otra?

Thomas voló a Seattle. El 12 de agosto de 1960 los médicos sedaron a Barbara y, con una aguja de gran calibre, le pincharon en las caderas y las piernas cincuenta veces para extraer el lodo rojizo de la médula ósea. Diluyeron esta en una solución salina y la infundieron gota a gota en el torrente sanguíneo de Nancy. Esperaron. Las células penetraron en los huesos de Nancy y poco a poco empezaron a producir sangre normal. Cuando le dieron el alta, su médula se había reconstituido casi por completo. En cierto modo, la sangre de Nancy pertenecía a su gemela.

Nancy Lowry sobrevivió gracias a uno de los primeros trasplantes de médula ósea que tuvo éxito. Se trata de un caso por excelencia de terapia, celular llevada a la práctica: las células de su gemela, y no un fármaco ni una píldora, fueron la «medicina» de Nancy. En Toronto, Till y McCulloch habían caracterizado las células madre de la sangre mediante sus descubrimientos en ratones. En Stanford, Weissman aprendió a aislarlas, incluso a partir de la médula ósea humana. En Seattle, Donnall Thomas introdujo estas células madre sanguíneas en la medicina. Logró que «cobraran vida» en los seres humanos.

En 1963 Thomas se trasladó definitivamente a Seattle. Instaló su laboratorio primero en el Hospital del Servicio de Salud Pública y luego, una docena de años más tarde, en el recién creado Centro Oncológico Fred Hutchinson —el Hutch, como lo llamaban los médicos—, decidido a utilizar el trasplante de médula para el tratamiento de otras enfermedades, especialmente la leucemia. Nancy y Barbara Lowry eran gemelas idénticas, y una enfermedad sanguínea no cancerosa de una de ellas se había podido curar con células de la otra, algo que era muy poco frecuente. ¿Qué pasaría si una enfermedad implicaba la presencia de células sanguíneas cancerosas, como en el caso de la leucemia? ¿Y si el donante no era un gemelo? La promesa de los trasplantes había sido obstaculizada por el hecho de que nuestro sistema inmunitario tiende a rechazar la materia de otros cuerpos como algo extraño; solo los gemelos idénticos, con tejidos perfectamente compatibles, pueden eludir el problema.

A Thomas se le ocurrió una forma de solucionar esto. En primer lugar, intentaría erradicar las células sanguíneas malignas con dosis de quimioterapia y radioterapia tan elevadas que la médula funcional quedaría destruida, purgada tanto de células cancerosas como normales.[25] Esto podía provocar la muerte, pero las células madre de la médula de un gemelo idéntico la repondrían, generando nuevas células sanas.

Los siguientes problemas surgieron al intentar un «alotrasplante» (el prefijo «alo», derivado del griego, significa «otro»), trasplantando médula de alguien que no fuera un gemelo idéntico. En 1958 Georges Mathé, el pionero francés del trasplante de médula ósea, había trasplantado la médula de una serie de donantes a unos investigadores yugoslavos que habían recibido accidentalmente dosis tóxicas de radiación y desarrollado, como consecuencia, una insuficiencia fulminante de la médula ósea.[26] Las células de los donantes se habían injertado brevemente, pero acabaron desapareciendo. Sin embargo, poco después del trasplante, Mathé había observado todo lo contrario de lo que esperaba: en los cuerpos de los investigadores yugoslavos apareció una enfermedad consuntiva aguda.

Mathé dedujo que esta enfermedad consuntiva estaba causada por la respuesta inmunitaria de la médula del donante que atacaba el cuerpo de los pacientes receptores de trasplante. El invitado atacaba al anfitrión. Esta respuesta es la consecuencia de un antiguo sistema para mantener la soberanía de los organismos (y rechazar las células invasoras), excepto en los trasplantes de médula ósea, donde la dirección de la soberanía se invierte. Como una tripulación amotinada que se ve obligada a subir a un barco desconocido, las células inmunitarias del donante reconocen el organismo que las envuelve como extraño y lo atacan. El otro (es decir, lo que era antes la médula del donante) se convierte en el yo, y el yo, *ipso facto*, se convierte en el otro.

Otros pioneros del trasplante de órganos habían aprendido que estas reacciones de rechazo podían atenuarse si el donante y el receptor eran relativamente compatibles (recordemos nuestro debate sobre el descubrimiento de los genes de histocompatibilidad, es decir, los genes que determinan si un receptor aceptará un injerto de un donante). Ya había pruebas para ayudar a predecir la compatibilidad (o tolerancia) y mejorar las posibilidades de que las células de la médula alógena se injertasen. Y se habían desarrollado varios fármacos inmunosupresores para amortiguar aún más la resistencia del receptor, permitiendo así que el organismo aceptara el aloinjerto (es decir, el injerto de un donante extraño), o que el invitado no atacara al anfitrión.

En los años siguientes Thomas reunió a un grupo de médicos que ampliaron las fronteras del trasplante de médula ósea.[27] Uno de ellos, Rainer Storb, nacido en Alemania, alto y gran aficionado al remo, estaba especializado en la tipificación de tejidos y la terapia de trasplantes; su mujer, Beverly Torok-Storb, era una médica con una inteligencia sagaz. El doctor Alex Fefer, un hombre menudo nacido en Siberia y apasionado por el fútbol, había demostrado que los sistemas inmunitarios podían atacar los tumores en los ratones (por tanto, el sistema inmunitario del donante podía destruir la leucemia); y la esposa de Don, Dottie Thomas, se encargaba de los asuntos prácticos del laboratorio y la clínica, y todos la llamaban «la madre del trasplante de médula ósea».

Thomas, que ganó el Premio Nobel por estos estudios, los describió más tarde como los «primeros éxitos clínicos». Pero para las enfermeras y los técnicos de Seattle que atendían a los pacientes —y no digamos para los propios pacientes— la experiencia resultaría angustiosa. «De los cien pacientes con leucemia que recibieron trasplantes en esos primeros años, ochenta y tres murieron en los primeros meses», me contó uno de los médicos.

El cataclismo final, en esta serie de «plagas bíblicas», se producía cuando los leucocitos producidos por la médula del donante desplegaban una potente respuesta inmunitaria contra el cuerpo del paciente, un fenómeno llamado «enfermedad del injerto contra el anfitrión», que Mathé había descubierto en sus primeros trasplantes.[28] A veces se trataba de una tormenta pasajera y otras veces, de una enfermedad crónica. Tanto en su forma aguda como en la crónica, la enfermedad podía ser mortal.

Pero, cuando Fred Appelbaum, el miembro del equipo de médicos que realizó los primeros trasplantes de médula ósea para la leucemia, y otros investigadores analizaron los resultados descubrieron que el ataque inmunitario del injerto contra el anfitrión podía ser también un ataque inmunitario contra la leucemia.[29] Los que sobrevivían a este cataclismo eran también los que tenían más probabilidades de vencer a la leucemia. Se trataba de la prueba más definitiva de que un sistema inmunitario *reseteado* —procedente de un donante extraño— podía injertarse en un organismo y luego rechazar un cáncer, lo que daba lugar a la curación de los cánceres sanguíneos mortales.

Fue un resultado sorprendente pero revelador: el veneno era la cura. Cuando le recordé a Appelbaum aquellos primeros trasplantes, percibí una mirada melancólica en sus ojos, como si recordara a cada uno de los pacientes.[30] Su porte transmite algo aristocrático y gentil, así como una humildad adquirida tras años de fracasos. Rememoró los años en los que nadie sobrevivía, y luego aquellos en los que, poco a poco, fueron testigos de los supervivientes a largo plazo del tratamiento celular de enfermedades letales. Habían conseguido su objetivo, pero a un precio muy alto.

Conocí a Don y Dottie Thomas en una conferencia en Chicago. Los dos se habían vuelto frágiles y delgados, y parecían sostenerse mutuamente como dos naipes apoyados entre sí; si se retiraba uno, el otro caía. Me acerqué, entre una multitud de admiradores, para saludar a los padres de la terapia celular.

Sin prisa, Don subió al podio. En otra época famoso por su imponente estatura, ahora se encorvaba al hablar, haciendo una pausa entre una frase y otra. La sala estaba repleta —se habían congregado casi cinco mil hematólogos para escuchar la charla— y se respiraba un aire de reverencia. Don rememoró el inicio de los trasplantes y los heroicos esfuerzos —así como el heroísmo de los primeros pacientes—, que finalmente permitieron llevar a cabo los primeros alotrasplantes de médula ósea.

En 2019 volé a Seattle para entrevistar a las enfermeras que habían trabajado en el servicio de trasplantes de médula ósea durante los primeros años de su creación. La mayoría se habían jubilado, pero algunas seguían en contacto con el hospital. Me senté en una sala de conferencias situada unos pisos por encima de los relucientes laboratorios nuevos donde se preparaban las células de los pacientes para los ensayos de terapia génica, como el que había dado lugar a la curación de Emily Whitehead con linfocitos T-CAR.

Las enfermeras se abrazaron y se besaron al entrar. Volvieron a recordar sus apodos y los nombres de todos los pacientes que habían tratado en aquellos primeros años. Algunas rompieron a llorar. Se trataba de una reunión improvisada.*

«Háblenme de los primeros pacientes», le pedí.

«El primero tenía una leucemia crónica —me explicó una enfermera, A. L.—. Se llamaba Bowlby [...]. Un hombre mayor —dijo, y luego se corrigió—. No, no, solo tenía cincuenta años. Murió [...] de una infección. El segundo fue un joven con leucemia, y luego una niña. Los dos murieron».

Recordaban a Don y a Dottie, a los Storb, a Appelbaum y a Fefer, los incondicionales pioneros de la primera terapia celular. «Cada mañana, uno de ellos pasaba visita, sosteniendo la mano de cada paciente, preguntando cómo había pasado la noche», dijo una de ellas.

«En 1970 tuvimos un niño con leucemia —relató otra enfermera—. Tenía diez años. Sobrevivió diez años más y llegó a ir a la universidad, pero tuvo que batallar con las infecciones pulmonares. Al final murió».

Les pregunté cómo era el hospital, cómo era estar allí.

«Había veinte camas —dijo otra enfermera, J. M.—. El control de enfermería estaba en la sala de cuidados intermedios. Era un hospital pequeño, cerrado. Todos se apoyaban entre sí.

»Había un niño que cada noche quería oír el mismo cuento de un chico que entraba en una cueva y mataba a un oso». De manera

* He omitido deliberadamente los nombres de las enfermeras. Con ello no pretendo restar importancia a su enorme contribución al desarrollo del trasplante de médula ósea, sino proteger sus identidades y respetar su intimidad.

que noche tras noche, mientras la quimioterapia se infiltraba gota a gota en sus venas, le contaban ese cuento para que se durmiese.

El lugar donde trataban a los pacientes con radioterapia —para matar las células sanguíneas y crear espacio para la nueva médula— era un búnker de cemento semejante a una caverna, a pocos kilómetros de distancia. Los perros con los que hacían experimentos sobre trasplantes estaban al lado; así que, mientras los pacientes recibían la radioterapia encerrados en aquella cámara de cemento, tenían que oír los ladridos incesantes de los animales.

Al principio, la dosis entera de radioterapia para destruir la médula se administraba en una sola sesión.* «A mitad de la sesión, los pacientes sentían tantas náuseas que era insoportable —dijo una de las enfermeras—. No paraban de vomitar. Teníamos que abrir las puertas del búnker para atenderlos. Entonces no había medicamentos eficaces contra las náuseas [...], así que entrábamos con agua, palanganas y toallas húmedas. Y había un niño de siete años...».

Se interrumpió emocionada. Otra mujer se levantó a abrazarla.

«Contémosle lo del piloto», sugirió una de las enfermeras.

El piloto era Anatoly Grishchenko. En 1986, cuando explotó el reactor nuclear de Chernóbil, Grishchenko fue enviado en un helicóptero para verter arena y hormigón con el objetivo de sepultar uno de los conductos abiertos de ventilación del reactor que estaba expulsando gas tóxico radiactivo, es decir, para convertir la fábrica en un sarcófago de cemento.[31] En teoría, iba protegido de pies a cabeza con un blindaje de plomo, pero la radiactividad penetró en su cuerpo hasta la médula ósea.

En 1988 le diagnosticaron una enfermedad preleucémica. En 1990 la enfermedad progresó hasta convertirse en una leucemia en toda regla. En Francia hallaron una mujer con una histocompatibilidad casi perfecta. Un médico del Hutch voló a París para supervisar la extracción de la médula ósea, que enviaron inmediatamente a Seattle, donde Grishchenko se sometió a un trasplante de médula.

* Más tarde, se fraccionó la dosis en varios días, lo que redujo en gran medida las náuseas. Los nuevos antieméticos, como ondansetrón y granisetrón, también mejoraron enormemente los ataques de náuseas provocados por la radioterapia.

«Pero no lo consiguió —explicó la enfermera—. Estuvimos cuidándolo durante muchos días, pero, al final, la leucemia apareció de nuevo».

Y así sucesivamente. «Tuvimos un superviviente del año 1970. Tres del 71. Y del 72 tuvimos unos cuantos. No había muchos supervivientes que duraran demasiado, pero algunos llegaron a vivir veinte, treinta o cuarenta años. A mediados de los ochenta sí que empezamos a ver supervivientes a largo plazo. Decenas, veintenas, muchos de ellos vivieron de cinco a diez años después del trasplante».

En la planta baja, en el vestíbulo del Hutch, había una escultura en espiral que representaba el progreso aparentemente implacable y constante de los trasplantes.[32] Me acerqué a ella y vi que las cifras aumentaban año tras año: cinco, veinte, doscientos, mil y, en 2021, hasta varios miles. Y las tasas de curación de las enfermedades mortales también habían aumentado: en un estudio, los pacientes con leucemia mieloide aguda tenían entre un 20 % y un 50 % de posibilidades de sobrevivir cinco años después del trasplante.

Una de las enfermeras había bajado a ver la escultura conmigo. Apoyó sus manos en mis hombros.

«En aquella época no era tan fácil», dijo. Ella sabía que la suave línea en espiral era, en realidad, un registro irregular de fracasos salpicados de éxitos poco frecuentes. Pero los éxitos se fueron acumulando. En la actualidad se realizan miles de trasplantes de médula ósea al año para multitud de enfermedades. Su éxito varía, pero hoy en día es uno de los pilares de la terapia celular. En mi propia práctica, puedo recordar a numerosos pacientes con leucemias mortales que se han curado gracias al trasplante de médula ósea.

La enfermera acarició la suave línea curva y sonrió. Me acordé de Grishchenko en su helicóptero, suspendido en el aire y rodeado por una niebla de plutonio tóxico. Del niño que entraba en una cueva para matar a un oso. Pude sentir el miedo aterrador del pequeño en la cámara de cemento, encogido por las náuseas, mientras los perros ladraban al otro lado. Pensé en las enfermeras con toallas húmedas y en las que hacían turnos de noche, las que vigilaban atentas las infecciones, las que sostenían las manos de los pacientes todo el día y los cuidaban como si fueran sus propios hijos. Cuando las enfermeras salieron del hospital, muchos médicos y otros miembros del personal se pusieron en pie al verlas pasar. Fue un reconocimiento a todo lo que ellas habían aportado de muchas maneras. Me di cuenta de que mis ojos estaban humedecidos por las lágrimas.

La terapia celular para las enfermedades de la sangre tuvo unos inicios terroríficos.

Las células madre se han encontrado en diversos órganos y organismos. Pero quizá, de todas ellas, las dos que siguen siendo más fascinantes y que suscitan más controversias son la célula madre embrionaria y su prima aún más extraña, la célula madre pluripotente inducida.

En 1998 James Thomson, un embriólogo que trabajaba en el Centro Regional de Investigación con Primates de Wisconsin, se hizo con catorce embriones humanos que habían sido desechados de procedimientos de FIV.[33] Sabía que el experimento que iba a realizar sería de por sí polémico y, antes de iniciarlo, había consultado a dos expertos en bioética, R. Alta Charo y Norman Fost. Los embriones humanos se cultivaron en una estufa incubadora hasta que alcanzaron la fase de blastocisto, con la forma de una bola hueca. El blastocisto se desarrolla dentro del útero, pero también puede cultivarse en condiciones especiales en una placa de Petri. La bola tiene dos estructuras distintas. Hay un recubrimiento exterior semejante a un velo que acabará formando la placenta y las estructuras que conectan el embrión con el cuerpo de la madre. En el interior hay una pequeña masa de células internas que formarán el embrión.

Thomson extrajo estas células del interior y las cultivó en una capa «alimentadora» de células de ratón que suministraría nutrientes y apoyo a las células embrionarias humanas (se trata de una técnica habitual en los cultivos celulares. Algunas células son tan frágiles, especialmente en los primeros días de su transición al cultivo celular, que no pueden vivir por sí mismas. Necesitan células alimentadoras, o ayudantes, que las «críen» en estas etapas iniciales). En el transcurso de varios días, se desarrollaron cinco líneas celulares humanas a partir de los embriones: tres «masculinos» y dos «femeninos». Crecieron durante meses en el cultivo celular, sin sufrir daños genéticos evidentes ni cambios en su potencial de desarrollo.

Tras inyectarlas en ratones inmunodeprimidos, las células crearon una serie de capas de tejido humano maduro: intestino, cartílago, hueso, músculo, nervios y elementos de la piel. Las células fueron claramente capaces de autorrenovarse en una placa de Petri y de diferenciarse en múltiples tipos de tejidos humanos (posiblemente todos).*[34] Se denominaron «células madre embrionarias humanas». Una de estas células, denominada H9 —una «hembra», es decir, con los cromosomas XX— se ha convertido en la célula madre embrionaria estándar. Se ha cultivado en miles de estufas incubadoras en cientos de laboratorios de todo el planeta y ha sido objeto de decenas de miles de experimentos.

Yo mismo he cultivado células H9 y he visto cómo se multiplicaban sin cesar. También las he visto diferenciarse en varios tipos de células maduras, como las del hueso y el cartílago. Incluso hoy en día me asombra la existencia de esta línea celular: no puedo observar en un microscopio un frasco que contenga estas células sin sentir un pequeño escalofrío, algo parecido a una ansiosa nostalgia por el futuro. De entrada, la existencia de estas células madre embrionarias me hace imaginar un extraño experimento: ¿qué pasaría si se pudiera retroceder en el tiempo e inyectarlas —un pequeño bucle— en el útero celular del blastocisto del que procedían, e implantar esa bola de nuevo en un útero humano? Tal vez habría que mezclarlas con algu-

* Un detalle técnico: las células madre embrionarias usadas por Thomson procedían de la masa celular interna (que acabará formando el embrión) y no de la pared externa de células (que forma la placenta, el cordón umbilical y otras estructuras extraembrionarias). Estas células madre embrionarias no son totipotentes, ya que la placenta, por ejemplo, procede de la pared externa de células y no de la masa celular interna. Trabajos más recientes han demostrado que, en ciertas condiciones de cultivo, una pequeña parte de las células madre embrionarias puede seguir siendo totipotente, es decir, capaz de dar lugar a tejidos extraembrionarios. Sin embargo, la mayoría de los investigadores consideran que las células madre embrionarias humanas son pluripotentes y no totipotentes, ya que dan lugar a todos los tejidos, excepto a los extraembrionarios.

nas otras células de la masa celular interna, pero ahora, devueltas a su origen, ¿darían lugar a un ser humano? ¿Qué nombre le pondríamos a este nuevo tipo de ser celular? ¿Helena 9? Si se introdujera un cambio genético en las H9 en la placa de Petri, ¿sería ese ser humano portador del cambio y capaz de transmitirlo a sus hijos? Y, si las células H9 del ser humano produjeran un óvulo y luego un embrión, ¿seríamos testigos de un nuevo ciclo de vida: del embrión al blastocisto, a la célula madre embrionaria, al ser humano y al embrión?

El artículo de Thomson, publicado en *Science* en 1998, desató una tormenta de fuego inmediata.[35] Muchos científicos se pusieron de su lado al creer en el valor inherente de las células madre embrionarias humanas: estas células no solo nos permitirían comprender más profundamente la embriología humana, además se convertirían en una herramienta de valor terapéutico. Como escribió Thomson hacia el final de su artículo:

> Las células madre embrionarias humanas deberían proporcionar información sobre acontecimientos del desarrollo que no pueden estudiarse directamente en el embrión humano intacto, pero que tienen importantes consecuencias en aspectos clínicos, como los defectos de nacimiento, la infertilidad y el embarazo malogrado. [...] Las células madre embrionarias humanas serán especialmente valiosas para el estudio del desarrollo y la función de los tejidos que difieren entre los ratones y los humanos. Los estudios basados en la diferenciación *in vitro* de células madre embrionarias humanas en linajes específicos podrían identificar dianas genéticas para nuevos fármacos, genes que podrían utilizarse para terapias de regeneración de tejidos, así como compuestos teratogénicos o tóxicos.
>
> La determinación de los mecanismos que controlan la diferenciación facilitará la diferenciación eficiente y dirigida de las células madre embrionarias en tipos celulares específicos. Al producir de forma estandarizada grandes poblaciones purificadas de células humanas, como cardiomiocitos y neuronas, se conseguirá una fuente potencialmente ilimitada de células para desarrollar fármacos y tera-

pias de trasplante. Muchas enfermedades, como la enfermedad de Parkinson y la diabetes mellitus juvenil, son consecuencia de la muerte o la disfunción de uno o varios tipos de células.

Pero los críticos, en su mayoría de la derecha religiosa de Estados Unidos, no lo aceptaron.[36] Sostenían que los embriones humanos habían sido destruidos —profanados— para producir estas células, y que los embriones eran seres humanos. El hecho de que estos embriones producidos por FIV aún no hubieran adquirido sensibilidad, no tuviesen órganos, no fuesen más que una bola de células indiferenciadas y que, de no haberse usado, se habrían descartado igualmente, no los aplacaba; lo que los hacía humanos era su potencial para formar futuros seres humanos, sostenían los críticos de Thomson. En 2001 el presidente George W. Bush, presionado por los opositores a la investigación con células madre embrionarias, aprobó una ley que restringía la financiación federal a los estudios que se realizasen solo con células madre obtenidas ya de embriones (como la H9);[37] cualquier intento de fabricar nuevas células madre embrionarias no podía recibir apoyo federal. También en Alemania e Italia la investigación con células madre embrionarias humanas se restringió en gran medida y, en algunos casos, se prohibió.

Durante aproximadamente una década, los investigadores contaron con solo unas pocas líneas de células madre embrionarias humanas para explorar la embriología humana y la diferenciación de tejidos a partir de células madre embrionarias. Pero en 2006 y 2007, se produjo otro cambio radical. Una pregunta dominante en este campo a principios de la década de 2000 era la siguiente: ¿había algo en las células madre que las hiciera especiales? ¿Por qué una célula cutánea o un linfocito B, por ejemplo, no podía despertarse una mañana y decidir transformarse en una célula madre embrionaria?

A primera vista la pregunta puede sonar absurda. Hasta la década de 1990 ningún embriólogo que yo conociera había pensado en la embriología como una vía de doble sentido. En un sentido, hacia delante, se obtiene un ser humano, con todas sus células maduras: células nerviosas, sanguíneas, hepáticas... En el sentido opuesto, hacia atrás, una célula madura —una célula nerviosa, sanguínea, hepática...— se convierte en una célula madre embrionaria. «Me parecía absolutamente delirante», me dijo un investigador.

Pero había un hecho que mantenía viva la fantasía de la «doble vía», al menos para un pequeño grupo de embriólogos. La secuencia de ADN en todas las células (es decir, el genoma) es idéntica en casi todas nuestras células;* lo que determina la identidad de una célula cardiaca o cutánea es el subconjunto de genes que se «activan» y «desactivan». ¿Qué pasaría si pudiéramos cambiar ese patrón, es decir, activar y desactivar los genes propios de las células madre en una célula cutánea? ¿Se convertiría la célula cutánea en una célula madre capaz de producir no solo piel, sino también hueso, cartílago, corazón, músculo y cerebro, es decir, todas las células del cuerpo? ¿Y qué era lo que impedía a una célula cutánea hacer precisamente eso?

En 2006, en Kioto, un científico llamado Shinya Yamanaka que investigaba sobre las células madre extrajo de la punta de la cola de un ratón adulto unas células denominadas fibroblastos —células corrientes fusiformes que pueden encontrarse en diversos lugares del cuerpo y que los investigadores de células madre consideran «de relleno»— e introdujo en ellas cuatro genes.[38] No había encontrado estos genes por casualidad: tras investigar durante años, había seleccionado los genes Oct3/4, Sox2, c-Myc y Klf4 por su capacidad única de «reprogramar» las propiedades de las células adultas para que se parecieran a las células madre. A finales de la década de 1990 había empezado con 24 genes, comparando el efecto de cada gen y de cada permutación en un experimento tras otro, combinando uno con el siguiente y luego añadiendo otro diferente, hasta reducir los

* Ahora sabemos que los genomas de las células individuales del cuerpo pueden alterarse ligeramente a través de mutaciones a medida que el organismo madura. Los seres humanos, en definitiva, somos quimeras de células genómicamente no idénticas. El significado biológico de estas diferencias aún no se ha dilucidado.

genes interesantes a los cuatro esenciales. (Cada uno de estos genes codifica una proteína reguladora maestra, un interruptor molecular que activa y desactiva un gran número de genes diferentes). Cada uno de ellos, había descubierto Yamanaka, desempeña un papel fundamental en el mantenimiento del estado de las células madre de los seres humanos y los ratones. ¿Qué pasaría si obligase a una célula adulta que no fuera una célula madre —un fibroblasto ordinario— a expresar los cuatro genes reguladores maestros que confieren a las células madre su identidad?

Una tarde, Kazutoshi Takahashi, un investigador posdoctoral del laboratorio de Yamanaka, observó a través del microscopio los fibroblastos que habían inducido a expresar los cuatro genes esenciales. «¡Tenemos colonias!», gritó.[39] Yamanaka se apresuró a acercarse. En efecto, había colonias. Las células —que en su estado normal tenían forma de huso y un aspecto prosaico— habían alterado su morfología y se habían convertido en agrupaciones con forma de bola brillante. Yamanaka descubriría más tarde que se habían producido cambios químicos en su ADN; las proteínas que pliegan y empaquetan el ADN en los cromosomas habían cambiado. Incluso el metabolismo de las células se había alterado. Los fibroblastos se habían convertido en células madre. Como las células madre embrionarias, se replicaron en un cultivo. Y, al inyectarlas en ratones inmunodeprimidos, formaron también múltiples tipos de tejidos humanos: hueso, cartílago, piel y neuronas. Todo ello derivaba de un fibroblasto de la piel, una célula totalmente desarrollada y sin ninguna función aparente, salvo la de actuar como andamio para mantener la integridad del tejido cutáneo o reparar una herida.[40]

El resultado conmocionó a los biólogos: un terremoto en el que se sacudieron las placas tectónicas del campo de las células madre. Recuerdo que un bioquímico con gran experiencia de mi departamento, que venía de un seminario en Toronto en el que Yamanaka acababa de presentar sus resultados, estaba visiblemente alterado, con la respiración entrecortada. «No me lo puedo creer —me dijo al volver—. Pero el resultado se ha reproducido una y otra vez. Tiene que ser cierto». Yamanaka había creado una célula madre a partir de un fibroblasto, una transición que se consideraba imposible en la biología. Era como si hubiera hecho retroceder mágicamente el tiempo biológico. Había transformado a un adulto no solo en un bebé, sino en un embrión.

En 2007 Yamanaka utilizó esta técnica para transformar fibroblastos de piel humana en células semejantes a las células madre embrionarias.[41] Al año siguiente, Thomson, famoso por sus investigaciones sobre las células madre embrionarias humanas, sustituyó otros dos genes por c-Myc y Klf4, y los fibroblastos humanos se convirtieron de nuevo en células madre embrionarias (se temía que la expresión de c-Myc para crear estas células pudiera ocasionar algún problema, por tratarse de un oncogén; a los biólogos les preocupaba que las células acabaran volviéndose cancerosas). Se denominaron células madre pluripotentes inducidas, o iPS (por sus siglas en inglés), ya que se había inducido a los fibroblastos maduros mediante manipulaciones genéticas a transformarse en células pluripotentes.

Desde el descubrimiento de Yamanaka, por el que se le concedió el Premio Nobel en 2012, cientos de laboratorios han empezado a trabajar con células iPS. La idea es la siguiente: tomamos una célula propia —un fibroblasto de la piel o una célula sanguínea— y la hacemos retroceder en el tiempo para transformarla en una célula iPS. Y, a partir de esa célula iPS, podemos crear cualquier célula que deseemos: cartílago, neuronas, linfocitos T, células ß del páncreas, que seguirían siendo nuestras propias células. No habría ningún problema de histocompatibilidad. No haría falta supresión inmunológica. No sería necesario preocuparse de que el invitado se rebele inmunológicamente contra el anfitrión. Y, en principio, se podría repetir el proceso infinidad de veces: de célula iPS a célula ß y de nuevo a célula iPS y de esta a célula ß... (para ser justos, nadie lo ha intentado todavía). La recursividad, sin embargo, plantea otra fantasía de un nuevo ser humano en el que cada órgano o tejido deteriorado podría regenerarse una y otra vez, indefinidamente.

A veces pienso en la leyenda griega sobre el barco de Teseo. El navío está hecho de muchos tablones. Poco a poco, estos se deterioran y son sustituidos por otros nuevos, hasta que todos son nuevos. Pero ¿ha cambiado el barco? ¿O es el mismo?

Estas reflexiones parecen hoy metafísicas. Pero puede que pronto se conviertan en algo físico. Y, mientras fabricamos nuevas partes de seres humanos a partir de células iPS —y muchos científicos ya lo han hecho— e intentamos crear nuevas partes a partir de esas nuevas partes de manera recursiva, me acuerdo también del caracol de Ozick. Salvado de desaparecer por el desgaste, deja un rastro de preguntas metafísicas a medida que se adentra en los reinos inciertos y desconocidos. Al final, desaparecen todas las células del caracol y son sustituidas, pero ¿sigue siendo el mismo caracol?

La célula reparadora

Daño, deterioro y constancia

La delicadeza y el deterioro
comparten una misma frontera.
Y el deterioro es
un vecino agresivo
cuya iridiscencia
no deja de infiltrarse.[1]

Kay Ryan, 2007

Dan Worthley, un investigador australiano, llegó a mi laboratorio atravesando muchos océanos, algunos físicos y otros metafísicos. Estaba especializado en gastroenterología, un tema del que yo sabía muy poco. Había venido a la Universidad de Columbia, en Nueva York, para trabajar con Tim Wang (profesor universitario y un viejo amigo y colaborador mío) sobre el cáncer y la regeneración celular del colon, y para investigar sobre el cáncer colorrectal.

Las técnicas estándar de la ingeniería genética moderna en ratones permiten alterar un gen y marcar la proteína que este gen codifica con una señal fluorescente. Esta proteína se convierte entonces en un haz que resplandece en la oscuridad; con la ayuda de un microscopio, se puede detectar dónde o cuándo la proteína está presente físicamente. Si, por ejemplo, esto se hiciera con los genes de las ciclinas que controlan el ciclo celular, veríamos que la célula empieza a resplandecer cuando se produce una determinada proteína de tipo ciclina y que el resplandor desaparece una vez se degrada esa proteína. Si se usase la misma técnica con la actina —la proteína del citoesqueleto que da soporte a las células—, prácticamente todo el ratón se volvería fluorescente. El receptor de los linfocitos T solo resplandecería en los linfocitos T. La insulina se iluminaría en las células pancreáticas. Las proteínas fluorescentes, por cierto, provienen de las medusas; genéticamente hablando, un poco de este ratón deriva de una criatura que se agita y palpita en las profundidades del océano.

Worthley había usado esta técnica para manipular un gen llamado Gremlin-1 en un ratón. Cada vez que se sintetizase la proteína Gremlin-1 en una célula, esta se volvería fluorescente y, por tanto, visible por microscopía. Basándose en hallazgos previos, Dan había previsto que la proteína Gremlin-1 resplandecería en las células del colon. Y, como era de esperar, allí estaba, en un tipo de célula concreto. Pero una mezcla de rigor meticuloso y curiosidad innata le incitó a buscar células marcadas con Gremlin-1 en otros tejidos. Un lugar donde observó la fluorescencia fue en las células del hueso, y ahí es donde empezó nuestra relación.

Si alguna vez se elaborara un catálogo de órganos humanos olvidados pero vitales, o si alguna vez se ordenan en función de su importancia en la «vida real» y del «abandono científico», el hueso bien podría figurar entre los primeros de ambas listas. Los anatomistas medievales consideraban los huesos poco más que perchas para la piel o andamios para las entrañas del cuerpo (aunque Vesalio, yendo en contra de esta tendencia, realizó elaborados dibujos de esqueletos; varias de sus láminas representan la anatomía detallada de diversos huesos). En el Hospital General de Massachusetts, donde trabajé como residente a principios de la década de 2000, los residentes de traumatología se apodaban a sí mismos de manera irónica «boneheads».* ¿Quién puede olvidar el tragicómico soliloquio de «Bonehead Bill», el poema de

* «Cabeza hueca» o, traducido de manera literal, «calavera». *(N. de las T.)*

guerra de Robert Service, sobre un soldado entrenado para mutilar y matar sin pensar: «Mi trabajo es jugarme la vida y las piernas / Pero [...] tanto si está mal como si está bien...»?[2]

Sin embargo, el sistema esquelético es uno de los sistemas celulares más complejos. Crece hasta un tope y luego deja de hacerlo. Se restaura a sí mismo continuamente a lo largo de la vida adulta y, si sufre alguna lesión, se repara de manera intensiva. Responde con sensibilidad a las hormonas; incluso puede sintetizar las suyas propias.*[3] En sus cavidades centrales, donde se encuentra la médula ósea, se fabrica la sangre. Es la sede de la artrosis y la osteoporosis, dos de las principales enfermedades del envejecimiento, involucradas en millones de muertes de ancianos en todo el mundo. Y es mi némesis personal: la caída de mi padre, su fractura del cráneo y la hemorragia resultante, que fue la causa última de su muerte.

Pero volvamos a Dan y a sus huesos. Una mañana del verano de 2014, bajó en el ascensor a mi laboratorio —el suyo estaba tres pisos más arriba— con una caja llena de preparaciones de cortes de hueso. Podría mentir y decir que me intrigó al instante. Pero no fue así; era habitual que investigadores de todo tipo de laboratorios acudieran a los investigadores posdoctorales de mi laboratorio (y a mí) suplicando que mirásemos sus muestras, preguntando si había algo interesante en los huesos, lo que solía ser una constante pérdida de tiempo (tanto para ellos como para mí). Amablemente, le pedí a Dan que viniera en otro momento.

Pero Dan era implacable. De baja estatura, intenso, enérgico y persistente, parecía una granada de mano australiana. Conocía mi interés por los huesos. Como oncólogo, trato la leucemia, una enfer-

* Las investigaciones dirigidas por Gerard Karsenty y sus colaboradores de Columbia han demostrado que el hueso no solo responde a las hormonas, sino que también las produce. En los experimentos iniciales se ha observado que una de esas proteínas, llamada «osteocalcina», fabricada por las células óseas, parece modular el metabolismo del azúcar, el desarrollo del cerebro y la fertilidad masculina, aunque algunas de estas conclusiones aún no se han confirmado.

medad que se origina en la médula ósea, donde viven las células madre que forman la sangre. Y durante décadas he investigado sobre la interacción entre las células óseas y las sanguíneas: ¿por qué, por ejemplo, no hay células madre sanguíneas en el cerebro o en los intestinos? ¿Qué tiene de especial el hueso? Hemos encontrado algunas respuestas: las células que residen en la médula ósea envían señales especiales a las células madre sanguíneas que conservan su función. A lo largo de estos años, también he comprendido la anatomía y la fisiología de los huesos. Suele decirse que una forma de volverse experto en una actividad —por ejemplo, lanzar una pelota de béisbol— es realizarla durante más de diez mil horas. En biología celular, esto se traduce en ver: he observado, a través del microscopio, más de diez mil muestras de hueso.

Apenas había pasado una semana cuando Dan volvió a merodear por los pasillos con la misma mezcla de obsequiosidad y determinación, y con su caja azul de cortes de hueso. Le resultaba indiferente mi indiferencia. Suspiré y decidí echar un vistazo.

Oscurecí la sala y el microscopio se encendió, proyectando una difusa fluorescencia azul verdosa por toda la habitación. Dan se paseaba por el fondo de la sala como un animal enjaulado, murmurando algo sobre los gremlins. Los cortes se habían hecho con un microtomo y mostraban la clásica histología del hueso.

A primera vista, el hueso puede parecer un trozo de calcio endurecido, pero en realidad está formado por una multiplicidad de células. Las más famosas son las células del cartílago, cuyo nombre científico es «condrocitos», y hay otros dos tipos células con nombres menos conocidos.

El segundo tipo es el «osteoblasto», la célula que deposita calcio y otras proteínas para formar una matriz calcificada en capas, y que luego queda atrapada en su propio depósito para formar nuevo hueso. Es la célula que fabrica y deposita el hueso: los osteoblastos hacen que el hueso se engrose y alargue (mi mnemotecnia para recordar su nombre es la letra «b», de «bone», «hueso» en inglés, la célula que fabrica el hueso).

El tercer tipo son los osteoclastos, células grandes multinucleadas que se «comen» el hueso. Devoran la matriz, o hacen orificios en ella, eliminando y remodelando el hueso, como jardineros en un proceso constante de poda (para recordar su nombre pienso que contiene la letra c, las células que se «comen» el hueso). El equilibrio dinámico entre los osteoblastos y los osteoclastos —fabricantes y comedores de hueso— es uno de los mecanismos por los que el hueso mantiene la homeostasis. Si se eliminan los osteoblastos, no se puede formar hueso nuevo. Si los osteoclastos dejan de funcionar, el hueso se vuelve denso —«hueso de piedra», como lo llamaron los primeros anatomopatólogos—, aparentemente duro, pero difícil de reparar. Las cavidades del interior se contraen, reduciendo el espacio para la médula, lo que genera una enfermedad llamada «osteopetrosis».*[4]

Pero el hueso no solo se adelgaza y engrosa. También se alarga. Y hay un misterio celular en el crecimiento del hueso. Hemos visto agrupaciones celulares que hacen que los órganos crezcan. Pero ¿cómo pueden desplazarse las agrupaciones de células direccionalmente para hacer que un órgano se alargue? Los primeros anatomistas, como Marie-François-Xavier Bichat, observaron que, al inicio de su desarrollo, el hueso empieza como una matriz de cartílago glutinoso. Más adelante, deposita calcio y se endurece para constituir la estructura que conocemos como hueso y empieza a crecer a lo largo. Pero el principal cambio en la longitud se produce a partir de los extremos de los huesos; la zona media permanece relativamente constante. A mediados del siglo XVIII, el cirujano John Hunter clavó dos tornillos en un hueso en desarrollo de un adolescente y observó que la distancia entre ellos no cambiaba. Pero, si hubiera clavado los tornillos en los dos extremos del hueso, habría observado que el hueso se alargaba: los tornillos se habrían separado con el tiempo, como los extremos de una banda

* Solo he descrito las células del hueso, pero el catálogo de células que residen en la médula ósea es mucho más amplio. Entre ellas se encuentran las células madre sanguíneas y las células progenitoras sanguíneas. Hay células estrogénicas que se cree que desempeñan una función de apoyo de las células madre sanguíneas. Hay neuronas y células que almacenan grasa —adipocitos—, así como células de los vasos sanguíneos (endoteliales) que transportan la sangre dentro y fuera de la médula.

elástica que se alejan cada vez más a medida que esta se estira. En resumen, en los extremos de un hueso —pero no en el centro— se encuentran las células responsables del crecimiento longitudinal.

Hay una zona especial en el hueso que se halla justo donde la epífisis —el extremo en forma de puño de los huesos largos— se une con el cuerpo del hueso, o diáfisis. Allí, en el interior, hay una estructura llamada «placa de crecimiento». Si cerramos la mano formando un puño e imaginamos que el antebrazo es la diáfisis de un hueso largo y el puño, su epífisis, la placa de crecimiento se situaría cerca de la muñeca.

La placa de crecimiento existe en los niños y los adolescentes —a veces puede verse en una radiografía como una línea blanca—, pero se cierra de manera progresiva en los adultos. Esta placa es el jardín de infancia de las células óseas jóvenes, y da lugar a los condrocitos maduros y los osteoblastos. Los condrocitos jóvenes, y luego los osteoblastos, las células formadoras de hueso, salen de la placa de crecimiento y migran a la zona adyacente al extremo del hueso, depositando nueva matriz y calcio entre este y el cuerpo central, lo que hace que el hueso se alargue.

Y ahí es donde aparecieron en la escena las muestras de Dan. La existencia de la placa de crecimiento se conocía desde hacía décadas. Pero ¿cómo se mantenía el crecimiento de los huesos, sobre todo durante esa feroz explosión de la adolescencia en la que los jóvenes pueden estirarse centímetro a centímetro cada semana? Sabemos que el cartílago completamente maduro —el cartílago hipertrófico— no crece ni se divide; por tanto, ¿qué células eran las que producían hueso semana tras semana? ¿Existía algún depósito de células óseas que seguía generando condrocitos jóvenes y células óseas? Las células que Dan había marcado con fluorescencia en su ratón se encontraban justo en la placa de crecimiento, en una fila ordenada y ligeramente curvilínea, como un conjunto de dientes formados a la perfección. Miré y volví a mirar. Ahora estaba enormemente intrigado.

Hay un momento en la vida de un equipo de científicos —dos investigadores, por norma general— en el que el lenguaje desaparece. Algo así pasó entre Dan y yo. El lenguaje —o al menos el lenguaje tradicional— desapareció. Intercambiamos instintos. Las feromonas de las ideas se cruzaban entre nosotros, a menudo sin palabras. Por la noche, me quedaba despierto hasta tarde, paseando, imaginando el siguiente experimento que debíamos realizar. A la mañana siguiente, llegaba al laboratorio y descubría que Dan ya lo había hecho.

La primera serie de experimentos fue sencilla. ¿Qué eran esas células? ¿Dónde vivían? ¿Cuándo estaban presentes? En el primer experimento de Dan, las células con Gremlin-1 fluorescentes aparecieron en la placa de crecimiento de un ratón joven. En un feto de ratón, Dan encontró grupos resplandecientes justo en los lugares donde se formaban nuevos huesos y cartílagos. Si se estaba desarrollando un pie diminuto o un dedo minúsculo, allí estaban las células, multiplicándose ferozmente.

Y luego, cuando siguió la evolución de las células, ocurrió algo asombroso: estas migraron desde el extremo del hueso neonatal hasta la placa de crecimiento y allí se organizaron en una capa ordenada. A medida que el ratón crecía y se completaba el alargamiento de los huesos, las células iban disminuyendo en número. Por lo tanto, algo de estas células tenía que ver con la formación del hueso.

¿Pero qué era ese algo? La baliza molecular que Dan había creado tenía otra propiedad especial. Permite seguir el destino de una célula a medida que se divide. Con un poco más de ingeniería genética, se puede lograr que si una célula produce la proteína Gremlin-1 (y por tanto se vuelve fluorescente), sus células hijas también sean fluorescentes, que las hijas de sus hijas resplandezcan también en la oscuridad y así sucesivamente, hasta el infinito. La técnica se denomina rastreo del linaje y equivaldría a encontrar a todos los miembros de una enorme familia, aunque se hayan dispersado en el tiempo y el espacio. Es una forma molecular de iluminar un árbol genealógico completo.

Dan realizó este experimento en un ratón muy joven. Y, cuando rastreó las células que expresaban la proteína Gremlin, descubrió que producían condrocitos jóvenes. Eso me intrigó: las células formadoras de cartílago siempre habían sido un misterio. Pero, a medida que observaba el tejido durante periodos de tiempo cada vez más largos, el árbol genealógico se hacía más complejo. Las siguientes células que resplandecieron fueron las células turgentes del cartílago maduro. Luego empezaron a iluminarse los osteoblastos, las células formadoras de hueso. Y, por último, apareció un tipo de célula totalmente desconocida, una célula con fibras enrolladas que se extendían hacia fuera y cuya función aún desconocemos, a la que llamamos célula reticular. Quizá lo más notable es que las células originales marcadas con Gremlin —las que habían aparecido primero— no desaparecieron, al menos en los ratones jóvenes. En resumen, Dan había hallado aquella célula: la célula que se encuentra en la placa de crecimiento y que da lugar a las células de cartílago que luego maduran y se convierten en osteoblastos, los dos componentes principales del hueso. Las llamamos células osteo (hueso)-condro (cartílago)-reticulares, o células OCRE.

Dan publicó su artículo conmigo y con Tim Wang como coautores en la revista *Cell* en 2015.[5] Al mismo tiempo, Chuck Chan, un brillante investigador posdoctoral (y ahora profesor adjunto) que trabaja con Irv Weissman en Stanford, también descubrió una célula madre esquelética.[6]

Chan es alto y delgado, con aspecto de roquero punk; cuando llega al laboratorio, parece que acaba de salir de una fiesta nocturna. Su disciplina experimental, sin embargo, es asombrosa. Chan, Weissman y Michael Longaker, un cirujano reconvertido en científico, habían triturado huesos y usado la técnica favorita de Weissman —la citometría de flujo— para aislar las poblaciones de células que daban lugar al cartílago y al hueso. Su artículo se publicó a la vez que el nuestro, uno seguido del otro, en la revista *Cell*. Las similitudes —genéticas, fisiológicas e histológicas— entre nuestras células y las suyas eran sorprendentes. Durante un tiempo, nos enzarzamos en una batalla amistosa sobre el nombre de las células. Pero parece que ha quedado OCRE, que además es un color que me gusta en especial.

Los artículos originales de Dan y Chuck también dejaron un reguero de preguntas. Todavía no se sabe si estas células marcadas con la proteína Gremlin producen primero condrocitos jóvenes —un estado intermedio— y luego osteoblastos. ¿O generan ambos al mismo tiempo? ¿Existen factores intrínsecos o extrínsecos que influyan en esa decisión? ¿Cómo se mantiene el equilibrio, esta homeostasis? ¿Se renuevan estas células a sí mismas? Tras trasplantar estas células en huesos de ratón, los primeros resultados parecen indicar que sí se renuevan. Las células marcadas con Gremlin, por tanto, cumplirían los requisitos para considerarse verdaderas células madre óseas, capaces de diferenciarse en múltiples tipos de células y de autorrenovarse. La célula OCRE —hipotéticamente una célula madre o progenitora ósea—, podría ser el descubrimiento del cual mi laboratorio y yo nos sentimos más orgullosos. Representa una posible respuesta, o teoría, que resolvería dos antiguos misterios. ¿Cómo crece el hueso en la adolescencia? Pues bien, porque una población especial de células, que se encuentra en la placa de crecimiento en los dos extremos del hueso, produce cartílago y osteoblastos a gran velocidad para que el hueso se alargue. ¿Y por qué deja de crecer? Porque esta población de células va disminuyendo hasta que se alcanza la edad adulta, cuando ya quedan muy pocas.

Pero aún hay más. La trama iba a dar otro giro. En Texas, Sean Morrison —un investigador que se había formado con Weissman, y posiblemente el biólogo de células madre más tenaz que conozco— encontró otro tipo de célula en el interior de la médula ósea que podía producir osteoblastos y depositar hueso. A diferencia de las células marcadas con Gremlin, las células de Morrison (las llamamos células LR, por un gen que expresan) nacen más tarde en la edad adulta, y dan lugar predominantemente al hueso que se deposita en la diáfisis, no en la placa de crecimiento, sino el tubo largo que hay entre las dos placas.[7] No producen condrocitos ni células reticulares. Si se fractura un hueso largo en algún lugar del centro, las células LR entran en acción, generando osteoblastos que reparan el hueso largo lesionado.

Puede parecer caótico, pero es todo lo contrario. El hueso no es un órgano con un único tipo de células renovadoras, sino que ofrece diversas posibilidades de renovación. Cuenta al menos con dos fuentes para dos zonas diferentes. Hay células OCRE en la placa de crecimiento que permiten que el hueso se alargue; surgen en las primeras etapas del desarrollo y se van deteriorando con la edad. Y hay células LR que aparecen más tarde, en la adolescencia y la edad adulta, y que participan en el mantenimiento del grosor de los huesos largos y en la reparación de las fracturas óseas.

Los hallazgos de Morrison, por tanto, representan una posible solución a un tercer misterio. ¿Cómo puede el hueso engrosarse en los adultos —y reparar las fracturas— si la placa de crecimiento ya se ha reducido? Posiblemente, porque hay una población de reserva de células diferentes —no en la placa de crecimiento, sino en la médula ósea— que realiza esta función. Creemos que las células descubiertas primero, las que encontró Dan, fabrican el hueso y permiten que crezca durante la vida fetal, y luego asumen un papel más limitado de mantenimiento de la placa de crecimiento durante la vida adulta. Las células que Morrison encontró más tarde marchan como un segundo ejército que repara las fracturas y mantiene la integridad del hueso. Esta solución de «dos ejércitos» disocia las funciones de fabricación y de mantenimiento del hueso. ¿Por qué dos ejércitos? No lo sabemos.

Dan regresó a Australia en 2017, dejándome desamparado, pero luego lanzó otra (muy apreciada) granada de mano desde el otro lado del océano, en la persona de Jia Ng. Ella, menuda, apasionada y con la misma determinación de Dan, llegó al laboratorio ese mismo año para estudiar las células marcadas con Gremlin. Si Dan se había planteado una pregunta relacionada con la fisiología (¿cómo crecen los huesos y los cartílagos?), a Jia le interesaba su anverso patológico (¿cómo se deterioran?).

La artrosis es una enfermedad caracterizada por la degeneración del cartílago. Según el viejo dogma, el constante roce entre los huesos erosiona el revestimiento lubricante del cartílago en el extremo de un hueso, por ejemplo, el fémur. Los condrocitos de la parte superior de la articulación mueren, y entonces el hueso de debajo de la articulación empieza a desgastarse. Así, Jia inició su investigación en ratones con artrosis utilizando las técnicas que Dan había introducido en el laboratorio.

La primera sorpresa guardaba relación con el famoso mantra de la inversión inmobiliaria: ubicación, ubicación, ubicación. Habíamos estado tan centrados en las células madre óseas situadas en la placa de crecimiento que generaban nuevo cartílago y hueso que habíamos pasado por alto un segundo lugar donde también se hallaban. Cuando volvimos a observar con nuevos ojos, encontramos también células OCRE marcadas con Gremlin en una capa fina como un velo justo por encima de la epífisis del hueso. Allí estaban, resplandeciendo de manera seductora en la articulación que une dos huesos, justo donde se produce la artrosis.

Sería difícil describir la euforia de los días siguientes. Por la mañana, me tomaba una taza de café, agarraba mi portátil, conducía a toda velocidad hasta el laboratorio y entraba corriendo en la sala de microscopía, donde Jia había dejado sus preparaciones de cortes de hueso de la noche anterior (ella se quedaba trabajando hasta tarde y yo empezaba temprano). El microscopio se encendía y yo observaba y contaba. *Ver.*

Jia retomó el experimento de Dan sobre el rastreo del linaje, usando un tatuaje molecular indeleble para marcar una célula, sus hijas, sus bisnietas y toda la descendencia. Y, como había ocurrido con los experimentos de Dan, el resultado fue sorprendente: al principio, después de marcar las células, estas se hallaban en una capa finísima justo en la superficie de la articulación. A medida que pasaron las primeras semanas, empezaron a formar una capa tras otra de cartílago en la articulación. Al cabo de un mes, aparecieron debajo del cartílago.

Pero ¿qué ocurriría con estas células en la artritis? Juntos redactamos un proyecto de investigación para obtener financiación donde planteábamos la hipótesis de que las células madre marcadas con Gremlin (o células OCRE) actuarían como un reservorio regenerativo. Cuando los ratones tuvieran artritis, explicábamos, las células OCRE tratarían de regenerar el cartílago desaparecido, de forma parecida a lo que hacen las células madre o progenitoras en otros tejidos cuando estos desaparecen o se deterioran. La artrosis era el intento fracasado de un tejido de repararse a sí mismo.

En la historia de la ciencia, se ha escrito mucho sobre la alegría que produce demostrar que una hipótesis o teoría es cierta. A principios del siglo XX, el planteamiento de Einstein de que la velocidad de la luz era constante confirmaría de forma espectacular las observaciones experimentales previas de Albert Michelson y Edward Morley. («Si el experimento de Michelson y Morley no nos hubiera puesto en un gran aprieto, nadie habría considerado la teoría de la relatividad como una redención [a medias]», escribiría Einstein más tarde).[8] Pero los científicos experimentamos también otro tipo de alegría: el peculiar goce de descubrir que estábamos equivocados. Es una sensación de alegría de la misma magnitud pero en sentido contrario, cuando un experimento demuestra que una hipótesis era falsa, y entonces la verdad se da la vuelta para señalar exactamente en la dirección opuesta.

Tres semanas después de que Jia hubiera provocado la artritis en los ratones (hay muchas formas de conseguirlo, por ejemplo, usando un mecanismo para debilitar una de las articulaciones femorales; la lesión provocada es leve y los ratones se recuperan casi siempre), volvimos al microscopio para examinar los cortes de hueso. Esperábamos que las células OCRE, iluminadas por la proteína fluorescente, se estuvieran multiplicando enérgicamente, tratando de restaurar la lesión. La misma luz verde azulada inundó la habitación.

Estábamos equivocados. En los ratones jóvenes que no presentaban lesiones inducidas, la capa esperada de células OCRE marcadas con Gremlin estaba intacta en la superficie de la articulación, la misma línea de células resplandecientes. En los ratones lesionados, las células —en vez de volverse hiperactivas y replicarse para reparar la articulación, como habíamos previsto— estaban muertas o moribundas. La lesión había destruido las células madre, hasta el punto de que ya no eran capaces de generar cartílago.

Apagué el microscopio, pero en mi interior se encendió una luz. Quizá la artrosis se producía por la pérdida de las células madre.

Las células que desaparecían —en sus primeras etapas— eran las células madre productoras de cartílago, por lo que este ya no podía generarse. El equilibrio entre crecimiento y degeneración se rompía. Lo que la lesión había alterado era la capacidad del cartílago de la articulación de mantener el equilibrio interno entre el crecimiento de cartílago nuevo (a través de las células madre) y la descomposición del cartílago viejo (por la edad y la lesión).

Siguieron muchos más experimentos para intentar atar los cabos sueltos. Toghrul Jafarov, un reflexivo investigador posdoctoral de Canadá, retomó el trabajo de Jia. Usando técnicas ingeniosas, inyectando un producto químico en la articulación de la rodilla, encontró una forma de destruir las células marcadas con Gremlin; en esencia, se trataba del experimento de Jia a la inversa (la artrosis provocaba la destrucción de las células marcadas con Gremlin; si se destruían las células marcadas con Gremlin, ¿se provocaría artrosis?). Los ratones, claramente, desarrollaron artrosis. Incluso ratones jóvenes y ágiles, por lo demás sanos, empezaron a perder la integridad articular. Estuvieron cojeando hasta que las células empezaron a producir de nuevo cartílago.

Jafarov siguió adelante con los experimentos. Inactivó un gen que era necesario para el mantenimiento de las células que expresaban la proteína Gremlin, con lo que provocó la muerte genéticamente de estas células. De nuevo, los ratones desarrollaron artrosis, esta vez aún más grave que cualquiera de las provocadas antes. (Me quedé boquiabierto cuando vi los huesos. Había cortes de hueso

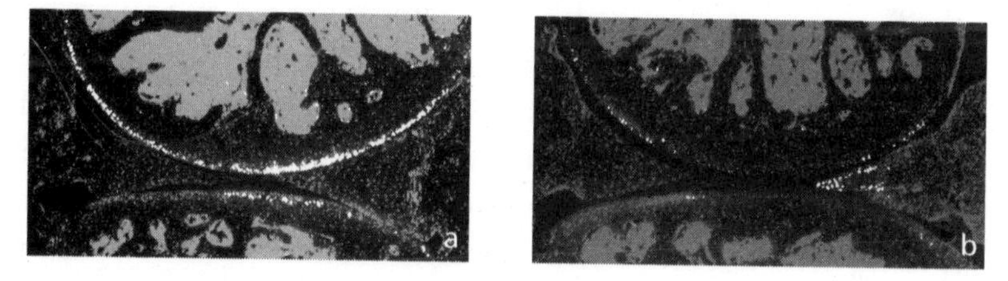

(a) Un corte de la articulación de un ratón joven donde se ven las células marcadas con Gremlin iluminadas por la proteína fluorescente. (b) La misma articulación después de una lesión que provoca artritis y da lugar a la muerte y desaparición gradual de las células que expresan Gremlin. Las imágenes son del trabajo de Jia Ng.

en los que el cartílago se había erosionado hasta tal punto que el extremo parecía una montaña truncada con dinamita. Debajo se veía la «roca» en bruto del hueso, desnuda, desmoronándose).

Aisló las células que expresaban Gremlin en los animales, dejó que se desarrollasen en un medio cultivo de tejidos y las trasplantó a los ratones. Las células se multiplicaron y produjeron más células marcadas con Gremlin (aunque en menor número), y volvieron a fabricar hueso y cartílago. Cuando añadió un fármaco para aumentar el número de células marcadas con Gremlin en el espacio articular, los ratones quedaron protegidos frente a la artrosis.

En el invierno de 2021 Toghrul, Jia, Dan y yo enviamos nuestros resultados para que fueran publicados. Presentamos una hipótesis radicalmente nueva sobre la artrosis.[9] No se trata tan solo de una degeneración de las células del cartílago provocada por el desgaste. Se trata, en primer lugar, de un desequilibrio debido a la muerte de las células progenitoras del cartílago marcadas por Gremlin, que ya no pueden generar el hueso y el cartílago adecuados para satisfacer las demandas de la articulación. Así pues, tenemos una teoría para resolver el viejo enigma de por qué en los adultos no se repara el cartílago de las articulaciones como en una fractura ósea: porque las células reparadoras mueren durante la lesión.

El daño y la reparación tienen una frontera en común. Sin embargo, a medida que envejecemos, el daño y la reducción de la capacidad regenerativa no dejan de infiltrarse, trepando sigilosamente por la tapia. La artrosis es una enfermedad degenerativa que surge de un trastorno de la reparación. Es un fallo en la homeostasis renovadora.

¿Qué conclusión general se puede extraer de estos experimentos? Uno de los enigmas más insólitos de la biología celular es que, mientras el desarrollo inicial de los órganos parece seguir un patrón relativamente ordenado,* el mantenimiento y la reparación de los

* La masa celular interna del embrión, como he mencionado antes, se divide en tres capas, seguida de la formación de la notocorda y de las invaginaciones

tejidos en la edad adulta parecen algo idiosincrásico del propio tejido. Si se extirpa la mitad del hígado, las células hepáticas restantes se dividirán y el hígado volverá a crecer hasta alcanzar casi su tamaño completo, incluso en los adultos. Si se fractura un hueso, los osteoblastos depositan hueso nuevo y reparan la fractura, aunque el proceso se vuelve mucho más lento en los adultos de edad avanzada. Pero hay otros órganos en los que el daño, una vez hecho, es permanente. Las neuronas del cerebro y la médula espinal, una vez que dejan de dividirse, no pueden regenerarse* (son «posmitóticas», es decir, han perdido la capacidad de dividirse). Cuando ciertas células renales mueren, no vuelven a aparecer.

El cartílago de las articulaciones —como descubrieron Dan, Jia y Toghrul— se encuentra en un punto intermedio. Los condrocitos plenamente maduros de la articulación son en gran medida posmitóticos en los ratones adultos. Pero en los ratones jóvenes existe una reserva de células que pueden generar cartílago; esta disminuye de manera radical con la edad y las lesiones, hasta desaparecer por completo.**[10]

Es como si cada órgano y cada sistema celular hubiera elegido su propio tipo de solución para reparar y regenerar. Lo hacen los pájaros y también las abejas, pero de formas que son características de los pájaros y las abejas (o del hígado y las neuronas). Por supuesto, hay algunos principios generales: en los órganos hay células «reparadoras» que pueden detectar los daños y el envejecimiento. Pero la idiosincrasia de la reparación propia de cada órgano hace pensar que

del tubo neural. El embrión se organiza en diversos compartimentos y, más tarde, la formación de los órganos a lo largo del eje corporal se rige por señales extrínsecas, que inducen a las células a adaptar sus destinos, y por factores intrínsecos de las células, que integran estas señales.

* Existen raros casos de regeneración neuronal documentados en animales y humanos. Sin embargo, la gran mayoría de las neuronas nunca se dividen ni se regeneran después de una lesión.

** Un trabajo reciente de Henry Kronenberg y sus colaboradores indica que una pequeña parte de las células del cartílago pueden —si reciben las señales adecuadas— «despertarse» y empezar a dividirse de nuevo. Está por ver si estas células son similares a las que han encontrado Dan, Jia y Toghrul.

las soluciones celulares individuales fueron improvisadas y siguen siendo únicas para cada órgano. Por tanto, para entender cómo se produce el daño y la reparación, tenemos que considerar cada órgano y cada célula individualmente. O tal vez haya un principio general de reparación que todavía no conocemos, similar a los principios generales de la biología celular que los investigadores han encontrado en otros sistemas de células.

Desde el punto de vista de la biología celular, sería más fácil imaginar el daño o el envejecimiento de manera más abstracta, como una furiosa batalla entre la tasa de deterioro y la tasa de reparación, con un ritmo único para cada célula y cada órgano concretos. En algunos órganos, los daños superan a la reparación. En otros órganos, la reparación se produce al mismo ritmo que los daños. En otros, existe un delicado equilibrio entre un ritmo y otro. En su estado de equilibrio, el organismo parece mantenerse suspendido en la estabilidad. *No hagas nada, quédate quieto.* Pero quedarse quieto no es algo estático, sino un proceso frenéticamente activo. Lo que parece «quietud» es, de hecho, una guerra dinámica entre estos dos ritmos en pugna. Como escribió Philip Larkin, «Al morir uno se rompe: / los pedazos que uno era / empiezan a dispersarse velozmente para siempre / sin testigos».[11]

Pero la muerte no es un despedazamiento de los órganos. Es el desgaste devastador del daño contrapuesto el éxtasis de la curación. La delicadeza, como dice Ryan, frente al deterioro.

Los principales soldados en esta batalla campal son las células: las que mueren en los tejidos y los órganos y las que se regeneran. Pero volvamos por un momento a la idea de homeostasis: el mantenimiento de una constancia en el medio interno. Primero nos referimos a esta idea para comprender cómo mantiene la célula su estabilidad interna. Luego la utilizamos para entender cómo se adapta un organismo sano a los cambios metabólicos y ambientales: la concentración de sal en la sangre, la eliminación de residuos, el metabolismo del azúcar... Ahora podemos aplicarla al mantenimiento del equilibrio entre el daño y la reparación. La muerte —el más absoluto de los absolutos— es, en realidad, un equilibrio relativo entre las fuerzas del deterioro y de la renovación. Si la balanza se inclina en una dirección, cuando el ritmo de los daños supera al ritmo de la recuperación o regeneración, uno se cae al vacío. El águila pescadora, azotada por los vientos cambiantes, ya no puede permanecer suspendida en el aire.

La célula egoísta

La ecuación ecológica y el cáncer

> Aquellos que no hayan estudiado química o medicina tal vez no se den cuenta de lo difícil que resulta el problema del cáncer. Es casi —no del todo, pero casi— tan difícil como encontrar un producto que disuelva la oreja izquierda, por ejemplo, pero deje ilesa la derecha.[1]
>
> William Woglom, 1947

Al final volvemos, cerrando el círculo, a la célula capaz de renacer infinitamente: la célula cancerosa.* No existe ninguna otra célula cuyo nacimiento o renacimiento se haya estudiado con tanta intensidad ni con tanta pasión. Pero, a pesar de las décadas de investigación, nuestros intentos de evitar tanto el nacimiento como el renacimiento del cáncer se han visto frustrados. Se han esclarecido algunos aspectos de la naturaleza y los mecanismos del origen, la regeneración y la propagación del cáncer. Sin embargo, todavía quedan muchos enigmas.

Para entender la división maligna de una célula cancerosa, podríamos empezar por la división de las células normales. Imagine-

* Por supuesto, no existe una única «célula cancerosa». El cáncer es un conjunto diverso de enfermedades, y hasta en un mismo cáncer puede haber múltiples tipos de células. Aquí he intentado extraer algunos principios generales comunes a la mayoría de las células cancerosas. En las páginas siguientes, veremos con más claridad de qué manera difieren entre sí las células cancerosas, incluso dentro de un mismo paciente.

mos que nos hacemos un corte en la mano. Podríamos describir la respuesta al corte como una cascada de acontecimientos celulares para restablecer el estado normal de un tejido tras la lesión: la homeostasis en acción. Sale sangre del tejido herido. Las plaquetas y los factores de coagulación inducidos por el daño en los tejidos se concentran alrededor de la herida. Los neutrófilos, al percibir una señal de peligro, se acumulan allí como primera respuesta a la infección; montan la guardia para asegurarse de que los microorganismos patógenos no tengan la oportunidad de penetrar en el organismo. Se forma un coágulo y la herida se tapona temporalmente.[2]

Y entonces empieza la cicatrización. Si la herida es superficial, los dos extremos de la piel se hallan cerca. Y, si es profunda, los fibroblastos en el interior de la piel —las células fusiformes que existen en prácticamente todos los tejidos— se desplazan para depositar una matriz proteica por debajo de la herida. A continuación, las células cutáneas se multiplican sobre la matriz para cubrir la herida, lo que a veces deja una cicatriz. Cuando entran en contacto con otras, estas células dejan de dividirse. Hace falta una gran cantidad de células para coordinar este proceso. La herida se ha reparado.

Pero aquí tenemos un enigma de la biología celular: ¿qué es lo que provoca que las células de la piel empiecen a multiplicarse? Y, lo que importa más para el cáncer, ¿qué hace que dejen de dividirse? ¿Por qué no nos crece un nuevo apéndice cada vez que nos cortamos, como cuando a un árbol le sale una rama?

Parte de la respuesta nos lleva al principio de este libro: a los genes que Hunt, Hartwell y Nurse descubrieron y que controlan la división celular. Cuando se produce el corte, las señales procedentes de la herida y de las células que responden a ella —señales intrínsecas y extrínsecas— activan una cascada de genes para que las células restauradoras empiecen a dividirse. Y, cuando la cicatrización está completa y las células cutáneas entran en contacto con otras, otra serie de señales informa a las células para que interrumpan el ciclo. Podemos imaginar estas señales como el acelerador y el freno de un coche: cuando la carretera está despejada (inmediatamente después de que se produzca la herida), el coche acelera; pero, cuando el tráfico se hace más denso, la división celular se ralentiza poco a poco hasta detenerse. En esto consiste la división celular regulada, y ocurre muchos millones de veces cada día en cada cuerpo humano. Es la base del desarrollo de un organismo a partir de una sola célula. ¿Por qué algunos embriones no crecen rápidamente hasta multiplicar veinte veces su tamaño? Esa es la base de la embriogénesis. ¿Por qué no nos salen nuevos miembros cada vez que nos hacemos un corte? Esa es la base de la reparación y regeneración continua de un órgano. ¿Por qué Nancy Lowry, tras recibir el trasplante de células de su hermana, no siguió produciendo células sanguíneas sin límite? Esa es la base de nuestra comprensión de cómo las células madre de la sangre fabrican nuevas células progenitoras, aunque, por lo que parece, se detienen cuando se restablecen las cifras normales de las células sanguíneas.

Pero el cáncer es, en cierto sentido, un trastorno de la homeostasis interna: su marca distintiva es que la división celular deja de estar regulada. Los genes que controlan estos aceleradores y estos frenos se estropean —es decir, mutan—, de manera que las proteínas que ellos codifican, los reguladores de la división celular, ya no funcionan en sus contextos apropiados. Los aceleradores están pisados de forma permanente o los frenos fallan todo el tiempo. Lo más habitual es que el crecimiento disfuncional de una célula cancerosa se deba a una combinación de ambas situaciones: los genes de los aceleradores pisados y los frenos rotos. Los coches se desplazan a toda velocidad a pesar del atasco, amontonándose unos sobre otros y provocando tumores. O se desplazan frenéticamente hacia rutas alternativas, provocando metástasis. No pretendo dar personalidades a las células cancerosas. Se trata de un proceso darwiniano que requiere una selección natural: las células que prosperan son las más aptas para la supervivencia. Se seleccionan de forma natural para ser las células más adaptadas para crecer y dividirse en circunstancias en las que no les correspondería crecer y en tejidos a los que no pertenecen. La selección natural crea células que desobedecen todas las leyes de la pertenencia, excepto las que ha creado para sí misma.

Como acabo de describir, las «averías» en los genes de los aceleradores o de los frenos están provocadas por mutaciones: cambios en el ADN (y, por tanto, cambios en las proteínas) que alteran su funcionamiento normal, de manera que se quedan «encendidos» o «apagados» de forma permanente. Los «aceleradores» que se atascan se llaman oncogenes; los frenos que «rompen» son denominados supresores tumorales. La mayoría de estos genes que provocan cáncer no son genes que controlen de manera directa el ciclo celular (aunque algunos sí lo hacen). En realidad, muchos de ellos son los controladores de los controladores: reclutan a otras proteínas que a su vez reclutan a otras, hasta que una cascada maligna de señales proteicas dentro de una célula acaba por empujar a la célula a una especie de frenesí mitótico, a seguir dividiéndose sin control. Las células se amontonan, invadiendo tejidos a los que no pertenecen. Rompen las leyes del civismo celular, de la ciudadanía.

Además de controlar la división celular, muchos de estos genes tienen diversas funciones: activar o reprimir la expresión de otros genes. Algunos de los genes se apropian del metabolismo de la célula, lo que les permite utilizar los nutrientes para impulsar el renacimiento maligno de la célula cancerosa. Otros alteran la inhibición normal que ocurre cuando las células entran en contacto entre sí; las células cancerosas se amontonan unas sobre otras en situaciones en las que las células normales dejarían de dividirse.

Una característica asombrosa del cáncer es que cualquier muestra de cáncer individual tiene una combinación de mutaciones única. El cáncer de mama de una mujer puede tener mutaciones en, por ejemplo, treinta y dos genes; el cáncer de mama de una segunda mujer puede tener sesenta y tres, y es posible que solo doce coincidan. El aspecto histológico, o celular, de dos «cánceres de mama» puede parecer idéntico bajo el microscopio del anatomopatólogo. Pero los dos cánceres pueden ser genéticamente diferentes, comportarse de forma distinta y requerir terapias totalmente distintas.

De hecho, esta heterogeneidad de las «huellas mutacionales» —el conjunto de mutaciones que contiene una célula cancerosa concreta— llega hasta el nivel celular individual. ¿Cómo era el tumor de mama con treinta y dos mutaciones en su totalidad? Es posible que una célula cancerosa concreta tenga doce de las treinta y dos mutaciones y, justo al lado, haya una célula con dieciséis de las treinta y dos, y que algunas coincidan y otras no. Por tanto, incluso un solo tumor de mama es en realidad un collage de células mutantes, un conjunto de enfermedades no idénticas.

Todavía no disponemos de métodos sencillos para comprender cuáles de estas mutaciones son las que desencadenan las características patológicas del tumor (mutaciones oncoiniciadoras) y cuáles son simplemente mutaciones incorporadas en el ADN como consecuencia de la acumulación de mutaciones por parte del tumor a medida que se divide (mutaciones secundarias). Algunas, como c-Myc, son tan comunes en muchos tipos de cánceres que es casi seguro que sean «iniciadoras». Otras son exclusivas de determinadas formas de cáncer, de la leucemia o de un tipo concreto del linfoma. En el caso de algunos genes mutantes, conocemos la manera en que permiten este crecimiento maligno desregulado. En el caso de otros, aún no la conocemos.[3]

Cuando fui a visitar a Sam P. en el hospital, en mayo de 2018, me pidieron que esperara fuera. Tenía náuseas y se excusó para ir al baño. Cuando se recompuso, una enfermera le ayudó a volver a la cama.

Estaba anocheciendo y Sam encendió una lámpara junto a la cama. Preguntó a la enfermera si podíamos hablar a solas.

«Se acabó, ¿verdad? —dijo mirándome fijamente, taladrándome hasta el centro de mi cerebro—. Sé sincero».

¿Se estaba acabando realmente? Me quedé pensando en la pregunta. Nos encontrábamos ante el más extraño de los casos: algunos de sus tumores respondían a la inmunoterapia, mientras que otros mantenían una resistencia obstinada. Y, cada vez que aumentábamos la dosis de los fármacos inmunoterápicos, una hepatitis autoinmune —un horror autotóxico del hígado— nos hacía retroceder. Era como si cada uno de los tumores metastásicos hubiera adquirido su propio programa de renacimiento y resistencia; cada uno estaba atrincherado en su propio nicho en el cuerpo y se comportaba como si fuera una comunidad independiente de colonos atrapados en su propia isla. Luchábamos en múltiples frentes al mismo tiempo: ganábamos en algunos y perdíamos en otros. Y, cada vez que aplicábamos una presión evolutiva sobre el cáncer —un fármaco inmunoterápico, por ejemplo—, alguna célula escapaba a la presión y volvía a establecer una nueva colonia resistente.

Le dije la verdad: «No lo sé, y no lo sabré hasta el último momento». La enfermera volvió para ocuparse de la bomba de infusión intravenosa, que estaba pitando, y cambiamos de tema. Una norma que he descubierto en el cáncer es que es como un interrogador obsesivo: no te deja cambiar de tema, aunque creas que puedes hacerlo.

Meses atrás, mientras Sam trabajaba en el periódico, presencié cómo él y un grupo de amigos preparaban una lista de reproducción de música. Les pedí la recopilación para una fiesta que iba a organizar, y llegó a convertirse en una de mis listas de canciones favoritas.

«¿Qué estás escuchando ahora?», le pregunté. Durante un rato, la ligereza de la charla trivial relajó la tensión y una sensación de normalidad descendió sobre la habitación. Dos amigos conversando sobre listas de música: rock and roll, hip-hop, rap... Hablamos durante otra hora. Y, entonces, tuve la sensación de haber llegado a un lugar en el que ya no se podían evitar las preguntas inevitables. El interrogador obsesivo había regresado.

«¿Algún consejo, doctor? —preguntó—. ¿Qué ocurre al final?».

¿Qué ocurre al final? Una pregunta tan antigua como imposible de responder. Volví a recordar a los pacientes que habían librado esta batalla indefinida —ganando, perdiendo, ganando—, pensando en lo que habían necesitado en sus últimas semanas. Le propuse que pensara en tres cosas que pudiera realizar: perdonar a alguien, ser perdonado por alguien y decirle a alguien que le quería.

Algún tipo de certeza nos había atravesado. Era como si él hubiera entendido la razón por la que había venido a verlo.

Una nueva oleada de náuseas le asaltó por sorpresa. Llamamos a la enfermera y le trajeron una palangana. «Hasta la próxima vez —dijo—. ¿La semana que viene?».

«Hasta la próxima vez», dije con firmeza.

Nunca volví a ver a Sam. Murió esa semana. Y no creo en la reencarnación, pero algunos hindúes, entre otros, sí.

Lo peculiar del renacimiento de las células cancerosas es que los programas genéticos que les permiten mantener un crecimiento maligno son similares, en cierta medida, a los de las células madre. Si se observan los genes que se «activan» y «desactivan» en las células madre leucémicas, por ejemplo, es sorprendente la coincidencia de ese subconjunto de genes con los de las células madre sanguíneas normales (lo que hace que, una vez más, sea casi imposible encontrar un fármaco que destruya el cáncer sin afectar a las células madre). Si se observan los genes activados y desactivados en las células cancerosas óseas, se encuentra un subconjunto de genes activados y desactivados similar a los de las células madre del hueso. Y las coincidencias continúan: entre los cuatro genes que Shinya Yamanaka había «encendido» para transformar células normales en células madre embrionarias (las células iPS que le valieron el Premio Nobel), hay uno llamado c-Myc, el mismo gen que, cuando se desregula, se convierte en uno de los principales iniciadores de muchos tipos de cáncer. En definitiva, la relación entre el cáncer y las células madre está resultando ser demasiado cercana.

Esto plantea dos preguntas importantes. En primer lugar, ¿pueden transformarse las células madre en células cancerosas? Y, a la inversa, ¿posee la población de células cancerosas del cuerpo una subpoblación de células responsable de la regeneración continua del cáncer, al igual que la sangre y los huesos tienen sus reservas de células madre? ¿Es ese el secreto de la regeneración continua del cáncer, una subpoblación secreta y especializada de células que actúa como su reserva regenerativa? La primera es una pregunta relacionada con el origen: ¿de dónde proceden las células cancerosas? La segunda tiene que ver con la regeneración: ¿por qué siguen creciendo las células malignas, mientras que otras células tienen un crecimiento controlado y limitado?

Estas preguntas siguen alimentando intensos debates entre oncólogos y biólogos del cáncer. Consideremos la primera pregunta.

En sistemas modelo, las células madre, o sus descendientes inmediatas, pueden convertirse en células cancerosas. Los investigadores que trabajan con la sangre han demostrado que introduciendo un único gen en una célula madre sanguínea de ratón se puede crear una leucemia letal. Ese gen —de hecho, una mutación que crea una fusión entre dos genes— codifica una proteína con múltiples dedos capaz de activar y desactivar tal cantidad de genes en una cascada tras otra, que puede inducir a una célula madre a desarrollar una leucemia agresiva.[4] A medida que la célula progresa hacia la leucemia, se van acumulando también otras mutaciones.

Pero lo contrario es mucho más difícil de conseguir: ¿se puede convertir una célula diferenciada totalmente madura —una célula ciudadana absolutamente benigna— en un actor maligno? Sí, se puede, pero mediante mucha manipulación genética, es decir, añadiendo a la célula una serie de señales genéticas extremadamente potentes que favorecen el cáncer. Recordemos a las células gliales que conocimos como complementos del sistema nervioso. Son totalmente maduras; no crecen de forma incontrolada. En un estudio realizado en 2002, un grupo de científicos dirigidos por Ron DePinho, entonces en Harvard (y ahora en Texas), tomaron una de estas células gliales maduras en un ratón, hicieron que expresara potentes oncogenes y la transformaron en un glioblastoma, un tumor cerebral letal.[5] ¿Sucede este fenómeno en la vida real? No lo sabemos.

¿Y qué hay de la segunda pregunta? ¿Tienen los cánceres células madre que actúan como una reserva para mantener su crecimiento de forma indefinida? En Toronto el grupo de John Dick ha demostrado que una pequeña parte de las células leucémicas de la médula ósea son capaces de regenerar totalmente la leucemia.

Del mismo modo, una población reducida de células sanguíneas puede repoblar la sangre (Dick las ha denominado «células madre leucémicas»).[6] Es decir, en algunos tipos de cáncer, existe una «jerarquía» según la cual un pequeño y excepcional subconjunto de células cancerosas es capaz de multiplicarse profusamente e impulsar la progresión de la enfermedad, mientras que el resto de las células cancerosas tienen poca o ninguna capacidad de proliferar. Estas células madre cancerosas son como las raíces de una planta invasora. No se puede eliminar la planta sin eliminar las raíces y, por la misma lógica, no se puede eliminar el cáncer sin eliminar las células madre cancerosas.

Pero la teoría de que todos los cánceres tienen células madre cuenta con sus detractores. Según Sean Morrison, el modelo de células madre cancerosas no ostenta validez para algunos tipos de cáncer, como el melanoma, donde la mayoría de las células son capaces de multiplicarse profusamente y contribuir a la progresión de la enfermedad.[7] Las células conservan una gran capacidad proliferativa y muestran propiedades similares a las de las células madre. En el caso de estos cánceres, los tratamientos deben eliminar el mayor número posible de células cancerosas para tener posibilidades de éxito.

Y puede haber otros tipos de cáncer en los que la validez del modelo de las células madre cancerosas varía de un paciente a otro. Por ejemplo, en algunos cánceres de mama y tumores cerebrales puede haber células madre cancerosas y células cancerosas que no sean «madres», mientras que en otros cánceres de mama y cerebrales podría no existir tal jerarquía. Las leyes normales de la fisiología —de las células madre— no pueden aplicarse, debido a la inmensa fluidez que las células cancerosas son capaces de lograr con solo pulsar los interruptores de algunos genes.*

«Mira —me dijo Morrison—, todo esto se va a complicar aún más. Algunos cánceres, como las leucemias mieloides, siguen realmente un modelo de células madre cancerosas. Pero en otros cánceres no existe una jerarquía significativa y no será posible curar a un paciente dirigiendo el tratamiento a una subpoblación excepcional de células. Queda mucho trabajo por hacer para averiguar qué cánceres, o incluso qué pacientes, entran en cada categoría».

* Para que no quepa duda, las células cancerosas no poseen ningún tipo de conciencia o cerebro que les permita encender y apagar interruptores. Es la evolución la que selecciona a las células que han activado ciertos genes que les facilitan crecer de manera continua.

Sin embargo, lo que sí es cierto es que algunas células cancerosas y células madre «reprograman» la célula de forma profunda. En las células se activan y desactivan genes para permitir su continuo renacimiento. La diferencia es que, en el cáncer, el programa está perpetuamente atascado, sus mutaciones no permiten a la célula modificar su programa de división continua. En las células madre normales y sanas, el programa es maleable, para que la célula pueda diferenciarse en osteoblastos, condrocitos, glóbulos rojos, neutrófilos... Las células madre pueden cambiar los programas de identidad; como he dicho antes, equilibran el egoísmo (la autorrenovación) con el altruismo (la diferenciación). La célula cancerosa, por el contrario, está atrapada en un programa de renacimiento perpetuo. Es la célula egoísta por excelencia.

Y lo que es peor, si se aplica algún tipo de presión evolutiva —un fármaco dirigido a un gen concreto—, las células cancerosas poseen suficiente heterogeneidad y fluidez como para seleccionar un programa genético diferente que les permita resistir al fármaco. Una célula con una mutación resistente podrá desarrollarse. Será una célula con un programa genético ligeramente alterado (a esto me refiero cuando hablo de la «fluidez» del programa genético del cáncer). Una célula en un lugar metastásico diferente, donde no pueda llegar el fármaco, puede activar un nuevo programa genético que impida que sea detectada y eliminada.

Durante las últimas décadas, hemos intentado atacar genes específicos, o mutaciones específicas, en las células cancerosas para intentar combatir el cáncer. Algunas de estas estrategias han tenido un éxito rotundo: el trastuzumab, por ejemplo, para el cáncer de mama positivo para Her2, o el imatinib, para la leucemia mieloide crónica.[8] Pero las pruebas con otros tratamientos dirigidos a otras mutaciones de genes (medicina personalizada contra el cáncer) han tenido un éxito más modesto o han fracasado por completo. En parte, esto se debe a que las células adquieren resistencia. En parte, a la heterogeneidad de las células cancerosas. En parte, a las características comunes entre las células cancerosas y las normales, especialmente las células madre, que imponen un límite natural a los fármacos antes de que la medicina se vuelva tóxica para el organismo. Es la versión de la biología celular de lo que Kant podría haber llamado lo terriblemente sublime.

Al salir de la habitación de Sam en el hospital, pensé en su lista de canciones. Podríamos imaginar que todos los genes de las células —la totalidad de su genoma— son una lista de reproducción fija y preseleccionada. Las células madre pueden elegir qué canciones reproducir y en qué orden a medida que pasan de la autorrenovación a la diferenciación. Cuando se autorrenuevan, suena una serie concreta. Cuando se diferencian, suena una serie distinta.

En el cáncer la rigidez de las mutaciones no permite cambiar el orden de las canciones. Los aceleradores están atascados en la posición de encendido y los frenos en la de apagado. En consecuencia, a diferencia de lo que ocurre con las células madre normales, el organismo tiene poca capacidad para regular su actividad. La lista de reproducción permanece fija. Se reproducen las mismas series de canciones una y otra vez, como una melodía maldita que uno no puede sacarse de la cabeza. Y, cuando se aplica una presión selectiva, como un fármaco o un tratamiento de inmunoterapia, se cambia a una nueva lista de genes o incluso se confunden las canciones de la lista de reproducción —produciéndose un batiburrillo demencial de hip-hop y Chopin, por ejemplo—, y las células malignas logran eludir el fármaco. Y luego la repiten: ahora la célula cancerosa tiene una nueva melodía maligna fijada que no puede dejar de interpretar.

A mediados de la década de 2000, cuando se identificó por primera vez la lista exhaustiva de genes que impulsan el crecimiento de las células cancerosas, se generó un gran entusiasmo por creerse que habíamos desvelado la clave de la curación del cáncer.

«Usted tiene una leucemia con mutaciones en Tet2, DNMT3a y SF3b1», le dije a una paciente desconcertada, mirándola con aire triunfal, como si hubiera resuelto el crucigrama del domingo.

Ella me miró como si yo fuera de Marte.

Y a continuación formuló la pregunta más simple: «¿Quiere eso decir que saben qué medicamentos me van a curar?».

«Sí. Pronto», dije yo con entusiasmo. Porque el razonamiento lineal era el siguiente: se aíslan las células cancerosas, se encuentran los genes alterados, se buscan los medicamentos dirigidos a esos genes y se mata el cáncer sin dañar al organismo.

Así que los investigadores realizaron dos tipos de estudios para demostrar que esta idea era correcta (¿cómo no iba a serlo?).[9] El primero, denominado «ensayo en canasta», consistió en colocar diferentes tipos de cáncer (de pulmón, mama, melanoma) que compartían las mismas mutaciones en la misma «canasta» y tratarlos con el mismo fármaco. En resumen, la misma mutación, el mismo fármaco, la misma canasta, la misma respuesta, ¿no? Pero los resultados fueron desalentadores. En un estudio de referencia publicado en 2015, se descubrió que 122 pacientes con varios tipos diferentes de cáncer (de pulmón, de colon, de tiroides) tenían la misma mutación y, por tanto, se trataron con el mismo fármaco, el vemurafenib.[10] Este funcionó en algunos tipos de cáncer —en el de pulmón la tasa de respuesta fue del 42 %—, pero no en otros; en el cáncer de colon, por ejemplo, la tasa de respuesta fue del 0 %. E incluso la mayoría de las respuestas no se mantuvieron, de modo que los pacientes volvieron a la casilla de salida tras una remisión fugaz.

El segundo tipo de estudio fue el opuesto: un ensayo en paraguas. En este caso, un tipo de cáncer, por ejemplo, el de pulmón, se analizaba para identificar diferentes mutaciones, y cada cáncer de pulmón con una serie concreta de mutaciones se colocaba bajo un «paraguas» distinto. Cada cáncer de pulmón individual, bajo su propio paraguas, recibía otro conjunto de fármacos específicos para su combinación concreta de mutaciones. En resumen, diferentes mutaciones, diferentes paraguas, diferentes terapias y, por tanto, respuestas específicas, ¿no? Tampoco funcionó. Un importante ensayo clínico, llamado BATTLE-2, también generó datos desalentadores, y la mayoría de los cánceres apenas respondieron.[11] «En definitiva —comentó un investigador decepcionado—, el ensayo no logró identificar ningún nuevo tratamiento prometedor».[12]

«Los científicos biomédicos somos adictos a los datos, como los alcohólicos a la bebida barata —escribió Michael Yaffe, biólogo del Instituto de Tecnología de Massachusetts, en la revista *Science Signal-*

ing—. Como en el viejo chiste del borracho que busca su cartera extraviada bajo la luz de una farola, los científicos biomédicos tendemos a buscar bajo la farola de la secuenciación, donde "hay más luz" [porque allí es donde se ve mejor], es decir, donde pueden obtenerse más datos lo más rápidamente posible. Como adictos a los datos, seguimos buscando en la secuenciación del genoma, cuando la información realmente útil desde el punto de vista clínico puede estar en otro lugar».[13]

La secuenciación es seductora. Pero se trata de datos, no de conocimientos. Entonces ¿dónde se encuentra la «información realmente útil desde el punto de vista clínico»? Yo creo que en algún lugar en una intersección entre las mutaciones de la célula cancerosa y la identidad de la propia célula. El contexto. El tipo de célula que sea (¿del pulmón?, ¿del hígado?, ¿del páncreas?). El sitio donde vive y se desarrolla. Su origen embrionario y su vía de desarrollo. Los factores particulares que confieren a la célula su identidad única. Los nutrientes que le dan sustento. Las células vecinas de las que depende.

Quizá una nueva generación de tratamientos contra el cáncer nos haga superar esta adicción. Durante décadas, hemos imaginado el cáncer como la consecuencia de una célula maligna individual. La «célula cancerosa» se ha convertido en un icono del comportamiento maligno de la enfermedad, de la autonomía celular que se ha vuelto rebelde (incluso hay una revista científica llamada *Cancer Cell*). La célula cancerosa se ha convertido en el centro de nuestra atención. Si se mata a la célula, se derrota al cáncer. «Este tumor está invadiendo el cerebro», le dice un cirujano a otro en un quirófano. (En cambio, ¿quién dice «el resfriado se ha apoderado de ti»?). Sujeto, verbo, complemento: el cáncer es el actor autónomo, el agresor, el impulsor. El anfitrión —el paciente— es el espectador silencioso, la víctima afligida, el observador pasivo. El contexto que este proporciona, el comportamiento particular de sus células cancerosas, la ubicación de estas, su escurridiza movilidad, su respuesta inmunitaria a la enfermedad... ¿A quién le importa alguna de estas cosas?

Pero, en el caso de Sam, cada foco metastásico se comportaba de forma diferente; su cuerpo estaba lejos de ser un espectador pasivo. El comportamiento de la metástasis en su hígado no era el mismo que en el lóbulo exterior de su oreja. Y algunos de sus órganos se salvaron misteriosamente, mientras que otros estaban densamente colonizados.

La pregunta nos lleva justamente a cuestionarnos qué es lo que hace que las metástasis sobrevivan en algunos lugares, mientras que otros sitios, como el riñón y el bazo, sobre todo, nunca parecen atraerlas. Tal vez debamos imaginar las células cancerosas como una comunidad —al igual que a los órganos y los organismos—, una comunidad que solo puede establecerse en un determinado lugar y momento. Las metáforas del cáncer están cambiando. El cáncer como asamblea cooperativa. El cáncer como un desequilibrio ecológico. El cáncer como un pacto malévolo entre una célula rebelde y el entorno del que se aprovecha, un armisticio entre la célula y el tejido en el que puede prosperar. «El cáncer es una enfermedad de las células en la misma medida que un atasco de tráfico es una enfermedad de los coches»,[14] escribió en 1962 D. W. Smithers, el médico británico e investigador sobre el cáncer, en la revista *Lancet*. «Un atasco de tráfico se debe a un fallo en la relación normal entre los coches que circulan y su entorno, y puede ocurrir tanto si estos funcionan con normalidad como si no». Smithers se había excedido en su provocación. El alboroto que se produjo fue clamoroso e inmediato (Bob Weinberg, uno de los investigadores del cáncer más influyentes, me dijo que era «un completo disparate»). Pero Smithers —buscando la provocación, sin duda— intentaba desviar la atención de la célula cancerosa hacia los comportamientos de estas células en sus entornos reales.

Por tanto, estamos inventando nuevas metáforas para la enfermedad. Olvidemos las mutaciones. Centrémonos en el metabolismo. Algunas células cancerosas, por ejemplo, se vuelven muy dependientes («adictas», en la jerga médica) de determinados nutrientes y vías metabólicas concretas. En la década de 1920, el fisiólogo alemán Otto Warburg descubrió que muchas células cancerosas utilizan un método rápido y barato de consumo de glucosa para generar energía.[15] Las células malignas prefieren la fermentación sin oxígeno en lugar de la combustión profunda y lenta que habíamos visto en las mitocondrias, incluso cuando hay mucho oxígeno. Las células normales, en cambio, casi siempre utilizan una combinación de mecanismos de combustión lenta y rápida —dependientes e independientes del oxígeno— para generar energía. ¿Y si esta peculiaridad metabólica de las células malignas pudiera utilizarse para impulsar una ofensiva para eliminar el cáncer?*[16]

* Nadie sabe por qué las células cancerosas prefieren este mecanismo rápido y barato (pero altamente ineficaz) de producir energía. Al fin y al cabo, la respiración dependiente del oxígeno (respiración aeróbica) genera treinta y seis moléculas de ATP, mientras que la fermentación independiente del oxígeno (respiración anaeróbica) solo genera dos moléculas, una cantidad dieciocho veces menor. ¿Por qué utiliza una célula cancerosa un sistema ineficiente para generar energía cuando podría obtener mucha más energía de otro modo y sin que los recursos supusieran un límite? (Una célula leucémica, por ejemplo, está literalmente bañada en sangre; hay suficientes nutrientes y oxígeno para utilizar la respiración aeróbica). Parte de la respuesta puede residir en el hecho de que el uso de reacciones dependientes del oxígeno para generar energía crea subproductos tóxicos, sustancias químicas elevadamente reactivas que son perjudiciales para las células, que deben ser eliminadas y depuradas. Los subproductos tóxicos de la respiración dependiente del oxígeno incluyen sustancias químicas que inducen mutaciones en el ADN, las cuales, a su vez, activan un aparato en las células para que dejen de dividirse (recordemos el punto de control G2, cuando las células comprueban la calidad de su ADN). Es posible que las células cancerosas hayan evolucionado adaptándose de la mejor manera a la escasez, es decir, sacrificando la eficiencia energética para poder mantenerse alejadas de estos subproductos tóxicos. Esta es una de las muchas hipótesis; otros han propuesto otras razones para la preferencia de las células cancerosas por la fermentación. Trabajos recientes de algunos investigadores, como Ralph DeBerardinis, han demostrado que el efecto Warburg —es decir, el uso por parte de la célula cancerosa de la vía no mitocondrial para generar energía— puede verse exagerado por las condiciones artificiales que utilizamos para cultivar células cancerosas en el laboratorio en comparación con la manera en que se desarrollan en el cuerpo de verdad. Cuando cultivamos células cancerosas en el laboratorio, solemos añadir concentraciones muy elevadas de glucosa a los cultivos, lo que puede hacer que el

Otro ensayo clínico que mi grupo está llevando a cabo con un equipo de la Universidad de Cornell y con Lew Cantley, ahora en Harvard, espera ahondar en la forma inquietantemente universal en que los cánceres dependen del metabolismo del azúcar o de las proteínas de manera diferente a las células normales. En colaboración con Cantley, hemos descubierto que algunos tipos de cáncer (aunque no todos) utilizan la insulina —cuya liberación es inducida por la glucosa— como mecanismo de resistencia a un potente fármaco anticancerígeno. De hecho, este fármaco resultaría tóxico para las células cancerosas, pero estas, como astutos criminales, aprenden a utilizar la insulina para eludir la toxicidad del fármaco. Y esto plantea la cuestión de la dependencia única de las células cancerosas de algunos nutrientes concretos, dejando de lado las mutaciones. Si inhabilitásemos las formas especiales en que las células cancerosas utilizan los nutrientes y luego tratásemos las células malignas con fármacos, ¿lograríamos que se volvieran sensibles de nuevo a los fármacos? ¿Y si privamos al organismo de prolina, un aminoácido al que algunos cánceres son adictos, y, de este modo, los asfixiamos nutricionalmente?

También podemos centrarnos en la evasión de la inmunidad. Jim Allison y Tasuku Honjo utilizaron la idea de que en algún momento todos los cánceres deben encontrar maneras de resistir al sistema inmunitario. Si se desenmascara la forma en que el cáncer se esconde, se obtiene un tratamiento que no parece depender de lo que ocurra con el sistema inmunitario. Se podrían bloquear los vasos sanguíneos que nutren los tumores, una idea defendida por el investigador Judah Folkman en la década de 1990. O pueden fabricarse linfocitos T genéticamente modificados, como los usados para curar la leucemia de Emily Whitehead.

Pero primero hay que entender la fisiología de la célula cancerosa como una célula en el contexto donde se desarrolla, de la misma manera que entendemos cualquier otra célula: el órgano en el

---

metabolismo se decante por la vía no mitocondrial. Dicho esto, el efecto Warburg sigue siendo real: algunos cánceres «auténticos» que crecen en los seres humanos —no en el laboratorio— utilizan la vía no mitocondrial como mecanismo principal para generar energía, pero puede que hayamos sobrestimado el alcance del efecto.

que vive, las células de apoyo de las que se rodea, las señales que envía, sus dependencias y vulnerabilidades.

Hay muchos otros enigmas. Los linfocitos T modificados de forma genética resultan poderosamente activos contra las leucemias y los linfomas, pero fracasan contra el cáncer de ovario y de mama. ¿Por qué? El tipo de inmunoterapia utilizado en el caso de Sam eliminó los tumores cutáneos, pero no los de sus pulmones. ¿Por qué? Como descubrió uno de los investigadores posdoctorales de mi laboratorio, nuestro método de reducción de la insulina a través de la dieta frenó el desarrollo de los cánceres de endometrio y páncreas, pero aceleró el desarrollo de algunas leucemias en ratones. ¿Por qué? Desconocemos lo que no sabemos.*

* Como este capítulo se centra en la célula cancerosa, en su comportamiento, en su manera de migrar y su metabolismo, he decidido conscientemente no abordar la prevención y la detección precoz del cáncer. Algunos de estos temas se trataron en mi libro *El emperador de todos los males: Una biografía del cáncer* (2014), y los avances más recientes en materia de prevención y detección precoz se incluirán en una futura edición actualizada.

Las canciones de la célula

No sé lo que prefiero,
si la belleza de los acentos
o la belleza de las insinuaciones;
si el pájaro silbando
o lo que viene luego.[1]

WALLACE STEVENS,
«Trece maneras de mirar un mirlo»

En su libro de 2021 sobre ecología y cambio climático, *The Nutmeg's Curse: Parables for a Planet in Crisis* (La maldición de la nuez moscada: Parábolas para un planeta en crisis), Amitav Ghosh cuenta la historia de un eminente profesor de botánica que se adentra en una selva guiado por un joven de una aldea local. El joven es capaz de identificar cada una de las especies de plantas. El profesor, admirado, le felicita por sus conocimientos. Pero el joven reacciona apenado. Asintiendo con la cabeza, responde con la mirada baja: «Sí, he aprendido los nombres de todas esas plantas, pero todavía no conozco las canciones».[2]

Muchos lectores podrían entender la palabra «canciones» como una metáfora. Pero, para mí, está lejos de serlo. Lo que el joven lamenta es no haber aprendido la interconexión entre los distintos habitantes de la selva tropical —su ecología, su interdependencia—, la manera en que funciona y vive la selva como un todo. Una canción puede ser tanto un mensaje interno —un zumbido— como uno externo: un mensaje enviado de un ser a otro para denotar la interconexión y la cooperatividad (las canciones a menudo se cantan en grupo o por alguien a otra persona). Podemos saber los nombres de las células, e incluso de los sistemas celulares, pero aún no conocemos las canciones de la biología celular.

Este es el reto. Hemos dividido el cuerpo en órganos y diferentes sistemas: órganos que realizan diferentes funciones (riñones, corazón, hígado...) y sistemas de células (células inmunitarias, neuronas...) que permiten estas funciones. Hemos identificado las señales que se mueven entre ellos, algunas a corta distancia y otras a larga distancia. Esto ya es un avance radical respecto a Hooke y Leeuwenhoek, que concibieron el cuerpo como conglomerados de elementos unitarios vivos e independientes. Nos acerca a Virchow, que imaginó el cuerpo como una ciudadanía.

Pero todavía hay lagunas en nuestra comprensión de la interconexión de las células. Seguimos viviendo en un mundo en el que imaginamos la célula, igual que Leeuwenhoek, como un «átomo viviente»: unitario, singular y aislado, una nave espacial flotando en el espacio corporal. Hasta que no salgamos de ese mundo atomista, no sabremos por qué, como se preguntaba el cirujano inglés Stephen Paget, el hígado y el bazo tienen el mismo tamaño, son vecinos anatómicos, reciben prácticamente la misma irrigación sanguínea y, sin embargo, uno de ellos (el hígado) se encuentra entre los lugares más frecuentes de metástasis del cáncer, mientras que el otro (el bazo) rara vez tiene alguna. O por qué los pacientes con ciertas enfermedades neurodegenerativas, como el párkinson, tienen un riesgo notablemente menor de padecer cáncer. O por qué, como me explicó Helen Mayberg, los pacientes que caracterizan su depresión como un «hastío existencial» (según sus palabras) no suelen responder a la estimulación cerebral profunda, mientras que los que se describen como si «cayeran en pozos verticales» suelen hacerlo. Como el joven apenado en la selva, hemos aprendido los nombres de las plantas, pero no las canciones que se mueven entre los árboles.

Hace años, un amigo me contó una historia que aún resuena en mí. Estaba paseando con su abuelo, que había venido a visitarlo desde Ciudad del Cabo, cuando este se detuvo ante un edificio de viviendas cualquiera de Newton, en Massachusetts, una ciudad donde se habían establecido muchos judíos inmigrantes de primera y segunda generación. El bisabuelo de mi amigo había emigrado a Sudáfrica desde Lituania. El abuelo se acercó al edificio y quiso mirar los nombres impresos junto a los timbres de los pisos. «Pero, abuelo —protestó mi amigo—, no conocemos a nadie que viva en este edificio». El abuelo hizo una pausa y sonrió. «Oh, no —dijo—, conocemos a todos los que viven en el edificio».

Para crear nuevos seres humanos a partir de células, necesitamos conocimientos que no sean solo los nombres, sino la interconexión entre esos nombres. No las direcciones, sino los vecindarios; no los documentos de identidad, sino las personalidades, las historias y los relatos que los acompañan.

Tal vez, ahora que nos acercamos al final del libro, podamos detenernos a reflexionar sobre uno de los legados filosóficos más potentes de la ciencia del siglo XX y sobre sus limitaciones. El «atomismo» sostiene que los objetos materiales, informáticos y biológicos se fabrican a partir de sustancias unitarias. Átomos, bytes, genes, escribí en un libro anterior. A esto podríamos añadir: células. Estamos constituidos con elementos unitarios, extraordinariamente diversos en cuanto a la forma, el tamaño y la función, pero al fin y al cabo unitarios.

¿Por qué? Las respuestas solo pueden ser especulativas. Porque en la biología es más fácil que los organismos complejos evolucionen a partir de elementos unitarios, permutándolos y combinándolos en diferentes sistemas de órganos, lo que permite que cada uno tenga una función especializada, al tiempo que conserva características que son comunes a todas las células (metabolismo, eliminación de residuos, síntesis de proteínas). Una célula cardiaca, una neurona, una célula pancreática y una célula renal dependen de estas características comunes: las mitocondrias para generar energía, una membrana lipídica para definir sus límites, los ribosomas para sintetizar sus proteínas, el retículo endoplásmico y el aparato de Golgi para exportar proteínas, los poros en la membrana para que puedan entrar y salir señales, un núcleo para alojar su genoma. Y, sin embargo, a pesar de las características comunes, funcionalmente son diferentes. Una célula cardiaca utiliza la energía mitocondrial para contraerse y actuar como una bomba. Una célula ß pancreática utiliza esa energía para sintetizar y segregar la hormona insulina. Una célula renal utiliza canales de membrana para regular la sal. Una neurona utiliza un conjunto diferente de canales de membrana para enviar señales que permiten percibir las sensaciones, los sentimientos y la conciencia. Pensemos en todas las construcciones diferentes que podríamos crear con mil piezas de Lego de formas variadas.

O quizá podríamos reencuadrar la respuesta en términos evolutivos. Recordemos que los organismos unicelulares evolucionaron hasta convertirse en organismos pluricelulares, no una vez, sino muchas veces de forma independiente. Creemos que las fuerzas motrices que impulsaron esa evolución fueron la capacidad de escapar de la depredación, la capacidad de competir más eficazmente por los recursos escasos y de conservar la energía mediante la especialización y la diversificación. Los elementos unitarios —las células— encontraron mecanismos para lograr esta especialización y diversificación combinando programas comunes (el metabolismo, la síntesis de proteínas, la eliminación de desechos) con programas especializados (la contractilidad, en el caso de las células musculares, o la capacidad de secreción de insulina, en las células ß del páncreas). Las células se asociaron, se reciclaron, se diversificaron... y triunfaron.

Pero por muy potente que sea, el «atomismo» tiene sus límites explicativos, como hemos visto. Podemos explicar gran parte del mundo físico, químico y biológico a través de agrupaciones evolutivas de unidades atomísticas, pero esas explicaciones se están quedando cortas. Los genes por sí solos no bastan para explicar las complejidades y diversidades de los organismos; para poder comprender la fisiología y los destinos de los organismos, debemos añadir las interacciones entre los diversos genes y entre los genes y el entorno. Adelantándose décadas a su tiempo, la genetista Barbara McClintock llamó al genoma «órgano sensible de la célula».[3] Las palabras «órgano» y «sensible» reflejaban ideas totalmente desconocidas para los genetistas de los años cincuenta y sesenta. En contra del enfoque «gen a gen» atomista defendido por los genetistas, McClintock propuso que el genoma solo podía interpretarse como un todo, como un «órgano sensible» que respondía a su entorno.

Según esa misma lógica, las células, por sí solas, son una explicación incompleta de las complejidades del organismo. Debemos tener en cuenta las interacciones entre una célula y otra y entre las células y el entorno, lo que supone un avance en el holismo de la biología celular. Disponemos de algunos términos rudimentarios para estas interacciones —ecologías, sociologías, «interactomas»—, pero aún nos faltan los modelos, las ecuaciones y los mecanismos necesarios para comprenderlos. Una y otra vez pienso en la enfermedad como una violación de los pactos sociales entre las células.

Parte del problema es que la palabra «holismo» se ha contaminado científicamente. Se ha convertido en sinónimo del amasijo de todo lo que no entendemos en una batidora que no funciona bien, con las cuchillas poco afiladas (y una cabeza poco afilada). Parafraseando a Orwell: una ecuación, sí; cuatro ecuaciones, no.

Y luego las cosas empeoraron. Una variante del pensamiento científico posmoderno tiró a la basura las ecuaciones, junto con las pizarras en las que estaban escritas; el bebé se fue con el agua de la bañera. Pero eso también es un sinsentido equivalente aunque al revés: una pelota newtoniana lanzada al espacio newtoniano sí sigue las leyes newtonianas. Las leyes que rigen la pelota son tan reales y tangibles como lo eran durante la concepción del universo. Por la misma lógica, una célula es real, al igual que un gen. Solo que no son «reales» en el aislamiento. Son fundamentalmente unidades cooperativas e integradoras y, juntas, constituyen, mantienen y reparan los organismos. No puedo ayudar a nadie a concebir ambas ideas a la vez. Pero tal vez pueda servir alguna experiencia con las filosofías no occidentales: «cooperativo» y «unitario», así como «altruismo» y «amor propio» no son conceptos mutuamente excluyentes. Existen en paralelo.

Los principios universales nos satisfacen —«una ecuación sí»— porque satisfacen nuestra creencia en un universo ordenado. Pero ¿por qué tiene que ser el «orden» tan marcial, tan singular, tan *unifiesto* (en contraposición a manifiesto)? Quizá un manifiesto para el futuro de la biología celular sea integrar el «atomismo» y el «holismo». La evolución a la pluricelularidad se produjo, una y otra vez, porque las células, pese a conservar sus fronteras, encontraron múltiples beneficios en la ciudadanía. Tal vez debamos empezar también a pasar de lo unitario a lo múltiple. Más que ninguna otra, esa es la ventaja de entender los sistemas celulares y, a partir de ahí, los ecosistemas celulares. Necesitamos conocer a todos los que viven en este edificio.

En enero de 1902, mientras la danza macabra de la división sectaria alemana, fundamentada en la pseudociencia de la antropología racial y biológica, empezaba a girar en torno a Rudolf Virchow, este seguía corriendo de una cita a la siguiente. Bajando de un tranvía en la calle Leipziger de Berlín, perdió el equilibrio y, al caer, se lastimó una pierna.

Se fracturó el fémur. En esa época estaba bastante debilitado y frágil: «Un hombrecillo con la tez amarillenta, cara de búho y gafas —como lo describió un ayudante—, con unos ojos peculiarmente penetrantes, aunque algo empañados, en los que llamaba la atención la ausencia de pestañas. Tenía los párpados apergaminados y finos como el papel [...]. Cuando entramos estaba comiendo un bollo con mantequilla y, junto al plato, había una taza de café con leche. En eso consistía su comida; su único refrigerio entre el desayuno y la cena».[4]

En él se desencadenó una cascada de patología celular. La fractura de cadera fue probablemente la consecuencia de un hueso frágil, y la fragilidad del hueso, del envejecimiento de las células óseas, incapaces de mantener o reparar la integridad estructural del fémur.

Pasó el verano recuperándose, pero luego se produjeron más contratiempos: una infección por un sistema inmunitario debilitado (otra alteración celular), que luego derivó en una insuficiencia cardiaca (una disfunción de las células del corazón). Un sistema tras otro, las comunidades de células que lo habían sostenido se fueron desmoronando. Murió el 5 de septiembre de 1902.

Hasta el momento de su muerte, Virchow continuó trabajando en su comprensión de la fisiología celular, así como de su anverso, la patología celular. Las numerosas ideas fundamentales que aportó con su trabajo y las que se desarrollaron a partir de ellas en las décadas siguientes son su legado imperecedero y las lecciones de este libro. Sus principios básicos de la biología celular se han ampliado hasta convertirse en al menos diez, que yo pueda enumerar, pero surgirán más a medida que profundicemos en nuestra comprensión de las células:

1. Todas las células provienen de otras células.
2. A partir de la primera célula humana se forman todos los tejidos humanos. Por lo tanto, en principio, la totalidad de las células del cuerpo humano pueden producirse a partir de una célula embrionaria (o célula madre).
3. Aunque las células varían mucho en cuanto a su forma y función, siempre comparten profundas similitudes fisiológicas.
4. Las células pueden adaptar estas similitudes fisiológicas para sus distintas funciones especializadas. Una célula inmunitaria usa su mecanismo molecular para la ingestión para fagocitar microbios; una célula glial utiliza un mecanismo similar para podar sinapsis en el cerebro.
5. Los sistemas de células con funciones especializadas, que se comunican entre sí a través de mensajes de corto y largo alcance, pueden realizar funciones fisiológicas complejas que no son posibles para las células individuales; por ejemplo, la cicatrización de heridas, las vías de señalización de estados metabólicos, la sensibilidad, la cognición, la homeostasis o la inmunidad. El cuerpo humano funciona como una ciudadanía de células cooperantes. Cuando esta ciudadanía se desintegra, el bienestar se transforma en enfermedad.
6. La fisiología celular es, por tanto, la base de la fisiología humana, y la patología celular es la base de la patología humana.

7. Los procesos relacionados con el deterioro, la reparación y la renovación son idiosincrásicos de los distintos órganos. En algunos órganos hay células especializadas responsables de la reparación y la renovación constantes (la sangre se renueva hasta la edad adulta, aunque a un ritmo más lento), pero en otros órganos no existen estas células (las células nerviosas rara vez se renuevan). El equilibrio entre la lesión y el deterioro y la reparación y la renovación determina, en definitiva, la integridad o la degeneración de un órgano.
8. Además de comprender la célula de manera aislada, es necesario desentrañar las leyes internas de la ciudadanía celular: la tolerancia, la comunicación, la especialización, la diversidad, el establecimiento de límites, la cooperación, los nichos, las relaciones ecológicas... Esto tendrá como resultado el nacimiento de un nuevo tipo de medicina celular.
9. La capacidad de crear nuevos seres humanos a partir de nuestros elementos estructurales —es decir, las células— es hoy en día una realidad muy al alcance de la medicina; la manipulación celular puede mejorar o incluso revertir la patología celular.
10. La manipulación de células ya nos ha permitido reconstruir partes del ser humano con células rediseñadas. A medida que aumente nuestra comprensión de este campo, surgirán nuevos enigmas médicos y éticos que intensificarán los debates y desafiarán la definición básica de quiénes somos y cuánto deseamos modificarnos.

Estos principios siguen inspirándonos, motivándonos y hasta sorprendiéndonos en la actualidad. Como médicos, debemos aprenderlos. Como pacientes, nos toca vivirlos. Como seres humanos adentrándonos en un nuevo ámbito de la medicina, tendremos que aprender a aceptarlos, desafiarlos e incorporarlos en nuestras culturas, sociedades y en nosotros mismos.

Epílogo

«Mejores versiones de mí»

Si pudiéramos ser menos humanos,
si lográramos ser inmunes
a lo tópico y a lo manido
y no llevar los bolsillos llenos
de monedas que son nuestras,
o quizá sean robadas, ¿quién no lo sería?[1]

KAY RYAN, «The Test We Set Ourselves», 2010

Pero yo también creé cosas
que un día podrían ser
mejores versiones de mí.[2]

WALTER SCHRANK, *Battle Cries of Every Size*, 2021

Unas semanas antes de su muerte, Paul Greengard y yo dimos otro paseo por las resbaladizas losas de mármol de la Universidad Rockefeller. Pasamos por delante del edificio en cuyo sótano George Palade había instalado su laboratorio y analizado minuciosamente los componentes de la célula utilizando la bioquímica y la microscopía electrónica. Una zona del campus estaba acordonada y llena de andamios; los albañiles construían un nuevo laboratorio. Me interesaba hablar con Greengard sobre la creación de nuevos seres humanos.

«¿Genéticamente, quieres decir?», me preguntó.[3]

Se refería a las nuevas técnicas, entre ellas la edición génica, que habían permitido que investigadores como He Jiankui modificaran el genoma humano de manera intencionada.

Pero yo no me refería a eso o, al menos, no solo a eso. Pensemos en Emily Whitehead, cuyo sistema inmunitario se reconstruyó con linfocitos T armados para destruir su cáncer. Louise Brown, el primer bebé nacido mediante FIV. O en Timothy Ray Brown, el paciente con sida que recibió un trasplante de médula ósea de un donante con células resistentes al VIH. También él había sido reconstruido con nuevas células. En Nancy Lowry, viva gracias a la sangre de su hermana. Y en los primeros pacientes de Helen Mayberg, a los que insertaron quirúrgicamente minúsculos electrodos que transmitían pequeñísimos impulsos eléctricos a las células de su cerebro.

¿Por qué no ampliar la fabricación de piezas humanas a otros sistemas celulares? Reconstruir el páncreas defectuoso de un diabético de tipo 1 con células secretoras de insulina o sustituir las articulaciones artrósicas de una mujer por cartílago nuevo. Le hablé de Verve y de sus intentos de crear seres humanos con células hepáticas que mantendrían las concentraciones de colesterol permanentemente bajas.

Greengard asintió. Acababa de asistir a un seminario sobre organoides neuronales —pequeños conglomerados neuronales que, cultivados en el laboratorio en una matriz extracelular, se organizan formando algo parecido a bolas—. Los investigadores habían empezado a llamarlos «minicerebros» —una exageración, sin duda—, pero era innegable que ver bolitas de neuronas humanas activándose y comunicándose entre sí resultaba un tanto estremecedor. ¿Alguna vez se había originado una idea, por muy incoherente que fuera, dentro de uno de aquellos orgánulos? Si los pinchábamos, ¿sentían algo?

Una mañana, Toghrul Jafarov, el investigador de mi laboratorio, me enseñó un cultivo repleto de células de ratón que expresaban la proteína Gremlin. Emitían un brillo verde porque en su genoma tenían insertada la proteína de medusa fluorescente llamada GFP (por sus siglas en inglés de *green fluorescent protein*).

Al principio, no ocurrió nada; las células permanecieron inmóviles en el matraz. Pero después empezaron a dividirse, primero despacio y luego a toda velocidad. Formaron pequeños remolinos de cartílago alrededor de sí mismas.

Cuando el matraz estuvo repleto de millones de células, Jafarov las aspiró con una aguja diminuta, de un grosor parecido a dos cabellos humanos, y las inyectó en la articulación de la rodilla de un ratón. Llevaba meses trabajando en el procedimiento y había ido perfeccionándolo poco a poco: tenía que insertar la aguja sin causar ninguna lesión, como un clavadista experto que se zambulle sin salpicar una gota de agua.

Unas semanas después, me enseñó la rodilla. Las células habían formado una fina capa de cartílago en la articulación. Habíamos fabricado una rodilla quimérica, con una proteína de medusa en sus células, que brillaba dentro del ratón. Distaba mucho de ser perfecta —solo se habían implantado unas pocas células—, pero era claramente el primer paso para construir una nueva articulación celular.

En la novela más extraña de Kazuo Ishiguro, *Nunca me abandones,* nos transportamos a un futuro en el que la clonación humana se ha legalizado.[4] Conocemos a un grupo de niños. Viven en un internado llamado Hailsham. Poco a poco, los alumnos descubren que su único propósito radica en ser donantes de los adultos a partir de los que han sido clonados. Uno a uno, les extraen los órganos para «donarlos» a sus clones de más edad. Sin el órgano, los niños mueren de manera inevitable.

En un momento de la novela, una de las niñas, Kathy, encuentra unos dibujos de Tom, amigo y futuro amante. «Así que me quedé asombrada —dice— ante el minucioso detalle de cada uno de ellos. De hecho, te llevaba unos segundos darte cuenta de que se trataba de animales. Mi primera impresión fue muy semejante a la que hubiera tenido al quitar la tapa de atrás de una radio: canales diminutos, tendones entrelazados, ruedecitas y tornillos en miniatura dibujados con obsesiva precisión, y solo cuando alejé la hoja un poco pude apreciar que se trataba, por ejemplo, de algún tipo de armadillo, o de un pájaro. [...] Pese a sus metálicos rasgos, había algo tierno, incluso vulnerable, en cada uno de ellos».[5]

Los «canales diminutos, tendones entrelazados, ruedecitas y tornillos en miniatura»[6] son metáforas de la anatomía humana: órganos y células dibujados como accesorios que pueden extraerse, recomponerse y transferirse, como bloques de construcción, de un ser humano a otro. Como escribió el crítico Louis Menand en la revista *New Yorker:* «El tenebroso trasfondo de *Nunca me abandones* son la ingeniería genética y las técnicas relacionadas».[7] Pero eso no es del todo correcto. El trasfondo es la ingeniería *celular*.

Leí la novela de Ishiguro mientras Jafarov extraía las células del cartílago de un ratón y las transfería a otro. Hubo que sacrificar a aquel primer ratón, pero el experimento no fue en vano: Jafarov buscaba una cura para la artrosis humana, una enfermedad progresiva e incapacitante que condena a cientos de miles de personas a una silla de ruedas. Pero no puedo escribir esto ni pensar en el experimento sin sentir un cierto remordimiento y el ineludible escalofrío de preocupación por lo que puede depararnos un futuro así.

Hemos conocido «humanos nuevos» a todo lo largo de este libro. Y hemos encontrado ideas sobre cómo fabricarlos, pieza a pieza, utilizando células. Algunas de esas ideas se sitúan en un futuro lejano, quizá. Pero otras están materializándose mientras escribo estas líneas. Como ya he explicado, un grupo de investigadores, entre ellos Jeff Karp y Doug Melton, están desarrollando un «páncreas artificial» con la esperanza de trasplantar ese neoórgano a diabéticos de tipo 1. Dos empresas, Vertex y ViaCyte, ya están buscando pacientes para infundirles células pancreáticas secretoras de insulina que se han creado induciendo a las células madre a convertirse en células pancreáticas. En la Clínica Mayo, los científicos están desarrollando hígados bioartificiales a partir de células hepáticas.[8] Los corazones se extraían de cadáveres, pero un ambicioso proyecto de ingeniería celular consiste en ensamblar células cardiacas, derivadas de células madre, en un andamio de colágeno que se asemeja al corazón para construir corazones bioartificiales a partir de células.

La novela de Ishiguro se considera ciencia ficción. Y ficción es: no puedo imaginarnos clonando y sacrificando a seres humanos para que sean donantes de órganos. Pero ¿puede decirse lo mismo de la ingeniería celular como medio para mejorar a los seres humanos? Un experimento que Toghrul Jafarov está intentando llevar a cabo en el laboratorio consiste en inyectar las células madre de cartílago óseo en las patas y articulaciones de ratones muy jóvenes. ¿Se harían más altos, con patas de liebre, pero con cuerpo de ratón? ¿«Ratones liebre»? Una vez más, no se trata de un experimento realizado en vano. Hay personas extremadamente bajas, algunas de las cuales quieren ser más altas. Pero no todas: otras sostienen que su vida es perfecta. Están sanas y son felices. Atribuirles una «discapacidad», arguyen, es asignar una «capacidad» única (¿puede la estatura considerarse una capacidad?) al resto de nosotros.

Pero ¿y si un ser humano «normal» quisiera aumentar de estatura mediante terapia celular? Eso no parece ciencia ficción; podría formar parte de nuestra imagen de un futuro inquietante. ¿Se lo impediríamos? Y, en ese caso, ¿por qué?

El filósofo Michael Sandel lleva un tiempo reflexionando sobre esta cuestión.[9] Hace años, me reuní brevemente con él en Aspen, Colorado, después de un seminario que Sandel había presentado sobre la ingeniería genética y la clonación humana como búsqueda de la perfección. Hacía una tarde hermosa entre las colinas y los álamos temblones. Con su chaqueta y corbata azules, Sandel tenía un aspecto cuidado y profesional (bien mirado, es profesor del Departamento de Filosofía de Harvard). Su presentación había sido provocadora: cuestionaba la búsqueda humana del mejoramiento y, en el fondo, basaba su razonamiento en lo que el difunto teólogo William May llamaba «estar abiertos a lo que venga».[10]

Según Sandel, «lo que venga» —los avatares, o regalos, del azar— es inherente a la naturaleza humana. Nuestros hijos nos sorprenden con sus talentos y esas sorpresas, y nuestra reacción a ellas, se terminarían si todos fuéramos en pos del mejoramiento, de la perfección. Acabar con «los regalos que nos vienen» vulneraría una parte esencial del espíritu humano. Es mejor lidiar con esos avatares y sacarles el máximo partido.

En 2004, Sandel consolidó sus ideas en un ensayo, «The Case Against Perfection» (Argumentos en contra de la perfección), que pronto amplió y publicó en un libro. Al reseñarlo en el *Times,* el ético William Saletan escribió: «Su mayor preocupación [de Sandel] es que algunas clases de mejoramiento violan las normas que rigen los usos humanos. El béisbol, por ejemplo, debería desarrollar y ensalzar una serie de talentos. Los esteroides lo desvirtúan. El amor de los padres hacia sus hijos debería ser incondicional, no condicional. Elegir el sexo de un hijo traiciona esa relación».[11]

Para justificar su oposición al mejoramiento humano, continúa Saletan, «Sandel necesita algo más profundo: una base común a las diversas normas que existen en los deportes, el arte y la crianza de los hijos. Cree haberlo encontrado en la idea de talento. Hasta cierto punto, ser buenos padres, deportistas o artistas consiste en *aceptar y valorar la materia en bruto que nos han dado para trabajar con ella* [la cursiva es mía]. Fortalezcamos nuestro cuerpo, pero respetémoslo. Pongamos desafíos a nuestros hijos, pero amémoslos. Valoremos la naturaleza. No intentemos controlarlo todo [...]. ¿Por qué debemos aceptar nuestra suerte como un regalo? Porque la pérdida de esa reverencia cambiaría nuestro paisaje moral».

Al principio, el planteamiento de Sandel me pareció convincente, pero, a medida que las fuerzas combinadas de la genética y la ingeniería celular avanzan para adentrarse en lugares cada vez más recónditos del cuerpo y la individualidad humanos, el «paisaje moral» ha cambiado radicalmente: las fronteras entre librarse de los estragos de la enfermedad (baja estatura extrema o caquexia muscular) y el aumento de características humanas (por ejemplo, la altura o la musculatura) se difuminan. Este último se ha convertido en la nueva libertad. Y, cuanto más se difuminan las fronteras entre el aumento de características humanas y la enfermedad, más fácil es percibir la materia «en bruto» que describe Saletan como algo «sin pulir» que requiere moldearse para convertirse en otra cosa —en una nueva clase de ser humano, construido de nuevo—. Esta idea encierra la connotación de mejorar, pero también de hacer trampa. No obstante, ¿es hacer trampa aumentar determinadas características humanas? ¿Y si se hiciera con el propósito de prevenir una enfermedad que puede o no ocurrir? ¿Deberíamos inyectar a una rodilla envejecida células madre formadoras de cartílago antes de que sucumba a la artrosis, es decir, en una etapa previa a la enfermedad?

En Silicon Valley, no muy lejos del hospital de Stanford donde niños con leucemia esperan trasplantes para generar sangre nueva, una empresa emergente llamada Ambrosia ofrece transfusiones de plasma sanguíneo joven compatible «extraído a jóvenes de entre dieciséis y veinticinco años»[12] para supuestamente rejuvenecer los cuerpos anquilosados y marchitos, pero muy ricos, de multimillonarios ancianos. En vez de extraer sangre vieja a los muertos, se infunde sangre joven a los viejos: el embalsamamiento a la inversa (estoy tentado de establecer una analogía con el vampirismo, pero quizá encontremos un nuevo eufemismo para este escalofriante intento de rejuvenecimiento celular: «rebalsamamiento» o «desmomificación»). Un litro de «sangre joven» cuesta 8.000 dólares; dos litros son una ganga a 12.000. En 2019, la FDA de Estados Unidos hizo pública una severa advertencia contra el programa, aduciendo que no reportaba beneficios, aunque Ambrosia sostiene que el tratamiento da resultado.

«Aceptar y valorar la materia en bruto que nos han dado para trabajar con ella». ¿Qué materia en bruto? Los argumentos de Sandel y Saletan se centran en los genes —y, en efecto, la terapia génica, la edición génica y la selección genética han preocupado a éticos, médicos y filósofos a lo largo de la última década—. Pero, sin células, los genes no tienen vida. La verdadera «materia en bruto» del cuerpo humano no es la información, sino cómo las células le insuflan vida, la descodifican, la transforman e integran. «La revolución genómica ha suscitado una especie de vértigo moral»,[13] escribe Sandel. Pero es la revolución celular la que lo hará real.

William K. era un hombre joven con una enfermedad muy vieja. Lo vi cuando era médico residente de hematología en Boston —primero en planta y después en mi consulta—. Tenía veintiún años y padecía anemia falciforme. Ingresaba en el hospital en torno una vez al mes con una «crisis» —un síndrome que le causaba un dolor tan fuerte en los huesos y el pecho que solo podía paliarse con una infusión de morfina intravenosa continua.

La anemia falciforme es una enfermedad que entendemos en los planos celular y molecular. Es una afección de la hemoglobina, la molécula transportadora de oxígeno que se encuentra dentro de los glóbulos rojos y que podría ser una de las máquinas moleculares más sofisticadas concebidas por la evolución. La hemoglobina es un complejo de cuatro proteínas y tiene forma de trébol de cuatro hojas. Dos de las «hojas» están formadas por una proteína llamada α-globina, mientras que las dos restantes lo están por otra proteína, la ß-globina.

En el centro de cada una de estas proteínas se aloja otra sustancia química: el hemo. Y en el centro del hemo reside un átomo de hierro. Es una estructura similar a la de las muñecas rusas.

Los glóbulos rojos contienen moléculas de hemoglobina con hemo que, a su vez, rodea un átomo de hierro. Es el hierro el que une y libera el oxígeno.

El complejo mecanismo construido alrededor de estos cuatro átomos de hierro de la molécula de hemoglobina tiene un claro propósito molecular. Los glóbulos rojos no pueden limitarse a unir oxígeno y quedárselo; deben liberarlo. Recogen su carga —el oxígeno— en los capilares del pulmón y lo transportan alrededor del cuerpo. Y, cuando llegan a entornos con poco oxígeno —bombeados por el músculo cardiaco en su incesante latir—, la hemoglobina, literalmente, se retuerce y libera el oxígeno que los átomos de hierro han unido. La hemoglobina es el secreto oculto de la sangre; un complejo de proteínas tan fundamental para nuestra existencia como organismos que hemos desarrollado una célula cuyo principal cometido es servir de maleta para transportarlo.

Pero este sistema de suministro de oxígeno falla si la hemoglobina, la portadora del oxígeno, tiene la estructura alterada. En la anemia falciforme, se hereda una mutación en ambas copias del gen de la ß-globina. Se trata de una mutación sumamente sutil: ocasiona el cambio de un solo aminoácido de la ß-Globina. Pero los efectos son devastadores: ese único cambio crea una proteína que —ya sin aspecto de «globo»— forma hebras fibrosas en entornos con poco oxígeno. Estas hebras rígidas deforman el glóbulo rojo. En vez de una célula discoide que se desplaza fácilmente por la sangre, la hemoglobina fibrosa tira de su membrana y esta se encoge hasta adquirir forma de luna creciente, una hoz que no puede flotar fácilmente en la sangre; los glóbulos rojos se adhieren entre sí y obstruyen los vasos sanguíneos, sobre todo en los tejidos que tienen un bajo contenido de oxígeno: lo más profundo de la médula ósea, las puntas distales de los dedos de manos y pies o los recodos del intestino. El dolor que causa esta obstrucción de los capilares es como un sacacorchos que se clava en los huesos (William describía cada episodio como si se viera obligado a entrar en una cámara de tortura. «Y después todas las puertas se cierran a tu alrededor»). Es como un ataque al corazón de la médula ósea, o del intestino. El término médico para este síndrome es «crisis depranocítica».

William K. tenía un episodio de esta clase todos los meses. Lo ingresaban retorciéndose de dolor. Cuando este disminuía, lo mandaban a casa con analgésicos orales. Pero la posibilidad de engancharse a los opioides y la anticipación de la siguiente crisis pendían sobre él, y también sobre mí, como dos amenazantes demonios. Como médico residente asignado a su cuidado, mi cometido consistía en mantener a esos demonios a raya, dándole suficiente medicación para controlarle el dolor, pero sin excederme.

Entre 2019 y 2021, diversos grupos independientes publicaron ensayos clínicos de estrategias de terapia génica para tratar la anemia falciforme.[14] Una estrategia consiste en extraer a un paciente células madre hematopoyéticas, como en un trasplante convencional. A continuación, se utiliza un virus para introducir en ellas una copia corregida del gen de la ß-globina. Esas células madre hematopoyéticas, portadoras ahora de una copia corregida del gen, vuelven a trasplantarse al paciente y la sangre que se forma a partir de ellas lleva ya el gen corregido. (Aunque se trataron varios pacientes y se demostraron beneficios, el ensayo se interrumpió porque dos de ellos desarrollaron una enfermedad similar a la leucemia. Aún no se sabe si fue consecuencia del virus o de la quimioterapia necesaria para el trasplante).[15]

Otra estrategia —tremendamente ingeniosa— explota una particularidad de la fisiología humana. Los glóbulos rojos fetales, a diferencia de los adultos, expresan una forma de hemoglobina distinta. Sumergido en el líquido amniótico, donde los niveles de oxígeno son muy bajos, el feto necesita extraer enérgicamente oxígeno de los glóbulos rojos de su madre que recibe a través del cordón umbilical (más adelante, cuando los pulmones empiecen a funcionarle, los glóbulos rojos del feto pasarán a tener hemoglobina adulta). Por tanto, los glóbulos rojos del feto transportan una forma única de hemoglobina —la hemoglobina fetal— que está especialmente diseñada para extraer oxígeno en el entorno intrauterino. Al igual que la hemoglobina adulta, la fetal dispone de cuatro cadenas —dos de α-globina y dos de α-globina—. Pero, como ninguna de sus cadenas está codificada por la hemoglobina ß (el gen mutado en los pacientes con anemia falciforme), no hay ninguna mutación que provoque falciformación; es del todo normal, no tiene la propiedad de deformar el glóbulo rojo y, de hecho, funciona especialmente bien en entornos pobres en oxígeno.

Stuart Orkin y David Williams, en colaboración con un equipo de investigadores y una empresa de terapia celular, han descubierto un modo de activar permanentemente la hemoglobina fetal en células madre hematopoyéticas, neutralizando así el tipo falciforme de la hemoglobina adulta.[16] Se extraen células madre hematopoyéticas a pacientes con anemia falciforme, se manipulan mediante edición génica para «reexpresar» la hemoglobina fetal en un adulto y se le vuelven a trasplantar al paciente. En esencia, los glóbulos rojos adultos se convierten en células fetales y dejan de ser vulnerables a la falciformación. La sangre vieja se rejuvenece.

En un ensayo clínico publicado en 2021, una mujer de treinta y tres años con anemia falciforme fue tratada con esta estrategia.[17] La concentración de hemoglobina en la sangre le aumentó casi al doble en el transcurso de los siguientes quince meses. Durante los dos años previos al tratamiento, había sufrido entre siete y nueve crisis dolorosas anuales. Y en el año y medio posterior al tratamiento, no ha padecido ninguna. Hasta la fecha, no se ha referido ningún caso de leucemia en este estudio. También es demasiado pronto para saber si existen efectos adversos que aparecerán con el tiempo, pero cabe la posibilidad de que esta mujer se haya curado de la anemia falciforme. En Stanford, otro grupo, dirigido por Matt Porteus, está utilizando la edición génica para reescribir y corregir la mutación culpable de la falciformación en la hemoglobina ß (no se activa la hemoglobina fetal, sino que se edita el gen culpable de la mutación).[18] La estrategia de Porteus también está en fase de prueba y los primeros resultados han sido prometedores.[19]

No sé si William K. decidirá tratarse con alguna de estas nuevas terapias. Yo no soy su médico. Pero, habiéndolo conocido íntimamente durante una década —y sabiendo de su espíritu aventurero, la aterradora frecuencia de sus crisis dolorosas y el agobiante temor a engancharse a los opiáceos—, sospecho que podría estar haciendo cola para entrar en uno de estos ensayos clínicos.

Cuando le realicen el trasplante, también él cruzará una frontera. Se convertirá en un nuevo ser humano, construido a partir de sus propias células modificadas por ingeniería genética. Será una suma nueva de partes nuevas.

Agradecimientos

Hay innumerables personas a las que agradecer la génesis de este libro. En primer lugar, mis muchos lectores: Sarah Sze, Sujoy Bhattacharyya, Ranu Bhattacharyya, Nell Breyer, Leela Mukherjee-Sze, Aria Mukherjee-Sze y Lisa Yaskavage.

Han contribuido con una enorme cantidad de aportaciones científicas: Sean Morrison (células madre); Cori Bargmann (desarrollo); Nick Lane y Martin Kemp (evolución); Marc Flajolet (cerebro); Barry Coller (plaquetas); Laura Otis (historia); Paul Nurse (ciclo celular); Irving Weissman (inmunología); Helen Mayberg (neurología); Tom Whitehead, Carl June, Bruce Levine y Stephan Grupp (terapia T-CAR); Harold Varmus (cáncer); Ron Levy (terapia con anticuerpos), y Fred Applebaum (trasplantes). Las conversaciones con Laura Otis, Paul Greengard, Enzo Cerundolo y Francisco Marty fueron indispensables. Las enfermeras del Centro Oncológico Fred Hutchinson aportaron uno de los testimonios más emotivos sobre los primeros tiempos del trasplante de médula.

Un agradecimiento especial a Nan Graham, mi editora en Scribner; Stuart Williams, en Bodley Head, y Meru Gokhale, en Random House. Rana Dasgupta y mi agente, Sarah Chalfant, de Wylie Agency, me brindaron un apoyo fundamental. Jerry Marshall y Alexandra Truitt prepararon el material para el maravilloso cuadernillo de imágenes.

Sabrina Pyun cumplió los plazos de producción como un reloj y Rachel Rojy realizó un trabajo heroico organizando las notas y la bibliografía. Philip Bashe llevó a cabo una corrección tan minuciosa del texto que no se le pasó ni una sola coma o nota a pie de página.

Y a Kiki Smith, que tuvo la generosidad de proporcionar las imágenes de «células» más hipnóticas que embellecen este libro: gracias, gracias, gracias.

Notas

Preludio: «Las partículas elementales de los organismos»

1. Arthur Conan Doyle, *The Adventures of Sherlock Holmes*, Hertfordshire, Wordsworth, 1996, p. 378. [Hay trad. cast.: *Las memorias de Sherlock Holmes*, Madrid, Alianza, 2014).

2. Los recuerdos de Schwann sobre la cena están recogidos en un discurso que pronunció en 1878, y además registró ese momento en Theodor Schwann, *Microscopical Researches into the Accordance in the Structure and Growth of Animals and Plants*, trad. Henry Smith, Londres, Sydenham Society, 1847, p. xiv; Laura Otis, *Müller's Lab*, Nueva York, Oxford University Press, 2007, pp. 62-64; *Marcel Florkin, Naissance et dêviation de la théorie cellulaire dans l'oeuvre de Théodore Schwann*, París, Hermann, 1960, p. 62.

3. Ulrich Charpa, «Matthias Jakob Schleiden (1804-1881): The History of Jewish Interest in Science and the Methodology of Microscopic Botany», en *Aleph: Historical Studies in Science and Judaism*, vol. 3, Bloomington (Indiana), Indiana University Press, 2003, pp. 213-245.

4. Los detalles de su colección se encuentran en Matthias Jakob Schleiden, «Beiträge zur Phytogenesis», *Archiv für Anatomie, Physiologie und Wissenschaftliche Medicin* (1838), pp. 137-176.

5. El interés de Schwann por la unidad celular como elemento estructural de animales y plantas también estaba motivado por la idea de que, si las plantas y los animales estaban formados por unidades vivas autónomas e independientes, no había necesidad de apelar a un fluido «vital» especial como responsable de la vida o del nacimiento de las células, una idea a la que Johannes Müller se aferraba con obstinación. Schleiden, discípulo de

él, creía en los fluidos vitales, pero tenía su propia teoría sobre el origen celular —que consideraba un proceso análogo a la formación de cristales—, teoría que más tarde se demostraría que era del todo errónea. Paradójicamente, por tanto, el nacimiento de la teoría celular no es la historia de un origen equivocado, sino una interpretación equivocada del origen. Las características comunes que Schleiden y Schwann observaron en los tejidos vegetales y animales —por ejemplo, que todos los seres vivos estaban compuestos por células— eran absolutamente ciertas, pero la teoría de Schleiden sobre cómo nacían estas células (que Schwann aceptó, aunque con crecientes dudas), como veremos pronto, iba a ser desmentida, sobre todo por Rudolf Virchow.

Es difícil saber si Schleiden ya había deducido que todos los tejidos vegetales estaban formados por unidades celulares antes de su conversación con Schwann o si la conversación le movió a examinar (o reexaminar) sus especímenes y observar la universalidad de sus estructuras celulares bajo una nueva luz. He usado, por tanto, la frase «volvió a sus especímenes botánicos» para señalar cierta cautela sobre cuánto había deducido ya antes de la cena con Schwann y cuánto se le ocurrió inmediatamente después. Sin embargo, la fecha de la cena (1837), la publicación su artículo poco después (en 1838) y la bien documentada visita al laboratorio de Schwann para observar las similitudes entre las células animales y vegetales sugieren que la relación con Schwann fue un importante catalizador en el pensamiento de Schleiden sobre los fundamentos y la universalidad de la teoría celular. Además, el hecho de que tanto él como Schwann aceptaran de buen grado el papel del otro como cofundador, y no como rival, en el origen de la teoría celular moderna también sugiere que sus interacciones —por ejemplo, durante la conversación en la cena— debieron contribuir de algún modo a reforzar la convicción de Schleiden de que todos los tejidos vegetales estaban formados por células. Schwann, a diferencia de Schleiden, tiene más clara la importancia de la conversación nocturna de 1837: cambió el rumbo fundamental de sus investigaciones. En su discurso de 1878, mencionado anteriormente, admite sin rodeos que las observaciones de Schleiden sobre el desarrollo de las plantas fueron decisivas para su posterior descubrimiento de que los tejidos animales también están constituidos por células.

6. Florkin, *Naissance et dêviation de la théorie cellulaire*, p. 45.
7. Schleiden, «Beiträge zur Phytogenesis», pp. 137-176.
8. *Ibid.*, p. ix.

9. Sara Parker, «Matthias Jacob Schleiden (1804-1881)», Embryo Project Encyclopedia, modificado por última vez el 29 de mayo de 2017, <https://embryo.asu.edu/pages/matthias-jacob-schleiden-1804-1881>.

10. Laura Otis, *Müller's Lab*, p. 65.

11. Siddhartha Mukherjee, «The Promise and Price of Cellular Therapies», *The New Yorker* en línea, modificado por última vez el 15 de julio de 2019; «Cancer's Invasion Equation», *The New Yorker* en línea, modificado por última vez el 4 de septiembre de 2017; «How Does the Coronavirus Behave Inside a Patient?», *The New Yorker* en línea, modificado por última vez el 26 de marzo de 2020.

12. Roy Porter, *The Greatest Benefit to Mankind: A Medical History of Humanity from Antiquity to the Present*, Londres, HarperCollins, 1999.

13. Henry Harris, *The Birth of the Cell*, New Haven (Connecticut), Yale University Press, 2000.

Introducción: «Siempre volveremos a la célula»

1. Rudolf Virchow, *Disease, Life and Man: Selected Essays*, trad. Lelland J. Rather, Stanford (California), Stanford University Press, 1958, p. 81.

2. La información sobre el caso de Sam P. procede de la comunicación personal con Sam P. y su médico, 2016. Los nombres y datos identificativos se han modificado para mantener el anonimato.

3. La información sobre el caso de Emily Whitehead procede de la comunicación personal con Emily Whitehead, sus padres y sus médicos, 2019; extraída de Mukherjee, «Promise and Price of Cellular Therapies».

4. Antonie van Leeuwenhoek, «Observations, Communicated to the Publisher by Mr. Antony Van Leeuwenhoek, in a Dutch Letter of the 9th Octob. 1676. Here English'd: Concerning Little Animals by Him Observed in Rain-Well-Sea- and Snow Water; as Also in Water Wherein Pepper Had Lain Infused», *Philosophical Transactions of the Royal Society*, 12 (133), 25 de marzo de 1677, pp. 821-832.

5. «CAR T-cell Therapy», National Cancer Institute Dictionary en línea, consultado en diciembre de 2021, <https://www.cancer.gov/publications/dictionaries/cancer-terms/def/car-t-cell-therapy>.

6. Serhiy A. Tsokolov, «Why Is the Definition of Life So Elusive? Epistemological Considerations», *Astrobiology*, 9 (4), 2009, pp. 401-412.

7. Para ser claros, estas propiedades «emergentes» no son características definitorias de la vida. Se trata, más bien, de propiedades que los organismos multicelulares han desarrollado a partir de sistemas de células vivas.

8. No todas las células tienen todas las propiedades. Por ejemplo, la especialización celular en los organismos complejos permite que el almacenamiento de nutrientes recaiga en determinadas células, y que la eliminación de residuos recaiga en otras. Los organismos unicelulares como las levaduras y las bacterias pueden tener estructuras subcelulares especializadas que realizan estas funciones, pero los organismos pluricelulares, como los seres humanos, han desarrollado órganos especializados con células especializadas para desempeñarlas.

9. Akiko Iwasaki, entrevista con el autor, febrero de 2020. Véase también «SARS-CoV-2 Variant Classifications and Definitions», Centers for Disease Control and Prevention en línea, modificado por última vez el 1 de diciembre de 2021, <https://www.cdc.gov/coronavirus/2019-ncov/variants/ variant-classifications.html>; y «Severe Acute Respiratory Syndrome (SARS)», World Health Organization en línea, consultado en diciembre de 2021, <https:// www.who.int/health-topics/severe-acute-respiratory-syndrome#tab=tab_1>.

10. *Ibid.* Véase también John Simmons, *The Scientific 100: A Ranking of the Most Influential Scientists, Past and Present*, Nueva York, Kensington, 2000, pp. 88-92; y George A. Silver, «Virchow, The Heroic Model in Medicine: Health Policy by Accolade», *American Journal of Public Health*, 77 (1), 1987, pp. 82-88.

11. Virchow, *Disease, Life and Man*, p. 81.

La célula original: un mundo invisible

1. Rudolf Virchow, «Letters of 1842», en *Letters to His Parents, 1839-1864*, ed. Marie Rable, trad. Lelland J. Rather, EE. UU., Science History Publications, 1990, pp.28-29.

2. Elliot Weisenberg, «Rudolf Virchow, Pathologist, Anthropologist, and Social Thinker», *Hektoen International* 1, n.° 2, invierno de 2009: <https://hekint.org/2017/01/29/rudolf-virchow-pathologist-anthropologist-and-6social-thinker/>.

3. C. D. O'Malley, *Andreas Vesalius of Brussels 1514-1564*, Berkeley, University of California Press, 1964. Véase también David Schneider, *The*

Invention of Surgery: A History of Modern Medicine: From the Renaissance to the Implant Revolution, Nueva York, Pegasus Books, 2020, pp. 68-98.

4. Andreas Vesalius, *De Humani Corporis Fabrica* (The Fabric of the Human Body), vol. 1, libro 1, The Bones and Cartilages, trad. William Frank Richardson and John Burd Carman, San Francisco, Norman, 1998, pp. li-lii. [Hay trad. cast.: *De humani corporis fabrica*, Aranjuez y Barcelona, Doce Calles/Difusora Internacional, 1997].

5. Andreas Vesalius, *The Illustrations from the Works of Andreas Vesalius of Brussels*, ed. Charles O'Malley and J. B. Saunders, Nueva York, Dover, 2013.

6. Vesalius, *Fabric of the Human Body*, 7 vols. [Hay trad. cast.: *De humani corporis fabrica*, Aranjuez y Barcelona, Doce Calles/Difusora Internacional, 1997].

7. Nicolaus Copernicus, *On the Revolutions of Heavenly Spheres*, trad. Charles Glenn Wallis, Nueva York, Prometheus Books, 1995. [Hay trad. cast.: *Sobre las revoluciones (de los orbes celestes)*, Madrid, Tecnos, 2001].

8. Ignaz Semmelweis, *The Etiology, Concept, and Prophylaxis of Childbed Fever*, ed. y trad. K. Codell Carter, Madison, University of Wisconsin Press, 1983.

9. Izet Masic, «The Most Influential Scientists in the Development of Public Health (2): Rudolf Ludwig Virchow (1821-1902)», *Materia Socio-medica*, 31 (2), junio de 2019, pp. 151-152, doi: 10.5455/msm.2019.31.151-152.

10. Rudolf Virchow, *Der Briefwechsel mit den Eltern 1839-1864: zum ersten Mal vollständig in historisch-kritischer Edition* (Correspondencia con los padres, 1839-1864: Por primera vez completa en una edición histórico-crítica), Alemania, Blackwell Wissenschafts, 2001, p. 32.

11. *Ibid.*, p. 19.

12. Rudolf Virchow, *Der Briefwechsel mit den Eltern*, 246, carta del 4 de julio de 1844.

13. Manfred Stürzbecher, «Die Prosektur der Berliner Charité im Briefwechsel zwischen Robert Froriep und Rudolf Virchow», *Beiträge zur Berliner Medizingeschichte*, 186, carta de Virchow a Froriep, 2 de marzo de 1847.

La célula visible: «Historias ficticias sobre animalitos»

1. Gregor Mendel, «Experiments in Plant Hybridization», trad. Daniel J. Fairbanks y Scott Abbott, *Genetics*, 204 (2), 2016, pp. 407-422.

2. Nicolai Vavilov, «The Origin, Variation, Immunity and Breeding of Cultivated Plants», trad. K. Starr Chester, *Chronica Botanica*, 13 (1/6), 1951.

3. Charles Darwin, *On the Origin of Species*, ed. Gillian Beer, Oxford, Reino Unido: Oxford University Press, 2008. [Hay trad. cast.: *El origen de las especies*, Barcelona, Penguin Clásicos, 2019].

4. «Lens Crafters Circa 1590: Invention of the Microscope», This Month in Physics History, APS *Physics* 13, n.° 3, marzo de 2004, p. 2, <https://www.aps.org/publications/apsnews/200403/history.cfm>.

5. «Hans Lipperhey» en *Oxford Dictionary of Scientists* en línea, Oxford Reference, consultado en diciembre de 2021, <https://www.oxfordreference.com/view/10.1093/oi/authority.20110803100108176>.

6. Donald J. Harreld, «The Dutch Economy in the Golden Age (16th-17th Centuries)», EH.Net Encyclopedia of Economic and Business History, ed. Robert Whaples, modificado por última vez el 12 de agosto de 2004, <http://eh.net/encyclopedia/the-dutch-economy-in-the-golden-age-16th-17th-centuries/>. Véase también Charles Wilson, «Cloth Production and International Competition in the Seventeenth Century», *Economic History Review*, 13 (2), 1960, pp. 209-221.

7. Leeuwenhoek, «Observations, Communicated to the Publisher by Mr. Antony Van Leeuwenhoek, in a Dutch Letter of the 9th Octob. 1676. Here English'd: Concerning Little Animals by Him Observed in Rain-Well-Sea- and Snow Water; as Also in Water Wherein Pepper Had Lain Infused», pp. 821-831. Véase también J. R. Porter, «Antony van Leeuwenhoek: Tercentenary of His Discovery of Bacteria», *Bacteriological Reviews*, 40 (2), 1976, pp. 260-269.

8. Leeuwenhoek, «Observations, Communicated to the Publisher...», pp. 821-831.

9. *Ibid.*

10. *Ibid.*

11. M. Karamanou *et al.*, «Anton van Leeuwenhoek (1632-1723): Father of Micromorphology and Discoverer of Spermatozoa», *Revista Argentina de Microbiología*, 42 (4), 2010, pp. 311-314. Véase también S. S. Howards, «Antonie van Leeuwenhoek and the Discovery of Sperm», *Fertility and Sterility*, 67 (1), 1997, pp. 16-17.

12. Lisa Yount, *Antoni van Leeuwenhoek: Genius Discoverer of Microscopic Life*, Berkeley, California, Enslow, 2015, p. 62.

13. Nick Lane, «The Unseen World: Reflections on Leeuwenhoek (1677) "Concerning Little Animals"», *Philosophical Transactions of the Royal*

Society B, 370 (1666), 19 de abril 19 de 2015, <https://doi.org/10.1098/rstb.2014.0344>.

14. Steven Shapin, *A Social History of Truth: Civility and Science in the Seventeenth Century*, Chicago, University of Chicago Press, 2011, p. 307. Véase también Robert Hooke a Antoni van Leeuwenhoek, 1 de diciembre de 1677, citado en Antony van Leeuwenhoek, *Antony van Leeuwenhoek and His Little Animals: Being Some Account of the Father of Protozoology & Bacteriology and His Multifarious Discoveries in These Disciplines*, comp., ed., trad. Clifford Dobell, 1932, Nueva York, Russell and Russell, 1958, p. 183.

15. «The Unseen World».

16. Leeuwenhoek a un desconocido, 12 de junio de 1763, citado en Carl C. Gaither y Alma E. Cavazos-Gaither, *Gaither's Dictionary of Scientific Quotations*, Nueva York, Springer, 2008, p. 734.

17. Allan Chapman, *England's Leonardo: Robert Hooke and the Seventeenth-Century Scientific Revolution*, Bristol (Reino Unido), Institute of Physics, 2005.

18. Ben Johnson, «The Great Fire of London», Historic UK: The History and Heritage Accommodation Guide», consultado en diciembre de 2021, <https://www.historic-uk.com/HistoryUK/HistoryofEngland/The-Great-Fire-of-London/>.

19. Robert Hooke, prefacio, en *Micrographia: Or Some Physiological Descriptions of Minute Bodies Made by Magnifying Glasses with Observations and Inquiries Thereupon*, Londres, Royal Society, 1665. [Hay trad. cast.: *Micrografía o Algunas descripciones fisiológicas de los cuerpos diminutos realizadas mediante cristales de aumento con observaciones y disquisiciones sobre ellas*, Madrid, Alfaguara, 1989].

20. Samuel Pepys, *The Diary of Samuel Pepys*, ed. Henry B. Wheatley, trad. Mynors Bright, Londres, George Bell and Sons, 1893; puede consultarse en Project Gutenberg, <https://www.gutenberg.org/files/4200/4200-h/4200-h.htm>. [Hay trad. cast. *Diarios*, Sevilla, Renacimiento, 2014].

21. Martin Kemp, «Hooke's Housefly», *Nature*, 393, 25 de junio de 1998, p. 745, <https://doi.org/10.1038/31608>.

22. Hooke, *Micrographia*.

23. *Ibid.*, p. 204.

24. *Ibid.*, p. 110.

25. *Ibid.*

26. Thomas Birch, ed., *The History of the Royal Society of London, for Improving the Knowledge, from its First Rise*, Londres, A. Millar, 1757, p. 352.

27. Antonie van Leeuwenhoek, «To Robert Hooke». 12 de noviembre de 1680. Carta 33 de *Alle de brieven*: 1679-1683. Vol. 3. De Digitale Bibliotheek voor de Nederlandse Letteren (DBNL), p. 333.

28. Antonie van Leeuwenhoek, *The Select Works of Antony van Leeuwenhoek, Containing His Microscopal Discoveries in Many of the Works of Nature*, ed. y trad. Samuel Hoole, Londres, G. Sidney, 1800, p. iv.

29. Harris, *Birth of the Cell*, p. 2.

30. *Ibid.*, p. 7.

31. Isaac Newton, *The Principia: Mathematical Principles of Natural Philosophy*, trad. I. Bernard Cohen y Anne Whitman, Oakland, University of California Press, 1999. [Hay trad. cast.: *Principios matemáticos de la filosofía natural*, Barcelona, RBA, 2002].

32. No era la primera vez que Hooke y Newton se enfrentaban. En la década de 1670, Newton había presentado a la Royal Society su experimento de que la luz blanca, al pasar por un prisma, se descomponía en un espectro continuo de distintos colores, semejante al del arcoíris. Al recombinar los colores con otro prisma, se reconstituía la luz blanca. Hooke, entonces comisario de la sociedad, no estaba de acuerdo con Newton y escribió una crítica mordaz del trabajo, lo que desató en Newton, ya paranoico por revelar su trabajo, un ataque de furia justiciera. Los dos genios de la Inglaterra del siglo XVII, cada uno con un ego del tamaño de un planeta, seguirían discutiendo durante las siguientes décadas, lo que culminaría con la insistencia de Hooke en atribuirse la ley de la gravitación universal.

33. En 2019, el doctor Larry Griffing, catedrático de biología en Texas, examinó un cuadro de un científico no identificado, pintado por Mary Beale hacia 1680. Griffing cree que el cuadro es un retrato de Hooke: «Portraits», RobertHooke.org, consultado en diciembre de 2021, <http://roberthooke.org.uk/?page_id=227>.

La célula universal: «La partícula menor de este mundo diminuto»

1. Hooke, *Micrographia*, p. 111.

2. Schwann, *Microscopical Researches*, p. x.

3. Leslie Clarence Dunn, *A Short History of Genetics: The Development of Some of the Main Lines of Thought, 1864-1939*, Ames, Iowa State University Press, 1991, p. 15.

4. Leonard Fabian Hirst, *The Conquest of Plague: A Study of the Evolution of Epidemiology*, Oxford (Reino Unido), Clarendon Press, 1953, p. 82.

5. *Ibid.*, p. 81.

6. Xavier Bichat, *Traité Des Membranes en Général et De Diverses Membranes en Particulier*, París, Chez Richard, Caille et Ravier, 1816. [Hay trad. cast.: *Tratado de las membranas en general y de diversas membranas en particular*, Madrid, Imprenta de Pedro Sanz, 1826]. Véase también Harris, *Birth of the Cell*, p. 18.

7. Dora B. Weiner, *Raspail: Scientist and Reformer*, Nueva York, Columbia University Press, 1968.

8. Pierre Eloi Fouquier y Matthieu Joseph Bonaventure Orfila, *Procès et défense de F. V. Raspail poursuivi le 19 mai 1846, en exercice illégal de la medicine*, París, Schneider et Langrand, 1846, p. 21.

9. A mediados de la década de 1840, los intereses intelectuales de Raspail habían cambiado y decidió dedicarse a la antisepsia, el saneamiento y la medicina social, especialmente para los presos y los pobres. Estaba convencido de que los parásitos y los gusanos eran los causantes de la mayoría de las enfermedades, aunque nunca se inclinó por las bacterias como causas de contagio. En 1843 publicó su *Histoire naturelle de la santé et de la maladie* y el *Manuel annuaire de la santé*. Los dos libros, que gozaron de gran popularidad, trataban sobre la salud y la higiene personal, e incluían recomendaciones relacionadas con la dieta, el ejercicio, la actividad mental y los beneficios del aire fresco. Más adelante, Raspail se dedicó a la política y fue elegido miembro de la Cámara de Diputados, donde continuó luchando por la reforma médica para los reclusos y los pobres, y para aumentar el saneamiento en las ciudades, como un reflejo de la labor pionera del médico John Snow en Londres. Quizá la imagen más perdurable de este hombre, que casi desapareció de la literatura médica, se encuentre en el cuadro de Vincent van Gogh *Naturaleza muerta con un plato de cebollas*, que reproduce un ejemplar del *Manuel* de Raspail sobre una mesa junto a un plato de cebollas. Es probable que Van Gogh, un hipocondriaco, comprara el libro en la calle, pero el hecho de que la última obra de este hombre tan mordaz aparezca junto a un plato de lacrimógenas cebollas parece tener sentido. (François-Vincent Raspail, *Histoire naturelle de la santé et de la maladie chez les végétaux et chez les animaux en général, et en particulier chez l'homme*, París, Elibron Classics, 2006; y *Manuel-annuaire de la santé pour 1864, ou médecine et pharmacie domestiques*, París, Simon Bacon, 1854).

10. *Weiner*, Raspail. Para más información, véase también Dora Weiner, «François-Vincent Raspail: Doctor and Champion of the Poor», *French Historical Studies* 1 (2), 1959, pp. 149-171.

11. Descrito en Harris, *Birth of the Cell*, p. 33.

12. Samuel Taylor Coleridge, «The Eolian Harp», en *The Poetical Works of Samuel Taylor Coleridge*, ed. William B. Scott, Londres, George Routledge and Sons, 1873, p. 132.

13. Matthias Jakob Schleiden, «Contributions to Our Knowledge of Phytogenesis», trad. William Francis, en *Scientific Memoirs, Selected from the Transactions of Foreign Academies of Science and Learned Societies and from Foreign Journals*, vol. 2, ed. Richard Taylor, Londres, Richard and John E. Taylor, 1841, pp. 281. Esto se describe también en Raphaële Andrault, «Nicolas Hartsoeker, Essai de dioptrique, 1694», en Raphaële Andrault *et al.*, eds., *Médecine et philosophie de la nature humaine de l'âge classique aux Lumières: Anthologie*, París, Classiques Garnier, 2014.

14. Schleiden, «Beiträge zur Phytogenesis», pp. 137-176.

15. Schwann, *Microscopical Researches*, p. 6.

16. *Ibid.*, p. 1.

17. Laura Otis, sus padres y sus médicos, entrevista con el autor, 2022.

18. J. Müller, *Elements of Physiology*, John Bell, trad. W. M. Baly, Filadelfia: Lea and Blanchard, 1843, p. 15. [Hay trad. cast.: *Tratado de Fisiología*, Madrid, Imprenta y Librería de D. Ignacio Boix, 1846].

19. Schwann, *Microscopical Researches*, p. 212.

20. *Ibid.*, 215.

21. Harris, *Birth of the Cell*, p. 102.

22. Rudolf Virchow, «Weisses Blut, 1845», en *Gesammelte Abhandlungen zur Wissenschaftlichen Medicin*, Rudolf Virchow, Frankfurt, Meidinger Sohn, 1856, pp. 149-154; Virchow, «Die Leukämie», en *ibid.*, pp. 190-212.

23. John Hughes Bennett, «Case of Hypertrophy of the Spleen and Liver, Which Death Took Place from Suppuration of the Blood», *Edinburgh Medical and Surgical Journal*, 64, 1845, pp. 413-423.

24. John Hughes Bennett, «On the Discovery of Leucocythemia», *Monthly Journal of Medical Science*, 10, (58), 1854, pp. 374-381.

25. Byron A. Boyd, *Rudolf Virchow: The Scientist as Citizen*, Nueva York, Garland, 1991.

26. Rudolf Virchow, «Erinnerungsblätter», *Archiv für Pathologische Anatomie und Physiologie und für Klinische Medicin* 4 (4), 1852, pp. 541-548. Véase también Theodore M. Brown y Elizabeth Fee, «Rudolf Carl Vir-

chow: Medical Scientist, Social Reformer, Role Model», *American Journal of Public Health* 96 (12), diciembre de 2006, pp. 2104-2105, doi: 10.2105/AJPH.2005.078436.

27. Kurd Schulz, *Rudolf Virchow und die Oberschlesische Typhusepidemie von 1848. Jahrbuch der Schlesischen Friedrich-Wilhelms-Universität zu Breslau*, vol. 19, Göttingen Working Group, 1978.

28. Rudolf Virchow, citado en Weisenberg, «Rudolf Virchow, Pathologist, Anthropologist, and Social Thinker».

29. François Raspail, «Classification Generalé des Graminées», en *Annales des Sciences Naturelles*, vol. 6, comp. Jean Victor Audouin, A. D. Brongniart y Jean-Baptiste Dumas, París, Libraire de L'Académie Royale de Médicine, 1825, pp. 287-292. Véase también Silver, «Virchow, the Heroic Model in Medicine», pp. 82-88.

30. Citado en Lelland J. Rather, *A Commentary on the Medical Writings of Rudolf Virchow: Based on Schwalbe's Virchow-Bibliographie, 1843-1901*, San Francisco, Norman, 1990, p. 53.

31. Rudolf Virchow, *Cellular Pathology: As Based upon Physiological and Pathological Histology: Twenty Lectures Delivered in the Pathological Institute of Berlin During the Months of February, March, and April, 1858*, Londres, John Churchill, 1858. [Hay trad. cast.: *Patología celular basada sobre el estudio fisiológico y patológico de los tejidos*, Madrid, Moya y Plaza, 1878].

32. Citado en Rather, *Commentary on the Medical Writings of Rudolf Virchow*, p. 19.

33. Para más información sobre la respuesta de Virchow al racismo, véase Rudolf Virchow, «Descendenz und Pathologie» *Archiv für Pathologische Anatomie und Physiologie und für Klinische Medicin*, 103 (3), 1886, pp. 413-436

34. Citado en Rather, *Commentary on the Medical Writings of Rudolf Virchow*, p. 4.

35. Citado en *ibid.*, p. 101. Véase también «Eine Antwort an Herm Spiess», *Virch. Arch. XIII*, p. 481. A Reply to Mr. Spiess. VA 13, 1858, pp. 481-490.

36. La información sobre el caso de M. K. procede de mis interacciones personales con M. K., 2002. Los nombres y los datos identificatorios se han modificado para mantener el anonimato.

37. «Severe Combined Immunodeficiency (SCID)», National Institute of Allergy and Infectious Diseases (NIAID) en línea, modificado por última vez el 4 de abril de 2019, <https://www.niaid.nih.gov/diseases

-conditions/severe-combined-immunodeficiency-scid#:~:text=Severe%20combined%20immunodeficiency%20(SCID)%20is,highly%20susceptible%20to%20severe%20infections>.

38. Rudolf Virchow, «Lecture I», *Cellular Pathology as Based upon Physiological and Pathological Histology: Twenty Lectures Delivered in the Pathological Institute of Berlin During the Months of February, March, and April, 1858*, trad. Frank Chance, Londres, John Churchill, 1860, pp. 1-23.

La célula patógena: microbios, infecciones y la revolución de los antibióticos

1. Elizabeth Pennisi, «The Power of Many», *Science*, 360 (6396), 29 de junio de 2018, pp. 1388-1391, doi: 10.1126/science.360.6396.1388.

2. Francesco Redi, *Experiments on the Generation of Insects*, trad. Mab Bigelow, Chicago, Open Court, 1909.

3. *Ibid.* Véase también Paul Nurse, «The Incredible Life and Times of Biological Cells», *Science*, 289 (5485), 8 de septiembre de 2000, pp. 1711-1716, doi: 10.1126/science.289.5485.1711.

4. René Vallery-Radot, *The Life of Pasteur*, vol. 1., trad. R. L. Devonshire, Nueva York, Doubleday, Page, 1920, p. 141. [Hay trad. cast.: *La vida de Pasteur*, Buenos Aires, Juventud Argentina, 1939].

5. Thomas D. Brock, *Robert Koch: A Life in Medicine and Bacteriology*, Madison (Wisconsin), Science Tech, 1988, p. 32.

6. Robert Koch, «The Etiology of Anthrax, Founded on the Course of Development of Bacillus Anthracis», 1876, en *Essays of Robert Koch.*, ed. y trad. K. Codell Carter, Nueva York, Greenwood Press, 1987, pp. 1-18.

7. Citado en Thomas Goetz, *The Remedy: Robert Koch, Arthur Conan Doyle, and the Quest to Cure Tuberculosis*, Nueva York, Gotham Books, 2014), 74. Véase también Steve M. Blevins y Michael S. Bronze, «Robert Koch and the 'Golden Age' of Bacteriology», *International Journal of Infectious Diseases*, 14 (9), septiembre de 2010, pp. e744-e751.

8. Agnes Ullmann, «Pasteur-Koch: Distinctive Ways of Thinking About Infectious Diseases», *Microbe* 2 (8), agosto de 2007, pp. 383-387, <http://www.antimicrobe.org/h04c.files/history/Microbe%202007%20Pasteur-Koch.pdf>. Véase también Richard M. Swiderski, *Anthrax: A History*, Jefferson (Carolina del Norte), McFarland, 2004, p. 60.

9. Citado en Robert Koch, «Über die Milzbrandimpfung. Eine Entgegung auf den von Pasteur in Genf gehaltenen Vortrag», en *Gesammelte Werke von Robert Koch*, J. Schwalbe, G. Gaffky y E. Pfuhl, Leipzig (Alemania), Verlag von Georg Thieme, 1912, pp. 207-231.

10. *Ibid.* Véase también Robert Koch, «On the Anthrax Inoculation», en *Essays of Robert Koch*, pp. 97-107.

11. Semmelweis, *Childbed Fever.*

12. *Ibid.*, p. 81.

13. *Ibid.*, p. 19.

14. John Snow, *On the Mode of Communication of Cholera*, Londres, John Churchill, 1849.

15. John Snow, «The Cholera Near Golden-Square, and at Deptford», *Medical Times and Gazette*, 9, 23 de septiembre de 1854, pp. 321-322.

16. Snow, *Mode of Communication of Cholera*, p. 15.

17. Dennis Pitt y Jean-Michel Aubin, «Joseph Lister: Father of Modern Surgery», *Canadian Journal of Surgery*, 55 (5), octubre de 2012, pp. e8-e9, doi: 10.1503/cjs.007112.

18. Felix Bosch y Laia Rosich, «The Contributions of Paul Ehrlich to Pharmacology: A Tribute on the Occasion of the Centenary of His Nobel Prize», *Pharmacology*, 82 (3), octubre de 2008, pp. 171-179, doi: 10.1159/000149583.

19. Siang Yong Tan e Yvonne Tatsumura, «Alexander Fleming (1881-1955): Discoverer of Penicillin», *Singapore Medical Journal*, 56 (7), 2015, 366-67, doi: 10.11622/smedj.2015105.

20. H. Boyd Woodruff, «Selman A. Waksman, Winner of the 1952 Nobel Prize for Physiology or Medicine», *Applied and Environmental Microbiology*, 80 (1), enero de 2014, pp. 2-8, doi: 10.1128/ AEM.01143-13.

21. Ed Yong, *I Contain Multitudes: The Microbes Within Us and a Grander View of Life*, Nueva York, Ecco, 2016. [Hay trad. cast.: *Yo contengo multitudes: los microbios que nos habitan y una visión más amplia de la vida*, Barcelona, Debate, 2017].

22. Francisco Marty, entrevista con el autor, febrero de 2018.

23. Carl R. Woese y G. E. Fox. «Phylogenetic Structure of the Prokaryotic Domain: The Primary Kingdoms», *Proceedings of the National Academy of Sciences of the United States of America*, 74 (11), noviembre de 1977, pp. 5088-5090, <https://doi.org/10.1073/pnas.74.11.5088>.

24. Carl R. Woese, O. Kandler y M. L. Wheelis, «Towards a Natural System of Organisms: Proposal for the Domains Archaea, Bacteria, and Eu-

carya», *Proceedings of the National Academy of Sciences of the United States of America*,87 (12),junio de 1990,pp.4576-4579,doi:10.1073/pnas.87.12.4576.

25. «Two Empires or Three?», *Proceedings of the National Academy of Sciences of the United States of America*, 95 (17), 18 de agosto de 1998, pp. 9720-9723, <https://doi.org/10.1073/pnas.95.17.9720>.

26. Virginia Morell, «Microbiology's Scarred Revolutionary», *Science*, 276 (5313), 2 de mayo de 1997, pp. 699-702, doi: 10.1126/science.276.5313.699.

27. Nick Lane, *The Vital Question: Energy, Evolution, and the Origins of Complex Life*, Nueva York, W. W. Norton, 2015, p. 8. [Hay trad. cast.: *La cuestión vital: ¿por qué la vida es como es?*, Barcelona, Ariel, 2016].

28. Jack Szostak, David Bartel y P. Luigi Luisi, «Synthesizing Life» *Nature*,409,enero de 2001,pp.387-390,<https://doi.org/10.1038/35053176>.

29. Ting F. Zhu y Jack W. Szostak, «Coupled Growth and Division of Model Protocell Membranes», *Journal of the American Chemical Society*, 131 (15), abril de 2009, pp. 5705-5713.

30. Lane, *The Vital Question*, p. 2.

31. James T. Staley y Gustavo Caetano-Anolles, «Archaea-First and the Co-Evolutionary Diversification of Domains of Life» *BioEssays*, 40 (8), agosto de 2018, p. e1800036, doi: 10.1002/bies.201800036. Véase también «BioEsssays: Archaea-First and the Co-Evolutionary Diversification of the Domains of Life» YouTube, 8:52, WBLifeSciences, <https://www.youtube.com/watch?v=9yVWn_Q9faY&ab_channel=CrashCourse>.

32. Lane, *The Vital Question*, p. 1.

La célula organizada: la anatomía interior de la célula

1. François-Vincent Raspail, citado en Lewis Wolpert, *How We Live and Why We Die: The Secret Lives of Cells*, Nueva York, W. W. Norton, 2009, p. 14. [Hay trad. cast.: *Cómo vivimos, por qué morimos: la vida secreta de las células*, Barcelona, Tusquets, 2011].

2. George Palade, discurso en el banquete de los premios Nobel, 10 de diciembre de 1974, Nobel Prize en línea, <http://nobelprize.org/nobel_prizes/medicine/laureates/1974/palade-speech.html>.

3. Rather, *Commentary on the Medical Writings of Rudolf Virchow*, p. 38.

4. Evert Gorter y François Grendel, «On Bimolecular Layers of Lipoids on the Chromocytes of the Blood», *Journal of Experimental Medicine*, 41 (4), 31 de marzo de 1925, pp. 439-443, doi: 10.1084/jem.41.4.439.

5. Ernest Overton, *Über die osmotischen Eigenschaften der lebenden Pflanzen-und Tierzelle*, Zúrich, Fäsi & Beer, 1895, pp. 159-184. Véase también Overton, *Über die allgemeinen osmotischen Eigenschaften der Zelle, ihre vermutlichen Ursachen und ihre Bedeutung für die Physiologie*, Zúrich, Fäsi & Beer, 1899; Overton, «The Probable Origin and Physiological Significance of Cellular Osmotic Properties» en *Papers on Biological Membrane Structure*, Daniel Branton y Roderic B. Park Boston, Little, Brown, 1968, pp. 45-52; y Jonathan Lombard, «Once upon a Time the Cell Membranes: 175 Years of Cell Boundary Research», *Biology Direct*, 9 (32), 19 de diciembre de 2014, <https://doi.org/10.1186/s13062-014-0032-7>.

6. Seymour Singer y Garth Nicolson, «The Fluid Mosaic Model of the Structure of Cell Membranes», *Science* 175 (4023), 18 de febrero de 1972, pp. 720-731, doi: 10.1126/ science.175.4023.720.

7. Orion D. Weiner *et al.*, «Spatial Control of Actin Polymerization During Neutrophil Chemotaxis», *Nature Cell Biology*, 1, (2), junio de 1999), pp. 75-81, <https://doi.org/10.1038/10042>.

8. James D. Jamieson, «A Tribute to George E. Palade», *Journal of Clinical Investigation*, 118 (11), 3 de noviembre de 2008, pp. 3517-3518, doi: 10.1172/JCI37749.

9. Richard Altmann, *Die Elementarorganismen und ihre Beziehungen zu den Zellen*, Leipzig (Alemania), Verlag von Veit, 1890, p. 125.

10. Lynn Sagan, «On the Origin of Mitosing Cells», *Journal of Theoretical Biology*, 14 (3), marzo de 1967, pp. 225-274, doi: 10.1016/0022-5193(67)90079-3.

11. Lane, *Vital Question*, p. 5. [Hay Trad. cast: *La cuestión vital*].

12. Eugene I. Rabinowitch, «Photosynthesis—Historical Development of Scientific Interpretation and Significance of the Process», en *The Physical and Economic Foundation of Natural Resources: I. Photosynthesis—Basic Features of the Process*, Washington D. C., Interior and Insular Affairs Committee, House of Representatives, United States Congress, 1952, pp. 7-10.

13. George Palade, citado en Andrew Pollack, «George Palade, Nobel Winner for Work Inspiring Modern Cell Biology, Dies at 95» *The New York Times*, 8 de octubre de 2008, p. B19.

14. Paul Greengard, interacción personal con el autor, febrero de 2019.

15. *Ibid.* Véase también George Palade, «Intracellular Aspects of the Process of Protein Secretion», discurso en la entrega del Premio Nobel, Estocolmo, 12 de diciembre de 1974.

16. G. E. Palade, «Keith Roberts Porter and the Development of Contemporary Cell Biology», *Journal of Cell Biology*, 75 (1), noviembre de 1977, pp. D3-D10, <https://doi.org/10.1083/jcb.75.1.D1>.

17. Por desgracia, Claude dejaría el Instituto Rockefeller en 1949 para regresar a su Bélgica natal. En 1974 compartió el Premio Nobel con Palade y otro biólogo celular, Christian de Duve. Palade, «Keith Roberts Porter and the Development of Contemporary Cell Biology», pp. D3-D18.

18. Palade, «Intracellular Aspects of the Process of Protein Secretion», discurso en la entrega del Premio Nobel.

19. George E. Palade, «Intracellular Aspects of the Process of Protein Synthesis», *Science*, 189 (4200), 1 de agosto de 1975, pp. 347-358, doi: 10.1126/science.1096303.

20. David D. Sabatini y Milton Adesnik, «Christian de Duve: Explorer of the Cell Who Discovered New Organelles by Using a Centrifuge», *Proceedings of the National Academy of Sciences of the United States of America*, 110 (33), 13 de agosto de 2013, pp.13234-13235, doi: 10.1073/ pnas.131 2084110.

21. Barry Starr, «A Long and Winding DNA», KQED en línea, modificado por última vez el 2 de febrero de 2009, <https:// www.kqed.org/quest/1219/a-long-and-winding-dna>.

22. Thoru Pederson, «The Nucleus Introduced», *Cold Spring Harbor Perspectives in Biology*, 3 (5), 1 de mayo 2011, p. a000521, doi: 10.1101/ cshperspect.a000521.

23. Claude Bernard, *Lectures on the Phenomena of Life Common to Animals and Plants*, trad. Hebbel E. Hoff, Roger Guillemin y Lucienne Guillemin, Springfield (Illinois), Charles C. Thomas, 1974.

24. Valerie Byrne Rudisill, *Born with a Bomb: Suddenly Blind from Leber's Hereditary Optic Neuropathy*, ed. Margie Sabol y Leslie Byrne, Bloomington (Indiana), AuthorHouse, 2012.

25. «Leber Hereditary Optic Neuropathy (Sudden Vision Loss)», Cleveland Clinic en línea, modificado por última vez el 26 de febrero de 2021.

26. D. C. Wallace *et al.*, «Mitochondrial DNA Mutation Associated with Leber's Hereditary Optic Neuropathy», *Science*, 242 (4884), 9 de diciembre de 1988, pp. 1427-1430, doi: 10.1126/science.3201231.

27. Jared, citado en Rudisill, *Born with a Bomb*.

28. *Ibid.*

29. Byron Lam *et al.*, «Trial End Points and Natural History in Patients with G11778A Leber Hereditary Optic Neuropathy», *JAMA Ophthalmology*, 132 (4), 1 de abril de 2014, pp. 428-436, doi: 10.1001/jamaophthalmol.2013.7971.

30. Shuo Yang *et al.*, «Long-term Outcomes of Gene Therapy for the Treatment of Leber's Hereditary Optic Neuropathy», *eBioMedicine*, 10 de agosto de 2016, pp. 258-268, doi: 10.1016/j.ebiom.2016.07.002.

Nancy J. Newman *et al.*, «Efficacy and Safety of Intravitreal Gene Therapy for Leber Hereditary Optic Neuropathy Treated Within 6 Months of Disease Onset», *Ophthalmology* 128 (5), mayo de 2021, pp. 649-660, doi: 10.1016/j.ophtha.2020.12.012.

La célula en división: la reproducción celular y el nacimiento de la FIV

1. Andrew Solomon, *Far from the Tree: Parents, Children and the Search for Identity*, Nueva York, Scribner, 2013, p. 1. [Hay trad. cast.: *Lejos del árbol: historias de padres e hijos que han aprendido a quererse*, Barcelona, Debate, 2014].

2. Citado en Jacques Monod, *Chance and Necessity: An Essay on the Natural Philosophy of Modern Biology*, Nueva York, Alfred A. Knopf, 1971, p. 20. [Hay trad. cast.: *El azar y la necesidad. Ensayo sobre la filosofía natural de la biología moderna*, Barcelona, Tusquets, 2016].

3. Neidhard Paweletz, «Walther Flemming: Pioneer of Mitosis Research», *Nature Reviews Molecular Cell Biology*, 2 (1), 1 de enero de 2001, pp. 72-75, <https://doi.org/10.1038/35048077>.

4. Walther Flemming, «Contributions to the Knowledge of the Cell and Its Vital Processes: Part 2», *Journal of Cell Biology*, 25 (1), 1 de abril 1 de 1965, pp. 1-69, <https://www.ncbi.nlm.nih.gov/pmc/articles/ PMC2106612/>.

5. Walter Sutton, «The Chromosomes in Heredity», *Biological Bulletin*, 4 (5), abril de 1903, pp. 231-251, <https:// doi.org/1535741>; Theodor Boveri, *Ergebnisse über die Konstitution der chromatischen Substanz des Zellkerns*, Jena, Alemania, Verlag von Gustav Fischer, 1904.

6. *Ibid.*, pp. 1-9.

7. «The p53 Tumor Suppressor Protein» en *Genes and Disease*, Bethesda (Maryland), National Center for Biotechnology Information,

modificado por última vez el 31 de enero, 2021, pp. 215-216, accesible en línea en <https://www.ncbi.nlm.nih.gov/books/NBK22268/>.

8. Paul Nurse, entrevistado por el autor, marzo de 2017. «Sir Paul Nurse: I Looked at My Birth Certificate. That Was Not My Mother's Name», *The Guardian* (edición internacional) en línea, modificado por última vez el 9 de agosto de 2014, <https://www.theguardian.com/culture/2014/aug/09/paul-nurse-birth-certificate-not-mothers-name>.

9. Tim Hunt, «Biographical», Nobel Prize en línea, consultado el 20 de febrero de 2022, <https://www.nobelprize.org/prizes/medicine/2001/hunt/biographical/>.

10. Tim Hunt, «Protein Synthesis, Proteolysis, and Cell Cycle Transitions», discurso en la entrega del Premio Nobel, Estocolmo, 9 de diciembre de 2021.

11. Nurse, entrevistado por el autor, marzo de 2017.

12. Stuart Lavietes, «Dr. L. B. Shettles, 93, Pioneer in Human Fertility» *The New York Times*, 16 de febrero de 2003, p. 1041.

13. Tabitha M. Powledge, «A Report from the Del Zio Trial», *Hastings Center Report*, 8 (5), octubre de 1978, pp. 15-17, <https://www.jstor.org/stable/3561442>.

14. Citado en «Test Tube Babies: Landrum Shettles», *PBS American Experience* en línea, consultado el 14 de marzo de 2022, <https://www.pbs.org/wgbh/americanexperience/ features/babies-bio-shettles/>.

15. Robert Geoffrey Edwards y Patrick Christopher Steptoe, *A Matter of Life: The Story of a Medical Breakthrough*, Nueva York, William Morrow, 1980, p. 17.

16. John Rock y Miriam F. Menkin, «In Vitro Fertilization and Cleavage of Human Ovarian Eggs», *Science*, 100 (2588), 4 de agosto de 1944, pp. 105-107, doi: 10.1126/science.100.2588.105.

17. M. C. Chang, «Fertilizing Capacity of Spermatozoa Deposited into the Fallopian Tubes», *Nature*, 168 (4277), 20 de octubre de 1951, pp. 697-698, doi: 10.1038/168697b0.

18. Edwards y Steptoe, *A Matter of Life*, p. 43.

19. *Ibid.*, p. 44.

20. *Ibid.*, p. 45.

21. *Ibid.*

22. *Ibid.*, 62.

23. Para más información sobre el trabajo de Robert Edwards Patrick Steptoe: Martin H. Johnson, «Robert Edwards: The Path to IVF»,

Reproductive Biomedicine Online, 23 (2), 23 de agosto de 2011, pp. 245-262, doi: 10.1016/j.rbmo.2011.04.010. Véase también James Le Fanu, *The Rise and Fall of Modern Medicine*, Nueva York, Carroll & Graf, 2000, pp. 157-176.

24. Citado en «Recipient of the 2019 IETS Pioneer Award: Dr. Barry Bavister», *Reproduction, Fertility and Development*, 31 (3), 2019, pp. vii-viii, <https://doi.org/10.1071/RDv31n3_PA>.

25. Jean Purdy, citado en *ibid.*

26. Robert G. Edwards, Barry D. Bavister y Patrick C. Steptoe, «Early Stages of Fertilization In Vitro of Human Oocytes Matured In Vitro», *Nature*, 221 (5181), 5 de febrero de 1969, pp. 632-635, <https://doi.org/10.1038/221632a0>.

27. Johnson, «Robert Edwards: The Path to IVF», pp. 245-262.

28. Martin H. Johnson *et al.*, «Why the Medical Research Council Refused Robert Edwards and Patrick Steptoe Support for Research on Human Conception in 1971», *Human Reproduction*, 25 (9), septiembre de 2010, pp. 2157-2174, doi: 10.1093/humrep/deq155.

29. Robin Marantz Henig, *Pandora's Baby: How the First Test Tube Babies Sparked the Reproductive Revolution*, Boston, Houghton Mifflin, 2004.

30. Martin Hutchinson, «I Helped Deliver Louise», BBC News en línea, modificado por última vez el 24 de julio de 2003, <http://news.bbc.co.uk/2/hi/health/3077913.stm>.

31. *Ibid.*

32. Victoria Derbyshire, «First IVF Birth: "It Makes Me Feel Really Special"», BBC News Two en línea, modificado por última vez el 23 de julio de 2015, <https://www.bbc.co.uk/programmes/p02xv7jc>.

33. Citado en Ciara Nugent, «What It Was Like to Grow Up as the World's First "Test-Tube Baby"», *Time* en línea, modificado por última vez el 25 julio de 2018, <https://time.com/5344145/louise-brown-test-tube-baby/>.

34. Imagen de la portada, *Time*, 31 de julio de 1978, accesible en línea en <http://content.time.com/time/magazine/0,9263,7601780731,00.html>.

35. Derbyshire, «First IVF Birth». Véase también Elaine Woo y *Los Angeles Times*, «Lesley Brown, British Mother of First In Vitro Baby, Dies at 64», Health & Science, *The Washington Post* en línea, 25 de junio de 2012, <https://www.washingtonpost.com/national/health-science/lesley-brown-british-mother-of-first-in-vitro-baby-dies-at-64/2012/06/25/gJQAkavb2V_story.html>.

36. Robert G. Edwards, «Meiosis in Ovarian Oocytes of Adult Mammals», *Nature*, 196, 3 de noviembre de 1962, pp. 446-450, <https://doi.org/10.1038/196446a0>.

37. Deepak Adhikari *et al.*, «Inhibitory Phosphorylation of Cdk1 Mediates Prolonged Prophase I Arrest in Female Germ Cells and Is Essential for Female Reproductive Lifespan», *Cell Research*, 26 (2016), pp. 1212-1225, <https://doi.org/10.1038/cr.2016.119>.

38. Krysta Conger, «Earlier, More Accurate Prediction of Embryo Survival Enabled by Research», Stanford Medicine News Center, modificado por última vez el 2 de octubre de 2010, <https://med.stanford.edu/news/all-news/2010/10/earlier-more-accurate-prediction-of-embryo-survival-enabled-by-research.html>.

39. *Ibid.*

La célula manipulada: Lulu, Nana y las transgresiones de la confianza

1. Jon Cohen, «The Untold Story of the 'Circle of Trust' Behind the World's First Gene-Edited Baby», Asia/Pacific News, *Science* en línea, modificado por última vez el 1 de agosto de 2019, <https://www.science.org/content/article/untold-story-circle-trust-behind-world-s-first-gene-edited-babies>.

2. *Ibid.*

3. Richard Gardner y Robert Edwards, «Control of the Sex Ratio at Full Term in the Rabbit by Transferring Sexed Blastocysts», *Nature*, 218, 27 de abril de 1968, pp. 346-348, <https://doi.org/10.1038/218346a0>.

4. *Ibid.*

5. L. Meyer *et al.*, «Early Protective Effect of CCR-5 Delta 32 Heterozygosity on HIV-1 Disease Progression: Relationship with Viral Load. The SEROCO Study Group», *AIDS*, 11 (11), septiembre de 1997, pp. F73-F78, doi: 10.1097/00002030-199711000-00001.

6. «28 Nov 2018: International Summit on Human Genome Editing. He Jiankui Presentation and Q&A», YouTube, 1:04.28, WCSethics, <https://www.youtube.com/watch?v=tLZufCrjrN0>.

7. Pam Belluck, «Gene-Edited Babies: What a Chinese Scientist Told an American Mentor», *The New York Times*, 14 de abril de 2019, p. A1.

8. Cohen, «Untold Story of the "Circle of Trust"».

9. *Ibid.*

10. Robin Lovell-Badge, presentación, «28 Nov 2018: International Summit on Human Genome Editing. He Jiankui Presentation and Q&A», YouTube.

11. David Cyranoski, «First CRISPR Babies: Six Questions That Remain», News, *Nature* en línea, modificado por última vez el 30 de noviembre de 2018, <https://www.nature.com/articles/d41586-018-07607-3>.

12. Mark Terry, «Reviewers of Chinese CRISPR Research: "Ludicrous" and "Dubious at Best"», BioSpace, modificado por última vez el 5 de diciembre de 2019, <https://www.biospace.com/article/peer-review-of-china-crispr-scandal-research-shows-deep-flaws-and-questionable-results/>.

13. Badge, presentación, «28 Nov 2018: International Summit on Human Genome Editing. He Jiankui Presentation and Q&A», YouTube. Véase también US National Academy of Sciences and US National Academy of Medicine, the Royal Society of the United Kingdom, and the Academy of Sciences of Hong Kong, *Second International Summit on Human Genome Editing: Continuing the Global Discussion, November, 27-29, University of Hong Kong, China*, Washington D. C., National Academies Press, 2018.

14. Cohen, «Untold Story of the 'Circle of Trust"».

15. David Cyranoski, «CRISPR-baby Scientist Fails to Satisfy Critics», News, *Nature* en línea, modificado por última vez el 30 de noviembre de 2018, <https:// www.nature.com/articles/d41586-018-07573-w>.

16. David Cyranoski, «Russian "CRISPR-baby' Scientist Has Started Editing Genes in Human Eggs with Goal of Altering Deaf Gene" News, *Nature* en línea, modificado por última vez el 18 de octubre de 2019, <https:// www.nature.com/articles/d41586-019-03018-0>.

17. Nick Lane, entrevista con el autor, enero de 2022.

18. László Nagy, citado en Pennisi, «The Power of Many», pp. 1388-1391.

19. Richard K. Grosberg y Richard R. Strathmann, «The Evolution of Multicellularity: A Minor Major Transition?», *Annual Review of Ecology, Evolution, and Systematics*, 38, diciembre de 2007, pp. 621-654, doi/10.1146/annurev.ecolsys.36.102403.114735.

20. *Ibid.*

21. William C. Ratcliff *et al.*, «Experimental Evolution of Multicellularity», *Proceedings of the National Academy of Sciences of the United States of*

America, 109 (5), 2012, pp. 1595-1600, <https://doi.org/10.1073/pnas.1115323109>.

22. William Ratcliff, entrevista con el autor, diciembre de 2021.

23. *Ibid.*

24. Elizabeth Pennisi, «Evolutionary Time Travel», *Science*, 334 (6058), 18 de noviembre de 2011, pp. 893-895, doi: 10.1126/science.334.6058.893.

25. Enrico Sandro Colizzi, Renske M. A. Vroomans y Roeland M. H. Merks, «Evolution of Multicellularity by Collective Integration of Spatial Information», *eLife*, 9, 16 de octubre de 2020, p. e56349, doi: 10.7554/eLife.56349. Véase también Matthew D. Herron *et al.*, «De Novo Origins of Multicellularity in Response to Predation», *Scientific Reports*, 9, 20 de febrero de 2019, <https://doi.org/10.1038/s41598-019-39558-8>.

La célula en desarrollo: de una célula a un organismo

1. Ignaz Döllinger, citado en Janina Wellmann, *The Form of Becoming: Embryology and the Epistemology of Rhythm*, pp. 1760-1830, trad. Kate Sturge, Nueva York, Zone Books, 2017, p. 13.

2. Caspar Friedrich Wolff, «Theoria Generationis» (tesis doctoral), U Halle, Halle (Alemania), 1759.

3. Johann von Wolfgang Goethe, «Letter to Frau von Stein», *The Metamorphosis of Plants*, Cambridge (Massachusetts), MIT Press, 2009, p. 15.

4. Joseph Needham, *History of Embryology*, Cambridge (Reino Unido), University of Cambridge Press, 1934.

5. Lewis Thomas, *The Medusa and the Snail: More Notes of a Biology Watcher*, Nueva York, Penguin Books, 1995, p. 131. [Hay trad. cast.: *La medusa y el caracol*, Buenos Aires (Argentina), Fondo de Cultura Económica, 2000].

6. Edward M. De Robertis, «Spemann's Organizer and Self-Regulation in Amphibian Embryos», *Nature Reviews Molecular Cell Biology*, 7 (4), abril de 2006, pp. 296-302, doi: 10.1038/ nrm1855.

7. Scott F. Gilbert, *Development Biology*, vol. 2, Sunderland (Reino Unido), Sinauer Associates, 2010, pp. 241-286. [Hay trad. cast.: *Biología del desarrollo*, Buenos Aires, Madrid, 2005]. Véase también Richard Harland, «Induction into the Hall of Fame: Tracing the Lineage of Spemann's Or-

ganizer », *Development*, 135 (20), 15 de octubre de 2008, pp. 3321-3223, fig. 1, <https://doi.org/10.1242/dev.021196>; Robert C. King, William D. Stansfield y Pamela K. Mulligan, «Heteroplastic Transplantation» in *A Dictionary of Genetics*, 7.ª ed., Nueva York, Oxford University Press, 2007, p. 205; «Hans Spemann, the Nobel Prize in Physiology or Medicine 1935», Nobel Prize en línea, consultado el 4 de febrero de 2022, <https://www.nobelprize.org/prizes/medicine/1935/spemann/facts/>; Samuel Philbrick y Erica O'Neil; «Spemann-Mangold Organizer», The Embryo Project Encyclopedia, modificado por última vez el 12 de enero de 2012, <http://embryo.asu.edu/pages/spemann-mangold-organizer>; y Hans Spemann y Hilde Mangold, «Induction of Embryonic Primordia by Implantation of Organizers from a Different Species», *International Journal of Developmental Biology*, 45 (1), 2001, pp. 13-38.

8. Katie Thomas, «The Story of Thalidomide in the U.S., Told Through Documents», *The New York Times*, 23 de marzo de 2020. Véase también James H. Kim y Anthony R. Scialli, «Thalidomide: The Tragedy of Birth Defects and the Effective Treatment of Disease», *Toxicological Sciences*, 122, 2011, pp. 1-6.

9. *Interagency Coordination in Drug Research and Regulations: Hearings Before the Subcommittee on Reorganization and International Organizations of the Committee on Government Operations*, Senado de Estados Unidos, 87.° Congreso, 93, 1961 (carta de Frances O. Kelsey).

10. *Ibid.*

11. Thomas, «Story of Thalidomide in the U.S.».

12. *Ibid.*

13. Tomoko Asatsuma-Okumura, Takumi Ito y Hiroshi Handa, «Molecular Mechanisms of the Teratogenic Effects of Thalidomide» *Pharmaceuticals*, 13 (5), 2020, p. 95.

14. Robert D. McFadden, «Frances Oldham Kelsey, Who Saved U.S. Babies from Thalidomide, Dies at 101», *The New York Times*, 7 de agosto de 2015.

La célula inquieta: círculos de sangre

1. Maureen A. O'Malley y Staffan Müller-Wille, «The Cell as Nexus: Connections Between the History, Philosophy and Science of Cell Biology», *Studies in History and Philosophy of Science Part C: Studies in History and*

Philosophy of Biological and Biomedical Sciences, 41 (3), septiembre de 2010, pp. 169-171, doi: 10.1016/j.shpsc.2010.07.005.

2. Rudolf Virchow, «Letters of 1842», 26 de enero de 1843, en *Letters to his Parents, 1839 to 1864*, ed. Marie Rable, trad. Lelland J. Rather, Estados Unidos, Science History, 1990, p. 29.

3. Rachel Hajar, «The Air of History: Early Medicine to Galen (Part 1)», *Heart Views*, 13 (3), julio-septiembre de 2012, pp. 120-128, doi: 10.4103/1995-705X.102164.

4. William Harvey, *On the Motion of the Heart and Blood in Animals*, ed. Alexander Bowie, trad. Robert Willis, Londres, George Bell and Sons, 1889. [Hay trad. cast.: *De motu cordis; estudio anatómico del movimiento del corazón y de la sangre en los animales*, Barcelona, Advise 2000, 2002].

5. *Ibid.*, 48.

6. William Harvey, «An Anatomical Study on the Motion of the Heart and the Blood in Animals», *Medicine and Western Civilisation*, eds. David J. Rothman, Steven Marcus y Stephanie A. Kiceluk, New Brunswick, New Jersey, Rutgers University Press, 1995, pp. 68-78.

7. Antonie van Leeuwenhoek, «Mr. H. Oldenburg», 14 de agosto de 1675. Carta 18 de *Alle de brieven: 1673-1676*. De Digitale Bibliotheek voor de Nederlandse Letteren (DBNL), p. 301.

8. Marcello Malpighi, «De Polypo Cordis Dissertatio», Italia, 1666.

9. William Hewson, «On the Figure and Composition of the Red Particles of the Blood, Commonly Called Red Globules», *Philosophical Transactions of the Royal Society of London*, 63, 1773, pp. 303-323.

10. Friedrich Hünefeld, *Der Chemismus in der thierischen Organisation: Physiologisch-chemische Untersuchungen der materiellen Veränderungen oder des Bildungslebens im thierischen Organismus, insbesondere des Blutbildungsprocesses, der Natur der Blut körperchenund und ihrer Kenrchen: Ein Beitrag zur Physiologie und Heilmittellehre*, Leipzig (Alemania), Brockhaus, 1840.

11. Peter Sahlins, «The Beast Within: Animals in the First Xenotransfusion Experiments in France, ca. 1667-68», *Representations*, 129 (1), 2015, pp. 25-55, <https://doi.org/10.1525/rep.2015.129.1.25>.

12. Karl Landsteiner, «On Individual Differences in Human Blood», discurso en la entrega del Premio Nobel, Estocolmo, 11 de diciembre de 1930.

13. *Ibid.*

14. Reuben Ottenberg y David J. Kaliski, «Accidents in Transfusion: Their Prevention by Preliminary Blood Examination. Based on an Expe-

rience of One Hundred Twenty-eight Transfusions», *Journal of the American Medical Association* (JAMA), 61 (24), 13 de diciembre de 1913, pp 2138-2140, doi: 10.1001/jama.1913.04350250024007.

15. Geoffrey Keynes, *Blood Transfusion*, Oxford, Reino Unido, Oxford Medical, 1922, p. 17. [Hay trad. cast.: *Transfusión de sangre*, trad. Baldomero Cordón Bonet, Madrid, Aguilar, 1953].

16. Ennio C. Rossi y Toby L. Simon, «Transfusions in the New Millennium», *Rossi's Principles of Transfusion Medicine*, ed. Toby L. Simon *et al.*, Oxford, Reino Unido, Wiley Blackwell, 2016, p. 8.

17. A. C. Taylor a Bruce Robertson, carta, 14 de agosto de 1917, L. Bruce Robertson Fonds, Archives of Ontario, Toronto.

18. «History of Blood Transfusion», American Red Cross Blood Services en línea, consultado el 15 de marzo de 2022, <https://www.redcrossblood.org/donate-blood/blood-donation-process/what-happens-to-donated-blood/blood-transfusions/history-blood-transfusion.html>.

19. «Blood Program in World War II», *Annals of Internal Medicine*, 62 (5), 1 de mayo de 1965, p. 1102, <https://doi.org/10.7326/0003-4819-62-5-1102_1>.

La célula restauradora: plaquetas, coágulos y una «epidemia moderna»

1. William Shakespeare, *Hamlet*, ed. David Bevington, Nueva York, Bantam Books, 1980, pp. 213-216. [Hay trad. cast.: trad. Luis Astrana Marín, *William Shakespeare, Obras completas*, Madrid, Aguilar, 1951].

2. Douglas B. Brewer, «Max Schultze (1865), G. Bizzozero (1882) and the Discovery of the Platelet», *British Journal of Haematology*, 133, (3), mayo de 2006, pp. 251-258, <https://doi.org/10.1111/j.1365-2141.2006.06036.x>.

3. «Ein heizbarer Objecttisch und seine Verwendung bei Untersuchungen des Blutes», Archiv für mikroskopische Anatomie 1, diciembre de 1865, pp. 1-14, <https://doi.org/10.1007/BF02961404>.

4. *Ibid.*

5. Giulio Bizzozero, «Su di un nuovo elemento morfologico del sangue dei mammiferi e sulla sua importanza nella trombosi e nella coagulazione», *Osservatore Gazetta delle Cliniche*, 17, 1881, pp. 785-787.

6. *Ibid.*

7. I. M. Nilsson, «The History of von Willebrand Disease», *Haemophilia*, 5, supl. 2, mayo de 2002, pp. 7-11, doi: 10.1046/j.1365-2516.1999.0050s2007.x.

8. William Osler, *The Principles and Practice of Medicine*, Nueva York, D. Appleton, 1899. Véase también William Osler, «Lecture III: Abstracts of the Cartwright Lectures: On Certain Problems in the Physiology of the Blood Corpuscles», ponencia, Association of the Alumni of the College of Physicians and Surgeons, Nueva York, 23 de marzo de 1886, pp. 917-919.

9. Joseph L. Goldstein *et al.*, «Heterozygous Familial Hypercholesterolemia: Failure of Normal Allele to Compensate for Mutant Allele at a Regulated Genetic Locus», *Cell*, 9 (2), 1 de octubre de 1976, pp. 195-203, <https://doi.org/10.1016/0092-8674(76)90110-0>.

10. James Le Fanu, *The Rise and Fall of Modern Medicine*, Londres, Abacus, 2000, p. 322.

11. G. Tsoucalas, M. Karamanou y G. Androutsos, «Travelling Through Time with Aspirin, a Healing Companion», *European Journal of Inflammation*, 9 (1), 1 de enero de 2011, pp. 13-16, <https://doi.org/10.1177/1721727X1100900102>.

12. Lawrence L. Craven, «Coronary Thrombosis Can Be Prevented», *Journal of Insurance Medicine*, 5 (4), 1950, pp. 47-48.

13. Marc S. Sabatine y Eugene Braunwald, «Thrombolysis in Myocardial Infarction (TIMI) Study Group: JACC Focus Seminar 2/8», *Journal of the American Journal of Cardiology*, 77 (22), 2021, pp. 2822-2845, doi: 10.1016/j.jacc.2021.01.060. Véase también X. R. Xu *et al.*, «The Impact of Different Doses of Atorvastatin on Plasma Endothelin and Platelet Function in Acute ST-segment Elevation Myocardial Infarction After Emergency Percutaneous Coronary Intervention», *Zhonghua nei ke za zhi*, 55 (12), 2016, pp. 932-936, doi: 10.3760/cma.j.issn.0578-1426.2016.12.005.

La célula guardiana: los neutrófilos y su *Kampf* contra los microorganismos patógenos

1. Benjamin Franklin, *Autobiography of Benjamin Franklin*, Nueva York, John B. Alden, 1892, p. 96. [Hay trad. cast.: *Autobiografía*, Universidad de León, 2001].

2. Gabriel Andral, *Essai d'Hematologie Pathologique*, París, Fortin, Masson et Cie Libraires, 1843.

3. William Addison, *Experimental and Practical Researches on Inflammation and on the Origin and Nature of Tubercles of the Lung*, Londres, J. Churchill, 1843, p. 10.

4. *Ibid.*, p. 62.

5. *Ibid.*, p. 57.

6. *Ibid.*, p. 61.

7. Siddhartha Mukherjee, «Before Virus, After Virus: A Reckoning», *Cell,* 183, 15 de octubre de 2020, pp. 308-314, doi: 10.1016/j.cell.2020.09.042.

8. Iliá Ilich Méchnikov, «On the Present State of the Question of Immunity in Infectious Diseases», discurso en la entrega del Premio Nobel, Estocolmo, 11 de diciembre de 1908.

9. *Ibid.*

10. Iliá Ilich Méchnikov, «Über eine Sprosspilzkrankheit der Daphnien: Beitrag zur Lehre über den Kampf der Phago- cyten gegen Krankheitserreger», *Archiv für Pathologische Anatomie und Physiologie und für Klinische Medicin*, 96, 1884, pp. 177-195.

11. Méchnikov, «On the Present State of the Question of Immunity in Infectious Diseases», discurso en la entrega del Premio Nobel, Estocolmo, 11 de diciembre de 1908.

12. Katia D. Filippo y Sara M. Rankin, «The Secretive Life of Neutrophils Revealed by Intravital Microscopy», *Frontiers in Cell and Developmental Biology*, 8 (1236), 10 de noviembre de 2020, <https://doi.org/10.3389/fcell.2020.603230>. Véase también Pei Xiong Liew y Paul Kubes, «The Neutrophil's Role During Health and Disease», *Physiological Reviews*, 99 (2), febrero de 2019, pp. 1223-1248, doi: 10.1152/physrev.00012.2018.

13. Paul R. Ehrlich, *The Collected Papers of Paul Ehrlich*, eds. F. Himmelweit, Henry Hallett Dale y Martha Marquardt, Londres, Elsevier Science & Technology, 1956, p. 3.

14. Citado en O. P. Jaggi, *Medicine in India*, Oxford, Reino Unido, Oxford University Press, 2000, p. 138.

15. Arthur Boylston, «The Origins of Inoculation», *Journal of the Royal Society of Medicine*, 105 (7), julio de 2012, pp. 309-313, doi: 10.1258/jrsm.2012.12k044.

16. Wee Kek Koon, «Powdered Pus up the Nose and Other Chinese Precursors to Vaccinations», *Opinion, South China Morning Post* en línea, 6 de abril de 2020, <https://www.scmp.com/magazines/post-magazine/

short-reads/article/3078436/powdered-pus-nose-and-other-chinese-precursors>.

17. Ahmed Bayoumi, «The History and Traditional Treatment of Smallpox in the Sudan», *Journal of Eastern African Research & Development*, 6 (1), 1976, pp. 1-10, <https://www.jstor.org/ stable/43661421>.

18. Lady Mary Wortley Montagu, *Letters of the Right Honourable Lady M——y W——y M——u: Written During Her Travels in Europe, Asia, and Africa, to Persons of Distinction, Men of Letters, &c. in Different Parts of Europe*, Londres, S. Payne, A. Cook y H. Hill, 1767, pp. 137-140.

19. Anne Marie Moulin, *Le dernier langage de la médecine: Histoire de l'immunologie de Pasteur au Sida*, París, Presses Universitaires de France, 1991, p. 23.

20. Stefan Riedel, «Edward Jenner and the History of Smallpox and Vaccination», *Baylor University Medical Center Proceedings*, 18 (1), 2005, pp. 21-25, <https://doi.org/10.1080/08998280.2005.11928028>. Véase también Susan Brink, «What's the Real Story About the Milkmaid and the Smallpox Vaccine?», *History, National Public Radio (NPR)* en línea, 1 de febrero de 2018.

21. Edward Jenner, «An Inquiry into the Causes and Effects of the Variole Vaccine, or Cow-pox, 1798», en *The Three Original Publications on Vaccination Against Smallpox by Edward Jenner*, Louisiana State University, Law Center, <https://biotech.law.lsu.edu/cphl/history/articles/jenner.htm#top>.

22. James F. Hammarsten, William Tattersall y James E. Hammarsten, «Who Discovered Smallpox Vaccination? Edward Jenner or Benjamin Jesty?», *Transactions of the American Clinical and Climatological Association*, 90, 1979, pp. 44-55, <https://www.ncbi.nlm.nih.gov/pmc/articles/PMC2279376/pdf/tacca00099-0087.pdf>.

23. Mar Naranjo-Gomez *et al.*, «Neutrophils Are Essential for Induction of Vaccine-like Effects by Antiviral Monoclonal Antibody Immunotherapies», *JCI Insight*, 3 (9), 3 de mayo de 2018, e97339, publicado en línea el 3 de mayo de 2018, doi: 10.1172/jci.insight.97339. Véase también Jean Louis Palgen *et al.*, «Prime and Boost Vaccination Elicit a Distinct Innate Myeloid Cell Immune Response», *Scientific Reports*, 8 (3087), 2018, <https://doi.org/10.1038/s41598-018-21222-2>.

La célula defensora: cuando un cuerpo encuentra a otro cuerpo

1. Robert Burns, «Comin Thro' the Rye» (1782), en James Johnson, ed., *The Scottish Musical Museum; Consisting of Upwards of Six Hundred Songs, with Proper Basses for the Pianoforte*, vol. 5, Edimburgo, William Blackwood and Sons, 1839, pp. 430-431.

2. Cay-Rüdiger Prüll, «Part of a Scientific Master Plan? Paul Ehrlich and the Origins of his Receptor Concept», *Medical History*, 47 (3), julio de 2003, pp. 332-356, <https://www.ncbi.nlm.nih.gov/pmc/articles/PMC1044632/>.

3. Paul Ehrlich, «Ehrlich, P. (1891), Experimentelle Untersuchungen über Immunität. I. Über Ricin», *DMW-Deutsche Medizinische Wochenschrift*, 17 (32), 1891, pp. 976-979.

4. Emil von Behring y Shibasabrurō Kitasato, «Über das Zustandekommen der Diphtherie-Immunität und der Tetanus-Immunität bei Thieren», *Deutschen Medicinischen Wochenschrift*, 49, 1890, pp. 1113-1114, <https://doi.org/10.17192/eb2013.0164>.

5. J. Lindenmann, «Origin of the Terms "Antibody" and "Antigen"», *Scandinavian Journal of Immunology*, 19 (4), abril de 1984, pp. 281-285, doi: 10.1111/j.1365-3083.1984.tb00931.x.

6. Emil von Behring, «Untersuchungen über das Zustandekommen der Diphtherie-Immunität bei Thieren», *Deutschen Medicinischen Wochenschrift*, 50, 1890, pp. 1145-1148. Véase también William Bulloch, *The History of Bacteriology*, Londres, Oxford University Press, 1938; L. Brieger, S. Kitasato y A. Wassermann, «Über Immunität und Giftfestigung», *Zeitschrift für Hygiene und Infektionskrankheiten*, 12, 1892, pp. 254-255; L. Deutsch, «Contribution à l'etude de l'origine des anticorps typhiques», *Annales de l'Institut Pasteur*, 13, 1899, pp. 689-727; Paul Ehrlich, «Experimentelle Untersuchungen über Immunität. II. Über Ricin», *Deutsche Medizinische Wochenschrift*, 17, 1891, pp. 1218-1219; y «Über Immunität durch Vererbung und Säugung», *Zeitschrift für Hygiene und Infektionskrankheiten, medizinische Mikrobiologie, Immunologie und Virologie*, 12, 1892, pp. 183-203.

7. Lindenmann, «Origin of the Terms "Antibody" and «Antigen"», pp. 281-285.

8. Rodney R. Porter, «Structural Studies of Immunoglobulins», discurso en la entrega del Premio Nobel, Estocolmo, 12 de diciembre de 1972.

9. Gerald M. Edelman, «Antibody Structure and Molecular Immunology», discurso en la entrega del Premio Nobel, Estocolmo, 12 de diciembre de 1972.

10. Linus Pauling, «A Theory of the Structure and Process of Formation of Antibodies», *Journal of the American Chemical Society*, 62 (10), 1940, pp. 2643-2257.

11. Joshua Lederberg, «Genes and Antibodies», *Science*, 129 (3364), 1959, pp. 1649-1653.

12. Frank Macfarlane Burnet, «A Modification of Jerne's Theory of Antibody Production Using the Concept of Clonal Selection», *CA: A Cancer Journal for Clinicians*, 26 (2), marzo-abril de 1976, pp. 119-121. Véase también, «Immunological Recognition of Self», discurso en la entrega del Premio Nobel, Estocolmo, 2 de diciembre de 1960.

13. Lewis Thomas, *The Lives of a Cell: Notes of a Biology Watcher*, Nueva York, Penguin Books, 1978, pp. 91-102. [Hay trad. cast.: *Las vidas de la célula*, trad. Jorge Blaquer, Barcelona, Ultramar, 1995, p. 76].

14. Susumu Tonegawa, «Somatic Generation of Antibody Diversity», *Nature*, 302, 1983, pp. 575-581.

15. Georges Köhler y César Milstein, «Continuous Cultures of Fused Cells Secreting Antibody of Predefined Specificity», *Nature*, 256, 7 de agosto de 1975, pp. 495-497, <https://doi.org/10.1038/256495a0>.

16. Lee Nadler *et al.*, «Serotherapy of a Patient with a Monoclonal Antibody Directed Against a Human Lymphoma-Associated Antigen», *Cancer Research*, 40 (9), septiembre de 1980, pp. 3147-3154, PMID: 7427932.

17. Ron Levy, entrevista con el autor, diciembre de 2021.

La célula discernidora: la sutil inteligencia del linfocito T

1. Jacques Miller, «Revisiting Thymus Function», *Frontiers in Immunology*, 5, 28 de agosto de 2014, p. 411, <https://doi.org/10.3389/fimmu.2014.00411>.

2. Jacques F. Miller, «Discovering the Origins of Immunological Competence», *Annual Review of Immunology*, 17, 1999, pp. 1-17, doi: 10.1146/annurev.immunol.17.1.1.

3. *Ibid.*

4. Margo H. Furman y Hidde L. Ploegh, «Lessons from Viral Manipulation of Protein Disposal Pathways», *Journal of Clinical Investigation*, 110 (7), 2002, pp. 875-79, <https://doi.org/10.1172/JCI16831>.

5. Alain Townsend, «Vincenzo Cerundolo 1959-2020», *Nature Immunology*, 21 (3), marzo de 2020, p. 243, doi: 10.1038/s41590-020-0617-5.

6. Rolf M. Zinkernagel y Peter C. Doherty, «Immunological Surveillance Against Altered Self Components by Sensitised T Lymphocytes in Lymphocytes Choriomeningitis», *Nature*, 251 (5475), 11 de octubre de 1974, pp. 547-458, doi: 10.1038/251547a0.

7. Alain Townsend, entrevista con el autor, 2019.

8. Pam Bjorkman y P. Parham, «Structure, Function, and Diversity of Class I Major Histocompatibility Complex Molecules», *Annual Review of Biochemistry*, 59, 1990, pp. 253-288, doi: 10.1146/annurev.bi.59.070190.001345.

9. Alain Townsend y Andrew McMichael, «MHC Protein Structure: Those Images That Yet Fresh Images Beget», *Nature*, 329 (6139), 8-14 de octubre de 1987, pp. 482-483, doi: 10.1038/329482a0.

10. William Butler Yeats, «Byzantium», en *The Collected Poems of W. B. Yeats,* Hertfordshire, RU, Wordsworth Editions, 1994, pp. 210-211. [Hay trad. cast.: *Poesía inglesa del siglo XIX*, estudio preliminar y selección de Jaime Rest, versión de Luis Cernuda, Buenos Aires, Centro Editor de América Latina, 1979].

11. James Allison, B. W. McIntyre y D. Bloch, «Tumor-Specific Antigen of Murine T-Lymphoma Defined with Monoclonal Antibody», *Journal of Immunology*, 129 (5), noviembre de 1982, pp. 2293-2300, PMID: 6181166. Véase también Yusuke Yanagi *et al.*, «A Human T cell-Specific cDNA Clone Encodes a Protein Having Extensive Homology to Immunoglobulin Chains», *Nature*, 308, 8 de marzo de 1984, pp. 145-149, <https://doi.org/10.1038/308145a0>; y Stephen M. Hedrick *et al.*, «Isolation of cDNA Clones Encoding T cell-Specific Membrane-Associated Proteins», *Nature*, 308, 8 de marzo de 1984, pp. 149-153, <https://doi.org/10.1038/308149a0>.

12. Javier A. Carrero y Emil R. Unanue, «Lymphocyte Apoptosis as an Immune Subversion Strategy of Microbial Pathogens», *Trends in Immunology*, 27 (11), noviembre de 2006, pp. 497-503, <https://doi.org/10.1016/j.it.2006.09.005>.

13. Charles A. Janeway *et al.*, *Immunobiology: The Immune System in Health and Disease*, 5.ª ed., Nueva York, Garland Science, 2001, pp. 114-130, <https://www.ncbi.nlm.nih.gov/books/NBK27098/>. [Hay trad. cast.: *Inmunobiología: el sistema Inmunitario en condiciones de salud y enfermedad*, Barcelona: Masson, 2000].

14. Philip D. Greenberg, «Ralph M. Steinman: A Man, a Microscope, a Cell, and So Much More», *Proceedings of the National Academy of Sciences of the United States of America*, 108 (52), 8 de diciembre de 2011, pp. 20871-20872, <https://doi.org/10.1073/pnas.1119293109>.

15. Lewis Thomas, *A Long Line of Cells: Collected Essays*, Nueva York, Book of the Month Club, 1990, p. 71. [Hay trad. cast.: *Las vidas de la célula*, trad. Jorge Blaquer, Barcelona, Ultramar, 1977].

16. Mirko D. Grmek, *History of AIDS: Emergence and Origin of a Modern Pandemic*, trads. Russell C. Maulitz y Jacalyn Duffin, Princeton, New Jersey, Princeton University Press, 1993, p. 3. [Hay trad. cast.: *Historia del sida*, México, 1992].

17. *Ibid.*, p. 5. [Hay trad. cast.: *Historia del sida*].

18. Robert D. McFadden, «Frances Oldham Kelsey, Who Saved U.S. Babies from Thalidomide, Dies at 101», *The New York Times*, 8 de agosto de 2015, A1.

19. Robert D. McFadden, «Frances Oldham Kelsey, Who Saved U.S. Babies from Thalidomide, Dies at 101», *The New York Times*, 8 de agosto de 2015, A1.

20. *Ibid.*

21. *Ibid.*

22. Kenneth B. Hymes *et al.*, «Kaposi's Sarcoma in homosexual Men: A Report of Eight Cases», *The Lancet*, 318 (8247), 19 de septiembre de 1981, pp. 598-600, doi: 10.1016/s0140-6736(81)92740-9.

23. Robert O. Brennan y David T. Durack, «Gay Compromise Syndrome», Letters to the Editor, en *The Lancet*, 318 (8259), 12 de diciembre de 1981, pp. 1338-1339, <https://doi.org/10.1016/S0140-6736(81) 91352-0>.

24. Grmek, *History of AIDS*, pp. 6-12. [Hay trad. cast.: *Historia del sida*, México, 1992].

25. «Acquired Immuno-Deficiency Syndrome-AIDS», *US Centers for Disease Control Morbidity and Mortality Weekly Report (MMWR)*, 31 (37), 24 de septiembre de 1982, pp. 507, 513-514, accesible en <https://stacks.cdc.gov/view/cdc/35049>.

26. M. S. Gottlieb *et al.*, «Pneumocystis Carinii neumonia and Mucosal Candidiasis in Previously Healthy Homosexual Men: Evidence of a New Acquired Cellular Immunodeficiency», *New England Journal of Medicine*, 305 (24), 10 de diciembre de 1981, pp. 1425-1431, doi: 10.1056/NEJM198112103052401. Véase también H. Masur *et al.*, «An Outbreak of

Community-Acquired Pneumocystis Carinii Pneumonia: Initial Manifestation of Cellular Immune Dysfunction», *New England Journal of Medicine*, 305 (24), 10 de diciembre de 1981, pp. 1431-1438, doi: 10.1056/NEJM198112103052402. Véase también F. P. Siegal *et al.*, «Severe Acquired Immunodeficiency in Male Homosexuals, Manifested by Chronic Perianal Ulcerative Herpes Simplex Lesions», *New England Journal of Medicine*, 305 (24), 10 de diciembre de 1981, pp. 1439-1444, doi: 10.1056/NEJM198112103052403.

27. Jonathan M. Kagan *et al.*, «A Brief Chronicle of CD4 as a Biomarker for HIV/AIDS: A Tribute to the Memory of John L. Fahey», *Forum on Immunopathological Diseases and Therapeutics*, 6 (1/2), 2015, pp. 55-64, doi: 10.1615/ForumImmunDisTher.2016014169.

28. Françoise Barré-Sinoussi *et al.*, «Isolation of a T-Lymphotropic Retrovirus from a Patient at Risk for Acquired Immune Deficiency Syndrome (AIDS)», *Science*, 220 (4599), 20 de mayo de 1983, pp. 868-871, doi: 10.1126/science.6189183.

29. J. Schüpbach *et al.*, «Serological Analysis of a Subgroup of Human T-Lymphotropic Retroviruses (HTLV-III) Associated with AIDS», *Science*, 224 (4648), 4 de mayo de 1984, pp. 503-505, doi: 10.1126/science.6200937; Robert C. Gallo *et al.*, «Frequent Detection and Isolation of Cytopathic Retroviruses (HTLV-III) from Patients with AIDS and at Risk for AIDS», *Science*, 224 (4648), 4 de mayo de 1984, pp. 500-503, doi: 10.1126/science.6200936; M. G. Sarngadharan *et al.*, «Antibodies Reactive with Human T-Lymphotropic Retroviruses (HTLV-III) in the Serum of Patients with AIDS», *Science*, 224 (4648), 4 de mayo de 1984, pp. 506-508, doi: 10.1126/science.6324345; y M. Popovic *et al.*, «Detection, Isolation, and Continuous Production of Cytopathic Retroviruses (HTLV-III) from Patients with AIDS and Pre-AIDS», *Science*, 224 (4648), 4 de mayo de 1984, pp. 497-500, doi: 10.1126/science.6200935.

30. Robert C. Gallo, «The Early Years of HIV/AIDS», *Science*, 298 (5599), 29 de noviembre de 2002, pp. 1728-1730, doi: 10.1126/science.1078050.

31. Salman Rushdie, *Midnight's Children*, Toronto, Alfred A. Knopf, 2010. [Hay trad. cast.: *Hijos de la medianoche*, trad. Miguel Sáenz, Barcelona, Random House, 2022].

32. L. Gyuay *et al.*, «Intrapartum and Neonatal Single-Dose Nevirapine Compared with Zidovudine for Prevention of Mother-to-Child Transmission of HIV-1 in Kampala, Uganda: HIVNET 012 Randomised

Trial», *The Lancet*, 354 (9181), 4 de septiembre de 1999, pp. 795-802, <https://doi.org/10.1016/S0140-6736(99)80008-7> (<https://www.sciencedirect.com/science/article/pii/S0140673699800087>).

33. Timothy Ray Brown, «I Am the Berlin Patient: A Personal Reflection», *AIDS Research and Human Retroviruses*, 31 (1), 1 de enero de 2015, pp. 2-3, doi: 10.1089/aid.2014.0224. Véase también Sabin Russell, «Timothy Ray Brown, Who Inspired Millions Living with HIV, Dies of Leukemia», en Hutch News Stories, Fred Hutchinson Cancer Research Center en línea, modificado por última vez el 30 de septiembre de 2020, <https://www.fredhutch.org/en/news/center-news/2020/09/timothy-ray-brown-obit.html>.

34. Brown, «I Am the Berlin Patient», pp. 2-3.

La célula tolerante: lo propio, el horror autotóxico y la inmunoterapia

1. Walt Whitman, «Song of Myself», en *Leaves of Grass: Comprising All the Poems Written by Walt Whitman*, Nueva York, Modern Library, 1892, p. 24. [Hay trad. cast.: *Hojas de hierba*, Barcelona, Alianza, 2016].

2. Lewis Carroll, *Alice in Wonderland*, Auckland, Nueva Zelanda, Floating Press, 2009, p. 35. [Hay trad. cast.: *Alicia en el País de las Maravillas. A través del espejo. La caza del Snark*, Barcelona, Penguin Clásicos, 2016].

3. Elda Gaino, Giorgio Bavestrello y Giuseppe Magnino, «Self/Non, Self Recognition in Sponges», *Italian Journal of Zoology*, 66 (4), 1999, pp. 299-315, doi: 10.1080/11250009909356270.

4. Aristóteles, *De Anima*, trad. R. D. Hicks, Nueva New York, Cosimo Classics, 2008. [Hay trad. cast.: *Acerca del alma*, Madrid, Gredos, 2014].

5. Brian Black, *The Character of the Self in Ancient India: Priests, Kings, and Women in the Early Upanishads*, Albany, State University of New York Press, 2007.

6. Marios Loukas *et al.*, «Anatomy in Ancient India: A Focus on Susruta Samhita», *Journal of Anatomy*, 217 (6), diciembre de 2010, pp. 646-650, doi: 10.1111/j.1469-7580.2010.01294.x.

7. James F. George y Laura J. Pinderski, «Peter Medawar and the Science of Transplantation: A Parable», *Journal of Heart and Lung Transplantation*, 29 (9), 1 de septiembre de 2001, p. 927, <https//:doi.org/10.1016/S1053-2498)01)00345-X>.

8. *Ibid.*

9. George D. Snell, «Studies in Histocompatibility, discurso en la entrega del Premio Nobel, Estocolmo, 8 de diciembre de 1980.

10. Ray D. Owen, «Immunogenetic Consequences of Vascular Anastomoses Between Bovine Twins», *Science*, 102 (2651), 19 de octubre de 1945, pp. 400-401, doi: 10.1126/science.102.2651.400.

11. Macfarlane Burnet, *Self and Not-Self*, Londres, Cambridge University Press, 1969, p. 25.

12. J. W. Kappler, M. Roehm y P. Marrack, «T Cell Tolerance by Clonal Elimination in the Thymus», *Cell*, 49 (2), 24 de abril de 1987, pp. 273-280, doi: 10.1016/0092-8674(87)90568-x.

13. Carolin Daniel, Jens Nolting y Harald von Boehmer, «Mechanisms of Self-Nonself Discrimination and Possible Clinical Relevance», *Immunotherapy*, 1 (4), julio de 2009, pp. 631-644, doi: 10.2217/imt.09.29.

14. Paul Ehrlich, *Collected Studies on Immunity*, Nueva York, John Wiley & Sons, 1906, p. 388.

15. William Shakespeare, «When Icicles Hang by the Wall», *Love's Labour's Lost*, en *London Sunday Times* en línea, modificado por última vez el 30 de diciembre de 2012, <https://www.thetimes.co.uk/article/when-icicles-hang-by-the-wall-by-william-shakespeare-1564-1616-5kgxk93bnwc>. [Hay trad. cast.: trad. Luis Astrana Marín, *William Shakespeare, Obras completas*, Madrid, Aguilar, 1951].

16. «The Treatment of Inoperable Sarcoma with the Mixed Toxins of Erysipelas and Bacillus Prodigiosus: Immediate and Final Results in One Hundred Forty Cases», *Journal of the American Medical Association (JAMA)*, 31 (9), 27 de agosto de 1898, pp. 456-465, doi: 10.1001/jama.1898.92450090022001g; William B. Coley, «The Treatment of Malignant Tumors by Repeated Inoculation of Erysipelas», *Journal of the American Medical Association (JAMA)*, 20 (22), 3 de junio de 1893, pp. 615-616, doi: 10.1001/jama.1893.02420490019007; y William B. Coley, «II. Contribution to the Knowledge of Sarcoma», *Annals of Surgery*, 14 (3), septiembre de 1891, pp. 199-200, doi: 10.1097/00000658-189112000-00015.

17. Steven A. Rosenberg y Nicholas P. Restifo, «Adoptive Cell Transfer as Personalized Immunotherapy for Human Cancer», *Science*, 348 (6230), abril de 2015, pp. 62-68, doi: 10.1126/science.aaa4967.

18. James P. Allison, «Immune Checkpoint Blockade in Cancer Therapy», discurso en la entrega del Premio Nobel, Estocolmo, 7 de diciembre de 2018.

19. Tasuku Honjo, «Serendipities of Acquired Immunity», discurso en la entrega del Premio Nobel, Estocolmo, 7 de diciembre de 2018.

20. Julie R. Brahmer *et al.*, «Safety and Activity of anti-PD-L1 Antibody in Patients with Advanced Cancer», *New England Journal of Medicine*, 366 (26), 28 de junio de 2012, pp. 2455-2465, doi: 10.1056/NEJMoa1200694. Véase también Omid Hamid *et al.*, «Safety and Tumor Responses with Lambrolizumab (anti-PD-1) in Melanoma», *New England Journal of Medicine*, 369 (2), 11 de julio de 2013, pp. 134-144, doi: 10.1056/NEJMoa1305133.

La pandemia

1. Giovanni Boccaccio, *The Decameron of Giovanni Boccaccio*, trad. John Payne, Frankfurt, Alemania, Outlook Verlag, 2020, p. 5. [Hay trad. cast.: *Decamerón*, trad.: Juan G. de Luances, Penguin Clásicos, 2017].

2. Mechelle L. Holshue *et al.*, «First Case of 2019 Novel Coronavirus in the United States», *New England Journal of Medicine*, 382 (10), 2020, pp. 929-936, doi: 10.1056/NEJMoa2001191.

3. *The Wire* y Murad Banaji, «As Delta Tore Through India, Deaths Skyrocketed in Eastern UP, Analysis Finds», *The Wire*, 11 de febrero de 2022, <https://science.thewire.in/health/covid-19-excess-deaths-eastern-uttar-pradesh-cjp-investigation/>.

4. Aggarwal, Mayank, «Indian Journalist Live-Tweeting Wait for Hospital Bed Dies from Covid», *Independent*, 21 de abril de 2021, <https://www.independent.co.uk/asia/india/india-journalist-tweet-covid-death b1834362.html>.

5. Akiko Iwasaki, entrevista con el autor, abril de 2020.

6. Camilla Rothe *et al.*, «Transmission of 2019-nCoV Infection from an Asymptomatic Contact in Germany», *New England Journal of Medicine*, 328, 2020, pp. 970-971, doi: 10.1056/NEJMc2001468.

7. Caspar I. van der Made *et al.*, «Presence of Genetic Variants Among Young Men with Severe COVID-19», *Journal of the American Medical Association (JAMA)*, 324 (7), 2020, pp. 663-673, doi: 10.1001/jama.2020.13719.

8. Daniel Blanco-Melo *et al.*, «Imbalanced Host Response to SARS-CoV-2 Drives Development of COVID-19», *Cell*, 181 (5), 2020, pp. 1036-1045, doi: 10.1016/j.cell.2020.04.026.

9. Ben tenOever, entrevista con el autor, enero de 2020.

10. Qian Zhang *et al.*, «Inborn Errors of Type I IFN Immunity in Patients with Life-Threatening COVID-19», *Science*, 370 (6515), 2020, eabd4570, doi: 10.1126/science.abd4570. Véase también Paul Bastard *et al.*, «Autoantibodies Against Type I IFNs in Patients with Life-Threatening COVID-19», *Science*, 370 (6515), 2020, eabd4585, doi: 10.1126/science.abd4585.

11. James Somers, «How the Coronavirus Hacks the Immune System», *The New Yorker*, 2 de noviembre de 2020, <https://www.newyorker.com/magazine/2020/11/09/how-the-coronavirus-hacks-the-immune-system>.

12. Akiko Iwasaki, entrevista con el autor, abril de 2020.

13. Zadie Smith, «Fascinated to Presume: In Defense of Fiction», *New York Review of Books*, 24 de octubre de 2019, https://www.nybooks.com/articles/2019/10/24/zadie-smith-in-defense-of-fiction/.

La célula ciudadana: los beneficios de la pertenencia

1. Elias Canetti, *Crowds and Power*, Nueva York, Continuum, Farrar, Straus and Giroux, 1981, p. 16. [Hay trad. cast.: *Masa y poder*, Madrid, Alianza, 2013].

2. William Harvey, *The Circulation of the Blood: Two Anatomical Essays*, Oxford (Reino Unido), Blackwell Scientific Publications, 1958, p. 12.

3. Siddhartha Mukherjee, «What the Coronavirus Crisis Reveals about American Medicine», *New Yorker*, 27 de abril de 2020, <https://www.newyorker.com/magazine/2020/05/04/what-the-coronavirus-crisis-reveals-about-american-medicine>.

4. Aristóteles, *On the Soul, Parva Naturalia, On Breath*, trans. W. S. Hett, Londres, William Heinemann, 1964.

5. Galeno, *On the Usefulness of the Parts of the Body*, Nueva York, Cornell University Press, 1968, p. 292. [Hay trad. cast.: *Sobre la utilidad de las partes del cuerpo humano en diecisiete libros*, Madrid, Ediciones Clásicas, 2009].

6. Izet Masic, «Thousand-Year Anniversary of the Historical Book: "Kitab al-Qanun fit-Tibb"- The Canon of Medicine, Written by Abdullah ibn Sina», *Journal of Research in Medical Sciences*, 17 (11), 2012: 993-1000, <https://www.ncbi.nlm.nih. gov/pmc/articles/PMC3702097/>.

7. D'Arcy Power, *William Harvey: Masters of Medicine*, Londres, T. Fisher Unwin, 1897. Véase también W. C. Aird, «Discovery of the Car-

diovascular System: From Galen to William Harvey», *Journey of Thrombosis and Hemostasis*, 9 (1), 2011, pp. 118-129, doi: 10.1111/j.1538-7836.2011.04312.x.

8. Edgar F. Mauer, «Harvey en Londres», *Bulletin of the History of Medicine*, 33 (1), 1959, pp. 21-36, <https://www.jstor.org/stable/44450586>.

9. William Harvey, *On the Motion of the Heart and Blood in Animals*, Eugene (Oregón), Resource Publications, 2016, p. 36. [Hay trad. cast.: *Estudio anatómico del movimiento del corazón y de la sangre en los animales*, Buenos Aires, Eudeba, 1970].

10. *How Cells Became Technologies*, Cambridge, Harvard University Press, 2007, p. 75.

11. Alexis Carrel, «On the Permanent Life of Tissue Outside of the Organism », *Journal of Experimental Medicine*, 15 (5), 1912, pp. 516-530, <https://www.ncbi. nlm.nih.gov/pmc/articles/PMC2124948/pdf/516.pdf>.

12. W. T. Porter, «Coordination of Heart Muscle Without Nerve Cells», *Journal of the Boston Society of Medical Sciences*, 3 (2), 1898, <https://pubmed.ncbi.nlm.nih. gov/19971205/>.

13. Carl J. Wiggers, «Some Significant Advances in Cardiac Physiology During the Nineteenth Century», *Bulletin of the History of Medicine*, 34 (1), 1960, pp. 1-15, <https://www.jstor.org/stable/44446654>.

14. Beáta Bugyi y Miklós Kellermayer, «The Discovery of Actin: "To See What Everyone Else Has Seen, and to Think What Nobody Has Thought"», *Journal of Muscle Research and Cell Motility*, 41, 2020, pp. 3-9, <https://doi. org/10.1007/s10974-019-09515-z>. Véase también Andrzej Grzybowski y Krzysztof Pietrzak, «Albert Szent Györrgi (1893-1986): The Scientist who Discovered Vitamin C», *Clinics in Dermatology*, 31, 2013, pp. 327-331, <https://www.cidjournal.com/action/showPdf?pii=S0738-081X%2812%2900171-X>. Véase también Albert Szent-Györgyi, «Contraction in the Heart Muscle Fibre», *Bulletin of the New York Academy of Medicine*, 28 (1), 952, pp. 3-10, <https://www.ncbi.nlm.nih.gov/pmc/articles/PMC1877124/pdf/bullnyacadmed00430-0012.pdf>.

15. *Ibid.*

La célula contemplativa: la neurona multitarea

1. Emily Dickinson, «The Brain Is Wider than the Sky» 1862, *The Complete Poems of Emily Dickinson*, ed. Thomas H. Johnson, Boston, Little, Brown, 1960, pp. 312-313. [Hay trad. cast.: *Poemas*, Madrid, Cátedra, 2022].

2. Camillo Golgi, «The Neuron Doctrine-Theory and Facts», discurso en la entrega del Premio Nobel, Suecia, 11 de diciembre de 1906, <https://www.nobelprize.org/uploads/2018/06/golgi-lecture.pdf>.

3. Ennio Pannese, «The Golgi Stain: Invention, Diffusion and Impact on Neurosciences», *Journal of the History of the Neurosciences*, 8 (2), 1999, pp. 132-140, doi: 10.1076/jhin.8.2.132.1847.

4. Larry W. Swanson, Eric Newman, Alfonso Araque y Janet M. Dubinsky, *The Beautiful Brain: The Drawings of Santiago Ramón y Cajal*, Nueva York, Abrams, 2017, p. 12.

5. Marina Bentivoglio, «Life and discoveries of Santiago Ramón y Cajal», *Nobel Prize*, 20 de abril de 1998, <https://www.nobelprize.org/prizes/medicine/1906/cajal/article/>. Véase también Luis Ramón y Cajal, «Cajal, as Seen by His Son», *Cajal Club*, 1984, <https://cajal club.org/wp-content/uploads/sites/9568/2019/08/Cajal-As-Seen-By-His-Son-por-Luis-Ram%C3%B3n-y-Cajal-p.-73.pdf>, y Santiago Ramón y Cajal, «The structure and connexions of neurons», discurso en la entrega del Premio Nobel, Suecia, 12 de diciembre de 1906, <https://www.nobel prize.org/uploads/2018/06/cajal-lecture.pdf>.

6. Santiago Ramón y Cajal, *Recollections of My Life*, Cambridge, MIT Press, 1996, p. 36. [Hay trad. cast.: *Recuerdos de mi vida*, Madrid, Imp. y Librería de Nicolás Moyá, 1901-1917].

7. «The Nobel Prize in Physiology or Medicine 1906», *Nobel Prize*, <https://www.nobelprize.org/prizes/medicine/1906/summary/>.

8. Pablo García-López, Virginia García-Marín y Miguel Freire, «The Histological Slides and Drawings of Cajal», *Frontiers in Neuroanatomy*, 4 (9), 2010, doi: 10.3389/neuro.05.009.2010.

9. Henry Schmidt, «Frogs and Animal Electricity», *Explore Whipple Collections, Whipple Museum of the History of Science, University of Cambridge*, <https://www.whipplemuseum.cam.ac.uk/explore-whipple-collections/frogs/frogs-and-animal-electricity>.

10. Christof J. Schwiening, «A Brief Historical Perspective: Hodgkin and Huxley», *Journal of Physiology*, 590 (11), 2012, pp. 2571-2575, doi: 10.1113/jphysiol.2012.230458.

11. Alan Hodgkin y Andrew Huxley, «Action Potentials Recorded from Inside a Nerve Fibre», *Nature*, 144 (3651), 1939, pp. 710-711, doi: 10.1038/144710a0.

12. Kay Ryan, «Leaving Spaces», *The Best of It: New and Selected Poems*, Nueva York, Grove Press, 2010, pp. 38.

13. J. F. Fulton, *Physiology of the Nervous System*, Nueva York, Oxford University Press, 1949.

14. Henry Dale, «Some Recent Extensions of the Chemical Transmission of the Effects of Nerve Impulses», discurso en la entrega del Premio Nobel, 12 de diciembre de 1936, <https://www.nobelprize.org/prizes/medicine/1936/dale/lecture/>.

15. *Report of the Wellcome Research Laboratories at the Gordon Memorial College, Khartoum*, vol. 3, Khartoum, Wellcome Research Laboratories, 1908, p. 138.

16. Otto Loewi, «The Chemical Transmission of Nerve Action», Discurso en la entrega del Premio Nobel, 12 de diciembre de 1936, <https://www.nobelprize.org/prizes/medicine/1936/loewi/lecture/>. Véase también Alli N. McCoy y Yong Siang Tan, «Otto Loewi (1873-1961): Dreamer and Nobel Laureate», *Singapore Medical Journal*, 55 (1), 2014, pp. 3-4, doi: 10.11622/smedj.2014002.

17. Otto Loewi, «An Autobiographical Sketch», *Perspectives in Biology and Medicine*, 4 (1), 1960, pp. 3-25, <https://muse.jhu.edu/article/404651/pdf>.

18. Don Todman, «Henry Dale and the Discovery of Chemical Synaptic Transmission», *European Neurology*, 60, 2008, pp. 162-164, <https://doi. org/10.1159/000145336>.

19. Stephen G. Rayport y Eric R. Kandel, «Epileptogenic Agents Enhance Transmission at an Identified Weak Electrical Synapse in Aplysia», *Science*, 213 (4506), 1981, pp. 462-464, <https://www.jstor.org/stable/1686531>.

20. Annapurna Uppala *et al.*, «Impact of Neurotransmitters on Health through Emotions», *International Journal of Recent Scientific Research* 6 (10), 2015, pp. 6632-6636, doi: 10.1126/science.1089662.

21. Edward O. Wilson, *Letters to a Young Scientist*, Nueva York, Liveright, 2013, p. 46. [Hay trad. cast.: *Cartas a un joven científico*, Barcelona, Debate, 2014].

22. Christopher S. von Bartheld, Jami Bahney y Suzana Herculano-Houzel, «The Search for True Numbers of Neurons and Glial Cells in the Human Brain: A Review of 150 Years of Cell Counting», *Journal of Comparative Neurology*, 524 (18), 2016, pp. 3865-3895, doi:10.1002/cne.24040.

23. Sarah Jäkel y Leda Dimou, «Glial Cells and Their Function in the Adult Brain: A Journey through the History of Their Ablation», *Frontiers*

in Cellular Neuroscience, 11, 2017, <https://doi.org/10.3389/fncel.2017.00024>.

24. Dorothy P. Schafer *et al.*, «Microglia Sculpt Postnatal Neural Circuits in an Activity and Complement-Dependent Manner», *Neuron*, 74 (4), 2012, pp. 691-705, doi: 10.1016/j.neuron.2012.03.026.

25. Carla J. Shatz, «The Developing Brain», *Scientific American*, 267 (3), 1992, pp. 60-67, <https://www.jstor.org/stable/24939213>.

26. Hans Agrawal, entrevista con el autor, octubre de 2015.

27. Beth Stevens *et al.*, «The Classical Complement Cascade Mediates CNS Synapse Elimination», *Cell*, 131 (6), 2007, pp. 1164-1178, <https://doi.org/10.1016/j.cell.2007.10.036>.

28. Beth Stevens, entrevista con el autor, febrero de 2016.

29. Virginia Hughes, «Microglia: The Constant Gardeners», *Nature*, 485, 2012, pp. 570-572, <https://doi.org/10.1038/485570a>.

30. A Unified Hypothesis», *Lancet Psychiatry*, 7 (3), 2019, pp. 272-281, doi: 10.1016/S2215-0366(19)30302-5.

31. Kenneth Koch, «One Train May Hide Another», *One train*, Nueva York, Alfred A. Knopf, 1994.

32. William Styron, *Darkness Visible: A Memoir of Madness*, Nueva York, Open Road, 2010, p. 10. [Hay trad. cast.: *Esa visible oscuridad: memoria de la locura*, Madrid, Capitán Swing, 2018].

33. Paul Greengard, entrevista con el autor, enero de 2019.

34. Ibid. Véase también Jung-Hyuck Ahn *et al.*, «The B"/PR72 Subunit Mediates Ca2+-dependent Dephosphorylation of DARPP-32 by Protein Phosphatase 2A», *Proceedings of the National Academy of Sciences*, 104 (23), 2007, pp. 9876-9881, doi: 10.1073/pnas.0703589104.

35. Carl Sandburg, «Fog», *Chicago Poems*, Nueva York, Henry Holt, 1916, p. 71. [Hay trad. cast.: *Poemas de Chicago*, Madrid, Visor Libros, 2019].

36. Andrew Solomon, *The Noonday Demon: An Atlas of Depression*, Nueva York, Scribner, 2001, p. 33. [Hay trad. cast.: *El demonio de la depresión: un atlas de la enfermedad*, Debate, Barcelona, 2015].

37. Robert A. Maxwell y Shohreh B. Eckhardt, *Drug Discovery: A Casebook and Analysis*, Nueva York, Springer Science+Business Media, 1990, pp. 143-154. Véase también Siddhartha Mukherjee, «Post-Prozac Nation», *The New York Times Magazine*, 19 de abril de 2012, <https://www.nytimes.com/2012/04/22/magazine/the-science-and-history-of-treating-depression.html>, y Alexis Wnuk, «Rethinking Serotonin's Role in Depression», *Brain-Facts*, 8 de marzo de 2019, <https://www.sfn.

org/sitecore/content/home/brainfacts2/diseases-and-disorders/mental-health/2019/rethinking-serotonins-role-in-depresión-030819>.

38. «*TB Milestone: Two New Drugs Give Real Hope of Defeating the Dread Disease ease*», *Life*, 32 (9), 1952, pp. 20-21.

39. Arvid Carlsson, «A Half-Century of Neurotransmitter Research: Impact on Neurology and Psychiatry», discurso en la entrega del Premio Nobel, Suecia, 8 de diciembre de 2000, <https://www.nobelprize.org/uploads/2018/06/carlsson-lecture.pdf>.

40. Elizabeth Wurtzel, *Prozac Nation*, Nueva York, Houghton Mifflin, 1994, p. 203. [Hay trad. cast.: *Nación Prozac*, Madrid, Suma de Letras, 2001].

41. *Ibid.*, pp. 454-455.

42. Per Svenningsson *et al.*, «P11 and Its Role in Depression and Therapeutic Responses to Antidepressants», *Nature Reviews Neuroscience*, 14, 2013, pp. 673-680, doi: 10.1038/nrn3564. Véase también el artículo clásico de Greengard sobre la señalización de la dopamina, John W. Kebabian, Gary L. Petzold y Paul Greengard, «Dopamine-Sensitive Adenylate Cyclase in Caudate Nucleus of Rat Brain, and Its Similarity to the "Dopamine Receptor"», *Proceedings of the National Academy of Science*, 69 (8), agosto de 1972, pp. 2145–2149. doi:10.1073/pnas.69.8.2145.

43. Helen S. Mayberg, «Targeted Electrode-Based Modulation of Neural Circuits for Depression», *Journal of Clinical Investigation*, 119 (4), 2009, pp. 717-725, doi: 10.1172/JCI38454.

44. David Dobbs, «Why a "Lifesaving" Depression Treatment Didn't Pass Clinical Trials», *Atlantic*, 17 de abril de 2018, <https://www.theatlantic.com/science/archive/2018/04/zapping-peoples-brains-didnt-cure-their-depression-until-it-did/558032/>.

45. Helen Mayberg, entrevista con el autor, noviembre de 2021.

46. Helen S. Mayberg *et al.*, «Deep Brain Stimulation for Treatment-Resistant Depression», *Neuron*, 45, 2005, pp. 651-660, doi: 10.1016/j.neuron.2005.02.014. Véase también H. Johansen-Berg *et al.*, «Anatomical Connectivity of the Subgenual Cingulate Region Targeted with Deep Brain Stimulation for Treatment-Resistant Depression», *Cerebral Cortex*, 18 (6), 2008, pp. 1374-1383, doi: 10.1093/cercor/bhm167.

47. Dobbs, «Why a "Lifesaving" Depression Treatment Didn't Pass Clinical Trials».

48. Peter Tarr, «"A Cloud Has Been Lifted": What Deep-Brain Stimulation Tells Us About Depression and Depression Treatments», *Brain*

and Behavior Research Foundation, 17 de septiembre de 2018, <https://www.bbrfoundation.org/content/cloud-has-been-lifted-what-deep-brain-stimulation-tells-us-about-depression-and-depression>.

49. «BROADEN Trial of DBS for Treatment-Resistant Depression Halted by the FDA», *The Neurocritic*, 18 de enero de 2014, <https://neurocritic.blogspot.com/2014/01/broaden-trial-of-dbs-for-treatment.html>.

50. Paul E. Holtzheimer *et al.*, «Subcallosal Cingulate Deep Brain Stimulation for Treatment-Resistant Depression: A Multisite, Randomised, Sham-Controlled Trial», *Lancet Psychiatry*, 4 (11), 2017, pp. 839-849, doi: 10.1016/S2215-0366(17)30371-1.

La célula orquestadora: homeostasis, estabilidad y equilibrio

1. Rudolf Virchow, «Lecture I: Cells and the Cellular Theory», *Cellular Pathology as Based Upon Physiological and Pathological Histology: Twenty Lectures Delivered in the Pathological Institute of Berlin*, Londres, John Churchill, 1860, pp. 1-23.

2. Pablo Neruda, «Keeping Still», *Literary Imagination*, 8 (3), 2016, p. 512 [Texto original: «A callarse», *Estravagario*, Barcelona, Lumen, 1976].

3. Salvador Navarro, «Breve historia de la anatomía y fisiología de una misteriosa y oculta glándula llamada páncreas», *Gastroenterología y hepatología*, 37 (9), 2014, pp. 527-534, doi: 10.1016/j.gastrohep.2014.06.007.

4. John M. Howard y Walter Hess, *History of the Pancreas: Mysteries of a Hidden Organ*, Nueva York, Springer Science+Business Media, 2002.

5. Citado en *ibid.*, p. 6.

6. *Ibid.*, p. 12.

7. *Ibid.*, p. 15.

8. *Ibid.*, p. 16.

9. Sanjay A. Pai, «Death and the Doctor», *Canadian Medical Association Journal*, 167 (12), 2002, pp. 1377-1378, <https://www.ncbi.nlm.nih.gov/pmc/articles/PMC138651/>.

10. Claude Bernard, «Sur L'usage du suc pancréatique», *Bulletin de la Société Philomatique*, 1848, pp. 34-36. Véase también Claude Bernard, *Mémoire sur le pancréas, et sur le role du suc pancréatique dans les phénomènes digestifs; particulièrement dans la digestion des matières grasses neutres*, París, Kessinger Publishing, 2010.

11. Michael Bliss, *Banting: A Biography*, Toronto, University of Toronto Press, 1992.

12. Lars Rydén y Jan Lindsten, «The History of the Nobel Prize for the Discovery of Insulin», *Diabetes Research and Clinical Practice*, 175, 2021, <https://doi.org/10.1016/j.diabres.2021.108819>.

13. Ian Whitford, Sana Qureshi y Alessandra L. Szulc, «The Discovery of Insulin: Is There Glory Enough for All?», *Einstein Journal of Biology and Medicine*, 28 (1), 2016, pp. 12-17, <https://einsteinmed.edu/uploadedFiles/Pulications/EJBM/28.1_12-17_Whitford.pdf>.

14. Siang Yong Tan y Jason Merchant, «Frederick Banting (1891-1941): Discoverer of Insulin», *Singapore Medical Journal*, 58 (1), 2017, pp. 2-3, doi:10.11622/smedj.2017002.

15. «Banting & Best: Progress and Uncertainty in the Lab», *Insulin100: The Discovery and Development, DefiningMoments Canada*, <https://definingmomentscanada.ca/insulin100/timeline/banting-best-progress-and-uncertainty-in-the-lab/>.

16. Michael Bliss, *The Discovery of Insulin*, Toronto, McClelland & Stewart, 2021, pp. 67-72.

17. Justin M. Gregory, Daniel Jensen Moore y Jill H. Simmons, «Type 1 Diabetes Mellitus», *Pediatrics in Review*, 34 (5), 2013, pp. 203-215, doi: 10.1542/pir.34-5-203.

18. Douglas Melton, «The Promise of Stem Cell-Derived Islet Replacement Therapy», *Diabetologia*, 64, 2021, pp. 1030-1036, <https://doi.org/10.1007/s00125-020-05367-2>.

19. David Ewing Duncan, «Doug Melton: Crossing Boundaries», *Discover*, 5 de junio de 2005, <https://www.discovermagazine.com/health/doug-melton-crossing-boundaries>.

20. Karen Weintraub, «The Quest to Cure Diabetes: From Insulin to the Body's Own Cells», *The Price of Health*, WBUR, 27 de junio de 2019, <https://www.wbur.org/news/2019/06/27/future-innovation-diabetes-drugs>.

21. Gina Kolata, «A Cure for Type 1 Diabetes? For One Man, It Seems to Have Worked», *The New York Times*, 27 de noviembre de 2021, <https://www.nytimes.com/2021/11/27/health/diabetes-cure-stem-cells.html>.

22. Felicia W. Pagliuca *et al.*, «Generation of Functional Human Pancreatic ß Cells in Vitro», *Cell*, 159 (2), 2014, pp. 428-439, doi: 10.1016/j.cell.2014.09.040.

23. Kolata, «A Cure for Type 1 Diabetes?».

24. John Y. L. Chiang, «Liver Physiology: Metabolism and Detoxification», *Pathobiology of Human Disease*, ed. Linda M. McManus y Richard N. Mitchell, San Diego, Elsevier, 2014, pp. 1770-1782, doi:10.1016/B978-0-12-386456-7.04202-7.

25. Carl Zimmer, *Life's Edge: The Search for What It Means to Be Alive*, Nueva York, Penguin Random House, 2021, pp. 128-137.

Sexta parte: el renacimiento

1. Philip Roth, *Everyman*, Londres, Penguin Random House, 2016, p. 133. [Hay trad. cast.: *Elegía*, Barcelona, Literatura Random House, 2018].

La célula regeneradora: las células madre y el nacimiento de los trasplantes

1. Rachel Kushner, *The Hard Crowd*, Nueva York, Scribner, 2021, p. 229.

2. Joe Sornberger, *Dreams and Due Diligence: Till and McCulloch's Stem Cell Discovery and Legacy*, Toronto, University of Toronto Press, 2011, pp. 30-31.

3. Jessie Kratz, «Little Boy: The First Atomic Bomb», *Pieces of History, National Archives*, 6 de agosto de 2020, <https://prologue.blogs.archives.gov/2020/08/06/little-boy-the-first-atomic-bomb/>. Véase también Katie Serena, «See the Eerie Shadows of Hiroshima That Were Burned into the Ground by the Atomic Bomb», *All That's Interesting*, 19 de marzo de 2018, <https://allthatsinteresting.com/hiroshima-shadows>.

4. George R. Caron y Charlotte E. Meares, *Fire of a Thousand Suns: The George R. "Bob" Caron Story: Tail Gunner of the Enola Gay*, Littleton (Colorado), Web Publishing, 1995.

5. Robert Jay Lifton, «On Death and Death Symbolism», *American Scholar* 34 (2), 1965, pp. 257-272, <https://www.jstor.org/stable/41209276>.

6. Irving L. Weissman y Judith A. Shizuru, «The Origins of the Identification and Isolation of Hematopoietic Stem Cells, and Their Capability to Induce Donor-Specific Transplantation Tolerance and Treat Autoim-

mune Diseases», *Blood*, 112 (9), 2008, pp. 3543-3553, doi: 10.1182/blood-2008-08-078220.

7. Cynthia Ozick, *Metaphor and Memory*, Londres, Atlantic Books, 2017, p. 109. [Hay trad. cast.: *Metáfora y memoria*, Madrid, Mardulce, 2016].

8. Ernst Haeckel, *Natürliche Schöpfungsgeschichte Gemeinverständliche wissenschaftliche Vorträge über die Entwickelungslehre im Allgemeinen und diejenige von Darwin, Göthe und Lamarck im Besonderen, über die Anwendung derselben auf den Ursprung des Menschen und andern damit zusammenhängende Gründfragen der Natur-Wissenschaft. Mit Tafeln, Holzschnitten, systematischen und genealogischen Tabellen*, Berlín, Berlag von Georg Reimer, 1868. Véase también Miguel Ramalho-Santos y Holger Willenbring, «On the Origin of the Term "Stem Cell"», *Cell*, 1 (1), 2007, pp. 35-38, <https://doi.org/10.1016/j.stem.2007.05.013>.

9. Valentin Hacker, «Die Kerntheilungsvorgänge bei der Mesoderm- und Entodermbildung von Cyclops», *Archiv für mikroskopische Anatomie*, 1892, pp. 556-581, <https://www.biodiversitylibrary.org/item/49530#page/7/mode/1up>.

10. Artur Pappenheim, «Ueber Entwickelung und Ausbildung der Erythroblasten», *Archiv für mikroskopische Anatomie*, 1896, pp. 587-643, <https://doi.org/10.1007/BF0196990>.

11. Edmund Wilson, *The Cell in Development and Inheritance*, Nueva York, Macmillan, 1897.

12. Wojciech Zakrzewski y otros, «Stem Cells: Past, Present and Future», *Stem Cell Research and Therapy*, 10 (68), 2019, <https://doi.org/10.1186/s13287-019-1165-5>.

13. Sobre la vida y los experimentos de Ernest McCulloch y James Til: Lawrence K. Altman, «Ernest McCulloch, Crucial Figure in Stem Cell Research, Dies at 84», *The New York Times*, 1 de febrero de 2011, <https://www.nytimes.com/2011/02/01/health/research/01mcculloch.html>.

14. Joe Sornberger, *Dreams and Due Diligence: Till and McCulloch's Stem Cell Discovery and Legacy*, Toronto, University of Toronto Press, 2011. Véase también Edward Shorter, *Partnership for Excellence: Medicine at the University of Toronto and Academic Hospitals*, Toronto, University of Toronto Press, 2013, pp. 107-114.

15. James E. Till y Ernest McCulloch, «A Direct Measurement of the Radiation Sensitivity of Normal Mouse Bone Marrow Cells», *Radiation Research*, 14 (2), 1961, pp. 213-222, <https://tspace.library.utoronto.ca/retrieve/4606/RadRes_1961_14_213.pdf>.

16. Sornberger, *Dreams and Due Diligence*, p. 33.

17. *Ibid.*

18. *Ibid.*, p. 38.

19. Irving Weissman, entrevista con el autor, 2019.

20. Gerald J. Spangrude, Shelly Heimfeld e Irving L. Weissman, «Purification and Characterization of Mouse Hematopoietic Stem Cells», *Science*, 241 (4861), 1988, pp. 58-62, doi: 10.1126/science.2898810. Véase también Hideo Ema *et al.*, «Quantification of Self-Renewal Capacity in Single Hematopoietic Stem Cells from Normal and Lnk-Deficient Mice», *Developmental Cell*, 8 (6), 2006, pp. 907-914, <https://doi.org/10.1016/j.devcel.2005.03.019>.

21. Spangrude, Heimfeld y Weissman, «Purification and Characterization of Mouse Hematopoietic Stem Cells», pp. 58-62, doi: 10.1126/science.2898810. Véase también C. M. Baum *et al.*, «Isolation of a Candidate Human Hematopoietic Stem-Cell Population», *Proceedings of the National Academy of Sciences of the United States of America*, 89 (7), 1992, pp. 2804-2808, doi: 10.1073/pnas.89.7.2804, y B. Péault, Irving Weissman y C. Baum, «Analysis of Candidate Human Blood Stem Cells in "Humanized" Immune Deficiency SCID Mice», *Leukemia*, 7 (suppl. 2), 1993, pp. S98-S101, <https://pubmed.ncbi.nlm.nih.gov/7689676/>.

22. W. Robinson, Donald Metcalf y T. R. Bradley, «Stimulation by Normal and Leukemic Mouse Sera of Colony Formation *in Vitro* by Mouse Bone Marrow Cells», *Journal of Cellular Therapy*, 69 (1), 1967, pp. 83-91, <https://doi.org/10.1002/jcp.1040690111>. Véase también E. R. Stanley y Donald Metcalf, «Partial Purification and Some Properties of the Factor in Normal and Leukaemic Human Urine Stimulating Mouse Bone Marrow Colony Growth in Vitro», *Australian Journal of Experimental Biology and Medical Science*, 47 (4), 1969, pp. 467-483, doi: 10.1038/icb.1969.51.

23. Carrie Madren, «First Successful Bone Marrow Transplant Patient Surviving and Thriving at 60», *American Association for the Advancement of Science*, 2 de octubre de 2014, <https://www.aaas.org/first-successful-bone-marrow-transplant-patient-surviving-and-thriving-60>. Véase también Siddhartha Mukherjee, «The Promise and Price of Cellular Therapies», Annals of Medicine, *New Yorker*, 15 de julio de 2019, <https://www.newyorker.com/magazine/2019/07/22/the-promise-and-price-of-cellular-therapies>.

24. Frederick R. Appelbaum, «Edward Donnall Thomas (1920-2012)», *The Hematologist*, 10 (1), 1 de enero de 2013, <https://doi.org/10.182/hem.V10.1.1088>.

25. Israel Henig y Tsila Zuckerman, «Hematopoietic Stem Cell Transplantation-50 Years of Evolution and Future Perspectives», *Rambam Maimonides Medical Journal*, 5 (4), 2014, doi: 10.5041/RMMJ.10162.

26. Geoff Watts, «Georges Mathé», *Lancet*, 376 (9753), 2010, p. 1640, <https://doi.org/10.1016/ S0140-6736(10)62088-0>. Véase también Douglas Martin, «Dr. Georges Mathé, Transplant Pioneer, Dies at 88», *The New York Times*, 20 de octubre de 2010, <https://www.nytimes.com/2010/10/21/health/research/21mathe.html>.

27. Sandi Doughton, «Dr. Alex Fefer, 72, Whose Research Led to First Cancer Vaccine, Dies», *Seattle Times*, 29 de octubre de 2010, <https://www.seattletimes.com/seattle-news/obituaries/dr-alex-fefer-72-whose-research-led-to-first-cancer-vaccine-dies/>. Véase también Gabriel Campanario, «At 79, Noted Scientist Still Rows to Work and for Play», *Seattle Times*, 15 de agosto de 2014, <https://www.seattletimes.com/seattle-news/at-79-noted-scientist-still-rows-to-work-and-for-play/>, y Susan Keown, «Inspiring a New Generation of Researchers: Beverly Trok-Storb, Transplant Biologist and Mentor», *Spotlight on Beverly Torok-Storb, Fred Hutch*, Fred Hutchinson Cancer Research Center, 7 de julio de 2014, <https://www.fredhutch.org/en/faculty-lab-directory/torok-storb-beverly/torok-storb-spotlight.html?&link=btn>.

28. Marco Mielcarek *et al.*, «CD34 Cell Dose and Chronic Graft-Versus-Host Disease after Human Leukocyte Antigen-Matched Sibling Hematopoietic Stem Cell Transplantation», *Leukemia & Lymphoma*, 45 (1), 2004, pp. 27-34, doi: 10.1080/10428190310001511103.

29. Frederick R. Appelbaum, «Haematopoietic Cell Transplantation as Immunotherapy», *Nature*, 411, 2001, pp. 385-389, <https://doi.org/10.1038/35077251>.

30. Frederick Appelbaum, entrevista con el autor, junio de 2019.

31. «Anatoly Grishchenko, Pilot at Chernobyl, 53», *The New York Times*, 4 de julio de 1990, <https://www.nytimes.com/1990/07/04/obituaries/anatoly-grishchenko-pilot-at-chernobyl-53.html>. Véase también Tim Klass, «Chernobyl Helicopter Pilot Getting Bone-Marrow Transplant in Seattle», *AP News*, 13 de abril de 1990, <https://apnews.com/article/5b6c22bda9eba11ec767dffa5bbb665b>.

32. Avichai Shimoni *et al.*, «Long-Term Survival and Late Events after Allogeneic Stem Cell Transplantation from HLA-Matched Siblings for Acute Myeloid Leukemia with Myeloablative Compared to Reduced-Intensity Conditioning: A Report on Behalf of the Acute Leuke-

mia Working Party of European Group for Blood and Marrow Transplantation», *Journal of Hematology & Oncology*, 9, 2016, <https://doi.org/10.118/s13045-016-0347-1>. Véase también «Acute Myeloid Leukemia (AML)-Adult», *Transplant Indications and Outcomes, Disease-Specific Indications and Outcomes. Be the Match. National Marrow Donor Program*, <https://bethematchclinical.org/transplant-indications-and-outcomes/disease-specific-indications-and-out comes/aml---adult/>.

33. Gina Kolata, «Man Who Helped Start Stem Cell War May End It», *The New York Times*, 22 de noviembre de 2007, <https://www.nytimes.com/2007/11/22/science/22stem.html>.

34. Sophie M. Morgani *et al.*, «Totipotent Embryonic Stem Cells Arise in Ground-State Culture Conditions», *Cell Reports*, 3 (6), 2013, pp. 1945-1957, doi: 10.1016/j.celrep.2013.04.034.

35. James A. Thomson *et al.*, «Embryonic Stem Cell Lines Derived from Human Blastocysts», *Science*, 282 (5391), 1998, pp. 1145-1147, doi: 10.1126/science.282.5391.1145.

36. David Cyranoski, «How Human Em- bryonic Stem Cells Sparked a Revolution», *Nature*, 20 de marzo de 2018, <https://www.nature.com/articles/d41586-018-03268-4>.

37. Varnee Murugan, «Embryonic Stem Cell Research: A Decade of Debate from Bush to Obama», *Yale Journal of Biology and Medicine*, 82 (3), 2009, pp 101-103, <https://www.ncbi.nlm.nih.gov/pmc/articles/PMC2744932/#:~:text=On%20August%209%2C%202001%2C%20U.S.,still%20be%20eligible%20for%20funding>.

38. Kazutoshi Takahashi y Shinya Yamanaka, «Induction of Pluripotent Stem Cells from Mouse Embryonic and Adult Fibroblast Cultures by Defined Factors», *Cell*, 126 (4), 2006, pp. 663-676, doi: 10.1016/j.cell.2006.07.024. Véase también Shinya Yamanaka, «The Winding Road to Pluripotency», discurso en la entrega del Premio Nobel, Suecia, 7 de diciembre de 2012, <https://www.nobelprize.org/uploads/2018/06/yamanaka-lecture.pdf>.

39. Megan Scudellari, «A Decade of iPS Cells», *Nature*, 534, 2016, pp. 310-312, doi: 10.1038/534310a.

40. M. J. Evans y M. H. Kaufman, «Establishment in Culture of Pluripotential Cells from Mouse Embryos», *Nature*, 292, 1981, pp. 154-156, <https://doi.org/10.1038/292154a0>.

41. Kazutoshi Takahashi *et al.*, «Induction of Pluripotent Stem Cells from Adult Human Fibroblasts by Defined Factors», *Cell*, 131 (5), 2007, pp. 861-872, <https://doi.org/10.1016/j.cell.2007.11.019>.

La célula reparadora: daño, deterioro y constancia

1. Kay Ryan, «Tenderness and Rot», *The Best of It*, p. 232.

2. Robert Service, «Bonehead Bill», *Canadian Poets, Best Poems Encyclopedia*, <https://www.best-poems.net/robert_w_service/bonehead_bill.html>.

3. Sarah C. Moser y Bram C. J. van der Eerden, «Osteocalcin-A Versatile Bone-Derived Hormone», *Frontiers in Endocrinology*, 9, enero de 2019, p. 794, <https://doi.org/10.3389/fendo.2018.00794>. Véase también Cassandra R. Diegel *et al.*, «An Osteocalcin-Deficient Mouse Strain Without Endocrine Abnormalities», *PLoS Genetics*, 16 (5), 2020, p. e1008 361, <https://doi.org/10.1371/journal.pgen.1008361>, y T. Moriishi *et al.*, «Osteocalcin Is Necessary for the Alignment of Apatite Crystallites, but Not Glucose Metabolism, Testosterone Synthesis, or Muscle Mass», *PLoS Genetics 16*, (5), 2020, p. e1008586, <https://doi.org/10.1371/journal.pgen.1008586>.

4. Li Ding *et al.*, «Clonal Evolution in Relapsed Acute Myeloid Leukaemia Revealed by Whole-Genome Sequencing», *Nature*, 481, 2012, pp. 506-510, <https://doi.org/10.1038/nature10738>. Véase también Lei Ding y Sean J. Morrison, «Haematopoietic Stem Cells and Early Lymphoid Progenitors Occupy Distinct Bone Marrow Niches», *Nature*, 495 (7440), 2013, pp. 231-235, doi: 10.1038/nature11885, y L. M. Calvi *et al.*, «Osteoblastic Cells Regulate the Haematopoietic Stem Cell Niche», *Nature*, 425 (6960), 2003, pp. 841-846, doi: 10.1038/nature02040.

5. Daniel L. Worthley *et al.*, «Gremlin 1 Identifies a Skeletal Stem Cell with Bone, Cartilage, and Reticular Stromal Potential», *Cell*, 160 (1-2), 2015, pp. 269-284, doi: 10.1016/j.cell.2014.11.042.

6. Charles K. F. Chan *et al.*, «Identification of the Human Skeletal Stem Cell», *Cell*, 175 (1), 2018, pp. 43-56.e21, doi: 10.1016/j.cell.2018.07.029.

7. Bo O. Zhou *et al.*, «Leptin-Receptor-Expressing Mesenchymal Stromal Cells Represent the Main Source of Bone Formed by Adult Bone Marrow», *Cell Stem Cell*, 15 (2), agosto de 2014, pp. 154-168, doi: 10.1016/j.stem.2014.06.008.

8. Albrecht Fölsing, *Albert Einstein: A Biography*, Nueva York, Penguin Books, 1998, p. 219

9. Ng Jia, Toghrul Jafarov y Siddhartha Mukherjee, datos no publicados.

10. Koji Mizuhashi *et al.*, «Resting Zone of the Growth Plate Houses a Unique Class of Skeletal Stem Cells», *Nature*, 563 (2018), pp. 254-258, <https://doi.org/10.1038/s41586-018-0662-5>.

11. Philip Larkin, «The Old Fools», *High Windows*, Londres, Faber & Faber, 2012. [Hay trad. cast.: *Ventanas altas*, Barcelona, Lumen, 1989].

La célula egoísta: la ecuación ecológica y el cáncer

1. William H. Woglom, «General Review of Cancer Therapy», *Approaches to Tumor Chemotherapy*, ed. F. R. Moulton, Washington D. C., American Association for the Advancement of Sciences, 1947, pp. 1-10.

2. Para una revisión general sobre el cáncer: Vincent DeVita, Samuel Hellman y Steven Rosenberg, *Cancer: Principles & Practice of Oncology*, 2.ª ed., ed. Ramaswamy Govindan, Filadelfia, Lippincott Williams & Wilkins, 2012. Véase también Siddhartha Mukherjee, *The Emperor of All Maladies: A Biography of Cancer*, Londres, Harper Collins, 2011 [Hay trad. cast.: *El emperador de todos los males: Una biografía del cáncer*, Barcelona, Debate, 2014].

3. Para una revisión sobre las mutaciones oncoiniciadoras y secundarias: K. Anderson *et al.*, «Genetic Variegation of Clonal Architecture and Propagating Cells in Leukaemia», *Nature*, 469, 2011, pp. 356-361, https://doi.org/10.1038/nature09650. Véase también Noemi Andor *et al.*, «Pan-Cancer Analysis of the Extent and Consequences of Intratumor Heterogeneity», *Nature Medicine*, 22, 2016, pp. 105-113, https://doi.org/10.1038/nm.3984, y Fabio Vandin, «Computational Methods for Characterizing Cancer Mutational Heterogeneity», *Frontiers in Genetics*, 8 (83), 2017, doi: 10.3389/fgene.2017.00083.

4. Andrei V. Krivstov *et al.*, «Transformation from Committed Progenitor to Leukaemia Stem Cell Initiated by MLL-AF9», *Nature*, 442 (7104), 2006, pp. 818-822, doi: 10.1038/nature04980.

5. Robert M. Bachoo *et al.*, «Epidermal Growth Factor Receptor and Ink4a/Arf: Convergent Mechanisms Governing Terminal Differentiation and Transformation Along the Neural Stem Cell to Astrocyte Axis», *Cancer Cell*, 1 (3), 2002, pp. 269-277, doi: 10.1016/s1535-6108(02)00046-6. Véase también E. C. Holland, «Gliomagenesis: Genetic Alterations and Mouse Models», *Nature Reviews Genetics*, 2 (2), 2001, pp. 120-129, doi: 10.1038/35052535.

6. John E. Dick y Tsvee Lapidot, «Biology of Normal and Acute Myeloid Leukemia Stem Cells», *International Journal of Hematology*, 82 (5), 2005, pp. 389-396, doi: 10.1532/IJH97.05144.

7. Elsa Quintana *et al.*, «Efficient Tumor Formation by Single Human Melanoma Cells», *Nature*, 456, 2008, pp. 593-598, <https://doi.org/10.1038/nature07567>.

8. Ian Collins y Paul Workman, «New Approaches to Molecular Cancer Therapeutics», *Nature Chemical Biology*, 2, 2006, pp. 689-700, <https://doi.org/10.1038/nchembio840>.

9. Jay J. H. Park *et al.*, «An Overview of Precision Oncology Basket and Umbrella Trials for Clinicians», *CA: A Cancer Journal for Clinicians*, 70 (2), 2020, pp. 125-137, <https://doi.org/10.3322/caac.21600>.

10. David M. Hyman *et al.*, «Vemurafenib in Multiple Nonmelanoma Cancers with BRAF V600 Mutations», *New England Journal of Medicine*, 373 (2015), pp. 726-736, doi: 10.1056/NEJMoa1502309.

11. Chul Kim y Giuseppe Giaccone, «Lessons Learned from BATTLE-2 in the War on Cancer: The Use of Bayesian Method in Clinical Trial Design», *Annals of Translational Medicine*, 4 (23), 2016, p. 466, doi: 10.21037/atm.2016.11.48.

12. Sawsan Rashdan y David E. Gerber, «Going into BATTLE: Umbrella and Basket Clinical Trials to Accelerate the Study of Biomarker-Based Therapies», *Annals of Translational Medicine*, 4 (24), 2016, p. 529, doi: 10.21037/atm.2016.12.57.

13. Michael B. Yaffe, «The Scientific Drunk and the Lamppost: Massive Sequencing Efforts in Cancer Discovery and Treatment», *Science Signaling*, 6 (269), 2013, p. pe13, doi: 10.1126/scisignal.2003684.

14. D. W. Smithers y M. D. Cantab, «Cancer: An Attack on Cytologism», *Lancet*, 279 (7228), 1962, pp. 493-499, <https://doi.org/10.1016/S0140-6736(62)91475-7>.

15. Otto Warburg, K. Posener y E. Negelein, «The Metabolism of Cancer Cells», *Biochemische Zeitschrift*, 152, 1924, pp. 319-344.

16. Ralph J. DeBerardinis y Navdeep S. Chandel, «We Need to Talk About the Warburg Effect», *Nature Metabolism*, 2 (2), 2020, pp. 127-129, doi: 10.1038/s42255-020-0172-2.

Las canciones de la célula

1. Wallace Stevens, «Thirteen Ways of Looking at a Blackbird», *The Collected Poems of Wallace Stevens*, Nueva York, Alfred A. Knopf, 1971, pp. 92-95. [Hay trad. cast.: *Poesía reunida*, Barcelona, Lumen, 2018].

2. Amitav Ghosh, *The Nutmeg's Curse: Parables for a Planet in Crisis*, Chicago, University of Chicago Press, 2021, p. 96.

3. Barbara McClintock, «The Significance of Responses of the Genome to Challenge», discurso en la entrega del Premio Nobel, Suecia, 8 de diciembre de 1983, <https://www.nobelprize.org/uploads/2018/06/mcclintock-lecture.pdf>.

4. Carl Ludwig Schleich, *Those Were Good Days: Reminiscences*, Londres, George Allen & Unwin, 1935, p. 151.

Epílogo: «Mejores versiones de mí»

1. Kay Ryan, «The Test We Set Ourselves», *The Best of It*, p. 66.

2. Walter Schrank, *Battle Cries of Every Size*, Blurb, 2021, p. 45.

3. Paul Greengard, entrevista con el autor, febrero de 2019.

4. Kazuo Ishiguro, *Never Let Me Go*, Londres, Faber & Faber, 2009. [Hay trad. cast.: *Nunca me abandones*, Barcelona, Anagrama, 2005].

5. *Ibid.*, pp. 171-172.

6. *Ibid.*, p. 171.

7. Louis Menand, «Something About Kathy», *New Yorker*, 28 de marzo de 2005.

8. Doris A. Taylor *et al.*, «Building a Total Bioartificial Heart: Harnessing Nature to Overcome the Current Hurdles», en *Artificial Organs*, 42 (10), 2018, pp. 970-982, doi: 10.1111/aor.13336.

9. Michael J. Sandel, «The Case Against Perfection», en *Atlantic*, abril de 2004, <https://www.theatlantic.com/magazine/archive/2004/04/the-case-against-perfection/302927/>.

10. citado en *ibid*.

11. William Saletan, «Tinkering with Humans», en *The New York Times*, 8 de julio de 2007, <https://www.nytimes.com/2007/07/08/books/review/Saletan.html>.

12. Luke Darby, «Silicon Valley Doofs Are Spending $8,000 to Inject themselves with the Blood of Young People», *GQ*, 20 de febrero de 2019, <https://www.gq.com/story/silicon-valley-young-blood>.

13. Sandel, «The Case Against Perfection».

14. Ornob Alam, «Sickle-Cell Anemia Gene Therapy», *Nature Genetics*, 53 (8), 2021, p. 1119, doi: 10.1038/s41588-021-00918-8. Véase también Arthur Bank, «On the Road to Gene Therapy for Beta-Thalassemia and Sickle Cell Anemia», *Pediatric Hematology and Oncology*, 25 (1), 2008, pp. 1-4, doi: 10.1080/08880010701773829; G. Lucarelli *et al.*, «Allogeneic Cellular Gene Therapy in Hemoglobinopathies: Evaluation of Hematopoietic SCT in Sickle Cell Anemia», *Bone Marrow Transplantation*, 47 (2), 2012, pp. 227-230, doi: 10.1038/bmt.2011.79; R. Alami *et al.*, «Anti-Beta S-Ribozyme Reduces Beta S mRNA Levels in Transgenic Mice: Potential Application to the Gene Therapy of Sickle Cell Anemia», *Blood Cells, Molecules and Diseases*, 25 (2), 1999, pp. 110-119, doi: 10.1006/bcmd.1999.0235; A. Larochelle *et al.*, «Engraftment of Immune-Deficient Mice with Primitive Hematopoietic Cells from Beta-Thalassemia and Sickle Cell Anemia Patients: Implications for Evaluating Human Gene Therapy Protocols», *Human Molecular Genetics*, 4 (2), 1995, pp. 163-172, doi: 10.1093/hmg/4.2.163; W. Misaki, «Bone Marrow Transplantation (BMT) and Gene Replacement Therapy (GRT) in Sickle Cell Anemia», *Nigerian Journal of Medicine*, 17 (3), 2008, pp. 251-256, doi: 10.4314/njm.v17i3.37390. Véase también Julie Kanter *et al.*, «Biologic and Clinical Efficacy of LentiGlobin for Sickle Cell Disease», *New England Journal of Medicine*, 10 (1056), 2021, <https://www.nejm.org/doi/full/10.1056/NEJMoa2117175>.

15. Sunita Goyal *et al.*, «Acute Myeloid Leukemia Case after Gene Therapy for Sickle Cell Disease», *New England Journal of Medicine*, 2022, <https://www.nejm.org/doi/full/10.1056/NEJMoa2109167>. Véase también Nick Paul Taylor, «Bluebird Stops Gene Therapy Trials after 2 Sickle Cell Patients Develop Cancer», *Fierce Biotech*, 16 de febrero de 2021, <https://www.fiercebiotech.com/biotech/bluebird-stops-gene-therapy-trials-after-2-sickle-cell-patients-develop-cancer>.

16. Christian Brendel *et al.*, «Lineage-Specific BCL11A Knockdown Circumvents Toxicities and Reverses Sickle Phenotype», *Journal of Clinical Investigation*, 126 (10), 2016, pp. 3868-3878, doi: 10.1172/JCI87885.

17. Erica B. Esrick *et al.*, «Post-Transcriptional Genetic Silencing of BCL11A to Treat Sickle Cell Disease», *New England Journal of Medicine*, 384, 2021, pp. 205-215, doi: 10.1056/ NEJMoa2029392.

18. Adam C. Wilkinson *et al.*, «Cas9-AAV6 Gene Correction of Beta-Globin in Autologous HSCs Improves Sickle Cell Disease Erythro-

poiesis in Mice», *Nature Communications*, 12 (1), 2021, p. 686, doi: 10.1038/s41467-021-20909-x.

19. Michael Eisenstein, «Graphite Bio: Gene Editing Blood Stem Cells for Sickle Cell Disease», *Nature*, 7 de julio de 2021, <https://www.nature.com/articles/d41587-021-00010-w>.

Bibliografía

Ackerknecht, Erwin Heinz, *Rudolf Virchow: Doctor, Statesman, Anthropologist*, Madison, University of Wisconsin Press, 1953.

Ackerman, Margaret E. y Falk Nimmerjahn, *Antibody Fc: Linking Adaptive and Innate Immunity*, Ámsterdam, Elsevier, 2014.

Addison, William, *Experimental and Practical Researches on Inflammation and on the Origin and Nature of Tubercles of the Lung*, Londres, J. Churchill, 1843.

Aktipis, Athena, *The Cheating Cell: How Evolution Helps Us Understand and Treat Cancer*, Princeton, New Jersey, Princeton University Press, 2020.

Alberts, B., A. Johnson, J. Lewis, M. Raff y K. Roberts, *Molecular Biology of the Cell*, 5.ª ed., Nueva York, Garland Science, 2002. [Hay trad. cast.: *Biología molecular de la célula*, 6.ª ed. actualizada, Barcelona, Omega, 2016].

Alberts, B., D. Bray, K. Hopkin, A. D. Johnson, J. Lewis, M. Raff, K. Roberts y P. Walter, *Essential Cell Biology*, 4.ª ed., Nueva York, Garland Science, 2013.

Appelbaum, Frederick R. E., *Donnall Thomas, 1920-2012*, Biographical Memoirs, National Academy of Sciences en línea, 2021, <http://www.nasonline.org/publications/biographical-memoirs/memoir-pdfs/thomas-e-donnall.pdf>.

Aristóteles, *De Anima*, Nueva York, Cosimo Classics, 2008. [Hay trad. cast.: *Acerca del alma*, Madrid, Gredos, 2014].

—, *On the Soul, Parva Naturalia, On Breath*, Londres, William Heinemann, 1964 (1.ª ed.), 1691.

Aubrey, John, *Aubrey's Brief Lives*, Londres, Penguin Random House, Reino Unido, 2016. [Hay trad. cast.: *Vidas breves*, Segovia, La Uña Rota, 2016].

Barton, Hazel B. y Rachel J. Whitaker, eds., *Women in Microbiology*, Washington D. C., American Society for Microbiology Press, 2018.

Bazell, Robert, *Her-2: The Making of Herceptin, a Revolutionary Treatment for Breast Cancer*, Nueva York, Random House, 1998.

Biss, Eula, *On Immunity: An Inoculation*, Minneapolis, Graywolf Press, 2014. [Hay trad. cast.: *Inmunidad*, Madrid, Dioptrías, 2015].

Black, Brian, *The Character of the Self in Ancient India: Priests, Kings, and Women in the Early Upanishads*, Albany, State University of Nueva York Press, 2007.

Bliss, Michael, *Banting: A Biography*, Toronto, University of Toronto Press, 1992.

—, *The Discovery of Insulin*, Toronto, McClelland & Stewart, 2021.

Boccaccio, Giovanni, *The Decameron of Giovanni Boccaccio*, Frankfurt, Alemania, Outlook Verlag GmbH, 2020. [Hay trad. cast.: *Decamerón*, Penguin Clásicos, 2017].

Boyd, Byron A, *Rudolf Virchow: The Scientist as Citizen*, Nueva York, Garland, 1991.

Bradbury, S., *The Evolution of the Microscope*, Oxford, Reino Unido, Pergamon Press, 1967.

Brasier, Martin, *Secret Chambers: The Inside Story of Cells and Complex Life*, Oxford, Reino Unido, Oxford University Press, 2012.

Brivanlou, Ali H., ed. *Human Embryonic Stem Cells in Development*, Cambridge, Massachusetts, Academic Press, 2018.

Burnet, Macfarlane, *Self and Not-Self*, Londres, Cambridge University Press, 1969.

Camara, Niels Olsen Saraiva y Tárcio Teodoro Braga, eds., *Macrophages in the Human Body: A Tissue Level Approach*, Londres: Elsevier Science, 2022.

Campbell, Alisa M., *Monoclonal Antibody Technology: The Production and Characterization of Rodent and Human Hybridomas*, Ámsterdam, Elsevier, 1984.

Canetti, Elias, *Crowds and Power*, Nueva York, Continuum, Farrar, Straus and Giroux, 1981. [Hay trad. cast.: *Masa y poder*, Madrid, Alianza, 2013].

Carey, Nessa, *The Epigenetics Revolution: How Modern Biology Is Rewriting Our Understanding of Genetics, Disease and Inheritance*, Londres, Icon

Books, 2011. [Hay trad. cast.: *La revolución epigenética: de cómo la biología moderna está reescribiendo nuestra comprensión de la genética, la enfermedad y la herencia*, Intervención Cultural, 2013].

Caron, George R. y Charlotte E. Meares, *Fire of a Thousand Suns: The George R. «Bob» Caron Story: Tail Gunner of the Enola Gay*, Westminster, Colorado, Web, 1995.

Carroll, Lewis, *Alice in Wonderland*, Londres, Penguin Books, 1998. [Hay trad. cast.: *Alicia en el País de las Maravillas. A través del espejo. La caza del Snark*, Barcelona, Penguin Clásicos, 2016.].

Chapman, Allan, *England's Leonardo: Robert Hooke and the Seventeenth-Century Scientific Revolution*, Bristol, Reino Unido, Institute of Physics Publishing, 2005.

Conner, Clifford D., *A People's History of Science: Miners, Midwives, and «Low Mechanicks»*, Nueva York, Nation Books, 2005. [Hay trad. cast.: *Historia popular de la ciencia: mineros, comadronas y mecánicos*, Madrid, Editorial Científico-Técnica, 2009].

Copernicus, Nicolaus, *On the Revolutions of Heavenly Spheres*, Nueva York, Prometheus Books, 1995. [Hay trad. cast.: *Sobre las revoluciones (de los orbes celestes)*, Madrid, Tecnos, 2009].

Crawford, Dorothy H., *The Invisible Enemy: A Natural History of Viruses*, Oxford, Reino Unido, Oxford University Press, 2002. [Hay trad. cast.: *El enemigo invisible: la historia secreta de los virus*, Barcelona, Península, 2002].

Danquah, Michael K. y Ram I. Mahato, eds., *Emerging Trends in Cell and Gene Therapy*, Nueva York, Springer, 2013.

Darwin, Charles, *On the Origin of Species*, ed. Gillian Beer, Oxford, Reino Unido, Oxford University Press, 2008. [Hay trad. cast.: *El origen de las especies*, Barcelona, Penguin Clásicos, 2019].

Davis, Daniel Michael, *The Compatibility Gene: How Our Bodies Fight Disease, Attract Others, and Define Our Selves*, Oxford, Reino Unido, Oxford University Press, 2014.

Dawkins, Richard, *The Selfish Gene*, Oxford, Reino Unido, Oxford University Press, 1989. [Hay trad. cast.: *El gen egoísta: las bases biológicas de nuestra conducta*, Barcelona, Salvat, 1994].

Dettmer, Philipp, *Immune: A Journey into the Mysterious System That Keeps You Alive*, Nueva York, Random House, 2021. [Hay trad. cast.: *Inmune: un viaje al misterioso sistema que te mantiene vivo*, Barcelona, Deusto, 2022].

DeVita, Vincent, Samuel Hellman y Steven Rosenberg, *Cancer: Principles & Practice of Oncology*, 2.ª ed., ed. Ramaswamy Govindan, Filadelfia, Lippincott Williams & Wilkins, 1985.

Dickinson, Emily, *The Complete Poems of Emily Dickinson*, ed. Thomas H. Johnson, Boston, Little, Brown, 1960. [Hay trad. cast.: *Poemas*, Madrid, Cátedra, 2022].

Dobson, Mary, *The Story of Medicine: From Leeches to Gene Therapy*, Nueva York, Quercus, 2013.

Döllinger, Ignaz, *Was ist Absonderung und wie geschieht sie?: Eine akademische Abhandlung von Dr. Ignaz Döllinger*, Würzburg, Alemania, Nitribitt, 1819.

Doyle, Arthur Conan, *The Adventures of Sherlock Holmes*, Hertfordshire, Reino Unido, Wordsworth, 1996. [Hay trad. cast.: *Las memorias de Sherlock Holmes*, Madrid, Alianza, 2014].

Dunn, Leslie, *Rudolf Virchow: Four Lives in One*, autopublicado, 2016.

Dunn, Leslie Clarence, *A Short History of Genetics: The Development of Some of the Main Lines of Thought, 1864-1939*, Ames, Iowa State University Press, 1991.

Dyer, Betsey Dexter y Robert Allan Obar, *Tracing the History of Eukaryotic Cells: The Enigmatic Smile*, Nueva York, Columbia University Press, 1994.

Edwards, Robert Geoffrey y Patrick Christopher Steptoe, *A Matter of Life: The Story of a Medical Breakthrough*, Nueva York, William Morrow, 1980. [Hay trad. cast.: *Cuestión de vida*, Barcelona, Argos Vergara, 1980].

Ehrlich, Paul R., *The Collected Papers of Paul Ehrlich*, eds. F. Himmelweit, Henry Hallett Dale y Martha Marquardt, Londres, Elsevier Science & Technology, 1956.

—, *Collected Studies on Immunity*, Nueva York, John Wiley & Sons, 1906.

Florkin, Marcel, *Papers About Theodor Schwann*, París, Liège, 1957.

Frank, Lone, *The Pleasure Shock: The Rise of Deep Brain Stimulation and Its Forgotten Inventor*, Nueva York, Penguin Random House, 2018.

Friedman, Meyer y Gerald W. Friedland, *Medicine's 10 Greatest Discoveries*, New Haven, Connecticut, Yale University Press, 1998.

Galeno, *On the Usefulness of the Parts of the Body*, Ithaca, Nueva York, Cornell University Press, 1968. [Hay trad. cast.: *Sobre la utilidad de las partes del cuerpo humano en diecisiete libros*, Madrid, Ediciones Clásicas, 2009].

Geison, Gerald L., *The Private Science of Louis Pasteur*, Princeton, New Jersey, Princeton University Press, 1995.

Ghosh, Amitav, *The Nutmeg's Curse: Parables for a Planet in Crisis*, Chicago, University of Chicago Press, 2021.

Glover, Jonathan, *Choosing Children: Genes, Disability, and Design*, Oxford, Reino Unido, Oxford University Press, 2006.

Godfrey, E. L. B., *Dr. Edward Jenner's Discovery of Vaccination*, Filadelfia, Hoeflich & Senseman, 1881.

Goetz, Thomas, *The Remedy: Robert Koch, Arthur Conan Doyle, and the Quest to Cure Tuberculosis*, Nueva York, Gotham Books, 2014.

Goodsell, David S., *The Machinery of Life*, Nueva York, Springer, 2009. [Hay trad. cast.: *La maquinaria de la vida*, Sevilla, Pangea, 1998].

Greely, Henry T., *CRISPR People: The Science and Ethics of Editing Humans*, Cambridge, Massachusetts, MIT Press, 2022.

Grmek, Mirko D., *History of AIDS: Emergence and Origin of a Modern Pandemic*, Princeton, New Jersey, Princeton University Press, 1993. [Hay trad. cast.: *Historia del sida*, México, Siglo XXI, 2004].

Gupta, Anil, *Understanding Insulin and Insulin Resistance*, Oxford, Reino Unido, Elsevier, 2022.

Hakim, Nadey S. y Vassilios E. Papalois, eds., *History of Organ and Cell Transplantation*, Londres, Imperial College Press, 2003.

Harold, Franklin M., *In Search of Cell History: The Evolution of Life's Building Blocks*, Chicago, University of Chicago Press, 2014.

Harris, Henry, *The Birth of the Cell*, New Haven, Connecticut, Yale University Press, 2000.

Harvey, William, *On the Motion of the Heart and Blood in Animals*, ed. Jarrett A. Carty, Oregón, Resource, 2016. [Hay trad. cast.: *De motu cordis; estudio anatómico del movimiento del corazón y de la sangre en los animales*, Barcelona, Advise 2000, 2002].

—, *The Circulation of the Blood: Two Anatomical Essays*, Oxford, Reino Unido, Blackwell Scientific, 1958.

Henig, Robin Marantz, *Pandora's Baby: How the First Test Tube Babies Sparked the Reproductive Revolution*, Cold Spring Harbor, Nueva York, Cold Spring Harbor Laboratory Press, 2006.

Hirst, Leonard Fabian, *The Conquest of Plague: A Study of the Evolution of Epidemiology*, Oxford, Reino Unido, Clarendon Press, 1953.

Ho, Anthony D. y Richard E. Champlin, eds., *Hematopoietic Stem Cell Transplantation*, Nueva York, Marcel Dekker, 2000.

Ho, Mae-Wan, *The Rainbow and the Worm: The Physics of Organisms*, 3.ª ed., Hackensack, New Jersey, World Scientific, 2008.

Hofer, Erhard y Jürgen Hescheler, eds., *Adult and Pluripotent Stem Cells: Potential for Regenerative Medicine of the Cardiovascular System*, Dordrecht, Países Bajos, Springer, 2014.

Hooke, Robert, *Micrographia: Or Some Physiological Description of Minute Bodies Made by Magnifying Glasses with Observations and Inquiries Thereupon*, Londres, Royal Society, 1665. [Hay trad. cast.: *Micrografía o Algunas descripciones fisiológicas de los cuerpos diminutos realizadas mediante cristales de aumento con observaciones y disquisiciones sobre ellas*, Madrid, Alfaguara, 1989].

Howard, John M. y Walter Hess, *History of the Pancreas: Mysteries of a Hidden Organ*, Nueva York, Springer Science+Business Media, 2002.

Ishiguro, Kazuo, *Never Let Me Go*, Londres, Faber & Faber, 2009. [Hay trad. cast.: *Nunca me abandones*, Barcelona, Anagrama, 2005].

Jaggi, O. P., *Medicine in India: Modern Period*, Oxford, Reino Unido, Oxford University Press, 2000.

Janeway, Charles A., *et al.*, *Immunobiology: The Immune System in Health and Disease*, 5.ª ed., Nueva York, Garland Science, 2001. [Hay trad. cast.: *Inmunobiología: el sistema inmunitario en condiciones de salud y enfermedad*, Barcelona, Masson, 2000].

Jauhar, Sandeep, *Heart: A History*, Nueva York, Farrar, Straus and Giroux, 2018. [Hay trad. cast.: *Corazón: su historia*, Barcelona, Obelisco, 2019].

Jenner, Edward, *On the Origin of the Vaccine Inoculation*, Londres, G. Elsick, 1863.

Joffe, Stephen N., *Andreas Vesalius: The Making, the Madman, and the Myth*, Bloomington, Indiana, AuthorHouse, 2014.

Kaufmann, Stefan H. E., Barry T. Rouse y David Lawrence Sacks, eds., *The Immune Response to Infection*, Washington D. C., ASM Press, 2011.

Kemp, Walter L., Dennis K. Burns y Travis G. Brown, *The Big Picture: Pathology*, Nueva York, McGraw-Hill, 2008.

Kenny, Anthony, *Ancient Philosophy*, Oxford, Reino Unido, Clarendon Press, 2006.

Kettenmann, Helmut y Bruce R. Ransom, eds., *Neuroglia*, 3.ª ed., Oxford, Reino Unido, Oxford University Press, 2013.

Kirksey, Eben, *The Mutant Project: Inside the Global Race to Genetically Modify Humans*, Bristol, Reino Unido, Bristol University Press, 2021.

Kitamura, Daisuke, ed., *How the Immune System Recognizes Self and Nonself: Immunoreceptors and Their Signaling*, Tokio, Springer, 2008.

Kitta, Andrea, *Vaccinations and Public Concern in History: Legend, Rumor and Risk Perception*, Nueva York, Routledge, 2012.

Koch, Kenneth, *One Train*, Nueva York, Alfred A. Knopf, 1994.

Koch, Robert, *Essays of Robert Koch*, Nueva York, Greenwood Press, 1987.

Kulstad, Ruth, *AIDS: Papers from Science, 1982-1985*, Nueva York, Avalon Books, 1986.

Kushner, Rachel, *The Hard Crowd: Essays, 2000-2020*, Nueva York, Scribner, 2021.

Lagerkvist, Ulf, *Pioneers of Microbiology and the Nobel Prize*, Singapur, World Scientific, 2003.

Lal, Pranay, *Invisible Empire: The Natural History of Viruses*, Haryana, India, Penguin/Viking, 2021.

Landecker, Hannah, *Culturing Life: How Cells Became Technologies*, Cambridge, Massachusetts, Harvard University Press, 2007.

Lane, Nick, *Power, Sex, Suicide: Mitochondria and the Meaning of Life*, Oxford, Reino Unido, Oxford University Press, 2005.

—, *The Vital Question: Energy, Evolution, and the Origins of Complex Life*, Nueva York, W. W. Norton, 2015. [Hay trad. cast.: *La cuestión vital: ¿por qué la vida es como es?*, Barcelona, Ariel, 2016].

Lee, Daniel W. y Nirali N. Shah, eds., *Chimeric Antigen Receptor T-Cell Therapies for Cancer*, Ámsterdam, Elsevier, 2020.

Le Fanu, James, *The Rise and Fall of Modern Medicine*, Londres, Abacus, 2000.

Lewis, Jessica L., ed., *Gene Therapy and Cancer Research Progress*, Nueva York, Nova Biomedical, 2008.

Lostroh, Phoebe, *Molecular and Cellular Biology of Viruses*, Nueva York, Garland Science, 2019.

Lyons, Sherrie L., *From Cells to Organisms: Re-Envisioning Cell Theory*, Toronto, University of Toronto Press, 2020.

Marquardt, Martha, *Paul Ehrlich*, Nueva York, Schuman, 1951.

Maxwell, Robert A. y Shohreh B. Eckhardt, *Drug Discovery: A Casebook and Analysis*, Nueva York, Springer Science+Business Media, 1990.

McCulloch, Ernest A., *The Ontario Cancer Institute: Successes and Reverses at Sherbourne Street*, Montreal, McGill-Queen's University Press, 2003.

McMahon, Lynne y Averill Curdy, eds., *The Longman Anthology of Poetry*, Nueva York, Pearson/Longman, 2006.

Mickle, Shelley Fraser, *Borrowing Life: How Scientists, Surgeons, and a War Hero Made the First Successful Organ Transplant*, Watertown, Massachusetts, Imagine, 2020.

Milo, Ron y Rob Philips, *Cell Biology by the Numbers*, Nueva York, Taylor & Francis, 2016.

Monod, Jacques, *Chance and Necessity: An Essay on the Natural Philosophy of Modern Biology*, Nueva York, Alfred A. Knopf, 1971. [Hay trad. cast.: *El azar y la necesidad. Ensayo sobre la filosofía natural de la biología moderna*, Barcelona, Tusquets, 2016].

Morris, Thomas, *The Matter of the Heart: A History of the Heart in Eleven Operations*, Londres, Bodley Head, 2017.

Mukherjee, Siddhartha, *The Emperor of All Maladies: A Biography of Cancer*, Nueva York, Scribner, 2011. [Hay trad. cast.: *El emperador de todos los males; una biografía del cáncer*, Barcelona, Debate, 2014].

—, *The Gene: An Intimate History*, Nueva York, Scribner, 2016. [Hay trad. cast.: *El gen: una historia personal*, 5.ª ed., Barcelona, Debate, 2021].

Needham, Joseph, *History of Embryology*, Cambridge, Reino Unido, University of Cambridge Press, 1934.

Neel, James V. y William J. Schull, eds., *The Children of Atomic Bomb Survivors: A Genetic Study*, Washington D. C., National Academy Press, 1991.

Newton, Isaac, *The Principia: Mathematical Principles of Natural Philosophy*, Oakland, University of California Press, 1999. [Hay trad. cast.: *Principios matemáticos de la filosofía natural*, Barcelona, RBA, 2002].

Nuland, Sherwin B., *Doctors: The Biography of Medicine*, Nueva York, Random House, 2011.

Nurse, Paul, *What Is Life? Understand Biology in Five Steps*, Londres, David Fickling Books, 2020. [Hay trad. cast.: *¿Qué es la vida? Entender la biología en cinco pasos*, Barcelona, Planeta, 2020].

O'Malley, C. D., *Andreas Vesalius of Brussels, 1514-1564*, Berkeley, University of California Press, 1964.

O'Malley, Charles y J. B. Saunders, eds., *The Illustrations from the Works of Andreas Vesalius of Brussels*, Nueva York, Dover, 2013.

Ogawa, Yōko, *The Memory Police*, Nueva York, Pantheon Books, 2019. [Hay trad. cast.: *La policía de la memoria*, Barcelona, Tusquets, 2021].

Otis, Laura, *Müller's Lab*, Oxford, Reino Unido, Oxford University Press, 2007.

Oughterson, Ashley W. y Shields Warren, *Medical Effects of the Atomic Bomb in Japan*, Nueva York, McGraw-Hill, 1956.

Ozick, Cynthia, *Metaphor & Memory*, Nueva York, Random House, 1991. [Hay trad. cast.: *Metáfora y memoria*, Madrid, Mardulce, 2016].

Perin, Emerson C. *et al.*, eds., *Stem Cell and Gene Therapy for Cardiovascular Disease*, Ámsterdam, Elsevier, 2016.

Pelayo, Rosana, ed., *Advances in Hematopoietic Stem Cell Research*, Londres, Intech Open, 2012.

Pepys, Samuel, *The Diary of Samuel Pepys*, Londres, George Bell and Sons, 1893. Disponible en Project Gutenberg, <https://www.gutenberg.org/files/4200/4200-h/4200-h.htm>. [Hay trad. cast. *Diarios*, Sevilla, Renacimiento, 2014].

Pfennig, David W., ed., *Phenotypic Plasticity and Evolution: Causes, Consequences, Controversies*, Boca Raton, Florida, CRC Press, 2021.

Playfair, John y Gregory Bancroft, *Infection and Immunity*, Oxford, Reino Unido, Oxford University Press, 2013.

Ponder, B. A. J. y M. J. Waring, *The Genetics of Cancer*, Ámsterdam, Springer Science+Business Media, 1995.

Porter, Roy, ed., *The Cambridge History of Medicine*, Cambridge, Reino Unido, Cambridge University Press, 2006.

—, *Greatest Benefit to Mankind. A Medical History of Humanity from Antiquity to the Present*, Londres, HarperCollins, 1999. [Hay trad. cast.: *Breve historia de la medicina. De la Antigüedad hasta nuestros días*, Madrid, Taurus, 2004.]

Power, D'Arcy, *William Harvey: Masters of Medicine*, Londres, T. Fisher Unwin, 1897.

Prakash, S., ed., *Artificial Cells, Cell Engineering and Therapy*, Boca Raton, Florida, CRC Press, 2007.

Ramón y Cajal, Santiago, *Recollections of My Life*, Cambridge, Massachusetts, MIT Press, 1996. [Original en cast.: *Recuerdos de mi vida*, Madrid, Imp. y Librería de Nicolás Moyá, 1901-1917].

Rasko, John y Carl Power, *Flesh Made New: The Unnatural History and Broken Promise of Stem Cells*, California, ABC Books, 2021.

Raza, Azra, *The First Cell: And the Human Costs of Pursuing Cancer to the Last*, Nueva York, Basic Books, 2019.

Reaven, Gerald y Ami Laws, eds., *Insulin Resistance: The Metabolic Syndrome X*, Totowa, New Jersey, Humana Press, 1999.

Redi, Francesco, *Experiments on the Generation of Insects*, Chicago, Open Court, 1909.

Rees, Anthony R., *The Antibody Molecule: From Antitoxins to Therapeutic Antibodies*, Oxford, Reino Unido, Oxford University Press, 2015.

Reynolds, Andrew S., *The Third Lens: Metaphor and the Creation of Modern Cell Biology*, Chicago, University of Chicago Press, 2018.

Ridley, Matt, *Genome: The Autobiography of a Species in 23 Chapters*, Londres, HarperCollins, 2017. [Hay trad. cast.: *Genoma, la autobiografía de una especie en 23 capítulos*, Madrid, Taurus, 2000].

Robbin, Irving, *Giants of Medicine*, Nueva York, Grosset & Dunlap, 1962.

Robbins, Louise E., *Louis Pasteur: And the Hidden World of Microbes*, Nueva York, Oxford University Press, 2001.

Rogers, Kara, ed., *Blood: Physiology and Circulation*, Nueva York, Britannica Educational, 2011.

Rose, Hilary y Steven Rose, *Genes, Cells and Brains: The Promethean Promise of the New Biology*, Londres, Verso, 2014. [Hay trad. cast.: *Genes, células y cerebros. La verdadera cara de la genética, la biomedicina y las neurociencias*, Buenos Aires, IPS, 2019].

Roth, Philip, *Everyman*, Londres, Penguin Random House, 2016. [Hay trad. cast.: *Elegía*, Barcelona, Literatura Random House, 2018].

Rudisill, Valerie Byrne, *Born with a Bomb: Suddenly Blind from Leber's Hereditary Optic Neuropathy*, Bloomington, Indiana, AuthorHouse, 2012.

Rushdie, Salman, *Midnight's Children*, Toronto, Alfred A. Knopf, 2010. [Hay trad. cast.: *Hijos de la medianoche*, Barcelona, Random House, 2022].

Ryan, Kay, *The Best of It: New and Selected Poems*, Nueva York, Grove Press, 2010.

Sandburg, Carl, *Chicago Poems*, Nueva York, Henry Holt, 1916. [Hay trad. cast.: *Poemas de Chicago*, Madrid, Visor Libros, 2019].

Sandel, Michael J., *The Case Against Perfection: Ethics in the Age of Genetic Engineering*, Cambridge, Massachusetts, Harvard University Press, 2007.

Schneider, David, *The Invention of Surgery*, Nueva York, Pegasus Books, 2020.

Schwann, Theodor, *Microscopical Researches into the Accordance in the Structure and Growth of Animals and Plants*, Londres, Sydenham Society, 1847.

Sell, Stewart y Ralph Reisfeld, eds., *Monoclonal Antibodies in Cancer*, Clifton, New Jersey, Humana Press, 1985.

Semmelweis, Ignaz, *The Etiology, Concept, and Prophylaxis of Childbed Fever*, Madison, University of Wisconsin Press, 1983.

Shah, Sonia, *Pandemic: Tracking Contagions, from Cholera to Coronaviruses and Beyond*, Nueva York, Sarah Crichton Books, 2016. [Hay trad. cast.: *Pandemia*, Madrid, Capitán Swing Libros, 2020].

Shapin, Steven, *The Scientific Revolution*, Chicago, University of Chicago Press, 2018. [Hay trad. cast.: *La revolución científica: Una interpretación alternativa*, Barcelona, Paidós Ibérica, 2000].

—, *A Social History of Truth: Civility and Science in the Seventeenth Century*, Chicago, University of Chicago Press, 2011. [Hay trad. cast.: *Historia social de la verdad*, Argentina, Prometeo Libros, 2016].

Shorter, Edward, *Partnership for Excellence: Medicine at the University of Toronto and Academic Hospitals*, Toronto, University of Toronto Press, 2013.

Simmons, John Galbraith, *Doctors & Discoveries: Lives That Created Today's Medicine*, Boston, Houghton Mifflin, 2002.

—, *The Scientific 100: A Ranking of the Most Influential Scientists, Past and Present*, Nueva York, Kensington, 2000.

Skloot, Rebecca, *The Immortal Life of Henrietta Lacks*, Londres, Macmillan, 2010. [Hay trad. cast.: *La vida inmortal de Henrietta Lacks*, Barcelona, Temas de Hoy, 2012].

Snow, John, *On the Mode of Communication of Cholera*, Londres, John Churchill, 1849.

Solomon, Andrew, *Far from the Tree: Parents, Children and the Search for Identity*, Nueva York, Scribner, 2013. [Hay trad. cast.: *Lejos del árbol: historias de padres e hijos que han aprendido a quererse*, Barcelona, Debate, 2014].

—, *The Noonday Demon: An Atlas of Depression*, Nueva York, Scribner, 2001. [Hay trad. cast.: *El demonio de la depresión: un atlas de la enfermedad*, Debate, Barcelona, 2015].

Sornberger, Joe, *Dreams and Due Diligence: Till and McCulloch's Stem Cell Discovery and Legacy*, Toronto, University of Toronto Press, 2011.

Spiegelhalter, David y Anthony Masters, *Covid by Numbers: Making Sense of the Pandemic with Data*, Londres, Penguin Books, 2022.

Stephens, Trent y Rock Brynner, *Dark Remedy: The Impact of Thalidomide and Its Revival as a Vital Medicine*, Nueva York, Basic Books, 2009.

Stevens, Wallace, *The Collected Poems of Wallace Stevens*, Nueva York, Alfred A. Knopf, 1971. [Hay trad. cast.: *Poesía reunida*, Barcelona, Lumen, 2018].

Styron, William, *Darkness Visible: A Memoir of Madness*, Nueva York, Open Road, 2010. [Hay trad. cast.: *Esa visible oscuridad: memoria de la locura*, Madrid, Capitán Swing, 2018].

Swanson, Larry W. *et al.*, *The Beautiful Brain: The Drawings of Santiago Ramón y Cajal*, Nueva York, Abrams, 2017.

Tesarik, Jan, ed., *40 Years After In Vitro Fertilisation: State of the Art and New Challenges*, Newcastle, Reino Unido, Cambridge Scholars, 2019.

Thomas, Lewis, *A Long Line of Cells: Collected Essays*, Nueva York, Book of the Month Club, 1990. [Hay trad. cast.: *Las vidas de la célula*, Barcelona, Ultramar, 1977].

—, *The Medusa and the Snail: More Notes of a Biology Watcher*, Nueva York, Penguin Books, 1995. [Hay trad. cast.: *La medusa y el caracol*, Buenos Aires, Fondo de Cultura Económica, 2000].

Vallery-Radot, René, *The Life of Pasteur*, vol. 1., Nueva York, Doubleday, Page, 1920. [Hay trad. cast.: *La vida de Pasteur*, Buenos Aires, Juventud Argentina, 1939].

Van den Tweel, Jan G., ed., *Pioneers in Pathology*, Nueva York, Springer, 2017.

Vesalius, Andreas. *De Humani Corporis Fabrica (The Fabric of the Human Body)*, 7 vols., vol. 1, libro 1, The Bones and Cartilages, San Francisco, Norman, 1998. [Hay trad. cast.: *De humani corporis fabrica*, Aranjuez y Barcelona, Doce Calles/Ebrisa, 1997].

Virchow, Rudolf, *Cellular Pathology as Based upon Physiological and Pathological Histology: Twenty Lectures Delivered in the Pathological Institute of Berlin During the Months of February, March, and April, 1858*, Londres, John Churchill, 1860. [Hay trad. cast.: *La patología celular: basada en el estudio fisiológico y patológico de los tejidos…*, Nabu Press, 2012].

—, *Disease, Life and Man: Selected Essays*, Stanford, California, Stanford University Press, 1938.

Wadman, Meredith, *The Vaccine Race: How Scientists Used Human Cells to Combat Killer Viruses*, Londres, Black Swan, 2017.

Wapner, Jessica, *The Philadelphia Chromosome: A Genetic Mystery, a Lethal Cancer, and the Improbable Invention of Life-Saving Treatment*, Nueva York, The Experiment, 2014.

Wassenaar, Trudy M., *Bacteria: The Benign, the Bad, and the Beautiful*, Hoboken, New Jersey, Wiley-Blackwell, 2012.

Watson, James D., Andrew Berry y Kevin Davies, *DNA: The Secret of Life*, Londres, Arrow Books, 2017. [Hay trad. cast.: *ADN. El secreto de la vida*, Madrid, Taurus, 2018].

Watson, Ronald Ross y Sherma Zibadi, eds., *Lifestyle in Heart Health and Disease*, Londres, Elsevier, 2018.

Wellmann, Janina, *The Form of Becoming: Embryology and the Epistemology of Rhythm, 1760-1830*, Nueva York, Zone Books, 2017.

Whitman, Walt, *Leaves of Grass: Comprising All the Poems Written by Walt Whitman*, Nueva York, Modern Library, 1892. [Hay trad. cast.: *Hojas de hierba*, Barcelona, Lumen, 1991].

Wiestler, Otmar D., Bernhard Haendler y D. Mumberg, eds., *Cancer Stem Cells: Novel Concepts and Prospects for Tumor Therapy*, Nueva York, Springer, 2007.

Wilson, Edmund, *The Cell in Development and Inheritance*, Nueva York, Macmillan, 1897.

Wilson, Edward O., *Letters to a Young Scientist*, Nueva York, Liveright, 2013. [Hay trad. cast.: *Cartas a un joven científico*, Barcelona, Debate, 2014].

Wolpert, Lewis, *How We Live and Why We Die: The Secret Lives of Cells*, Londres, Faber and Faber, 2009. [Hay trad. cast.: *Cómo vivimos, por qué morimos: la vida secreta de las células*, Barcelona, Tusquets, 2011].

Wurtzel, Elizabeth, *Prozac Nation*, Nueva York, Houghton Mifflin, 1994. [Hay trad. cast.: *Nación Prozac*, Madrid, Suma de Letras, 2001].

Yong, Ed, *I Contain Multitudes: The Microbes Within Us and a Grander View of Life*, Londres, Bodley Head, 2016. [Hay trad. cast.: *Yo contengo multitudes: los microbios que nos habitan y una visión más amplia de la vida*, Barcelona, Debate, 2017].

Yount, Lisa, *Antoni van Leeuwenhoek: Genius Discoverer of Microscopic Life*, Berkeley, California, Enslow, 2015.

Zernicka-Goetz, Magdalena y Roger Highfield, *The Dance of Life: Symmetry, Cells and How We Become Human*, Londres, Penguin Books, 2020.

Zhe-Sheng Chen *et al.*, eds., *Targeted Cancer Therapies, from Small Molecules to Antibodies*, Lausana, Suiza, Frontiers Media, 2020.

Zimmer, Carl, *Life's Edge: The Search for What It Means to Be Alive*, Nueva York, Penguin Random House, 2021.

—, *A Planet of Viruses*, Chicago, University of Chicago Press, 2015. [Hay trad. cast.: *Un planeta de virus*, Madrid, Capitán Swing, 2020].

Žižek, Slavoj, *Pandemic! COVID-19 Shakes the World*, Londres, Polity Books, 2020. [Hay trad. cast.: *Pandemia. La covid-19 estremece al mundo*, Anagrama, 2020].

Créditos de las imágenes

INTERIOR

Página 48: © Royal Academy of Arts, Londres. Fotógrafo: John Hammond.

Página 55, a: Sarin Images/The Granger Collection.

Página 55, b: Departamento de Medicina y Ciencia, Museo Nacional de Historia Estadounidense, Smithsonian Institution.

Página 58, arriba: cortesía de la doctora Lesley Robertson, Facultad de Microbiología de la Universidad Tecnológica de Delft.

Página 58, abajo: Universal History Archive/Getty Images.

Página 60: *Micrographia: or some physiological descriptions of minute bodies made by magnifying glasses. With observations and inquiries thereupon*, de R. Hooke. Wellcome Collection. Atribución 4.0 Internacional (CC BY 4.0).

Página 62: *Micrographia: or some physiological descriptions of minute bodies made by magnifying glasses. With observations and inquiries thereupon*, de R. Hooke. Wellcome Collection. Atribución 4.0 Internacional (CC BY 4.0).

Página 85: *Archiv für Pathologische Anatomie und Physiologie*, 1847, primer número. Wikimedia Commons, CC BY 1.0.

Página 94: *The anthrax bacillus: ten examples, as seen through a microscope*. Fotografía en color, c. 1948, según A. Assmann, ca. 1876, after R. Koch and F. Cohn, ca. 1876. Wellcome Collection. Atribución 4.0 Internacional (CC BY 4.0).

Página 100: *On the mode of communication of cholera*, de John Snow. Wellcome Collection. Dominio público.

Página 119: Don W. Fawcett/Science Source.

Página 129: cortesía del autor.

Página 132, a: Don W. Fawcett/Science Source.

Página 132, b: cortesía del autor.

Página 147: adaptado de Walther Flemming, CC0. Anderson *et al. eLife*, 2019;8:e46962. <https://doi.org/10.7554/eLife.46962>.

Página 192: «Experimental Evolution of Multicellularity», William C. Ratcliff, R. Ford Denison, Mark Borrello, Michael Travisano, *Proceedings of the National Academy of Sciences*, 109 (5), enero de 2012, pp. 1595-1600; doi: 10.1073/pnas.1115323109. Cortesía del doctor Michael Travisano.

Página 203: cortesía del autor.

Página 233: fuente: Julius Bizzozero, «Ueber einen neuen Formbestandtheil des Blutes und dessen Rolle bei der Thrombose und der Blutgerinnung», en *Archiv für pathologische Anatomie und Physiologie und für klinische Medicin*, 90 (2), 1882, pp. 261-332.

Página 262, a: *Proceedings of the Royal Society of London*. Wellcome Collection. Atribución 4.0 Internacional (CC BY 4.0).

Página 262, b: cortesía del autor.

Página 359: *Exercitatio anatomica de motu cordis et sanguinis in animalibus*, de Guilielmi Harvei. Wellcome Collection; dominio público.

Página 377: cortesía del Instituto Cajal del Consejo Superior de Investigaciones Científicas, Madrid, © 2022 CSIC.

Página 397: Ejemplo de la localización de los electrodos en la estimulación cerebral profunda y volumen de tejido activo específico de cada paciente utilizados en los estudios de tractografía de K. S. Choi, P. Rivia-Posse, R. E. Gross *et al.*, «Mapping the "Depression Switch" During Intraoperative Testing of Subcallosal Cingulate Deep Brain Stimulation», *JAMA Neurology*, 72 (11), 2015, pp. 1252-1260. Cortesía del doctor Ki Sueng Choi.

Página 406: Ed Reschke/Getty Images.

Página 465: cortesía del autor.

Páginas 41, 113, 211, 333, 349, 421: Kiki Smith.

Cuadernillo de imágenes

1. Emily Whitehead Foundation
2. National Library of Medicine
3. Rijksmuseum http://hdl.handle.net/10934/RM0001.COLLECT.46995
4. GL Archive/Alamy Stock Photo
5. Foto de ADN/picture alliance vía Getty Images
6. Cortesía de The Rockefeller Archive Center
7. Foto de Central Press/Hulton Archive/Getty Images
8. Foto de Anthony Wallace/AFP vía Getty Images
9. Science Source
10. Leonard Mccombe/The LIFE Picture Collection/Shutterstock
11. AP Photo/Bob Schutz
12. National Archives (111-SC-192575-S)
13. Retrato de Ehrlich y Sahachiro Hata. Wellcome Collection. Attribution 4.0 International (CC BY 4.0)
14. Foto de Gerard Julien/AFP vía Getty Images
15. Cortesía del Instituto Cajal del Consejo Superior de Investigaciones Científicas, Madrid, © 2022 CSIC
16. The Thomas Fisher Rare Book Library, University of Toronto
17. Peter Foley/EPA/Shutterstock
18. REUTERS/Anthony P. Bolante/Alamy Stock Photo

Índice alfabético